Essener Beiträge zur Mathematikdidaktik

Reihe herausgegeben von

Bärbel Barzel, Fakultät für Mathematik, Universität Duisburg-Essen, Essen, Deutschland

Andreas Büchter, Fakultät für Mathematik, Universität Duisburg-Essen, Essen, Deutschland

Florian Schacht, Fakultät für Mathematik, Universität Duisburg-Essen, Essen, Deutschland

Petra Scherer, Fakultät für Mathematik, Universität Duisburg-Essen, Essen, Deutschland

In der Reihe werden ausgewählte exzellente Forschungsarbeiten publiziert, die das breite Spektrum der mathematikdidaktischen Forschung am Hochschulstandort Essen repräsentieren. Dieses umfasst qualitative und quantitative empirische Studien zum Lehren und Lernen von Mathematik vom Elementarbereich über die verschiedenen Schulstufen bis zur Hochschule sowie zur Lehrerbildung. Die publizierten Arbeiten sind Beiträge zur mathematikdidaktischen Grundlagen- und Entwicklungsforschung und zum Teil interdisziplinär angelegt. In der Reihe erscheinen neben Qualifikationsarbeiten auch Publikationen aus weiteren Essener Forschungsprojekten.

Maximilian Pohl

Digitale Mathematikschulbücher in der Sekundarstufe I

Eine deskriptive und empirische Studie zur Struktur und Nutzung digitaler Schulbücher durch Lernende

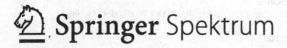

Maximilian Pohl
Universität Duisburg-Essen
Essen, Nordrhein-Westfalen, Deutschland

Dissertation der Universität Duisburg-Essen
Von der Fakultät für Mathematik der Universität Duisburg-Essen genehmigte Dissertation zur Erlangung des Doktorgrades der Naturwissenschaften „Dr. rer. nat."
Datum der mündlichen Prüfung: 11.05.2023
Erstgutachter: Prof. Dr. Florian Schacht, Universität Duisburg-Essen
Zweitgutachter: Jun.-Prof. Dr. Daniel Thurm, Universität Siegen

ISSN 2509-3169   ISSN 2509-3177   (electronic)
Essener Beiträge zur Mathematikdidaktik
ISBN 978-3-658-43133-4   ISBN 978-3-658-43134-1   (eBook)
https://doi.org/10.1007/978-3-658-43134-1

Die Deutsche Nationalbibliothek verzeichnet diese Publikation in der Deutschen Nationalbibliografie; detaillierte bibliografische Daten sind im Internet über http://dnb.d-nb.de abrufbar.

Planung/Lektorat: Marija Kojic
Springer Spektrum ist ein Imprint der eingetragenen Gesellschaft Springer Fachmedien Wiesbaden GmbH und ist ein Teil von Springer Nature.
Die Anschrift der Gesellschaft ist: Abraham-Lincoln-Str. 46, 65189 Wiesbaden, Germany

Das Papier dieses Produkts ist recyclebar.

Lehrer bleiben im Kopf. (Pohl)

Geleitwort

Der Einsatz digitaler Medien im Mathematikunterricht ist seit gut drei Jahrzehnten ein wichtiges und intensiv bearbeitetes mathematikdidaktisches Forschungs- und Entwicklungsfeld. Die Forschungsbefunde reichen von Arbeiten zu individuellen vorstellungsbezogenen Aspekten über (Unterrichts-)Design-bezogene Erkenntnisse bis hin zu professionalisierungsbezogenen Themen, etwa zur Durchführung und Wirksamkeit von Fortbildungen. Bislang auffällig wenig beforscht ist in dem Zusammenhang der Kontext digitaler Mathematikschulbücher.

Maximilian Pohl legt eine interessante, tiefgehende und sehr umfangreiche Dissertation vor, die sich zum Ziel gesetzt hat, eine Bestandsaufnahme digitaler Mathematikschulbücher im Rahmen einer deskriptiven Strukturanalyse vorzunehmen und dies mit einer empirischen Nutzungsanalyse von digitalen Mathematikschulbüchern durch Lernende zu verbinden. Für die Durchführung der empirischen Studie verknüpft Maximilian Pohl zwei theoretische Rahmen, um vor diesem Hintergrund das Nutzungsverhalten exemplarisch im Kontext von *Flächeninhalten* und beim Umgang mit *Ganzen Zahlen* genauer zu untersuchen.

Trotz vielfältiger Forschungsarbeiten zu Mathematikschulbüchern ist bislang kaum geklärt, welche Struktur digitale Mathematikschulbücher aufweisen (können) und wie Lernende digitale Mathematikschulbücher tatsächlich nutzen. Insbesondere bedarf es zunächst einer begrifflichen Präzisierung, was genau unter digitalen Schulbüchern zu verstehen ist. Maximilian Pohl leistet mit seiner Dissertation in diesem Zusammenhang einen wichtigen Beitrag.

Er begründet mit seiner Arbeit auch, dass es zunächst einer begrifflichen Präzisierung des Forschungsgegenstands „Digitales Schulbuch" bedarf. Wie vielfältig die begrifflichen Bezeichnungen für die unterschiedlichen medialen Ausformungen sind, wird etwa anhand der Problematik der Orientierung an Diskursen z. B. zu e-books oder e-textbooks, Digitalisierung oder Digitalität deutlich.

Einen wichtigen Beitrag stellt die Strukturanalyse digitaler Schulbücher mit Hilfe einer qualitativen Inhaltsanalyse dar. Die Dissertation fördert hier wissenschaftlich sehr substanzielle Befunde zu Tage, indem sehr feinkörnig unterschiedliche Aufgabentypen (z. B. Zuordnungs- oder Notizaufgabe) herausgearbeitet und diese entlang von schulbuchbezogenen technologischen Merkmalen und unterrichtsbezogenen Aspekten beschrieben werden.

Der empirische Teil der Arbeit dokumentiert die Untersuchung der Nutzung digitaler Schulbücher durch Lernende im Mathematikunterricht der Sekundarstufe. Maximilian Pohl wählt dabei mit *Flächeninhalt und Umfang* sowie *Ganze Zahlen* zwei exemplarische Gegenstandsbereiche aus, die sich für die Durchführung der empirischen Erhebung eignen. Dazu entwickelt er zunächst das theoretische Konstrukt des Aushandlungsprozesses, welches eine Aushandlung zwischen individuellem Verständnis und Schulbuchinhalten adressiert. Dieses theoretische Konstrukt erweist sich im Rahmen der Analysen als kraftvolles Instrument, um entsprechende semiotische Prozesse herauszuarbeiten.

In einem sehr planvollen und methodisch konsistenten Vorgehen wird auf der empirischen Ebene unter anderem der Umgang mit Lösungselementen sowie mit digitalen Strukturelementen der digitalen Schulbücher beschrieben und schließlich die Schulbuchnutzungen innerhalb einer Lerneinheit herausgearbeitet. Dazu wird die Nutzung konkreter Lösungselemente durch die Lernenden theoriegeleitet analysiert.

Die Arbeit leistet damit einen substanziellen empirischen Beitrag über die Nutzung digitaler Mathematikschulbücher, der auch über die beiden betrachteten mathematischen Gegenstandsbereiche hinaus von Bedeutung sein kann.

Ich wünsche den Leserinnen und Lesern dieser Arbeit eine einsichtsreiche Lektüre.

Florian Schacht

Danksagung

Im Laufe meiner Promotionszeit bin ich vielen Menschen begegnet, die diesen Weg auf verschiedene Weisen geprägt und begleitet und dadurch zu dem Ergebnis dieses aktuellen Stands meiner Forschung zu digitalen Schulbüchern für die Mathematik beigetragen haben. An dieser Stelle möchte ich diesen wundervollen Personen DANKE sagen.

Zuerst möchte ich Prof. Dr. Florian Schacht danken, der mich seit 2016 zu meinem Forschungsvorhaben immer ermuntert und motiviert hat und mir mit Rat und Tat zur Seite stand. Ich habe die Zusammenarbeit mit dir bei meinem Projekt sowie in der Lehre stets genossen und es war mir ein großes Privileg, Gedanken mit dir auszutauschen, deine Expertise zu hören und Teil deiner Arbeitsgruppe zu sein. Danke für deine Begeisterung, deine Zeit sowie dein Vertrauen, Florian! Ebenfalls danke ich Jun.-Prof. Dr. Daniel Thurm für die Übernahme des Zweitgutachtens und das damit verbundene Interesse in meine Forschungsarbeit.

Wo wir schon bei der Arbeitsgruppe sind: Vielen lieben Dank für die vielen Stunden in gemeinsamen AG-Sitzungen, Arbeitsrunden, Diskussionsgesprächen – nicht nur zu meinem Projekt, sondern auch zu euren. Daraus habe ich viele Erkenntnisse gewinnen, eigene Baustellen aus dem Weg räumen und neue Ansätze verfolgen können. Danke an Ruthi, Sümy, Uli, Julia, Fabian, Karolina, Christian, Jessica und Paul.

Die Zusammenarbeit im Laufe der Promotion war allerdings nicht nur auf die Arbeitsgruppe beschränkt, sondern erstreckte sich auf das gesamte Institut der Mathematikdidaktik der Universität Duisburg-Essen. Die Diskussionen mit Kolleginnen und Kollegen zu meinem und anderen Projekten haben mich stets weitergebracht. An dieser Stelle möchte ich besonders Prof. Dr. Bärbel Barzel danken, mit der ich immer wieder über (digitale) Schulbücher diskutieren konnte und in deren Arbeitsgruppe ich mich ebenfalls wie zuhause fühlen durfte. Danke, Bärbel!

Im Rahmen meiner Jahre an der Universität habe ich darüber hinaus wundervolle Menschen kennenlernen dürfen, von denen ich viel gelernt habe und mit denen sich großartige Freundschaften entwickelt haben. Ich danke euch für Momente des gemeinsamen Lachens und Verzweifelns, des Kaffeetrinkens und Tagungs(un)sichermachens, des Vorträgevorbereitens und Diskutierens. Danke an Franzi, Frau Möller, Hana, Judith und Raja. Ich werde euch nicht vermissen, weil ihr ein fester Bestandteil meines Lebens seid und bleiben werdet.

In diesem Atemzug möchte ich aber insbesondere Julia danken, die mir mit ihrem Humor, ihrer ungeheuren Wertschätzung und ihrer kreativen Neugier jeden Tag ein Lächeln ins Gesicht gezaubert hat und dies auch weit über die Arbeit hinaus noch jeden Tag tut. Danke, Julia! „Besonderer Dank gilt [jedoch] (…) in diesem Zusammenhang einer Person, deren Wert ich in den letzten Jahren beruflich, privat und weit darüber hinaus gar nicht hoch genug schätzen kann, mein ständiger Begleiter. Danke, [Lukas]!" (Baumanns, 2022, S. iii). Und nun in eigenen Worten: Danke, Lukas, für dich und uns!

An dieser Stelle möchte ich auch zahlreichen Freunden danken, die mich immer wieder nach dem Stand der Dissertation gefragt haben, die mich von Anfang an begleitet und mich zu diesem Schritt ermutigt haben und die ein großer Teil meines Lebens sind. Auch euch kann ich nun endlich voller Stolz das fertige Produkt präsentieren – dazu habt ihr einen großen Teil beigetragen, auch wenn euch das eventevell („Das heißt vielleicht.", Engelke, 2006) gar nicht so bewusst sein mag. Ich danke euch für euch und freue mich auf viele gemeinsame Momente der Freude, der schwierigeren Zeiten und der Freundschaft. Danke Anika, Annika, Benni, Caro, Dani, Dejan, Katrin, Rike, Roman, Sarah, Sylvia, Thesi und Tracey. Wahrscheinlich habe ich jemand:in vergessen, aber ihr wisst hoffentlich, dass auch ihr gemeint seid. Auch an dieser Stelle möchte ich besonders einer Person danken, die mir den Mut gegeben hat, den Weg der Promotion einzuschlagen, mich sehr lange begleitet und mir gezeigt hat, wer ich sein kann, wenn ich ich bin: Für immer, danke!

Abschließend danke ich meiner Familie und insbesondere meinen Eltern und meiner Schwester für alle Phasen vor, während und nach meiner Promotion – kurz: für eure bedingungslose Unterstützung.

Und last but not least: Danke, Britney – danke, Robyn – danke, Lorde!

Inhaltsverzeichnis

1 Forschungsanliegen und Zielsetzung 1
  1.1   Motivation des Forschungsvorhabens 1
  1.2   Ziele der Arbeit 6
  1.3   Struktur der Arbeit 8

Teil I   Theoretische Grundlagen

2 Struktur und Nutzung gedruckter Schulbücher am Beispiel
der Mathematik 13
  2.1   Struktur gedruckter Mathematikschulbücher 13
      2.1.1   Makroebene 16
      2.1.2   Mesoebene 18
      2.1.3   Mikroebene 19
  2.2   Schulbuchnutzung von Lernenden 22
  2.3   Fazit 31

3 Digitale Schulbücher – Begrifflichkeiten, Funktionen und
Definitionen 35
  3.1   Elektronische, digitalisierte und digitale
      Schulbücher – Ein Überblick über verschiedene
      Begrifflichkeiten und deren Differenzen und Analogien 37
  3.2   Verschiedene Funktionen gedruckter Schulbücher im
      (Mathematik-) Unterricht 42
      3.2.1   Inhaltsbezogene Funktion von gedruckten
            Schulbüchern 43
      3.2.2   Strukturbezogene Funktion von gedruckten
            Schulbüchern 48

3.3   Verschiedene Funktionen digitaler Schulbücher 53
    3.3.1   Inhaltsbezogene Funktion von digitalen
            Schulbüchern 54
    3.3.2   Strukturbezogene Funktion von digitalen
            Schulbüchern 58
    3.3.3   Technologiebezogene Funktion von digitalen
            Schulbüchern 62
3.4   Definition ‚Digitales Mathematikschulbuch' 71
    3.4.1   Sieben Merkmale ‚digitaler
            Mathematikschulbücher' 71
    3.4.2   Zwischenfazit 89

4   Konzeptualisierung der Schulbuchnutzung aus
instrumenteller und soziosemiotischer Perspektive 91
4.1   Interaktionen zwischen Menschen und Artefakten 93
4.2   Das Schulbuch als Instrument zum Lernen von
    Mathematik 97
    4.2.1   Von Artefakten und Instrumenten 98
    4.2.2   Vom Artefakt zum Instrument 102
4.3   Schulbuchnutzung im sozialen Kontext 109
    4.3.1   Zone der proximal (nächsten) Entwicklung und
            Internalisation 109
    4.3.2   Zeichen 111
    4.3.3   Zeichen als Vermittler 116

5   Fazit und Herleitung der Forschungsfragen 129

Teil II   Deskriptive Analyse digitaler Mathematikschulbücher

6   Strukturanalyse des Artefakts ‚Digitales
Mathematikschulbuch' 135
6.1   Analyseeinheiten der qualitativen Inhaltsanalyse bei
    (digitalen) Schulbüchern 136
6.2   Methode zur Analyse des Artefakts ‚Digitales
    Mathematikschulbuch' (Qualitative Inhaltsanalyse) 138
    6.2.1   Bestimmung des Ausgangsmaterials 140
    6.2.2   Fragestellung der Analyse 146
    6.2.3   Ablaufmodell der Analyse 147
6.3   Ergebnisse der Schulbuchanalyse 163
    6.3.1   Übersicht der Strukturebenen 164

    6.3.2   Strukturelle Besonderheiten bei digitalen
            Schulbüchern 202
6.4   Zusammenfassung und Diskussion der Ergebnisse 207

**Teil III   Empirische Untersuchung der Nutzung digitaler
            Mathematikschulbücher von Schülerinnen und Schülern**

7   Die Gegenstandsbereiche ‚Flächeninhalt‘ und ‚Ganze Zahlen‘ 227
7.1   Flächeninhalt 227
7.2   Ganze Zahlen 232

8   Untersuchungsdesign 239
8.1   Design der Interviewsituation 239
8.2   Auswahl der Probandinnen und Probanden 241
8.3   Auswahl der Schulbuchinhalte 242

9   Analyse ausgewählter Schulbuchnutzungen von Lernenden 245
9.1   Methodische Vorgehensweise: Zusammenwirken der
      Semiotischen Vermittlung und Instrumentellen Genese 247
9.2   Umgang mit Lösungselementen des digitalen Schulbuchs 256
      9.2.1   Ablehnen der Schulbuch-Lösung 258
      9.2.2   Nachvollziehen der Schulbuch-Rückmeldung 277
      9.2.3   Lösungsüberprüfung im sozialen Diskurs 295
      9.2.4   Synthese der empirischen Beispiele 313
9.3   Umgang mit digitalen Strukturelementen 316
      9.3.1   Entstehung neuer Lösungsansätze 318
      9.3.2   Digitale Generierung von Aufgaben 347
      9.3.3   Lernhilfe 361
      9.3.4   Synthese der empirischen Beispiele 372
9.4   Schulbuchnutzungen innerhalb einer Lerneinheit 376
      9.4.1   Hilfe zum Bearbeiten der Aufgaben 378
      9.4.2   Schulbuch wird zum Begründen verwendet 398
      9.4.3   Synthese der empirischen Beispiele 412
9.5   Zusammenfassung der empirischen Ergebnisse 415

10   Reflexion und Grenzen der empirischen Datenerhebung 421

11   Fazit und Ausblick 425
11.1   Ergebnisse auf theoretischer Ebene 427
11.2   Ergebnisse zur Struktur digitaler Mathematikschulbücher
       für die Sekundarstufe I 434

11.3   Ergebnisse zur Nutzung digitaler Mathematikschulbücher
        durch Schülerinnen und Schüler 438
11.4   Theoretische und praxisbezogene Implikationen 452
        11.4.1   Implikationen für die fachdidaktische Forschung 452
        11.4.2   Anschlussfragen 457

Literaturverzeichnis 461

Abbildungsverzeichnis

Abbildung 2.1 Relative Häufigkeit von Nutzungen der Strukturelementtypen auf Mikroebene im Rahmen der unterschiedlichen Tätigkeiten 27

Abbildung 2.2 Gesamtnutzung des jeweiligen Strukturelementtyps relativ an der Nutzung aller Strukturelementtypen auf der Mikroebene 28

Abbildung 3.1 Screenshot der Benutzeroberfläche zum Thema „Terme", eBook pro 41

Abbildung 3.2 Schnittstellen von den Schulbuchfunktionen ‚Inhalt' und ‚Struktur' mit dem ‚Technologie'-Aspekt eines digitalen Schulbuchs 63

Abbildung 3.3 Tetraeder-Modell des Lernens von Mathematik mit dem Schulbuch 76

Abbildung 4.1 Komplex, vermittelte Handlung nach Vygotsky 93

Abbildung 4.2 Das Instrument – Eine vermittelnde Einheit 102

Abbildung 4.3 Instrumentalisierung und Instrumentierung innerhalb Vygotskys Dreiecksmodell des instrumentellen Aktes 107

Abbildung 4.4 Triadische Zeichenrelation 113

Abbildung 4.5 Polysemie eines Artefaktes 119

Abbildung 4.6 Artefakt und Zeichen im Zusammenspiel 125

Abbildung 6.1 Screenshot der Einführungsseite, eBook pro 145

Abbildung 6.2 Strukturelement „Grundlagen wiederholen", eBook pro 155

Abbildung 6.3 Strukturelement „Startseite", Lehrwerk 159

Abbildung 6.4   Screenshot der zusätzlichen
                  Bedienungsmöglichkeiten, eBook pro 169
Abbildung 6.5   Screenshot des Inhaltsverzeichnisses, eBook pro 172
Abbildung 6.6   Screenshot des Inhaltsverzeichnisses, Lehrwerk 173
Abbildung 6.7   Vergleich der Mesostruktur anhand des
                  exemplarischen Kapitels zum Thema ‚Flächen' 176
Abbildung 6.8   Screenshot zur Lerneinheit „Größenvergleich von
                  Flächen", Lehrwerk 186
Abbildung 6.9   Zuordnungsaufgabe (Drag-and-Drop), Lehrwerk 188
Abbildung 6.10   Zuordnungsaufgabe (Drop-down-Menü), eBook
                  pro 189
Abbildung 6.11   Zuordnungsaufgabe (Auswahl), eBook pro 189
Abbildung 6.12   Notizaufgabe, Lehrwerk 190
Abbildung 6.13   Notizaufgabe (Download), Lehrwerk 190
Abbildung 6.14   Rechenaufgabe, Lehrwerk 191
Abbildung 6.15   Rechenaufgabe, eBook pro 192
Abbildung 6.16   Interaktive Aufgabe (Schieberegler), Lehrwerk 192
Abbildung 6.17   Interaktive Aufgabe, Lehrwerk 193
Abbildung 6.18   Visualisierung, Lehrwerk 194
Abbildung 6.19   Exploration, Lehrwerk 196
Abbildung 6.20   Strukturelement Video, eBook pro 197
Abbildung 6.21   Schlüsselbegriffe, Lehrwerk 198
Abbildung 6.22   Ergebnis überprüfen, Zuordnungsaufgabe, eBook
                  pro 199
Abbildung 6.23   Ergebnis überprüfen, Rechenaufgabe, Lehrwerk 199
Abbildung 6.24   Begrüßungsanzeige, eBook pro 202
Abbildung 6.25   Screenshot der Komplettansicht, eBook pro 209
Abbildung 6.26   Screenshot der Komplettansicht, Lehrwerk 210
Abbildung 9.1   Zusammenwirken der semiotischen Vermittlung
                  und instrumentellen Genese 254
Abbildung 9.2   Rechenaufgabe „Zahlenmauer II", Lehrwerk 259
Abbildung 9.3   Vierte Zahlenmauer, Screenshot vor der
                  Bearbeitung von Schülerin Lena 261
Abbildung 9.4   Vierte Zahlenmauer, Screenshot nach der
                  teilweisen Bearbeitung von Schülerin Lena 262
Abbildung 9.5   Vierte Zahlenmauer, Screenshot nach der Eingabe
                  der Zahl 2 263
Abbildung 9.6   Vierte Zahlenmauer, Screenshot nach der Eingabe
                  der Zahl 0 263

Abbildung 9.7   Angezeigte Lösung der vierten Zahlenmauer 264
Abbildung 9.8   Aufgezeichnete Zahlenmauer von Lena zur
                 Erklärung für ihre Mitschülerinnen und Mitschüler ... 265
Abbildung 9.9   Rechenaufgabe „Quadrate und Rechtecke finden",
                 erste Teilaufgabe, Lehrwerk 278
Abbildung 9.10   Rechenaufgabe „Quadrate und Rechtecke finden",
                 zweite Teilaufgabe, Lehrwerk 279
Abbildung 9.11   Bearbeitung von Jan und überprüfte Ergebnisse 281
Abbildung 9.12   Visualisierung der Aufgabenbearbeitung mithilfe
                 der semiotischen Analyse 289
Abbildung 9.13   Zuordnungsaufgabe „Flächen im Alltag",
                 Lehrwerk 296
Abbildung 9.14   Bearbeitung von Lukas und Merlin vor der
                 Diskussion mit Frederike 298
Abbildung 9.15   Bearbeitung von Frederike vor der Diskussion mit
                 Lukas und Merlin 299
Abbildung 9.16   „Messen-durch-Auslegen-und-Zählen-Aspekt"
                 von Schüler Lukas 300
Abbildung 9.17   Digitale Auswertung der Zuteilungen von
                 Frederike 301
Abbildung 9.18   Digitale Auswertung der Zuteilungen von Lukas
                 und Merlin 302
Abbildung 9.19   Statische Abbildung zur Exploration „Gleich
                 große Rechtecke", Lehrwerk 319
Abbildung 9.20   GeoGebra-Applet zur Exploration „Gleich große
                 Rechtecke", Lehrwerk 320
Abbildung 9.21   Schülerbearbeitung zur Lösung 10×15 in der
                 Exploration 323
Abbildung 9.22   Bearbeitung von Schüler Jan 323
Abbildung 9.23   Hypothetisches Beispiel 1 von Schüler Jan 324
Abbildung 9.24   Hypothetisches Beispiel 2 von Schüler Jan 325
Abbildung 9.25   Beispiel 5×20 326
Abbildung 9.26   Richtige Lösung 12×12 und 18×8 327
Abbildung 9.27   Schriftliche Multiplikation der Rechteckflächen 327
Abbildung 9.28   Lösung der hellgelben Rechtecke 328
Abbildung 9.29   Schriftliche Multiplikation zu 16×9 und 14×11 329
Abbildung 9.30   Rechtecke mit den Seitenlängen 16×9 und
                 14×11 330

Abbildung 9.31   Interaktive Aufgabe „Quadratzahlen",
                  Einstellungsmöglichkeiten, Lehrwerk 348
Abbildung 9.32   Interaktive Aufgabe „Quadratzahlen",
                  Beispielaufgabe, Lehrwerk 348
Abbildung 9.33   Interaktive Aufgabe „Quadratzahlen", positive
                  Rückmeldung, Lehrwerk 349
Abbildung 9.34   Interaktive Aufgabe „Quadratzahlen", negative
                  Rückmeldung, Lehrwerk 349
Abbildung 9.35   Interaktive Aufgabe „Quadratzahlen", finale
                  Rückmeldung, Lehrwerk 350
Abbildung 9.36   Exploration „Veränderung der Koordinaten",
                  Lehrwerk 362
Abbildung 9.37   Lehrtext 1, „Koordinatensystem", Lehrwerk 362
Abbildung 9.38   Statisches Bild, „Koordinatensystem", Lehrwerk 363
Abbildung 9.39   Lehrtext 2, „Koordinatensystem", Lehrwerk 363
Abbildung 9.40   Kasten mit Merkwissen, „Koordinatensystem",
                  Lehrwerk 364
Abbildung 9.41   Rechenaufgabe „Temperatur und
                  Temperaturänderung", Lehrwerk 379
Abbildung 9.42   Exploration „Temperaturänderung", Lehrwerk 381
Abbildung 9.43   Kasten mit Merkwissen „Temperaturänderung",
                  Lehrwerk 382
Abbildung 9.44   Darstellung der Interviewer-Lenkung und des
                  Aushandlungsprozesses zwischen Schulbuch und
                  mathematischer Bedeutung 393
Abbildung 9.45   Notizaufgabe „Flächeninhalt eines Quadrats",
                  Lehrwerk 400
Abbildung 9.46   Lösung zur Notizaufgabe „Flächeninhalt eines
                  Quadrats", Lehrwerk 401
Abbildung 9.47   Exploration „Rechteckflächen", Lehrwerk 402
Abbildung 9.48   Kasten mit Merkwissen „Flächeninhalt von
                  Rechtecken", Lehrwerk 403
Abbildung 9.49   Rechenaufgabe „Flächeninhalten von
                  Rechtecken", Lehrwerk 403
Abbildung 9.50   Argumentationsprozess „Schulbuch wird zum
                  Begründen verwendet" 408

Tabellenverzeichnis

Tabelle 2.1   Übersicht der Strukturelemente auf den
               Strukturebenen von traditionellen gedruckten
               Schulbüchern in Deutschland für das Fach
               Mathematik 21
Tabelle 2.2   Erwartete Nutzungszwecke der Strukturelemente auf
               der Mikroebene des Mathematikbuchs 24
Tabelle 6.1   Inhaltliche Eigenschaften der Strukturelemente 152
Tabelle 6.2   Paraphrasierung am Beispiel des Strukturelements
               „Grundlagen wiederholen" 153
Tabelle 6.3   Generalisierung am Beispiel des Strukturelements
               „Grundlagen wiederholen" 154
Tabelle 6.4   Zuordnung der generalisierten Merkmale zu den
               Kategorien 154
Tabelle 6.5   Kategorisierung „Aufgaben zu Inhalten früherer
               Kapitel" 156
Tabelle 6.6   Exemplarisches Beispiel der qualitativen
               Inhaltsanalyse am Strukturelement „Grundlagen
               wiederholen" 158
Tabelle 6.7   Kategorisierung an dem Beispiel „Startseite" 160
Tabelle 6.8   Exemplarisches Beispiel der qualitativen
               Inhaltsanalyse am Strukturelement „Startseite" 161
Tabelle 6.9   Übersicht der Strukturelementtypen auf Makroebene 167
Tabelle 6.10   Kategorisierung der bedienungsbezogenen
               Zusatzfunktionen, eBook pro 171
Tabelle 6.11   Übersicht der Strukturelementtypen auf Mesoebene 175
Tabelle 6.12   Übersicht der Strukturelementtypen auf Mikroebene 180

Tabelle 6.13   Kategorisierung Textfunktionen Lehrwerk von
                Brockhaus 185
Tabelle 6.14   Bedienungsbezogene Strukturelementtypen im
                Lehrwerk 186
Tabelle 6.15   Strukturelemente in den Zusatzmaterialien im eBook
                pro 203
Tabelle 6.16   Strukturelemente in den Zusatzmaterialien im
                Lehrwerk 205
Tabelle 6.17   Übersicht der bedienungsbezogenen
                Strukturelementtypen 206
Tabelle 6.18   Übersicht der Strukturelementtypen auf den drei
                Strukturebenen 211
Tabelle 6.19   Einordnung der Strukturelementtypen auf
                Makroebene in die Aspekte ,Inhalt', ,Struktur' und
                ,Technologie' 216
Tabelle 6.20   Einordnung der Strukturelementtypen auf Mesoebene
                in die Aspekte ,Inhalt', ,Struktur' und ,Technologie' 217
Tabelle 6.21   Einordnung der Strukturelementtypen auf
                Mikroebene in die Aspekte ,Inhalt', ,Struktur' und
                ,Technologie' 219
Tabelle 8.1   Überblick über die zeitliche und inhaltliche
                Datenerhebung der Hauptstudie 242
Tabelle 9.1   Beispielhafte Analyse des Aushandlungsprozesses
                innerhalb der semiotischen Vermittlung und
                instrumentellen Genese 255
Tabelle 9.2   Semiotische Analyse, Ablehnen der
                Schulbuch-Lösung 271
Tabelle 9.3   Semiotische Analyse, Nachvollziehen der
                Rückmeldung 287
Tabelle 9.4   Instrumentierungen zum Strukturelement „Ergebnis
                überprüfen" und der Instrumentalisierung
                „Verifikation des eingegebenen Ergebnisses" 292
Tabelle 9.5   Semiotische Analyse vor dem Überprüfen durch das
                digitale Schulbuch 304
Tabelle 9.6   Semiotische Analyse nach der Überprüfung durch
                das digitale Schulbuch 307
Tabelle 9.7   Instrumentierungen des Strukturelements „Ergebnis
                überprüfen" 315
Tabelle 9.8   Ergebnisse der Rechteckflächen 321

Tabelle 9.9   Semiotische Analyse, Entstehung neuer Lösungsansätze 336

Tabelle 9.10   Semiotische Analyse, digitale Generierung von Aufgaben 355

Tabelle 9.11   Semiotische Analyse, Lernhilfe 369

Tabelle 9.12   Semiotische Analyse, Hilfen zum Bearbeiten von Aufgaben 389

Tabelle 9.13   Semiotische Analyse, Schulbuch wird zum Begründen verwendet 407

Tabelle 11.1   Strukturelementtypen der identifizierten Instrumentalisierungen 448

Tabelle 11.2   Strukturelementtypen der identifizierten Instrumentierungen 449

Tabelle 11.3   Überblick über die Instrumentalisierungen und Instrumentierungen 450

Forschungsanliegen und Zielsetzung 1

1.1 Motivation des Forschungsvorhabens

Schulbücher sind in vielen Fächern im Schulunterricht allgegenwärtig und begleiten Schülerinnen und Schüler vom Anfang ihrer Schullaufbahn in der Grundschule bis hin zu ihrem Schulabschluss. Für Lernende sind sie Lernbegleiter, Nachschlagewerk, Aufgabensammlung; für die Lehrerinnen und Lehrer Lehrmedium sowohl in der Unterrichtsgestaltung als auch in der Unterrichtsdurchführung (vgl. Höhne, 2003; Hutchinson & Torres, 1994; Väljataga & Fiedler, 2014). Im Laufe ihrer Geschichte haben Schulbücher sowohl fächerübergreifend als auch für die Mathematik immer wieder Veränderungen in ihrer Konzeption erfahren, die unter anderem mit dem heutigen Status als Lern- und Arbeitsbuch für Lernende charakterisiert werden kann (vgl. Rezat, 2009, S. 8). In den vergangenen Jahren erfolgten insbesondere durch die Digitalisierung auch im Bereich der Bildung Entwicklungen, die nicht nur die Ausstattung an Schulen (z. B. WLAN-Zugang, Bereitstellung von Tablets, interaktive Whiteboards) in den Blick nehmen, sondern auch digitale Unterrichtsmedien – und damit ebenfalls Schulbücher – in den Fokus der Diskussion rücken. Diese technologischen Entwicklungen, die sich auch im Zusammenhang mit Schulbüchern zuerst einmal insbesondere auf äußere Faktoren wie die Infrastruktur (bspw. Internetzugang) oder die Ausstattung an den Schulen (bspw. Tablets) beziehen, besitzen jedoch darüber hinaus auch das Potenzial für inhaltliche Veränderungen seitens der Darstellung des (mathematischen) Inhalts oder der Struktur von Schulbüchern. Diese Forschungsarbeit wird sich daher mit dem Medium ‚digitales Mathematikschulbuch' aus verschiedenen Blickwinkeln befassen, die auf den folgenden Seiten vorbereitet und eingeleitet werden.

© Der/die Autor(en), exklusiv lizenziert an Springer Fachmedien Wiesbaden GmbH, ein Teil von Springer Nature 2023
M. Pohl, *Digitale Mathematikschulbücher in der Sekundarstufe I*, Essener Beiträge zur Mathematikdidaktik, https://doi.org/10.1007/978-3-658-43134-1_1

Schulbuchbezogene Forschung ist im Allgemeinen ein diverses Forschungsfeld – auch aufgrund einer Vielfalt von theoretischen und methodischen Ansätzen. Fuchs, Niehaus und Stoletzki (2014) geben diesbezüglich einen Überblick über Forschungsergebnisse im Schulbuchkontext verschiedener Unterrichtsfächer, die in den letzten Jahren aus unterschiedlichen Fragestellungen, theoretischen Debatten und methodischen Analyseverfahren resultiert sind (vgl. Fuchs et al., 2014, S. 24–29). Trotz der Diversität in diesem Forschungsfeld sind empirische Untersuchungen über den Einsatz von Schulbüchern im Unterricht kaum Gegenstand fachdidaktischer Forschung (vgl. Rüsen, 1992, S. 238). Diese Feststellung hat auch heute nach mittlerweile 30 Jahren noch Gültigkeit, was aufgrund der allgegenwärtigen Verwendung des Schulbuchs im Unterricht und der eindeutigen Ausrichtung der Inhalte an Lernende (unabhängig vom jeweiligen Unterrichtsfach) verwundert (vgl. Höhne, 2003, S. 22). Zudem betrifft dies Forschung sowohl bezogen auf den tatsächlichen Einsatz von Schulbüchern durch die Lehrenden (vgl. Fuchs et al., 2014, S. 101; Kahlert, 2010, 45 ff.; Sandfuchs, 2010, S. 11) als auch bezogen auf die Verwendung durch Lernende (vgl. Fuchs et al., 2014, S. 23). In diesem Zusammenhang stellt Gräsel (2010) fest: „Für empirische Forschung, die sich mit der Qualität von Unterricht befasst, dürfte die Forschung zur Nutzung von Schulbüchern im Unterricht eine Schlüsselstellung einnehmen" (Gräsel, 2010, S. 137). Diese Auffassung bezieht sich dabei nicht ausdrücklich auf bestimmte Unterrichtsfächer, sondern beschreibt den Stand zur Schulbuchforschung ohne den Fokus auf spezifische Unterrichtsfächer.

Darüber hinaus steht die „Gestaltung von mathematischnaturwissenschaftlichen Lehrmitteln (…) seit den pädagogischen Reformbemühungen Ende der 1960er-Jahre" (Fuchs et al., 2014, S. 49) im Fokus der Bildungsmedienforschung, die insbesondere Veränderungen in der Gestaltung von Schulbüchern beschreibt (vgl. Ballstaedt, 1997; Groeben, 1982; Maier, 1980; Pettersson, 2010). Hierbei zeigen sich verschiedene Forschungsinteressen bezüglich der Form, Struktur und Anordnung von Schulbüchern. Zudem hat die empirische Unterrichtsforschung zum Umgang mit Unterrichtsmedien wie Schulbüchern für die Mathematik und Naturwissenschaften seit 2005 an Bedeutung gewonnen (vgl. Fuchs et al., 2014, 22 f.), was insbesondere durch die Forschungsarbeiten von Sebastian Rezat (2008, 2009, 2011, 2013) über die Struktur deutscher Mathematikschulbücher der Sekundarstufe I und deren Nutzung durch Lernende erfolgte. In diesen Untersuchungen konnte herausgestellt werden, dass Schülerinnen und Schüler ihr Mathematikschulbuch für verschiedene Zwecke verwenden, das Schulbuch dabei selbstständig und unabhängig von der Instruktion durch die Lehrperson genutzt wird sowie Inhalte gezielt und selektiv ausgewählt werden. Des Weiteren konnten im Zuge der Schulbuchanalyse drei Strukturebenen ermittelt werden, die sich aus verschiedenen Strukturelementen zusammensetzen. Andere Forschungsergebnisse zum Umgang von Lernenden mit Mathematikschulbüchern fokussieren die Bewertung von Schulbüchern durch Schülerinnen und Schülern (vgl. Zimmermann, 1992) oder den Zusammenhang zwischen der Schülerbeteiligung bzw. den Lernergebnissen und den Schulbuchinhalten oder der Präsentation des Materials (vgl. Macintyre & Hamilton, 2010).

Des Weiteren wurden Nutzungen von Mathematikschulbüchern durch Lehrerinnen und Lehrer in der fachdidaktischen Forschung verstärkt untersucht (u. a. Fuchs et al., 2014; Haggarty & Pepin, 2002; Johansson, 2006; Pepin & Haggarty, 2001; Remillard, 2005). Diese Untersuchungen beziehen sich jedoch ausschließlich auf gedruckte Mathematikschulbücher; Analysen digitaler Schulbücher für die Mathematik rückten bisher erst in den letzten Jahren langsam in den Blickwinkel fachdidaktischer Forschung (Bonitz, 2013; Brnic & Greefrath, 2021; Gueudet, Pepin & Trouche, 2013; Pohl & Schacht, 2019a, 2019b; Rezat, 2014, 2020), sodass auf diesem Gebiet nach wie vor ein hoher Forschungsbedarf besteht.

Bezogen auf den Stellenwert des Mediums ‚Schulbuch' im Unterricht betont Höhne (2003) trotz der allgegenwärtigen Verwendung des Schulbuchs im Klassenraum indessen, dass „[d]as Schulbuch (…) seine „Funktion als Leitmedium" in zweifacher Hinsicht verloren [habe]" (Höhne, 2003, S. 23). Begründet wird dies insbesondere mit der Existenz von zusätzlichen „gedruckten und audiovisuellen Unterrichtsmedien", dem Einfluss der „Massenmedien" (Höhne, 2003, S. 23) bzw. mit dem generellen medienkulturellen Wandel (vgl. Böhme, 2015, 414 f.). Auch der Mathematikunterricht erfährt aufgrund von technologischen Möglichkeiten im Hinblick auf Unterrichtsmedien Veränderungen – sei es durch Arbeitsblätter, die Lehrerinnen und Lehrer herunterladen können, digitale Werkzeuge (wie *GeoGebra*, Funktionenplotter, graphikfähige Taschenrechner) oder durch die Entwicklung digitaler Schulbücher.

Diese fortschreitende Digitalisierung im Bereich der Bildung wird auch durch die Kultusministerkonferenz aufgegriffen und für die zukünftige Bildungsentwicklung in Deutschland beschrieben (vgl. Sekretariat der Ständigen Konferenz der Kultusminister der Länder der Bundesrepublik [KMK], 2016). Dabei werden sowohl Chancen (z. B. individuelle Förderung) als auch Herausforderungen (z. B. Neukonzeption von Lernumgebungen) betont, die die Digitalisierung für den gesamten Bildungsbereich mit sich bringt (vgl. KMK, 2016, S. 8). Übergreifend wird im Hinblick zur Erfüllung des schulischen Bildungsziels hervorgehoben, dass „Schülerinnen und Schüler am Ende ihrer Pflichtschulzeit (…) zu einem selbstständigen und mündigen Leben in der digitalen Welt befähigt werden [sollen]" (KMK, 2016, S. 11), weshalb „das Lernen mit und über digitale Medien und Werkzeuge" (KMK, 2016, S. 11) bereits am Anfang der Schullaufbahn beginnen sollte.

Neben diesem ersten Ziel einer aktiven, selbstbestimmten Teilhabe der Lernenden in einer digitalen Welt (vgl. KMK, 2016, S. 12) wird von der Kultusministerkonferenz der systematische Einsatz digitaler Lernumgebungen entsprechend curricularer Vorgaben bei der Gestaltung von Lern- und Lernangeboten thematisiert (vgl. KMK, 2016, S. 12). Derartige Forderungen für den Mathematikunterricht werden auch in den entsprechenden Bildungsstandards (KMK, 2004) aufgeführt. Dort findet sich in den allgemeinen mathematischen Kompetenzen, über die die Lernenden mit dem Erwerb des Mittleren Schulabschlusses verfügen sollen, zusätzlich zu dem Umgang von symbolischen und formalen Elementen in der Mathematik auch explizit der sinnvolle und verständige Einsatz mathematischer Werkzeuge wie Taschenrechner und Software (vgl. KMK, 2004, 8 f.). Ebenso wird in dem Kernlehrplan für die Mathematik der Sekundarstufe I in Nordrhein-Westfalen (Ministerium für Schule und Weiterbildung des Landes Nordrhein-Westfalen, 2007) in den prozessbezogenen Kompetenzen die Verwendung von Medien und Werkzeugen aufgeführt und insbesondere die Nutzung von „Geometriesoftware, Tabellenkalkulation und Funktionenplotter zum Erkunden inner- und außermathematischer Zusammenhänge" (Ministerium für Schule und Weiterbildung des Landes Nordrhein-Westfalen, 2007, S. 14) hervorgehoben.

Aufgrund der Thematisierung digitaler Medien und Werkzeuge in den Kernlehrplänen, Bildungsstandards und im Strategiepapier der Kultusministerkonferenz zeigt sich ausdrücklich die Relevanz der Digitalisierung im Bereich der Bildung. Insgesamt wird dadurch deutlich, dass institutionell von den Bildungseinrichtungen die Forderung nach digitalem Unterricht bekräftigt wird. Diese Entwicklung beeinflusst somit auch die Konzeption der im Unterricht eingesetzten Lehrmedien – unter anderem auch die des vorherrschenden Unterrichtsmediums ‚Schulbuch' im Mathematikunterricht, da digitale Medien neue Möglichkeiten für die Gestaltung von Lehr- und Lernprozessen mit sich bringen (vgl. KMK, 2016, S. 12–14). Mit der Entwicklung und dem Einsatz digitaler Schulbücher (für die Mathematik) ist es somit naheliegend, dass diesen Forderungen begegnet werden kann, sodass die vorliegende Arbeit dieses Lehr- und Lernmedium auf verschiedenen Ebenen näher beleuchtet.

Während der Einsatz von digitalen Werkzeugen im Mathematikunterricht seit mehr als 25 Jahren in der fachdidaktischen Forschung diskutiert wird und die Potenziale für die Lernprozesse von Schülerinnen und Schülern hervorgehoben werden (bspw. Dynamisierung, Interaktivität, Verknüpfung von Darstellungen) (vgl. Schmidt-Thieme & Weigand, 2015, S. 469–479), tritt das fachdidaktische Forschungsinteresse mit Bezug zu digitalen Schulbüchern erst seit kurzem in den Mittelpunkt der Diskussion. Erste digitale Schulbücher finden sich auf dem (nationalen und internationalen) Schulbuchmarkt und werden aus fachdidaktischer Sicht beforscht (u. a. Bonitz, 2013; Brnic, 2019; Brnic & Greefrath, 2021; Choppin, Carson, Borys, Cerosaletti & Gillis, 2014; Gueudet, Pepin, Sabra & Trouche, 2016; Pepin, Gueudet, Yerushalmy, Trouche & Chazan, 2015; Pohl & Schacht, 2019a, 2019b; Rezat, 2019, 2020), wobei der Fokus empirischer Forschung wie schon bei gedruckten Mathematikschulbüchern insbesondere auf die Verwendung durch die Lehrenden liegt. Nur selten wird die Nutzung von Lernenden in den Mittelpunkt der Diskussion gerückt (vgl. Brnic & Greefrath, 2021; Pohl & Schacht, 2019a, 2019b; Rezat, 2020). Dabei stellt sich unter anderem die Frage, inwiefern die Entwicklung von digitalen Schulbüchern die Funktion des Schulbuchs als Leitmedium beeinflusst. Dies wird jedoch erst in einigen Jahren beantwortet werden können, wenn geeignete digitale Schulbuchkonzepte kontinuierlich im Schulunterricht eingesetzt werden.

Am Anfang der Entwicklung und dem Einsatz von digitalen Schulbüchern und fachdidaktischer Forschung stehen daher Fragen zur Struktur digitaler Schulbücher (für die Mathematik) im Vordergrund wie auch die Nutzung dieser durch Lehrende und Lernende. Während internationale Forschungsarbeiten zur Nutzung digitaler Schulbücher durch Lehrende bereits vorliegen (vgl. Gueudet et al., 2016), stellt die Nutzung dieser Unterrichtsmedien durch Lernende nach wie vor ein Desiderat fachdidaktischer Forschung dar. Darüber hinaus ist auch ein einheitliches Verständnis von einem digitalen Schulbuch noch nicht erreicht, was sich durch eine Vielfalt unterschiedlicher Begrifflichkeiten (z. B. elektronisches Schulbuch, interaktives Schulbuch, E-Book oder digitales Schulbuch) abzeichnet (vgl. Bonitz, 2013, S. 128). Zudem sind mit neuen Schulbuchkonzepten vielseitige Erwartungen verbunden, die sich jedoch von dem aktuellen Entwicklungsstand digitaler Schulbücher (noch) unterscheiden (vgl. Pepin et al., 2015; Väljataga & Fiedler, 2014, 139 f.).

Aufgrund dieser bisher beschriebenen Feststellungen ist unter anderem bislang unzureichend geklärt, welche Unterschiede es bei verschiedenen digitalen Schulbuchkonzepten gibt, wie digitale Mathematikschulbücher – auch im Vergleich zu gedruckten Schulbüchern für die Mathematik – strukturiert sind und wie Schülerinnen und Schüler letztendlich mit ihnen umgehen. Für die Auswahl verschiedener digitaler Schulbuchkonzepte für die Mathematik ist jedoch eine Begriffsklärung ‚digitales Schulbuch' (für die Mathematik) erforderlich, da nach und nach unterschiedliche ‚digitale' Schulbuchkonzepte in Deutschland veröffentlicht werden, die in ihren technologischen Formaten und Inhalten erheblich divergieren können. Eine Klärung des Begriffs ‚digitales Schulbuch' lässt sich damit als notwendige Bedingung für die Auswahl verschiedener digitaler Mathematikschulbücher im Rahmen der Schulbuchanalyse einerseits und der Verwendung dieser digitalen Schulbücher durch die Lernenden andererseits auffassen.

1.2 Ziele der Arbeit

Es wird insgesamt deutlich, dass sowohl auf begrifflicher Ebene zum Verständnis von digitalen Schulbüchern, auf deskriptiver Ebene zur Struktur digitaler Schulbücher für die Mathematik als auch auf empirischer Ebene zur Nutzung digitaler Mathematikschulbücher durch Lernende ein großer Bedarf nach fachdidaktischer Forschung besteht. Das vorliegende Forschungsvorhaben setzt daher bei diesen Forschungsbedarfen an, sodass sich die folgenden drei Ziele formulieren lassen:

Ziel 1:
In dem vorliegenden Forschungsvorhaben wird die Bezeichnung ‚digitales Schulbuch' favorisiert. Allerdings werden im Zusammenhang mit digitalen Schulbüchern sowohl in der fachdidaktischen als auch in der öffentlichen Diskussion verschiedene Bezeichnungen (beispielsweise ‚elektronisch', ‚digitalisiert' und ‚digital') zu diesem neuartigen Lehr- und Lernmedium verwendet, sodass eine einheitliche Bezeichnung eines digitalen Schulbuchs noch nicht vorliegt. Als ein erstes Ziel dieser Forschungsarbeit lässt sich somit die Ausdifferenzierung der Begriffe ‚elektronisches', ‚digitalisiertes' und ‚digitales' Schulbuch sowie eine Abgrenzung dieser Begriffe voneinander beschreiben. Im Rahmen dessen wird die Definition eines digitalen Schulbuchs (für den Mathematikunterricht) angestrebt, die an Merkmalen gedruckter Schulbücher ansetzt und für digitale Schulbücher erweitert wird. Am Ende wird zusammenfassend ein reichhaltiges Bild digitaler Schulbücher für den Mathematikunterricht, deren Charakteristika, Merkmale und Funktionen vorliegen.

Ziel 2:
Des Weiteren zielt die vorliegende Forschungsarbeit darauf ab, bestehende digitale Mathematikschulbücher für die Sekundarstufe I im Hinblick auf ihre Struktur und Schulbuchelemente zu untersuchen. Das Anliegen hierbei ist es zu untersuchen, wie digitale Mathematikschulbücher (in Deutschland) aufgebaut sind,

welche Strukturebenen sich charakterisieren lassen und aus welchen Strukturelementen diese Ebenen bestehen. Das Ziel dieser deskriptiven Schulbuchanalyse
besteht somit darin, Erkenntnisse zum Aufbau digitaler Mathematikschulbücher
zu generieren – auch im Vergleich zu traditionellen Mathematikschulbüchern.
Damit verbunden sind Erkenntnisse bezüglich struktureller Veränderungen auf
den einzelnen Schulbuchebenen, aber auch bezüglich der zur Verfügung stehenden Strukturelemente.

Ziel 3:
Das dritte Ziel besteht in der Beforschung der Nutzung digitaler Mathematikschulbücher von Schülerinnen und Schülern. Das Erkenntnisinteresse zielt darauf
ab zu untersuchen, welche Strukturelemente Lernende bei der Arbeit mit einem
digitalen Mathematikschulbuch verwenden, wie sie dabei vorgehen und für welche Zwecke sie diese Elemente nutzen. Dabei wird insbesondere von Interesse
sein, welche Nutzungsmöglichkeiten sich durch die Verwendung neuer Strukturelemente ergeben. Damit werden besonders diejenigen Elemente in den Blick
genommen, die bei gedruckten Schulbüchern aufgrund des analogen Charakters
des Mediums nicht vorhanden waren (z. B. eine direkte Überprüfung von eingegeben Ergebnissen durch das digitale Schulbuch oder Elemente mit dynamischen
Verwendungsweisen).

Die drei beschriebenen Forschungsziele bauen sukzessive aufeinander auf: Die
Analyse digitaler Schulbücher für die Mathematik (Ziel 2) kann erst erfolgen,
wenn geeignete digitale Mathematikschulbücher auf dem deutschen Schulbuchmarkt ermittelt werden konnten. Die Auswahl der digitalen Mathematikschulbücher kann jedoch erst vor dem Hintergrund eines vollständigen Begriffsver-
ständnisses über ein digitales Schulbuch (für die Mathematik) getroffen werden
(Ziel 1). Um letztendlich Schülernutzungen digitaler Mathematikschulbücher
(und demzufolge einzelner Strukturelemente innerhalb der verschiedenen Strukturebenen des Schulbuchs) analysieren zu können (Ziel 3), bedarf es vorab einer
Strukturanalyse der eingesetzten digitalen Schulbücher (Ziel 2). Alle drei Ziele
stellen jedoch auch für sich genommen wichtige Erkenntnisse fachdidaktischer
Forschung dar.

Durch ein Erreichen dieser Ziele lässt sich aus mathematikdidaktischer Sicht
einerseits das Verständnis über digitale Werkzeuge (hier: digitale Schulbücher)
ausschärfen; andererseits sorgt eine Untersuchung von Nutzungen digitaler Schulbücher durch Lernende für ein differenziertes Bild zum Umgang mit einem
der grundlegendsten Lehr- und Lernmedien im Mathematikunterricht – dem
Schulbuch – in digitaler Form. Durch dieses Forschungsvorhaben lassen sich

somit sowohl der Status quo zu digitalen Mathematikschulbüchern charakterisieren als auch Auswirkungen auf die weitere Entwicklung digitaler Schulbücher
thematisieren.

1.3   Struktur der Arbeit

Die Struktur der Arbeit stellt sich aufgrund der drei sukzessiven Forschungsziele
wie folgt dar: In Teil I wird der theoretische Hintergrund der Arbeit dargelegt,
wobei Kapitel 2 zunächst auf bisherige Forschungsergebnisse zum Aufbau und
zur Nutzung gedruckter Schulbücher (am Beispiel der Mathematik) eingeht. Im
Anschluss daran wird in Kapitel 3 eine Diskussion zur Bezeichnung von digitalen
Schulbüchern geführt, in der der Begriff ‚digital' aus verschiedenen Perspektiven
betrachtet wird. In diesem Zusammenhang werden zuerst verschiedene Merkmale und Funktionen des Mediums ‚Schulbuch' beleuchtet und im Anschluss auf
digitale Schulbücher übertragen, sodass sowohl die Verbindung zum traditionellen Schulbuch sichtbar wird als auch auf Veränderungen aufgrund der digitalen
Konzeption eingegangen wird. Diese Diskussion der verschiedenen Funktionen
gedruckter und digitaler Schulbücher mündet schließlich in einem (für diese
Forschungsarbeit) umfassenden Verständnis eines digitalen Schulbuchs für die
Mathematik.

Im Anschluss daran wird in Kapitel 4 die Schulbuchnutzung zunächst aus
instrumenteller und anschließend aus soziosemiotischer Perspektive konzeptualisiert. Beide Perspektiven beschreiben die Interaktion zwischen Menschen und
Artefakten – wie beispielsweise zwischen Lernenden und digitalen Mathematikschulbüchern – und bilden für dieses Forschungsvorhaben den theoretischen
Rahmen. Dabei beschreibt der instrumentelle Blickwinkel die wechselseitige
Beeinflussung von Mensch und Artefakt im Generellen, während der soziosemiotische Ansatz die konkrete Nutzung des Artefaktes durch eine Deutung der
von den Lernenden geäußerten Zeichen rekonstruiert und dabei auch für ein Klas-
senraumsetting Verwendung findet. Am Ende des ersten Teils werden in Kapitel 5
vor dem Hintergrund der theoretischen Grundlagen die Forschungsfragen dieses
Forschungsvorhabens hergeleitet.

Teil II dieser Arbeit widmet sich der Strukturanalyse digitaler Mathematikschulbücher für die Sekundarstufe I in Deutschland und somit dem deskriptiven
Forschungsziel. In Kapitel 6 wird dafür die qualitative Inhaltsanalyse nach Mayring (2015) als Methode zur deskriptiven Analyse der Schulbücher vorgestellt und
anhand von einigen Schulbuchbeispielen exemplarisch dargestellt. Im Anschluss
daran werden die Ergebnisse dieser Strukturanalyse und insbesondere die dadurch

identifizierten Strukturelementtypen präsentiert sowie strukturelle Besonderheiten der digitalen Mathematikschulbücher vorgestellt.

Teil III stellt das empirische Forschungsvorhaben und die Ergebnisse dazu vor. In diesem Zusammenhang werden in Kapitel 7 zunächst die mathematischen Gegenstandsbereiche vorgestellt, die in den eingesetzten Schulbuchkapiteln thematisiert werden. Kapitel 8 stellt das empirische Untersuchungsdesign vor, bevor in Kapitel 9 anschließend die Schulbuchnutzungen vorgestellt und ausgewertet werden. In diesem Zusammenhang wird die Frage nach der Verwendung von digitalen Mathematikschulbüchern durch Schülerinnen und Schüler (Ziel 3) beantwortet. In Kapitel 10 werden anschließend die Ergebnisse diskutiert und reflektiert; in Kapitel 11 werden Rückschlusse auf die Forschungsfragen dieses Forschungsvorhabens sowie Konsequenzen für weiterführende Forschungen im Bezug zu digitalen Schulbüchern (für die Mathematik) gezogen.

Insgesamt orientiert sich diese Forschungsarbeit deutlich an den Vorarbeiten von Rezat zu gedruckten Mathematikschulbüchern und deren Nutzung durch Lernende (Rezat, 2008, 2009, 2011, 2013). Dies hat die folgenden Beweggründe: Zum einen lieferte Rezat zum ersten Mal eine vollständige und umfangreiche Strukturanalyse gedruckter Mathematikschulbücher für den deutschsprachigen Raum, sodass inhaltliche und strukturelle Parallelen für die deskriptive Analyse sinnvoll erscheinen. Darüber hinaus gewinnt Rezat durch den instrumentellen Forschungsansatz wegweisende Erkenntnisse über die Nutzung des Schulbuchs und der Strukturelemente durch die Lernenden, sodass auch hier eine inhaltliche und strukturelle Entsprechung des vorliegenden Forschungsansatzes und -vorgehens geeignet ist. Dieser grundsätzlichen Orientierung an den Arbeiten von Rezat soll hiermit Rechnung getragen werden. Die Forschungsergebnisse zu gedruckten Mathematikschulbüchern haben eine Untersuchung der Struktur und Nutzung digitaler Mathematikschulbücher somit überhaupt erst möglich und greifbar gemacht.

Teil I
Theoretische Grundlagen

Struktur und Nutzung gedruckter Schulbücher am Beispiel der Mathematik

In der vorliegenden Arbeit wird der Frage nachgegangen, wie digitale Schulbücher für die Mathematik in Deutschland strukturiert sind und welche Nutzungen sich aus der Sicht der Lernenden empirisch identifizieren lassen. Bevor in Kapitel 3 auf das Medium ‚Schulbuch' an sich, dessen Merkmale und Funktionen im Unterricht und insbesondere auf digitale Schulbücher eingegangen wird, sollen zuerst Forschungsergebnisse bezüglich der Struktur traditioneller (gedruckter) Schulbücher und deren Nutzung (durch Schülerinnen und Schüler) wiedergegeben werden (Kapitel 2). Dies dient auf der einen Seite der Vergleichbarkeit bezüglich der Struktur traditioneller und digitaler Mathematikschulbücher (deskriptive Forschungsfrage, Kapitel 6) sowie bezüglich der Nutzung durch die Lernenden (empirische Forschungsfragen, Kapitel 9) als auch der Abgrenzung derselbigen auf der anderen Seite. Aufgrund dessen wird in Abschnitt 2.1 zuerst auf die Struktur gedruckter (deutschsprachiger) Schulbücher (für die Mathematik und für andere Schulfächer) eingegangen und anschließend in Abschnitt 2.2 auf die Nutzung dieser Unterrichtswerke durch Lernende.

2.1 Struktur gedruckter Mathematikschulbücher

Fachdidaktische Forschung zur Struktur und zum Aufbau von Schulbüchern für den Fremdsprachenunterricht, Sprach- und Literaturunterricht, Gesellschaftslehre und Sachkunde- sowie Geschichts- und Geographieunterricht lässt sich nur in Ansätzen identifizieren (vgl. Fuchs et al., 2014, S. 41–49). So werden zwar gestalterische Umsetzungen und Kernelemente für die Lehrwerksgestaltung genannt (bspw. „Angebote zur Reflexion über eigene Lernstrategien und Verhaltensweisen", Fuchs et al., 2014, S. 45) oder ein chronologischer Aufbau

M. Pohl, *Digitale Mathematikschulbücher in der Sekundarstufe I*, Essener Beiträge zur Mathematikdidaktik, https://doi.org/10.1007/978-3-658-43134-1_2

für Geschichtsbücher festgestellt (vgl. Fuchs et al., 2014, S. 48). Im Gegensatz dazu beschäftigt die „Gestaltung von mathematisch-naturwissenschaftlichen Lehrmitteln (...) die Bildungsmedienforschung [bereits] seit den pädagogischen Reformbemühungen Ende der 1960er Jahre" (Fuchs et al., 2014, S. 49). Im Folgenden wird somit auf die Struktur und den Aufbau von Mathematikschulbüchern eingegangen.

Im Rahmen der Bildungsstudie TIMSS (i. e. Trends in International Mathematics and Science Study) von 1995 wurden 418 Naturwissenschafts- und Mathematikschulbücher aus 48 Schulsystemen auf ihre Struktur hin untersucht (Valverde, Bianchi, Wolfe, Schmidt & Houang, 2002, S. 22). Als Ergebnis stellen die Autoren eine strukturelle Unterscheidung zwischen der ‚Makro-‘ und der ‚Mikroebene‘ heraus (Valverde et al., 2002, S. 21). Bei der Makroebene handelt es sich den Autoren zufolge um strukturelle Eigenschaften, die sich durch das gesamte Schulbuch durchziehen und im Allgemeinen die Ansichten über das jeweilige Fach, in dem zu untersuchenden Fall über die Mathematik, vermitteln:

> There are also structural features that cut across the entire book. These more pervasive features represent an important aspect of textbooks that seems likely to influence the learning opportunities the textbooks are intended to promote throughout an entire school year. We will term these more pervasive features 'macro' structures. (...) Macro structures form the basic context in which each textbook builds up the vision of mathematics or science it intends to convey. They seem clearly to be a part of the vision of science or mathematics embodied in the textbook but also to embed or make manifest parts of that vision. (Valverde et al., 2002, S. 21)

Damit sprechen die Autoren insbesondere strukturelle Bedingungen und die dadurch gegebene Grundstruktur (wie die Konzeption von Schulbüchern für eine Jahrgangsstufe) an, innerhalb der die Mathematik abgebildet wird, sowie den Grundkontext, der das didaktische Leitbild (z. B. entdeckendes Lernen oder Aufgabensequenzen) des Schulbuchs widerspiegelt. Die Makrostruktur vermittelt somit also ein Bild der Mathematik, das sich in der grundlegenden Struktur der Schulbücher zeigt.

Auf der anderen Seite beschreibt die Mikrostruktur „structures associated with specific lessons intended for use in a small number of classroom instructional sessions" (Valverde et al., 2002, S. 21) und ist somit eher lokal auf der Ebene einer einzelnen Unterrichtsstunde im Sinne von pädagogischen Entscheidungen einzustufen. Die Mikrostruktur bildet den Autoren zufolge also eine sehr konkrete strukturelle Ebene einer Lerneinheit ab, die im Gegensatz zu der Makrostruktur gezielter für eine einzelne Unterrichtsstunde genutzt werden kann.

Rezat (2008) stellt darüber hinaus mit Referenz zu Howson (1995) fest, dass eine

> Unterscheidung von strukturellen Eigenschaften des ganzen Buches [i. e. die Makrostruktur] und der Struktur von einzelnen Lerneinheiten [i. e. die Mikrostruktur] (...) [ausblendet], dass auch für Schulbücher eine Unterteilung in einzelne Kapitel üblich ist [i. e. die Mesostruktur] (Rezat, 2008, S. 47).

Aus diesem Grund lassen sich Mathematikschulbücher zusätzlich zu den beiden zuvor erwähnten Strukturebenen in eine weitere Ebene aufteilen, sodass letztendlich für die Struktur traditioneller (deutschsprachiger) Mathematikschulbücher drei Strukturebenen identifiziert werden können:

(1) Makroebene
(2) Mesoebene
(3) Mikroebene

Um diese drei Strukturebenen zu beleuchten, wird hauptsächlich auf die Forschungsarbeit von Rezat (2009) eingegangen, da dort die Struktur gedruckter deutschsprachiger Mathematikschulbücher erstmals detailliert analysiert wurde. In dieser Untersuchung wurden verschiedene deutschsprachige Mathematikschulbücher für die Hauptschule, die Realschule und für Gymnasien der Sekundarstufe I und II der vier Verlage Cornelsen, Klett, Schroedel und Westermann nach den Prinzipien der *qualitativen Inhaltsanalyse* nach Mayring (2015) untersucht, mithilfe der – unter Beachtung expliziter Regeln – die Schulbücher auf ihre Struktur analysiert werden konnten (vgl. Rezat, 2009, S. 73 f.). Das Ergebnis der Schulbuchanalyse zeigt sich in den erwähnten drei Strukturebenen, die sich aus verschiedenen Strukturelementtypen zusammensetzen. In den kommenden Abschnitten werden die drei Strukturebenen zuerst literaturbegleitend vorgestellt. Anschließend werden die von Rezat (2009) ausgearbeiteten Strukturelementtypen in den jeweiligen Ebenen beschrieben, sodass die Struktur und Zusammensetzung (deutschsprachiger) Mathematikschulbücher beschrieben werden kann.

Mit Strukturelementtypen sind dabei diejenigen Elemente gemeint, aus denen sich die Struktur zusammensetzt:

> Dadurch, dass die Struktur des Mathematikbuches aus einzelnen Strukturelementen zusammengesetzt ist, werden die Seiten im Buch gegliedert. Daher stellen die einzelnen Strukturelemente eine sinnvolle Zergliederung des Mathematikbuches in einzelne Teile dar. (Rezat, 2009, S. 70)

Die drei zu betrachteten Strukturebenen setzen sich somit aus den für die jeweiligen Ebenen gültigen Strukturelementen zusammen, sodass Informationen über die Struktur der Schulbücher durch die Analyse ebendieser Strukturelemente sowie aus den Einführungsseiten gewonnen werden können (vgl. Rezat, 2009, S. 75). Auf diese drei Ebenen und die darin inkludierten Strukturelemente wird nun im Folgenden näher eingegangen.

2.1.1 Makroebene

In der Makrostruktur wird die grundlegende Systematik der Bücher abgebildet: „Dazu gehört im Wesentlichen, welche mathematischen Themenbereiche behandelt werden und wie diese Themenbereiche innerhalb des Buches angeordnet sind" (Rezat, 2009, S. 78). Keitel, Otte und Seeger (1980) unterscheiden diesbezüglich Schulbücher für die Mathematik hinsichtlich ihres jeweiligen Bezugssystems und differenzieren dementsprechend zwischen ‚Jahrgangsstufenbänden' und ‚Lehrgängen geschlossener Sachgebiete' (vgl. Keitel et al., 1980, S. 67 ff.).

Jahrgangsstufenbände werden mit Referenz zu einem zeitlichen Bezugssystem konzipiert. Das bedeutet, dass die Inhalte, die durch das Curriculum für einen jeweiligen Jahrgang vorgegeben werden, durch die zeitliche Strukturierung in die Klassenstufen geordnet werden; Schulbücher der Kategorie ‚Lehrgänge geschlossener Sachgebiete' orientieren sich im Gegenzug dazu an inhaltlichen Vorgaben der einzelnen (mathematischen) Disziplinen (z. B. Analysis, Lineare Algebra, Stochastik, etc.) (vgl. Rezat, 2009, S. 78 f.).

Valverde et al. (2002) teilen Mathematikschulbücher auf der Makrostrukturebene stattdessen in die folgenden drei Kategorien ein:

- Kategorie 1: Schulbücher mit einem zentralen Inhaltsgebiet (…)
- Kategorie 2: Schulbücher, deren Themen fortschreitend-sequentiell strukturiert sind (…)
- Kategorie 3: Schulbücher mit fragmentierter Inhaltsabdeckung

(vgl. Valverde et al., 2002, S. 63–73; eigene Übersetzung)

Ordnet man diese drei Kategorien von Schulbüchern in die von Keitel et al. (1980) unterschiedenen Schulbuchtypen ein, ähneln die ‚Jahrgangsstufenbände' den Schulbüchern der Kategorien 2 und 3 und die ‚Lehrgänge geschlossener Sachgebiete' denen in Kategorie 1 (2009, S. 79). Insofern lässt sich hier eine ähnliche Schulbuchtypenbeschreibung bzw. Kategorisierung feststellen.

Des Weiteren analysierten Valverde et al. (2002) in ihrer internationalen Schulbuchstudie auch sechs Mathematikschulbücher aus Deutschland und ordneten diese den drei Kategorien zu. Dabei zeigte sich, dass von den sechs Schulbüchern für die Mathematik in Deutschland 17 % Kategorie 1 und 83 % Kategorie 2 zugeordnet werden konnten (vgl. Valverde et al., 2002, S. 77). Anders ausgedrückt: Von den sechs analysierten Schulbüchern behandelte ein Schulbuch ein zentrales Inhaltsgebiet (Kategorie 1), die anderen fünf Schulbücher behandelten die Themen fortschreitend-sequentiell (Kategorie 2), während kein Schulbuch Kategorie 3 zugeordnet werden konnte. Dies entspricht auch in etwa dem internationalen Vergleich der Schulbuchkategorien (vgl. Rezat, 2009, S. 79) und lässt demnach (für Deutschland) an der Unterteilung ‚Jahrgangsstufenbände' und ‚Lehrgänge geschlossener Sachgebiete' festhalten.

In diesem Zusammenhang konnte zudem für gedruckte Mathematikschulbücher aus Deutschland bezüglich der makrostrukturellen Ebene festgestellt werden, dass eine Unterscheidung zwischen Schulbüchern für die Sekundarstufe I und II notwendig erscheint:

> Für die Sekundarstufe I werden ausschließlich Schulbücher in Form von Jahrgangsstufenbänden angeboten. (...) Die Schulbücher für die Sekundarstufe II sind dagegen überwiegend als Lehrgänge geschlossener mathematischer Sachgebiete konzipiert. (Rezat, 2009, S. 92)

Zusätzlich zu der grundlegenden Systematik eines Schulbuchs wird durch die Makrostruktur aber auch eine erste Gliederung der Inhalte wie eine Unterteilung in einzelne Kapitel abgebildet:

> Neben den Kapiteln finden sich auf makrostruktureller Ebene auch Elemente, die zur Transparenz der Struktur des Buches beitragen sollen. Dazu zählen Inhaltsverzeichnis, Register und andere Verzeichnisse. (Rezat, 2008, S. 48)

Insgesamt zeigt sich somit in „deutschen Büchern eine Unterteilung in einzelne Kapitel, die auch insgesamt für die TIMSS-Welt üblich ist" (Rezat, 2009, S. 93).

Zusammenfassend lässt sich zwischen Strukturelementen zur Orientierung im Buch, z. B. Inhaltsverzeichnis oder Kapitel, und Elementen, die Inhalte der einzelnen Kapitel transzendieren, unterschieden (vgl. Rezat, 2008). Zu letzterem zählen „kapitelübergreifende Aufgaben, Verzeichnisse mit mathematischen Symbolen sowie Maßen und Maßeinheiten und Strukturelemente, die auf Vorwissen verweisen" (Rezat, 2008, S. 50). Insgesamt konnten somit die folgenden

Strukturelemente für die Makrostruktur (deutschsprachiger) Schulbücher für die Mathematik identifiziert werden:

- Hinweise zur Struktur
- Inhaltsverzeichnis
- Kapitel
- kapitelübergreifende Aufgaben
- kapitelübergreifende Tests
- Projekt
- Verzeichnis mathematischer Symbole
- Übersicht über Maße und Maßeinheiten
- Formelsammlung
- Lösungen zu ausgewählten Aufgaben
- Stichwortverzeichnis

(vgl. Rezat, 2009, S. 94)

2.1.2 Mesoebene

Im Gegensatz zur Makrostruktur, die die grundsätzliche Konzeption eines Schulbuchs beschreibt, bezieht sich die Mesostruktur auf die Struktur der einzelnen Kapitel. Bei der Analyse auf mesostruktureller Ebene zeigte sich, dass „die Kapitel aller untersuchten Mathematikbücher in Lerneinheiten unterteilt sind" (Rezat, 2008, S. 51). Darüber hinaus konnten insgesamt die folgenden Strukturelemente identifiziert werden:

- Einführungsseite
- Aktivitäten
- Lerneinheiten
- Themenseiten
- lerneinheitenübergreifende Zusammenfassung
- lerneinheitenübergreifende Aufgaben
- lerneinheitenübergreifende Tests
- Aufgaben zu Inhalten früherer Kapitel

(Rezat, 2009, S. 96)

Die Mesostruktur deutscher Mathematikschulbücher besteht also im Kern aus den Lerneinheiten, die die Kapitel konstituieren. Zusätzlich konnten aber auch weitere Strukturelemente charakterisiert werden, die

die Inhalte der einzelnen Lerneinheiten verknüpfen, wie Einführungen, die zur Thematik des Kapitels hinführen, Aktivitäten zu den Inhalten der Kapitel, lerneinheitenübergreifende Zusammenfassungen und lerneinheitenübergreifende Aufgaben am
Kapitelende, die sich auf die Inhalte mehrerer Lerneinheiten eines Kapitels beziehen, sowie lerneinheitenübergreifende Tests, die den Schülern die Möglichkeit bieten,
ihren Lernerfolg selbst zu testen. (Rezat, 2009, S. 98)

2.1.3 Mikroebene

Wie oben bereits dargestellt wurde, beschreibt die Mikrostruktur die Struktur der
einzelnen Lerneinheiten. Eine Reihe von Autorinnen und Autoren haben bereits
die Mikrostruktur unterschiedlicher Schulbücher untersucht und dabei verschiedene Strukturelemente identifiziert, aus denen sich die einzelnen thematischen
Abschnitte zusammensetzten (vgl. Hayen, 1987; Howson, 1995; Love & Pimm,
1996; Sträßer, 1974; Valverde et al., 2002). Rezat (2009) gibt darüber eine über-
sichtliche Zusammenfassung (Rezat, 2009, S. 80 ff.), bemerkt aber abschließend,
dass bisher

weder eine einheitliche Terminologie zur Bezeichnung der einzelnen Strukturelemente zur Verfügung steht, noch ein Kategoriensystem, das eine einheitliche Kennzeichnung der einzelnen Strukturelemente hinsichtlich bestimmter Merkmale ermöglicht. (Rezat, 2009, S. 84)

Um eine Vergleichbarkeit der Strukturelemente in (deutschsprachigen) Mathe-
matikschulbüchern zu ermöglichen, wurde aus diesem Grund eine qualitative
Inhaltsanalyse durchgeführt, die zu den folgenden Strukturelementtypen auf
Mikroebene geführt hat:

- Einstieg
- Einstiegsaufgaben
- Aufgabe mit Lösung
- weiterführende Aufgabe
- Lehrtext
- Kasten mit Merkwissen
- Musterbeispiel
- Übungsaufgaben
- Testaufgaben
- Aufgaben zur Wiederholung
- Zusatzinformationen

(vgl. Rezat, 2009, S. 99)

Dabei ist jedoch zu betonen, dass nicht alle Strukturelementtypen in jedem Mathematikschulbuch auftauchen (vgl. Rezat, 2009, S. 98). In den Untersuchungen hat sich jedoch herausgestellt, dass insbesondere die Strukturelementtypen *Kasten mit Merkwissen*, *Musterbeispiel* und *Übungsaufgaben* ein Grundgerüst einer jeden Lerneinheit bilden, da diese drei Strukturelemente in jedem Mathematikschulbuch identifiziert werden konnten (vgl. Rezat, 2009, S. 100).

Für die Struktur deutscher Mathematikschulbücher konnten somit auf der einen Seite drei Strukturebenen sowie auf der anderen Seite verschiedene Strukturelemente für die jeweiligen Strukturebenen identifiziert werden, sodass ein umfassendes Bild darüber vorliegt, wie Mathematikschulbücher in Deutschland für die verschiedenen Schulformen aufgebaut sind. Für das mit dieser Arbeit verfolgte Forschungsvorhaben bietet diese Analyse der Strukturebenen einen wichtigen Anknüpfungspunkt, da im Rahmen einer Analyse von digitalen Mathematikschulbüchern und deren Nutzung durch Schülerinnen und Schüler auch an die Ergebnisse zu der Struktur und den Strukturelementen traditioneller Schulbücher angeschlossen werden kann.

Zusätzlich zu der Identifikation der einzelnen Strukturelemente beschreibt Rezat auch eine Anordnung der Elemente auf den einzelnen Strukturebenen (vgl. Rezat, 2009). Dadurch konnte gezeigt werden, dass auf makro- und mesostruktureller Ebene keine wesentlichen Unterschiede in den Anordnungen festzustellen sind, wohingegen auf mikrostruktureller Ebene zwei Strukturtypen identifizierbar wurden[1].

Für eine bessere Vergleichbarkeit und Übersichtlichkeit werden die Strukturelemente der verschiedenen Strukturebenen in Tabelle 2.1 dargestellt.

Für die Struktur und Strukturelemente digitaler Schulbücher für das Fach Mathematik wird also entscheidend sein, inwiefern sich ähnliche Strukturebenen und Strukturelemente auf den verschiedenen Ebenen identifizieren lassen, ob und welche Strukturelemente wegfallen bzw. neu hinzukommen. Dies wird im Rahmen der deskriptiven Analyse digitaler Schulbücher Gegenstand von Kapitel 6 sein.

---

[1] Für einen detaillierten Einblick in die Anordnung der Strukturelementtypen auf den Strukturebenen traditioneller Mathematikschulbücher ist auf Rezat (2009) zu verweisen. Für die hier vorliegende Arbeit wird aufgrund der quantitativ niedrigen Anzahl digitaler Mathematikschulbücher kein abschließender Vergleich der Anordnung der Strukturelemente auf den Strukturebenen möglich sein, weshalb an dieser Stelle die Analyseergebnisse zur Anordnung der Strukturelemente traditioneller Mathematikschulbücher nicht weiter erläutert werden. Eine Untersuchung der Anordnung der Strukturelemente wird erst für weiterführende Studien bezogen auf den Vergleich digitaler Schulbuchkonzepte relevant sein.

Tabelle 2.1 Übersicht der Strukturelemente auf den Strukturebenen von traditionellen gedruckten Schulbüchern in Deutschland für das Fach Mathematik (vgl. Rezat, 2009)

Makrostruktur	Mesostruktur	Mikrostruktur
• Hinweise zur Struktur	• Einführungsseite	• Einstieg
• Inhaltsverzeichnis	• Aktivitäten	• Einstiegsaufgaben
• Kapitel	• Lerneinheiten	• Aufgabe mit Lösung
• kapitelübergreifende Aufgaben	• Themenseiten	• weiterführende Aufgabe
• kapitelübergreifende Tests	• lerneinheitenübergreifende Zusammenfassung	• Lehrtext
• Projekt	• lerneinheitenübergreifende Aufgaben	• Kasten mit Merkwissen
• Verzeichnis mathematischer Symbole	• lerneinheitenübergreifende Tests	• Musterbeispiel
• Übersicht über Maße und Maßeinheiten	• Aufgaben zu Inhalten früherer Kapitel	• Übungsaufgaben
• Formelsammlung		• Testaufgaben
• Lösungen zu ausgewählten Aufgaben		• Aufgaben zur Wiederholung
• Stichwortverzeichnis		• Zusatzinformationen

Da das Forschungsinteresse dieser Arbeit zusätzlich zu der Struktur digitaler Mathematikschulbücher auf der Nutzung dieser durch Lernende liegt, ist es auch hier sinnvoll, an bisherige wissenschaftliche Arbeiten zu Nutzungen traditioneller Schulbücher durch Lernende anzuknüpfen. Dies wird daher im folgenden Kapitelabschnitt weiter thematisiert.

2.2   Schulbuchnutzung von Lernenden

Richtet man den Blick auf die Nutzung von Schulbüchern, lässt sich anhand der zu diesem Thema einschlägigen Literatur schlussfolgern, dass sich wissenschaftliche Beiträge bisher größtenteils mit der Schulbuchnutzung von Lehrenden beschäftigt haben (u. a. Bromme & Hömberg, 1981; Hopf, 1980; Johansson, 2006; Pepin & Haggarty, 2001; Tietze, 1986). Empirische Untersuchungen zur Nutzung von Schulbüchern durch Lernende stellen für viele Fächer noch ein Desiderat der Forschung dar (vgl. Fuchs et al., 2014, S. 103). Für die Mathematik hat erst die oben bereits erwähnte Forschungsarbeit von Rezat (2009) eine Untersuchung der Schulbuchnutzung aus der Perspektive der Lernenden in den Fokus gerückt. Dabei wurde zusätzlich zu der in Abschnitt 2.1 aufgeführten Struktur von Schulbüchern auch in den Blick genommen, zu welchen Zwecken Schülerinnen und Schüler ihre Mathematikschulbücher verwenden und wie sie dabei vorgehen. Dabei wird zwischen erwarteten und tatsächlichen Nutzungszwecken vor der theoretischen Grundlage einer soziokulturellen Perspektive auf das Mathematikbuch unterschieden (vgl. Rezat, 2011, S. 156), womit weitestgehend die von Vygotsky formulierte ‚Theorie der vermittelten Handlung' (vgl. Lompscher, 1985; Vygotsky, 1978) verstanden wird. Vor dem Hintergrund der in dieser Arbeit verfolgten Frage nach der Nutzung digitaler Schulbücher durch Lernende wird nun auf die von Rezat (2009) identifizierten erwarteten und tatsächlichen Nutzungen von gedruckten Mathematikschulbüchern durch Schülerinnen und Schüler eingegangen; der soziokulturelle Hintergrund wird in Kapitel 4 ausführlich dargestellt, da auch in dieser Arbeit die Schulbuchnutzung als soziosemiotischer Prozess verstanden wird.

Bezogen auf die Frage nach der erwarteten Nutzung eines Schulbuchs (durch Schülerinnen und Schüler) konstatiert Rezat (2011), dass

> mit der strukturellen Gestaltung von Büchern bestimmte Nutzungsweisen vom Model Reader erwartet werden. Erwartete Nutzung wird (…) als die Nutzung konzeptualisiert, die Redakteure, Herausgeber oder Autoren bei der strukturellen Gestaltung des Buches vom Model Reader erwarten. (Rezat, 2011, S. 157)

Dabei wird der ‚Model Reader' in Anlehnung an Eco (1979) als „a part of the picture of the generative process of the text" (Eco, 1979, S. 4) verstanden, womit gemeint ist, dass Schulbücher nicht nur inhaltlich, sondern auch strukturell für eine intendierte Leserin bzw. einen intendierten Leser konzipiert werden[2].

In der Konzeption von Schulbüchern wird der Inhalt somit für eine gewisse Zielgruppe konzipiert. Damit verbunden sind demnach erwartete Nutzungen, die jedoch von tatsächlichen Nutzungen abweichen können. In der strukturellen Analyse der drei Strukturebenen (Makro-, Meso- und Mikrolevel (vgl. Abschnitt 2.1)) wurden die Strukturelemente traditioneller Mathematikschulbücher anhand ihrer von den Schulbuchautorinnen und -autoren (teilweise explizit) beschriebenen Funktionen entsprechend den Beschreibungen in den Einführungsseiten identifiziert. Zudem wurden die Strukturelemente hinsichtlich der folgenden fünf verschiedenen Merkmale bzw. Funktionen charakterisiert, die in der Linguistik zur Charakterisierung von Textsorten verwendet werden: typographische Merkmale, sprachliche Merkmale, inhaltliche Aspekte, didaktische Funktionen und situative Bedingungen[3]. Dabei zeigte sich bezogen auf die erwarteten Nutzungszwecke anhand der *didaktischen Funktion*, „welche Zwecke der Nutzung des Buches im Zusammenhang mit dem Lernen von Mathematik von den Schulbuchentwicklern intendiert wurden" (Rezat, 2009, S. 106). Die erwarteten Nutzungszwecke decken sich somit mit den didaktischen Funktionen – und werden demnach in den in Abschnitt 2.1 aufgeführten Strukturelementen repräsentiert, da sich die Strukturelemente eben genau aufgrund der verschiedenen Funktionen und somit auch anhand der didaktischen Funktion unterscheiden lassen. Insgesamt wurden somit auf der Mikroebene intendierte Nutzungszwecke zu den identifizierten Strukturelementen auf Grundlage der Beschreibungen in den Einführungsseiten der Schulbücher herausgearbeitet (vgl. Tabelle 2.2).

---

[2] Die Frage, ob Schulbücher von den Schulbuchverlagen nun für Lehrerinnen und Lehrer oder Schülerinnen und Schüler konzipiert werden, wird weiter in Kapitel 3 vertieft. Hier soll nun zuerst einmal das Argument im Vordergrund stehen, dass Schulbücher für eine intendierte Leserin bzw. einen intendierten Leser angedacht sind, was die Struktur und dementsprechend letztendlich auch die Nutzung beeinflussen wird.

[3] Für eine genauere Beschreibung der einzelnen Funktionen bzw. Merkmale lohnt sich ein genauerer Blick in Rezat (2009, S. 86 ff.). Die verschiedenen Funktionen werden zudem in Kapitel 6 im Rahmen der Analyse digitaler Mathematikschulbücher näher erläutert. An dieser Stelle soll nun jedoch erst mal auf den Zusammenhang zwischen der erwarteten Nutzung und der didaktischen Funktion eingegangen werden.

Tabelle 2.2 Erwartete Nutzungszwecke der Strukturelemente auf der Mikroebene des Mathematikbuchs (vgl. Rezat, 2011, S. 159)

Strukturelement	erwartete Nutzungszwecke
Einstieg	zum Erarbeiten, Nacharbeiten von Lerninhalten
Einstiegsaufgabe	
Aufgabe mit Lösung	
Lehrtext	
Kasten mit Merkwissen	
Musterbeispiel	als Hilfestellung beim Bearbeiten der Übungsaufgaben
Zusatzinformationen	
weiterführende Aufgaben	zum Üben, Anwenden, Festigen und Vernetzen der Lerninhalte
Übungsaufgaben	
Aufgaben zur Wiederholung	
Testaufgaben	zur Kontrolle des eigenen Lernfortschritts

Die einzelnen Strukturelemente lassen sich somit grob in vier erwartete Nutzungszwecke einteilen: ‚Erarbeiten von Inhalten', ‚Bearbeiten von Aufgaben', ‚Festigen von Lerninhalten' und ‚Kontrolle'.

Die hier dargestellten erwarteten Nutzungszwecke beziehen sich jedoch lediglich auf die Strukturelemente der Mikroebene. Um eine Aussage über die tatsächliche Nutzung der Strukturelemente auf Mikroebene und des gesamten Schulbuchs machen zu können, hat Rezat (2009) eine empirische Studie mit 74 Schülerinnen und Schülern aus Nordrhein-Westfalen der Jahrgangsstufen 6 und 12 durchgeführt, in der die Schulbuchnutzungen innerhalb und außerhalb des Unterrichts über einen Zeitraum von drei Wochen dokumentiert wurden (vgl. Rezat, 2011, S. 160). Innerhalb der drei Wochen markierten die Lernenden die genutzten Schulbuchinhalte mit einem Textmarker und dokumentierten zu jedem Ausschnitt das Datum und den Grund der Nutzung, sodass auch „Nutzungen, die nicht unmittelbar auf die direkte Aufforderung des Lehrers zurückzuführen sind" (Rezat, 2011, S. 160), dargestellt werden konnten. Zusätzlich dazu wurde der Unterricht über den gesamten Zeitraum beobachtet und „Schulbuchnutzungen im Unterricht protokolliert sowie die Vermittlung der Schulbuchnutzung durch die jeweiligen Lehrer im Unterricht" (Rezat, 2011, S. 160). Des Weiteren wurden in Interviews einzelne Schülerinnen und Schüler zu ihren Schulbuchnutzungen befragt, sodass sich insgesamt eine große Bandbreite von empirischen Daten zu Schulbuchnutzungen durch die Lernenden ergeben hat.

Insgesamt konnten aus den ,erhobenen Daten fünf Nutzungen[4] rekonstruiert werden, zu denen die Schülerinnen und Schüler das Schulbuch zum Lernen von Mathematik verwenden, die in den nächsten Absätzen weiter beschrieben werden:

1. Hilfe zum Bearbeiten von Aufgaben
2. Festigen
3. Erarbeiten neuer Inhalte
4. interessemotiviertes Lernen
5. metakognitive Zwecke

(vgl. Rezat, 2011, S. 163)

Für die Tätigkeit ,Hilfe zum Bearbeiten von Aufgaben' nutzen die Schülerinnen und Schüler das Schulbuch einerseits aufgrund von lehrervermittelten Aufforderungen zur Aufgabenbearbeitung, andererseits aber auch selbstständig, um Hilfe zum Bearbeiten der Aufgaben zu erhalten. Dabei wird das Schulbuch im Rahmen der Tätigkeit ,Hilfe zum Bearbeiten von Aufgaben' zu den drei Teilzielen ,Verstehen des Aufgabentextes', ,Erhalten von Lösungshinweisen' und ,Kontrollieren der Lösungen' verwendet (vgl. Rezat, 2009, S. 316). Auf der Ebene der Mikrostruktur zeigt sich zudem, dass 186 von insgesamt 504 Nutzungen der Strukturelemente zur Tätigkeit ,Hilfe zum Bearbeiten von Aufgaben' zugeordnet werden können, was einer relativen Häufigkeit von ungefähr 36,9 % entspricht und die zweithäufigste Nutzung der Strukturelemente auf Mikroebene darstellt.

Bei der Tätigkeit ,Festigen' beschreiben die Schülerinnen und Schüler Nutzungen des Schulbuchs bzw. einzelner Strukturelemente mit den Verben ,Lernen', ,Wiederholen', ,Üben' und ,Vorbereiten':

Während ,Lernen' einerseits als Oberbegriff aufgefasst wird oder überwiegend an die Verwendung informationsdarbietender Elemente des Mathematikbuches gebunden ist, wird ,Üben' insbesondere mit der Verwendung von Aufgaben verbunden. ,Wiederholen' nimmt eine Zwischenstellung zwischen ,Lernen' und ,Üben' ein und wird sowohl mit der Verwendung von Aufgaben als auch der von inhaltsvermittelnden Elementen in Verbindung gebracht. (Rezat, 2011, S. 165)

---

[4] Die tatsächlichen Nutzungszwecke unterscheiden sich bei Rezat (2009) und (2011) in dem Maße, dass in der Veröffentlichung von 2009 die vier Nutzungszwecke ,Hilfe zum Bearbeiten von Aufgaben', ,Festigen', ,Erarbeiten neuer Inhalte' und ,interessemotiviertes Lernen' aufgeführt wurden, während 2011 der fünfte Nutzungszweck ,metakognitive Zwecke' hinzugefügt wurde. Es kann anhand der Beschreibung in Rezat (2011, S. 169) davon ausgegangen werden, dass das Teilziel ,Kontrollieren der Lösungen' im Rahmen des Nutzungszwecks ,Hilfe zum Bearbeiten von Aufgaben' als eigenständige Nutzungstätigkeit ,metakognitive Zwecke' aufgefasst wurde.

Den mit diesen vier Tätigkeiten verbundenen Zwecken ist das „Streben nach Verbesserung" (Rezat, 2011, S. 166) gemeinsam, was sich in unterschiedlichen Aussagen der Schülerinnen und Schüler zeigt. Auch in weiterer Forschungsliteratur spiegeln sich diese Nutzungen anhand der Beschreibungen ‚Verbesserung' (vgl. Winter, 1984, S. 7) bzw. ‚Festigen' (vgl. Lorenz & Pietzsch, 1977; Winter, 1984) wider, sodass sowohl anhand der Beschreibungen der Lernenden als auch anhand der wissenschaftlichen Beiträge die Tätigkeiten ‚üben'/‚Übung', ‚wiederholen'/‚Wiederholung', ‚Lernen' oder ‚vorbereiten'/‚Vorbereitung' der Tätigkeit ‚Festigen' zugeordnet werden können.

Auf Mikroebene zeigt sich, dass von insgesamt 504 Nutzungen 279 der Tätigkeit ‚Festigen' zugeordnet werden können, was einer relativen Nutzung von ungefähr 55,4 % entspricht und somit die häufigste Nutzung der Strukturelemente auf Mikroebene im Rahmen einer gezielten Tätigkeit darstellt (vgl. Rezat, 2011, S. 171).

Die übrigen drei Tätigkeiten ‚Erarbeiten neuer Inhalte[5]', interessemotiviertes Lernen' und ‚metakognitive Zwecke[6]' beschreiben nur 19, 16 bzw. vier Nutzungen der Strukturelemente auf Mikroebene (vgl. Rezat, 2011, S. 171) und stellen demzufolge seltenere Nutzungstätigkeiten des Schulbuchs bzw. einzelner Strukturelemente durch Schülerinnen und Schüler dar (vgl. Abbildung 2.1). Bei der Tätigkeit ‚Erarbeiten neuer Inhalte' zeigt sich, dass Lernende das Schulbuch bzw. einzelne Strukturelemente zum

> Vorarbeiten und (…) Nacharbeiten von versäumtem Unterricht [nutzen]. (…) Gemeinsam ist diesen Nutzungen, dass Schüler Inhalte aus dem Buch nutzen, die entweder (noch) nicht im Unterricht behandelt wurden oder deren Behandlung im Unterricht sie verpasst haben. (Rezat, 2011, S. 167)

Im Vergleich dazu beschreibt die Tätigkeit ‚interessemotiviertes Lernen' Schulbuchnutzungen, die durch kognitiven Antrieb motiviert sind:

> Im Unterschied zu den anderen Verwendungszusammenhängen ist das interessemotivierte Lernen eher durch eine Motivation als durch ein Ziel zu charakterisieren. Im Rahmen dieser Tätigkeit wird Lernen zum Selbstzweck und nicht durch einen bestimmten Nutzen motiviert. (Rezat, 2009, S. 319)

---

[5] Die Tätigkeit ‚Erarbeiten neuer Inhalte' wird in Rezat (2009) als ‚Aneignen von Wissen' beschrieben.

[6] Die Tätigkeit ‚metakognitive Zwecke' wird in Rezat (2009) nicht genannt und beschreibt somit eine zusätzliche Nutzung des Schulbuchs im Vergleich zu den in Rezat (2009) dargestellten vier Nutzungstätigkeiten.

Nutzen die Schülerinnen und Schüler das Schulbuch dafür, ihre eigenen Ergebnisse bzw. ihren eigenen Lernfortschritt zu kontrollieren, stellt die Schulbuchnutzung eine Tätigkeit dar, die als ‚metakognitive Zwecke' kategorisiert wird (vgl.
Rezat, 2011, S. 169).

In Abbildung 2.1 werden auf Grundlage der soeben beschriebenen Tätigkeiten
die relativen Nutzungshäufigkeiten der einzelnen Tätigkeiten dargestellt, wodurch
sich deutlich zeigt, dass das Schulbuch bzw. die Strukturelemente auf Mikroebene
zu den beiden Tätigkeiten ‚Hilfe zum Bearbeiten von Aufgaben' bzw. ‚Festigen'
am häufigsten verwendet werden. In anderen Worten: Schülerinnen und Schüler
nutzen das Schulbuch zum ‚Bearbeiten von Aufgaben' und zum ‚Festigen'.

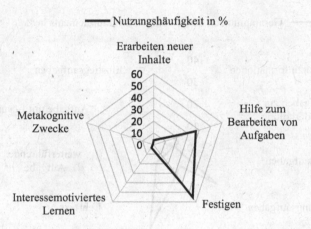

Abbildung 2.1 Relative Häufigkeit von Nutzungen der Strukturelementtypen auf Mikroebene im Rahmen der unterschiedlichen Tätigkeiten (vgl. Rezat, 2011, S. 171)

Betrachtet man des Weiteren die Gesamtnutzungen der einzelnen Strukturelementtypen auf Mikroebene relativ an der Nutzung aller Strukturelementtypen,
ergibt sich die folgende Darstellung (vgl. Abbildung 2.2). Anhand dieser Darstellung zeigt sich sehr anschaulich, dass die beiden Strukturelementtypen
‚Übungsaufgaben' und ‚Kasten mit Merkwissen' von Schülerinnen und Schüler
am häufigsten verwendet werden.

Innerhalb welcher Tätigkeit bzw. wozu diese beiden Strukturelementtypen
nun am häufigsten verwendet wurden, lässt sich aus dieser Graphik nicht ablesen. Durch einen genaueren Blick in die relativen Nutzungshäufigkeiten wird
aber deutlich, dass das Strukturelement ‚Übungsaufgaben' von insgesamt 125
Nutzungen 103 Nutzungen der Tätigkeit ‚Festigen' zugeordnet werden kann.

Zudem lassen sich von insgesamt 196 Nutzungen des Strukturelements ‚Kasten mit Merkwissen' 100 Nutzungen der Tätigkeit ‚Festigen' bzw. 86 Nutzungen der Tätigkeit ‚Bearbeiten von Aufgaben' zuordnen (Rezat, 2011, S. 171). Dies beschreibt allerdings nicht nur die drei häufigsten Nutzungen der beiden Strukturelemente, sondern zur gleichen Zeit auch die häufigsten Nutzungen der gesamten Strukturelementtypen auf Mikroebene generell, weshalb geschlussfolgert werden kann, dass Schülerinnen und Schüler in einem Mathematikschulbuch (auf Mikroebene) zum größten Teil ‚Übungsaufgaben' oder den ‚Kasten mit Merkwissen' verwenden – und zwar innerhalb der Tätigkeiten ‚Bearbeiten von Aufgaben' und ‚Festigen'.

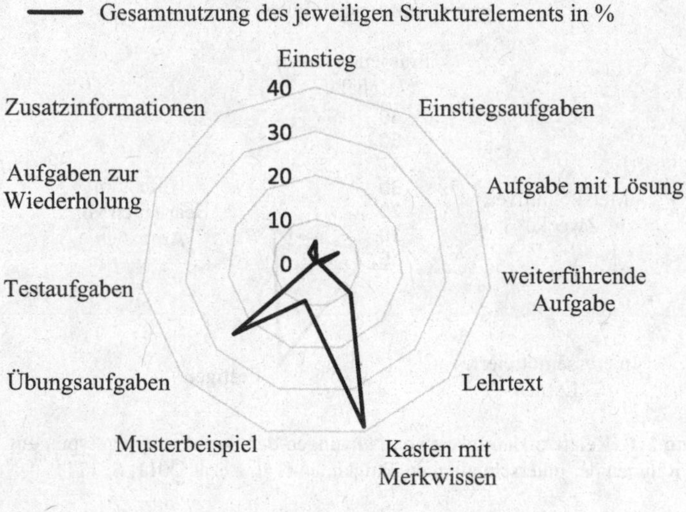

Abbildung 2.2 Gesamtnutzung des jeweiligen Strukturelementtyps relativ an der Nutzung aller Strukturelementtypen auf der Mikroebene (vgl. Rezat, 2011, S. 171)

Ein Vergleich der erwarteten Schulbuchnutzung der Schulbuchautorinnen und -autoren anhand der didaktischen Funktionen (vgl. Tabelle 2.2) und der tatsächlichen Nutzungen durch Lernende (vgl. Abbildung 2.1) zeigt eine grundsätzliche Übereinstimmung:

Die fünf Nutzungszwecke des Mathematikbuches, die im Rahmen der Studie bei Schülern der Sekundarstufen tatsächlich rekonstruiert werden konnten (…), entsprechen grundsätzlich den erwarteten Nutzungszwecken des Mathematikbuches, die in den Einführungsseiten der Bücher expliziert werden. (Rezat, 2011, S. 170)

Dennoch zeigen sich auch deutliche Unterschiede. So ist die tatsächliche Nutzungstätigkeit ‚interessemotiviertes Lernen' nicht in den erwarteten Nutzungen zu finden. Des Weiteren wird in der tatsächlichen Nutzungshäufigkeit der verschiedenen Strukturelemente auf Mikroebene sichtbar, dass „nahezu alle Strukturelemente (…) zu mehreren Zwecken verwendet wurden" (Rezat, 2011, S. 170), was in den erwarteten Nutzungen nicht prognostiziert, sondern durch „eine relativ enge funktionale Determiniertheit (…) und damit [durch] eine Nutzung zu einem relativ eng eingegrenzten Zweck" (Rezat, 2011, S. 171) in den Einführungsseiten beschrieben wurde. Besonders deutlich wird dies bei den Strukturelementen ‚Einstieg', ‚Einstiegsaufgabe' und ‚Kasten mit Merkwissen', die den Schulbuchverlagen zufolge hauptsächlich zum Erarbeiten von Lerninhalten gedacht sind, von den Lernenden jedoch im Wesentlichen zum ‚Bearbeiten von Aufgaben' bzw. zum ‚Festigen' verwendet werden.

Bezogen auf die Frage nach der Nutzung von Schulbüchern wurde bisher dargestellt, dass Schülerinnen und Schüler das Mathematikschulbuch zu fünf verschiedenen Zwecken verwenden, die teilweise von den Schulbuchverlagen und -autorinnen und -autoren erwarteten Nutzungszwecken abweichen, größtenteils jedoch damit übereinstimmen. Zudem wurde die Frage nach den einzelnen verwendeten Strukturelementen auf Mikroebene innerhalb der verschiedenen Tätigkeiten thematisiert.

Eine weitere relevante Frage bezüglich der Schulbuchnutzung bezieht sich auf die Art und Weise, wie Lernende relevante Inhalte in dem Schulbuch auswählen. Diesbezüglich wurde in der Analyse der Schulbuchnutzung zwischen der ‚Auswahl eines relevanten Bereichs' und der ‚Auswahl innerhalb des relevanten Bereichs' unterschieden, die sich folgendermaßen charakterisieren und unterscheiden lassen: Bei der 'Auswahl eines relevanten Bereichs' wählt die Schülerin bzw. der Schüler zuerst einen Bereich innerhalb des Schulbuchs aus, in dem eine gesuchte Information vermutet wird. Innerhalb dieses ausgewählten, relevanten Bereichs werden dann erneut bestimmte Inhalte ausgewählt.

Die ‚Auswahl eines relevanten Bereichs' erfolgt in drei verschiedenen Auswahlprozessen:

(1) vermittlungsorientierte Auswahl eines relevanten Bereichs: Die Auswahl des relevanten Bereichs erfolgt durch Orientierung an lehrervermittelten Elementen;

(2) begriffsorientierte Auswahl eines relevanten Bereichs: Die Auswahl des relevanten Bereichs erfolgt mit Hilfe des Inhalts- bzw. Stichwortverzeichnisses;

(3) Auswahl des relevanten Bereichs durch Blättern im Buch.

(vgl. Rezat, 2009, S. 183)

Das bedeutet, dass die Schülerin bzw. der Schüler entweder durch lehrervermittelte Aufforderungen, durch Nachschlagen eines Begriffs im Inhalts- bzw. Stichwortverzeichnis oder durch (gezieltes) Blättern im Buch relevante Bereiche im Schulbuch auswählt[7].

Im Gegensatz dazu zeigen sich bei der ‚Auswahl innerhalb des relevanten Bereichs' die folgenden drei Auswahlprozesse:

(4) elementorientierte Auswahl von Schulbuchinhalten

(5) lageorientierte Auswahl von Schulbuchinhalten

(6) salienzorientierte Auswahl von Schulbuchinhalten

(vgl. Rezat, 2009, S. 254)

Im Gegensatz zu den Auswahlprozessen für den relevanten Bereich (1) – (3) wird bei den Auswahlprozessen innerhalb des relevanten Bereichs (4) – (6) eine stärkere Fokussierung auf die visuelle Selektion bestimmter Inhalte sichtbar. Das zeigt sich darin, dass die Schülerinnen und Schüler bestimmte Inhalte innerhalb des relevanten Bereichs auswählen, die für sie aufgrund ihrer strukturelementtypischen Spezifikationen von Relevanz sind (4), allein aufgrund ihrer Lage (zu anderen Strukturelementen) wichtig erscheinen (5) oder die auf die Grundlage von Salienz zurückzuführen sind (6)[8].

Die Art und Weise, wie Schülerinnen und Schüler Inhalte aus dem Schulbuch auswählen, lässt sich demzufolge in zwei Arten unterscheiden: ‚Auswahl eines relevanten Bereichs' und ‚Auswahl innerhalb des relevanten Bereichs'. Bei beiden Arten wählen die Schülerinnen und Schüler die Bereiche bzw. Inhalte begründet durch verschiedene Auswahlprozesse aus. Beide Auswahlprozesse spielen somit bei den Nutzungsweisen des Schulbuchs bzw. einzelner Strukturelemente eine wichtige Rolle, sodass sich bei den fünf Nutzungszwecken – ‚Hilfe zum Bearbeiten von Aufgaben', ‚Festigen', ‚Erarbeiten neuer Inhalte', ‚interessemotiviertes Lernen' und ‚metakognitive Zwecke' (siehe oben) – verschiedene

---

[7] Eine genauere Beschreibung der drei Auswahlprozesse eines relevanten Bereichs ist bei Rezat (2009, S. 182–190) zu finden.

[8] Eine genauere Beschreibung der drei Auswahlprozesse innerhalb des relevanten Bereichs ist bei Rezat (2009, S. 190–200) zu finden.

Nutzungsweisen (bzgl. der beiden Auswahlprozesse) ergeben[9] und sich dadurch die Nutzungszwecke genauer beschreiben lassen.

Für die Nutzung traditioneller Schulbücher durch Schülerinnen und Schüler haben die bisher beschriebenen Ergebnisse folgende Aussagekraft: Zum einen konnte gezeigt werden, dass Lernende das Schulbuch zu mehreren Zwecken verwenden, was anhand der fünf Nutzungstätigkeiten sichtbar wurde. Zum anderen konnten zwei Auswahlprozesse identifiziert werden, innerhalb der die Schülerinnen und Schüler Inhalte im Schulbuch auswählen. Beide Auswahlprozesse konnten dabei noch in jeweils drei weitere Vorgehensweisen unterteilt werden. Dabei wurde sichtbar, dass Schülerinnen und Schüler das Mathematikschulbuch zum Teil auch selbstständig, d. h. über lehrervermittelte Nutzungen hinaus, verwenden.

2.3   Fazit

Das Forschungsinteresse dieser Arbeit besteht darin, die Struktur digitaler Schulbücher für die Mathematik und die Nutzung dieser digitalen Schulbücher durch Schülerinnen und Schüler zu untersuchen. Hinsichtlich der Struktur gedruckter Schulbücher wurden in Abschnitt 2.1 daher Forschungsergebnisse zur Struktur gedruckter Mathematikschulbücher in Deutschland für die Jahrgangsstufen der Sekundarstufen I und II vorgestellt.

In der Forschungsliteratur werden dabei drei Strukturebenen für Mathematikschulbücher unterschieden, die sich durch verschiedene Strukturelemente ausdifferenzieren lassen: die Makro-, Meso- und Mikrostruktur. Die Strukturelemente werden diesbezüglich anhand von verschiedenen Merkmalen (inhaltliche Aspekte, sprachliche und typographische Merkmale, didaktische Funktionen und situative Bedingungen) genauer charakterisiert, sodass sich die Struktur der Schulbücher aufgrund der identifizierten Strukturelemente und deren Merkmale beschreiben lässt.

Für die Makrostruktur konnten in bisherigen Forschungsbeiträgen neben den ‚Kapiteln' zusätzliche Strukturelemente identifiziert werden – wie ‚Verzeichnisse' oder ‚kapitelübergreifende Aufgaben und Tests' sowie ‚Übersichten über Maße und Maßeinheiten' –, sodass innerhalb der Makrostruktur die grundlegende Systematik des jeweiligen Schulbuchs erkennbar wird. Schulbücher (in Deutschland) sind insgesamt als ‚Jahrgangsstufenbände' oder als ‚Lehrgänge

---

[9] Für eine genauere Zusammenfassung kann bei Rezat (2009, S. 316–319) nachgeschlagen werden.

geschlossener Sachgebiete' konzipiert, wobei für die Sekundarstufe I Schulbücher als ,Jahrgangsstufenbände' überwiegen und für die Sekundarstufe II ,Lehrgänge geschlossener Sachgebiete'. Die Mesostruktur bezieht sich auf die Gliederung der Kapitel. In der Strukturanalyse der Schulbücher hat sich gezeigt, dass die Kapitel üblicherweise in ,Lerneinheiten' unterteilt sind; zusätzlich dazu konnten aber auch weitere Strukturelemente wie ,Einführungsseiten' oder ,Themenseiten' identifiziert werden, die die einzelnen Lerneinheiten miteinander verknüpfen. Die dritte Strukturebene, die Mikrostruktur, beschreibt den Aufbau der einzelnen Lerneinheiten bzw. die in den Lerneinheiten enthaltenen Strukturelemente. Dabei wurden in allen Schulbüchern die Strukturelemente ,Kasten mit Merkwissen', ,Musterbeispiele' und ,Übungsaufgaben' identifiziert.

Bezogen auf die Nutzung der Schulbücher durch die Lernenden wurde in der Forschungsliteratur betont, dass die Schülerinnen und Schüler das Mathematikschulbuch innerhalb der fünf Tätigkeiten ,Bearbeiten von Aufgaben', ,Festigen', ,Erarbeiten neuer Inhalte', ,interessemotiviertes Lernen' und ,metakognitive Zwecke' verwenden. Dabei orientieren sie sich innerhalb eines zweistufigen Auswahlprozesses, indem sie zuerst einen relevanten Bereich auswählen und danach innerhalb des relevanten Bereichs eine weitere Bereichsauswahl treffen. Ersteres geschieht entweder durch eine Vermittlungs- oder Begriffsorientierung oder durch Blättern im Buch; bei dem zweiten Prozess wird die Auswahl lage-, element- oder salienzorientiert getroffen.

Für die Struktur und die Nutzung digitaler Schulbücher sind diese Forschungsergebnisse von hoher Relevanz. Unter anderem stellt sich die Frage, ob bzw. wie sich der Aufbau von Schulbüchern ändert, wenn diese nicht mehr in gedruckter Form vorliegen, sondern auf einem Computer oder Tablet in digitaler Form abrufbar sind. So ist es aus fachdidaktischer Sicht interessant zu untersuchen, ob digitale Schulbücher (für die Mathematik) hinsichtlich ihrer Makro-, Meso- und Mikrostruktur ihre Gültigkeit behalten oder ob sich strukturelle Veränderungen aufgrund der digitalen Form feststellen lassen. Dies stellt somit eine erste Konsequenz für die hier vorliegende Arbeit dar.

Darüber hinaus wurde bereits deutlich, dass die einzelnen Strukturebenen der traditionellen Schulbücher aus verschiedenen Strukturelementen zusammengesetzt sind. Als eine weitere Konsequenz für die Struktur von digitalen Mathematikschulbüchern lässt sich auch hier nun im Rahmen dieser Forschungsarbeit untersuchen, ob sich die gleichen Strukturelemente analysieren lassen oder ob neue Strukturelemente, die erst durch das digitale Medium möglich sind, in den einzelnen Strukturebenen identifiziert werden können. Eine Einführung von neuen Strukturelementen bedeutet gegebenenfalls eine neuartige Darstellung des mathematischen Inhalts, sodass dieser Aspekt somit eine zweite Konsequenz für die hier vorliegende Schulbuchuntersuchung darstellt.

Eine Veränderung in der Struktur bzw. in der Form des Mediums und in den Strukturelementtypen lässt zudem die Frage nach einer veränderten Nutzung aus fachdidaktischer Perspektive in den Vordergrund rücken, da sich derartige Veränderungen gegebenenfalls auch in den Schulbuchnutzungen von Schülerinnen und Schülern feststellen lassen und somit das Lernen von Mathematik beeinflussen können. Die Grundlage für eine veränderte Art des Mathematiklernens (mit einem digitalen Schulbuch) liegt also zuerst einmal in einer veränderten Struktur und in veränderten Strukturelementen und bedarf demnach zunächst eine Analyse digitaler Mathematikschulbücher. Vor diesem Hintergrund werden dann in einem zweiten Schritt die empirische Datenerhebung angelegt und Nutzungen digitaler Mathematikschulbücher durch Lernende untersucht. Die Untersuchung von Schülernutzungen digitaler Mathematikschulbücher steht daher als ein zentrales Erkenntnisinteresse dieser Arbeit im Vordergrund. Dabei spielen folgende Überlegungen eine zentrale Rolle: Wie verwenden Schülerinnen und Schüler digitale Schulbücher und welche Strukturelemente nutzen sie? Wozu und wie nutzen Schülerinnen und Schüler Strukturelemente, die erst aufgrund der digitalen Natur des Schulbuchs auftreten?

Diese Überlegungen zeigen eine erste Tendenz bezüglich der in dieser Arbeit nachgegangenen Forschungsfragen. Dabei zeigt sich, dass der Begriff ‚digital‘ eine wichtige Rolle spielt, da sich die Struktur und die Nutzung aufgrund der digitalen Form bedingen. Was, also, bedeutet ‚digital‘? Was ist ein ‚digitales Schulbuch‘ (für die Mathematik)? Diese Fragen gilt es zu klären, bevor auf die Frage nach der Struktur und Nutzung digitaler Schulbücher (im Fach Mathematik) eingegangen werden kann. Aus diesem Grund wird in dem folgenden Kapitel der Begriff ‚digital‘ aus verschiedenen Perspektiven betrachtet, um letztendlich ein einheitliches und (für diese Arbeit) tragfähiges Verständnis von einem ‚digitalen Schulbuch‘ zu erlangen. In diesem Zusammenhang werden auch (fachdidaktische) Forschungsergebnisse zu digitalen Medien und Werkzeugen vorgestellt, obgleich dies nicht der zentrale Fokus dieser Arbeit darstellt. Dennoch bieten bisherige Erkenntnisse zu digitalen Werkzeugen Anknüpfungspunkte innerhalb der hier geführten Diskussion, sodass diese nicht gänzlich auszugrenzen sind.

Digitale Schulbücher – Begrifflichkeiten, Funktionen und Definitionen

In der vorliegenden Studie wird der Frage nachgegangen, wie digitale Schulbücher von Schülerinnen und Schülern für das Lernen von Mathematik genutzt werden. Um jedoch Aussagen über den Gebrauch von digitalen Schulbüchern durch Lernende machen zu können, muss zuerst geklärt werden, welches Verständnis eines digitalen Mathematikschulbuchs dieser Arbeit zugrunde liegt. Dabei stellen sich unter anderem die Fragen, welche Merkmale digitale Schulbücher (für das Fach Mathematik) bieten, wie digitale Mathematikschulbücher konzipiert bzw. aufgebaut sind und welche Strukturelemente zur Verfügung stehen. Strukturelemente, die in einem digitalen Schulbuch neu hinzukommen, sind oft interaktiver bzw. dynamischer Natur und sind im Kontext einer GeoGebra-Umgebung konzipiert (vgl. Abschnitt 6.3.1.3). Aus diesem Grund werden in diesem Zusammenhang auch digitale Medien und Werkzeuge aus einer fachdidaktischen Perspektive skizziert, da dies Anknüpfungspunkte zum Umgang von Lernenden mit digitalen Schulbüchern bietet. Insgesamt wird somit eine Klärung des Begriffs ‚digital' in Verbindung mit Schulbüchern verfolgt.

Einige dieser Aspekte werden aus theoretischer Sicht literaturbegleitend innerhalb dieses Kapitels diskutiert und später durch eine deskriptive Analyse (vgl. Kapitel 6) noch weiter ausdifferenziert. Letztendlich wird durch die deskriptive Analyse auch die Frage beantwortet werden können, ob und inwiefern ein Unterschied zwischen digitalen Schulbüchern im Vergleich zu (traditionellen) gedruckten Mathematikschulbüchern (Rezat, 2009) vorliegt. Hierbei ist allerdings zu erwähnen, dass es sich bei dieser deskriptiven Analyse um keine vollständige Vergleichsstudie handelt. Es soll vielmehr herausgestellt werden, wo digitale Schulbücher an gedruckte Schulbücher anknüpfen und Überschneidungen bieten und in welchen Bereichen sie über gedruckte Schulbücher hinausgehen und

M. Pohl, *Digitale Mathematikschulbücher in der Sekundarstufe I*, Essener Beiträge zur Mathematikdidaktik, https://doi.org/10.1007/978-3-658-43134-1_3

somit Erweiterungen aufgrund ihrer digitalen Natur bieten. Dabei wird insbesondere das Ziel verfolgt, den Mehrwert digitaler Mathematikschulbücher darzulegen und aufzuzeigen, welche inhaltlichen und strukturellen Aspekte durch die digitale Beschaffenheit des Schulbuchs entstehen, die vorher nicht möglich waren.

Da sich das hier thematisierte Forschungsvorhaben mit digitalen Schulbüchern beschäftigt, ist es sinnvoll vorher festzuhalten, welche verschiedenen Begriffsbezeichnungen im Zusammenhang mit digitalen Schulbüchern Verwendung finden und worin sich diese unterscheiden. Daher wird zuerst auf die Bedeutung des Begriffs ,digital' eingegangen und anhand der Terminusnotation begründet, warum innerhalb dieser Arbeit die Bezeichnung ,digitales Schulbuch' anderen Begriffen wie ,elektronisches Schulbuch' vorgezogen wird (Abschnitt 3.1). Im Anschluss daran werden in Abschnitt 3.2 unterschiedliche Funktionen, die Schulbücher allgemein im Mathematikunterricht einnehmen, thematisiert. Dies wird von Rezat (2009) aufbauend auf diverser Literatur für traditionelle Schulbücher in verschiedenen Spannungsfeldern beschrieben, in denen das Schulbuch wesentliche Funktionen im Schulunterricht einnimmt. Insgesamt lassen sich daraus verschiedene Funktionen von digitalen Schulbüchern im Unterricht konzipieren (Abschnitt 3.3). Letztendlich werden die verschiedenen Funktionen innerhalb eines Schulbuchs (im Mathematikunterricht) auf den digitalen Kontext übertragen, wodurch deutlich wird, dass das digitale Mathematikschulbuch einerseits an gedruckte Schulbücher anknüpft und andererseits zu anderen Teilen darüber hinausgeht. Insgesamt lässt sich daraus und anknüpfend an Abschnitt 3.1 eine umfassende Definition ,digitaler Mathematikschulbücher' entwickeln (vgl. Abschnitt 3.4) und somit auch der Unterschied von digitalen zu digitalisierten Werken festhalten, der in Abschnitt 3.1 noch unbeantwortet bleiben wird. In diesem Zusammenhang werden ebenfalls Ergebnisse fachdidaktischer Forschung zu digitalen Werkzeugen in groben Zügen wiedergegeben, sodass digitale Schulbücher einerseits als ein Kompositum verschiedener digitaler Werkzeuge angesehen werden können, andererseits jedoch auch als ein neuartiges Medium für den Mathematikunterricht. Am Ende wird zusammenfassend ein reichhaltiges Bild digitaler Schulbücher für den Mathematikunterricht, deren Charakteristika und Funktionen vorliegen. Diese Definition dient auch als Grundlage für die in Abschnitt 6.3 analysierten digitalen Mathematikschulbücher und deren identifizierten Struktureigenschaften und -elemente.

3.1 Elektronische, digitalisierte und digitale Schulbücher – Ein Überblick über verschiedene Begrifflichkeiten und deren Differenzen und Analogien

Ausgehend von dem Begriff ‚Schulbuch' – ein Kompositum aus den Wörtern Schule und Buch – ist ein Schulbuch laut Duden ein „Lehr- und Arbeitsbuch für den Schulunterricht" (Dudenredaktion, o. J.c). Nach Stein (1977) bildet ein Schulbuch bildungspolitische Aspekte aufgrund von politischen Vorgaben ab, thematisiert zu vermittelndes Schulwissen, das kulturell und historisch geprägt ist, und zielt auf die Bildung von Kindern und Jugendlichen ab, indem pädagogische Leitziele innerhalb eines Schulbuchkonzeptes verfolgt werden (vgl. Stein, 1977; zitiert nach Wiater, 2013, S. 18). Höhne (2003) ergänzt diese Aspekte durch seine Bezeichnung von Schulbüchern als ‚Konstruktorium' (vgl. Höhne, 2003, S. 60–66) und formuliert in dem Zusammenhang, dass „in Schulbüchern keine Wirklichkeit abgebildet (...), sondern ein spezifisches Wissen in hochselektiver Weise von zahlreichen sozialen Akteuren konstruiert wird" (Höhne, 2003, S. 64). Wiater (2013) liefert des Weiteren folgende Definition:

> Unter einem Schulbuch versteht man im engeren Sinne ein überwiegend für den Schulunterricht verfasstes Lehr-, Lern und Arbeitsmittel in Buch- oder Broschüreform sowie Loseblattsammlungen, sofern diese einen systematischen Aufbau des Jahresstoffs einer Schule enthalten. Um Schulbuch zu werden, muss eine Publikation in der Regel ein staatliches Zulassungsverfahren durchlaufen haben. (...) Seiner Konzeption nach dient es als didaktisches Medium in Buchform zur Planung, Initiierung, Unterstützung und Evaluation schulischer Lernprozesse. (Wiater, 2013, S. 18)

Anhand dieser Beschreibung zeigen sich bereits viele verschiedene Aspekte, die bei einem Schulbuch eine Rolle spielen. So wird der systematische Aufbau des Inhalts betont, die Genehmigung durch eine staatliche Institution, die Nutzung als didaktisches Lehrmittel sowie die Verwendung durch Lehrende und Lernende. Ob ein Schulbuch im Sinne eines Lehr- und Arbeitsbuch für den Lernenden oder für den Lehrenden konzipiert ist, soll an dieser Stelle nicht im Vordergrund stehen. Vielmehr wird das Schulbuch in diesem Kapitel zunächst als ein Medium für beide Zielgruppen verstanden. Auf diese ungenaue Differenzierung wird jedoch näher in den Abschnitten 3.2 und 3.4 eingegangen, da die Zielgruppe auch für das Verständnis eines digitalen Schulbuchs bezüglich dessen Funktionen von Bedeutung ist. Insgesamt lässt sich jedoch festhalten, dass mit dem Begriff ‚Schulbuch' ein Medium für die Schule verstanden wird, dessen Inhalte von bildungspolitischen Motiven konzipiert werden, kulturell geprägt sind und von verschiedenen sozialen Akteuren verwendet werden. Die in dieser Definition angesprochenen Merkmale werden weiter in Abschnitt 3.2 thematisiert und näher beschrieben. An dieser Stelle wird nun zuerst auf den Begriff *DIGITAL* eingegangen, der grundlegend für das Forschungsinteresse dieser Arbeit ist – dies zuerst allgemein aus einer etymologischen Perspektive und im Anschluss vertieft aus fachdidaktischen, sprachtheoretischen und philosophischen Diskussionsansätzen.

Das Adjektiv ‚digital' ist allein aufgrund von unterschiedlichen Begriffsbedeutungen reichhaltiger als der Begriff ‚Schulbuch'. Zum einen beschreibt es in der Medizin etwas, das „mithilfe des Fingers erfolgend" geschieht (Dudenredaktion, o. J.a). Zum anderen bedeutet es im technischen Bereich „in Ziffern darstellend; in Ziffern dargestellt" (Dudenredaktion, o. J.a). Des Weiteren beruht das Wort ‚digital' mit Herkunft aus dem Englischen „auf Digitaltechnik, Digitalverfahren" (Dudenredaktion, o. J.a).

Alle drei Bedeutungen können im Zusammenhang mit einem digitalen Schulbuch eine Rolle spielen. Stellt man sich beispielsweise ein digitales Schulbuch als eine Anwendung auf einem Smartphone oder Tablet vor, kommen alle drei Facetten des Begriffs zum Tragen. Zum einen erfolgt hierbei die Handhabung des Schulbuchs mit dem Finger (Bedeutung 1). Das heißt, Seiten können durch Gesten mit dem Finger umgeblättert, Lösungen durch eine digitale Tastatur direkt eingegeben, Lesezeichen gesetzt, mathematische Inhalte interaktiv erfahren werden, etc. Dies hängt zwar auf der einen Seite von den verschiedenen vorhandenen Elementen bzw. den bedienungsbezogenen Möglichkeiten innerhalb des jeweiligen digitalen Schulbuchs ab, steht aber dennoch in Kontrast zu Schulbuchversionen, die allein auf dem Computer abrufbar, aber nicht digital bedienbar sind, da dort – sofern der Bildschirm keine Touch-Bedienung zulässt – der Mauszeiger die Rolle des menschlichen Fingers übernimmt und somit der Bedeutung von digital im medizinischen Sinne widerspricht[1]. Auf der anderen Seite werden jedoch auch gedruckte Schulbücher mit der Hand bzw. mit den Fingern verwendet (z. B. Blättern im Buch), sodass diese Bedeutung des Begriffs ‚digital' im Zusammenhang mit digitalen Schulbüchern keine primäre definierende Rolle spielt.

Der zweite Bedeutungsaspekt spielt insbesondere bei Schulbüchern für das Fach Mathematik eine Rolle, da Mathematikaufgaben zum Großteil Ziffern (engl. ‚digits') beinhalten. In diesem Sinne sind jedoch erneut auch gedruckte Schulbücher (für die Mathematik) ‚digital'. Bei Schulbüchern, die in elektronischer

---

[1] Zwar verwendet die Nutzerin bzw. der Nutzer den Computer mit Maus und Tastatur, welche mit den Fingern bedient werden; die Nutzung erfolgt dadurch jedoch über den ‚Umweg' der Maus oder Tastatur und somit nicht direkt mit Bezug zum Bildschirm.

Form abrufbar sind, stecken die Ziffern allerdings auch in der binären Sprache der Programmierung des Schulbuchs und treten somit indirekt in Erscheinung.

Dieser Programmierungsaspekt wird in der dritten Bedeutungsauffassung detaillierter angesprochen. Aus dem Englischen stammend bedeutet ‚digital' dort „using a system of receiving and sending information as a series of the numbers one and zero, showing that an electronic signal is there or is not there" (Oxford Learners' Dictionary, o. J.). Verknüpft man also die Bedeutungen zwei und drei miteinander, wird deutlich, dass insbesondere der Programmierungsaspekt bei digitalen Schulbüchern von großer Bedeutung ist und sich damit von traditionellen gedruckten Schulbüchern unterscheidet, da dort die Ziffern nur in gedruckter Form vorliegen und nicht im Hintergrund in elektronischen Signalen, um den Schulbuchinhalt darzustellen.

Ein digitales Schulbuch ist – aus etymologischer Sichtweise heraus – in erster Linie somit hauptsächlich ein Schulbuch in elektronischer Form. Dies wird auch an den im englischen Sprachraum synonymisch verwendeten Begriffen ‚e-textbook' oder ‚e-book' deutlich (vgl. Gueudet et al., 2016; Gueudet, Pepin, Restrepo, Sabra & Trouche, 2018; Pepin et al., 2015), aber auch an dem deutschen Begriff ‚elektronisches Schulbuch' (Rezat, 2014; Schuhen, 2015). Allerdings rücken diese Bezeichnungen eher das Format eines Schulbuchs in den Vordergrund und fokussieren weniger die für den Unterricht vorliegende tatsächliche Verwendung eines digitalen Schulbuchs oder Veränderungen seitens des dargestellten Inhalts.

Die Frage nach der Art der Nutzung steht also bei der Klärung des Begriffs ‚digital' im Zusammenhang mit dem Lernen von Mathematik und Schulbüchern im Mittelpunkt der Diskussion, also wie und wozu Nutzerinnen und Nutzer ein digitales Schulbuch verwenden. Mit einem digitalen Schulbuch ist letztendlich auch die Hoffnung verbunden, dass es mehr als ein elektronisches Schulbuch leistet, da nicht nur die Art des Schulbuchs – elektronisch oder gedruckt – im Vordergrund steht, sondern insbesondere auch die Art und Weise der Nutzung. Mit der Art und Weise der Schulbuchnutzung ist jedoch nicht nur eine Bedienung im Sinne der ersten Bedeutung – mit dem Finger – gemeint oder eine Fokussierung auf das Format, sondern vielmehr eine veränderte Nutzung, die sich in den Nutzungszwecken und -weisen (vgl. Abschnitt 2.2) darstellt. Aus diesem Grund wird im weiteren Verlauf dieser Arbeit von digitalen Schulbüchern anstelle von ‚e-books', ‚e-textbooks' bzw. ‚elektronischen Schulbüchern' die Rede sein.

Zu klären ist allerdings noch, ob ein Unterschied zwischen digitalen und digitalisierten Schulbuchversionen besteht, da vermehrt gedruckte Schulbücher von den Schulbuchverlagen in einer elektronischen Version zur Verwendung auf einem Computer oder Tablet veröffentlicht und dabei oft als ‚digital' bezeichnet werden (Cornelsen Verlag, o. J.a; Klett Verlag, o. J.b; Westermann Verlag, o. J.a). Dabei ähnelt der Aufbau der elektronischen Versionen jedoch stark der gedruckten Schulbuchversion, wie der Screenshot (vgl. Abbildung 3.1) des *eBook pro* vom Klett-Verlag zeigt.

Diese neuartigen Schulbuchkonzepte (für das Fach Mathematik) entsprechen allen drei oben genannten Facetten des Begriffs ‚digital': Die Bedienung der Schulbuchkonzepte erfolgt – sofern die Schulbuchversion auf einem touchbasierten Endgerät (z. B. Tablet oder interaktives Whiteboard) verwendet wird – mit dem Finger (Bedeutung 1); dies gilt allerdings auch wie oben schon erwähnt für gedruckte Schulbücher. Zudem ist der Inhalt bei Mathematikschulbüchern trivialerweise mathematischer Natur, also in Ziffern dargestellt (Bedeutung 2), was jedoch auch für andere Fächer (z. B. Geschichte, Chemie oder Physik) gilt. Des Weiteren ist eine Programmierung des gedruckten Schulbuchs in eine elektronische Form erfolgt (Bedeutung 3); jedoch wurde bereits oben schon erwähnt, dass nicht das Format des Schulbuchs (elektronisch vs. gedruckt), sondern die Art und Weise der Verwendung für die Bedeutung des Begriffs ‚digital' zentral ist. Dadurch wird schlussendlich deutlich, dass die drei bisher aufgeführten Bedeutungen insbesondere allgemeiner Natur sind und somit nicht zu einer tragfähigen Begriffsklärung eines digitalen Schulbuchs führen. Insgesamt zeigen sich große Überschneidungen der Begriffsbedeutungen zu gedruckten Schulbuchversionen, sodass zu den drei oben genannten Facetten noch weitere Merkmale von Bedeutung sein müssen, die zu einem vollständigen Bild digitaler Schulbücher beitragen und es möglich machen, zwischen ‚digitalen' und ‚digitalisierten' Unterrichtswerken zu unterscheiden.

Ein spezifischer Unterschied zwischen digitalisierten und digitalen Mathematikschulbüchern besteht zum Beispiel darin, dass digitalisierte Schulbücher (für das Fach Mathematik) keine (interaktiven) Aufgabenformate beinhalten, die den (mathematischen) Inhalt durch die technologischen Gegebenheiten auf neue Weise zugänglich und erfahrbar machen. Diese Aussage wird im Laufe der nächsten Abschnitte durch eine detaillierte Literaturrecherche zu den verschiedenen Funktionen gedruckter und digitaler Mathematikschulbücher (Abschnitt 3.2 bzw. 3.3) bestätigt werden, um dann im Anschluss eine umfassende Definition ‚digitaler Mathematikschulbücher' (Abschnitt 3.4) zu erarbeiten. Dabei wird auch eine kurze Beleuchtung der beiden Begriffe ‚digital' und ‚digitalisiert' aus sprachtheoretischer und philosophischer Sichtweise zu einer Klärung der Unterschiede beitragen. Des Weiteren wird ein Überblick zu Ergebnissen fachdidaktischer Forschung über digitale Werkzeuge im Mathematikunterricht gegeben, da digitale Schulbücher durch die Einbettung von dynamischen Elementen als ein Kompositum unterschiedlicher Werkzeuge gesehen werden können.

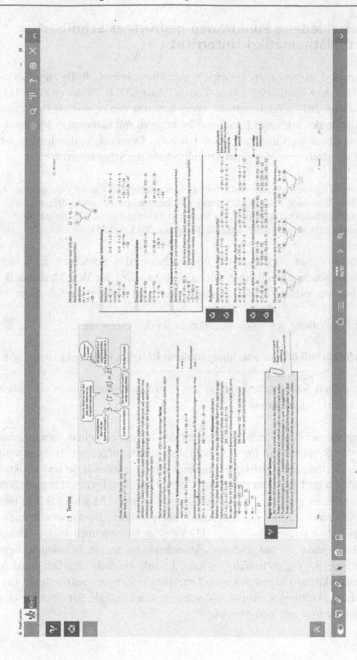

Abbildung 3.1 Screenshot der Benutzeroberfläche zum Thema „Terme", eBook pro (Braun et al., 2019)

3.2   Verschiedene Funktionen gedruckter Schulbücher im (Mathematik-) Unterricht

Schulbüchern wird allgemein im Unterricht eine übergeordnete Rolle zugeschrieben (u. a. Bähr & Künzli, 1999; Fan, Zhu & Miao, 2013; Fuchs et al., 2014; Glasnovic Gracin, 2014). Zu diesem Ergebnis kommen Fan et al. (2013) in einer Literaturstudie, in der relevante Forschungsbeiträge zu internationalen Mathematikschulbüchern analysiert und ausgewertet wurden. Demnach schlussfolgern sie bezogen auf die Rolle von Mathematikschulbüchern im Schulunterricht:

> [T]he important role of textbooks in teaching and learning has been widely recognized by researchers. (…) Moreover, in mathematics, Robitaille und Travers (1992) argued that a great dependence upon textbooks is 'perhaps more characteristic of the teaching of mathematics than of any other subject'. (Fan et al., 2013, S. 635)

Es wird anhand dieser Aussage also deutlich, dass das Schulbuch nicht nur in Deutschland, sondern auch international insbesondere für den Mathematikunterricht eine wesentliche Rolle für das Lehren und Lernen im Schulkontext einnimmt.

An diese Feststellung schließen sich nun folgende Fragen an:

a) Warum wird Schulbüchern eine übergeordnete Rolle im Unterricht zugeschrieben?

b) Warum nehmen Schulbücher gerade im Fach Mathematik einen so hohen Stellenwert im Unterricht ein?

Um diese Fragen zu beantworten, werden auf den folgenden Seiten verschiedene Funktionen von Schulbüchern für das Fach Mathematik aufgezeigt. Hierbei wird deutlich, dass Mathematikschulbücher insbesondere eine inhaltliche und strukturierende Funktion im Unterricht einnehmen, die es für digitale Schulbücher somit ebenfalls zu erfüllen gilt. Die beiden Funktionen ,Inhalt' (Abschnitt 3.2.1) und ,Struktur' (Abschnitt 3.2.2) werden dabei als übergeordnete Funktionen betrachtet, in denen sich verschiedene Rollen des Schulbuchs einordnen lassen. Dabei ist zu erwähnen, dass die aufgeführten Anforderungen an ein Schulbuch nicht den Anspruch verfolgen, vollständig zu sein. Es soll vielmehr deutlich werden, welche Hauptfunktionen Schulbücher im Unterricht einnehmen und welche Auswirkungen diese Funktionen auf die Anforderungen an digitale Schulbücher (für das Fach Mathematik) mit sich bringen.

3.2.1 Inhaltsbezogene Funktion von gedruckten Schulbüchern

In verschiedenen Spannungsfeldern, in denen unterschiedliche Rollen von Schulbüchern laut Rezat (2009) charakterisiert werden können, sowie anhand relevanter Literatur zur Schulbuchforschung (u. a. Fan et al., 2013; Fuchs et al., 2014; Hacker, 1980; Wiater, 2013) lassen sich mehrere Aspekte von Schulbüchern im Schulunterricht identifizieren. Dadurch wird vor allem die inhaltliche Funktion von Schulbüchern im (Mathematik-)Unterricht deutlich, auf die im Laufe der folgenden Seiten näher eingegangen wird.

Bei der inhaltlichen Ausrichtung von Schulbüchern spielen laut Rezat (2009) diverse Aspekte eine Rolle. So haben die verschiedenen Interessen der Wirtschaft (durch Verlage) oder der Politik (durch die Landesschulministerien) „Auswirkungen auf die Entwicklung von Schulbüchern" (Rezat, 2009, S. 2–3) und somit auf den Lehrinhalt, da beide Institutionen inhaltliche Schwerpunkte setzen wollen, die für sie jeweils am wichtigsten erscheinen. Diese Aspekte wurden auch in der in Abschnitt 3.1 erwähnten Definition von Stein (1977) aufgeführt. So ist das Veröffentlichen von Schulbüchern aus wirtschaftlicher Sicht zuerst einmal ein ökonomisches Geschäft, das sich an potenzielle Kundinnen und Kunden orientieren soll. Diese sind „in der Regel die Lehrer (...), die an den Schulen über die Anschaffung bestimmter Schulbücher entscheiden" (Rezat, 2009, S. 3). Aus diesem Grund können Schulbücher auch als Lehrerbücher verstanden werden, was somit Auswirkungen auf die inhaltliche Gestaltung mit sich bringt. Auf diesen Aspekt der Konzipierung von Schulbüchern und die damit verbundene Zielleserschaft wird weiter unten ausführlicher eingegangen.

Aus politischer Sicht spiegelt sich die inhaltliche Funktion in dem staatlichen Genehmigungsverfahren bei Schulbüchern wider (vgl. Abschnitt 3.1; Wiater, 2013). So bedarf die Zulassung von Schulbüchern in Deutschland in der Regel die Genehmigung durch das Kultusministerium oder durch die zuständige Behörde des jeweiligen Bundeslandes. Nach Rezat (2009) ist diese

> Notwendigkeit der staatlichen Genehmigung (...) auf die Schlüsselrolle der Schulbücher zwischen dem intendierten Curriculum, das u. a. in Lehrplänen zum Ausdruck kommt, und dem implementiertem Curriculum – dem konkreten Unterricht – zurückzuführen (Rezat, 2009, S. 3),

weshalb die inhaltlichen mathematischen Konzepte durch das Schulbuch an die Schülerinnen und Schüler – beeinflusst durch die politische Zulassung – vermittelt werden. Valverde et al. (2002) fassen dies folgendermaßen treffend zusammen:

Textbooks are commonly charged precisely with the role of translating policy into pedagogy. They represent an interpretation of policy in terms of concrete actions of teaching and learning. Textbooks are the print resources most consistently used by teachers and their students in the course of their joint work. (Valverde et al., 2002, S. viii)

Allerdings ist an dieser Stelle auch zu bemerken, dass Genehmigungsverfahren von Schulbüchern nicht in allen Bundesländern existieren und darüber hinaus für die Primar-, Sekundar- und Oberstufe auch bundeslandintern divergieren können (vgl. Bildungsserver, o. J.; KMK, o. J.a). Aus den oben genannten Gründen kann dennoch von einem wechselseitigen Spannungsfeld zwischen den Schulministerien, die das intendierte Curriculum festlegen, den Verlagen, die diese inhaltlichen Vorgaben umsetzen, und den Lehrkräften, die wiederum den mathematischen Inhalt an die Lernenden vermitteln und die im Unterricht eingesetzten Schulbücher im Rahmen von Lehrer- bzw. Fachkonferenzen auswählen, gesprochen werden.

Zudem thematisieren Valverde et al. (2002) noch einmal ausdrücklich den Einfluss der Bildungsstandards und der curricularen Vorgaben auf den eigentlichen Schulunterricht, die sich in Schulbüchern am Inhalt und an pädagogischen Konzepten zeigen:

Content standards and similar policy instruments layout a set of instructional goals. Across countries they do so with greater or lesser specificity. Textbooks are designed to translate such goals into practice at a much more specific level. (...) As a consequence, textbooks propose a sequence of pedagogical situations and content. (Valverde et al., 2002, S. 53)

Es lässt sich somit festhalten, dass insbesondere das Kerncurriculum eine wesentliche, wenn nicht sogar die größte inhaltliche Rolle innerhalb eines Schulbuchs spielt, was in den nun aufgeführten inhaltlichen Rollen weiter hervorgehoben wird.

Dadurch, dass das Schulbuch dementsprechend die Funktion hat, einen konkreten Inhalt zu vermitteln, wird es insbesondere als Mittel genutzt, „mit dessen Hilfe Verständnis erzielt werden soll" (Keitel et al., 1980, S. 137). Diese Funktion wird von Rezat als „Rolle des Schulbuchs als Arbeitsmittel bzw. als Unterrichtsgegenstand" (Rezat, 2009, S. 6) charakterisiert und von Stein (1977) ebenfalls aufgegriffen (vgl. Abschnitt 3.1). Dabei wird der mathematische Text als Unterrichtsgegenstand und somit als Mittel bzw. als Informationsträger des Lehrinhalts bezeichnet, wodurch die inhaltliche Funktion des Schulbuchs – hier nun in der Rolle als Informationsträger – erneut im Vordergrund steht. Bezogen auf die inhaltliche Funktion von Schulbüchern im Rahmen dieser Rolle als Informationsträger und Vermittler vom schulischen Inhalt stellen Sosniak und Perlman (1990) Folgendes fest:

> [T]he power of textbooks lies in their ability to serve as resources which introduce readers to worlds which are not immediately obvious or cannot be experienced directly. In particular, textbooks have their power in providing (...) 'access to knowledge which is personally enriching and politically empowering'. (Fan et al., 2013, S. 635)

Schulbücher werden also als Inhaltsvermittler beschrieben, die einen (zu lernenden) Inhalt für die Lernenden überhaupt erst zugänglich machen.

Diese Ansicht teilt auch Hacker (1980) mit der als Repräsentationsfunktion bezeichneten Funktion von Schulbüchern (vgl. Hacker, 1980, S. 17–20). Eine inhaltliche Funktion von Schulbüchern liegt demnach in der Art und Weise der Repräsentation des thematischen Unterrichtsgegenstandes. Hackers Auffassung nach sind „Unterrichtsgegenstände nicht einfach Dinge und Erscheinungen dieser Welt, sondern immer schon Bestandteile eines Erklärungszusammenhanges der jeweils korrespondierenden Wissenschaft" (Hacker, 1980, S. 17). Damit ist gemeint, dass beispielsweise durch Kurvendiskussionen nicht bloß markante Punkte von den expliziten Funktionsgraphen analysiert werden, sondern dass dadurch reale Prozesse modelliert und beschrieben werden können. Eine Kurvendiskussion eines Funktionsgraphen dient letztendlich dazu, einen abstrakten Sachverhalt sichtbar zu machen und zu beschreiben. Dies kann durch verschiedene Arten von Repräsentationen gelingen (z. B. sprachlich, ikonisch, symbolisch), wodurch der inhaltliche Gegenstand der Leserin bzw. dem Leser verdeutlicht wird. Insbesondere in abstrakte Konzepte, die nicht direkt erfahren werden können (z. B. Zahlenräume), gewähren Schulbücher durch ihre Vermittlerrolle und durch die Repräsentationsfunktion somit einen Einblick. Der Aspekt der Vermittlerrolle nimmt in dieser Forschungsarbeit eine zentrale Rolle ein und wird daher in Kapitel 4 aus soziosemiotischer Perspektive detailliert erläutert.

Anhand der oben genannten Wechselbeziehung zwischen Wirtschaft, Politik und Lehrkraft stellt sich auch die Frage, wer das Schulbuch als Mittel bzw. Informationsträger verwendet, für wen der Inhalt somit konzipiert wurde – für die Lernenden oder für die Lehrenden. Keitel et al. (1980) stellen bei Mathematikschulbüchern nach dem KMK-Beschluss von 1968 fest, dass „Lehrbücher behaupten, in erster Linie Schülerbücher zu sein, konsequenterweise werden Schülerbücher getrennt von Lehrerhandbüchern entwickelt" (Keitel et al., 1980, S. 75). Für Schulbücher vor 1968 stellen die Autorinnen und Autoren allerdings genau das Gegenteil fest, nämlich, dass

die traditionellen Lehrbücher hinsichtlich der Gegenstände und Methodiken redu-
zierte Darstellungen dar[stellen], die ihre Ausgestaltung durch [sic!] den Lehrer unter-
stellen und sich im allgemeinen nicht an die Schüler wenden. (Keitel et al., 1980,
S. 73)

Den Autoren zufolge gibt es demnach einen Wechsel der intendierten Schulbuch-
leserschaft bei Schulbüchern vor und nach 1968.

Love und Pimm (1996, S. 384 f.) sowie auch Griesel und Postel (1983, S. 289)
vertreten die Meinung, dass Schulbücher sowohl für Schülerinnen und Schüler
als auch für Lehrerinnen und Lehrer konzipiert werden, da beide Zielgruppen mit
ihm arbeiten. Rezat (2009) stellt in diesem Zusammenhang fest, dass

Mathematikschulbücher auf dem derzeitigen Schulbuchmarkt als ‚Schülerbücher‘
deklariert [sind] und [damit anzeigen], für die Hand des Schülers bestimmt zu sein.
Dieser Anspruch wird auf einführenden Seiten untermauert, die an den Schüler adressiert sind und dem Schüler die Struktur des Buches erläutern, um ihm die Nutzung
des Buches zum Lernen von Mathematik aufzuzeigen. In vielen Büchern findet sich
kein expliziter Anhaltspunkt dafür, dass auch der Lehrer als Leser des Schulbuches
mitbedacht wurde. (Rezat, 2009, S. 9)

Diese Auffassung vertieft sich in einem weiteren Spannungsfeld, das Rezat als
„Rolle des Schulbuchs als Lehrerersatz bzw. als ‚Teamteacher‘" (Rezat, 2009,
S. 10) beschreibt. Dort geht es um die Frage, ob das Schulbuch die Funktion
der Lehrkraft einnehmen und sie daher ersetzen kann, indem es ‚teacher-proof‘,
d. h. „unabhängig von der Vermittlung durch den Lehrer" (Rezat, 2009, S. 10),
von den Schülerinnen und Schülern verwendet wird oder ob das Schulbuch die
Lehrkraft ergänzen kann, indem das Schulbuch neben den Lehrerinnen und Lehrern die Rolle eines ‚team-teacher‘ einnimmt (vgl. Newton, 1990, S. 30). Beide
Sichtweisen haben dementsprechend auch Auswirkungen auf die Verwendung des
Schulbuchs durch den Lernenden, wodurch erneut deutlich wird, dass es keine
definitive Antwort auf die Frage gibt, ob Schulbücher nun für Lehrende oder
für Lernende konzipiert werden. Höhne (2003) spricht in diesem Zusammenhang
auch von verschiedenen sozialen Akteuren (vgl. Abschnitt 3.1). Deutlich wird
aber durchgängig die Relevanz der inhaltlichen Funktion, die das Schulbuch für
den Nutzer bzw. die Nutzerin hat, sei es nun für die Lehrerin bzw. den Lehrer
oder für die Schülerin bzw. den Schüler.

Ob Schulbücher nun für Lehrerinnen und Lehrer oder für Schülerinnen und
Schüler entwickelt werden, spielt zwar bei der inhaltlichen Ausrichtung des
Schulbuchs eine Rolle, was sich auch bei den Formulierungen der Aufgaben oder
Einleitungen zeigt, macht aber bei der inhaltlichen Funktion von Schulbüchern

keinen Unterschied. Dies ist damit begründet, dass die übergeordnete inhaltliche Funktion von Mathematikschulbüchern jederzeit durch die enge Anlehnung an das Curriculum präsent ist – unabhängig von der Schulbuch-Zielleserschaft.

Es ist insgesamt davon auszugehen, dass Schulbücher für beide Zielgruppen konzipiert werden und somit sowohl für Lernende als auch für Lehrende eine wichtige inhaltliche Funktion einnehmen. Auch andere Autorinnen und Autoren stimmen mit dieser Sichtweise überein. Im Vorwort zu einem Tagungsband der Konferenz „Das elektronische Schulbuch" stellen Goldschmidt, Schlösser und Schuhen (2014) Folgendes fest:

> Schulbücher sind in der Schule omnipräsent und haben – ob nun elektronisch oder gedruckt – für den Lehrenden wie auch für den Lernenden immer noch wesentliche Strukturierungs- und Steuerungsfunktionen (…): Schulbücher sind demnach ‚zum Leben erweckte Lehrpläne'. (Schuhen & Froitzheim, 2014, S. 2)

Dies spricht ein weiteres Mal die oben bereits erwähnte dominierende Rolle des Curriculums in der inhaltlichen Funktion von Mathematikschulbüchern an. Bezüglich der inhaltlichen Rolle des Schulbuchs gehen Autorinnen und Autoren der TIMSS-Kultusministerkonferenz noch ein Stück weiter und bezeichnen das Schulbuch explizit als „the potentially implemented curriculum" (Fan et al., 2013, S. 636). Diese Auffassung unterstützt auch Howson (1995), der Mathematikschulbücher der Klasse 8 im Rahmen einer qualitativen Untersuchung auf inhaltlicher Ebene als „one step nearer classroom reality than a national curriculum" (Fan et al., 2013, S. 636) bezeichnet. Schulbücher nehmen also direkt Bezug auf das vorgegebene Curriculum, sodass sie häufig sowohl von Lehrerinnen und Lehrern als auch von Schülerinnen und Schülern als Hauptressource im Unterricht verwendet werden. Dies unterstreicht die inhaltliche Funktion von Schulbüchern erneut.

Insgesamt lässt sich festhalten, dass die inhaltliche Ausrichtung bei Schulbüchern von großer Bedeutung im Hinblick auf die Funktion von Schulbüchern im Unterricht ist. Zum einen hat die enge Anlehnung an das Curriculum einen großen Einfluss auf die inhaltliche Konzeption des Schulbuchs. Auf der anderen Seite spielen aber auch wirtschaftliche und politische sowie schulische Faktoren dabei eine Rolle. Durch diese verschiedenen Einflüsse dient das Schulbuch nicht minder als Informationsträger des Lehrinhalts zwischen den einzelnen Institutionen und der Leserin bzw. dem Leser – der Lehrerin bzw. dem Lehrer und der Schülerin bzw. dem Schüler. Schulbücher sind jedoch nicht eindeutig nur für den Lehrenden auf der einen oder den Lernenden auf der anderen Seite konzipiert, was wiederum auch bei der inhaltlichen Ausrichtung eine Rolle spielt, da beide Leserschaften angesprochen werden müssen.

Als Konsequenz für diese Arbeit bedeutet das, dass sich auch bei digitalen Schulbüchern die inhaltliche Funktion deutlich herauskristallisieren muss, damit der Nutzen für den Unterricht, die enge Anlehnung an das Curriculum und die Verwendung von Schülerinnen und Schülern sowie Lehrerinnen und Lehrern gleichermaßen ihren Stellenwert behalten. Die Grundlage für die inhaltliche Funktion zeigt sich in der Struktur und den Strukturelementen der digitalen Schulbücher, da sich zum einen in der Schulbuchstruktur die inhaltliche Ausrichtung des jeweiligen Schulbuchs zeigt und zum anderen in den einzelnen Strukturelementen die Art und Weise der Darstellung des (mathematischen) Inhalts offenbart. Diese Feststellung wurde bereits in Abschnitt 2.1 bezogen auf die verschiedenen Strukturebenen und -elemente von Mathematikschulbüchern sichtbar und behält somit auch für digitale Schulbücher ihre Gültigkeit. Aus diesem Grund wird in Kapitel 6 eine deskriptive Analyse digitaler Schulbücher für die Mathematik durchgeführt, auf deren Grundlage die inhaltliche Funktion analysiert werden kann.

An dieser Stelle soll nun aber zuerst auf die zweite Funktion eines Schulbuchs eingegangen werden, i. e. die strukturelle Funktion, die in enger Verbindung zu der inhaltlichen Funktion steht und daher im Folgenden literaturbegleitend vorgestellt und diskutiert wird.

3.2.2 Strukturbezogene Funktion von gedruckten Schulbüchern

Wenn man über die inhaltliche Funktion des Schulbuchs und dessen verschiedenen Spannungsfelder im Unterricht spricht, lassen sich einige dieser Aspekte auch im Rahmen einer strukturellen Funktion des Schulbuchs verorten. So nehmen zum Beispiel die oben erwähnten Interessen aus Wirtschaft, Politik und Schule, die sich auf den Inhalt auswirken, automatisch auch Bezug auf die Struktur von Schulbüchern, da die mathematischen Inhalte thematisch strukturiert werden müssen – und zwar sowohl in Jahrgangsstufen an sich als auch innerhalb der einzelnen Jahrgangsstufen in die jeweiligen Kapitel (vgl. Abschnitt 2.1). Diese Strukturierung orientiert sich an den Lehrplänen des jeweiligen Bundeslandes. Das Curriculum hat somit eine Doppelrolle innerhalb der Schulbücher: Sowohl der Inhalt als auch die Struktur von Schulbüchern werden durch die curricularen Vorgaben gelenkt. Diese Sichtweise zeigt sich bereits in dem oben aufgeführten Zitat von Valverde et al. (2002, S. 53) und der Beschreibung von Schulbüchern als Abfolge pädagogischer Leitsätze und Inhalte (vgl. Abschnitt 3.2.1).

Des Weiteren beschreibt Rezat (2009) in Bezug auf Jank und Meyer (1994) Schulbücher als Medien, die

> als Objekte angesehen werden, die ein bestimmtes inhaltliches und methodisches Potential besitzen, das erst durch die Verwendung des Objektes wirksam werden kann. Um über Medien auf Unterricht einzuwirken, ist das inhaltliche und methodische Potential der Medien den angestrebten Zielen entsprechend zu optimieren. (Rezat, 2009, S. 5)

Auch hier wird die inhaltliche und strukturierende Funktion von Schulbüchern im Unterricht deutlich, indem durch das inhaltliche Potential die inhaltliche Funktion angesprochen wird und durch das methodische Potential die strukturierende Funktion. Das methodische Potential beinhaltet also somit didaktische Vorgehensweisen bzw. Strukturierungsmaßnahmen für den Unterricht, um die inhaltlichen Ziele zu erreichen. Damit dies gelingt, müssen die Nutzerinnen und Nutzer – also sowohl Schülerinnen und Schüler als auch Lehrerinnen und Lehrer – Wissen darüber erlangen, wie sie das Medium ‚Schulbuch' verwenden[2].

Auch Hacker (1980) spricht im Zusammenhang eines Schulbuchs von einem Medium und definiert Medien in Anlehnung an Klafki (1976) folgendermaßen: „Medien sind meistens nicht nur Hilfsmittel der methodischen Gestaltung des Unterrichts bzw. des Lernvollzuges, ... sondern Ziel und Inhaltsträger" (Hacker, 1980, S. 13). Aus diesem Grund können „Medien (...) nämlich sowohl Repräsentanten einer Wirklichkeit sein, als auch Technologien der Instruktion" (Hacker, 1980, 13 f.). Dies macht im Kontext von Schulbüchern erneut beide Funktionen deutlich: zum einen die inhaltliche durch den Bezug zum „Ziel und Inhaltsträger" und auf der anderen Seite die strukturierende (methodische) Funktion durch den Bezug zur „Instruktion". Die strukturelle Funktion von Schulbüchern wird hierbei folglich durch deren didaktisches bzw. methodisches Potential erkennbar.

Die Strukturierungsfunktion der Schulbücher lässt sich auch in einem anderen von Rezat festgestellten Spannungsfeld verorten. Rezat (2009) bezieht sich auf Hacker (1980) und schreibt dem Schulbuch die Rolle eines pädagogischen Hilfsmittels zu, dem in diesem Rahmen u. a. eine Strukturierungsfunktion beigemessen wird (vgl. Rezat, 2009, S. 4). Hacker (1980) spricht hierbei von „Lehrfunktionen des Schulbuchs" (Hacker, 1980, S. 14). Damit ist gemeint, dass bestimmte „'Werkzeuge' des Lehrens (...) die Präsenz eines Lehrenden z. T. [ersetzen]"

---

[2] Rabardels Theorie der *instrumentellen Genese* beschäftigt sich näher mit dem Ansatz, dass sich Nutzerin bzw. Nutzer und das Medium bzw. das Instrument wechselseitig beeinflussen. Dies wird daher in Abschnitt 4.2 aufgegriffen und näher beschrieben. Auch der Begriff des Mediums wird in diesem Zusammenhang diskutiert.

(Hacker, 1980, S. 14) können; dies ist u. a. durch Werkzeuge wie Texte und Bücher – und somit auch insbesondere durch Schulbücher – möglich, da Schulbücher der Lehrkraft gewisse Hilfestellungen an die Hand geben, auf die im Rahmen des Unterrichts zurückgegriffen werden kann[3]. Mit der Strukturierungsfunktion ist gemeint, „[d]ie Gesamtmenge an Lehrinhalten eines Faches aufzuteilen und die Teile in ein sinnvolles Nacheinander zu bringen" (Hacker, 1980, S. 15). Neben der Strukturierungsfunktion umfassen die Lehrfunktionen auch andere Aspekte wie Repräsentation, Steuerung, Motivation, Differenzierung oder Übung und Kontrolle (vgl. Hacker, 1980). All diese einzelnen Lehrfunktionen verweisen auf das oben erwähnte methodische als auch auf das inhaltliche Potential des Schulbuchs, womit erneut beide Funktionen – Inhalt und Struktur – angesprochen werden.

Auch Sosniak und Perlman (1990) schreiben Mathematikschulbüchern eine strukturierende Funktion zu, indem sie Folgendes feststellen: „ [T]extbooks have their power in providing an ‚organized sequence of ideas and information' (Sosniak & Perlman, 1990, S. 440) to structured teaching and learning" (Fan et al. 2013, S. 635). Einen weiteren Beleg für diese Strukturierungsfunktion geben Chazan und Yerushalmy (2014), indem sie auf Cohen (2011, S. 40) verweisen und Schulbüchern sowohl eine inhaltliche als auch eine strukturgebende Rolle im Schulunterricht zusprechen:

> [T]extbooks give teachers guidance on both what and how students should learn. On the one hand, especially initially, textbooks organized the content of what students were to learn and indicated what students needed to know at what age, grade level, or institutional track within schooling. On the other hand, by presenting instructional tasks, textbooks attempt to organize the knowledge that they present in way that will help make this content learnable. (Chazan & Yerushalmy, 2014, S. 67)

Schulbücher geben somit nicht nur inhaltlich vor, was gelernt werden soll, sondern vor allem auch in welcher Reihenfolge. Dies zeigt sich nicht nur anhand der Themenabfolge innerhalb der Schulbücher, die meistens als ‚Jahrgangsstufenbände' konzipiert sind (Rezat, 2009) und somit den gesamten Schulstoff in jahrgangsspezifische Einheiten unterteilen, sondern auch in der Reihenfolge innerhalb der einzelnen Kapitel (vgl. Rezat, 2008, S. 60–64).

Zudem betonen Schuhen und Froitzheim (2014) in diesem Zusammenhang, dass nicht nur die Reihenfolge der jeweiligen Inhalte durch die Kapitel oder bestimmter Vorgehensweisen durch die Lerneinheiten in Schulbüchern für eine

---

[3] Auf den Begriff des *Werkzeugs* wird in Kapitel 4 näher eingegangen.

gewisse strukturelle Vorgabe sorgen, sondern dass auch andere Elemente den Lernprozess strukturieren:

> Schulbücher geben heute Antworten auf nahezu alle Probleme der Unterrichtspla-
> nung – über die Abfolge der Inhalte bis zum Festlegen von Einzelschritten, sie geben
> Impulse, Fragen, Aufforderungen, Arbeitsanweisungen bis hin zu Interventionen vor
> und gewährleisten so den Fortgang des Lernprozesses. (Schuhen & Froitzheim, 2014,
> S. 2)

Dies erinnert zudem stark an die oben genannten Lehrfunktionen (vgl. Hacker, 1980), wodurch die enge Verknüpfung zwischen inhaltlicher und strukturierender Funktion erneut explizit wird.

All diese Belege machen deutlich, dass der inhaltliche Bezug zum Curriculum in der Literatur auch strukturell aufgegriffen wird. Darüber hinaus wird der Lehrende auch methodisch durch die inhaltliche und strukturelle Funktion von Schulbüchern unterstützt, wodurch die Lehrfunktionen eines Schulbuchs hervorgehoben werden. Dies machen auch Pepin et al. (2015) deutlich, indem sie auf der Grundlage verschiedener Literatur konstatieren: „[T]extbooks are a vital ingredient for mathematics teachers' lesson preparations and their pedagogic practice" (Pepin et al., 2015, S. 637). Dadurch, dass sich Lehrkräfte bei der Unterrichtsvorbereitung an Schulbüchern orientieren, somit sowohl inhaltlich als auch strukturell das Schulbuch als Ressource nutzen und das Curriculum auf diese beiden Funktionen einwirkt, ist es offensichtlich, dass länderspezifische curriculare Vorgaben inhaltlicher und struktureller Art in der Konzeption der jeweiligen Schulbücher Umsetzung finden und folglich letztendlich in dem konkreten Unterricht auftauchen. Damit ist gemeint, dass durch die enge Anlehnung an die nationalen curricularen Vorgaben demnach auch kulturelle Einflüsse mit in die Schulbuchstruktur einfließen (vgl. Pepin et al., 2015), wodurch die Schulbuchstruktur international durchaus variieren kann.

Auch Fan et al. (2013) haben in ihrer Literaturanalyse zur Forschung von Schulbüchern betont, dass „Strukturen in [deutschen, englischen und französischen] Mathematikschulbüchern sehr unterschiedlich waren" (Fan et al., 2013, S. 640; eigene Übersetzung), wodurch sich zeigt, dass kulturelle Faktoren einen Einfluss auf die Struktur von (Mathematik-)Schulbüchern haben; ein Aspekt, der erneut hervorhebt, dass Schulbücher eine strukturelle Funktion im Unterrichtsgeschehen einnehmen.

Des Weiteren ist es auch bei der Konzeption von Schulbüchern für eine gewisse Leserschaft – sei es nun dahingestellt, ob sie für Lehrerinnen und Lehrer oder Schülerinnen und Schüler entwickelt werden – unabdingbar, nicht nur inhaltliche Entscheidungen zu treffen, sondern vor allem auch strukturelle. Der Aufbau von Schulbüchern (z. B. in ‚Jahrgangsstufenbände' oder ‚Lehrgänge geschlossener Sachgebiete' oder die Abfolge der jeweiligen Lerneinheiten) kann aufgrund der respektiven Leserschaft durchaus variieren. Damit ist auch zu erklären, warum oftmals diskutiert wird, ob, Schulbücher nun Schülerbücher oder Lehrerbücher sind (vgl. Rezat, 2009, S. 8 f.) oder sogar eigens für Lehrerinnen und Lehrer entwickelte Lehrbücher zu den existierenden Schulbüchern konzipiert werden (vgl. Griesel & Postel, 1983, S. 289). Ein Schulbuch mag strukturell gesehen somit zwar je nach Zielgruppe anders gestaltet sein, offenbart aber genau auch aus diesem Grund die strukturierende Funktion eines Schulbuchs für den jeweiligen Unterricht.

Insgesamt hat sich anhand des hier gegebenen Literaturüberblicks gezeigt, dass Schulbücher neben der inhaltlichen Funktion auch eine strukturierende Funktion im Rahmen von Lehren und Lernen einnehmen. Dabei spielt, wie schon bei der inhaltlichen Funktion, das Curriculum eine übergeordnete Rolle und beeinflusst grundlegend auch die strukturelle Ausrichtung des Schulbuchs (‚Jahrgangsstufenbände' vs. ‚Lehrbände geschlossener Sachgebiete'). Auf der anderen Seite wird aber insbesondere durch die Sichtweise des Schulbuchs als Medium und als pädagogisches Hilfsmittel die methodische und instruktive Rolle sichtbar, wodurch die Funktion ‚Struktur' stärker in den Vordergrund rückt, da dem Lehrenden durch die Struktur des Schulbuchs in Kapitel und Lerneinheiten sowie durch die darin enthaltenen methodischen Hilfestellungen eine strukturierte Abfolge des Inhalts an die Hand gegeben wird. Auch wurde deutlich, dass implizit die jeweilig angesprochene Leserschaft (Lehrerin und Lehrer bzw. Schülerin und Schüler) eine Auswirkung auf die Struktur eines Schulbuchs haben kann, da die Schulbücher je nach Zielleserschaft anders gegliedert sein können. Dies betont jedoch zur gleichen Zeit die strukturierende Funktion von Schulbüchern für das Lernen von Mathematik im Unterricht, weil die Inhalte für beide Adressaten strukturell aufbereitet werden.

Wie am Anfang bereits angemerkt wurde, erhebt diese Aufteilung der Schulbuchfunktionen in ‚Inhalt' und ‚Struktur' nicht den Anspruch vollständig bzw. die einzige Einteilung zu sein. Es sollte vielmehr deutlich werden, dass sich eine Vielzahl der verschiedenen Rollen und Aspekte, die im Rahmen der Konzeption und Nutzung von Schulbüchern auftreten, in diese beiden Funktionen einordnen lässt. Dies ist aus dem Grund wichtig, dass die Funktionen traditioneller Schulbücher insbesondere auch für digitale Schulbücher ihre Relevanz behalten müssen. Daher werden nun im folgenden Abschnitt die Funktionen ‚Inhalt' (Abschnitt 3.3.1) und ‚Struktur' (Abschnitt 3.3.2) digitaler Schulbücher erläutert und im Anschluss durch die dritte Funktion ‚Technologie' (Abschnitt 3.3.3) ergänzt. Dies wird für ein umfangreiches Bild eines digitalen Mathematikschulbuchs wichtig sein und die zuvor angegangene Definition eines digitalen Schulbuchs abschließen (siehe Abschnitt 3.4).

3.3 Verschiedene Funktionen digitaler Schulbücher

Die bisher angesprochenen Funktionen ‚Inhalt' und ‚Struktur' von Schulbüchern tauchen nicht nur in den verschiedenen Spannungsfeldern auf (z. B. das Schulbuch als Lehrerersatz (vgl. Abschnitt 3.2.1) oder als pädagogisches Hilfsmittel (vgl. Abschnitt 3.2.2)), sondern zeigen sich vor allem auch in der Bandbreite der oben genannten Literatur, sodass anzunehmen ist, dass beide Aspekte wichtige Eigenschaften von Schulbüchern darstellen, die die Relevanz dieses Lehr- und Lernmediums betonen. Nun gilt es zu überlegen, welche Auswirkungen sich durch die Umstellung von gedruckten auf digitale Schulbücher bezogen auf diese beiden Eigenschaftsaspekte ergeben. Dabei ist aufgrund der maßgeblichen Rolle dieser beiden Funktionen davon auszugehen, dass die Funktionen ‚Inhalt' und ‚Struktur' auch bei digitalen Schulbüchern nach wie vor eine übergeordnete Rolle einnehmen. Das soll heißen, dass die herausragende Rolle, die Schulbücher im Unterricht einnehmen, eben genau aufgrund der inhaltlichen und strukturellen Funktion gegeben ist und somit auch für digitale Schulbücher ihre Gültigkeit behalten muss. Insgesamt wird man sich bezüglich digitaler Schulbücher aber auch fragen müssen, welche Veränderungen sich auf der inhaltlichen und strukturellen Ebene ergeben, die eine Notwendigkeit eines digitalen Schulbuchs für das Fach Mathematik überhaupt erst rechtfertigen und über bedienungsspezifische oder komfortbezogene (wie bspw. Gewicht) Aspekte hinausgehen.

In dem Zusammenhang von Schulbüchern und digitalen Medien lässt sich der Stellenwert, den Schulbücher im Mathematikunterricht einnehmen, durch den technologischen Einfluss auf dieses Medium beleuchten. So hat Howson (1995), der im Rahmen der TIMSS-Bildungsstudie Mathematikschulbücher aus verschiedenen Ländern untersucht hat, im Vergleich zu den ‚neuen' Technologien durch den Einzug des Computers bemerkt:

> [D]espite the obvious powers of the new technology it must be accepted that its role [i. e. the role of digital technologies] (…) pales into insignificance when compared with that of textbooks. (Howson, 1995, S. 21)

Werden nun aber digitale Werkzeuge und Technologien direkt in das Schulbuch integriert, kann dies die signifikante Rolle des Schulbuchs im Gegensatz zu dieser Aussage weiter stärken. In den folgenden Abschnitten soll daher geklärt werden, inwiefern sich die beiden Schulbuchfunktionen ‚Inhalt' und ‚Struktur' tatsächlich durch den Einfluss elektronischer Möglichkeiten verändern können. Um auf diese Frage eine Antwort zu finden, werden in den folgenden Abschnitten Forschungsergebnisse aus der Literatur zu den beiden bereits genannten Funktionen ‚Inhalt' und ‚Struktur' bezogen auf digitale Schulbücher vorgestellt und anschließend um die dritte Funktion ‚Technologie' ergänzt, die bei digitalen Schulbüchern eine Rolle spielt. Dabei wird auch auf Forschungsergebnisse digitaler Werkzeuge im Mathematikunterricht eingegangen, da der Umgang mit digitalen Werkzeugen durch Lernende fachdidaktisch bereits untersucht wurde (u. a. Barzel & Greefrath, 2015; Drijvers et al., 2016; Hillmayr, Reinhold, Ziernwald & Reiss, 2017; Reinhold, 2019; Thurm, 2020) und daher auch für digitale Schulbücher von Bedeutung ist.

3.3.1   Inhaltsbezogene Funktion von digitalen Schulbüchern

> Textbooks have historically played key roles in determining the mathematics curriculum by specifying the content to be taught and by providing guidelines about how this content might be taught. (…) [T]echnological change poses challenges to the roles played by the textbooks and curriculum materials written by textbook authors and curriculum developers. (Chazan & Yerushalmy, 2014, S. 63)

Diese Aussage in dem Beitrag „The Future of Mathematics Textbooks – Ramifications of Technological Change" (Chazan & Yerushalmy, 2014) verdeutlicht auf der einen Seite, welche Funktionen traditionelle Mathematikschulbücher besitzen, i. e. der zu lehrende Inhalt wird in einer strukturierten Form angeboten, und welche Auswirkungen sich darüber hinaus dank technologischer Neuerungen auf der anderen Seite auf diese beiden Aspekte ergeben können. Im Vordergrund steht hier der Einfluss des Curriculums auf traditionelle Schulbücher (und damit auf die inhaltliche und strukturelle Funktion von Schulbüchern) und die durch die Digitalisierung veränderte Rolle von Schulbüchern bezogen auf die Einflussnahme von Schulbuchautorinnen und -autoren bzw. Lehrplanentwicklerinnen und -entwicklern.

Bezieht man den Curriculums-Aspekt nun auf digitale Mathematikschulbücher, werden in der Literatur verschiedene Möglichkeiten erwähnt. So betonen Pepin et al. (2015) zum Beispiel die Aktualisierungseigenschaften von digitalen Schulbüchern:

New electronic means of publishing texts have the potential to change the textbook industry (…). When textbooks are published as paper books, they are written at one time and then produced. With this mode of production, the teacher interacts with a final product that is fixed and does not expand as it is used (except under the form of written notes in the margins of the pages). When e-books are published in bits and bytes, they now can potentially be continually edited and supplemented by a large number of people; as books are edited in this way, such changes in mode of publication can reshape the relationships between textbook author or curriculum developer, teacher, and student. (Pepin et al., 2015, S. 639)

Hierbei werden zwei inhaltliche Aspekte bei digitalen Schulbüchern sichtbar: Zum einen lässt sich durch die Möglichkeit, Textinhalte schneller zu aktualisieren oder nach und nach zu veröffentlichen (sei es aufgrund von aktuellen Themen, Fehlerbehebungen oder generellen Verbesserungen), der Schulbuchinhalt neu denken und definieren, der nun nicht mehr statisch, sondern dynamisch im Sinne der Aktualisier- und Veränderbarkeit ist. Zum anderen entstehen aber auch neue Beziehungen zwischen den Schulbuchautorinnen und -autoren, Lehrplanentwicklerinnen und -entwicklern und Lehrerinnen und Lehrern sowie Schülerinnen und Schülern. Damit wird vor allem Bezug zur Theorie der ‚Documentational Genesis‘ (vgl. Gueudet et al., 2016) genommen – ein Prozess, der beschreibt, wie Lehrerinnen und Lehrer bei der Entwicklung und Nutzung von (digitalen) Schulbüchern inhaltliche Entscheidungen treffen. Durch die technologische Umsetzung haben Lehrende die Möglichkeit, gewisse Inhalte auszuwählen und in eine sinnvolle und auf ihren Unterricht bezogene Reihenfolge zu bringen, sodass sie zugleich die Rolle von Schulbuchautorinnen und -autoren einnehmen. Darüber hinaus – je nach technologischen Beschaffenheiten des verwendeten digitalen Schulbuchs – lassen sich Inhalte zudem untereinander tauschen und entwickeln (vgl. Gueudet et al., 2016).

Auch Chazan und Yerushalmy (2014) rücken die gemeinsame und offene Entwicklung von Unterrichtsmaterialien in den Fokus und stellen in diesem Zusammenhang Folgendes fest:

With these kinds of technologies, supplementation begins to get closer to an "open culture" concept of co-authoring a new version, rather than supplementing an existing version that remains unchanged. According to an "Open Culture" perspective, particular knowledge products or texts are not fixed; knowledge should spread freely and its growth can come from developing, altering, or enriching already existing knowledge products on a collaborative basis, without being restricted by rules linked to the legal protections of intellectual property. (Chazan & Yerushalmy, 2014, S. 70)

Diese Eigenschaft der Co-Urheberschaft ist mit traditionellen Schulbüchern in diesem Ausmaß aufgrund der Genehmigungsverfahren und Einwirkungen auf politischer Ebene in Deutschland (vgl. Abschnitt 3.1) nicht realisierbar. Die ‚Open Culture'-Perspektive beschreibt somit einen neuen Lern- und Wissensansatz für Lernmedien, der auch bei digitalen Schulbüchern eine Rolle spielen kann. In diesem Zusammenhang erklären Gueudet et al. (2016):

> The interfaces (e.g. between teachers, textbook authors, and learners) may be different for e-textbooks, as compared to traditional textbooks: interactions between teachers may be facilitated and may offer opportunities for teachers to prepare lessons and curriculum materials together; interactions between teachers and textbook authors may change the content of the e-book; and interactions between teachers and learners may provide opportunities for easier communication (e. g. feedback on written homework). (Gueudet et al., 2016, S. 189)

Auch hier werden im Sinne der erwähnten ‚Open Culture'-Perspektive noch weiter die Beziehungen zwischen Lehrerinnen und Lehrern untereinander – bezogen auf Unterrichtsvorbereitung und Materialerstellung –, zwischen Lehrerinnen und Lehrern und Schulbuchautorinnen und -autoren – bezogen auf die inhaltliche Ausrichtung des Schulbuchs – und zwischen Lehrerinnen und Lehrern und Schülerinnen und Schülern – bezogen auf die Kommunikation während des schulbuchbuchbedingten Unterrichts – diskutiert.

Chazan und Yerushalmy (2014) bemerken zwar, dass schon traditionelle Schulbücher Materialien zur formativen Evaluation bieten, die bei der Förderung von Schülerinnen und Schülern helfen sollen, und der Lehrkraft an die Hand legen, welche thematischen Inhalte gelehrt werden sollen (vgl. Chazan & Yerushalmy, 2014, S. 67). Dennoch bieten nun digitale Technologien die Möglichkeit, diese Verhältnisse zu ändern und für eine neue Rollenverteilung zwischen Schulbuchautorinnen und -autoren, Lehrplanentwicklerinnen und -entwicklern und Lehrerinnen und Lehrern zu sorgen:

> Who authors text materials, what it means to publish a text, and the speed at which texts are updated are all undergoing shifts, all of which have implications for textbooks. With textbooks, these developments suggest changes to the traditional relationships between textbook authors or curriculum developer and teacher. (Chazan & Yerushalmy, 2014, S. 67)

Betrachtet man das Schulbuch also unter dem Aspekt des inhaltlichen Lehrplans, der anhand des vorgegebenen Kerncurriculums vorgibt, welcher Lehrinhalt bearbeitet werden soll, gilt dies umso mehr für ein digitales Schulbuch, da Änderungen im Lehrplan durch die technologischen Eigenschaften schneller umgesetzt oder Fehler ausgebessert werden können und sich somit das Verhältnis zwischen Schulbuchautorinnen und -autoren und Lehrerinnen und Lehrern maßgeblich ändern kann. Dies hat dementsprechend Auswirkungen auf die wirtschaftliche Sicht vertreten durch die Schulbuchverlage, da Lehrerinnen und Lehrer aufgrund der technologischen Möglichkeiten immer mehr zu Schulbuchautorinnen und -autoren werden und somit den Inhalt mit beeinflussen können. Die wechselseitige Dreiecks-Beziehung zwischen den Schulministerien, den Verlagen und den Lehrkräften wird zunehmend zu einer Zweier-Beziehung zwischen den Ministerien und Lehrkräften. Zwar werden die in dieser Studie analysierten und eingesetzten digitalen Schulbücher nach wie vor von Schulbuchverlagen entwickelt (vgl. Kapitel 6); jedoch zeigen sich international auch erste digitale Schulbuchkonzepte von verlagsunabhängigen Entwicklern (vgl. Gueudet, Pepin & Trouche, 2012; Pepin, Gueudet & Trouche, 2016), sodass sich die in der Literatur beschriebene Richtung durchaus bestätigen lassen kann.

Ruft man sich die Rolle des Schulbuchs als Informationsträger (vgl. Abschnitt 3.2.1) in Erinnerung und insbesondere die inhaltliche Stärke von Schulbüchern, der Leserin bzw. dem Leser ‚neue Welten' sichtbar zu machen und damit neue Inhalte kennen zu lernen (vgl. Fan et al., 2013, S. 635; Hacker, 1980, S. 17), lässt sich erahnen, welche neuen Möglichkeiten sich auf dieser Ebene durch den Einsatz digitaler Technologien ergeben. So bemerkt Yerushalmy (2005) für den Einsatz interaktiver visueller Repräsentationen im Fach Mathematik: „[V]isual language in mathematics can become a resource for activities that promote new ideas and thinking" (Yerushalmy, 2005, S. 217). Dabei wird betont, dass neue Denkansätze bei den Lernenden eben genau durch die Visualisierung mathematischer Inhalte entstehen können. Dies lässt sich insbesondere durch dynamische Visualisierungen und interaktive Graphiken erreichen.

Darüber hinaus wird betont:

> Software environments (…) have changed the ways in which we think about objects and representations in mathematics. Software tools that invite user interaction have attempted to offer different uses of visual information that would help overcome known complexities. (Yerushalmy, 2005, S. 218)

Durch die Art und Weise, wie der mathematische Inhalt visuell aufbereitet und den Lernenden repräsentiert wird, ist es also möglich, diesen in einer bisher nicht möglich gewesenen Weise zu entdecken, zu erlernen und zu durchdringen. Konkrete Beispiele der Visualisierung und Darstellung mathematischer Inhalte in digitalen Schulbüchern werden in Abschnitt 6.3 gegeben. Besonders deutlich wurde jedoch bisher die Auswirkung der veränderten Rolle von Schulbuchautorinnen und -autoren, Lehrerinnen und Lehrern und Curriculum-Entwicklerinnen und -Entwicklern in der fachdidaktischen Literatur diskutiert, die erst durch den Einsatz technologischer Möglichkeiten entstanden ist.

3.3.2 Strukturbezogene Funktion von digitalen Schulbüchern

In Abschnitt 3.2.2 wurden bezüglich traditioneller Schulbücher verschiedene Aspekte diskutiert, in denen sich die strukturelle Funktion zeigt. Dazu gehörten beispielsweise der Einfluss des Curriculums, die Steuerungsfunktion oder auch didaktisch-methodische Strukturierungsaspekte. Überträgt man die strukturgebende Funktion von gedruckten Schulbüchern nun auf digitale Schulbücher, wird schnell klar, dass digitale Möglichkeiten auch Auswirkungen auf die Struktur von Schulbüchern haben können. Dies hängt erwartungsgemäß sehr mit der Gestaltung bzw. mit dem Design von digitalen Schulbüchern – und somit mit der Struktur – zusammen. Denkbar wären zum Beispiel reine Adaptionen von gedruckten Schulbüchern im PDF-Format auf der einen Seite oder digitale Formate auf der anderen Seite, bei denen sich Inhalt und Struktur nach Belieben (durch die Lehrkraft oder die Schülerin bzw. den Schüler) anpassen lassen.

Ziel dieses Abschnittes ist es nun, einen Einblick in verschiedene digitale Schulbuchkonzepte zu geben, um strukturelle Eigenschaften zu beschreiben, die aufgrund technologischer Neuerungen möglich sind. Dies wird deskriptiv anhand von Forschungsbeiträgen zu digitalen Schulbüchern geschehen und nicht durch eine deskriptive Beschreibung verschiedener digitaler Schulbuchkonzepte, um die Strukturfunktion digitaler Schulbücher hervorzuheben und um eine in der fachdidaktischen Diskussion anschlussfähige Definition über digitale Schulbuchkonzepte zu erhalten (vgl. Abschnitt 3.4). Eine genaue Analyse zu den in der Studie verwendeten digitalen Schulbüchern erfolgt darüber hinaus in Abschnitt 6.2.

Pepin et al. (2015) teilen verschiedene digitale Schulbuchkonzepte anhand ihrer strukturellen Eigenschaften in drei Kategorien ein: ‚integrative‘, ‚sich entwickelnde‘ und ‚interaktive‘ elektronische Schulbücher:

The **integrative** e-textbook refers to an "add-on" type model where the digital version of a (traditional) textbook is connected to other learning objects (...): a digital book that is ideologically similar to a rigid paper textbook; i. e. it is a traditionally authored textbook and many users are likely to use it as a digital version of a paper textbook. In that sense, norms of authority, coherence, and quality are not changing. But the integrative e-textbook allows for users (teachers or developers) to add on or link to other learning objects that traditionally are not assumed to be part of a textbook. (…)

The **evolving** or "living" e-textbook refers to an accumulative/developing model where a core community (e. g. of teachers, IT specialists) has authored a digital textbook that is permanently under development due to the input of other practicing members/teachers. (…) The use of such a textbook by teachers who are not contributing is different from the use of the integrative model, because the evolving/"living" e-textbook emphasizes interactivity of "living" resources (…).

The **interactive** e-textbook refers to a "tool kit" model where the e-textbook (authored to function only as an interactive textbook) is based upon a set of learning objects— tasks and interactives (diagrams and tools)—that can be linked and combined. (…). It is "traditionally" authored, thus representing the traditional view of external authority. However, different from the other models, (a) the tasks are based on interactives that are an integral part of the textbook (rather than being add-on tools); (b) it is designed to afford object-oriented navigation along mathematical objects and operations that provide mathematical opportunities that can be taught in various orders (…). (Pepin et al., 2015, S. 640)

Die drei verschiedenen digitalen Schulbuchtypen werden den Definitionen zufolge unter anderem anhand ihrer veränderten Möglichkeiten im Hinblick auf die Autorinnen und Autoren und Verlage kategorisiert. So wird bei den integrativen Konzepten eine traditionelle Autorschaft angesprochen, die auch bei gedruckten Schulbüchern vorherrscht. Hauptsächlich werden hierbei jedoch Veränderungen auf inhaltlicher Ebene angesprochen.

Aber auch im Hinblick auf die strukturelle Ebene zeigen sich einige Veränderungen, die sich dabei insbesondere aufgrund von technologischen Neuerungen ergeben. So gibt es bei digitalen Schulbüchern in der integrativen Kategorie die Möglichkeit, externe Lerninhalte einzubinden. Das bedeutet, dass entweder direkt innerhalb des Schulbuchs zusätzliche Materialien zur Verfügung gestellt werden, die durch einen Download verwendet werden können, oder auf Links zu anderen Materialien zugegriffen werden kann. Bei beiden Möglichkeiten wird jedoch das digitale Schulbuch verlassen, sodass nicht mehr direkt im Schulbuch an sich gearbeitet wird. Auf struktureller Ebene werden bei den integrativen Konzepten somit kaum Veränderungen im Vergleich zu traditionellen Schulbüchern beschrieben, da es sich hauptsächlich um Versionen im PDF-Format handelt; zusätzliche Lerninhalte, die nicht Teil der traditionellen Schulbuchkonzepte waren, werden weitestgehend als externe Links zur Verfügung gestellt, sodass das Schulbuch zur Weiterarbeit nicht mehr benötigt wird.

Im Gegensatz dazu wird bei den sich entwickelnden (i. e. ‚evolving‘) Konzepten die Autorschaft aufgebrochen, sodass sich diese Konzepte durch den Einfluss von Schulbuchautorinnen und -autoren und Lehrerinnen und Lehrern ständig weiterentwickeln. Auf struktureller Ebene kann dies ebenfalls zu Veränderungen führen. So können Lerninhalte durch die Einwirkung der Lehrerinnen und Lehrer und Schulbuchautorinnen und -autoren ständig verändert und ausgetauscht werden, sodass sich auch die Abfolge von einzelnen Strukturelementen bis hin zu der Anordnung ganzer Kapitel ändern kann. Zudem spielen bei diesem digitalen Schulbuchkonzept sogenannte „‘living’ resources“ eine wichtige Rolle. Damit ist gemeint, dass Lerninhalte durch interaktive Elemente dargestellt und mathematische Lerninhalte ‚direkt erlebt‘ werden können. Dieser Ansatz wird bei interaktiven (digitalen) Schulbuchkonzepten noch näher in den Fokus gerückt, sodass sich interaktive Schulbücher anhand einer Vielzahl von dynamischen und interaktiven Lerninhalten sowie digitalen Werkzeugen[4] auszeichnen, die jedoch nicht – anders als bei den sich entwickelnden Konzepten – extern verfügbar, sondern direkt im Schulbuch eingebunden sind.

Betrachtet man diese drei Kategorien digitaler Schulbücher im Hinblick auf die strukturgebende Funktion von traditionellen Schulbüchern (vgl. Abschnitt 3.2.2) zeigt sich, dass die von Hacker (1980) angesprochene Strukturierungsfunktion nach wie vor von großer Relevanz ist. So ist durch den Einfluss von Lehrerinnen und Lehrern – zusätzlich zu den von den Schulbuchautorinnen und -autoren – die Möglichkeit gegeben, den Lehrinhalt in einzelne Teile zu gliedern und aufeinander abzustimmen, wodurch das implementierte Curriculum, ergo der tatsächliche Unterricht, stärker in der Struktur widergespiegelt werden kann. Zudem ergibt sich durch die technologische Natur des Schulbuchs mehr denn je die Chance, einzelne Lerneinheiten oder gesamte Kapitel in eine veränderte Reihenfolge zu bringen, sodass die Strukturierungsfunktion als Orientierungshilfe und Steuerungsfunktion für den eigenen Unterricht noch deutlich hervorgehoben wird und den Mathematikunterricht präsenter beeinflussen kann.

Auch in der Literatur wird bezogen auf digitale Schulbücher sehr häufig die oben schon angesprochene Einflussnahme der Lehrerinnen und Lehrer im Hinblick auf den Inhalt und die Struktur der Schulbücher thematisiert. So zeigt sich in dem bereits zur inhaltlichen Funktion digitaler Schulbücher in Abschnitt 3.3.1 aufgeführten Zitat von Gueudet et al. (2016) auch die strukturgebende Funktion:

---

[4] Forschungsergebnisse zum Umgang digitaler Werkzeuge im Mathematikunterricht werden in Abschnitt 3.3.3 thematisiert.

The interfaces (e.g. between teachers, textbook authors, and learners) may be different for e-textbooks, as compared to traditional textbooks: interactions between teachers may be facilitated and may offer opportunities for teachers to prepare lessons and curriculum materials together; interactions between teachers and textbook authors may change the content of the e-book; and interactions between teachers and learners may provide opportunities for easier communication (e. g. feedback on written homework). (Gueudet et al., 2016, S. 189)

Demzufolge wird betont, dass die strukturelle Funktion eines digitalen Schulbuchs über die eines gedruckten Schulbuchs hinausgehen kann. Dies wird insbesondere daran deutlich, dass Lehrerinnen und Lehrer die Möglichkeit zu einer gemeinsamen Planung von Unterrichtsstunden und -materialien bekommen und zusammen mit den Schulbuchautorinnen und -autoren den Inhalt und somit auch die Abfolge der einzelnen Lehrinhalte innerhalb des Schulbuchs (grundsätzlich) bestimmen können. Ob dies in der Unterrichtspraxis auch tatsächlich umgesetzt wird, kann an dieser Stelle nicht beantwortet werden, soll jedoch die strukturelle Funktion eines digitalen Schulbuchs und dessen grundsätzliche Möglichkeiten nicht mindern.

Im diesem Zusammenhang konstatieren Gueudet et al. (2013) bezogen auf die Schulbuchnutzung von Lehrerinnen und Lehrern, dass das Schulbuchdesign den Inhalt und die Struktur in hohem Maße beeinflusst, sodass dies auch für digitale Schulbücher seine Gültigkeit bewahrt: „[D]igital means provide new opportunities for the structuring of textbooks for their use by teachers. They also open up new possibilities for design and further evolution" (Gueudet et al., 2013, S. 327).

Zusammengefasst wird bezogen auf strukturelle Aspekte innerhalb der wissenschaftlichen Diskussion deutlich, dass hauptsächlich auf die Entwicklung von verschiedenen digitalen Schulbuchkonzepten eingegangen und der Einfluss von Lehrerinnen und Lehrern auf die Schulbuchgestaltung thematisiert wird. Dabei wird immer wieder betont, dass durch die digitale Natur eines elektronischen Schulbuchs Schulbuchautorinnen und -autoren und Lehrerinnen und Lehrer als strukturgebende Designerinnen und Designer ineinander übergehen, sodass dadurch die Möglichkeit entsteht, nicht nur bei der Entwicklung des Inhalts, sondern insbesondere auch bei der Struktur gemeinsame Designentscheidungen zu treffen. Die Struktur eines digitalen Schulbuchs kann somit genauer den tatsächlichen Unterricht der Lehrkräfte widerspiegeln als dies bei traditionellen gedruckten Schulbüchern der Fall ist.

Auf der anderen Seite ist jedoch auch zu bemerken, dass die strukturelle Funktion traditioneller Schulbücher (vgl. Abschnitt 3.2.2) ebenso auf digitale Schulbücher zu übertragen ist. Nach wie vor bilden Schulbücher den (mathematischen) Inhalt in einer sinnvollen Reihenfolge ab – dies nicht nur für die jeweilige Klassenstufe in Jahrgangsstufenbände, sondern auch für die einzelnen Klassenstufen in einzelne Kapitel und Lerneinheiten – und bieten somit sowohl für den Lehrenden als auch für den Lernenden weiterhin eine essenzielle Orientierungshilfe für den Lehr- bzw. Lernprozess.

Es scheint sich jedoch abzuzeichnen, dass durch den digitalen Fortschritt verschiedene Strukturkonzepte digitaler Schulbücher vorliegen, was sich anhand der oben aufgeführten drei Kategorien bereits angedeutet hat. Aus diesem Grund wird in Kapitel 6 die Struktur verschiedener deutschsprachiger digitaler Schulbuchkonzepte analysiert, um die Bandbreite digitaler Mathematikschulbücher aufzuzeigen und um deutlich zu machen, dass sich die Struktur innerhalb der verschiedenen digitalen Schulbuchkonzepte unterscheiden kann. Dies wird letztendlich auch Basis dafür sein, zu untersuchen, welche Auswirkungen sich schließlich in der Schulbuchnutzung durch Schülerinnen und Schüler ergeben. Ein Einblick in verschiedene digitale Schulbuchkonzepte (für die Mathematik) wird zudem im folgenden Abschnitt 3.3.3 gegeben.

3.3.3 Technologiebezogene Funktion von digitalen Schulbüchern

Alle bisher genannten Änderungen in der inhaltlichen und strukturierenden Funktion von digitalen Schulbüchern haben notwendigerweise technologische Möglichkeiten mit einbezogen, wodurch sich die in Abschnitt 3.3.1 und 3.3.2 aufgeführten Aspekte automatisch mit technologiebezogenen Merkmalen überschneiden. Beispielsweise lassen sich Inhalte erst aufgrund technologischer Möglichkeiten schnell im digitalen Schulbuch aktualisieren; die Struktur lässt sich ebenfalls erst durch das digitale Format variieren. Ziel dieses Abschnittes ist daher nun, den Aspekt der ‚Technologie' noch einmal in den Vordergrund zu stellen und deutlich zu machen, dass digitale Schulbücher ihren Mehrwert in den Schnittstellen von Inhalt – Technologie sowie Struktur – Technologie haben (vgl. Abbildung 3.2). Dies wird mit Rückbezug zu den oben genannten inhaltlichen und strukturierenden Funktion dargestellt sowie anhand von exemplarischen elektronischen Schulbuchkonzepten, welche zwar von den Schulbuchverlagen als ‚digitale Schulbücher' deklariert werden, jedoch eher dem in Abschnitt 3.1 angedeuteten Konzept eines ‚digitalisierten Schulbuchs' entsprechen. Darüber hinaus werden auch Forschungsergebnisse zum Umgang von Schülerinnen und Schülern mit digitalen Werkzeugen diskutiert, da der Einsatz von digitalen Werkzeugen im Mathematikunterricht seit mehr als 25 Jahren in der fachdidaktischen Forschung thematisiert wird und Potenziale für die Lernprozesse von Schülerinnen und Schülern hervorgehoben werden. Digitale Schulbücher enthalten – je nach Format – verschiedene digitale Werkzeuge (z. B. GeoGebra, Funktionenplotter), sodass an diese Forschungsergebnisse angeknüpft werden kann. Am Ende wird dies dazu dienen, eine umfassende Definition digitaler Schulbücher (für das Fach Mathematik) zu geben (vgl. Abschnitt 3.4) – auch in Abgrenzung zu digitalisierten Lehrwerken.

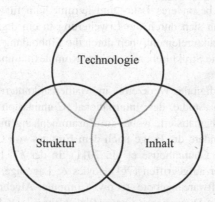

Abbildung 3.2 Schnittstellen von den Schulbuchfunktionen ‚Inhalt' und ‚Struktur' mit dem ‚Technologie'-Aspekt eines digitalen Schulbuchs

Bezogen auf die inhaltliche Funktion eines digitalen Schulbuchs wurde bereits diskutiert, inwiefern durch die Möglichkeit, das Curriculum im Schulbuch aufgrund der digitalen Natur des Mediums abzubilden, die Prägnanz des Curriculums – und daher der inhaltlichen Relevanz des Schulbuchs – weiter verstärkt wird. Das heißt, dass die Schlüsselrolle eines Schulbuchs durch das zu Nutze machen der Technologie und der damit verbundenen Aktualisierungseigenschaften noch weiter in den Vordergrund gerückt wird, sodass Inhalte schneller aktualisiert und Fehler ausgebessert oder Inhalte nach eventuellen Neuerungen im Curriculum überarbeitet werden können (vgl. Chazan & Yerushalmy, 2014; Gueudet et al., 2013; Gueudet et al., 2016; Pepin et al., 2015; Yerushalmy, 2005). Dies betrifft sowohl inhaltliche Änderungen (z. B. durch die Umstellung von G9 auf G8 (und andersherum) und die damit verbundene inhaltliche Kürzung bzw. Erweiterung) als auch strukturelle Modifikationen (z. B. ebenfalls durch die Umstellung von G9 auf G8 und die damit verbundene strukturelle Neuausrichtung des Inhalts).

Zudem wird bei digitalen Schulbüchern neben den Aktualisierungseigenschaften häufig der Mehrwert bezogen auf die Vielzahl von Darstellungsmöglichkeiten (z. B. Filme, Links, Medien) genannt sowie auf die Interaktivität und Interaktion von Lernenden eingegangen (Rezat, 2014, S. 9), wodurch sich der mathematische Inhalt aufgrund der digitalen Konzeption auf neue Weise darstellen lässt und durch Lernende erfahren werden kann. Schulbücher charakterisieren – wie bereits mehrfach betont – aufgrund ihrer Zusammensetzung verschiedener Strukturelementtypen ein besonderes Lehr- und Lernmedium für den (Mathematik-) Unterricht. Dies kann sich durch die Erweiterung in ein digitales Format noch verstärken, da die Strukturelementtypen durch die Einbindung verschiedener digitaler Werkzeuge in die Strukturebenen weitere Komplexität und Varianz verliehen bekommen.

Diese Potenziale digitaler Werkzeuge im Mathematikunterricht wurden bereits 1984 in der ersten Studie der International Commission on Mathematical Instruction (ICMI) thematisiert, wobei im Zusammenhang mit dem Lehren von Mathematik insbesondere die Frage nach dem Einfluss von Computern im Vordergrund stand (vgl. Churchhouse et al., 2011). In der 17. ICMI-Studie wurde dieses Thema wieder aufgegriffen (vgl. Hoyles & Lagrange, 2010) und mathematikspezifische Softwareangebote (bspw. Computer-Algebra-Systeme (CAS), Funktionsplotter oder Dynamische-Geometrie-Software (DGS)) rückten in den Fokus der fachdidaktischen Diskussion (vgl. Heintz et al., 2017, S. 12–16). Dabei wurden in Bezug auf die Möglichkeiten digitaler Technologien im Kontext vom Lehren und Lernen von Mathematik insbesondere die Interaktivität und Multimodalität hervorgehoben sowie die „Potenziale zur Darstellung und dynamischen Manipulation mathematischer Objekte und deren Relationen ausgelotet" (vgl. Hoyles, 2018; Rezat, 2020, S. 199 f.).

Zusätzlich zu der Vernetzung unterschiedlicher Darstellungen war mit der Nutzung digitaler Technologien die Hoffnung verbunden, den Fokus auf den mathematischen Inhalt zu richten und Lernende in ihren prozedural-operativen Prozessen zu entlasten (vgl. Artigue, 2002, S. 246; Krauthausen, 2012). In den letzten Jahren hat sich darüber hinaus sowohl die Vielfalt digitaler Technologien für den Mathematikunterricht erweitert (z. B. Video-Vignetten, Applets, digitale Tools) als auch die Betrachtung dieser in der mathematikdidaktischen Forschung (vgl. Reinhold, 2019; Rieß, 2018; Ruchniewicz, 2022; Thurm, 2020; Walter, 2018).

Während digitale Schulbücher erst in den letzten Jahren auf dem deutschen Schulbuchmarkt in Erscheinung treten (vgl. Bonitz, 2013, S. 129), hat die Nutzung von „Computern, Software und digitalen Technologien im Zusammenhang mit dem Lernen von Mathematik (…) in der Mathematikdidaktik eine lange Tradition" (Rezat, 2020, S. 199). In diesem Zusammenhang werden verschiedene Potenziale und Risiken bezüglich des Einsatzes von Technologie im Mathematikunterricht beschrieben (vgl. Barzel, 2012; Barzel & Greefrath, 2015; Drijvers et al., 2016; Hillmayr et al., 2017; Lindmeier, 2018; Penglase & Arnold, 1996; Zbiek, Heid, Blume & Dick, 2007). In der mathematikdidaktischen Fachliteratur werden in diesem Rahmen auf der einen Seite insbesondere die dynamische Visualisierung von mathematischen Prozessen (vgl. Zbiek et al., 2007), der positive Effekt von Technologie auf das konzeptionelle Verständnis von Lernenden (vgl. Barzel, 2012) oder die Möglichkeit zur Generierung verschiedener Beispiele (vgl. Barzel & Greefrath, 2015) hervorgehoben. Auf der anderen Seite zeigen quantitative Studien geringere Effekte eines digital unterstützten Lernens auf die fachlichen Leistungen der Schülerinnen und Schüler (vgl. Drijvers et al., 2016; Schaumburg, 2018). Darüber hinaus wird insbesondere eine Unterstützung der Lehrkraft oder die Arbeit in Schülerpaaren als lernwirksam gegenüber einer Einzelarbeit mit digitalen Medien betont (Hillmayr et al., 2017; Schaumburg, 2018).

Unter digitalen Werkzeugen werden im Wesentlichen vier verschiedene Arten verstanden: Tabellenkalkulation, Computeralgebrasysteme, Funktionenplotter und graphikfähige Taschenrechner sowie dynamische Geometriesoftware (vgl. Rieß, 2018, 125). Dynamische Geometriesoftware wurde dabei explizit für den schulischen Einsatz entwickelt und erlaubt es Lernenden, geometrische Sachverhalte dynamisch zu bearbeiten und sich dadurch zu erschließen (vgl. Rieß, 2018, 135 f.). Funktionenplotter, graphikfähige Taschenrechner, Computeralgebrasysteme und Tabellenkalkulationen werden insbesondere für Funktionsuntersuchungen (in der Analysis), numerische Berechnungen oder Darstellungen von Funktionen verwendet und erhielten erst nach der Entwicklung für außerschulische Zwecke den Einzug in den Schulkontext (vgl. Rieß, 2018, S. 125–141).

Digitale Schulbücher (für die Mathematik) bieten aufgrund ihrer technologischen Konzeption eine Vielzahl von verschiedenen digitalen Werkzeugen wie beispielsweise dynamische Visualisierungen, Computeralgebrasysteme oder interaktive Elemente. Aus diesem Grund könnten digitale Schulbücher eine Schlüsselrolle im Mathematikunterricht einnehmen: „Die große Herausforderung für den Mathematikunterricht besteht nun darin, diese digitalen Medien als Werkzeuge für ein besseres oder erweitertes Verständnis von Mathematik zu nutzen" (Schmidt-Thieme & Weigand, 2015, S. 470). Vor diesem Hintergrund kann einerseits durchaus an Ergebnisse der bisherigen Forschung angeschlossen werden. Andererseits bieten digitale Schulbücher eben auch aufgrund ihrer Zusammensetzung verschiedener (analoger und digitaler) Elemente (bspw. statische oder dynamische Übungsaufgaben) ein neues Unterrichtsmedium, das noch ein Desiderat fachdidaktischer Forschung darstellt. Ein digitales Mathematikschulbuch lässt sich somit als ein neues Unterrichtsmedium auffassen, das von Lehrenden und Lernenden unterschiedlich verwendet werden kann. Sollten digitale Schulbücher tatsächlich aufgrund ihrer technologischen Konzeption neue Schulbuchelemente beinhalten und neue strukturelle Eigenschaften bieten, stellt sich in einem zweiten Schritt die Frage, wie Schülerinnen und Schüler diese Elemente im Rahmen des Lernens von Mathematik verwenden.

Im Zusammenhang mit digitalen Werkzeugen und digitalen Lernumgebungen wird des Weiteren die Möglichkeit von digitalen Assessmentprozessen betont (vgl. Ruchniewicz, 2022, S. 134–139). Drijvers et al. (2016) sprechen diesbezüglich von ‚assessment through technology' und verstehen darunter digitale Technologien (wie bspw. Online-Tests), die „der Administration von Diagnoseaufgaben [dienen]" (Ruchniewicz, 2022, S. 134). Ohne auf die vielfältigen Unterschiede (formativer) Assessment-Technologien einzugehen, lässt sich dennoch an dieser Stelle bemerken, dass Lernende durch die Implementation von Assessment-Technologien in digitale Mathematikschulbücher, zum Beispiel durch simple Feedback-Möglichkeiten wie das Überprüfen eingegebener Ergebnisse bei Rechenaufgabe (vgl. Abschnitt 9.2), Rückmeldungen über ihren Bearbeitungsprozess erhalten können. Das Anzeigen von richtigen bzw. falschen Eingaben durch die digitale Technologie stellt demnach eine neue Funktion bei Schulbüchern dar; allerdings zeigen sich auch hier Anknüpfungspunkte zu fachdidaktischen Forschungsergebnissen, sodass erneut deutlich wird, dass Schulbücher (für die Mathematik) aus vielfältigen unterschiedlichen Inhalten zusammengesetzt sind. Dies wird dieses Lehr- und Lernmedium durch ein digitales Format noch weiter in den Vordergrund rücken.

Zusätzlich zu den Anknüpfungspunkten mathematikdidaktischer Forschung im Rahmen von digitalen Werkzeugen lässt sich ein weiterer zentraler Aspekt in den verschiedenen digitalen Schulbuchkonzepten ausmachen, der die Rolle und den Einfluss der Technologie sichtbar macht. Während das traditionelle Schulbuch hauptsächlich als ‚lineares Buch' verwendet wird (vgl. Gueudet et al., 2016, S. 194) und somit ähnlich wie ein normales Buch „von Anfang bis Ende durchgelesen" (Rezat, 2011, S. 157) werden kann, kann sich dies bei digitalen Schulbüchern deutlich unterscheiden:

> A digital textbook should allow the teacher/user to compose his/her personal textbook, in particular, for example, changing the order of the chapters, or the order of the sub-themes within the chapters, or the association between a piece of course and exercises, etc. (Gueudet et al., 2016, S. 194)

Betrachtet man verschiedene elektronische Schulbuchkonzepte aus Deutschland, wird schnell deutlich, dass sich die ersten Versionen noch sehr nah an einem traditionellen Schulbuchkonzept orientieren. So beschreiben die Schulbuchverlage die ‚digitalen' Versionen der gedruckten Schulbücher folgendermaßen:

- Cornelsen Verlag: „In hochwertiger Schulbuch-Qualität bieten wir unsere Lehrwerke auch als E-Books an – dazu praktische Funktionen und Bearbeitungswerkzeuge. Das E-Book steht Ihnen überall zur Verfügung – auf Computer, Notebook, Tablet und Smartphone. Auch Ihre Schülerinnen und Schüler können das E-Book auf scook[5] nutzen – sogar per App." (Cornelsen Verlag, o. J.a)
- Klett Verlag: „Das eBook ist identisch mit der gedruckten Fassung des Buches und enthält viele nützliche Zusatzfunktionen sowie zahlreiche Links zu inhaltlich genau abgestimmten Materialien im Internet." (Klett Verlag, o. J.b)
- Westermann Verlag: „BiBox[6] ist das umfassende Digitalpaket zu Ihrem Lehrwerk mit zahlreichen Materialien und dem digitalen Schulbuch. Entdecken Sie, wie einfach und effizient Sie Ihren Unterricht gestalten können. (…) Sie blättern durch die Buchansicht und finden das passende Material zu jeder Doppelseite – übersichtlich auf Reitern angeordnet. Für den Einsatz im Unterricht können Sie diese Materialien auch ganz einfach direkt auf der Schulbuchseite platzieren. So wird aus Ihrem Schulbuch ein multimediales E-Book. Sie entscheiden selbst, welche Materialien Sie einbinden und im Unterricht verwenden." (Westermann Verlag, o. J.a)

In den Beschreibungen der Schulbuchkonzepte zeigt sich auf der einen Seite – ohne Bezug zur Technologie –, dass als Ansprechpartnerinnen und Ansprechpartner in erster Linie die Lehrerinnen und Lehrer fungieren, während die Schülerinnen und Schüler als Nutzerinnen und Nutzer erst durch den Einbezug der Lehrkraft in Erscheinung treten (vgl. Abschnitt 3.2.1). Die ‚digitalen' Schulbuchkonzepte der Verlage scheinen somit weiterhin als Lehrerbücher konzipiert zu werden. Auf der anderen Seite – und im Hinblick auf Veränderungen durch die Technologie – wird aber insbesondere deutlich, dass diese digitalen Schulbuchversionen als reine Adaptionen der gedruckten Schulbücher konzipiert wurden und für die Schulbuchverlage die alleinige Verwendung auf einer digitalen Plattform (z. B.: scook, BiBox) ausreichend für die Bezeichnung ‚digitales

---

[5] „Auf scook.de finden Sie unsere Lehrwerke als E-Books – in hochwertiger Schulbuch-Qualität, mit allen Inhalten der gedruckten Ausgabe und den Vorteilen des digitalen Buchs. Auch Schülerinnen und Schüler können das E-Book auf scook.de nutzen: sogar als App. Damit haben Sie und Ihre Klasse das Schülerbuch immer und überall mit dabei." Cornelsen Verlag (o. J.b).

[6] BiBox ist eine Internetplattform, auf der das jeweilige Schulbuch abgerufen und verwendet werden kann.

Schulbuch' angesehen wird. Dies entspricht zwar der in Abschnitt 3.1 aufgeführten Bedeutung 3 („in Ziffern darstellend; in Ziffern dargestellt") und dem
in Abschnitt 3.3.2 beschriebenen Konzepts eines „integrativen elektronischen
Schulbuchs"; der Einbezug neuer und erst durch die digitale Natur des Mediums resultierender inhaltlicher und struktureller Möglichkeiten, wie z. B. das
individuelle Verändern der Struktur innerhalb des Schulbuchs oder das Einbeziehen dynamischer oder interaktiver Elemente, wird hier jedoch nicht auf der
Ebene der Lernenden ermöglicht, weshalb sich diese Schulbuchkonzepte eher
als ‚digitalisierte Schulbücher' in Abbildung 3.1 dem Bereich der Technologie zuordnen lassen und nicht den Schnittstellen aus Technologie – Inhalt oder
Technologie – Struktur.

Als *DIGITALISIERTE SCHULBÜCHER* werden in dieser Arbeit somit Schulbuchkonzepte verstanden, bei denen

a) die Darstellung des (mathematischen) Inhaltes auf einem elektronischen
   Medium (Computer, Tablet oder Smartphone) erfolgt,
b) der Inhalt in Analogie zum gedruckten Schulbuch konzipiert wurde und
c) die Struktur des Schulbuchs der gedruckten Fassung gleicht.

In anderen Worten: Besteht der Unterschied zwischen einem gedruckten zu
einem digitalen Schulbuch ausschließlich in dem Format des Mediums (Buch vs.
Computer, Tablet, Smartphone), lässt sich nicht von einem digitalen Schulbuch
sprechen, sondern lediglich von einem digitalisierten Schulbuch.

Auch das eBook pro vom Klett-Verlag wird vom Verlag selbst als „identisch
mit der gedruckten Fassung des Buches" (Klett Verlag, o. J.b) beschrieben und
enthält daneben „zahlreiche Zusatzelemente zum besseren Verstehen und Lernen,
z. B. Audios und Videos, Hilfestellungen sowie Hintergrundinformationen" (Klett
Verlag, o. J.b). Auch das Erscheinungsbild an sich ähnelt dem eines gedruckten
Schulbuchs sehr, da der Inhalt als Doppelseiten auf dem Bildschirm dargestellt
und dadurch den Eindruck gedruckter Schulbuchseiten vermittelt. Auch hierbei
handelt es sich mehr um ein digitalisiertes Schulbuch in Form eines integrativen Konzepts (vgl. Abschnitt 3.3.2), das durch technologische Ergänzungen
(z. B. Suche im gesamten Schulbuch, Markierung von Textstellen und das Heranzoomen auf Inhalte) erweitert wird. Es ergeben sich aber voraussichtlich weder
strukturelle noch inhaltliche Neuerungen durch die Konzeption des Schulbuchs
als elektronisches Lehrwerk, sodass auch hier von einem digitalisierten Schulbuch (mit Zusatzelementen) gesprochen werden kann. Diese Hypothese wird im
Rahmen der deskriptiven Analyse des *eBook pro* in Kapitel 6 bestätigt.

Zusätzlich zu den Angeboten der Schulbuchverlage versuchen auch andere Anbieter, sich auf dem Schulbuchmarkt zu etablieren. So bieten Websites wie KhanAcademy[7] oder Sofatutor[8] in Jahrgangsstufen eingeteilte und themenspezifisch aufbereitete Inhalte, die die Nutzerinnen und Nutzer bearbeiten können. Inhaltlich geht es dabei häufig um das Antrainieren und Üben von Rechenprozessen und weniger um das Aneignen von unbekanntem Wissen bzw. um Erklärungen zu den mathematischen Inhalten; mehr also um die Frage „Wie?" anstatt „Warum?". Es lässt sich somit hinterfragen, inwiefern diese Lernplattformen die inhaltliche und strukturelle Funktion von Schulbüchern überhaupt erfüllen und somit als ‚digitale Schulbücher' angesehen werden können. Wie in Abschnitt 3.2 deutlich wurde, bestehen die Hauptfunktionen eines Schulbuchs darin, den zu lernenden Inhalt in eine geordnete Abfolge zu bringen und das Curriculum für den Schulgebrauch abzubilden. In welcher Hinsicht Lernplattformen dieses Ziel jedoch ohne die staatliche Überprüfung und ohne ein Durchlaufen des Genehmigungsverfahrens für Schulbücher überhaupt leisten können, kann an dieser Stelle nicht beantwortet werden, da in dieser Arbeit kein Einblick in die inhaltlichen Richtlinien der Lernplattformen ermöglicht wurde.

Darüber hinaus beschreiben die oben genannten Lernplattformen ihren angebotenen Inhalt hauptsächlich als eine „Lernplattform mit Lernvideos" (SofaTutor) bzw. als „praktische Übungen, Videoanleitungen" (KhanAcademy), sodass die angebotenen Inhalte allein schon stark von den vielfältigen Inhalten eines Schulbuchs abweichen. Bezogen auf die in Abschnitt 3.2.2 beschriebenen Lehrfunktionen (wie Repräsentation, Steuerung, Motivation, Differenzierung oder Übung und Kontrolle (vgl. Hacker, 1980) scheint bei den Lernplattformen insbesondere die Lehrfunktion ‚Übung und Kontrolle' im Fokus zu stehen, wobei andere wichtige Funktionen der Repräsentation und Steuerung verloren gehen. Dies mag daran liegen, dass die Lernplattformen hauptsächlich für Schülerinnen und Schüler gedacht sind und eine Steuerung durch die Lehrkraft daher in den Hintergrund tritt. Für den Anspruch an ein Schulbuch sind jedoch alle Lehrfunktionen von großer Tragweite, sodass Lernplattformen dieser Art für die hier vorliegende Arbeit nicht als Varianten digitaler Schulbücher betrachtet werden.

Weitere Konzepte digitaler Schulbücher (in Deutschland) werden zurzeit nach und nach veröffentlicht. Beispiele hierfür sind das *mBook*[9] von Cornelsen, die

---

[7] https://de.khanacademy.org/
[8] https://www.sofatutor.com/
[9] https://mbook.cornelsen.de/

Lehrwerke[10] von Brockhaus sowie das *Net-Mathebuch*[11]. Einige dieser Schulbuchkonzepte werden in Kapitel 6 genauer analysiert, um die Charakteristika digitaler Schulbücher aufgrund ihrer digitalen Natur beschreiben zu können. Daraus ergeben sich insgesamt detaillierte Aspekte – im Sinne des Aufbaus und der Strukturelemente (vgl. Abschnitt 2.1) – für ein vollständiges Bild digitaler Schulbücher.

Innerhalb dieses Abschnittes wurde deutlich, dass die inhaltliche und strukturelle Funktion von traditionellen Schulbüchern bei digitalen Schulbüchern durch den Aspekt der Technologie erweitert werden können. Das heißt, dass aufgrund der technologischen Möglichkeiten

a) auf der einen Seite sowohl die inhaltliche als auch strukturelle Funktion von Schulbüchern nach wie vor ihre Relevanz behalten,
b) aber auf der anderen Seite beide Funktionen durch den Einfluss technologischer Neuerungen Veränderungen erleben.

Welche Veränderungen dies sind, kann zu diesem Zeitpunkt noch nicht eindeutig beantwortet werden. Klar ist jedoch, dass aktuell nicht davon ausgegangen werden kann, dass – weder in der wissenschaftlichen Forschung noch in der Schule bei Lehrkräften und Schülerinnen und Schülern bzw. bei den Schulbuchverlagen – ein einheitliches Bild darüber vorliegt, wie ein digitales Schulbuch aussehen soll bzw. welche inhaltlichen und strukturellen Funktionen angeboten werden. Es zeigt sich vielmehr eine Vielzahl unterschiedlicher elektronischer Schulbuchkonzepte, die technologisch, funktionell und strukturell verschieden sind. Dies wird sich im weiteren Verlauf durch die Vorstellung verschiedener digitaler Schulbuchkonzepte weiter herauskristallisieren.

Bezogen auf die unterschiedlichen Begriffsnotationen eines digitalen Schulbuchs wurde in diesem Abschnitt der Ausdruck ‚digitalisiertes Schulbuch' näher beschrieben und in der triadischen Beziehung Technologie–Inhalt–Struktur dem Bereich der Technologie zugeordnet. Hauptgrund dafür sind die in diesem Konzept nicht auftretenden Veränderungen bezogen auf den Inhalt und die Struktur und der damit verbundenen Einseitigkeit bezüglich technologischer bzw. programmierungsspezifischer Aspekte. Eine umfassende Definition eines digitalen Schulbuchs wird nun im folgenden Abschnitt 3.4 entwickelt, um letztendlich die Charakterisierung eines digitalen Schulbuchs zu vervollständigen.

---

[10] https://brockhaus.de/info/schulen/digitale-lehrwerke/
[11] https://m2.net-schulbuch.de/

3.4   Definition ‚Digitales Mathematikschulbuch'

Wie in den vorangegangenen Abschnitten bereits deutlich wurde, existieren verschiedene Vorstellungen darüber, wie der Begriff ‚digital' – im allgemeinen Sprachgebrauch sowie im Kontext von Schulbüchern – zu verstehen ist und dementsprechend verwendet wird. Ausgangspunkt für die Auseinandersetzung mit dem Wort ‚digital' bildete dabei ein Blick auf die Etymologie des Wortes, woran sich eine Diskussion über den hohen Stellenwert des Schulbuchs im Unterricht anschloss, innerhalb der die verschiedenen Funktionen dieses Lehr- und Lernmediums thematisiert und auf den Kontext eines digitalen Schulbuchs übertragen wurden. Dabei wurden digitale Schulbücher von elektronischen Schulbüchern abgegrenzt und schlussendlich vorläufig als Unterrichtswerke charakterisiert, die an die Funktionen traditioneller Schulbücher anknüpfen und durch die dritte Funktion der Technologie erweitert werden. Der Unterschied zwischen ‚digitalisierten' und ‚digitalen' Lehrwerken wurde bisher hauptsächlich durch die Analogie zu gedruckten Schulbüchern diskutiert, ohne auf tatsächliche Eigenschaften digitaler Schulbücher einzugehen, die digitalisierte Lehrwerke nicht erfüllen.

Im kommenden Abschnitt werden die in der Literatur verwendeten Definitionen eines Schulbuchs stärker in den Vordergrund gestellt und im gleichen Zug den in den Abschnitten 3.2.1 und 3.2.2 aufgeführten Funktionen von Schulbüchern zugeordnet. Dies wird zuerst für ein umfassendes Bild eines traditionellen Schulbuchs sorgen. Im Anschluss daran wird diese Definition durch die Technologie-Funktion (vgl. Abschnitt 3.3.3) erweitert und daran anknüpfend eine für diese Arbeit gültige Definition eines *DIGITALEN SCHULBUCHS* liefern. Das Ziel dieses Abschnittes ist es somit, ein tragfähiges Bild über digitale Schulbücher zu erhalten, was durch Ausdifferenzierung verschiedener Merkmale erreicht wird. Bisherige Definitionen sind zwar in einigen wissenschaftlichen Veröffentlichungen aufgeführt (vgl. Hoch, 2020, S. 34–37); diese sprechen aber nicht immer alle Merkmalsbereiche an, sodass für diese Arbeit eine Definition erarbeitet wird, die sich an verschiedenen Eigenschaften und Funktionen gedruckter und digitaler Schulbücher orientiert.

3.4.1   Sieben Merkmale ‚digitaler Mathematikschulbücher'

Am Anfang von Abschnitt 3.1 wurde bereits kurz auf die Bedeutung des Wortes ‚Schulbuch' als Komposition der Wörter ‚Schule' und ‚Buch' eingegangen. Zudem wurden im gleichen Zusammenhang einige Definitionen zu dem Medium

‚Schulbuch' thematisiert. Das Schulbuch per se ist vermutlich ein allgegenwärtiger Begriff; dennoch – oder gerade auch deswegen – existieren in der Literatur verschiedene Beschreibungen dieses Lehr- und Lernmediums, sodass einige dieser Definitionen hier nun mit dem Ziel vorgestellt werden, innerhalb dieser Definitionen die Funktionen von Schulbüchern (vgl. Abschnitt 3.2 und 3.3) einzuordnen und sichtbar zu machen. Anhand dieser Diskussion lässt sich das für diese Arbeit relevante Verständnis eines digitalen Schulbuchs (für die Mathematik) anhand von insgesamt sieben Merkmalen beschreiben.

Merkmal 1: Der zu lernende Inhalt wird in Anlehnung an das Curriculum didaktisch aufbereitet und dargestellt

Glasnovic Gracin (2014) definiert Mathematikschulbücher folgendermaßen:

> [A] mathematics textbook could be described as an officially authorized and pedagogically designed mathematics book written to provide mathematical knowledge to students. (Glasnovic Gracin, 2014, S. 213)

In dieser Beschreibung lassen sich die in den Abschnitten 3.2.1 und 3.2.2 bereits beschriebenen Funktionen traditioneller Schulbücher wiederfinden. So steht hier der mathematische Inhalt an zentraler Stelle, der für Schülerinnen und Schüler durch eine offizielle Instanz, z. B. die Genehmigung durch das Kultusministerium oder durch die zuständige Behörde des jeweiligen Bundeslandes, autorisiert und didaktisch aufbereitet wurde. Schmidt, McKnight, Valverde, Houang und Wiley (1997) beschreiben Schulbücher ebenfalls als eine Repräsentation des Curriculums, da der mathematische Inhalt in Schulbüchern dem vorgeschriebenen Curriculum des jeweiligen Landes folgt (vgl. Glasnovic Gracin, 2014, S. 216). Die inhaltliche Funktion des Schulbuchs, den expliziten (mathematischen) Inhalt aufzubereiten und darzubieten, wird also auch in diesen Definitionen in den Vordergrund gestellt.

Eine gleiche Sichtweise auf das Schulbuch teilt auch Stray (1994), der Schulbücher als „bearers of messages which are multiply coded" (Stray, 1994, S. 2) beschreibt und in diesem Zusammenhang den kodierten Inhalt als Zusammenspiel von „field of knowledge (what is to be taught) combined with those of pedagogy (how anything is to be taught and learned)" (Stray, 1994, S. 2). Auch hier spielt somit die inhaltliche Funktion verknüpft mit einer didaktischen Perspektive eine zentrale Rolle. Eben diese Verknüpfung von Inhalt und Didaktik wird auch von Pepin und Haggarty (2001) als Charakteristikum eines Schulbuchs hervorgehoben:

[T]extbooks are an important way to connect knowledge domains to school subjects. Moreover, it is commonly assumed that textbooks (with accompanying teacher guides) are one of the main sources for the content covered and the pedagogical styles used in classrooms. (Pepin & Haggarty, 2001, S. 159)

Dieser Ansicht nach, der auch innerhalb dieser Arbeit zugestimmt wird, bildet sich die inhaltliche Funktion eines Schulbuchs folglich dadurch ab, dass der jeweilige mathematische Inhalt für den Gebrauch in der Schule – und somit didaktische Überlegungen einbezogen – aufbereitet wurde:

Thus, the textbook (…) should give the reader the firm guarantee of the relevance of the contents, the methodological approach and suitability to the intellectual capabilities of students of a particular age. (Glasnovic Gracin, 2014, S. 212)

Folglich lässt sich als das erste zentrale Charakteristikum eines (digitalen) Schulbuchs die ‚didaktische Aufbereitung des (mathematischen) Inhalts' beschreiben. In anderen Worten bedeutet dies: Der zu lernende Inhalt, der durch das Curriculum vorgegeben wird, wird für den Unterricht mittels einer didaktischen Fokussierung abgebildet.

2. Merkmal: Der zu lernende Inhalt wird in eine strukturierte Reihenfolge gebracht
Zusätzlich zu der inhaltlichen Komponente betont Glasnovic Gracin (2014) ein zweites Charakteristikum von Schulbüchern für die Mathematik – scilicet die Anordnung bzw. das Aufbauen des mathematischen Inhalts aufeinander:

[I]t is a feature of mathematics education that new mathematical content has its origin in the previously learned content. Therefore, the authors of mathematics textbooks should pay great attention to the content order, as well to the intellectual capabilities of the students' age group. (Glasnovic Gracin, 2014, S. 213)

Die strukturelle Funktion von Schulbüchern wurde bereits in den Abschnitten 3.2.2 und 3.3.2 ausführlich diskutiert und zeigt sich hier erneut – insbesondere aber auch noch einmal explizit in Bezug zur Mathematik und in der durch die Mathematik bereits vorgegebenen Struktur.

Auch in vielen wissenschaftlichen Forschungsbeiträgen zu traditionellen Schulbüchern werden die beiden Hauptfunktionen ‚Inhalt' und ‚Struktur' bzw. deren gegenseitige Relation sichtbar. So schlagen Pepin und Haggarty (2001) vier Aspekte vor, mit denen der Inhalt und die Struktur von Schulbüchern analysiert werden können:

(1) mathematische Ziele,
(2) pädagogische Absichten,
(3) soziologische Kontexte sowie
(4) die in Schulbüchern kulturell vertretenen Traditionen.

(Pepin & Haggarty, 2001, S. 160; eigene Übersetzung)

In diesem Zusammenhang wird auch der Begriff der ‚Autorität' bezogen auf Schulbücher an sich und auf die Mathematik thematisiert (vgl. Pepin & Haggarty, 2001, S. 164): „This refers to the authority of the mathematics content itself and the authority of given methods, sequencing and the authority of the written text" (Glasnovic Gracin, 2014, S. 213). Mit dem Begriff ‚Autorität' ist in diesem Kontext also eine gewisse Art von Dominanz bzw. Relevanz des mathematischen Inhalts an sich und der Strukturierung innerhalb des Schulbuchs gemeint; ‚Inhalt' und ‚Struktur' werden hier also direkt innerhalb der vier Aspekte betont, da sich die inhaltliche und strukturelle Funktion in den Aspekten widerspiegeln und dadurch in besonderer Weise hervorgehoben werden.

Zudem untersuchten Pepin & Haggarty (2001) die Struktur von Schulbüchern aus England, Deutschland und Frankreich und fanden dabei heraus, dass Schulbücher in Deutschland und England durch eine Vielzahl von Übungen charakterisiert sind (vgl. Pepin & Haggarty, 2001, S. 167). Auch Rezat (2008, 2009) analysierte deutsche Mathematikschulbücher unter anderem auf ihre Struktur und identifizierte auf verschiedenen Ebenen eine Vielzahl von Elementen, die die Struktur auf der jeweiligen Ebene charakterisieren[12]. Einen ähnlichen strukturellen Blick richteten Love und Pimm (1996) auf Schulbücher und untersuchten unter anderem die Gliederung mathematischer Texte. Dabei kamen die Autoren zu dem Ergebnis, dass die häufigste Gliederung von (mathematischen) Inhalten der Art „Darstellung – Beispiele – Übungen" ist (Love & Pimm, 1996, S. 386; eigene Übersetzung). All diese forschungsbezogenen Beiträge haben gemeinsam, dass sie die Struktur bzw. strukturelle Eigenschaften von Schulbüchern in den Mittelpunkt der Argumentation rücken, wodurch sich das zweite Charakteristikum eines (digitalen) Schulbuchs ergibt; scilicet, dass der zu lernende Inhalt in eine strukturierte Reihenfolge gebracht wird.

---

[12] Eine detaillierte Vorstellung der deskriptiven Ergebnisse traditioneller Schulbücher von Rezat (2008) erfolgte in Abschnitt 2.1.

3. Merkmal: Das Schulbuch ist sowohl für eine Verwendung der Lehrkraft zum Lehren als auch zum Lernen für Schülerinnen und Schüler konzipiert

Insgesamt werden dem ‚Inhalt' und der ‚Struktur' innerhalb wissenschaftlicher Forschungsergebnisse eine essenzielle Funktion bei Schulbüchern (für die Mathematik) zugeschrieben und sind demnach auch in der hier vorliegenden Arbeit als zentrale Eigenschaften digitaler Schulbücher (für die Mathematik) zu sehen. Zusätzlich dazu wurde in den angesprochenen wissenschaftlichen Beiträgen bereits die Leserschaft – Lehrerinnen und Lehrer oder Schülerinnen und Schüler– erwähnt, sodass auch die jeweilige Leserschaft ein zentraler Faktor für ein umfassendes Bild digitaler Schulbücher darstellt. So hat nicht nur Rezat (2009) dies schon konstatiert (vgl. Abschnitt 3.2.1), sondern auch Luke, Castell und Luke (1989), die Schulbücher zusammen mit den Lehrenden als „one authoritative identity" (Luke et al., 1989, S. 258) bezeichnet haben. Damit ist gemeint, dass Schulbücher erst durch die Vermittlung durch die Lehrkraft ihre Tragweite im Unterricht erreichen (vgl. Abschnitt 4.3.3), da

> Lehrer den Lehrbüchern durch ihre Einstellung zu ihnen noch mehr Bedeutung und Autorität verleihen. Gleichzeitig haben die Schüler einen passiven und nicht autoritativen Status in Bezug auf das Lehrbuch und den Lehrer (Glasnovic Gracin, 2014, S. 213; eigene Übersetzung).

Nicht verwunderlich ist in diesem Zusammenhang die in verschiedenen Studien festgestellte hohe Nutzungshäufigkeit von Schulbüchern im Unterricht. So haben nicht nur Fan et al. (2013) (vgl. Abschnitt 3.2) im Rahmen einer Literaturanalyse zum Thema ‚Schulbücher' konstatiert, dass Schulbüchern beim Lehren und Lernen – also sowohl aus der Sicht der Lehrenden als auch der Lernenden – eine wichtige Rolle zuteil kommt (vgl. Fan et al., 2013, S. 635). Auch Valverde et al. (2002) beschreiben Schulbücher als „designed to translate the abstractions of curriculum policy into operations that teachers and students can carry out" (2002, S. 2) und formulieren Schulbücher somit sowohl als Lehrer- als auch als Schülermedium. Des Weiteren stellen auch sie Schulbücher als „mediators between the intentions of the designers of curriculum policy and the teachers that provide instruction in classrooms" (2002, S. 2) in den Mittelpunkt und heben so die inhaltliche Funktion hervor.

Bezüglich des Einsatzes im Unterricht kommt eine Vielzahl von Autorinnen und Autoren zu dem gleichen Ergebnis: Das Schulbuch ist das am häufigsten verwendete Lehr- und Lernmedium im Unterricht (Hopf, 1980; Johansson, 2006; Love & Pimm, 1996; Pepin & Haggarty, 2001). Diese Forschungsergebnisse zeigen sich indirekt auch in den Zielgruppen der konzipierten Schulbücher.

Dadurch, dass Schulbücher in Deutschland zwar für die Schülerschaft konzipiert (vgl. Abschnitt 3.2.1), aber erst durch die Lehrkraft in den Unterricht eingebunden werden, werden beide Leserschaften angesprochen. In anderen Worten: Ein Grund, warum Schulbücher im Unterricht so häufig Verwendung finden, liegt auch in der doppelten Konzeption sowohl für Schülerinnen und Schüler als auch für Lehrerinnen und Lehrer, da dadurch zwei Leserschaften simultan als Nutzer angesprochen werden.

Diese Eigenschaft zeigt sich auch in dem Tetraeder-Modell des Lernens von Mathematik mit dem Schulbuch (siehe Abbildung 3.3, vgl. Rezat, 2009), in dem das Schulbuch gleichermaßen in Beziehung zu den Schülerinnen und Schülern, Lehrerinnen und Lehrern und zur Mathematik gesetzt wird.

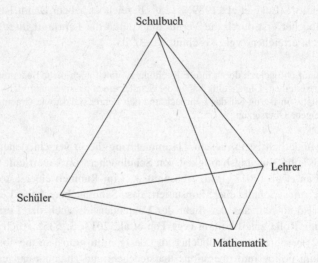

Abbildung 3.3 Tetraeder-Modell des Lernens von Mathematik mit dem Schulbuch (vgl. Rezat, 2009, S. 66)

Letztendlich muss diese Beziehung auch für digitale Schulbücher ihre Gültigkeit behalten. Dies hat zur Folge, dass – bezogen auf eine umfassende Definition eines digitalen Schulbuchs – bei digitalen Schulbüchern sowohl Lehrende als auch Lernende für die Verwendung zum Lehren und Lernen berücksichtigt werden müssen. Dies fungiert somit als drittes Charakteristikum.

4. Merkmal: Das Schulbuch ist von einer offiziellen Instanz im Sinne eines
Genehmigungsverfahrens überprüft worden

Die inhaltliche und strukturelle Darstellung des Curriculums wurde bereits mehrfach diskutiert; bezogen auf die Konzeption eines digitalen Schulbuchs ist in
diesem Zusammenhang die Schulbuch-Genehmigung durch eine dazu autorisierte
Instanz als Kriterium zu erwähnen. Im sogenannten Begutachtungsverfahren wird
geprüft, ob die Schulbücher „allgemeinen Verfassungsgrundsätzen und Rechtsvor-
schriften nicht widersprechen, sie lehrplankonform und didaktisch wie sprachlich
geeignet sind" (KMK, o. J.a). Die Entscheidung zu einem Begutachtungsverfahren liegt jedoch im Ermessen der einzelnen Bundesländer und ist nicht
im gesamten Bundesland einheitlich geregelt. Dennoch wurden auf der Kultusministerkonferenz vom 29.06.1972 „Richtlinien für die Genehmigung von
Schulbüchern" (KMK, o. J.b) beschlossen, die noch heute gültig sind.

Für das Bundesland Nordrhein-Westfalen, in dem auch die hier verfolgte empirische Studie zum Umgang mit digitalen Schulbüchern angelegt ist, gilt mit dem
Erlass des Ministeriums vom 03.12.2003, dass „Lernmittel (…) an Schulen nur
eingeführt werden [dürfen], wenn sie zugelassen sind – dies gilt sowohl für
analoge als auch für digitale Lernmittel" (Schulministerium NRW, o. J.b). Für
das Fach Mathematik der Sekundarstufe I sind in Nordrhein-Westfalen für den
verkürzten Bildungsgang Schulbücher der folgenden Verlage zugelassen:

- Bildungshaus Schulbuchverlage Schroedel
- Bildungshaus Schulbuchverlage Westermann
- C.C. Buchner Verlag
- Cornelsen Verlag GmbH
- Cornelsen (Duden) Verlag GmbH
- Ernst Klett Verlag GmbH

(vgl. https://www.schulministerium.nrw.de/BiPo/VZL/lernmittel)

Für den regulären Bildungsgang sind Schulbücher für die Mathematik der
Sekundarstufe I der folgenden Schulbuchverlage zugelassen:

- Bildungshaus Schulbuchverlage Westermann,
- C.C. Buchner Verlag,
- Cornelsen Verlag GmbH und
- Ernst Klett Verlag GmbH

(vgl. Schulministerium NRW, o. J.a)[13]

---

[13] Die Genehmigung von Schulbüchern (für die Mathematik) für die anderen Bundesländer kann unter https://www.kmk.org/fileadmin/Dateien/pdf/Bildung/AllgBildung/2019-10-
Lernmittel_2019.pdf eingesehen werden. Da diese Forschungsarbeit digitale Schulbücher

Aufgrund der Zulassungs- bzw. Genehmigungsverfahren in den verschiedenen Bundesländern ist dies auch auf den Kontext digitaler Schulbücher zu übertragen, sodass sich dadurch das folgende vierte Charakteristikum für Schulbücher ergibt: Das Schulbuch ist von einer offiziellen Instanz genehmigt worden. An dieser Stelle ist jedoch zu bemerken, dass Schulbücher für die Oberstufe (in Nordrhein-Westfalen) kein Genehmigungsverfahren durchlaufen müssen, sodass dies auch für digitale Schulbücher dieser Jahrgangsstufen gilt. Dennoch existieren für diese Jahrgangsstufen elektronische Mathematikschulbücher, die als ‚digital' bezeichnet werden (z. B. *Net-Mathebuch*; vgl. Brnic & Greefrath, 2021). Da die hier vorliegende Studie jedoch digitale Schulbücher der Sekundarstufe I in Nordrhein-Westfalen untersucht, wird das Kriterium eines Genehmigungsverfahrens hier weiter beibehalten.

5. Merkmal: Das Schulbuch ist ein pädagogisches Hilfsmittel und kann als solches eingesetzt werden

Ein weiteres Charakteristikum eines (Mathematik-)Schulbuchs zeigt sich erneut in Anlehnung an die inhaltliche und strukturelle Funktion, nämlich die didaktische bzw. pädagogische Ausrichtung. Damit ist gemeint, dass ein (digitales) Schulbuch erstens durch seine hohe Verwendung im Schulkontext, zweitens durch die Einbindung und Vermittlung durch die Lehrkraft und drittens durch das Lehr- und Lernziel eine pädagogische Funktion übernimmt. So wird in der bereits aufgegriffenen Charakterisierung von Schulbüchern von Stray (1994) die Pädagogik innerhalb der inhaltlichen Funktion angesprochen (Stray, 1994, S. 2) und auch Glasnovic Gracin (2014) zählt „the methodological approach" (Glasnovic Gracin, 2014, S. 212) zu den vordergründigen Merkmalen von Schulbüchern. Für den deutschsprachigen Raum hat Hacker (1980) die bereits in Abschnitt 3.2.1 und 3.2.2 thematisierten ‚Lehrfunktionen des Schulbuchs' angesprochen und dem Schulbuch damit die Rolle eines pädagogischen Hilfsmittels zugesprochen (vgl. Abschnitte 3.2.1 und 3.2.2; Hacker, 1980). Es wird also deutlich, dass das Schulbuch – angestoßen durch seine inhaltliche und strukturelle Funktion – auch eine pädagogische Funktion einnimmt, sodass dies ein weiteres wichtiges Merkmal für ein Schulbuch und demnach auch für ein digitales Schulbuch ist. Dabei ist jedoch besonders zu bemerken, dass das Schulbuch erst durch die Vermittlung der Lehrkraft zu einem pädagogischen Hilfsmittel wird: „Traditionally and historically, using textbooks and teaching according to the text (i. e. the teacher as a mediator of the text) has always been the teacher's function" (Glasnovic

---

aus Nordrhein-Westfalen analysiert hat, wurde der Schwerpunkt hier auf dieses Bundesland gelegt.

Gracin, 2014, S. 218; Luke et al., 1989). Auf die ‚mediation' (deutsch: Vermittlung) wird noch näher in Abschnitt 4.3 eingegangen, da dies ein Hauptbestandteil
der theoretischen Fundierung für die empirische Auswertung darstellt. An dieser Stelle soll aber erst einmal das Charakteristikum ‚pädagogisches Hilfsmittel'
eines Schulbuchs im Vordergrund stehen.

Bisher wurden die folgenden fünf Eigenschaften von traditionellen Schulbüchern diskutiert, die aufgrund der Stringenz des Mediums ‚Schulbuch' auch
für digitale Schulbücher ihre Gültigkeit behalten: Inhalt, Struktur, das Schulbuch als Lehr- und Lernmedium, Genehmigung durch eine offizielle Instanz
sowie das Schulbuch als pädagogisches Hilfsmittel. Es bleibt jedoch noch festzuhalten, welche Charakteristika explizit für digitale Schulbücher überhaupt erst
entstehen. Dies wird nun im Folgenden – in Anlehnung an die in den vorherigen Abschnitten thematisierten inhaltlichen, strukturellen und technologischen
Funktionen digitaler Schulbücher – diskutiert.

6. Merkmal: Aufgrund der technologischen Möglichkeiten können inhaltliche und
strukturelle Veränderungen am Schulbuch vorgenommen werden

Anhand der verschiedenen digitalen Schulbuchkonzepte (vgl. Pepin et al., 2015)
wurde bereits erörtert, dass sich ein einheitliches Bild darüber, was unter einem
digitalen Schulbuch verstanden wird, noch nicht etabliert hat (vgl. Abschnitt 3.3).
Dennoch zeigte sich anhand diverser wissenschaftlicher Beiträge, dass insbesondere die Möglichkeiten, Inhalte schnell zu verbessern, Abfolgen innerhalb
des Kapitels zu verändern oder (aus der Sichtweise der Lehrkraft) Inhalte im
Schulbuch selbst zu entwickeln und zu veröffentlichen, verstärkt in den wissenschaftlichen Diskurs treten (Chazan & Yerushalmy, 2014; Gueudet et al.,
2016; Pepin et al., 2015). Die Veränderungen, die sich durch die technologischen
Chancen ergeben, untermauern somit die inhaltliche und strukturelle Funktion
eines Schulbuchs und nehmen auch Einfluss auf das didaktische Potenzial, da
durch die stärkere Einbindung der Lehrkraft auf die Inhalte und Struktur des
Schulbuchs dieses noch mehr zu einem individuellen pädagogischen Hilfsmittel werden kann. Dies stellt demnach ein Charakteristikum digitaler Schulbücher
dar und lässt sich folgendermaßen formulieren: Aufgrund der technologischen
Möglichkeiten können inhaltliche und strukturelle Veränderungen am Schulbuch
vorgenommen werden. Der Fokus dieses Merkmals liegt somit insbesondere in
der aktiven Einflussnahme durch Lehrende oder auch Schulbuchautorinnen und
-autoren, da sie voraussichtlich die Akteure sind, die Einfluss auf die Inhalte nehmen (aufgrund von Fehlern oder Aktualisierungen) oder die Struktur variieren
(bspw. durch Anpassung der Strukturelemente an die gewünschte Reihenfolge).

Auf der anderen Seite kann es jedoch nicht hinreichend sein, dass eine solche Veränderung der Struktur und des Inhalts die Konzeption und Einführung eines neuen Unterrichtsmediums legitimiert. Was damit gemeint ist, soll Folgendes Beispiel verdeutlichen: Ein Schulbuch liegt in elektronischer Form vor, das heißt beispielsweise als App auf einem Tablet. Die Lehrkraft kann dort nun einzelne Inhalte (z. B. explizite Aufgaben oder einen Kasten mit Merkwissen) auswählen und in eine neue Struktur bringen, sodass im Unterricht nicht der gesamte Schulbuchinhalt präsentiert wird, sondern nur eine vorab getroffene Auswahl. Zudem kann die Lehrkraft auch eigene Lehrtexte mit einbringen oder zusätzliche externe Links und Dokumente (siehe auch ‚integrative e-textbooks', Abschnitt 3.3.2) einbetten. Hier werden also Veränderungen auf inhaltlicher und struktureller Ebene sichtbar, ohne jedoch wirklich neue inhaltliche und strukturelle Merkmale zu erzeugen. Dies bildet demzufolge eher ein notwendiges Kriterium digitaler Schulbücher (für die Mathematik) ab, birgt aber keine inhaltliche Veränderung für das Lernen (und Lehren) des jeweiligen Fachs für die Lernenden.

Darüber hinaus können insbesondere Übungsaufgaben in verschiedenen dynamischen Formaten (bspw. durch drag-and-drop-Funktionen oder die direkte Eingabe von Ergebnissen) angeboten werden (vgl. Abschnitt 6.3; eBook pro). Übungsaufgaben in diesem Format bewirken jedoch keine neue inhaltliche Darstellung des Inhalts, sondern bieten lediglich bedienungsbezogene Neuerungen aufgrund der technologischen Möglichkeiten.

7. Merkmal: Das Schulbuch beinhalt im Vergleich zu traditionellen Schulbüchern weitere Strukturelemente, die den (mathematischen) Inhalt aufgrund der digitalen Natur neu abbilden und zudem für eine veränderte Struktur sorgen

Um den Mehrwert eines digitalen Schulbuchs für das Lernen von Mathematik zu beschreiben, steht daher die Frage, welche Veränderungen auf inhaltlicher und struktureller Ebene tatsächlich aufgrund der Technologie entstehen, im Mittelpunkt des Forschungsinteresses. Damit sind solche Veränderungen gemeint, die erst infolge der digitalen Natur auftreten und daher durch neue Strukturelemente sichtbar werden. Dazu wurde in Abschnitt 3.1 bereits auf die Begriffsbezeichnungen ‚elektronisch', ‚digital' und ‚digitalisiert' eingegangen und festgesetzt, dass elektronische Schulbücher insbesondere die Art des Schulbuchs, also gedruckt vs. elektronisch, beschreiben, während ‚digitale' bzw. ‚digitalisierte' Schulbücher die Art und Weise der Nutzung in den Vordergrund stellen. Bei der Frage nach einem Unterschied zwischen ‚digitalen' und ‚digitalisierten' Schulbüchern wurde auf die anschließende Diskussion über Funktionen gedruckter und digitaler Schulbücher in den Abschnitten 3.2 und 3.3 verwiesen. Nach gründlicher Diskussion der verschiedenen Funktionen in den vorangegangenen Abschnitten kann nun deduziert werden, dass die Technologie nicht nur die inhaltliche und strukturelle Funktion von Schulbüchern weiter manifestiert (beispielsweise durch die erwähnten Aktualisierungsmöglichkeiten seitens der Lehrkraft), sondern insbesondere auch der Inhalt selbst Veränderungen erfahren kann (beispielsweise durch dynamische und interaktive Schulbuchinhalte). Dabei wird in dieser Arbeit bei ersterem von einem ‚digitalisierten Schulbuch' gesprochen und bei letzterem von einem ‚digitalen Schulbuch'.

Durch das Einbinden neuartiger Strukturelemente ist es zudem denkbar, dass auch die Struktur bei digitalen Schulbüchern Veränderungen erleben wird. Traditionelle (gedruckte) Schulbücher weisen nach Rezat (2009) zwei verschiedene Anordnungen auf der Mikroebene auf (vgl. Rezat, 2009, S. 102–105), die sich durch die Implementation neuer Strukturelementtypen verändern können. Beispielsweise könnte sich der Mikrostrukturtyp ‚Aufgabensequenztyp', der sich durch eine variable Anordnung der Strukturelemente auszeichnet (vgl. Rezat, 2009, S. 102), durch die Möglichkeit der flexiblen Anordnung der Strukturelemente durch die Lehrkraft noch weiter etablieren. Auf der anderen Seite könnten sich die Lerneinheiten bei Schulbüchern, die eine feste Anordnung der Strukturelemente auf der Mikroebene aufzeigen (Mikrostrukturtyp: ‚Präsentations-Imitations-Typ' (vgl. Rezat, 2009, S. 103)), durch die Einbettung neuer Strukturelementtypen modifizieren, sodass auch hier eine Veränderung auf der strukturellen Ebene sichtbar wird.

Um den Unterschied zwischen ‚digital' und ‚digitalisiert' noch weiter zu schärfen, ist ein Blick in die englische Sprache hilfreich. Im *Oxford English Dictionary* finden sich zum Wort ‚digitalization' zwei Einträge:

Digitization: 1. The action or process of digitizing; the conversion of analogue data (esp. in later use images, video, and text) into digital form.

(Oxford English Dictionary, o. J.b)

Digitalization: 2. The adoption or increase in use of digital or computer technology by an organization, industry, country, etc. (Oxford English Dictionary, o. J.a)

In der englischen Sprache wird demzufolge zwischen dem „Prozess des Digitalisierens" und dem „Verwenden einer digitalen Technologie oder Computertechnologie" unterschieden; ersteres wird als *digitization*, zweiteres als *digitalization* beschrieben. Bezogen auf digitale Schulbücher soll Folgendes Beispiel den Unterschied dieser beiden Begriffe deutlich machen. Bei einem gedruckten Schulbuch sollen die Lernenden Rechenaufgaben lösen und die Ergebnisse in ihr Heft schreiben. Bei einem digitalisierten Schulbuch im Sinne der *digitization* wird die gleiche Aufgabe digitalisiert und nicht mehr gedruckt, sondern auf dem Bildschirm dargestellt. Die Lernenden müssen die Bearbeitung jedoch erneut in ihren eigenen Heften aufschreiben. Bei einem elektronischen Schulbuch im Sinne einer *digitalization* können die Lernenden die Bearbeitung nun direkt im Schulbuch, also beispielsweise im Computer oder Tablett, vornehmen und die Lösungen in die Aufgabe direkt eingeben. Sie nutzen somit die digitale Technologie. Beispiele für diese Art von Aufgabenformaten werden sich in der deskriptiven Analyse der untersuchten digitalen Schulbücher auf der Mikroebene feststellen (vgl. Abschnitt 6.3.1.3). In der deutschen Sprache lässt sich dieser Unterschied nicht feststellen. Das zeigt, dass im deutschsprachen Raum *Digitalisierung* in erster Linie „das Digitalisieren" (Dudenredaktion, o. J.b) bedeutet und infolgedessen der Bedeutung des Englischen *digitization* entspricht.

Auf der anderen Seite wird in der öffentlichen deutschsprachigen Debatte unter „Digitalisierung" (im Bereich der Bildung) und in der derzeitigen Diskussion in Deutschland zum Thema *Digitalisierung* aufgrund der sprachlichen Undifferenziertheit auch die Bedeutung einer *digitalization* mitgetragen. Das zeigt sich anhand der Debatten zur technischen Ausstattung an Schulen oder zum digitalem Unterricht im Zusammenhang der Corona-Pandemie seit 2020. Dies hat wiederum zur Folge, dass kein einheitliches Verständnis über die Digitalisierung – und demnach auch nicht zu digitalen bzw. digitalisierten Schulbüchern – vorliegt (vgl. Binder & Cramer, 2020; Wolff & Martens, 2020), sodass Schulbücher in vielen bisherigen digitalen Schulbuchkonzepten aus dem Blickwinkel einer *digitization* gesehen werden können. Dies wurde bereits in Abschnitt 3.3.3 beschrieben und hier nun aus sprachtheoretischer Sichtweise erneut reflektiert.

Brennen und Kreiss (2016) plädieren für eine klare Unterscheidung der Begriffe *digitalization* und *digitization*. In dem Zusammenhang definieren sie *digitization* als „the material process of converting analog streams of information into digital bits" (Brennen & Kreiss, 2016, S. 1) und „*digitalization* als „the way many domains of social life are restructured around digital communication and media infrastructures" (Brennen & Kreiss, 2016, S. 1). In einer detaillierten Diskussion der beiden Begriffe charakterisieren die Autoren die *digitization* weiter als technischen Prozess, der auf Basis eines Algorithmus Entscheidungen darüber trifft, welche Informationen bei der Konvertierung von Inhalten verloren oder behalten werden (vgl. Brennen & Kreiss, 2016, S. 2). In diesem Zusammenhang beschreiben die Autoren die *digitization* als algorithmischen, technischen Prozess. Bezüglich der *digitalization* sprechen Brennen und Kreiss (2016) von „new forms of (...) production of knowledge and cultures (...) through the unique affordances of digital technologies" (Brennen & Kreiss, 2016, S. 7) und beschreiben damit die *digitalization* als Einfluss durch die *digitization* auf soziale Strukturen und Anwendungen.

In Anlehnung zu der linguistischen Unterscheidung im Englischen von *digitization* und *digitalization* wird in einigen deutschsprachigen wissenschaftlichen Beiträgen neben dem Begriff der *Digitalisierung* auch die Begriffsbedeutung *Digitalität* thematisiert (vgl. Kaspar, Becker-Mrotzek, Hofhues, König & Schmeinck, 2020). In diesem Kontext konstatiert Elschenbroich (2019): „Der Begriff Digitalität ist eine Wortschöpfung aus Digital und Materialität/Realität und meint vornehmlich die Vernetzung von „digitalen" und „analogen" Wirklichkeiten" (Elschenbroich, 2019, S. 356). Was bedeutet das?

Der Begriff der Digitalität wird von Felix Stalder (2016) aus einer kulturwissenschaftlichen Perspektive hergeleitet, indem er eine grundsätzliche Unübersichtlichkeit im Informationsspektrum der Medien ausgehend von der Entwicklung des Internets seit der Jahrtausendwende beschreibt und „[d]ie Aufgabe der Filterung der Informationen und damit der Orientierung" (vgl. Stalder, 2017) als die ‚Kultur der Digitalität' definiert. Digitalität

> entspricht nicht dem Verständnis von Digitalisierung im Sinne der Entwicklung von Technologien, der Erfassung und Speicherung von Daten und der Automatisierung von Abläufen (…) [, sondern] reflektiert (…) auf kulturelle und gesellschaftliche Realitäten und Lebensformen, die mit der Digitalisierung einhergehen und diese im Wechselspiel wiederum ermöglichen. (Stalder, 2019).

In diesem Kontext erklären Allert und Asmussen (2017) im Zusammenhang mit der Bildung Folgendes:

> Aus einer pädagogischen Perspektive auf Digitalität stellt sich weniger die Frage, wie wir digitale Objekte wie Whiteboard und Tablets ins Klassenzimmer bringen und Einsatzszenarien dafür finden, sondern wie wir den *Umgang mit Unbestimmtheit* in einer Kultur der Digitalität im Hinblick auf Bildung gestalten können. (Allert & Asmussen, 2017, S. 30)

Allert und Asmussen (2017) thematisieren durch die Bezeichnung ‚Umgang mit Unbestimmtheit' die Digitalität als prozessbezogene Komponente einer Gesellschaft und erklären, dass

> Digitalität (…) nicht ein Programm [ist], das NutzerInnen ausschalten können, oder eine Umgebung, in die sie sich nicht begeben müssen, wenn sie das nicht wollen, sondern bedeutet die Informatisierung der Gesellschaft. Wenn wir Digitalität als Kultur,

nicht als Eigenschaft eines Objektes, verstehen, dann lässt sich ein *Konzept digitaler Bildung* weitreichend entwerfen als Konzept von *Bildung in einer Kultur der Digitalität*. (Allert & Asmussen, 2017, 31 f.)

Während der Begriff der Digitalisierung somit hauptsächlich eine technologiebezogene Konnotation beabsichtigt, zielt der Begriff der Digitalität auch auf die Auswirkungen auf Kultur und Gesellschaft ab, wodurch auch soziale Aspekte (und damit auch die Bildungswelt) in den (wissenschaftlichen) Diskurs geraten. Gryl, Dorsch, Zimmer, Pokraka und Lehner (2020) diskutieren die Kultur der Digitalität in einem Spannungsfeld zwischen mündigkeitsorientierter Bildung – bezogen auf die Ausbildung von Lehrerinnen und Lehrern – und Digitalität, in denen die Autorinnen und Autoren verschiedene Perspektiven hinsichtlich sozialer Strukturen, kulturellen Verhältnissen und bildungspolitischen Veränderungen beschreiben. Es zeigt sich somit, dass der Begriff der Digitalität zunehmend auch aus bildungsbezogenen (und somit kulturellen) Blickwinkeln thematisiert wird.

Auch aus einer sprachwissenschaftlichen Perspektive wird der Begriff der Digitalität untersucht (vgl. Bittner, 2003) und das Verhältnis von Sprache und Kommunikation durch den Einfluss digitaler Medien erklärt. Dabei wird das Verständnis von Digitalität mit Bezug zu digitalen Medien insbesondere in Abgrenzung zu analogen Medien gesehen. Diese Abgrenzung entspricht jedoch einer Digitalisierung aus informatischer Sichtweise (vgl. Abschnitt 3.1) und drückt aus, dass „analoge Daten zunehmend in die digitale Form überführt werden oder Daten direkt digital erfasst werden" (Döbeli Honegger, 2017, S. 16). Demzufolge nehmen digitale Daten „im Gegensatz zu analogen Daten diskrete Zustände an und werden überwiegend in binärer Form erfasst" (Wolff & Martens, 2020, S. 458), sodass „Digitalisierung aus informatischer Sichtweise jegliche Sachverhalte rund um die Entstehung, Haltung, Manipulation, Analyse, Korrektheit, Sicherheit, Darstellung usw. von Daten [beinhaltet]" (Wolff & Martens, 2020, S. 458).

Diese Sichtweise des Digitalen als Antonym zum Analogen findet sich öfter. Alexander Galloway unternimmt einen philosophischen Ansatz, in dem er in Anlehnung an den Philosophen François Laruelle das Digitale als „the basic distinction that makes it possible to make any distinction at all" (Galloway, 2014, S. XXIX) versteht und zudem das Digitale als „the capacity to divide things and make distinctions between them" (Galloway, 2014, S. XXIX) charakterisiert. Zudem beschreibt Galloway das Digitale als

the one diving in two. (…) This is the operation of the digital: the making-discrete of the hitherto fluid, the hitherto whole, the hitherto integral. Such making-discrete can

be effected via separation, individuation, exteriorization, extension, or alienation. Any
process that produces or maintains identity difference between two or more elements
can be labeled digital. (Galloway, 2014, S. 52)

Galloway beschreibt das Digitale somit als einen Prozess, der Unterschiede
zwischen zwei oder mehr Elementen hervorbringt oder aufrechterhält. Als Beispiel lässt sich die Sprache aufführen und der Unterscheidung zwischen dem
Repräsentiertem und der Repräsentation an sich.

Auf der anderen Seite wird das ‚Analoge' als „the two coming together as
one" (Galloway, 2014, S. 56) charakterisiert und somit als Prozess von Integration: „The analog brings together heterogenous elements into identity, producing
a relation of non-distinction" (Galloway, 2014, S. XXIX). Im Gegensatz zu den
alltäglichen Vorstellungen von ‚digital' und ‚analog', in der das Digitale meist als
‚das Neue' oder im Kontext der Online-Welt beschrieben wird und das Analoge
als ‚das Alte' bzw. als Teil der Offline-Welt, werden von Galloway das Digitale
und das Analoge als Prozesse verstanden, die differenzieren (‚the digital') bzw.
integrieren (‚the analog'). In Bezug zur Mathematik hat Schacht (2017) diese
Sichtweise auf mathematische Diskurse angewendet und „any discourse that produces or maintains differences between two or more elements" (Schacht, 2017,
S. 2638) als digital beschrieben. Durch diesen Blickwinkel werden somit Diskurse, in denen Referenzen auf die Mathematik oder auf das (digitale) Werkzeug
unterschieden wurden, als digital beschrieben.

Durch diese Herangehensweise an das Digitale und Analoge und die dadurch
festgelegte Unterscheidung der beiden Aspekte kann vieles als ‚digital' bezeichnet werden, jedoch nur wenig als ‚analog'. Hilfreich – zumindest für das hier
vorliegende Verständnis von ‚digital' und ‚analog' in Bezug zu Schulbüchern und
deren Nutzung – ist daher die folgende Anmerkung Galloways: „Creation is digital, but the lived existence of the created is analog" (Galloway, 2014, S. 84). Mit
der ‚creation' lässt sich die Struktur des Schulbuchs bzw. das Schulbuch an sich
verstehen, da sich – ähnlich wie bei der Sprache – zwischen dem Repräsentierten,
also dem mathematischen Inhalt, und der im Schulbuch gewählten Repräsentation dieses Inhalts unterscheiden lässt und das Schulbuch an sich somit als digital
bezeichnet werden kann. Die Schulbuchnutzung dagegen ist dann ‚analog', da
sich durch die Arbeit mit den verschiedenen Schulbuchinhalten das (mathematische) Wissen beim Lernenden entwickelt und dadurch als Integrationsprozess
stattfindet – im Sinne der Definition des Analogen als „the two coming together
as one".

In diesem Zusammenhang ist allerdings festzuhalten, dass auch ein traditionelles gedrucktes Schulbuch als ‚digital' im Sinne von Laruelle bzw. Galloway

bezeichnet werden kann, da auch dort eine Differenzierung zwischen Repräsentation und Repräsentiertem existiert. Dennoch – und das ist der Kern der Unterscheidung zwischen einem digitalen und einem analogen bzw. digitalisierten Schulbuch – ergibt sich durch die neuen (digitalen) Strukturelementen die Möglichkeit, den mathematischen Inhalt (das Repräsentierte) nicht nur wie bisher in ikonischer oder symbolischer Form darzustellen, sondern auch in einer enaktiven Form beispielsweise durch Darstellungen mit Zugmodus oder Feedback-Funktionen, die die Nutzerin bzw. den Nutzer direkt im Schulbuch mit einbeziehen und sowohl eine Handlung an dem jeweiligen Strukturelement verlangen als auch eine Rückmeldung an die Nutzerin bzw. den Nutzer aktiv senden. In diesem Sinne hilft die Theorie von Laruelle bzw. Galloway, ein digitalisiertes Schulbuch als eine elektronische Form eines analogen Schulbuchs zu sehen, während ein digitales Schulbuch auch neue Nutzungen ermöglicht, wodurch der (mathematische) Inhalt neu dargestellt werden kann. Dadurch wird der Begriff digital bzw. Digitalität der oben erwähnten kulturwissenschaftlichen Perspektive gerecht, da sich – in Abgrenzung zur Digitalisierung – nicht nur die Technologie an sich ändert, sondern insbesondere auch die bildungsspezifischen Gegebenheiten, i. e. das Lernen von Mathematik, und somit ein Konzept von Bildung in einer Kultur der Digitalität entstehen (vgl. Allert & Asmussen, 2017).

Verfolgt man daher zu der philosophischen Diskussion die oben erwähnte Unterscheidung zwischen *Digitalisierung* und *Digitalität*, in der das Digitale hauptsächlich als ‚das Neue' in Abgrenzung zum Analogen, das das ‚Reale' bzw. das ‚Materielle' beschreibt (vgl. Elschenbroich, 2019), verstanden wird, tritt hier also wieder die Alltagsvorstellung dieser beiden Begriffe in den Vordergrund. *Digitalität* konzeptualisiert dabei genau die Vernetzung dieser beiden Begriffe und meint damit dementsprechend nicht ausschließlich eine technologische Sichtweise. Für den Schulbezug bedeutet dies insbesondere einen „qualitativen Sprung in der Digitalisierung" (Elschenbroich, 2019, S. 356), sodass immer wieder neu überlegt werden muss, was Lernende noch per Hand können und tun sollen und was nicht. Dass aus fachdidaktischer Sichtweise immer eruiert werden muss, wie Schülerinnen und Schüler (mathematische) Inhalte lernen können, wird durch den Begriff der *Digitalität* nun auch auf die Debatte bezüglich der *Digitalisierung* übertragen.

Übertragen wir das oben genannte Beispiel der Rechenaufgabe zur Klärung der Unterscheidung von *digitalization* und *digitization* nun auf den Begriff der *Digitalität*. Das digitalisierte Aufgabenformat einer Rechenaufgabe (und die Nutzung dieser durch die direkte Eingabe von Ergebnissen im Sinne einer *digitalization*) ermöglicht keinen neuen Zugang zur Mathematik; es geht hier insbesondere um technologiebezogene Verwendungen im Sinne von Bedienungsvorteilen. Der Begriff der *Digitalität* stellt demgegenüber aber einen veränderten Zugang zum Inhalt, ergo der Mathematik, in den Fokus der Diskussion und eruiert daher, wie durch interaktive und dynamische Elemente der mathematische Inhalt in einer neuen Art und Weise vermittelt werden kann.

Insgesamt stehen somit drei Begriffe zur Diskussion: *Digitalisierung*, *Digitalisation* und *Digitalität*. Während *Digitalisierung* den Prozess des Digitalisierens beschreibt (im Sinne des Englischen ‚*digitization*'), drückt die *Digitalisation* die Nutzung einer digitalen Technologie aus (engl.: ‚*digitalization*'). Beide Begriffe charakterisieren somit eher einen prozesshaften Charakter bezogen auf die Technologie; der eine (*Digitalisierung*) im Sinne der Konzeption (beispielsweise eines digitalen Schulbuchs), der andere im Sinne einer Schulbuchnutzung (*Digitalisation*). Der Begriff der *Digitalität* beschreibt im Gegensatz zu den anderen beiden Begriffen einen qualitativen Zustand, in dem digitale und analoge Inhalte miteinander verknüpft werden und durch die Nutzung dieser Inhalte eine Kultur der Digitalität entstehen kann.

In dieser Arbeit werden die Begriffe *digitalisiert* und *Digitalisierung* in Anlehnung an den englischen Begriff *digitization* verstanden. Um eine differenziertere Betrachtung und Diskussion der *Digitalisierung* zu etablieren, wird in dieser Arbeit der Begriff *DIGITALITÄT* als Pendant zum Adjektiv *digital* verfolgt; bei der *DIGITALISIERUNG* handelt es sich dementsprechend um das nominativische Pendant zum Adjektiv *digitalisiert*. Bei einem digitalen Schulbuch können schlussendlich nicht nur inhaltliche oder strukturelle Veränderungen durch die Lehrkraft vorgenommen werden – was auch bei digitalisierten Schulbüchern der Fall wäre –, sondern es ergeben sich insbesondere Veränderungen aufgrund der digitalen Technologien, die den (mathematischen) Inhalt neu abbilden und zudem für eine veränderte Struktur sorgen. Bei einem digitalisierten Schulbuch können Inhalte beispielsweise neu geordnet werden oder durch externe Links oder Dokumente ergänzt werden. Digitale Schulbücher bieten aufgrund neuartiger Strukturelemente jedoch inhaltliche Veränderungen, die dadurch eine veränderte Struktur bewirken können (siehe oben, 7. Merkmal).

Digitalität bedeutet somit viel mehr als *Digitalisierung*; *digital* hat eine größere Tragweite als *digitalisiert* – auch bezogen auf Schulbücher für den Mathematikunterricht. Dies wird noch weiter in Kapitel 6 bei der Vorstellung und Analyse digitaler Schulbuchkonzepte beleuchtet, die in der hier vorliegenden Studie empirisch eingesetzt wurden.

Bezogen auf die Charakterisierung eines digitalen Schulbuchs hat die Unterscheidung zwischen *Digitalisierung – Digitalisation – Digitalität* folgende Tragweite: Während das sechste Charakteristikum eines digitalen Schulbuchs die inhaltlichen und strukturellen Veränderungen aufgrund von technologischen Möglichkeiten thematisierte, dabei jedoch hauptsächlich auf die Art und Weise der Bedienbarkeit einging (*Digitalisation*), zeigte sich durch die oben geführte Diskussion, dass ein digitales Schulbuch inhaltliche und strukturelle Veränderungen erfahren muss, die über die bedienungsbezogenen Aspekte hinausgehen und im Gegenzug dazu lerntheoretische Aspekte ansprechen (*Digitalität*). In anderen Worten: Eine Technologisierung des Schulbuchs verändert sowohl die Darstellung des (mathematischen) Inhalts als auch die Struktur des Schulbuchs an sich, da sich durch die digitale Natur neue Strukturelemente ergeben.

Insgesamt ergeben sich nun sieben Kriterien für ein digitales Schulbuch, die in der folgenden Auflistung noch einmal zusammengefasst formuliert werden:

Bei einem *DIGITALEN SCHULBUCH* für das Fach Mathematik wird dieser Arbeit ein elektronisches Lehr- und Lernmedium mit den folgenden Eigenschaften verstanden:

1. Der zu lernende Inhalt wird in Anlehnung an das Curriculum didaktisch aufbereitet und dargestellt.
2. Der zu lernende Inhalt wird in eine strukturierte Reihenfolge (bspw. Jahrgangsstufenbände, Kapitel, Lerneinheiten) gebracht.
3. Das Schulbuch ist sowohl für eine Verwendung des Lehrkraft zum Lehren als auch zum Lernen für Schülerinnen und Schüler konzipiert.
4. Das Schulbuch ist von einer offiziellen Instanz im Sinne eines Genehmigungsverfahrens überprüft worden.
5. Das Schulbuch ist ein pädagogisches Hilfsmittel und kann als solches eingesetzt werden.
6. Aufgrund der technologischen Möglichkeiten können inhaltliche und strukturelle Veränderungen am Schulbuch vorgenommen werden.
7. Das Schulbuch beinhalt im Vergleich zu gedruckten Schulbüchern weitere Strukturelemente, die den (mathematischen) Inhalt aufgrund der digitalen Natur neu abbilden und zudem für eine veränderte Struktur sorgen.

3.4.2   Zwischenfazit

Nachdem nun ausführlich das für diese Arbeit zentrale Verständnis eines digitalen Schulbuchs für die Mathematik durch eine intensive Diskussion der Funktionen gedruckter Schulbücher sowie des Einflusses der Technologie auf diese Funktionen anhand entsprechender wissenschaftlicher Forschungsergebnisse hergeleitet und generiert wurde, lässt sich im Hinblick auf die Forschungsziele dieser Arbeit nun die Struktur und Nutzung von digitalen Schulbüchern durch Schülerinnen und Schüler in den Vordergrund rücken.

Dazu werden im folgenden Kapitel Schulbücher aus instrumenteller Perspektive beleuchtet sowie die Schulbuchnutzung aus soziosemiotischer Perspektive beschrieben. In der instrumentellen Sichtweise wird zwischen *ARTEFAKTEN* und *INSTRUMENTEN* bzw. Werkzeugen unterschieden, was zuerst einmal die Frage aufwirft, ob Schulbücher nun als Artefakte oder Instrumente kategorisiert werden können. Um dies zu beantworten, wird in einem ersten Schritt auf die Interaktion zwischen Menschen und Artefakten im Sinne von Vygotsky (Abschnitt 4.1) eingegangen, da dies die Basis für die Theorie der *INSTRUMENTELLEN GENESE* darstellt (Abschnitt 4.2). Nachdem das Schulbuch sowohl als Artefakt als auch als Instrument vorgestellt wurde (Abschnitt 4.2.1), wird anschließend beleuchtet, wie aus einem Artefakt ein Instrument werden kann (Abschnitt 4.2.2).

Die Verwendung eines Schulbuchs ist aufgrund der Nutzung im schulischen Setting immer auch Teil eines sozialen Kontexts. Daher wird im Anschluss an die theoretischen Überlegungen zur Schulbuchverortung im Rahmen der *instrumentellen Genese* die Schulbuchnutzung als sozialer Prozess beschrieben (Abschnitt 4.3). Diesbezüglich werden zuerst einige Grundannahmen zur Entwicklung von menschlichem Wissen und Lernen als Effekt von sozialer und kultureller Interaktion betrachtet (Abschnitt 4.3.1). Im Anschluss daran wird der Fokus auf die Rolle von *ZEICHEN* im Lernprozess gerichtet und reflektiert, welche Bedeutung der Produktion von Zeichen im sozialen Kontext zukommt (Abschnitt 4.3.2). Daran anknüpfend wird die Theorie der *SEMIOTISCHEN VERMITTLUNG* die Rolle von Zeichen im Kontext der zuvor vorgestellten Theorie der instrumentellen Genese und somit der Schulbuchnutzung verdeutlichen (Abschnitt 4.3.3). Beide Theorien bilden die Grundlage für das in dieser Forschungsarbeit verfolgte Forschungsinteresse bezüglich der Nutzung digitaler Schulbücher durch Schülerinnen und Schüler und dient daher insbesondere auch zur Vorbereitung der methodologischen Auswertung (vgl. Kapitel 9).

Konzeptualisierung der Schulbuchnutzung aus instrumenteller und soziosemiotischer Perspektive

4

In den ersten beiden Abschnitten wurden einerseits Forschungsergebnisse zum Aufbau traditioneller Schulbücher für die Mathematik (vgl. Abschnitt 2.1) und deren Nutzungen durch Schülerinnen und Schüler (vgl. Abschnitt 2.2) aufgeführt. In einem zweiten Schritt wurde die Relevanz von gedruckten und digitalen Schulbüchern im Unterricht erläutert und deren Funktionen im Unterricht beschrieben (vgl. Kapitel 3). Dazu wurde in Abschnitt 3.1 zuerst auf verschiedene Begrifflichkeiten zu digitalen Schulbüchern eingegangen, anschließend in Abschnitt 3.2 literaturbegleitend ein Überblick über die Funktionen von gedruckten Schulbüchern gegeben und danach auf den Kontext von digitalen Schulbüchern übertragen, wodurch sich das Forschungsinteresse zu digitalen Schulbüchern weiter ausdifferenziert hat und die Auswirkungen bzw. Veränderungen dieser Funktionen bei digitalen Schulbüchern thematisiert wurden (vgl. Abschnitt 3.3). Ziel dabei war, dass am Ende ein umfassendes Bild von verschiedenen elektronischen Schulbuchkonzepten vorliegt, bei dem auch eine Klärung des Begriffs *digital* in Abgrenzung von *digitalisiert* und *elektronisch* stattgefunden hat. In Anbetracht dessen wurde zuletzt eine reichhaltige Definition über digitale Schulbücher vorgestellt, die sowohl auf die verschiedenen Funktionen und Merkmale traditioneller Schulbücher eingeht als auch Neuerungen in den Blick nimmt, die erst aufgrund der digitalen Natur des Mediums entstehen (vgl. Abschnitt 3.4). Insgesamt konnten somit sieben Eigenschaften identifiziert werden, die für digitale Mathematikschulbücher im Rahmen dieser Forschungsarbeit von Relevanz sind und anhand derer sich digitale Unterrichtswerke (für das Fach Mathematik) beschreiben lassen.

Die vorliegende Studie untersucht den Aufbau und die Struktur digitaler Mathematikschulbücher sowie deren Nutzungen durch Lernende. Innerhalb dieses

M. Pohl, *Digitale Mathematikschulbücher in der Sekundarstufe I*, Essener Beiträge zur Mathematikdidaktik, https://doi.org/10.1007/978-3-658-43134-1_4

Kapitels werden daher nun zwei Theorien vorgestellt, die Nutzungen von Schulbüchern aus konstruktivistischer und soziosemiotischer Perspektive beleuchten. Diese beiden Theorien bilden die theoretischen Grundlagen dieser Arbeit und nehmen daher in der gesamten Studie eine zentrale Rolle ein. Zunächst wird in Abschnitt 4.2 auf die Theorie der *instrumentellen Genese* (Rabardel, 1995) eingegangen, die die Interaktion zwischen Menschen und Artefakten, wie beispielsweise (digitale) Schulbücher, beschreibt und daher aus konstruktivistischer Sicht individuelle Nutzungen durch Schülerinnen und Schüler zur Tätigkeit des Lernens von Mathematik konzeptualisiert. Die *instrumentelle Genese* wird in dieser Arbeit als Rahmentheorie verstanden, mit der es möglich ist, die Schulbuchnutzung von Lernenden im Bezug zum Artefakt ‚Schulbuch' zu beschreiben. Durch die Perspektive dieser konstruktivistischen Theorie lässt sich beschreiben, wie Nutzerinnen und Nutzer aus einem Gegenstand (*Artefakt*, hier: das digitale Schulbuch bzw. einzelne Strukturelemente innerhalb des Schulbuchs) ein Werkzeug (hier: zum Lernen von Mathematik) machen. Dabei verwenden sie Inhalte aus dem digitalen Schulbuch auf eine gewisse Art und Weise und zu gewissen Zielen bzw. Zwecken. Beide Sichtweisen werden durch zwei verschiedene Prozesse innerhalb der Theorie der *instrumentellen Genese* beschrieben und bilden demnach einen zentralen Kern in der Entwicklung des Instruments. Die Arbeiten von Rezat (2009) bilden auch hier eine wesentliche Orientierung, da die Nutzung gedruckter Schulbücher durch Lernende durch die Theorie der *instrumentellen Genese* zielgenau erfasst wurde, sodass die prozesshafte Beschreibung der Schulbuchnutzung digitaler Mathematikschulbücher entlang dieser Theorie und des Vorgehens von Rezat (2009) sinnvoll und geeignet erscheint.

Für eine Beschreibung diese beiden Prozesse innerhalb der *instrumentellen Genese* bedarf es jedoch vorab einer Analysemethode, mithilfe der die Aussagen und Handlungen der Lernenden bezogen auf Teile des digitalen Schulbuchs oder auf mathematische Grundlagen unterschieden werden können. Da die Schulbuchnutzung größtenteils im schulischen Umfeld stattfindet und aus diesem Grund von verschiedenen Interaktionen zwischen Lehrenden und Lernenden geprägt ist, ist es sinnvoll, die konkrete Schulbuchnutzung der Schülerinnen und Schüler aus soziosemiotischer Perspektive zu betrachten. Der soziosemiotische Blickwinkel analysiert die Zeichen, die die Nutzerinnen und Nutzer während der Arbeit mit dem Artefakt ‚Schulbuch' produzieren, weshalb der Prozess der *instrumentellen Genese* anhand der semiotischen Analyse identifiziert werden kann. Dies ist Gegenstand von Abschnitt 4.3 und der Theorie der *semiotischen Vermittlung*, mithilfe der die Nutzung eines Artefakts hinsichtlich der Interpretation der in dieser Nutzung geäußerten Zeichen rekonstruiert werden kann.

Zuerst wird aber in Abschnitt 4.1 auf Interaktionen im schulischen Setting mit Bezügen zu Artefakten und Zeichen eingegangen, um die eben genannten Theorien in einen lerntheoretischen Kontext einzubinden. Hauptaugenmerk liegt dabei auf der von Vygotsky geprägten komplexen, vermittelten Handlung (vgl. Cole, John-Steiner, Scribner & Souberman, 1978, S. 40) und den darin betrachteten Einwirkungen eines Werkzeugs auf die Beziehung zwischen Impuls und Reaktion.

4.1   Interaktionen zwischen Menschen und Artefakten

Wenn Lernende im schulischen Klassenkontext mit einem Mathematikschulbuch arbeiten, tun sie dies mit dem Ziel, Aufgaben zu bearbeiten, Texte zu lesen oder Definitionen nachzuschlagen; ergo, um Mathematik zu betreiben. Bei der Nutzung kann also zwischen der Nutzerin bzw. dem Nutzer (Lehrende oder Lernende), einem Objekt (der Mathematik) und einem Ziel (das Lernen von Mathematik) unterschieden werden:

> An activity consists of acting upon an object in order to realize a goal and give concrete form to a motive. Yet the relationship between the subject and the object is not direct. It involves mediation by a third party: the instrument. (Béguin & Rabardel, 2000a, S. 175)

Diese Unterscheidung geht grundlegend auf Vygotskys Ansatz eines „complex, mediated act" (vgl. Cole et al., 1978, S. 40) zurück, in dem zwischen einem Impuls (*stimulus*) und der daraus resultierenden Reaktion (*response*) ein *Werkzeug* hinzugefügt wird, und wird in Abbildung 4.1 dargestellt.

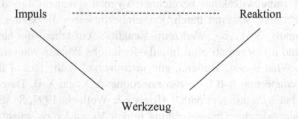

Abbildung 4.1 Komplex, vermittelte Handlung nach Vygotsky (vgl. Cole, John-Steiner, Scribner & Souberman, 1978, S. 40)

Vygotsky (1978) zufolge kann jede Form einer natürlichen Handlung als „direkte Reaktion auf eine vorausgegangene Tätigkeit" (vgl. Cole et al., 1978, S. 39; eigene Übersetzung) gesehen werden. Dies wird durch die Verbindung Impuls – Reaktion gekennzeichnet. Wird jetzt aber innerhalb dieses Prozesses zwischen der Reaktion und dem Impuls ein *Werkzeug* ergänzt, wird die direkte Reaktion auf einen Impuls auf indirekte Weise durch das Werkzeug beeinflusst (Cole et al., 1978, S. 40) und es entsteht ein Impuls–Reaktions-Prozess, der über das *Werkzeug* gelenkt wird. Vygotsky spricht dabei nicht von Anfang an von einem *Werkzeug* bzw. *Instrument*, sondern anfangs von einem „auxiliary stimulus" (Cole et al., 1978, S. 40), der zwischen den Impuls – Reaktions-Prozess eintritt und von dem Subjekt verwendet wird, um die Reaktion zu erreichen.

Diese Grundannahme lässt sich an folgendem Beispiel veranschaulichen: Der Impuls sei hierbei die Aufgabe, sich an gewisse Informationen zu erinnern. Gelingt dies, kann dies als Reaktion auf den Impuls gesehen werden. Hierbei handelt es sich also laut Vygotsky um einen Prozess der „natural memory" (Friedrich, 2014, S. 49). Wird nun ein Gegenstand mit dem Ziel, sich an die Aufgabe, ergo den Impuls, zu erinnern, mit einbezogen, spricht Vygotsky somit nicht mehr von einem direkten Impuls–Reaktions-Prozess, sondern von der komplexen, vermittelten Handlung (vgl. Abbildung 2.1). Als Beispiel eines solches ‚auxiliary stimulus' wird oft ein Knoten in einem Taschentuch als Erinnerungsstütze angeführt. Das Subjekt erinnert sich also an die ihm gestellte Aufgabe mit Hilfe des Knotens im Taschentuch. Ein ‚auxiliary stimulus' ist demnach ein

> künstliche[s] Mittel, [das] (...) dazu dien[t], die eigenen psychischen Prozesse zu beherrschen. Diese[s] Mittel kann man, in Anlehnung an die Technik, berechtigterweise als psychische Werkzeuge beziehungsweise Instrumente bezeichnen. (Lompscher, 1985, S. 309)

Den Prozess Impuls–Reaktion bezeichnet Vygotsky demzufolge als direkten, natürlichen Prozess, während durch den Einbezug eines *Werkzeugs* zwei neue Prozesse (Impuls–Werkzeug, Werkzeug–Reaktion) entstehen, die aufgrund des Werkzeugs und im Gegensatz zum Impuls–Reaktions-Prozess von instrumentaler Natur sind: „What is new, artificial, and instrumental is the fact of the replacement of one connection A-B by two connections: A-X and X-B. They lead to the same result, but by a different path"[1] (Rieber & Wollock, 1997, S. 86).

Eine weitere wichtige Unterscheidung nimmt Vygotsky zwischen zwei Arten von *Werkzeugen* vor: *psychische* und *technische Werkzeuge*. Dabei beschreibt er die *psychischen Werkzeuge* folgendermaßen:

---

[1] Der Buchstabe A steht hier für den Impuls, B für die Reaktion und X für das Werkzeug.

Als Beispiele psychischer Werkzeuge (…) sind zu nennen: die Sprache, verschiedene Formen der Numerierung [sic] und des Zählens, mnemotechnische Mittel, die algebraischen Symbole, Kunstwerke, die Schrift, Schemata, Diagramme, Karten, Zeichnungen, alle möglichen Zeichen und ähnliches mehr. (Lompscher, 1985, S. 310)

Die *technischen Werkzeuge* werden in Anlehnung an die *psychischen Werkzeuge* wie folgt dargestellt:

Der allerwesentlichste Unterschied des psychischen Werkzeugs vom technischen besteht darin, daß [sic] seine Aktion sich auf die Psyche und das Verhalten richtet, während das technische Werkzeug, das sich ebenfalls als Mittelglied zwischen die Tätigkeit des Menschen und das äußere Objekt schiebt, darauf gerichtet ist, irgendwelche Veränderungen am Objekt herbeizuführen; das psychische Werkzeug verändert am Objekt nichts; es ist ein Mittel der Einwirkung auf sich selbst (oder auf einen anderen), auf die Psyche, auf das Verhalten, nicht aber ein Mittel der Einwirkung auf das Objekt. Im instrumentellen Akt äußert sich folglich eine Aktivität im Hinblick auf sich selbst und nicht im Hinblick auf das Objekt. (Lompscher, 1985, S. 313 f.)

Hierbei wird deutlich, dass Vygotsky die beiden Arten von Werkzeugen aufgrund ihrer Gerichtetheit auf die Psyche (i. e. psychische Werkzeuge) bzw. auf den Gegenstand an sich (i. e. technische Werkzeuge) unterscheidet:

[T]he object of a psychological tool is not the external world, but the psychological activity of the subject. This tool is a means subjects have of influencing themselves" (Friedrich, 2014, S. 50).

Rabardel (2002) fasst diese Unterscheidungen von Vygotsky hinsichtlich der technischen und psychischen Werkzeuge bezogen auf den instrumentellen Akt folgendermaßen zusammen:

Language, signs, maps, plans and diagrams are considered as psychological instruments that mediate the subject's relationship with him/herself and with others. The psychological instrument is thus differentiated from the technical instrument by the direction of his/her action turned toward the psyche. (…) The viewpoint developed by Vygotsky consists in both distinguishing instrument types based on what they allow the subject to act on (the material world, his/her own psyche or that of others) and proposing an analysis unit of instrument-mediated activities: the instrumental act. (Rabardel, 2002, S. 57)

Bezogen auf (Mathematik-)Schulbücher hat Rezat (2009) bereits betont, dass Schulbücher aus vielen dieser oben aufgelisteten psychischen Werkzeuge zusammengesetzt sind und somit als psychische Werkzeuge gesehen werden können.

Aber auch in Abgrenzung zu technischen Werkzeugen zeigt sich, dass Schulbücher keine Veränderung auf die Mathematik an sich zu erreichen suchen, sondern die „mathematischen Kenntnisse, Fähigkeiten und Kompetenzen des Nutzers" (Rezat, 2009, S. 22) betreffen und somit der Definition psychischer Werkzeuge entsprechen. Diese Einordnung bleibt mit der gleichen Begründung auch für digitale (Mathematik-)Schulbücher bestehen, auch wenn mit der Einführung von digitalen Schulbüchern neue technologische Möglichkeiten gegeben sind (wie beispielsweise die explizite Auswahl von Inhalten durch die Lehrkraft oder dynamische Strukturelemente[2]), sodass zwar eine Veränderung im Schulbuch an sich möglich ist, jedoch nicht auf den konkreten Inhalt bzw. auf die Mathematik an sich. Es gilt vielmehr das Ziel, den Lernenden die Mathematik anhand von neuen technologischen Möglichkeiten zu erklären und die psychischen Prozesse beim Lernenden auf neue Art und Weise anzustoßen.

Die Unterscheidung von technischen und psychischen Werkzeugen und die Beschreibung der komplexen, vermittelten Handlung hat für diese Arbeit folgende Relevanz: Zum einen wird deutlich, dass Schulbücher innerhalb der mathematikdidaktischen Forschung aufgrund ihrer Zusammensetzung aus vielfältigen psychischen Werkzeugen (z. B. Sprache, Bilder, Aufgaben, Merkkästen, etc.) ein Alleinstellungsmerkmal im unterrichtlichen Kontext einnehmen (vgl. Abschnitt 3.2). Dies wird umso bedeutender für digitale Schulbücher, wenn sich ihre Zusammensetzung aufgrund der technologischen Möglichkeiten erweitern könnte (vgl. Abschnitt 3.3.3). Zum anderen zeigt sich aus lerntheoretischer Sicht in Bezug auf Vygotsky, dass digitale Schulbücher als psychische Werkzeuge dienen, die Auswirkungen auf das Lernen von Mathematik haben, da sie in der Auseinandersetzung zu einem (mathematischen) Inhalt durch die Nutzerinnen und Nutzer Verwendung finden. In der mathematikdidaktischen Diskussion hat sich in der letzten 20 Jahren die Theorie der *INSTRUMENTELLEN GENESE* etabliert (Drijvers, Doorman, Boon, Reed & Gravemeijer, 2010; Rezat, 2009; Trouche, 2005a, 2005b; van Randenborgh, 2015), die auf Grundlage von Vygotskys komplexer, vermittelter Handlung eine Unterscheidung zwischen *Artefakten* und *Werkzeugen* vornimmt und die Werkzeugnutzung weiter differenziert. Im Laufe der folgenden Unterkapitel wird die Theorie der *instrumentellen Genese* als Rahmentheorie dieser Arbeit vorgestellt und im Hinblick auf die Nutzung digitaler Mathematikschulbücher durch Schülerinnen und Schüler beleuchtet.

---

[2] Eine ausführliche Beschreibung der technologischen Möglichkeiten digitaler Schulbücher und deren Möglichkeiten erfolgte kursorisch in Abschnitt 3.3 und wird weiter in Kapitel 6 thematisiert.

4.2   Das Schulbuch als Instrument zum Lernen von Mathematik

Betrachtet man ein traditionelles (gedrucktes) Buch aus der Perspektive einer Nutzung durch Menschen, kann dieses Buch auf verschiedene Arten und Weisen und zu verschiedenen Zwecken verwendet werden. Auf der einen Seite lässt sich das Buch aufschlagen und in den Seiten blättern; die Seiten werden durchgelesen oder es wird in das Buch hineingeschrieben, Inhalte werden (gezielt) ausgewählt oder nachgeschlagen. Dies entspricht erwartungsgemäß der erwünschten Nutzung eines Buches: Das Buch wird somit zum Lesen verwendet. Bei einem Schulbuch überschreitet der Nutzungszweck jedoch den eines ‚normalen' Buches, da dort der Zweck der Nutzung in der Bearbeitung des (mathematischen) Inhalts und somit in dem Lernen von Mathematik liegt und damit das ausschließliche Lesen des Inhalts als vordergründigen Nutzungszweck transzendiert. Zudem ist der Nutzerkreis enger eingeschränkt, da es sich hauptsächlich um Lehrerinnen und Lehrer oder Schülerinnen und Schüler handelt, die ein Schulbuch verwenden.

Zusätzlich zu der intendierten Nutzung kann ein Buch aber auch für andere Zwecke verwendet werden, die dann nicht mehr der erwünschten Verwendungsweise eines Buches entsprechen[3]. Damit ist beispielsweise das Beschweren von Gegenständen mit Büchern durch Hinauflegen gemeint, das Bauen eines Turms mit Büchern durch Übereinanderlegen oder auch das Schlagen eines (kleinen) Balls mit einem Buch. Auch ein digitales Buch kann auf verschiedene Weisen verwendet werden (intendiert und zweckentfremdet), die sich teilweise sehr stark von denen eines gedruckten Buches unterscheiden können. So ist die intendierte Nutzung, d. h. das Lesen und Bearbeiten des abgebildeten Inhaltes, zwar gleich, jedoch kann diese aufgrund der technologischen Eigenschaften digitaler Bücher verglichen mit gedruckten Büchern divergieren. Beispielsweise gibt es sowohl bei digitalen als auch bei gedruckten Büchern die Möglichkeit, einen gewünschten Textabschnitt (farblich) zu markieren; jedoch können bei digitalen Schulbuchkonzepten beispielsweise zusätzliche Informationen zu Fachbegriffen angezeigt werden, die aufgrund der digitalen Möglichkeiten durch Hyperlinks aufgerufen werden können. Auch bei digitalen Schulbüchern ist es also durchaus möglich, dass sich aufgrund der technologischen Neuerungen Veränderungen in der Nutzungsweise und im Nutzungszweck ergeben. Welche Nutzungen von digitalen Schulbüchern sich letztendlich tatsächlich aus der Perspektive von Schülerinnen

---

[3] Eine nicht-intendierte und somit zweckentfremdete Nutzung wird fachsprachlich auch „Katachrese" genannt.

und Schülern ergeben, ist Bestandteil dieser Studie und wird sich im Laufe dieser Arbeit herauskristallisieren.

Bei der Verwendung eines (Schul-)Buchs lässt sich also auf der einen Seite zwischen intendierter und tatsächlicher Nutzung unterscheiden sowie zwischen der Art und Weise der tatsächlichen Nutzung auf der anderen Seite. Letzteres schließt dann auch die Nutzung zu einem bestimmten Zweck mit ein. Es ergibt sich dementsprechend ein Spannungsfeld zwischen (1) intendierter und tatsächlich erfolgter Nutzung und (2) der Art und Weise der Nutzung einschließlich dem konkreten Nutzungszweck, d. h. wie und wozu das (Schul-)Buch verwendet wird. Dieses Spannungsfeld betrifft zweifelsohne nicht nur (Schul-)Bücher, sondern jeden Gegenstand, der von Menschen verwendet wird. Eine intensive Auseinandersetzung mit genau diesem Spannungsfeld, also den verschiedenen Verwendungsweisen eines Gegenstandes zu bestimmten Zwecken, hat Rabardel (1995) geführt und innerhalb der Theorie der *INSTRUMENTELLEN GENESE* (‚*Instrumental Genesis*‘) beschrieben. Da sich diese Arbeit mit der Verwendung von digitalen Schulbüchern durch Schülerinnen und Schülern beschäftigt, bildet die Theorie der *instrumentellen Genese* einen zentralen theoretischen Rahmen und wird daher im Folgenden ausführlich beschrieben.

4.2.1 Von Artefakten und Instrumenten

Die Theorie der *instrumentellen Genese* wurde 1995 von Rabardel unter dem Titel „Les Hommes et les Technologies – Approche Cognitive des Instruments Contemporains" (Rabardel, 1995) veröffentlicht; die englische Übersetzung erschien im Jahr 2002 (Rabardel, 2002). Bereits der Titel zeigt, dass sich diese Theorie mit der Nutzung von Technologien durch Menschen beschäftigt und einen kognitiven Ansatz dazu beschreibt. Zu Technologien können zweifelsohne digitale Schulbücher gezählt werden, aber auch gedruckte Schulbücher lassen sich darunter einordnen wie Rezat (2009) feststellen konnte (Rezat, 2009, S. 26). Aus diesem Grund hat die Theorie für die hier vorliegende Arbeit eine besondere Relevanz. Einer der Hauptfokusse in Rabardels Theorie liegt in der Unterscheidung zwischen *ARTEFAKT* und *INSTRUMENT*[4], auf der dann die Theorie der *instrumentellen Genese* konzeptualisiert wird. Auch in dieser Arbeit spielt eine Unterscheidung zwischen diesen beiden Begriffe eine wichtige Rolle, weshalb an dieser Stelle nun zuerst beide Begriffe detailliert vorgestellt werden

---

[4] Die Begriffe ‚Instrument‘ und ‚Werkzeug‘ werden in dieser Arbeit synonymisch verwendet.

(Abschnitt 4.2.1), um dann anschließend das Konzept der *instrumentellen Genese* als Rahmentheorie innerhalb dieser Arbeit zu beschreiben (Abschnitt 4.2.2).

Wie bereits oben erwähnt geht Rabardel in Anlehnung an Vygotsky davon aus, dass eine Aktivität zwischen einer Nutzerin bzw. einem Nutzer und einem Objekt durch eine dritte Instanz, dem *Werkzeug*, beeinflusst wird (vgl. Abschnitt 4.1). In Abgrenzung zum *Werkzeug* führt Rabardel ganz bewusst den Begriff des *Artefaktes* ein. Nach Rabardel ist ein *Artefakt*

> anything that has undergone a transformation, however minimal, of human origin. It is thus compatible with an anthropocentric point of view. Another advantage is that it does not restrict meaning to material things (from the physical world). It can also be applied to symbolic systems. (Rabardel, 2002, S. 39)

Dieser Definition zufolge ist also alles von Menschen Erschaffene zuerst einmal ein Artefakt. Dazu gehören auf der einen Seite physische Gegenstände wie Stifte, Taschenrechner oder Bücher. Auf der anderen Seite sind damit aber auch immaterielle Objekte wie Sprache, Symbole oder Zeichen gemeint, wie Wartofsky (1979) ausführt: „[A]nything which human beings create by the transformation of nature and of themselves: thus, also language, forms of social organization and interaction, techniques of production, skills" (Wartofsky, 1979, S. xiii). Bereits hier zeigt sich eine Überschneidung zu Vygotskys Auffassung von psychischen Werkzeugen (vgl. Abschnitt 4.1). Hauptsächlich werden aber zumeist materielle Objekte unter dem Begriff des Artefakts verstanden, dessen Auffassung auch Rabardel zustimmt: „[W]e feel the term fabricated material object (…) should now be replaced by that of artifact" (Rabardel, 2002, S. 39). Aus diesem Grund lassen sich daher auch insbesondere Schulbücher unter dem Begriff des *Artefakts* sehen.

Eine weitere Eigenschaft eines *Artefakts* – neben der eben erwähnten Fertigung durch Menschen – ist Rabardel zufolge dessen Finalität. Damit ist jedoch nicht eine Unveränderbarkeit des *Artefakts* gemeint, sondern seine zielgerichtete Konzeption:

> Finalization is constitutive of the artifact's design, (…) its finalization is at the origin of its existence. (…) In other words, each artifact gives rise to possible transformations of the object of the activity, which were anticipated, deliberately sought and are liable to become concrete in usage. Hence, the artifact (whether material or not) makes concrete a solution to a problem or a class of problems raised socially. (Rabardel, 2002, S. 39)

Auch dieser zweite Aspekt kann auf Schulbücher bezogen werden, da diese von Menschen für das Lehren und Lernen bestimmter Inhalte entwickelt wurden, wodurch sich im Laufe der Zeit ihre Konzeption und somit auch ihre Inhalte verändert haben. Ein Schulbuch ist der Definition von Rabardel zufolge also aufgrund seiner Finalität und der Konzeption durch Menschen als ein *Artefakt* zu verstehen; das Gleiche ist für digitale Schulbücher zutreffend.

Zusätzlich zu dem Begriff des *Artefakts* unterscheidet Rabardel in der Theorie der *instrumentellen Genese* den Begriff eines *Instruments* bzw. *Werkzeugs*. In Abgrenzung zum *Artefakt* nimmt bei dem begrifflichen Konstrukt des *Instruments* die Nutzerin bzw. der Nutzer eine zentrale Rolle ein. So betont Rabardel, dass das *Instrument* durch die Arbeit des Subjekts mit einem *Artefakt* entsteht: „An instrument cannot be confounded with an artifact. An artifact only becomes an instrument through the subject's activity" (Béguin & Rabardel, 2000a, S. 175). Rabardel hebt hier ganz klar die Trennung zwischen einem *Artefakt* und einem *Instrument* hervor und unterstreicht dabei insbesondere die Rolle und den Einfluss der Nutzerin bzw. des Nutzers, da durch ihre bzw. seine Auseinandersetzung mit einem *Artefakt* aus diesem überhaupt erst ein *Instrument* wird: „[W]e will use the term instrument to designate the artifact in situation, inscribed in usage, in an instrumental relation of action to subject as a means of action" (Rabardel, 2002, S. 39 f.). Im Gegensatz zum *Artefakt* steht beim *Instrument* demnach die Nutzerin bzw. der Nutzer im Vordergrund und nimmt dabei eine Mittlerrolle zwischen Nutzerin bzw. Nutzer und dem Objekt der Handlung ein:

> First of all, an instrument is unanimously considered as an intermediary entity, a medium term, or even an intermediary world between two entities: the subject, actor, user of the instrument and the object of the action. (…) The instrument's intermediary position makes it the mediator of relations between subject and object. It constitutes an intermediary world whose main feature is being adapted to both subject and object. This adaptation is in terms of material as well as cognitive and semiotic properties in line with the type of activity in which the instrument is inserted or is destined to be inserted. (Rabardel, 2002, S. 63)

Ähnlich wie das *Artefakt* steht somit auch das *Instrument* sowohl für materielle als auch kognitive, immaterielle Gegenstände mit dem eminenten Unterschied, dass das *Artefakt* zuerst einmal lediglich verschiedene Auseinandersetzungen zu einem (mathematischen) Objekt ermöglicht, während in der konkreten Auseinandersetzung mit einem *Artefakt* zu einem (mathematischen) Objekt das *Artefakt* dann durch die Nutzerin bzw. den Nutzer, durch das Subjekt, zu einem *Instrument* wird. Aus diesem Grund ist das *Instrument* das Ergebnis aus der Aktivität des Subjekts mit dem *Artefakt*:

> We propose defining the instrument as a mixed entity, born of both the subject and object (in the philosophical sense of the term): the instrument is a composite entity made up of an artifact component (an artifact, a fraction of an artifact or a set of artifacts) and a scheme component (one or more utilization schemes, often linked to more general action schemes). (Rabardel, 2002, S. 86)

Trouche (2005), der sich im Bereich der mathematikdidaktischen Forschung mit der Theorie der *Instrumental Genesis* im Zusammenhang mit der Nutzung von Computer Algebra Systemen auseinandergesetzt hat, beschreibt das *Artefakt* wie folgt:

> [A]n artifact is a material or abstract object, aiming to sustain human activity in performing a type of task (a calculator is an artifact, an algorithm for solving quadratic equations is an artifact); it is *given* to a subject. (Trouche, 2005a, S. 144)

Das *Instrument* auf der anderen Seite „is what the subject *builds* from the artifact" (Trouche, 2005a, S. 144). Mit dem Begriff des *Instruments* wird somit ein *Artefakt* beschrieben, das „in situation, inscribed in usage, in an instrumental relation of action to subject as a means of the action" (Rabardel, 2002, S. 39 f.) Verwendung findet. Es existiert somit kein *Instrument* automatisch in sich selbst, sondern kann erst durch die gezielte Nutzung des *Artefakts* durch die Nutzerin bzw. den Nutzer zu einem solchen werden. Die Beschreibung des Konstrukts *Instrument* erfolgt letztendlich zwar in Abgrenzung zum *Artefakt*, kann aber zugleich nur in Anlehnung zum *Artefakt* betrachtet werden (vgl. Verillon & Rabardel, 1995, S. 84).

Veranschaulichen wir diese Unterscheidung zwischen *Artefakt* und *Instrument* am Beispiel des Mathematikschulbuchs, bevor weiter auf den Begriff des *SCHEMAS* (*scheme*) eingegangen wird, dem in der oben angeführten Definition von Rabardel (2002) eine wichtige Bedeutung zukommt. Das Mathematikbuch ist für sich gesehen erst einmal ein materieller Gegenstand, der in Anlehnung an das Curriculum den Lerninhalt abbildet und von Schulbuchentwicklerinnen und -entwicklern zum Lernen von Mathematik entwickelt wurde. Dies gilt sowohl für gedruckte als auch für digitale Schulbücher, womit beide dem oben aufgeführten Verständnis eines *Artefakts* im Sinne der Erschaffung durch Menschen und der Finalität entsprechen. Wird das Mathematikschulbuch nun von einer Nutzerin bzw. einem Nutzer (z. B. Lehrerin und Lehrer oder Schülerin und Schüler) verwendet, steht es konkret in Bezug zu einem expliziten mathematischen Inhalt, dem Objekt, und wird daher zu einem Vermittler zwischen Subjekt und Objekt. Zu einem *Instrument* wird das Schulbuch jedoch erst, wenn es für ein bestimmtes Ziel, d. h. zu einem konkreten Zweck, wie (trivialerweise) zum Lernen von

Mathematik und expliziter zum Erarbeiten eines mathematischen Inhaltes oder zum Bearbeiten von Aufgaben, verwendet wird (vgl. Rabardel, 2002, S. 88). Die Beziehung zwischen Subjekt, Objekt sowie zwischen *Artefakt* und *Instrument* lässt sich insgesamt wie in Abbildung 4.2 dargestellt visualisieren.

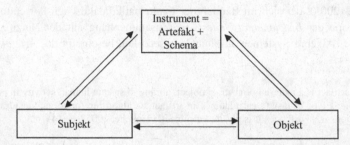

Abbildung 4.2   Das Instrument – Eine vermittelnde Einheit (vgl. Béguin & Rabardel, 2000, S. 179)

Bisher wurde der Unterschied zwischen *Artefakt* und *Instrument* beleuchtet sowie der Bezug zu Vygotskys instrumenteller Handlung hergestellt. Das *Instrument* ist somit Teil der Dreiecksbeziehung zwischen Subjekt und Objekt und wurde bisher insbesondere in Abgrenzung zum *Artefakt* definiert. Dabei wurde speziell die Nutzung des Subjekts hervorgehoben, jedoch noch nicht weiter ausgeführt, welchen Stellenwert die Art der Nutzung innerhalb der *instrumentellen Genese* hat bzw. wie aus einem *Artefakt* durch die Nutzung ein *Instrument* werden kann. Dies soll nun auf den folgenden Seiten näher betrachtet werden.

4.2.2   Vom Artefakt zum Instrument

Dass ein und dasselbe *Artefakt* von verschiedenen Nutzerinnen und Nutzern auch zu verschiedenen Zwecken verwendet werden kann, wurde bereits oben im Bezug zur (intendierten und tatsächlichen) Schulbuchnutzung angesprochen. Das *Instrument* kann somit durch die Art und Weise der Nutzung beeinflusst werden: „The instrument is thus, like the sign (…), a bifacial and mixed entity of both artifact and use mode" (Rabardel, 2002, S. 64). Die Nutzung des *Instruments* hängt somit nicht nur von der Beschaffenheit und der Konzeption des *Artefakts* an sich ab, sondern insbesondere auch von der Verwendungsweise der Nutzerin bzw. des Nutzers, sodass auch von verschiedenen *Instrumenten* eines gleichen *Artefakts* gesprochen werden kann, was sich bereits in Abbildung 4.1 in der Definition des *Instruments* als „*Artefakt* + Schema" zeigte. Diese Eigenschaft der Beeinflussung des *Instruments* wird von Rabardel mithilfe der *GEBRAUCHSSCHEMATA* (*utilization schemes*) beschrieben, auf die nun näher eingegangen wird und die folglich das Verständnis eines *Instruments* weiter komplementieren wird.

Der Begriff des *Schemas* findet sich zu großen Teilen in der kognitiven Psychologie wieder und wurde von Piaget maßgeblich geprägt. Für Piaget sind Schemata

> Mittel, die es dem Subjekt ermöglichen, Situationen und Objekte, mit denen das Subjekt konfrontiert wird, zu assimilieren. Sie sind Strukturen, die die biologische Organisation verlängern und mit ihr die Fähigkeit teilen, eine externe Realität in den Organisationszyklus des Subjekts zu integrieren. Das Schema, die Mittel der Assimilation, ist selbst das Produkt der assimilierenden Aktivität: Die psychologische Assimilation in ihrer einfachsten Form ist nur die Selbstbewahrungstendenz aller Verhaltensweisen. Es ist die reproduktive Assimilation, die Schemata bildet. (Rabardel, 2002, S. 70; eigene Übersetzung)

Deutlich wird, dass für Piaget der Begriff des *Schemas* Strukturen beschreibt, mit denen ein Individuum seine Wahrnehmung von der externen Realität aufnimmt und in seine bereits vorhandenen psychologischen Strukturen einordnet. Rabardel knüpft an diese Vorstellung an und entwickelt daraus das gedankliche Konzept der *Gebrauchsschemata*:

> What we propose to call a 'utilization scheme' (…) is an active structure into which past experiences are incorporated and organized, in such a way that it becomes a reference for interpreting new data. As such, a utilization scheme is a structure with a history, that changes as it is adapted to an expanding range of situations and is contingent upon the meanings attributed to the situations by the individual. (…) Utilization schemes have both a private and a social dimension. The private dimension is specific to each individual. The social dimension, i. e., the fact that it is shared by many members of a social group, results from the fact that schemes develop during a process involving individuals who are not isolated. (Béguin & Rabardel, 2000a, S. 181 f.)

Rabardels Beschreibung zufolge sind *Gebrauchsschemata* somit aktive Strukturen (in anderen Worten ‚Gebrauchsmuster'), die sich auf der Grundlage von Erfahrungen auf individueller und sozialer Ebene herausbilden und weiterentwickeln. Die Nutzung eines Schulbuchs ergibt sich demzufolge aufgrund einer wechselseitigen Verwendung auf individueller und sozialer Ebene, d. h. im Klassenverband, da sich eine individuelle Nutzung erst durch die Verwendung im sozialen Kontext ergibt und die soziale Ebene nicht isoliert von individuellen Nutzungen möglich wird. Zudem ist insbesondere für die Schulbuchnutzung die kulturhistorische Dimension nicht zu vernachlässigen. Damit ist gemeint, dass „angeeignete allgemein in einer Gesellschaft verbreitete Schemata" (Rezat, 2009, S. 29) Einfluss auf die Nutzung haben und innerhalb verschiedener Kulturen differieren können (vgl. Abschnitt 3.2). In einer anderen Veröffentlichung beschreibt Rabardel *Gebrauchsschemata* begrifflich prägnant als Tätigkeiten, die auf das *Artefakt* an sich gerichtet sind und dadurch charakterisiert werden können, dass sie „related to 'secondary' tasks, i.e. related to the management of characteristics and properties specific to the artifact" (Rabardel, 2002, S. 82) zu verstehen sind.

Rabardel unterscheidet zwei Arten von Schemata, die zusammen die *Gebrauchsschemata* konstituieren: *„USAGE SCHEMES"* und *„INSTRUMENT-MEDIATED ACTION SCHEMES"* (Rabardel, 2002, S. 83). Bei den *usage schemes* handelt es sich um Gebrauchsmuster, die sich auf die Verwendung des *Artefakts* bzw. Teilen von ihm beziehen: „Their distinctive feature is that they are orientated towards secondary tasks corresponding to the specific actions and activities directly related to the artifact" (Rabardel, 2002, S. 83). Bezogen auf die Schulbuchnutzung sind beispielhafte *usage schemes* neben dem Blättern im Buch auch das Lesen eines Textes oder einer Aufgabe. Demgegenüber beschreiben die *instrument-mediated action schemes* Gebrauchsschemata, die sich nicht auf das *Artefakt*, sondern auf die Tätigkeit an sich beziehen:

> instrumented-mediated action schemes (…) consist of wholes deriving their meaning from the global action which aims at operating transformations on the object of activity. These schemes incorporate usage schemes as constituents. Their distinctive feature is their relation to 'primary tasks'. They make up what Vygotsky called 'instrumental acts', which, due to the introduction of the instrument, involve a restructuring of the activity directed towards the subject's main goal. (Rabardel, 2002, S. 83)

Instrument-mediated action schemes bestehen somit aus einem oder mehreren *usage schemes* und beschreiben Handlungen mit einem *Artefakt*, die zielgerichtet ausgeübt werden. *Usage schemes* mit einer zweckgebundenen Verwendung innerhalb der Schulbuchnutzung sind beispielsweise das bewusste Nachschlagen eines Begriffs im Stichwortverzeichnis, das systematische Blättern im Buch, um einen expliziten Inhalt zu finden, oder das Lesen einer Aufgabe mit dem Ziel, diese Aufgabe auch zu bearbeiten, und werden daher als *instrument-mediated action schemes* aufgefasst.

Die Unterscheidung zwischen *usage schemes* und *instrument-mediated action schemes*[5] ist insbesondere für die Unterscheidung zwischen *Artefakt* und *Instrument* von Bedeutung. Wird ein Mathematikschulbuch arbiträr verwendet, z. B. durch bloßes Blättern im Buch, kann das Schulbuch als *Artefakt* angesehen werden, während eine gezielte Nutzung, z. B. das bewusste Nachschlagen eines Begriffes, das gleiche Schulbuch zu einem *Instrument* zum Mathematiklernen macht. Diesen Prozess, in dem aus einem *Artefakt* durch die Nutzung des Subjekts ein *Instrument* wird, nennt Rabardel *INSTRUMENTELLE GENESE* (*,instrumental genesis'*):

> The concept of instrumental genesis encompasses both the evolution of artifacts as the user's activity unfolds, and the building of utilization schemes, both of which participate in the emergence and development of an instrument. (Béguin & Rabardel, 2000a, S. 181)

Aus einem *Artefakt* wird somit im Prozess der *instrumentellen Genese* ein *Instrument*. Eine noch detailliertere Einteilung nimmt Trouche vor, der zusätzlich zu der Unterscheidung zwischen *Artefakt* und *Instrument* ein *Tool* als etwas „somewhere on the way from artefact to instrument" (Monaghan, Trouche & Borwein, 2016) beschreibt. Im Rahmen dieser Arbeit ist jedoch die Unterscheidung zwischen *Artefakt* und *Instrument* hinreichend, da die *instrumentelle Genese* als Rahmentheorie dient und der genaue Prozess vom Übergang eines *Artefakts* zu einem *Instrument* durch die Produktion von Zeichen erst sichtbar gemacht wird (vgl. Abschnitt 4.3).

Rabardel unterscheidet zwei Prozesse, die in der *instrumentellen Genese* eines *Artefakts* zu einem *Instrument* eine Rolle spielen: *INSTRUMENTIERUNG* (*,instrumentation'*) und *INSTRUMENTALISIERUNG* (*,instrumentalization'*) (Rabardel, 2002, S. 101 f.; Übersetzungen in Anlehnung an Rezat, 2009, S. 28). Im Wesentlichen entstehen beide Prozesse – *Instrumentierung* und *Instrumentalisierung* – durch Einwirkungen des Subjekts, der Nutzerin bzw. des Nutzers, auf das *Artefakt*. Allerdings fokussiert die *Instrumentierung* Entwicklungen bei der Nutzerin bzw. dem Nutzer, während sich bei der *Instrumentalisierung* das *Artefakt* weiterentwickelt (Béguin & Rabardel, 2000). Ein wesentlicher Unterschied zwischen den beiden Prozessen liegt damit in deren Gerichtetheit:

> These two types of processes are born of the subject. Instrumentalization by attributing a function to the artifact results from his/her activity, as does the adaptation

---

[5] Im Deutschen ist eine sprachliche Unterscheidung schwierig, weshalb die englischen Originalbezeichnungen beibehalten werden.

of his/her schemes. They are distinguished by the orientation of this activity. In the instrumentation process, it is directed toward the subject him/herself, whereas in the correlative process of instrumentalization, it is directed toward the artifact component of the instrument. (Rabardel, 2002, S. 103)

Der Prozess der *Instrumentierung* richtet sich demnach auf das Subjekt, die Nutzerin bzw. den Nutzer, indem sich im Laufe der Auseinandersetzung mit einem *Artefakt* die *Gebrauchsschemata* der Nutzerin bzw. des Nutzers weiter ausdifferenzieren und adaptieren:

Instrumentation processes are relative to the emergence and evolution of utilization schemes and instrument-mediated action: their constitution, their functioning, their evolution by adaptation, combination coordination, inclusion and reciprocal assimilation, the assimilation of new artifacts to already constituted schemes, etc. (Rabardel, 2002, S. 103)

Der Prozess der *Instrumentierung* beschreibt demzufolge die Verwendung des *Artefakts* aus der Perspektive der Nutzerin bzw. des Nutzers. Bezogen auf die Schulbuchnutzung bedeutet dies, in welcher Art und Weise die Nutzerin bzw. der Nutzer das *Artefakt* Schulbuch bzw. Teile davon verwendet. In anderen Worten: Wie wird mit dem *Artefakt* ‚(digitales) Schulbuch' konkret umgegangen?

Während der Nutzung des *Artefakts* wirkt die Nutzerin bzw. der Nutzer aber zur gleichen Zeit auch auf das *Artefakt* ein, da sie bzw. er durch ihre bzw. seine (individuellen) Vorstellungen zur Auseinandersetzung mit diesem *Artefakt* beeinflusst wird:

Instrumentalization processes concern the emergence and evolution of artifact components of the instrument: selection, regrouping, production and institution of functions, deviations and catachreses, attribution of properties, transformation of the artifact (structure, functioning etc.) that prolong creations and realizations of artifacts whose limits are thus difficult to determine. (Rabardel, 2002, S. 103)

Der Prozess der *Instrumentalisierung* beschreibt somit Funktionsweisen und Nutzungen eines *Artefakts*, die die Nutzerin bzw. der Nutzer dem *Artefakt* attribuiert. Auf diese Weise „schreibt der Nutzer dem Artefakt einerseits Funktionen zu, die es seiner Ansicht nach erfüllen kann, und bestimmt (…) die Art und Weise, wie es zu benutzen ist" (Rezat, 2009, S. 29). Der Prozess der *Instrumentalisierung* beinhaltet somit immer – bezogen auf die Schulbuchnutzung – die Frage nach der Verwendung (von einzelnen Teilen) des *Artefakts* unter zusätzlicher Berücksichtigung eines zielgerichteten Einsatzes. In anderen Worten: Wozu werden das

Artefakt ‚(digitales) Schulbuch' bzw. einzelne Elemente innerhalb des (digitalen) Schulbuchs genutzt?

Beide Prozesse innerhalb der *instrumentellen Genese* entstehen also gerade in der Verwendung des *Artefakts* durch das Subjekt, also durch die Nutzerin bzw. den Nutzer, unterscheiden sich aber in ihrer Blickrichtung auf die Nutzung. In Abbildung 4.3 wird visualisiert dargestellt, dass die beiden Prozesse der *Instrumentierung* und *Instrumentalisierung* vom Subjekt ausgehen, sich jedoch auf der einen Seite explizit auf das *Artefakt* beziehen (i. e. *Instrumentalisierung*) und auf der anderen Seite aber durch die Möglichkeiten, die das *Artefakt* bietet, auf das Subjekt gerichtet sind (i. e. *Instrumentierung*). Innerhalb dieses Zusammenspiels zwischen Subjekt und *Artefakt* bildet sich das *Instrument* heraus – immer jedoch auch in Verbindung zu dem *Objekt*, hier dem mathematischen Inhalt. Beide Prozesse – *Instrumentierung* und *Instrumentalisierung* – können also innerhalb der Nutzung eines *Artefakts* und innerhalb der Dreiecksbeziehung zwischen Subjekt – Objekt – Instrument, dargestellt werden. Diese beiden Prozesse werden in Abbildung 4.3 visualisiert.

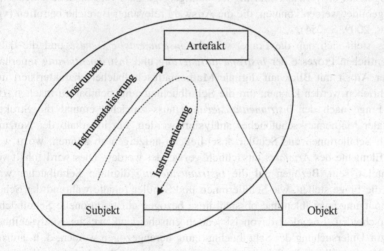

Abbildung 4.3 Instrumentalisierung und Instrumentierung innerhalb Vygotskys Dreiecksmodell des instrumentellen Aktes (vgl. Rezat, 2009, S. 32)

Zusammenfassend lässt sich festhalten, dass Rabardel mit der Theorie der *instrumentellen Genese* – und der damit zusammenhängenden Unterscheidung zwischen *Artefakt* und *Instrument* sowie den Prozessen der *Instrumentierung* und

Instrumentalisierung – ein theoretisches Konstrukt entwickelt hat, mit der sich die Art und Weise sowie das Ziel der Verwendung eines Gegenstandes durch eine Nutzerin bzw. einen Nutzer genauer untersuchen lässt. Im Rahmen dieser Arbeit wird die Theorie der *instrumentellen Genese* als Rahmentheorie verstanden, mit der die Schulbuchnutzung durch Schülerinnen und Schüler eingeordnet werden kann. Im ersten Teil dieses Kapitels wurden bereits Forschungsergebnisse zu der traditionellen Schulbuchnutzung durch Schülerinnen und Schüler dargelegt, die die Prozesse der *Instrumentierung* und *Instrumentalisierung* näher beleuchtet haben. Ergebnis bezüglich der *Instrumentalisierung* war, dass Lernende das Schulbuch bzw. Teile innerhalb des Schulbuchs im Fach Mathematik zum Bearbeiten von Aufgaben, zum Festigen von Wissen, zum Erarbeiten neuer Inhalte, zum interessemotivierten Lernen und für metakognitive Zwecke verwenden (vgl. Rezat, 2011, S. 163). Schaut man sich auf Mikrostrukturebene die Strukturelemente an, die die Schülerinnen und Schüler dabei am häufigsten nutzen, zeigt sich eine Dominanz der Strukturelemente „Kasten mit Merkwissen" und „Übungsaufgaben" (vgl. Rezat, 2011, S. 171) innerhalb der oben genannten fünf Tätigkeiten. Bezogen auf die *Instrumentierung* hat sich gezeigt, dass verschiedene *usage schemes* gebildet werden konnten, die die Auswahl relevanter Bereiche betreffen (vgl. Rezat, 2009, S. 254).

Es stellt sich nun die Frage, wie die *instrumentelle Genese* und die dabei wesentlichen Prozesse der *Instrumentalisierung* und *Instrumentierung* innerhalb dieser Arbeit mit Blick auf digitale Mathematikschulbücher charakterisiert und beschrieben werden können, um die Schulbuchnutzung sichtbar zu machen. Bei der Frage nach der *Instrumentalisierung* muss zunächst einmal die Struktur digitaler Mathematikschulbücher analysiert werden, um innerhalb der Nutzung durch Schülerinnen und Schüler anschließend aufzeigen zu können, wozu welche Elemente des *Artefakts* tatsächlich verwendet werden. Dies wird Inhalt von Kapitel 6 sein. Bezogen auf die *Instrumentierung* digitaler Schulbücher wird sich die Frage stellen, wie Schülerinnen und Schüler Inhalte während der Schulbuchnutzung auswählen und ob sich diese bezogen auf traditionelle Schulbücher unterscheiden. Losgelöst davon ist jedoch entscheidend, welche Analyseeinheiten zur Untersuchung der Schulbuchnutzung herangezogen werden, d. h. anhand welcher Grundlage die Schulbuchnutzung analysiert und gedeutet werden kann. Auf diese Frage wird nun im folgenden Abschnitt eingegangen.

4.3 Schulbuchnutzung im sozialen Kontext

Wenn Lernende mit einem Schulbuch arbeiten, wird das zu erarbeitende (mathematische) Wissen als Folge und im Prozess einer schulbuchbezogenen Nutzung konstruiert. In diesem Prozess der Wissenskonstruktion entsteht aus dem *Artefakt* ein *Instrument* zum Mathematiklernen (vgl. Abschnitt 4.2.2). Dabei wurde jedoch noch nicht berücksichtigt, dass die individuelle Arbeit mit einem *Artefakt* bzw. *Instrument* im schulischen Kontext weitestgehend in einem sozialen Kontext stattfindet und Lernen somit als „process of construction of individual knowledge as generated by socially shared experiences" (Bartollini Bussi & Mariotti, 2008, S. 750) zu verstehen ist. Insbesondere Vygotsky hat die Entwicklung von menschlichem Wissen und Lernen als Effekt von sozialer und kultureller Interaktion (vgl. Bartollini Bussi & Mariotti, 2008, S. 749) betrachtet. Diese Grundannahme orientiert sich daher stark an Vygotskys Konzepten der *ZONE DER NÄCHSTEN ENTWICKLUNG* und *INTERNALISATION (Cole et al., 1978)*, auf die nun als nächstes näher eingegangen wird (siehe Abschnitt 4.3.1). Dabei wird deutlich werden, dass innerhalb der sozialen Wissenskonstruktion mit *Artefakten* ZEICHEN eine große Rolle spielen (siehe Abschnitt 4.3.2). *Zeichen* werden daher in der sozialen Kommunikation als Träger von Wissen und Informationen verwendet und vermitteln zwischen den Kommunikationsteilnehmerinnen und -teilnehmern und dem jeweiligen Inhalt. Dies führt letztendlich zur Theorie der *SEMIOTISCHEN VERMITTLUNG* (siehe Abschnitt 4.3.3), mithilfe der die Schulbuchnutzungen in dieser Arbeit analysiert werden. Anhand dieser semiotischen Perspektive in der Analyse von Schulbuchnutzungen und anhand der dadurch rekonstruierten Kategorien von *Zeichen* lässt sich anschließend – durch die beiden Blickrichtungen auf die *Instrumentierung* und *Instrumentalisierung* („Wie und wozu verwenden Schülerinnen und Schüler das digitale Schulbuch?') – ein Rückschluss zur *instrumentellen Genese* ziehen, also wie das digitale Schulbuch zu einem Instrument zum Mathematiklernen werden kann.

4.3.1 Zone der proximal (nächsten) Entwicklung und Internalisation

Die *ZONE DER PROXIMALEN (NÄCHSTEN) ENTWICKLUNG („ZONE OF PROXIMAL DEVELOPMENT" (ZPD))* beschreibt Vygotsky als

> distance between the actual developmental level as determined by independent problem solving and the level of potential development as determined through problem

solving under adult guidance or in collaboration with more capable peers. (Vygotsky, 1978, S. 86)

Der aktuelle Entwicklungsstand eines Lernenden (‚actual development') charakterisiert demzufolge Tätigkeiten, die der Lernende bereits ausüben kann, wobei die potenzielle Entwicklung (‚potential development') den zukünftigen Entwicklungsstand kennzeichnet (vgl. Vygotsky, 1978, S. 85 f.). Es handelt sich damit demzufolge um einen Ist-Zustand auf der einen und um einen zukünftigen, gewünschten Kenntniszustand auf der anderen Seite. Dabei wird insbesondere hervorgehoben, dass nur mithilfe von externen Hilfestellungen – repräsentiert durch dem Lernenden in der Kommunikation überlegene Beteiligte – eine (mentale kognitive) (Weiter-)Entwicklung des Individuums möglich ist. Lernen findet somit innerhalb sozialer Interaktion statt. Des Weiteren zeigt sich hier bereits die sinnvolle Übertragbarkeit des Konzeptes der *Zone der proximalen (nächsten) Entwicklung* auf den schulischen Kontext, da hier die Entwicklung des Lernenden vom ‚actual development' zum ‚potential development' hauptsächlich durch die Einwirkung des Lehrenden (und anderen Mitschülerinnen und Mitschülern) erreicht werden kann. Vygotsky schreibt dazu noch ausführlicher:

> The individual develops into what he/she is through what he/she produces for others. This is the process of the formation of the individual. (…) [E]verything internal in higher forms was external, i.e., for others it was what it now is for oneself. Any higher mental function necessarily goes through an external stage in its development because it is initially a social function. (…) When we speak of a process, 'external' means 'social.' (sic) Any higher mental function was external because it was social at some point before becoming an internal, truly mental function. (Vygotsky, 1981a, S. 162)

Hierbei werden zwei zentrale Aspekte betont: Zum einen macht Vygotsky erneut deutlich, dass sich das Individuum erst durch die Interaktion mit anderen weiterentwickeln kann. Zum anderen beschreibt Vygotsky diese Entwicklung des Individuums detaillierter als Ergebnis von externen Einflüssen. ‚Extern' ist dabei weitestgehend mit ‚sozial' gleichzusetzen, d. h. externe Einflüsse als soziale Interaktionen mit anderen Personen. Das Ergebnis dieser sozialen Interaktionen sind höhere mentale Funktionen beim (sich entwickelnden) Individuum. Das Wissen beim Lernenden (‚internal') wird somit durch soziale Diskurse und Erfahrungen (‚external') konstruiert, verinnerlicht und damit internalisiert. Dieser Prozess wird folglich von Vygotsky auch *INTERNALISATION* genannt und als „internal reconstruction of an external operation" definiert (Vygotsky, 1978, S. 56).

Vygotsky „betrachtete die Internalisation als einen dynamischen Transformationsmechanismus, bei dem soziale Interaktionen vom Individuum verinnerlicht werden" (Radford, 2003, S. 53; eigene Übersetzung).

Insgesamt lässt sich nun fragen, inwiefern durch die *Internalisation* der Prozess der Wissenskonstruktion beim Lernenden dargestellt werden kann. Lernen wird von Vygotsky zum einen durch die *Zone der proximalen (nächsten) Entwicklung* und zum anderen als *Internalisation* beschrieben. Bisher wurde immer wieder betont, dass für die kognitive mentale Entwicklung des Lernenden der soziale Kontakt und Austausch zu kompetenten Partnern notwendig ist. Durch dieses soziale Gefüge stehen demnach mehrere Teilnehmerinnen und Teilnehmer immer im Austausch miteinander, indem sie sprachlich – verbal oder schriftlich – oder durch Gesten und Mimik kommunizieren. Vygotskys Ansicht nach spielen *Zeichen* dabei eine wesentliche Rolle: „The internalization of cultural forms of behavior involves the reconstruction of psychological activity on the basis of sign operations" (Vygotsky, 1978, S. 57). Die Stufe des ‚potential development' lässt sich also nur durch die Aufnahme und Interpretation von externen *Zeichen* sowie durch die Produktion von eigenen *Zeichen* erreichen. In diesem Zusammenhang ist es nun wichtig, einen genaueren Blick auf *Zeichen* und den Kommunikationsprozess zu richten (Abschnitt 4.3.2), um dann anschließend die Theorie der *semiotischen Vermittlung* für die in dieser Arbeit zentrale Fragestellung und -untersuchung vorstellen zu können (Abschnitt 4.3.3).

4.3.2   Zeichen

Bartollini Bussi und Mariotti (2008) betonen bei den oben erwähnten externen Einflüssen die besondere Rolle von *ZEICHEN*, die diesen im Prozess der *Internalisation* zugeschrieben wird:

> [A]s a consequence of its social nature, external process has a communication dimension involving production and interpretation of signs. That means that the internalization process has its base in the use of signs (…). For this reason the analysis of the internalization process may be centred on the analysis of the functioning of natural language and of other semiotic systems in social activities. (Bartollini Bussi & Mariotti, 2008, S. 750)

Die Autorinnen definieren die *Internalisation* in Anlehnung an Vygotsky demnach als einen semiotischen Prozess und beschreiben die Analyse der Internalisationsprozesse gleichzeitig als eine Analyse (natürlicher) Sprache und anderen semiotischen Systemen während sozialer Aktivitäten. In anderen Worten: Um

zu verstehen, wie Lernende im sozialen Austausch externe Einflüsse aufneh-
men, verarbeiten und internalisieren, blickt man auf die in der Kommunikation
auftretenden *Zeichen*. Aus diesem Grund wird in einem ersten Schritt geklärt
werden, welches Verständnis von *Zeichen* dieser Arbeit zugrunde liegt und welche Rolle diese im Mathematikunterricht spielen, um dann daran anknüpfend
den semiotischen Prozess und die Teilnehmerinnen und Teilnehmer eines solchen
semiotischen Prozesses näher zu beleuchten.

Die Zeichentheorie geht hauptsächlich auf die Arbeiten von Charles Sanders
Peirce zurück[6]. Demnach ist ein *Zeichen*

> anything whatever, real or fictile, which is capable of a sensible form, is applicable
> to something other than itself, that is already known, and that is capable of being so
> interpreted in another sign which I call its interpretant as to communicate something
> that may not have been previously known about its object. There is thus a triadic rela-
> tion between any Sign, and Object, and an Interpretant. (Parmentier, 1985, S. 24–25;
> Peirce, 1910)

Peirce etabliert hierbei eine Zeichenrelation bestehend aus dem *Zeichen (Sign)*,
dem *OBJEKT (Object)* und dem *INTERPRETANT (Interpretant)*. Diese drei Elemente werden innerhalb einer triadischen Relation in Verbindung zueinander
gebracht. Dabei ist das *Zeichen* – von Peirce auch *REPRÄSENTAMEN* genannt –
entweder ein „externes Objekt, das als Kommunikationsmittel verwendet wird,
oder eine interne, mentale Repräsentation, die die Bedeutung von einem Erkennt-
nisakt zum nächsten vermittelt" (Parmentier, 1985, S. 26; eigene Übersetzung).
Bei einem *Zeichen* handelt es sich somit um die wahrgenommene Repräsentation
einer Sache, eines Konzeptes, eines Objektes; es ist somit sein Stellvertreter. Das
Objekt hingegen bildet dabei den inhaltlichen Kern des *Zeichens* ab: „[T]he object
of the sign is that which the expressive form stands for, reproduces, or presents
‚in its true light' (MS 599.28,1902)" (Parmentier, 1985, S. 26). Das *Objekt* steht
also für den jeweiligen Begriff bzw. Sachverhalt, um den es sich handelt. Das
dritte Element in der Zeichenrelation – der *Interpretant* – wird beschrieben als
„a resulting mental or active effect produced by the object's influence on the sign
vehicle in some interpreter" (Parmentier, 1985a). Hierbei stehen zwei Aspekte
im Vordergrund. Zum einen wird der *Interpretant* als Ergebnis, z. B. eine Handlung oder eine Vorstellung, das sich durch den Einfluss des *Objektes* auf das

---

[6] Auch Ferdinand de Saussure entwickelte eine auch heute noch prominente Zeichentheorie,
in der er eine dyadische Unterscheidung zwischen *signifié* und *signifiant* vornimmt. Diese
Sichtweise wird jedoch im Rahmen dieser Arbeit keine Verwendung finden und daher hier
nicht weiter erläutert.

Zeichen entwickelt, beschrieben; zum anderen wird aber auch das Individuum, die Interpretin bzw. der Interpret, betont, das einem *Zeichen* bzw. seinem *Objekt* erst seine Bedeutung zuschreibt. Der *Interpretant* attribuiert somit einem *Objekt* seine Bedeutung, dessen Zugang er durch die *Zeichen* erhält. Parmentier schreibt in diesem Zusammenhang: „[T]he interpretant constitutes the significance of the sign, while the object constitutes the denotation of the sign" (Parmentier, 1985, S. 26). Schlussendlich repräsentieren der *Interpretant* und das *Zeichen* somit das *Objekt* gleichermaßen (vgl. Parmentier, 1985, S. 27).

Insgesamt stehen das *Zeichen*, das *Objekt* und der *Interpretant* wie in Abbildung 4.4 abgebildet in einer triadischen Relation zueinander.

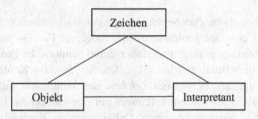

Abbildung 4.4   Triadische Zeichenrelation (vgl. Parmentier, 1985, S. 28)

Wie oben schon beschrieben, spiegelt sich die Bedeutung des *Zeichens* im *Interpretanten* wider, die Bezeichnung des *Zeichens* allerdings im *Objekt*. In anderen Worten: „[T]he sign itself (…) is said to mediate between the object and interpretant, and the interpretant is mediately determined by the representation standing in place of the object" (Parmentier, 1985, S. 31). Diese Aussage bringt auch Peirce' Grundannahme zum Ausdruck, dass jede Wahrnehmung und Erkenntnis durch *Zeichen* vermittelt wird (vgl. Parmentier, 1985, S. 23) und *Zeichen* somit als Zugang zum Denken gesehen werden können:

> For Peirce, human cognition (…) involves 'internal signs' linked, on the one hand, to each other in an endless series of states of mental 'dialogue' and, on the other hand, to external reality represented as objects interacting in ways similar to the interactions among constituents of sign relations. (…) There is, to be sure, a world in itself and a world as represented, but Peirce's fundamental insight is that these two realms are brought into articulation by the mediating role of signs. (Parmentier, 1985, S. 24 f.)

Peirce schreibt *Zeichen* somit eine vermittelnde Rolle zu, indem er sie als Mediator zwischen der externen Welt, i. e. der Realität (= *Objekt*), und der internen Welt, i. e. dem individuellen Denken (= *Interpretant*), sieht. Bei einem *Zeichen* handelt es sich dementsprechend hauptsächlich um natürliche Sprache, aber auch um Gesten, Mimik und mathematische semiotische Systeme. Auf die vermittelnde Rolle des *Zeichens* wird später in Abschnitt 4.3.3 näher eingegangen.

Betrachten wir zum besseren Verständnis der triadischen Relation aus *Objekt*, *Zeichen* und *Interpretant* die ganzen Zahlen als ein Beispiel aus der Mathematik: Die ganzen Zahlen stehen für das zu betrachtende *Objekt*, innerhalb dem verschiedene Eigenschaften festzustellen sind, z. B. die kleiner/größer-Relation verschiedener Zahlen oder den Betrag einer Zahl. Das *Zeichen* wäre in diesem Beispiel das Symbol $\mathbb{Z}$ als Repräsentation aller positiven und negativen Zahlen. Die Vorstellung, die das Individuum vom *Zeichen* hat, spiegelt sich im *Interpretanten* wider und kann dabei verschiedene Eigenschaften der ganzen Zahlen beinhalten.

In dem oben bereits beschriebenen Prozess der *Internalisation* spielen *Zeichen* dementsprechend eine übergeordnete Rolle, da dieser Prozess wesentlich durch seinen sozialen Diskurs geprägt und daher durch semiotische Prozesse gesteuert wird (vgl. Bartollini Bussi & Mariotti, 2008, S. 750). Im Kontext von Schule und Lernen erzeugt das Individuum *Zeichen*, die unmittelbar mit der Erfüllung einer Aufgabe sowie der Kommunikation mit verschiedenen Teilnehmerinnen und Teilnehmern in Verbindung stehen. Dabei hängt die Produktion von *Zeichen* eng mit einem Interpretationsprozess zusammen, der den Austausch von Informationen und folglich die Kommunikation ermöglicht (vgl. Bartollini Bussi & Mariotti, 2008, S. 750). Durch diese soziale Kommunikation und die damit einhergehende Produktion und Interpretation von *Zeichen* entwickeln sich höhere mentale Funktionen beim Lernenden, dessen Wissen dadurch konstruiert wird. In diesem Zusammenhang lässt sich somit von einem *soziosemiotischen* Prozess sprechen: „Thinking and making sense (in society as well as in schools) has to be conceived of as *sociosemiotic* process in which oral and written texts (…) constantly interact" (Carpay & van Oers, 1999, S. 303). Damit geht auch einher, dass *Zeichen* verschiedene Funktionen während der sozialen Interaktion einnehmen können – abhängig von den (Rollen der) Personen, dem Ziel der Kommunikation, usw.

Vygotsky schreibt *Zeichen* im Zusammenhang mit dem Lösen von psychologischen Prozessen die Funktion eines Hilfsmittels zu:

> The invention and use of signs as auxiliary means of solving a given psychological problem (to remember, compare something, report, choose, and so on) is analogous to the invention and use of tools in one psychological respect. The sign acts as an instrument of psychological activity in a manner analogous to the role of tools in labor. (Vygotsky, 1978, S. 52)

Vygotsky zieht also eine Analogie zwischen *Zeichen* und *Werkzeugen* in dem Sinne, dass er *Zeichen* innerhalb einer psychologischen Aktivität die Rolle eines *Werkzeugs* zuschreibt. Damit ist aber nicht gemeint, dass *Zeichen* und *Werkzeuge* synonymisch verwendet werden können. Vielmehr soll hiermit betont werden, dass die Analogie zwischen den beiden Konzepten in ihrer jeweiligen Vermittlungsfunktion liegt (vgl. Vygotsky, 1978, S. 7). Während die Funktion des *Werkzeugs* darin besteht, menschliche Einwirkungen auf das *Objekt* zu lenken, und das *Werkzeug* somit Veränderungen im *Objekt* bewirkt, zeigen sich keine Veränderungen im *Objekt* einer psychologischen Aktivität durch das *Zeichen* (vgl. Vygotsky, 1978, S. 55). Der Hauptunterschied liegt laut Vygotsky somit darin, dass das *Werkzeug* extern orientiert ist und das *Zeichen* intern (vgl. Vygotsky, 1978, S. 55). Aus diesem Grund bezeichnet Vygotsky *Zeichen* auch als *psychische Werkzeuge*[7] (Van Randenborgh, 2015, S. 67 ff.).

Vygotskys Unterscheidung zwischen *technischen* und *psychischen Werkzeugen* zeigte sich ansatzweise bereits in Abschnitt 4.2 im Rahmen der Gebrauchsschemata, die sich entweder auf das *Artefakt* beziehen (*usage schemes*) oder zielgerichtet auf eine spezifische Tätigkeit (*instrument-mediated action schemes*). Mithilfe der nun eingeführten Unterscheidung von *technischen* und *psychischen Werkzeugen* kann deduziert werden, dass Schulbücher im Rahmen der *instrumentellen Genese* als *psychische Werkzeuge* verstanden werden können, da Schülerinnen und Schüler während der Arbeit mit einem Schulbuch keine Veränderungen am Schulbuch an sich bewirken, sondern dass sich durch die Schulbuchnutzung Veränderungen auf das jeweilige Wissen der Nutzerin bzw. des Nutzers ergeben. Im konkreteren Bezug zu *Zeichen* aus der soziosemiotischen Perspektive erhält das Schulbuch als *psychisches Werkzeug* eine weitere Ausdifferenzierung, dadurch dass die Schulbuchnutzung durch *Zeichen* zugänglich gemacht und das Schulbuch dadurch bedingt als *psychisches Werkzeug* verstanden werden kann.

Für die vorliegende Arbeit hat diese Sichtweise auf die Schulbuchnutzung folgende Tragweite: Auf der einen Seite kann das Mathematikschulbuch im Rahmen der *instrumentellen Genese* als *Instrument* bzw. (*psychisches*) *Werkzeug* gesehen werden, was zur Folge hat, dass die Interaktion zwischen Schülerin bzw. Schüler und dem Schulbuch innerhalb des instrumentellen Ansatzes charakterisiert werden kann. Durch die Berücksichtigung der Gebrauchsschemata innerhalb dieses Ansatzes wird der individuellen Nutzung des Schulbuchs Rechnung getragen und innerhalb der Prozesse der *Instrumentalisierung* und *Instrumentierung*

---

[7] Van Randenborgh (2015) verwendet den Begriff „psychologisches Werkzeug" anstatt „psychisches Werkzeug", der in der hier vorliegenden Arbeit bevorzugt wird.

zusammengefasst (vgl. Abschnitt 4.2). Innerhalb der Schulbuchnutzung kommt dem Schulbuch als *psychisches Werkzeug* aber auf der anderen Seite auch eine Vermittlungsfunktion zu, was sowohl Peirce als auch Vygotsky im Rahmen der Produktion und Interpretation von *Zeichen* beschreiben. Aus diesem Grund wird in dieser Arbeit eine Passung von *Zeichen* und der *instrumentellen Genese* als sinnvoll angesehen, sodass individuelle und soziale Aspekte innerhalb der Schulbuchnutzung, und somit innerhalb der *instrumentellen Genese,* berücksichtigt werden. Das bedeutet, dass die Schulbuchnutzung mit dem Blick auf semiotische Prozesse im Rahmen der *instrumentellen Genese* identifiziert und analysiert werden kann. Diese Grundannahme wird daher im Folgenden weiterverfolgt.

4.3.3   Zeichen als Vermittler

Wie bisher deutlich wurde, liegt die Gemeinsamkeit von *Zeichen* und (*psychischen*) *Werkzeugen* darin, dass beide zwischen der externen und internen Welt vermitteln. In Anlehnung an Vygotsky konstatiert Hasan (2002) in Bezug zu mentalen Aktivitäten und *Zeichen*:

> [F]rom the point of view of mediation by social stimuli, mental activities are analogous to physical labour: as a form of human labour, they too reach higher levels through mediation by artificial stimuli; their structure too changes and in time they too affect the environment in which we live. The only difference is that in this case, the tools are not concrete, not technological, not material; they are abstract, psychological and semiotic, hence the term semiotic mediation. (Hasan, 2002, S. 3)

Die *SEMIOTISCHE VERMITTLUNG* beschreibt somit eine Vermittlung mittels Zeichensystemen, die als *Werkzeuge* agieren und das Denken verändern (vgl. Hasan, 2002, S. 3). Mit Zeichensystemen sind in Anlehnung an Vygotsky dabei weitestgehend linguistische Zeichen zu verstehen; darüber hinaus betont aber auch schon Vygotsky Zeichensysteme, die über die Sprache hinausgehen: „various systems for counting; mnemonic techniques; algebraic symbol systems; works of art; writing; schemes, diagrams, maps, and mechanical drawings; all sorts of conventional signs; etc." (Vygotsky, 1981b, S. 137), die bereits in Abschnitt 4.2 als *psychische Werkzeuge* aufgeführt wurden. Wie schon bei Peirce ist der Zeichenbegriff und damit die Semiotik also sehr weit gefasst und beinhaltet insbesondere auch mathematische Zeichen, was für diese Arbeit und für den Zeichenbegriff im mathematikdidaktischen Zusammenhang von besonderer Relevanz ist.

Der *Vermittlung* (*mediation*) liegt nun Folgendes Verständnis zugrunde:

the noun *mediation* is derived from the verb *mediate*, which refers to a process with a complex semantic structure involving the following participants and circumstance [sic!] that are potentially relevant to this process: [1] someone who mediates, i.e. a *mediator*; [2] something that is mediated; i.e. a *content/force/energy* released by mediation; [3] someone/something subjected to mediation; i.e. the *"mediatee"* to whom/which mediation makes some difference; [4] the circumstances for mediation; viz,. (a) the means of mediation i.e. *modality*; (b) the location i.e. site in which mediation might occur. These complex semantic relations are not evident in every grammatical use of the verb, but submerged below the surface they are still around and can be brought to life through paradigmatic associations i.e. their systemic relations: we certainly have not understood the process unless we understand how these factors might influence its unfolding in actual time and space. (Hasan, 2002, S. 4)

Unter *Vermittlung* (*mediation*) wird somit zuerst einmal ein Prozess mit verschiedenen Teilnehmerinnen und Teilnehmern und Bedingungen verstanden, bei dem ein *Vermittler* (*mediator*) einem *Empfänger* (*mediatee*) Inhalte vermittelt. Dieser komplexe Prozess findet innerhalb von verschiedenen Situationen und Umgebungen statt; im schulischen Kontext am häufigsten im Klassenzimmer zu verschiedenen situativen Bedingungen wie Klassengespräch, Gruppen-, Partner- oder Einzelarbeit. Der *Vermittler* ist dabei häufig die Lehrkraft, kann aber unter Umständen auch eine Mitschülerin bzw. ein Mitschüler sein. Gleiches gilt für die Rolle des *Empfängers*. Folglich lässt sich dieser Prozess in Vygotskys Verständnis von Lernen innerhalb der *Zone der proximalen (nächsten) Entwicklung* (siehe Abschnitt 4.3.1) einordnen, da eine (kognitive) mentale Weiterentwicklung des Lernenden durch die Vermittlung ausgehend vom Vermittler realisiert wird. Dabei kann die Funktion der *Vermittlung* auch von einem Computer übernommen werden, wie schon Noss & Hoyles bemerken:

The computer can act in a mediating role, shaping and moulding what A and B know. (…) For the language that A and B can now use to communicate is the language of the medium, the language of the computational system. (Noss & Hoyles, 1996, S. 5 f.)[8]

Im Rahmen dieser Arbeit bezogen auf Nutzungen von digitalen Schulbüchern durch Schülerinnen und Schülern hat diese Aussage eine hohe Tragweite, da der Computer, ergo das digitale Schulbuch, die Funktion des *Vermittlers* übernehmen kann. Dabei ist folglich auch die semiotische Funktion des Computers zusätzlich zu der der Lehrkraft von wesentlicher Bedeutung.

---

[8] A und B werden bei Noss & Hoyles als Teilnehmer während einer Kommunikation verstanden (1996, S. 5).

Auf dieser Grundlage und für das Forschungsgebiet der Mathematikdidaktik konstruieren Bartollini Bussi & Mariotti (2008) die Theorie der *semiotischen Vermittlung* im Mathematikunterricht, die zusätzlich zu dem Einfluss von *Zeichen* auch die Relevanz von *Artefakten* mitdenkt:

> [W]ithin the social use of artifacts in the accomplishment of a task (that involves both the mediator and the mediatees) shared signs are generated. On the one hand, these signs are related to the accomplishment of the task, in particular related to the artifact used, and, on the other hand, they may be related to the content that is to be mediated (…). Hence, the link between artifacts and signs overcomes the pure analogy in their functioning in mediating human action. It rests on the truly recognizable relationship between particular artifacts and particular signs (or system of signs) directly originated by them. (Bartollini Bussi & Mariotti, 2008, S. 752)

Der Ansatz der *semiotischen Vermittlung* von Bartollini Bussi & Mariotti vereint somit beide zuvor erläuterten Aspekte der *Zeichen* und der *Artefakte* in dem Sinne, dass innerhalb der (sozialen) Nutzung von *Artefakten* (während der Bearbeitung einer Aufgabe) von den Nutzerinnen und Nutzern *Zeichen* produziert werden, die sich einerseits auf das verwendete *Artefakt* beziehen und andererseits auf den jeweiligen Inhalt. Die dabei produzierten *Zeichen* entstehen somit aus einem Wechselspiel innerhalb der aktuellen Situation, d. h. aus der Nutzung des *Artefakts* und der Auseinandersetzung mit dem (mathematischen) Inhalt (beispielsweise bei der Bearbeitung einer Aufgabe). Auf der anderen Seite steht aber das gleiche *Artefakt* in Beziehung zu dem konkreten (mathematischen) Wissen, das vermittelt werden soll. Damit ist gemeint, dass in der Auseinandersetzung mit dem *Artefakt Zeichen* entstehen, die sich auf die Mathematik beziehen. Diese *Zeichen* sind dabei stark von der kulturellen Entwicklung geprägt und können somit auch kulturell verschieden sein. Auf der anderen Seite können sich die *Zeichen* aber auch auf das *Artefakt* an sich beziehen, wodurch der „double semiotic link (…) between an artefact and both a task and a piece of knowledge" (Bartollini Bussi & Mariotti, 2008, S. 753) deutlich wird und auch als ‚Polysemie eines *Artefakts*' bezeichnet wird. In beiden Fällen zeichnen sich die dabei entstehenden *Zeichen* jedoch dadurch aus, dass sie ihre Bedeutung innerhalb der Arbeit mit einem *Artefakt* erhalten (Bartollini Bussi & Mariotti, 2008, S. 753). Ein *Artefakt* (hier insbesondere das Schulbuch) steht also immer in Bezug zu einer bestimmten Aufgabe (innerhalb des Schulbuchs), worin sich mehrdeutige (polyseme) Beziehungen von *Artefakt*, Aufgabe und kulturellem mathematischem Wissen zeigen. Eine Veranschaulichung dieser verschiedenen Beziehungen zeigt Abbildung 4.5.

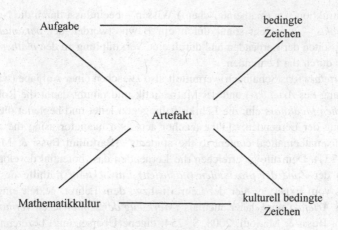

Abbildung 4.5 Polysemie eines Artefaktes (vgl. Bartollini Bussi & Mariotti, S. 753; eigene Übersetzung)

Mithilfe der Theorie der *semiotischen Vermittlung* ist es somit möglich, auf *Zeichen* innerhalb der Artefaktnutzung aus artefakt- und inhaltsbezogener Perspektive zu schauen. Die *Zeichen*, z. B. Gesten, Wörter, Skizzen, etc., entstehen somit in Auseinandersetzung mit dem *Artefakt*, der Aufgabe und dem mathematischen Wissen:

> [O]n the one hand, personal meanings are related to the use of the artifact, in particular in relation to the aim of accomplishing the task; on the other hand, mathematical meanings may be related to the artifact and its use. This double semiotic relationship will be named *the semiotic potential of an artifact*. (Bartollini Bussi & Mariotti, 2008, S. 754)

Diese Unterscheidung zwischen *personal meanings* und *mathematical meanings* ist innerhalb der Theorie der *semiotischen Vermittlung* von besonderer Tragweite, da sich hierdurch die Sichtweise des Lernenden, i. e. *personal meaning*, von der Sichtweise des Lehrenden, i. e. *mathematical meaning*, in Bezug auf die Nutzung des Artefakts unterscheiden lassen:

> [W]e analyze the use of the artifact distinguishing between constructed meanings arising in the individual from his/her use of the artifact in accomplishing the task (*personal meanings* (…)), and meanings that an expert recognizes as mathematical (*mathematical meanings*) when observing the student's use of the artifact for accomplishing the task. (Mariotti, 2009, S. 429)

Die Konstruktion von (mathematischem) Wissen – beeinflusst durch die Nutzung des *Artefakts* – geschieht somit durch ein Bewusstwerden der *personal meanings* auf Seiten der Lernenden und durch eine Verknüpfung zu den *mathematical meanings* durch die Lehrenden.

Das *Artefakt* (das Schulbuch) vermittelt also zwischen einer Aufgabe (während der Nutzung des *Artefakts*) und der Mathematik und nimmt damit die Rolle des *semiotischen Mediators* ein; die Lehrkraft hingegen leitet und begleitet die Artefaktnutzung der Lernenden: „[T]he teacher acts as a mediator using the artifact to mediate mathematical content to the students" (Bartollini Bussi & Mariotti, 2008, S. 754). Demzufolge erreichen die Lernenden das ,potential development' innerhalb der *Zone der proximalen (nächsten) Entwicklung* mithilfe des *Artefakts*, das vom Experten, hier der Lehrerin bzw. dem Lehrer, gezielt eingesetzt wird. Das *Artefakt* wird daher auch als *„Werkzeug der semiotischen Vermittlung"* (Bartollini Bussi & Mariotti, 2008, S. 754; eigene Übersetzung) bezeichnet und entspricht in diesem Zusammenhang auch der Unterscheidung zwischen *Artefakt* und *Instrument* innerhalb der *instrumentellen Genese* (vgl. Abschnitt 4.2).

Die Rolle der Lehrkraft wird in der Theorie der *semiotischen Vermittlung* (Bartollini Bussi & Mariotti, 2008) als zentraler Faktor für die Entwicklung von (mathematischen) Bedeutungen angesehen (vgl. Bartollini Bussi & Mariotti, 2008, S. 754), da die Lehrkraft das *Werkzeug* mit einer bestimmten Absicht einsetzt und dadurch auf einem kognitiven und metakognitiven Level die Arbeit mit dem *Werkzeug* begleitet. Dabei betonen die Autorinnen explizit, dass „die Lehrkraft das Artefakt als ein Werkzeug der semiotischen Vermittlung verwendet" (Bartollini Bussi & Mariotti, 2008, S. 754; eigene Übersetzung), indem die eben angesprochenen Werkzeugnutzungen auf einer artefaktbezogenen und mathematikbezogenen Ebene erst durch die Lehrkraft angeleitet werden.

Im Rahmen dieser Arbeit und der empirischen Erhebung von Schulbuchnutzungen durch Lernende wird die Produktion und Interpretation von *Zeichen* aus der Perspektive der Schülerinnen und Schülern reflektiert. Dies hat mehrere Gründe: Zum einen wurde die Datenerhebung nicht im gesamten Klassenverband durchgeführt, sondern innerhalb von klinischen Interviews, sodass der Interviewer der Rolle der Lehrkraft nur teilweise gerecht wird. Zum anderen wurden die Schülerinnen und Schüler aber auch gezielt auf Inhalte und explizite Strukturelemente im Mathematikschulbuch verwiesen, sodass hier von einer externen Lenkung gesprochen werden kann. Dies wird bei den entsprechenden Transkriptstellen vermerkt und in der Analyse mitberücksichtigt. Dennoch konnten die Nutzerinnen und Nutzer auch Inhalte selbstständig auswählen, sodass lehrerunabhängige Nutzungen der Strukturelemente möglich waren. Zusammenfassend lässt sich aber für die Nutzung (digitaler) Mathematikschulbücher durch Schülerinnen und Schüler im Rahmen der *semiotischen Vermittlung* und bezogen auf die Rolle der Lehrkraft festhalten, dass der Fokus auf der Verwendung einzelner Strukturelemente durch Lernende und deren Zeichenproduktion liegt und nicht auf der Rolle der Lehrkraft.

Das oben erwähnte semiotische Potenzial eines *Artefakts* ist ein weiterer zentraler Bestandteil der Theorie der *semiotischen Vermittlung* (vgl. Faggiano, Montone & Mariotti, 2018, S. 1167). Hinter dem semiotischen Potenzial verbirgt sich eine fachinhaltliche und werkzeugbezogene Analyse hinsichtlich des Gebrauchs eines *Artefakts*. Damit ist gemeint, dass während der Verwendung eines *Artefakts* individuelle persönliche Bedeutungen bezogen auf die explizite Nutzung des *Artefaktes* eine Rolle spielen sowie die mathematische Relevanz, die sich in der Arbeit mit dem *Artefakt* herausbildet. In anderen Worten: Während der Nutzung eines *Artefakts* hat die jeweilige Nutzerin bzw. der jeweilige Nutzer individuelle Vorstellungen davon, wie das *Artefakt* zu verwenden ist. Das semiotische Potenzial eines digitalen Schulbuchs zeigt sich also in der expliziten Verwendung der Schulbuchelemente und in der Analyse der Kommunikation der Teilnehmerinnen und Teilnehmer (hier: Schülerinnen und Schüler). Dies erinnert an die in Abschnitt 4.2.2 aufgeführten *Gebrauchsschemata* innerhalb der Theorie der *instrumentellen Genese* und zeigt eine Anknüpfung der *semiotischen Vermittlung* an die *instrumentelle Genese* durch die semiotische Analyse der Verwendungsweisen des Schulbuchs. Auf der anderen Seite bildet das *Artefakt* aber auch den (mathematischen) Inhalt ab, sodass durch die Artefaktnutzung (mathematische) Bedeutungen gewonnen werden können. Für die Schulbuchnutzung bedeutet dies, dass eine Analyse des semiotischen Potenzials eine Voraussetzung bzgl. des Einsatzes im Unterricht ist, um zu eruieren, welche Verwendungsweisen die Lernenden für welche mathematischen Inhalte produzieren können:

> The analysis of the semiotic potential will describe what is expected to emerge in the classroom, both actions accomplished and signs produced by the student and it relationship with the mathematical meaning that are at stake. (Faggiano et al., 2018, S. 1167)

Bezogen auf die Analyse des semiotischen Potenzials eines (digitalen) Schulbuchs muss man sich demnach also die Frage stellen, welche Zeichen die Schülerinnen und Schüler während der Nutzung produzieren können – einmal in Hinblick auf das *Artefakt* an sich und auf der anderen Seite auch bezogen auf die Mathematik. Ein (digitales) Schulbuch ist jedoch so konzipiert, dass es nicht nur als ein *Artefakt* als Gesamteinheit gesehen werden kann, sondern verschiedene artefaktähnliche Komponenten besitzt (vgl. Kapitel 6), aus denen sich das Schulbuch zusammensetzt. Eine Analyse des semiotischen Potenzials ist demzufolge immer nur in Bezug zu konkreten Elementen und Inhalten innerhalb einer Auswahl des Schulbuchs möglich. Des Weiteren muss an dieser Stelle betont werden, dass es sich bei dieser Arbeit um keine Entwicklungsarbeit im Rahmen eines Design-Research-Ansatzes (vgl. Prediger & Link, 2012) handelt, sodass sich das mathematische Potenzial einer Aufgabe nur aus deskriptiver Sicht bewerten lässt. Als dritter Punkt soll an dieser Stelle wiederholt werden, dass Schulbücher insbesondere durch ihre Anzahl an Übungsaufgaben geprägt sind (vgl. Abschnitt 2.1). Dies hat zur Folge, dass Nutzungen von Schulbüchern durch Schülerinnen und Schüler insbesondere (neben anderen Schulbuchelementen) Übungsaufgaben im Sinne von klassischen Rechenaufgaben inkludieren, bei denen das semiotische Potenzial hinsichtlich des mathematischen Inhaltes nur in geringem Maße (wenn überhaupt) die Entdeckung neuer mathematischer Konzepte beinhaltet und damit einhergehend der Ausbau bzw. die Entwicklung mathematischer Grundvorstellungen im Sinne von vom Hofe (vgl. Vom Hofe, 1995) nicht in den Fokus gerückt wird. Vielmehr spielt bei diesen Schulbuchelementen das semiotische Potenzial hinsichtlich der werkzeugbezogenen Nutzung eine größere Rolle, d. h. welche *Zeichen* die Nutzerinnen und Nutzer ausgelöst von der Verwendung (von Teilen) des *Artefakts* produzieren. Dies wird näher in Kapitel 9 bei der empirischen Analyse von Nutzungen durch Schülerinnen und Schüler thematisiert werden.

Bisher wurde die Theorie der *semiotischen Vermittlung* in Anlehnung an Bartollini Bussi und Mariotti mit Fokus auf die Begrifflichkeiten und Beziehungen zwischen *Artefakt*, *Zeichen* und der Mathematik betrachtet und dabei konstatiert, dass das *Artefakt* ‚Schulbuch' im Prozess einer Aufgabenbearbeitung als *Werkzeug* der *semiotischen Vermittlung* fungiert. Zudem wurde die Rolle der Lehrkraft kurz thematisiert, sodass im weiteren Verlauf stärker auf den schulischen Kontext und verschiedene situative Bedingungen eingegangen wird, die innerhalb eines Schulsettings und einer Unterrichtseinheit auftreten können. Dies legt auch den Baustein für die verschiedenen situativen Bedingungen innerhalb der empirischen Datenerhebung (vgl. Kapitel 9) und soll daher hier vorbereitend und theoriegeleitet erläutert werden.

Bartollini Bussi & Mariotti (2008) unterscheiden zwischen den folgenden drei Aktivitäten während einer Unterrichtssequenz, die sie *didaktischen Zyklus* (*didactical cycle*) nennen und als iterativen Prozess bezeichnen (Bartollini Bussi & Mariotti, 2008, S. 754 f.): (1) Aktivitäten mit dem *Artefakt*, (2) individuelle Produktion von *Zeichen* und (3) gemeinsame Produktion von *Zeichen*. Während die Nutzerinnen und Nutzer innerhalb der Aktivitäten mit dem *Artefakt* (1) hauptsächlich mit dem *Artefakt* arbeiten und hier *Zeichen* produzieren, die sich auf die Nutzung des *Artefaktes* beziehen, handelt es sich bei der individuellen (2) und gemeinsamen Produktion (3) von *Zeichen* vielmehr um Aktivitäten, in der sie ausgehend von der Artefaktnutzung neue *Zeichen* produzieren, wie beispielsweise schriftliche Dokumente oder die Diskussion über diese. Dies deutet bereits an, dass innerhalb der Artefaktnutzung und der verschiedenen Aktivitäten unterschiedliche *Zeichen* produziert werden können. Demzufolge unterscheiden Bartollini Bussi & Mariotti (2008) drei Arten bzw. Kategorien von *Zeichen*, die innerhalb der Arbeit mit einem *Artefakt* und bei der Bearbeitung einer Aufgabe während verschiedenen situativen Bedingungen und damit innerhalb der *semiotischen Vermittlung* eine Rolle spielen: (1) *ARTEFAKTZEICHEN* (*„artifact signs"*), (2) *MATHEMATIKZEICHEN* (*„mathematics signs"*) und (3) *DREH-PUNKTZEICHEN* (*„pivot signs"*) (Bartollini Bussi & Mariotti, 2008, S. 756 f.). Da diesen Kategorien von *Zeichen* in der dieser Arbeit zugrundeliegenden Analyse der Nutzungen digitaler Schulbücher durch Schülerinnen und Schülern eine essenzielle Rolle zukommt, werden sie in naher Anlehnung an die Theorie der *semiotischen Vermittlung* beschrieben.

(1) *Artefaktzeichen* beziehen sich direkt auf das *Artefakt* (das Schulbuch oder einzelne Schulbuchelemente (vgl. Abschnitt 2.1)) und entstehen während der Nutzung des *Artefakts*:

> Artifact signs refer to the context of the use of the artifact, very often referring to one of its parts and/or to the action accomplished with it. These signs sprout from the activity with the artifact, their meanings are personal and commonly implicit, strictly related to the experience of the subject. (Bartollini Bussi & Mariotti, 2008, S. 756)

Artefaktzeichen beschreiben also keine allgemeingültige, sondern eine sehr individuelle, für die Nutzerin bzw. den Nutzer gültige Bedeutung und sind auf das *Artefakt* gerichtet. Sie umfassen verschiedene Arten von *Zeichen* und werden als Basiselemente für die Entwicklung semiotischer Prozesse gesehen, die in der Nutzung des *Artefakts* entstehen:

> The category of artifacts signs includes many different kinds of signs, and of course, non verbal [sic!] signs such as gestures or drawings, or combinations of them (...) They are the basic elements of the development of semiotic process centred on the use of the artifact and finalized to the construction of mathematical knowledge. (Bartollini Bussi & Mariotti, 2008, S. 756)

Artefaktzeichen sind dabei aber nicht vollkommen losgelöst zu betrachten, sondern verfolgen das Ziel der Konstruktion von mathematischem Wissen, was durch die (2) *Mathematikzeichen*[9] ausgedrückt wird:

> Mathematics signs refer to the mathematics context, they are related to the mathematical meanings as shared in the institution where the classroom is (e.g., primary school; secondary school) and may be expressed by a proposition (e.g., a definition, a statement to be proved, a mathematical proof) according to the standards shared by the mathematicians community. These signs are part of the cultural heritage and constitute the goal of the semiotic mediation process orchestrated by the teacher. (Bartollini Bussi & Mariotti, 2008, S. 757)

Hauptsächlich handelt es sich bei *Mathematikzeichen* also um Aussagen, Hypothesen, Definitionen und Begriffe mit einem mathematischen Kern.

Während der Nutzung von (digitalen) Schulbüchern für die Mathematik entstehen jedoch oftmals *Zeichen*, die sich sowohl auf das *Artefakt* als auch auf den Inhalt, die Mathematik, beziehen können. Dies macht eine genaue Zuordnung zu einem *Artefakt-* bzw. *Mathematikzeichen* schwierig und nicht immer ganz eindeutig.

Als wichtiger Anhaltspunkt für eine genauere Zuordnung dient dabei die Orientierung am *Artefakt* selbst. Damit ist gemeint, dass ein *Zeichen*, z. B. der Begriff ‚Flächeninhalt‘, verwendet wird, da es im Schulbuch und somit im *Artefakt* auftaucht und erst auf der Grundlage der Existenz im Schulbuch genutzt wird. In diesem Fall würde der Begriff zur Kategorie der *Artefaktzeichen* zählen. Falls der Begriff jedoch (weitestgehend) losgelöst vom Schulbuch verwendet wird, kann er der Kategorie des *Mathematikzeichens* zugeordnet werden. Aus einem *Artefaktzeichen* kann also innerhalb der Artefaktnutzung zu einem mathematischen Inhalt ein *Mathematikzeichen* werden. In den meisten Fällen zeigt sich dies anhand eines Aushandlungsprozesses[10] zwischen der artefaktbezogenen Nutzung und der mathematischen Interpretation des jeweiligen (mathematischen) Inhalts seitens der Nutzerin bzw. des Nutzers.

---

[9] Wie schon van Randenborgh (2015) erwähnt, sprechen Bartollini Bussi & Mariotti sowohl von ‚*mathematics signs*‘ wie auch von ‚*mathematical signs*‘ und verwenden diese Begriffe synonymisch. In dieser Arbeit wird jedoch nur der Begriff der *Mathematikzeichen* verwendet, da die *Zeichen* an sich nicht mathematisch sind, sondern mathematisch in der inhaltlichen Natur sind. Unter *Mathematikzeichen* werden hier also diejenigen *Zeichen* verstanden, die sich auf den mathematischen inhaltlichen Kern beziehen.

[10] Der Begriff der Aushandlung und das in dieser Arbeit zugrundeliegende Verständnis des Aushandlungsprozesses, das Zusammenwirken der *semiotischen Vermittlung* und *instrumentellen Genese* wird in Kapitel 9 vor den empirischen Analysen differenziert erläutert.

Dieser Prozess der Aushandlung spiegelt sich auch in der in Abschnitt 4.2.2 beschriebenen *instrumentellen Genese* wider und wird in der Theorie der *semiotischen Vermittlung* durch die (3) *Drehpunktzeichen* zum Ausdruck gebracht:

> [T]he characteristic of these signs is their shared polysemy, meaning that, in a classroom community, they may refer both to the activity with the artifact; in particular they may refer to specific instrumented actions, but also to natural language, and to the mathematical domain. Their polysemy makes them usable as a pivot/hinge fostering the passage from the context of the artifact to the mathematics context. Very often they mark a process of generalization, this is the case of generic expression like <object/s> or <thing/s>, as well terms of the natural language that have a correspondence in the mathematical terminology. Their meaning is related to the context of the artifact but assumes a generality through its use in the natural language. (…) [T]hey are meant to express a first detachment from the artifact, but still maintaining the link to it, in order not to loose [sic!] the meaning. (Bartollini Bussi & Mariotti, 2008, S. 757)

Insgesamt lassen sich somit die drei Zeichenkategorien in die „Polysemie eines Artefaktes" (vgl. Abbildung 4.5) einordnen, sodass folgende zusammenfassende Abbildung 4.6 entsteht und der Zusammenhang von *Artefakt* und *Zeichen* sichtbar wird.

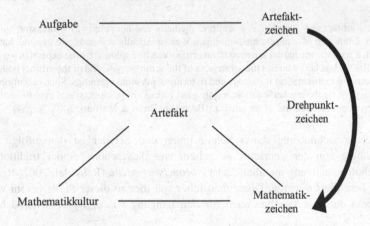

Abbildung 4.6   Artefakt und Zeichen im Zusammenspiel

Im Laufe der Arbeit mit dem *Artefakt* produzieren die Nutzerinnen und Nutzer, hier insbesondere die Schülerinnen und Schüler, demzufolge also *Zeichen*, die sich entweder auf das *Artefakt* an sich beziehen oder im Laufe der Auseinandersetzung losgelöst vom *Artefakt* artikuliert werden und zu *Mathematikzeichen* werden. Das *Artefaktzeichen* steht dabei – insbesondere im Kontext der Schulbuchnutzung – häufig in Bezug zu einem expliziten Strukturelement innerhalb des Schulbuchs und nicht zu dem gesamten Schulbuch an sich. Das *Mathematikzeichen* hingegen ist viel weiter gefasst und bezieht sich hauptsächlich auf die dahinterliegende Mathematikkultur und die mathematische Bedeutung innerhalb dieser Kultur.

Um von den *artefaktbezogenen Zeichen* zu den *Mathematikzeichen* zu gelangen, wird der Lehrkraft eine übergeordnete Rolle zugeschrieben:

> In particular, the teacher may guide the evolution towards what is recognizable as mathematics. (…) In so doing, the teacher will act both at the cognitive and the meta-cognitive level, both fostering the evolution of meanings and guiding pupils to be aware of their mathematical status. (Bartollini Bussi & Mariotti, 2008, S. 754)

Im Grunde lassen sich somit zwei Mediatoren feststellen, die den mathematischen Inhalt den Nutzerinnen und Nutzern zugänglich machen wollen: das *Artefakt*, hier das Schulbuch, und die Lehrkraft. Der Unterschied zwischen den beiden Mediatoren wird innerhalb des *semiotischen Potenzials* des *Artefakts* begründet:

> [T]he artifact may function as a semiotic mediator and not simply as a mediator, but such a function of semiotic mediation is not automatically activated; we assume that such a semiotic mediation function of an artifact can be exploited by the expert (in particular the teacher) who has the awareness of the semiotic potential of the artifact both in terms of mathematical meanings and in terms of personal meanings. Such evolution is fostered by the teacher's action, guiding the process of production and evolution of signs centred on the use of an artifact. (Bartollini Bussi & Mariotti, 2008, S. 754)

Eine Schulbuchnutzung durch Schülerinnen und Schüler ist demzufolge nie unabhängig von der Lehrkraft zu sehen, wie dies schon bei der traditionellen Schulbuchnutzung innerhalb der *Gebrauchsschemata* (Rabardel, 2002; Rezat, 2009) beschrieben wurde. Umso deutlicher soll hier an dieser Stelle betont werden, dass dies zweifelsohne auch für den Umgang von digitalen Schulbüchern gilt.

Dies ist auch Teil des oben erwähnten *didaktischen Zyklus*, bei dem die Lehrkraft insbesondere bei der gemeinsamen Diskussion die Leitung übernehmen muss, um die *Zeichen* der Schülerinnen und Schüler zu deuten und somit das (mathematische) Wissen der Lernenden zu erweitern (Bartollini Bussi & Mariotti, 2008, S. 754). Innerhalb dieser Studie wird der Einfluss der Lehrkraft bzw. des Interviewers daher innerhalb der empirischen Datenanalyse mitberücksichtigt (vgl. Kapitel 9). Dennoch wurde bereits oben erläutert, dass die Rolle der Lehrkraft zwar in der Theorie der *semiotischen Vermittlung* einen wichtigen Stellenwert einnimmt, der Fokus im Rahmen dieser Untersuchung (aufgrund von methodischen Rahmenbedingungen) allerdings auf den Nutzungen durch die Schülerinnen und Schüler liegt.

Für das in dieser Arbeit verfolgte Forschungsziel bzgl. der Struktur digitaler Mathematikschulbücher und deren Verwendung durch Schülerinnen und Schüler ist die *semiotische Vermittlung* aus mehreren Gründen von entscheidender Relevanz. Zum einen besteht der Analyseansatz der *semiotischen Vermittlung* in der Fokussierung auf *Zeichen* und besitzt somit eine geeignete Passung für den schulischen Kontext. Die Kommunikation im Unterricht entsteht durch die Produktion und Interpretation von *Zeichen* – ausgedrückt durch Sprache, Gesten und Verschriftlichungen – während einer wechselseitigen Auseinandersetzung der Unterrichtsteilnehmer – Lehrende und Lernende. Lernen wird somit innerhalb dieser Theorie als sozialer Prozess verstanden und schließt damit an die Arbeiten von Vygotsky an (vgl. Abschnitt 4.1). Dies wird auch von Vygotsky explizit in der *Zone der proximal (nächsten) Entwicklung* (vgl. Abschnitt 4.3.1) deutlich, da dort eine Weiterentwicklung durch die Produktion und Interpretation von *Zeichen* beschrieben wird.

Zusätzlich zu den *Zeichen* tritt im Schulunterricht aber auch die Verwendung von *Artefakten* (hauptsächlich Schulbücher) in den Vordergrund und deren Rolle im Lernprozess. Die Unterscheidung zwischen *Artefakt* und *Instrument* wurde in Abschnitt 4.2 mithilfe der konstruktivistischen Theorie der *instrumentellen Genese* beschrieben. Die Theorie der *semiotischen Vermittlung* knüpft nun an dieses theoretische Konzept an und veranschaulicht den Prozess der *instrumentellen Genese* durch die Interpretation von *Zeichen*. Somit vereint diese Theorie die konstruktivistische Sichtweise der *instrumentellen Genese* mit dem soziokulturellen Fokus auf die Produktion und Interpretation von *Zeichen* und wird daher in dieser Arbeit als Analysemethode eingesetzt, um Schulbuchnutzungen durch Schülerinnen und Schüler zu erforschen.

Des Weiteren ist noch zu betonen, dass innerhalb der Theorie der *semiotischen Vermittlung* auch die Rolle der Lehrkraft berücksichtigt wird. Dies hebt zum einen erneut den soziokulturellen Fokus im schulischen Kontext und die Triade Schulbuch – Lehrerin bzw. Lehrer – Schülerin bzw. Schüler hervor und berücksichtigt zur gleichen Zeit auch den besonderen Aspekt der Schulbuchnutzung, ergo, dass Schülerinnen und Schüler ihre Mathematikschulbücher insbesondere durch lehrervermittelte Anweisungen verwenden (vgl. Abschnitt 2.2), was auch für die Planung der Datenerhebung (vgl. Kapitel 8) ein wichtiges Kriterium darstellt.

Darüber hinaus erlaubt es die Theorie der *semiotischen Vermittlung* zwischen *Zeichen* zu unterscheiden, die sich entweder auf das Schulbuch oder die Mathematik beziehen bzw. auf beide Aspekte. Diese Unterscheidung ermöglicht es somit, die Schulbuchnutzung einerseits und die mathematikbezogenen Aussagen zu rekonstruieren.

Fazit und Herleitung der Forschungsfragen 5

Ziel dieser Studie ist es, digitale Schulbücher bezüglich ihrer Struktur und die Nutzung dieser durch Schülerinnen und Schüler zu untersuchen. Innerhalb der theoretischen Grundlagen dieser Arbeit wurde dafür auf bisherige Forschungsergebnisse zum Aufbau und zur Nutzung gedruckter Schulbücher durch Schülerinnen und Schüler eingegangen und die wesentlichen Ergebnisse zur Struktur und Nutzung von Mathematikschulbüchern durch Lernende dargestellt (vgl. Kapitel 2), der Begriff ‚digitales Schulbuch' aus verschiedenen Perspektiven und mit Blickwinkel auf die Funktionen eines Schulbuchs (für die Mathematik) reflektiert (vgl. Kapitel 3), um letztendlich eine für diese Arbeit gültige Definition eines digitalen Schulbuchs zu erhalten, sowie zwei theoretische Rahmen vorgestellt, aus denen sich die Schulbuchnutzung betrachten lässt (vgl. Kapitel 4).

Bezüglich der Struktur (deutschsprachiger gedruckter) Mathematikschulbücher konnte beschrieben werden, dass sich diese aus den folgenden drei Ebenen zusammensetzt: *Makroebene*, die hauptsächlich die Konzeption der Schulbücher als ‚Jahrgangsstufenband" bzw. ‚Lehrgang geschlossener Sachgebiete' beschreibt; *Mesoebene*, die sich auf die Gliederung innerhalb der Kapitel bezieht, und die *Mikroebene*, die die Struktur der einzelnen Lerneinheiten beschreibt (vgl. Abschnitt 2.1).

Daran angeschlossen wurde bezogen auf die Schulbuchnutzung durch Schülerinnen und Schüler anhand vorhandener Forschung deutlich, dass Lernende hauptsächlich die Strukturelemente *Kasten mit Merkwissen* und *Übungsaufgaben* (auf *Mikroebene*) verwenden – zu den Zwecken *Bearbeiten von Aufgaben* und *Festigen*. Darüber hinaus wählen Lernende Inhalte im Schulbuch in einem zweistufigen Prozess aus: (1) Auswahl eines relevanten Bereiches und (2) Auswahl

M. Pohl, *Digitale Mathematikschulbücher in der Sekundarstufe I*, Essener Beiträge zur Mathematikdidaktik, https://doi.org/10.1007/978-3-658-43134-1_5

innerhalb des relevanten Bereiches. Beide Auswahlprozesse lassen sich zudem noch kleinschrittiger in drei Auswahlprozesse einteilen (vgl. Abschnitt 2.2).

Für die Diskussion digitaler Schulbücher ergeben sich auf der Grundlage der für traditionelle Schulbücher diskutierten Ergebnisse folgende Anknüpfungspunkte: Wie – wenn überhaupt – verändert sich die Struktur der Schulbücher durch den Wechsel von einem analogen zu einem digitalen Medium? Können die gleichen sowie neue Strukturelementtypen (innerhalb der einzelnen Strukturebenen) identifiziert werden? Beide Aspekte lassen sich zu der folgenden ersten Forschungsfrage zusammenfassen:

(1) Welche Struktureigenschaften und Strukturelemente lassen sich bei digitalen Schulbüchern für die Mathematik identifizieren?

Um diese Forschungsfrage zu beantworten, wird in Abschnitt 6.2 die *qualitative Inhaltsanalyse* nach Mayring (2015) vorgestellt, die es erlaubt, Textmaterial und somit auch Schulbücher auf ihre Inhalte zu analysieren und in Kategorien einzuteilen. Dies wird als theoretische Vorbereitung für die Durchführung der *qualitativen Inhaltsanalyse* verschiedener digitaler Schulbuchkonzepte in Abschnitt 6.3 dienen, um anschließend Forschungsfrage 1 aus der deskriptiven Analyse heraus zu beantworten. Dabei werden auch die Funktionen von Schulbüchern (vgl. Abschnitt 3.2 und 3.3) eine Rolle spielen, da sich die Frage anschließt, inwiefern eventuelle Strukturänderungen und neue ‚digitale' Strukturelemente die Schulbuchfunktionen ‚Struktur' und ‚Inhalt' durch den Einfluss der ‚Technologie' beeinflussen.

Eine Diskussion der Struktur digitaler Schulbücher und deren Strukturelemente legt auch eine Diskussion der Schulbuchnutzung nahe und knüpft somit an die Ergebnisse zur Nutzung traditioneller Schulbücher an (vgl. Abschnitt 2.2). Auf empirischer Ebene stellen sich dabei die Fragen nach einer veränderten Nutzung von digitalen Schulbüchern – verglichen mit der Nutzung traditioneller Schulbücher –, was zu folgenden Forschungsfragen führt:

(2) Welche Strukturelemente verwenden Schülerinnen und Schüler beim Umgang mit einem digitalen Schulbuch und zu welchen Zwecken?
(3) Welche Verwendungsweisen lassen sich bei der Nutzung von verschiedenen Strukturelementen während der Arbeit mit einem digitalen Mathematikschulbuch bei Schülerinnen und Schülern identifizieren?

Um diese Fragestellungen zu untersuchen, bedarf es einer geeigneten theoretischen Rahmung. Die Schulbuchnutzung durch Schülerinnen und Schüler lässt sich dabei grundlegend als Prozess innerhalb der ‚komplexen, vermittelten Handlung' nach Vygotsky konstruieren (vgl. Abschnitt 4.1). Dies hat zur Konsequenz, dass das (Mathematik-)Schulbuch als psychisches Werkzeug gesehen wird und sich demzufolge durch die Nutzung des Schulbuchs Veränderungen bei der Nutzerin bzw. dem Nutzer (hier: dem Lernenden) bezogen auf dessen (mathematisches) Wissen ergeben. Die Wissenskonstruktion ist somit ein Hauptbestandteil der ‚komplexen, vermittelten Handlung', die durch das Schulbuch initiiert wird; das Schulbuch übernimmt demzufolge die Rolle eines vermittelnden Artefakts im Lernprozess bzw. während der Schulbuchnutzung.

Aufgrund dieser Kategorisierung von Schulbüchern als Artefakte und (aktives) Element innerhalb der Wissenskonstruktion wurde im Anschluss die Theorie der *instrumentellen Genese* vorgestellt (vgl. Abschnitt 4.2). Der Kern dieser Theorie liegt in der Unterscheidung zwischen *Artefakten* und *Instrumenten* bzw. *Werkzeugen*. Während das Schulbuch an sich gesehen bereits ein *Artefakt* darstellt, da es ein von Menschen erschaffener physischer Gegenstand ist, entwickelt es erst innerhalb der Auseinandersetzung mit dem *Artefakt*, also in dem Gebrauch des Schulbuchs, eine zielgerichtete Komponente und wird damit zu einem *Instrument* (zum Mathematiklernen). Der *Instrument*-Begriff ist also ein Zusammenschluss eines *Artefakts* und eines *Gebrauchsschemas*. Der Prozess, in dem sich aus dem *Artefakt* das *Instrument* herausbildet, wird als *instrumentelle Genese* bezeichnet. Die *Gebrauchsschema*-Komponente hebt den Aspekt der individuellen Nutzung in den Vordergrund. Damit ist gemeint, dass jede Nutzerin bzw. jeder Nutzer (eines Schulbuchs) das *Artefakt* auf eine individuelle Art und Weise verwendet, ihm dabei gewisse Funktionen zuschreibt, vorhandene Verwendungsweisen auf das *Artefakt* anwendet, diese eventuell anpasst oder während der Nutzung neue herausbildet. Die Art und Weise, wie die Nutzerin bzw. der Nutzer dem *Artefakt* Verwendungsweisen zuschreibt oder Gebrauchsschemata entwickelt, wird in den Prozessen der *Instrumentalisierung* und *Instrumentierung* zusammengefasst. Dabei richtet sich die *Instrumentalisierung* auf das *Artefakt* und schreibt ihm bzw. einzelnen Teilen gewisse Funktionen zu; die *Instrumentierung* beschreibt auf der anderen Seite die *Gebrauchsschemata* und richtet sich demnach auf die individuelle Nutzerin bzw. den individuellen Nutzer.

Um die Schulbuchnutzung sichtbar zu machen und den Prozess der *instrumentellen Genese* darzustellen, bedarf es auf der einen Seite einer eingehenden Analyse der Struktur des Schulbuchs, um Funktionszuschreibungen seitens der Nutzerinnen und Nutzer bezogen auf das *Artefakt* überhaupt identifizieren zu können, und auf der anderen Seite einer geeigneten Analysemethode, um die Nutzungen und Funktionszuschreibungen abzubilden. Eine dafür zielgerichtete

Theorie wird durch die *semiotische Vermittlung* beschrieben, die es erlaubt, die Schulbuchnutzung durch die Deutung unterschiedlicher Zeichen darzustellen.

Der Fokus in der Analyse der Schulbuchnutzungen mithilfe der *semiotischen Vermittlung* liegt auf den Zeichen, die die Nutzerinnen und Nutzer – hier die Schülerinnen und Schüler – im Lernprozess produzieren, und knüpft somit an soziosemiotische Arbeiten von Vygotsky an. Dabei findet eine Differenzierung zwischen *Mathematikzeichen* und *Artefaktzeichen* statt, die es erlaubt, Aussagen der Lernenden hinsichtlich ihrer Gerichtetheit auf das Schulbuch, i. e. das *Artefakt*, und den (mathematischen) Inhalt, i. e. die Mathematik, zu identifizieren. Darüber hinaus wird mithilfe der *Drehpunktzeichen* der Prozess von einem Artefaktbezug hin zu einem Mathematikbezug dargestellt und somit – wie bei der *instrumentellen Genese* – deutlich, dass das Schulbuch als *Artefakt* erst in der expliziten Verwendung zu einem *Instrument* (zum Mathematiklernen) werden kann.

Das Ziel dieser Forschungsarbeit besteht zusammengefasst in der Analyse digitaler Schulbuchkonzepte einerseits und in der Untersuchung der Nutzung digitaler Mathematikschulbücher durch Schülerinnen und Schüler andererseits. Für die deskriptive Analyse werden verschiedene digitale Mathematikschulbücher auf ihre Struktur und Strukturelemente untersucht und anschließend in einer Datenerhebung empirisch eingesetzt. Dabei zielt das Forschungsinteresse auch auf die Beantwortung der Frage nach dem Mehrwert digitaler Schulbuchkonzepte ab. Das bedeutet, dass sowohl die Strukturanalyse digitaler Mathematikschulbücher als auch die Analyse der empirischen Schulbuchnutzungen der Schülerinnen und Schüler in den Blick nehmen werden, ob und welche Unterschiede sich deskriptiv in der Struktur und empirisch in der Nutzung digitaler und digitalisierter Schulbücher ergeben.

Teil II
Deskriptive Analyse digitaler Mathematikschulbücher

Strukturanalyse des Artefakts ‚Digitales Mathematikschulbuch'

In Teil I dieser Arbeit wurde der theoretische Rahmen vorgestellt, der für die Analyse der Struktur und der Nutzung von (traditionellen und digitalen) (Mathematik-)Schulbüchern von Relevanz ist. Dazu wurde zuerst literaturbegleitend der Aufbau und die Struktur gedruckter Schulbücher (für die Mathematik) beschrieben und in einem zweiten Schritt die Relevanz und Prävalenz von gedruckten Schulbüchern für den (Mathematik-)Unterricht ausgearbeitet und anschließend auf das Konzept von digitalen Schulbüchern übertragen. Daran anknüpfend wurde auch eine Definition von digitalen Schulbüchern (für die Mathematik) hergeleitet und anhand von sieben Merkmalen beschrieben. Insgesamt wurde durchgehend betont, dass die besondere Bedeutung von Schulbüchern – gedruckt oder digital – erst durch den Einsatz im Unterricht, also zweckgebunden zum Lehren und Lernen von Mathematik – deutlich wird. Aus diesem Grund konnte mithilfe der Theorie der *instrumentellen Genese* (Rabardel, 1995) sowie der *semiotischen Vermittlung* (Bartollini Bussi & Mariotti, 2008) die Schulbuchnutzung aus konstruktivistischer und soziosemiotischer Perspektive theoretisch beleuchtet werden. Am Ende von Teil I wurden auf Grundlage der theoretischen Fundierungen drei Forschungsfragen formuliert, die die Struktur von digitalen Mathematikschulbüchern und die Nutzungen durch Lernende in den Blick nehmen.

Im vorliegenden zweiten Teil wird das Studiendesign im Hinblick auf die deskriptive Forschungsfrage (‚Welche Struktureigenschaften und Strukturelemente lassen sich bei digitalen Schulbüchern für die Mathematik identifizieren?') in einem ersten Schritt theoriegeleitet eingeführt und beschrieben. Dabei wird zuerst die Methode der *qualitativen Inhaltsanalyse* nach Mayring (2015) vorgestellt (Abschnitt 6.2), die zur Auswertung und Analyse der digitalen Schulbuchkonzepte herangezogen wird. Dabei wird auch geklärt, welche digitalen

M. Pohl, *Digitale Mathematikschulbücher in der Sekundarstufe I*, Essener Beiträge zur Mathematikdidaktik, https://doi.org/10.1007/978-3-658-43134-1_6

Schulbuchkonzepte in der Analyse verwendet werden, aus welchen Gründen diese Auswahl getroffen wird und wie der Ablauf der Analyse im Einzelnen aussieht. In einem zweiten Schritt und als Ergebnis der *qualitativen Inhaltsanalyse* wird die Struktur digitaler Mathematikschulbücher in Form eines Kategoriensystems dargestellt (Abschnitt 6.3). Dabei wird sich auf struktureller Ebene herausstellen, welche Unterschiede zwischen gedruckten und digitalen Schulbüchern auftreten (Abschnitt 6.4). Auch aus diesem Grund orientiert sich die Strukturanalyse an den Ergebnissen der Analyse gedruckter Mathematikschulbücher (Rezat, 2009). Inwiefern die Kategorien induktiv, deduktiv oder induktiv-deduktiv gewonnen wurden wird an entsprechender Stelle beschrieben. Das Kategoriensystem bzw. die deskriptiven Ergebnisse der Strukturanalyse digitaler Mathematikschulbücher werden letztendlich auch als Grundlage für das empirische Studiendesign dienen (vgl. Kapitel 8) und demzufolge auch in den dargestellten Ergebnissen der empirischen Datenerhebung (vgl. Kapitel 9) rekurrieren.

Ziel dieses Kapitels ist es somit, die Methode der *qualitativen Inhaltsanalyse* vorzustellen und in einem zweiten Schritt auf verschiedene digitale Mathematikschulbuchkonzepte anzuwenden. Im Abschnitt 4.2.2 wurde bereits darauf hingewiesen, dass die Theorie der *instrumentellen Genese* – beziehungsweise die Prozesse der *Instrumentalisierung* und *Instrumentierung* – Schulbuchnutzungen von Schülerinnen und Schüler in den Blick nimmt. Eine Analyse der Schulbuchnutzung (vgl. Kapitel 9) setzt somit eine Analyse der Schulbücher (vgl. Kapitel 6) voraus.

6.1   Analyseeinheiten der qualitativen Inhaltsanalyse bei (digitalen) Schulbüchern

Die *qualitative Inhaltsanalyse* bietet eine Auswertungsmethode an, mithilfe der sich „fixierte Kommunikation" (Mayring, 2015, S. 12) theoriegeleitet, d. h. unter einer gewissen Fragestellung, analysieren lässt. Damit ist gemeint, dass der Gegenstand der Inhaltsanalyse die Kommunikation ist, also „die Übertragung von Symbolen [wie] Sprache, aber auch Musik, Bilder und Ähnliches" (Mayring, 2015, S. 12), die zudem in protokollierter Form festgehalten wird. Aus diesem Grund lässt sich die *qualitative Inhaltsanalyse* auch auf Schulbücher anwenden, um die Struktur dieses Lehr- und Lernmediums zu analysieren. Das Schulbuch ist ein komplexes Artefakt, das – im Gegensatz zu Romanen oder Zeitungsartikeln – aus mehreren Textsorten besteht (vgl. Rezat, 2009, S. 69). Auch für digitale Schulbücher bleibt diese Aussage bestehen, sodass die verschiedenen Textsorten als Analyseeinheiten für die Strukturanalyse verstanden werden.

Laut Heinemann (2000) bildet der Begriff ‚Textsorte' aus linguistischer Sichtweise folgende Aspekte ab:

(a) Textsorten erweisen sich als eine begrenzte *Menge von Textexemplaren* mit spezifischen Gemeinsamkeiten.
(b) Die Gemeinsamkeiten von Textexemplaren einer Textsorte sind auf *mehrere Ebenen* zugleich bezogen:
    – auf die äußere Textgestalt/das Layout;
    – auf charakteristische Struktur- und Formulierungsbesonderheiten/die Sprachmittelkonfiguration (...);
    – inhaltlich-thematische Aspekte;
    – situative Bedingungen (einschließlich des Kommunikationsmediums/des Kanals[)];
    – kommunikative Funktionen.

(Heinemann, 2000, S. 513)

Für die Analyse von Schulbüchern hat das zur Konsequenz, dass die Schulbuchelemente anhand ihrer linguistischen Merkmale bezüglich der von Heinemann (2000) beschriebenen Gemeinsamkeiten untersucht werden können. Daraus entstanden sind die in Abschnitt 2.1 aufgeführten Strukturebenen sowie die beschriebenen Strukturelemente innerhalb der einzelnen Ebenen für gedruckte Mathematikschulbücher.

Im Rahmen von bisherigen Schulbuchuntersuchungen für die Mathematik variiert die Anzahl an den identifizierten ‚Textsorten'. So unterscheiden Love und Pimm (1996) die drei Textsorten „exposition-examples-exerices" (Love & Pimm, 1996, S. 386). Sträßer (1978) differenziert im Gegensatz dazu zwischen „1. Darstellung außermathematischer Situationen, 2. Präsentation mathematischer Theorieteile, 3. Aufgabensammlungen" (Sträßer, 1978, S. 198). Valverde et al. (2002) konnten die folgenden vier Textsorten unterscheiden, die sie als „blocks" bezeichnen: „narrative or graphical elements; exercise or questions sets; worked examples; or activities" (Valverde et al., 2002, S. 141). Hayen (1987) differenziert auf der anderen Seite bezogen auf die Aufgabentypen zwischen Einstiegsaufgaben, Kontrollaufgaben und Ergänzungsaufgaben (vgl. Hayen, 1987, S. 336). Insgesamt zeigt sich somit eine Vielfalt von verschiedenen Textsorten bei Mathematikschulbüchern; eine Entwicklung, die laut Keitel et al. (1980) auf die Entstehung der Rechenschulen im 15. Jahrhundert zurückgeht (vgl. Keitel et al., 1980, 56 f.).

In der Schulbuchanalyse von Rezat (2009) wurden die Strukturelemente anhand der Beschreibungen in den Einführungsseiten der Schulbücher und anhand

der Textsorten-Merkmale von Heinemann (2000) kategorisiert, was zu einer vollständigen und reliablen Analyse der Struktur deutscher Mathematikschulbücher
geführt hat. Eine Analyse anhand der Beschreibungen in den Einführungsseiten
und der Textsorten-Merkmale liefert somit ein für viele Schulbücher anwend-
bares, einheitliches Kategoriensystem und sorgt damit für eine Vergleichbarkeit
der Struktur der Schulbücher, weshalb auch innerhalb dieser Arbeit auf dieses
Vorgehen zurückgegriffen wird.

Zusätzlich zu den fünf Merkmalen von Textsorten nach Heinemann (2000)
gilt es jedoch zu bedenken, dass das Format eines digitalen Schulbuchs den
Umfang des Begriffs ‚Textsorte' und dessen Merkmale erweitern kann, da sich
aufgrund des digitalen Mediums Inhalte in interaktiver und dynamischer Weise
ändern können und somit ein Strukturelement nicht hinreichend anhand der bisherigen linguistischen Merkmale kategorisiert werden kann. Aus diesem Grund
werden bei der qualitativen Inhaltsanalyse der digitalen Schulbücher zusätzlich
‚technologische Merkmale' kategorisiert, die den digitalen Charakter des Lehrwerks bzw. der einzelnen Strukturelemente hervorheben. Auf die genaue Analyse
und die Methode der qualitativen Inhaltanalyse wird nun im folgenden Kapitel
eingegangen.

6.2   Methode zur Analyse des Artefakts ‚Digitales Mathematikschulbuch' (Qualitative Inhaltsanalyse)

Das Ziel der Analyse besteht darin, verschiedene digitale Mathematikschulbücher
hinsichtlich ihrer linguistischen und technologischen Merkmale zu strukturieren
und zu typisieren, um somit ein Kategoriensystem der Strukturelementtypen und
Strukturebenen zu erhalten. Mithilfe solch eines Kategoriensystems lässt sich die
Struktur digitaler Mathematikschulbücher zum einen beschreiben und zum anderen mit weiteren digitalen Schulbüchern vergleichen. Da sich digitale Schulbücher
aktuell häufig noch im Entwicklungsstatus befinden, noch nicht veröffentlicht
wurden bzw. keine offizielle Genehmigungsverfahren durchlaufen haben, ist es
nicht durchweg möglich, die Strukturelemente anhand der Beschreibungen am
Anfang der Schulbücher zu identifizieren. Darüber hinaus ist es auch aufgrund
der besonderen Natur der digitalen Schulbücher – z. B. in Form von Websites –
möglich, dass keine Beschreibungen zur Nutzung an die Hand gegeben werden.
Für digitale Schulbücher, die bereits veröffentlicht wurden und Beschreibungen
am Anfang enthalten, kann an die Arbeit und die Vorgehensweise von Rezat
(2009) angeknüpft werden. Für digitale Schulbücher im Entwicklungsstatus gilt
dies jedoch nur für einen eingeschränkten Rahmen, da Erläuterungen zur Struktur und zu den einzelnen Strukturelementen gegebenenfalls nicht vorhanden sind.

Aus diesem Grund werden zusätzlich zu den eventuellen Strukturbeschreibungen in den Einführungsseiten die Strukturebenen und -elemente der jeweiligen digitalen Schulbücher in der Analyse mit einbezogen.

Die *qualitative Inhaltsanalyse* stellt – aufbauend auf den Vorüberlegen – eine geeignete Methode zur Analyse der Struktur von digitalen Mathematikschulbüchern dar, da sie – wie oben bereits beschrieben – ein systematisches, regelgeleitetes Verfahren zur Analyse von fixierter Kommunikation an die Hand gibt mit dem Ziel, Texte zu analysieren und demnach Aussagen über den Text zu machen (vgl. Mayring, 2015, S. 13). Diese Arbeit folgt der Vorgehensweise und dem Ablauf der *qualitativen Inhaltsanalyse* nach Mayring (2015), da hier das Ziel der Entwicklung einer systematischen Methodik verfolgt wird, die „an den in jeder Inhaltsanalyse notwendig enthaltenen qualitativen Bestandteilen ansetzt" (Mayring, 2015, S. 50). Diese Methodik wird dabei „durch Analyseschritte und Analyseregeln systematisiert und überprüfbar" (Mayring, 2015, S. 50).

Das systematische, regelgeleitete Vorgehen wird von Mayring besonders hervorgehoben. Damit ist die „Orientierung an vorab festgelegten Regeln der Textanalyse" (Mayring, 2015, S. 50) gemeint, was sich insbesondere an der „Festlegung eines konkreten Ablaufmodells der Analyse" (Mayring, 2015, S. 50) zeigt. Dieses Ablaufmodell wird folgendermaßen beschrieben:

a) Bestimmung des Ausgangsmaterials
   1. Festlegung des Materials
   2. Analyse der Entstehungssituation
   3. Formale Charakteristika des Materials
b) Fragestellung der Analyse
   4. Richtung der Analyse
   5. Theoriegeleitete Differenzierung der Fragestellung
c) Ablaufmodell der Analyse
   6. Bestimmung der dazu passenden Analysetechniken (Zusammenfassung, Explikation, Strukturierung?) oder einer Kombination; Festlegung des konkreten Ablaufmodells sowie Festlegung und Definition der Kategorien/des Kategoriensystems
   7. Definition der Analyseeinheiten (Kodier-, Kontext-, Auswertungseinheit)
   8. Analyseschritte gemäß Ablaufmodell mittels Kategoriensystem; Rücküberprüfung des Kategoriensystems an Theorie und Material sowie bei Veränderungen erneuter Materialdurchlauf
   9. Zusammenstellung der Ergebnisse und Interpretation in Richtung der Fragestellung
   10. Anwendung der inhaltsanalytischen Gütekriterien

(vgl. Mayring, 2015, S. 54–62)

Diesem Ablaufplan folgt auch die Analyse digitaler Mathematikschulbücher im Rahmen dieser Arbeit. Daher werden zuerst die theoretischen Aspekte der einzelnen Modell-Punkte vorgestellt und zugleich für digitale Mathematikschulbücher angewendet. Die ersten drei Punkte beziehen sich auf das der Analyse zugrundeliegende Material und werden in Abschnitt 6.2.1 (*Bestimmung des Ausgangsmaterials*) thematisiert. Die Punkte vier und fünf behandeln die Fragestellung der Analyse und werden im Abschnitt 6.2.2 (*Fragestellung der Analyse*) vorgestellt. Die Punkte sechs bis zehn bilden den dritten Teil der Inhaltsanalyse und erläutern das genaue Vorgehen. Diese Aspekte müssen jedoch „im konkreten Fall an das jeweilige Material und die jeweilige Fragestellung angepasst werden" (Mayring, 2015, S. 61), weshalb in Abschnitt 6.2.3 (*Ablauf der Analyse*) ein auf das Ablaufmodell von Mayring adaptierter Verlauf der Inhaltsanalyse beschrieben wird.

6.2.1 Bestimmung des Ausgangsmaterials

Wie bereits erwähnt wurde, behandelt die *qualitative Inhaltsanalyse* fixierte Kommunikation, also fertiges sprachliches Material. Am Anfang der Analyse muss somit zuerst bestimmt werden, welches Material verwendet wird, um in einem zweiten Schritt zu entscheiden, welche Schlussfolgerungen aus dem Material gezogen werden können (Abschnitt 6.2.2). Bei der Bestimmung des Materials müssen nach Mayring (2015) drei Schritte verfolgt werden:

1. Festlegung des Materials
2. Analyse der Entstehungssituation
3. Formale Charakteristika des Materials

Im ersten Schritt des Ablaufmodells muss genau festgelegt werden, welches Material in der Analyse verwendet wird. Dieses Material kann zu einem späteren Zeitpunkt – in begründeten Fällen – erweitert oder verändert werden. Insgesamt muss zudem darauf geachtet werden, dass die Materialmenge genau definiert wird, der Stichprobenumfang die aktuelle Datenlage widerspiegelt und die Stichprobenwahl nicht variiert (vgl. Mayring, 2015, S. 55).

In dieser Studie werden digitale Mathematikschulbücher für die Sekundarstufe I auf ihre Struktur und Strukturelemente hin untersucht. Dies hat zur Folge, dass digitale Schulbuchkonzepte für die Primarstufe sowie für die Sekundarstufe II in der Analyse nicht berücksichtigt werden. Die ausgewählten digitalen Mathematikschulbücher sollen möglichst repräsentativ die aktuelle Lage zur Verwendung digitaler Mathematikschulbücher bzw. die aktuelle Lage des digitalen

Schulbuchmarktes in Deutschland widerspiegeln. Dies gestaltete sich als nicht ganz unproblematisch, da sich eine Vielzahl von digitalen Schulbuchkonzepten (nicht nur für die Mathematik) noch in der Entwicklung befanden und daher keine Einblicke in die Strukturen dieser digitalen Mathematikschulbücher gewährt wurden.

In einem ersten Schritt wurden digitale Schulbuchkonzepte der Schulbuchverlage Cornelsen, Klett, Schroedel/Westermann in Deutschland ermittelt, um den grundsätzlichen Entwicklungsstatus digitaler Schulbücher für die Mathematik in Deutschland aufzuzeigen. Erste digitale Schulbuchkonzepte für die Mathematik werden beispielsweise für die fünfte Klasse an Gesamtschulen und Gymnasien konzipiert, weshalb die empirische Studie in der fünften Klasse eines Gymnasiums in Nordrhein-Westfalen durchgeführt wird[1]. Dabei wurden die folgenden Schulbuchkonzepte identifiziert, die von den Verlagen selbst als ‚digital' bezeichnet werden:

- Cornelsen:
  - Brunnermeier, A., Scholz, D., Rübesamen, H.-U., Höger, C., Zechel, J., Krysmalski, M. et al. (2013). Fokus Mathematik. Nordrhein-Westfalen – Ausgabe 2013, 5. Schuljahr. Schülerbuch als E-Book: Cornelsen Verlag.
  - Pallack, A., Uhlisch, A., Haunert, A., Durstewitz, A.-K., Heinemann, J., Wortmann, S. et al. (2019). Fundamente der Mathematik. Nordrhein-Westfalen – Ausgabe 2019, 5. Schuljahr. Schülerbuch als E-Book: Cornelsen Verlag.
  - Block, J., Dr. Flade, L., Füller, J., Dr. Langlotz, H., Krysmalski, M., Niemann, T. et al. (in Vorb). Fundamente der Mathematik Nordrhein-Westfalen 5 mBook: Cornelsen Verlag.
- Klett:
  - Braun, A., Giersemehl, I., Grosche, M., Jörgens, T., Jürgensen-Engl, T., Lohmann, J. et al. (2019). Lambacher Schweizer Mathematik 5 – G9. Ausgabe Nordrhein-Westfalen. Schülerbuch Klasse 5 (Lambacher Schweizer Mathematik G9. Ausgabe für Nordrhein-Westfalen ab 2019). Stuttgart: Klett.
- Schroedel/Westermann:
  - Körner, H., Lergenmüller, A., Schmidt, G. & Zacharias, M. (Hrsg.). (2019). Mathematik Neue Wege SI/ Mathematik Neue Wege SI – Ausgabe 2019 für das G9 in Nordrhein-Westfalen. Ausgabe 2019 für Nordrhein-Westfalen/

---

[1] Da sich diese Schulbuchkonzepte teilweise jedoch noch im Entwicklungsstatus befinden, können im Rahmen dieser Arbeit noch keine Aussagen über Genehmigungsverfahren gemacht werden.

Schülerband 5 (Mathematik Neue Wege SI). Braunschweig: Westermann Schulbuchverlag.

Durch diese zur Verfügung stehenden digitalen Schulbuchkonzepte zeigt sich bereits, dass sich die Auswahl geeigneter digitaler Mathematikschulbücher entlang der Definition eines digitalen Schulbuchs (vgl. Abschnitt 3.4) als schwierig gestaltet, da in Deutschland insgesamt nur fünf Schulbuchkonzepte für die fünfte Klasse von den Schulbuchverlagen zur Verfügung stehen, die in den Beschreibungen der Verlage als ‚digital' bezeichnet werden. Darüber hinaus befindet sich das von Block et al. (in Vorb.) entwickelte *mBook* noch in der Entwicklung und konnte letztendlich aufgrund von datenschutzrechtlichen Gründen nicht in der deskriptiven und empirischen Untersuchung eingesetzt werden, sodass sich insgesamt nur vier veröffentlichte ‚digitale' Mathematikschulbuchkonzepte für die fünfte Klasse in Nordrhein-Westfalen ergeben. Des Weiteren zeigt sich bei einem näheren Blick auf die Lizenzform sowohl bei Brunnermeier et al. (2013) als auch bei Pallack et al. (2019), dass es sich bei diesen ‚digitalen' Schulbuchkonzepten um Versionen handelt, „die eine 1:1-Abbildung des Schulbuches darstellen [und] keine interaktiven Übungen oder Lernvideos enthalten" (Cornelsen Verlag, o. J.c), sodass hier nicht von einem digitalen Schulbuch, sondern nur von einer traditionellen Version in digitalisierter Form gesprochen werden kann (vgl. Abschnitt 3.4). Gleiches gilt für das Schulbuch „Mathematik Neue Wege" (Körner, Lergenmüller, Schmidt & Zacharias, 2019): „Beide Lizenzformen unterscheiden sich lediglich im Preis und in den Nutzungsbedingungen. Inhalt und Funktionsumfang sind identisch." (Westermann Verlag, o. J.b).

Im Gegensatz dazu wird der Lambacher Schweizer vom Klett-Verlag als „digitale Alternative zum gedruckten Schulbuch [mit] digitale[n] Zusatzmedien" (Klett Verlag, o. J.c) beschrieben, sodass die ‚digitale' Schulbuchversion des „Lambacher Schweizer" (Braun et al., 2019) von Klett in der Materialliste enthalten bleibt.

Darüber hinaus werden auch die folgenden digitalen Schulbuchkonzepte von weiteren Verlagen bzw. Unternehmen, die die Entwicklung digitaler Mathematikschulbücher anstreben, in die Materialliste mit aufgenommen:

- Hornisch, B. et al. (unveröffentlicht). Brockhaus Lehrwerke: Mathematik 5. Klasse. Flächeninhalt und Umfang. Unveröffentlichtes Schulbuch, Stand: 2017. Brockhaus.
- Hufnagel, B. (Hrsg.). *Net-Mathebuch*. Zugriff am 11.03.2019. Verfügbar unter: https://m2.net-schulbuch.de/

Das digitale Schulbuch von *net-mathebuch.de* ist bisher nur für die Sekundarstufe II verfügbar bzw. entwickelt worden, sodass dieses digitale Schulbuch im Rahmen dieser Arbeit nicht weiter untersucht wird, jedoch der Vollständigkeit halber hier erwähnt werden soll. Darüber hinaus befinden sich die Schulbücher von Brockhaus (Hornisch et al., 2017) und das Net-Mathebuch noch in der Entwicklung und wurden noch nicht (abschließend) veröffentlicht, sodass sie noch keinem Genehmigungsverfahren unterlaufen sein können. Dennoch wird das *Brockhaus Lehrwerk* (Hornisch et al., 2017) in der deskriptiven Analyse untersucht. Der Grund dafür ist – wie oben bereits geschildert –, dass die bisherigen digitalen Schulbuchkonzepte der Schulbuchverlage Cornelsen und Schroedel/Westermann von den Verlagen selbst in (inhaltlicher und funktioneller) Analogie zu den gedruckten Schulbüchern beschrieben werden und somit einem digitalisierten Unterrichtswerk zugeordnet werden können. Die Brockhaus Lehrwerke werden im Gegensatz dazu wie folgt beschrieben: „Mehr als einfach nur ein digitales Schulbuch: Unsere digitalen Lehrwerke vernetzen Wissen, sind kontextorientiert, multimedial, interaktiv, individuell und modular." (Brockhaus, o. J.). Um also die Bandbreite verschiedener digitaler Schulbuchkonzepte für die Mathematik aufzuzeigen, die über eine Digitalisierung der traditionellen Schulbücher hinausgehen, wird das *Lehrwerk* von Brockhaus in die (deskriptive und empirische) Analyse mit aufgenommen.

Im weiteren Verlauf der Analyse werden somit insgesamt die folgenden zwei digitalen Schulbuchkonzepte analysiert, wobei das erste digitale Schulbuch vom Klett-Verlag entwickelt wurde, während sich das zweite noch in der Entwicklung befindet und vom Brockhaus-Verlag konzipiert wurde. Dabei wird in dieser Arbeit das digitale Schulbuch „Lambacher Schweizer Mathematik 5" (Braun et al., 2019) von Klett als ‚eBook pro' und das „Brockhaus Lehrwerke Mathematik 5" (Hornisch et al.) von Brockhaus als ‚Lehrwerk' bezeichnet, um für eine bessere Lesbarkeit zu sorgen.

- Braun, A., Giersemehl, I., Grosche, M., Jörgens, T., Jürgensen-Engl, T., Lohmann, J. et al. (2019). Lambacher Schweizer Mathematik 5 – G9. Ausgabe Nordrhein-Westfalen. Schülerbuch Klasse 5 (Lambacher Schweizer Mathematik G9. Ausgabe für Nordrhein-Westfalen ab 2019). Stuttgart: Klett.
- Hornisch, B. et al. (unveröffentlicht). Brockhaus Lehrwerke: Mathematik 5. Klasse. Unveröffentlichtes Schulbuch, Stand: 2017. Brockhaus.

Für den zweiten Schritt im Ablaufmodell (*Analyse der Entstehungssituation*) beschreibt Mayring, dass „genau beschrieben werden [muss], von wem und unter welchen Bedingungen das Material produziert wurde" (Mayring, 2015, S. 55). Für die beiden untersuchten digitalen Mathematikschulbücher bedeutet dies in erster Instanz, dass sich die Information über die Autorinnen und Autoren aus den eben aufgelisteten Quellenangaben ableiten lässt. Des Weiteren liefert ein Blick in die Einführungsseiten des *eBook pro* von Klett Informationen über die Zielgruppe und gibt erste Hinweise auf die Struktur des digitalen Schulbuchs. Die Einführungsseiten sind mit „So lernst du mit Lambacher Schweizer" (Braun et al., 2019, S. II) überschrieben und richten sich durch die informelle Anrede („du, dich") an die Schülerin bzw. an den Schüler. Zudem wird der Nutzerin bzw. dem Nutzer die Bedeutung verschiedener Symbole sowie die generelle Struktur des Buches durch die Miniaturansicht einzelner Schulbuchseiten erklärt, was in Abbildung 6.1 dargestellt wird.

Bei dem digitalen *Lehrwerk* von Brockhaus zeigt sich in den *allgemeinen Benutzerhinweisen* ein konträres Bild, da dort die Lehrperson als Ansprechpartnerin bzw. Ansprechpartner fungiert, was sich anhand der Höflichkeitsformen (z. B. „Sie" oder „Ihnen") zeigt (Brockhaus Lehrwerke, o. J.a). Zudem beinhalten die Hinweise größtenteils organisatorische Aspekte (z. B. das Anlegen eines individuellen Kurses) und richten sich demnach an die Lehrkraft. Diesbezüglich erscheint auch der Name *Lehrwerk* für dieses Unterrichtswerk sinnvoll. Dennoch wird auch vermerkt, dass „[z]usätzlich zur Schülerversion des Lehrwerkes (…) Lehrermaterialien" (Brockhaus Lehrwerke, o. J.a) zur Verfügung stehen, was die Verwendung und Konzeption des Schulbuchs für Schülerinnen und Schüler zumindest andeutet. Des Weiteren wurde für diesen Analyseschritt eine Produktbeschreibung zu dem digitalen Lehrwerk des Verlages herangezogen[2]. Auch dort werden zwar nicht die Lernenden direkt angesprochen, jedoch wird der Entwicklungsgedanke für eine Nutzung der Schülerinnen und Schüler durchweg deutlich durch Aussagen wie „individuelle Lernwege (…), die der Heterogenität der Schülerschaft gerecht werden", „[d]igital erwerben Schülerinnen und Schüler die notwendigen Kompetenzen" oder durch den Fokus auf den „Erwerb von Kenntnissen", die „Möglichkeit zur Selbstkontrolle" oder „[d]as selbstständige Üben und die Vorbereitung" (Brockhaus Lehrwerke, o. J.d). Beide digitalen Mathematikschulbücher können also als Schülerbücher verstanden werden.

Bezüglich des dritten Schritts (*Formale Charakteristika des Materials*) im Ablaufmodell von Mayring „muss beschrieben werden, in welcher Form das Material vorliegt" (Mayring, 2015, S. 55). Die beiden analysierten Schulbuchkonzepte variieren auch bezüglich ihrer Form. Das bedeutet, dass das *eBook pro* vom Klett-Verlag für verschiedene Endgeräte bzw. Plattformen (iOS, Android oder

---

[2] Damit soll nicht gesagt werden, dass die Einführungsseiten des Schulbuchs bei Klett mit den Produktbeschreibungen des Brockhaus-Verlages die gleiche inhaltliche Aussagekraft besitzen, da sich letztere eher an interessierte Käufer, sprich Schulen oder Lehrerinnen und Lehrer, richten anstatt ausschließlich an die tatsächlichen Endnutzerinnen und Endnutzer. Dennoch lassen sich einige strukturelle Informationen daraus ableiten.

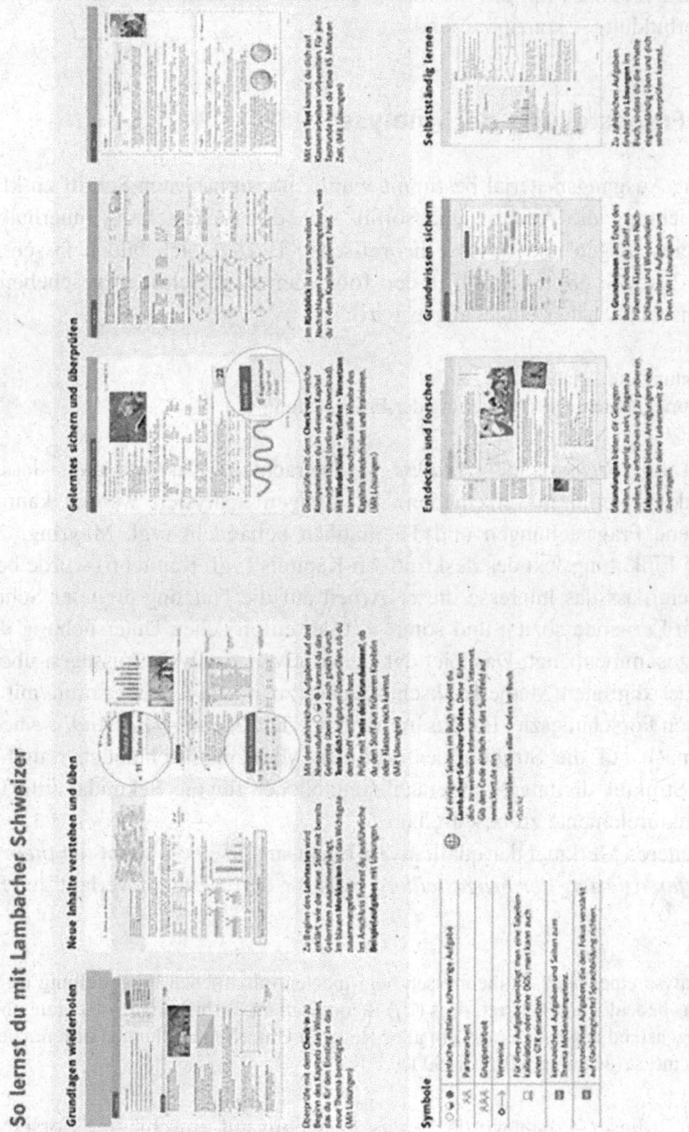

Abbildung 6.1 Screenshot der Einführungsseite, eBook pro (Braun et al., 2019)

Windows) (Klett Verlag, o. J.a) online und offline verfügbar ist, während die Lehr-werke von Brockhaus nur als Internet-Website – und somit nur mit bestehender Internetverbindung – konzipiert sind.

6.2.2 Fragestellung der Analyse

Sobald das Ausgangsmaterial bestimmt wurde, ist im nächsten Schritt zu klären, welche Richtung die Analyse und somit auch die Fragestellung innerhalb der Analyse einschlagen und welche theoretischen Bezüge sich bilden lassen (vgl. Mayring, 2015, S. 58). Dies soll in den folgenden zwei Schritten geschehen, auf die im Anschluss näher eingegangen wird:

4. Richtung der Analyse
5. Theoriegeleitete Differenzierung der Fragestellung

Zuerst ist die *Richtung der Analyse* zu betrachten. Das bedeutet, dass das vorliegende Material in verschiedene Richtungen analysiert werden kann, die verschiedene Fragestellungen und Thematiken behandeln (vgl. Mayring, 2015, S. 58). Im Einleitungstext des deskriptiven Kapitels (vgl. Kapitel 6) wurde bereits beschrieben, dass das Interesse dieser Arbeit auf die Nutzung digitaler Schulbü-cher durch Lernende abzielt und somit mit der empirischen Untersuchung dieser Nutzung zusammenhängt. Das Ziel der deskriptiven Analyse, Aussagen über die Struktur der digitalen Mathematikschulbücher zu machen, steht somit mit dem empirischen Forschungsziel im Zusammenhang. Die *Richtung der Analyse* bezieht sich demnach auf die Struktur der digitalen Mathematikschulbücher und dem Ziel, die Struktur digitaler Mathematikschulbücher für die Sekundarstufe I und deren Strukturelemente zu beschreiben.

Ein weiteres Merkmal der qualitativen Inhaltsanalyse beschreibt die *theoriege-leitete Differenzierung der Fragestellung*, was für den weiteren Verlauf zur Folge hat, dass

> die Analyse einer präzisen theoretisch begründeten inhaltlichen Fragestellung folgt.
> (…) Das bedeutet nun konkret, dass (…) theoretisch an die bisherige Forschung über den Gegenstand angebunden und in aller Regel in Unterfragestellungen differenziert werden muss. (Mayring, 2015, S. 59 f.)

In Kapitel 2 dieser Arbeit wurde bereits ausgiebig auf einschlägige Forschungs-ergebnisse zu der Struktur traditioneller Schulbücher eingegangen; Kapitel 3 beleuchtete in einem weiteren Schritt die Funktionen gedruckter und digitaler Schulbücher anhand entsprechender Literatur. Es zeigte sich, dass Kenntnisse über die Struktur digitaler Schulbücher für die Mathematik bisher ein Desiderat der mathematikdidaktischen Forschung beschreibt, darüber hinaus jedoch vermehrt digitale Schulbücher Einzug in den (Mathematik-)Unterricht erhalten und somit diesbezüglich ein fachdidaktisches Forschungsinteresse für das Lehren und Lernen von Mathematik besteht. Zudem kann in diesem Zusammenhang an bisherige Forschungsergebnisse zu der Struktur traditioneller Mathematikschulbücher (vgl. Love & Pimm, 1996; Rezat, 2008, 2009; Valverde et al., 2002) angeknüpft werden. Da sich diese Arbeit mit digitalen Mathematikschulbüchern für Deutschland beschäftigt, wird in Forschungsfrage 1 (‚Welche Struktureigenschaften und Strukturelemente lassen sich bei digitalen Schulbüchern identifizieren?', vgl. Kapitel 5) insbesondere die Aufteilung der Struktur in die Makro-, Meso- und Mikrostruktur und deren Strukturelemente (vgl. Abschnitt 2.1) aufgegriffen. Aus dieser Forschungsfrage lassen sich weitere Fragestellungen ableiten, die mit der vorliegenden Analyse verfolgt werden:

i. Inwiefern lassen sich die Forschungsergebnisse bezogen auf die Struktur und Strukturelemente gedruckter Schulbücher auch bei digitalen Schulbüchern für die Mathematik wiederfinden?

ii. Welche zusätzlichen Struktureigenschaften und -elemente lassen sich bei digitalen Mathematikschulbüchern identifizieren?

iii. Welche Erweiterung der Typologie nach Heinemann (2000) ermöglicht es, den digitalen Charakter des Mediums durch eine technologische Sichtweise zu charakterisieren?

Diese deskriptiven Forschungsanliegen lassen sich als Ziele definieren, die zum einen eine Vergleichbarkeit aktueller und zukünftiger digitaler Mathematikschulbücher beabsichtigen und zum anderen Aussagen über Gemeinsamkeiten und Unterschiede bezüglich Strukturen und Strukturelemente digitaler Mathematikschulbücher ermöglichen. Des Weiteren bildet dies – wie schon eingangs erwähnt – die Grundlage für die empirische Untersuchung bzgl. der Nutzung digitaler Schulbücher durch Schülerinnen und Schüler der Sekundarstufe I.

6.2.3   Ablaufmodell der Analyse

Mayrings Modell der qualitativen Inhaltsanalyse zufolge sind im nächsten Schritt die passenden Analysetechniken und Analyseeinheiten festzulegen (vgl. Mayring, 2015, S. 61 f.). Diese sind jedoch an das verwendete Material anzupassen,

weshalb im Zusammenhang mit der deskriptiven Analyse digitaler Mathematikschulbücher für die Sekundarstufe I der an Mayrings Modell angepasste und
Rezat (2009) folgende Ablaufplan aufgestellt wird:

6. Aufstellen eines Kategoriensystems zur Beschreibung der Strukturelemente
   anhand exemplarischer Analysen einzelner Strukturelemente
7. Festlegen der inhaltsanalytischen Analyseeinheiten
8. Paraphrasierung und Generalisierung der Beschreibung der einzelnen Strukturelemente
9. Strukturierung der Beschreibungen der Strukturelemente durch Einordnung in
   das Kategoriensystem
10. Vergleich sämtlicher Strukturelemente aller untersuchten Mathematikbücher und
    Typenbildung auf Grundlage der Merkmalsausprägungen in den einzelnen Kate-
    gorien (…)
11. Kodierung der Strukturen der Mathematikschulbücher auf Grundlage der Typen
12. Vergleich der Strukturen der Mathematikschulbücher

(Rezat, 2009, S. 85)

Die Schritte sechs und sieben werden in Abschnitt 6.2.3.1 (*Kategoriensystem
und Analyseeinheiten*) beschrieben, bevor in Abschnitt 6.2.3.2 exemplarische Beispiele zur Paraphrasierung, Generalisierung und Strukturierung (Schritte acht und
neun) vorgestellt werden. Im Anschluss daran werden die Schritte 10 bis 12
in Abschnitt 6.3 (*Struktur digitaler Mathematikschulbücher*) durch die Darstellung der einzelnen Schulbuch-Strukturebenen und deren Strukturelementtypen
beschrieben. Sie bilden abschließend eine Übersicht über die strukturellen Eigenschaften deutschsprachiger digitaler Schulbuchkonzepte für die Sekundarstufe I
im Fach Mathematik.

6.2.3.1 Kategoriensystem und Analyseeinheiten

Die Beschreibungen in den Einführungsseiten (Klett: „So lernst du mit dem
Lambacher Schweizer", Braun et al., 2019) bzw. in den allgemeinen Benutzerhinweisen (Brockhaus Lehrwerke, o. J.a) beinhalten verschiedene Merkmale, die
anhand der Charakterisierung von Textsorten in der Linguistik nach Heinemann
(2000) kategorisiert werden können. Dies betrifft die folgenden Merkmale:

> die äußere Textgestalt/das Layout; (…) charakteristische Struktur- und Formulie-
> rungsbesonderheiten/die Sprachmittelkonfiguration (…); inhaltlich-thematische
> Aspekte; situative Bedingungen (…); kommunikative Funktionen. (Heinemann,
> 2000, S. 513)

Bei der Analyse der digitalen Schulbücher werden die Strukturelemente zusätzlich mit Blick auf ihre technologischen Aspekte betrachtet, woraus das zusätzliche Charakteristikum ‚technologische Merkmale' hervorgegangen ist. Die verschiedenen Merkmale werden im Folgenden näher beschrieben:

Technologische Merkmale
Eigenschaften des Strukturelements, die die Programmierung betreffen, werden in der Kategorie ‚technologische Merkmale' zusammengefasst. Hierzu zählen Eigenschaften, die aufgrund der digitalen Natur des Schulbuchs überhaupt erst möglich sind, insbesondere interaktive, dynamische und digitale Merkmale – wie beispielsweise das Herunterladen von Inhalten, die Eingabe von Ergebnissen oder deren direkte Überprüfung durch das digitale Schulbuch –, aber auch bedienungsbezogene Funktionen wie das Markieren von Textstellen.

Typographische Merkmale
Strukturelemente unterscheiden sich zudem in der Art und Weise, wie sie im digitalen Schulbuch durch typographische Eigenschaften hervorgehoben sind. Dazu zählen insbesondere Überschriften, farbliche Hervorhebungen oder Kennzeichnungen durch charakteristische Symbole. Diese werden in der Kategorie ‚typographische Merkmale' zusammengefasst. Darüber hinaus zählen auch Aspekte, die die Übersichtlichkeit und Strukturierung betreffen, zu den typographischen Merkmalen.

Sprachliche Merkmale
In der Kategorie ‚sprachliche Merkmale' sind die Eigenschaften des Strukturelements aufgeführt, die sich auf sprachliche Besonderheiten beziehen. Damit sind insbesondere appellative oder interrogative sprachliche Formulierungen gemeint.

Situative Bedingung
Gibt es Hinweise darauf, dass ein Strukturelement zu spezifischen Sozialformen verwendet werden soll (z. B. Partnerarbeit, Einzelarbeit, Hausaufgaben, etc.), wird dies unter der Kategorie ‚situative Bedingung' kategorisiert.

Inhaltliche Eigenschaften
Aspekte des Strukturelements, die den inhaltlichen Kern betreffen, werden in der Kategorie ‚inhaltliche Eigenschaften' zusammengefasst. Da es aufgrund der

Vielfältigkeit und Pluralität der Strukturelemente und deren multipler Einsatzmöglichkeiten im aktuellen Unterricht nicht möglich ist, eindeutige inhaltliche
Aspekte in den einzelnen Kontexten zu nennen, werden die inhaltlichen Aspekte
der Strukturelemente hinsichtlich der bildungstheoretischen Analyse verstanden.
Hierzu gehört nicht, welchen innermathematischen Inhalt das jeweilige Strukturelement vermittelt; vielmehr geht es dabei um den inhaltlichen Erkenntnisprozess,
der durch das Strukturelement begleitet wird. Prediger, Leuders, Barzel und
Hußmann (2013) haben dabei im Rahmen des KOSIMA-Projektes[3] die Strukturierung des Erkenntnisprozesses durch vier Kernprozesse beschrieben, die auch
im Schulbuch *Mathewerkstatt 5* (Barzel, Hußmann, Leuders & Prediger, 2012) zur
Strukturierung der Lerneinheiten Verwendung finden. Die Bezeichnung ‚Kernprozesse' betont hierbei die „klare Artikulation spezifischer Charakteristika und
Anforderungen der jeweiligen Unterrichtssituation" (Prediger, Hußmann, Leuders & Barzel, 2014, S. 83) und somit auch die der Schulbuch-Strukturelemente.
Die vier Kernprozesse

- des Anknüpfens an Vorerfahrungen und Interessen,
- des Erkundens neuer Zusammenhänge,
- des Ordnens durch Systematisieren und Sichern sowie
- des Vertiefens durch Üben und Wiederholen

(Prediger et al., 2014, S. 83)

bilden somit die Grundlage für die inhaltliche Unterscheidung von Strukturelementen, da ihre Einteilung in die vier Kernprozesse nicht aufgrund von äußeren
Merkmalen (wie z. B. technologischer oder typographischer Natur) getroffen
wird, sondern auf der Grundlage von Merkmalen, die einen Lernprozess aus
bildungstheoretischer Perspektive prozessartig begleiten.

Zur näheren Beschreibung des Erkenntnisprozesses werden die vier Kernprozesse aus den folgenden drei Perspektiven betrachtet (vgl. Prediger et al.,
2013):

- didaktische Funktion im Lehr-Lernprozess (didaktische Perspektive)
- kognitive Aktivitäten der Lernenden (kognitive Perspektive)
- Qualität der Erkenntnisprozesse (epistemologische Perspektive)

Diese drei Perspektiven sind eng miteinander verknüpft. So schreiben Prediger
et al. (2013):

---

[3] KOSIMA: Kontexte für sinnstiftendes Mathematiklernen.

In epistemologischer Perspektive interessiert die Qualität der durch die kognitiven Aktivitäten ausgelösten Erkenntnisprozesse. Nur wenn diese Qualitäten passend sind, kann sich die intendierte didaktische Funktion durch entsprechende kognitive Aktivitäten auch einlösen. (Prediger et al., 2013, S. 770)

Es zeigt sich dadurch, dass die kognitive und die epistemologische Perspektive Prozesse beim Lernenden beschreiben, während die didaktische Perspektive von dem lehrenden Akteur (oder wie hier: dem Schulbuch bzw. einem expliziten Strukturelement) ausgeht und somit dem Lernprozess vorgeschaltet wird. Aus diesem Grund lassen sich die jeweiligen Strukturelemente auf inhaltlicher Ebene aus der didaktischen Perspektive betrachten, um schließlich den einzelnen Strukturelementen der verschiedenen Strukturebenen die vier Kernprozesse des Anknüpfens, Erkundens, Ordnens und Vertiefens zuzuordnen. Für die inhaltlichen Eigenschaften der Strukturelemente hat dies nun folgende Konsequenzen:

1. Die inhaltlichen Merkmale der Strukturelemente sind nicht von den didaktischen Funktionen zu trennen, sondern können nur in Verbindung miteinander betrachtet und kategorisiert werden.
2. Es kann keine 1:1-Verknüpfung der einzelnen inhaltlichen Merkmale und didaktischen Funktionen bei der Kategorisierung der Strukturelemente hergestellt werden. Vielmehr kann ein und dasselbe Strukturelement einen bestimmten inhaltlichen Aspekt, jedoch zugleich andere didaktische Funktionen verfolgen – ausgehend von den verschiedenen Kontexten, in denen ein Strukturelement verwendet werden kann. Beispielsweise kann das Strukturelement ,Übungsaufgabe' sowohl zum ,Wiederholen' als auch zum ,Sichern' verwendet werden, wodurch zwei verschiedene inhaltliche Aspekte (Vertiefen bzw. Ordnen) eine Rolle spielen (vgl. Tabelle 6.1).
3. Aus den beiden genannten Gründen wird das Kategoriensystem keine strikte Trennung der Kategorien ,inhaltlicher Aspekt' und ,didaktische Funktion' vornehmen, sondern beide Kategorien zusammen als ,inhaltliche Eigenschaften' behandeln. Die vier Kernprozesse ,Anknüpfen', ,Erkunden', ,Ordnen' und ,Vertiefen' bilden dabei die inhaltlichen Aspekte und sind Namensgeber der jeweiligen übergeordneten inhaltlichen Eigenschaft; die didaktische Funktion wird als zentrales Ziel durch eine detailliertere Beschreibung des inhaltlichen Aspekts verstanden, z. B. ,Erarbeitung neues Wissens' im Kernprozess des ,Erkundens'.

In Tabelle 6.1 werden die vier inhaltlichen Aspekte und die damit verknüpften didaktischen Funktionen tabellarisch dargestellt.

Tabelle 6.1   Inhaltliche Eigenschaften der Strukturelemente (vgl. Prediger et al., 2014)

	inhaltlicher Aspekt	didaktische Funktion
inhaltliche Eigenschaften	Anknüpfen	Aktivierung des (individuellen) Vorwissens, Vorerfahrungen
	Erkunden	Erarbeitung neues Wissens (d. h. Begriffsaufbau, Erarbeitung mathematischer Zusammenhänge oder neuer Verfahren)
	Ordnen	nachhaltiger Wissensaufbau durch Systematisieren (reflektieren, regularisieren, vernetzen) und Sichern (dokumentieren)
	Vertiefen	Üben und Wiederholen

Im Zusammenhang mit der *qualitativen Inhaltsanalyse* der digitalen Schulbücher werden die vier inhaltlichen Aspekte ‚Anknüpfen', ‚Erkunden', ‚Ordnen' und ‚Vertiefen' demnach in Verbindung mit den didaktischen Funktionen
beschrieben.

In den Merkmalen nach Heinemann (2000) werden zusätzlich zu den typographischen, sprachlichen und situativen Kriterien ‚kommunikative Funktionen' aufgeführt, denen eine übergeordnete Rolle in der Charakterisierung von Textsorten
im Sinne sprachakttheoretischer Grundlagen zugemessen wird (vgl. Heinemann,
2000, S. 511). Dies geht insbesondere auf die Taxonomie nach Searle (1976)
zurück (vgl. Searle, 1976, S. 1) und beschreibt durch Sprache vollzogene Handlungen wie „z. B. Auffordern, Behaupten/Feststellen, Fragen, Danken, Raten,
Warnen, Grüßen, Beglückwünschen" (Searle 1971, S. 100 ff.; zitiert nach Rezat
2009, S. 87). Für die mit dem Forschungsinteresse dieser Arbeit verbundene
Analyse der digitalen Schulbücher wird hier der Auffassung von Rezat (2009)
gefolgt und die ‚kommunikative Funktion' innerhalb der Charakterisierung der
Strukturelemente als deren ‚didaktische Funktion' beschrieben (vgl. Rezat, 2009,
S. 88). Die ‚didaktische Funktion' wird wie oben dargestellt zusammen mit den
‚inhaltlichen Aspekten' als ‚inhaltliche Eigenschaften' charakterisiert.

Zusätzlich zur Aufstellung und Beschreibung der Merkmale des Kategoriensystems sind die Analyseeinheiten festzulegen:

- Die *Kodiereinheit* legt fest, welches der kleinste Materialbestandteil ist, der ausgewertet werden darf, was der minimale Textteil ist, der unter eine Kategorie fallen
  kann.
- Die *Kontexteinheit* legt den größten Textbestandteil fest, der unter eine Kategorie
  fallen kann.
- Die *Auswertungseinheit* legt fest, welche Textteile jeweils nacheinander ausgewertet werden.

(Mayring, 2015, S. 61)

Für die Analyse der digitalen Schulbücher bedeutet dies Folgendes:

- Die *Kodiereinheit* ist ein einzelnes Wort.
- Die *Kontexteinheit* ist die Beschreibung eines Strukturelements.
- Die *Auswertungseinheit* ist das gesamte digitale Schulbuch.

6.2.3.2 Exemplarische Analyse

In diesem Abschnitt wird exemplarisch für die *qualitative Inhaltsanalyse* der digitalen Schulbücher nach Mayring (2015) die Analyse für das Schulbuch *Lambacher Schweizer Mathematik 5 – G9 (eBook pro)* (Braun et al., 2019) sowie für das Schulbuch *Brockhaus Lehrwerke: Mathematik 5. Klasse* (Hornisch et al., 2017) anhand einzelner Strukturelemente durchgeführt, um das methodische Vorgehen der Schulbuchanalyse zu erläutern.

Lambacher Schweizer Mathematik 5 – G9 (eBook pro) (Braun et al., 2019)

Das exemplarische Beispiel beschreibt die Kategorisierung des Strukturelementtyps „Aufgaben zu Inhalten früherer Kapitel" der Mesostrukturebene und wird in den Einführungsseiten unter der Überschrift „Grundlagen wiederholen" aufgeführt; in dem Inhaltsverzeichnis wird das Strukturelement als „Check-in" bezeichnet:

> Überprüfe mit dem **Check-in** zu Beginn des Kapitels das Wissen, das du für den Einstieg in das neue Thema benötigst. (Mit Lösungen) (Braun et al., 2019, S. II)

Zuerst wird der ausgewählte Abschnitt paraphrasiert wiedergegeben; nicht inhaltstragende Textbestandteile werden dabei vernachlässigt und in eine einheitliche Sprachebene formuliert (vgl. Tabelle 6.2, vgl. Mayring, 2015, S. 71).

Tabelle 6.2 Paraphrasierung am Beispiel des Strukturelements „Grundlagen wiederholen" (Braun et al., 2019, S. II)

Textbestandteil	Paraphrasierung
Überprüfe mit dem Check-in zu Beginn des Kapitels das Wissen, das du für den Einstieg in das neue Thema benötigst. (Mit Lösungen)	überprüfen
	Einstieg in das neue Thema
	Anwendung von Kenntnissen

Im Anschluss daran wird der paraphrasierte Abschnitt generalisiert (vgl. Tabelle 6.3).

Tabelle 6.3 Generalisierung am Beispiel des Strukturelements „Grundlagen wiederholen" (Braun et al., 2019, S. II)

Paraphrasierung	Generalisierung
überprüfen	Selbstkontrolle
Einstieg in das neue Thema	Erarbeitung neues Wissens
Anwendung von Kenntnissen	Anknüpfen an Vorkenntnissen

Nach erfolgter Generalisierung werden die einzelnen Merkmale anhand der in Abschnitt 6.2.3.1 vorgestellten Kodierregeln den einzelnen Kategorien zugeordnet. Für das Strukturelement „Grundlagen wiederholen" ergibt sich die in Tabelle 6.4 dargestellte Einordnung.

Tabelle 6.4 Zuordnung der generalisierten Merkmale zu den Kategorien

Generalisierung	Kategorie
Selbstkontrolle	situative Bedingung
Erarbeitung neues Wissens/Erkunden	didaktische Funktion/inhaltlicher Aspekt
Anknüpfen an Vorkenntnissen/Anknüpfen	didaktische Funktion/ inhaltlicher Aspekt

Insgesamt können somit die beschriebenen Eigenschaften des Strukturelements „Grundlagen wiederholen" in die drei Kategorien ‚inhaltliche Aspekte', ‚didaktische Funktion' und ‚situative Bedingung' eingeordnet werden. Die tatsächlichen Eigenschaften bzw. Nutzungen dieses Strukturelements ergeben sich dabei jedoch aufgrund der unterschiedlichen Einsatzmöglichkeiten erst im Unterricht bzw. in der tatsächlichen Nutzung und können sich somit je nach Lehrkraft und Schülerin bzw. Schüler unterscheiden (siehe dazu „erwartete vs. tatsächliche Nutzung, vgl. Abschnitt 2.2). Dennoch kann das Strukturelement „Grundlagen wiederholen" (bezogen auf die durch die Autorinnen und Autoren verfolgte Nutzung) sowohl zur *Erarbeitung neues Wissens* durch *Erkunden* eingesetzt werden als auch zur *Aktivierung von Vorwissen* durch *Anknüpfen*, was in Tabelle 6.6 dargestellt wird.

Inhaltlich werden also mit diesem Strukturelement Inhalte früherer Kapitel aufgegriffen und wiederholt; das visuelle Erscheinungsbild ist durch eine hellblau hinterlegte Überschriftenzeile, eine dunkelblaue Überschrift und eine grau eingefärbten Seite hervorgehoben; die Aufgaben sind nummeriert (vgl. Abbildung 6.2).

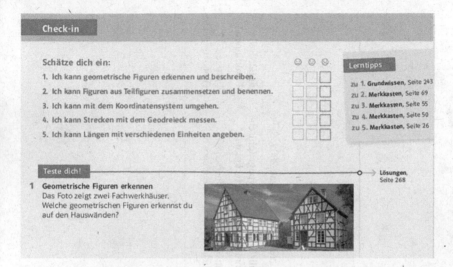

Abbildung 6.2   Strukturelement „Grundlagen wiederholen", eBook pro (Braun et al., 2019, S. 133)

‚Technologische Eigenschaften' sind bei diesem Strukturelement nicht vorhanden. Die ‚sprachlichen Merkmale' unterscheiden sich nach Aufgabentyp; da es sich aber bei den Wiederholungen um Aufgabenformate handelt, sind die sprachlichen Merkmale meist appellativer oder interrogativer Natur.

Die oben aufgeführten Eigenschaften bezogen auf die typographischen und sprachlichen Merkmale decken sich mit dem Strukturelement „Aufgaben zu Inhalten früherer Kapitel" bei traditionellen Mathematikschulbücher (vgl. Rezat, 2009, S. 96); Unterschiede zeigen sich jedoch bezogen auf die inhaltlichen Aspekte, didaktischen Funktionen und situativen Bedingungen wie Tabelle 6.5 zeigt.

Tabelle 6.5 Kategorisierung „Aufgaben zu Inhalten früherer Kapitel" (Rezat, 2009, S. 96)

Strukturelementtyp	inhaltliche Aspekte	sprachliche Merkmale	typographische Merkmale	didaktische Funktionen	situative Bedingungen
Aufgaben zu Inhalten früherer Kapitel	Aufgaben zu Inhalten früherer Kapitel	appellative sprachliche Mittel	Überschrift nummeriert	Festigen (Wiederholen)	

Im Gegensatz zu der Kategorisierung von traditionellen Mathematikschulbüchern wurden die *inhaltlichen Aspekte* und *didaktischen Funktionen* jedoch bei der hier vorliegenden Arbeit anhand des Strukturierungsmodells nach Kernprozessen (Prediger et al., 2013) analysiert (vgl. Abschnitt 6.2.3.1), sodass sich für die Kategorisierung der Strukturelemente bezogen auf die beiden Merkmale eine andere Zuteilung ergibt. Zudem findet sich in der gedruckten, älteren Auflage des *eBook pro* von 2006 (Hußmann et al., 2006), die in der traditionellen Schulbuchanalyse eingesetzt wurde, kein Strukturelement des Typs „Aufgaben zu Inhalten früherer Kapitel" (vgl. Rezat, 2009, Anhang, S. 6), sodass ein direkter Vergleich zwischen der gedruckten und der digitalisierten Version bezogen auf dieses Strukturelement somit nicht möglich ist. Der Unterschied bezogen auf die *situative Bedingung* („keine situative Bedingung" vs. „Selbstkontrolle") lässt sich dementsprechend auch damit begründen, dass die Beschreibungen dieses Strukturelements in den gedruckten Schulbüchern keine Kategorisierung als *situative Bedingung* nahelegten (vgl. Rezat, 2009, Anhang, S. 6). Dennoch wird auch mit der hier vorgenommenen Kategorisierung deutlich, dass das didaktische und inhaltliche Ziel einer Nutzung dieses Strukturelements ist, an vorhandenes Wissen anzuknüpfen, um neues Wissen zu erarbeiten, was durch den inhaltlichen Aspekt ‚Festigen (Wiederholen)' in der Kategorisierung der traditionellen Schulbücher abgedeckt wird. Dies führt dazu, dass insgesamt das Strukturelement „Grundlagen wiederholen" dem Strukturelementtyp „Aufgaben zu Inhalten früherer Kapitel" gleichgesetzt werden kann. Dabei wird die Kategorisierung jedoch aufgrund der oben genannten Gründe für den *inhaltlichen Aspekt*, die *didaktische Funktion* und *situative Bedingung* erweitert, was zu der tabellarischen Einordnung in Tabelle 6.6 führt.

Brockhaus Lehrwerke: Mathematik 5. Klasse (Hornisch et al., 2017)

Im Gegensatz zu dem *eBook pro* von Klett wird der Aufbau eines Kapitels in den allgemeinen Benutzerhinweisen im *Brockhaus Lehrwerk* nicht beschrieben. Es findet sich lediglich der folgende Hinweise: „Der Überblick zeigt Ihnen alle Module, die im Lehrwerk vorhanden sind. Die jeweilige Überschrift gibt Auskunft, worum es in dem Modul geht. Darunter stehen die Lerneinheiten." (Brockhaus Lehrwerke, o. J.a). Die Module stehen in diesem Lehrwerk somit für die klassischen Kapitel. Aufgrund der kursorischen Beschreibung der Struktur in den Benutzerhinweisen wird die Struktur eines Kapitels exemplarisch für das Kapitel „Flächeninhalt und Umfang" sowie für ein Strukturelement innerhalb des Kapitels beschrieben.

Tabelle 6.6 Exemplarisches Beispiel der qualitativen Inhaltsanalyse am Strukturelement „Grundlagen wiederholen" (Braun et al., 2019, S. 133)

Struktur-elementtyp	Technologische Merkmale	typographische Merkmale	sprachliche Merkmale	inhaltliche Aspekte	didaktische Funktion	situative Bedingung
Aufgaben zu Inhalten früherer Kapitel	–	blaue Hervorhebungen	appellativ	Anknüpfen	Aktivierung von Vorwissen	Selbstkontrolle
			interrogativ	Erkunden	Erarbeitung neues Wissens	

Abbildung 6.3 zeigt einen Ausschnitt aus der Übersicht der vorhandenen Module.

Abbildung 6.3   Strukturelement „Startseite", Lehrwerk (Hornisch et al., 2017)

In den allgemeinen Benutzerhinweisen ist dazu Folgendes zu finden:

> Klicken Sie auf den neu angelegten Kurs, so öffnet sich die Startseite des Kurses. Sie gibt Ihnen einen Überblick über alle Module und Lerneinheiten. (…) Im Menüpunkt **Anpassen** können Sie das Lehrwerk an die Erfordernisse Ihrer Lerngruppe anpassen. Per Drag&Drop können Sie die Reihenfolge der Module verändern. (…) Für Einstellungen innerhalb der Module (…) können Sie Änderungen für das gesamte Modul oder für einzelne Lerneinheiten vornehmen. (Brockhaus Lehrwerke, o. J.a)

Aufgrund der Übersicht über die einzelnen (mathematischen) Themen und der Gliederung dieser in Module und Lerneinheiten ist die Startseite dem Inhaltsverzeichnis gedruckter Schulbücher gleichzusetzen; es ergeben sich jedoch aufgrund der digitalen Natur direkte Möglichkeiten der Einflussnahme auf die Reihenfolge der Kapitel bzw. innerhalb der Lerneinheiten und somit *technologische*

Eigenschaften. Das wird durch die Paraphrasierung, Generalisierung und Einordnung der generalisierten Textbausteine in das Kategoriensystem deutlich, wie in Tabelle 6.7 dargestellt wird.

Tabelle 6.7 Kategorisierung an dem Beispiel „Startseite" (Hornisch et al., 2017)

Textbestandteil	Paraphrasierung	Generalisierung	Kategorie
Klicken Sie auf den neu angelegten Kurs, so öffnet sich die Startseite des Kurses. Sie gibt Ihnen einen Überblick über alle Module und Lerneinheiten.	Startseite des Kurses	Übersicht	typographische Merkmale
	Überblick über alle Module		
	Überblick über alle Lerneinheiten		
Im Menüpunkt Anpassen können Sie das Lehrwerk an die Erfordernisse Ihrer Lerngruppe anpassen. Per Drag&Drop können Sie die Reihenfolge der Module verändern.	anpassen	veränderbar	technologische Eigenschaft
	Erfordernisse der Lerngruppe	Differenzierung	situative Bedingung
	Reihenfolge verändern	veränderbar	technologische Eigenschaft
	Drag&Drop	veränderbar	technologische Eigenschaft
Für Einstellungen innerhalb der Module (...) können Sie Änderungen für das gesamte Modul oder für einzelne Lerneinheiten vornehmen.	Änderungen vornehmen	veränderbar	technologische Eigenschaft

Sprachliche Merkmale der Kapitelübersicht sind bezogen auf Sprachfunktionen nicht vorhanden, da lediglich die mathematischen Themengebiete benannt werden. *Typographische Merkmale* sind durch die Nummerierungen der Lerneinheiten und Kapitel gegeben sowie durch vergrößerte und fette Schriftzeichen und Bilder. Darüber hinaus bildet auch die Darstellung der Kapitel auf einer Seite im Sinne einer Übersicht ein typographisches Merkmal, da sich die Inhalte des Schulbuchs auf einen Blick erfassen lassen.

Insgesamt ergibt sich daraus die in Tabelle 6.8 aufgeführte Kategorisierung der „Startseite".

Tabelle 6.8 Exemplarisches Beispiel der qualitativen Inhaltsanalyse am Strukturelement „Startseite" (Hornisch et al., 2017)

Strukturelementtyp	technologische Merkmale	typographische Merkmale	sprachliche Merkmale	inhaltliche Aspekte	didaktische Funktion	situative Bedingung
Inhaltsverzeichnis	veränderbar	Nummerierungen	–	–	–	Differenzierung
		Hervorhebungen				
		Bilder				
		Übersicht				

Anhand der Kategorisierung des Inhaltsverzeichnisses zeigt sich bereits ein Unterschied zwischen dem digitalen Schulbuch *Lehrwerke (Hornisch et al., 2017)* und gedruckten Mathematikschulbüchern. So bietet das digitale Schulbuch aufgrund der *technologischen Merkmale* der Strukturierung und Veränderung der einzelnen Kapitel die Möglichkeit, die Inhalte für die jeweilige Lerngruppe anzupassen. Die Schülerinnen und Schüler bekommen somit nur den für sie ausgewählten Inhalt angezeigt, was sich dementsprechend auch anhand der *situativen Bedingung* ,Differenzierung' des Inhaltsverzeichnisses zeigt. Die Möglichkeit, den Inhalt an die jeweilige Lerngruppe anzupassen, wurde bereits in Kapitel 3 diskutiert und lässt sich demnach auch explizit bei dem digitalen Schulbuch *Lehrwerk* von Brockhaus wiederfinden.

Die exemplarischen Beschreibungen der Strukturelemente „Grundlagen wiederholen" aus dem *eBook pro* von Klett (Braun et al., 2019) bzw. „Startseite" aus dem *Lehrwerk* von Brockhaus (Hornisch et al., 2017) zeigen zum einen das methodische Vorgehen der Paraphrasierung, Generalisierung und Kategorisierung im Rahmen der *qualitativen Inhaltsanalyse*. Zum anderen wird deutlich, dass das Strukturelement „Grundlagen wiederholen" aus der digitalen Schulbuchversion des *eBook pro* dem Strukturelementtyp „Aufgaben zu Inhalten früherer Kapitel" der traditionellen Schulbücher entspricht; das Strukturelement „Startseite" aus dem *Brockhaus Lehrwerk* entspricht dem klassischen Strukturelementtyp „Inhaltsverzeichnis".

Dennoch können bei beiden Kategorisierungen auch Unterschiede zu den Strukturelementen der traditionellen Schulbücher festgestellt werden. Während das Strukturelement „Aufgaben zu Inhalten früherer Kapitel" aus dem *eBook pro* nicht dem *Festigen* (vgl. Rezat, 2009, S. 96), sondern dem *Anknüpfen* bzw. *Erkunden* (vgl. Tabelle 6.6) charakterisiert werden kann und somit Unterschiede insbesondere in den *inhaltlichen Aspekten* und *didaktischen Funktionen* bestehen, zeigen sich beim Strukturelement „Inhaltsverzeichnis" beim *Lehrwerk* Unterschiede in den *technologischen Merkmalen*. Somit lässt sich anhand der beiden Beispiele festhalten, dass auf der einen Seite an den Strukturelementen traditioneller Mathematikschulbücher angeknüpft wird, jedoch auf der anderen Seite Aspekte erweitert werden.

Des Weiteren wird bei den Beispielen der verschiedenen digitalen Schulbuchkonzepte aufgrund des oben bereits erwähnten Zusammenhangs zwischen den *inhaltlichen Aspekten* und *didaktischen Funktionen* eine nicht durchgezogene Trennlinie in der Tabelle eingezeichnet, die deutlich machen soll, dass sich beide

Merkmale bedingen. Dies wird auch in der Übersicht der Strukturelemente in den verschiedenen Strukturebenen (Abschnitt 6.3.1) so beibehalten.

Darüber hinaus wird eine weitere Unterscheidung in dem Kategoriensystem vorgenommen, die einer möglichen Differenz zwischen dem tatsächlichen Unterricht und dem erwarteten Einsatz seitens der Schulbuchautorinnen und -autoren Rechnung tragen soll, indem *technologische, typographische und sprachliche Merkmale* als ‚*SCHULBUCHBEZOGENE ASPEKTE*' und die *inhaltlichen Aspekte, didaktischen Funktionen* sowie *situativen Bedingungen* als ‚*UNTERRICHTSBEZOGENE ASPEKTE*' kategorisiert werden. Der Grund dafür ist, dass Strukturelemente bezogen auf ihre unterrichtsbezogenen Aspekte anders verwendet werden können als von den Schulbuchautorinnen und -autoren ursprünglich beabsichtigt. Beispielsweise kann eine Übungsaufgabe sowohl in Einzel- als auch in Partnerarbeit bearbeitet werden, auch wenn im Schulbuch ausdrücklich die Einzelarbeit (sprachlich) thematisiert wurde. Des Weiteren können im *Lehrwerk* von Brockhaus aufgrund der fehlenden oder unzureichenden Beschreibungen der Einführungsseiten wenig Indizien für die unterrichtsbezogenen Aspekte (und somit erwarteten Nutzungen) identifiziert werden. Durch diese Aufteilung in schulbuchbezogene und unterrichtsbezogene Aspekte kann den fehlenden Beschreibungen begegnet werden, da dadurch eine vielfältige Verwendung der Strukturelemente bezogen auf ihre unterrichtsbezogenen Aspekte hervorgehoben wird.

Die folgenden Abschnitte thematisieren nun die deskriptiven Ergebnisse der einzelnen Strukturebenen.

6.3 Ergebnisse der Schulbuchanalyse

Im vorangegangenen Abschnitt 6.2 wurde das Verfahren der *qualitativen Inhaltsanalyse* (Mayring, 2015) erläutert (vgl. Abschnitte 6.2.1–6.2.3) und exemplarisch für die Schritte 1 – 9 anhand zweier Beispiele durchgeführt (vgl. Abschnitt 6.2.3.2). Dabei wurden zum einen das Vorgehen deutlich sowie erste Gemeinsamkeiten und Unterschiede der exemplarischen Strukturelemente im Vergleich zu gedruckten Schulbüchern der Mathematik festgestellt. Methodisch lehnt sich die Vorgehensweise der Strukturanalyse an Rezat (2009) an, bei der die Struktur traditioneller Mathematikschulbücher untersucht wurde, da zum einen eine Vergleichbarkeit traditioneller und digitaler Schulbücher für die Mathematik von Interesse ist, dies aber insbesondere in Hinblick auf Unterschiede der

Strukturelementtypen. Damit ist gemeint, dass der Fokus dieser Arbeit darin liegt herauszuarbeiten, welche Strukturelementtypen aufgrund der digitalen Natur des Mediums neu hinzukommen, die bei gedruckten Schulbüchern so nicht realisierbar waren. Strukturelementtypen, die bei gedruckten und digitalen Schulbüchern gleichermaßen auftreten (z. B. *Kasten mit Merkwissen*), wurden somit deduktiv in Anlehnung an Rezat (2009) kategorisiert. Strukturelementtypen, die aufgrund ihrer technologischen Umsetzung neu dargestellt werden (z. B. *Zuordnungsaufgabe*) wurden deduktiv-induktiv gebildet, was sich im Besonderen in dem Merkmal „technologische Merkmale" zeigt. Strukturelementtypen, die aufgrund der digitalen Natur neu hinzugekommen sind (z. B. *Exploration*) wurden hingegen induktiv gebildet.

In den folgenden Abschnitten werden nun die Ergebnisse der Schulbuchanalyse bzgl. der Struktur digitaler Mathematikschulbücher für die Sekundarstufe I vor- sowie exemplarische Beschreibungen einzelner Strukturelemente dargestellt. Dabei werden auf der einen Seite die Strukturebenen und die darin enthaltenen Strukturelementtypen beschrieben, die sich auf der Grundlage der Kategorisierung gebildet haben (vgl. Schritt 10 und 11 im Ablaufmodell in Abschnitt 6.2.3). Auf der anderen Seite werden zudem die Strukturebenen bzgl. ihrer Anordnung der Strukturelemente beider digitaler Schulbücher miteinander verglichen (vgl. Schritt 12 im Ablaufmodell in Abschnitt 6.2.3). Das Ziel dabei ist es, eine Übersicht der in digitalen Schulbüchern für die Mathematik enthaltenen Strukturelementtypen und -ebenen zu geben, um anschließend einen Vergleich zu gedruckten Schulbüchern herzustellen.

6.3.1 Übersicht der Strukturebenen

In den folgenden Abschnitten werden zuerst die Ergebnisse der Schulbuchanalyse zu den einzelnen Strukturebenen vorgestellt. Dabei werden die einzelnen Strukturelementtypen auf den drei Strukturebenen (Makro-, Meso- und Mikroebene) beschrieben und Gemeinsamkeiten und Unterschiede zu den Strukturelementtypen und -ebenen traditioneller Mathematikschulbücher diskutiert. Im Anschluss daran wird in Abschnitt 6.3.2 auf strukturelle Besonderheiten eingegangen, die sich explizit bei digitalen Schulbüchern identifizieren lassen und somit ein Alleinstellungsmerkmal digitaler Mathematikschulbücher aufzeigen.

6.3.1.1 Makrostruktur

Die beiden untersuchten digitalen Schulbücher für die Mathematik *eBook pro* von Klett und *Lehrwerk* von Brockhaus sind jeweils Schulbuchkonzepte des Typs *Jahrgangsstufenband* für den fünften Jahrgang der Sekundarstufe I (vgl. Abschnitt 2.1.1). Hierbei ist jedoch zu beachten, dass aufgrund der bisher kleinen Auswahl digitaler Schulbücher (für die Mathematik) nicht verallgemeinert werden kann, dass lediglich digitale Schulbuchkonzepte dieses Typs zu finden sind. Denkbar sind somit auch Schulbücher des Typs *Lehrgänge geschlossener Sachgebiete* zu einem späteren Entwicklungszeitpunkt oder werden sogar schon entwickelt (vgl. Brnic & Greefrath, 2021). Gleichwohl handelt es sich bei den hier untersuchten digitalen Schulbüchern um Schulbücher für die fünfte Jahrgangsstufe, sodass der Schulbuchtyp *Jahrgangsstufenband* an die Konzeption traditioneller Schulbücher für die Sekundarstufe I anknüpft (vgl. Rezat, 2009, S. 92).

In den Inhaltsverzeichnissen beider digitaler Schulbücher werden die Inhalte für das gesamte Schuljahr abgebildet. Dabei werden die mathematischen Bereiche (bspw. zur Algebra, Arithmetik und Geometrie) in den Kapiteln entsprechend den curricularen Vorgaben bearbeitet. Informationen über die Makrostruktur der digitalen Schulbücher liefern einerseits die Einführungsseiten („So lernst du mit dem Lambacher Schweizer", Braun et al., 2019) und andererseits die Nutzungsbeschreibungen („Allgemeine Benutzerhinweise", Brockhaus Lehrwerke, o. J.a).

Die Makrostruktur bezieht sich auf die Gesamtkonzeption der (digitalen) Schulbücher. Darüber hinaus spiegelt sich auch eine erste Gliederung der Inhalte in einzelne Kapitel und Bereiche innerhalb der Makrostruktur wider und gleicht dabei in großem Maße der Makrostruktur traditioneller Schulbücher (vgl. Rezat, 2009, S. 93). Dennoch unterscheiden sich die beiden analysierten digitalen Schulbuchkonzepte in diesem Punkt erheblich. Während das *eBook pro* neben dem Inhaltsverzeichnis und den einzelnen Kapiteln auch kapitelübergreifende Inhalte anbietet, finden sich in der Übersicht im *Lehrwerk* von Brockhaus lediglich die jeweiligen Kapitel; zusätzliche Inhalte werden also nicht zur Verfügung gestellt.

Darüber hinaus lassen sich bei dem Strukturelement *Inhaltsverzeichnis* beim Brockhaus *Lehrwerk* Unterschiede zu traditionellen Schulbüchern ausmachen, die erst aufgrund der digitalen Natur des Mediums möglich sind. So gibt es für die Lehrkraft die Möglichkeit, die *Kapitel* umzustrukturieren oder einzelne Inhalte ganz auszublenden, sodass sich für die Lernenden eine angepasste Übersicht über die mathematischen Inhalte ergibt, was schon im theoretischen Überblick über digitale Schulbücher beschrieben wurde (vgl. Abschnitt 6.2.3.2). Diese Möglichkeit ist beim *eBook pro* nicht gegeben, sodass die Schülerinnen und Schüler dort nach wie vor die gesamten zur Verfügung stehenden Inhalte angezeigt bekommen und es auch keine Möglichkeit gibt, das Inhaltsverzeichnis anzupassen. Anders als beim *eBook pro* und bei gedruckten (traditionellen) Schulbüchern kann die Lehrkraft somit explizit auf die Schulbuchstruktur Einfluss nehmen (vgl. Abschnitt 6.3.1.1).

Für die Strukturelementtypen auf Makroebene ist zu beachten, dass für das *Lehrwerk* lediglich die Strukturelemente *Inhaltsverzeichnis* und *Kapitel* identifiziert werden konnten. Die Begriffe für die einzelnen Strukturelemente der Makroebene wurden von Rezat (2009, S. 94) übernommen, da sich bei den untersuchten digitalen Schulbüchern weitestgehend die gleichen Strukturelemente identifizieren lassen wie bei gedruckten Schulbüchern für die Mathematik. So werden die *Hinweise zur Struktur* bei Klett unter der Überschrift „So lernst du mit dem Lambacher Schweizer" (Braun et al., 2019, S. II) aufgeführt; die *kapitelübergreifenden Aufgaben* bilden das Kapitel „Exkursion EXTRA" (Braun et al., 2019, S. 240). Die *kapitelübergreifenden Aufgaben* finden sich im Kapitel „Grundwissen" (Braun et al., 2019, S. 242) wieder, das *Verzeichnis mathematischer Symbole* ist am Ende des digitalen Schulbuchs unter „mathematische Begriffe und Bezeichnungen" (Braun et al., 2019, S. 299) zu finden und das *Stichwortverzeichnis* wird als „Register" (Braun et al., 2019, S. 291) aufgeführt.

Zusätzlich zu den traditionellen Strukturelementtypen, die auch in der digitalen Version vom *eBook pro* enthalten sind, enthält das *eBook pro* weitere Strukturelementtypen auf makrostruktureller Ebene, die somit der Liste der Strukturelementtypen auf Makroebene hinzugefügt wurden. Dazu zählen ein *Text- und Bildquellenverzeichnis* (Braun et al., 2019, S. 293) am Ende des Schulbuchs sowie bedienungsbezogene Möglichkeiten, die keine inhaltlichen Aspekte oder didaktischen Funktionen beschreiben. Damit sind die Strukturelementtypen *Suche, Markierung, Kommentierung, Zoom* und *Lesezeichen* gemeint. Einige dieser zusätzlichen Strukturelementtypen auf Makrostrukturebene sind auch beim *Lehrwerk* enthalten, allerdings auf mikrostruktureller Ebene, sodass diese dort aufgeführt werden (vgl. Abschnitt 6.3.1.3).

Unterschiede bei den jeweiligen Strukturelementtypen im Vergleich zu traditionellen Schulbüchern sind häufig typographischer Natur (z. B. die farbliche Hervorhebung der *kapitelübergreifenden Aufgaben* im *eBook pro* im Vergleich zu traditionellen Schulbüchern) oder lassen sich aufgrund der Kategorisierung der *inhaltlichen Aspekte* und *didaktischen Funktionen* nach Kernprozessen (Prediger et al., 2013) begründen. So werden beispielsweise die *inhaltlichen Aspekte* der *Kapitelübergreifenden Aufgaben* bei Rezat (2009) dem „Festigen (Vernetzen) der Inhalte des Buches" (Rezat, 2009, S. 94) zugeordnet, was im Sinne der Kernprozesse nach Prediger et al. (2013) dem *Ordnen* entspricht.

In Tabelle 6.9 sind die Strukturelemente der beiden digitalen Schulbücher bezogen auf die Makrostruktur zusammenfassend dargestellt.

Wie oben schon angemerkt wurde, beziehen sich die Strukturelementtypen *Suche, Markierung, Kommentierung, Zoom* und *Lesezeichen* nur auf bedienungsbezogene Aspekte, was durch die Kategorisierungen durch die *technologischen* und *typographischen Merkmale* deutlich wird. Diese Strukturelementtypen können auf Makrostrukturebene nur im *eBook pro* identifiziert werden, stehen der Nutzerin bzw. dem Nutzer für die gesamte Arbeit im digitalen Schulbuch zur Verfügung und werden durch verschiedene Symbole am Rand des Bildschirms in einer grauen Umrandung dargestellt. Der Strukturelementtyp *Suche* wird durch eine Lupe dargestellt; die Möglichkeiten der *Markierung* und *Kommentierung*

Tabelle 6.9   Übersicht der Strukturelementtypen auf Makroebene

	schulbuchbezogene Aspekte			*unterrichtsbezogene Aspekte*		
Strukturelementtyp	technologische Merkmale	typographische Merkmale	sprachliche Merkmale	inhaltliche Aspekte	didaktische Funktion	situative Bedingung
Hinweise zur Struktur	(ein- und ausblendbar)[a]	(Fragezeichen-Symbol)	erklärend	—		
Inhaltsverzeichnis	veränderbar[b]	farblich, nummeriert, Bilder, Übersicht	—	—	—	Differenzierung[c]
Kapitel	veränderbar[d]	nummeriert	—	—	—	Differenzierung[e]
kapitelübergreifende Aufgaben	—	farblich	appellativ	Ordnen	Systematisieren	—
kapitelübergreifende Tests	—	farblich	appellativ	Vertiefen	Üben und Wiederholen	—
Lösungen zu ausgewählten Aufgaben		farblich	—	Vertiefen	Üben und Wiederholen	Einzelarbeit

(Fortsetzung)

Tabelle 6.9 (Fortsetzung)

Stichwortverzeichnis	—	alphabetisch sortiert	—	—	—	—
Text- und Bildquellenverzeichnis	—	nummeriert	—	—	—	—
Verzeichnis mathematischer Symbole	—	tabellarisch	—	—	—	—
Suche	Begriffssuche innerhalb des Schulbuchs	Symbol	—	—	—	—
Markierung	Markierung von Textinhalten	Symbol, farblich	—	—	—	—
Kommentierung	Kommentierung von Inhalten	Symbol	—	—	—	—
Zoom	Vergrößerung/Verkleinerung	Symbol	—	—	—	—
Lesezeichen	Markierung von Seiten	Symbol	—	—	—	—

[a] Dieses technologische Merkmal bezieht sich nur auf das Symbol „Fragezeichen" und die dort beschriebenen Verwendungsmöglichkeiten im digitalen Schulbuch *eBook pro* und nicht auf die am Anfang beschriebenen *Hinweise zur Struktur* mit der Überschrift „So lernst du mit dem Lambacher Schweizer"

[b] Das technologische Merkmal *veränderbar* bezieht sich auf eine Nutzung durch die Lehrkraft im *Lehrwerk* von Brockhaus, in dem einzelne Kapitel bzw. Lerneinheiten durch die Lehrkraft ausgewählt und in eine veränderte Reihenfolge gebracht oder für die Lernenden im Inhaltsverzeichnis sichtbar gemacht werden können. Dies ist nur beim *Brockhaus Lehrwerk* möglich

[c] Gilt nur für das *Lehrwerk* von Brockhaus aufgrund der Veränderbarkeit des Inhaltsverzeichnisses

[d] Gilt nur für das *Lehrwerk* von Brockhaus aufgrund der Veränderbarkeit der Kapitel

[e] Gilt nur für das *Lehrwerk* von Brockhaus aufgrund der Veränderbarkeit der Kapitel

durch verschiedene Symbole von *Stiften*. Um den Inhalt zu vergrößern (Strukturelementtyp *Zoom*), kann das Symbol *Lupe-Pluszeichen* verwendet werden; für das Hinzufügen eines *Lesezeichen* steht das Symbol eines Lesezeichenbandes zur Verfügung. Der Screenshot (vgl. Abbildung 6.4) verdeutlicht dies exemplarisch für das Deckblatt des *eBook pro*.

Abbildung 6.4 Screenshot der zusätzlichen Bedienungsmöglichkeiten, eBook pro (Braun et al., 2019)

Da es sich bei diesen Funktionen um neue Strukturelementtypen handelt, soll an dieser Stelle beschrieben werden, wie die Informationen über diese Zusatzfunktionen im Sinne der Kategorisierung durch die *qualitative Inhaltsanalyse* identifiziert wurden.

In den Nutzungsbeschreibungen[4] des *eBook pro* ist zu den einzelnen Funktionen Folgendes zu lesen:

C. Vergrößerung des Buchs

Du kannst dir jeden beliebigen Ausschnitt auf der Schulbuch-Seite heranzoomen:

- Bewege am Computer die Maus an die entsprechende Stelle im Schulbuch und drehe am Mausrad.
- Nutze am Whiteboard den Schieberegler in der Navigationsleiste.
- Am Tablet kannst du in die Seiten mit Daumen und Zeigefinger hinein- und hinauszoomen.

(…)

---

[4] Die Nutzungsbeschreibungen lassen sich mit Klick auf das Fragezeichen-Symbol oben rechts in der grauen Umrandung anzeigen. Dies wird vom digitalen Schulbuch als „Hilfe" betitelt, beschreibt jedoch, wie die einzelnen Funktionen im *eBook pro* verwendet werden können, und lässt sich demnach dem Strukturelementtyp *Hinweise zur Struktur* zuordnen.

III. Hervorheben und kommentieren: Notizen, Markierungen, Lesezeichen

Du hast im eBook pro die Möglichkeit, Markierungen und Notizen anzubringen. Mit dem Aus- und An-Schalter auf der linken Seite in der unteren Navigation kannst du deine Notizen ein- oder ausblenden. Die Palette Notizen wird automatisch auf „Ein" geschaltet, wenn der Stift, der Marker oder der Notizzettel angeklickt werden. Mit Klick auf „Aus" werden Markierungen und Notizen wieder ausgeblendet.

A. Stift, Textmarker, Löschen-Werkzeug

Mit dem Stift und dem Marker kannst du direkt Notizen auf dem Buch anbringen. Um eine Zeichnung oder Markierung zu löschen, nutzt du den Pfeil, um die entsprechende Anmerkung zu aktivieren.

B. Notizzettel

Die Funktion Notizzettel ermöglicht es, über die Tastatur längere Bemerkungen anzubringen. Der Notizzettel kann auch ausgedruckt und gelöscht werden.

C. Lesezeichen

In der Palette Notizen kannst du die Lesezeichen-Funktion aufrufen. Um ein Lesezeichen anzulegen, wechselst du im Lesezeichen-Fenster durch Klick auf das Stift-Symbol in den Editiermodus. Es lassen sich beliebig viele Lesezeichen im Schulbuch anbringen und mit einem Kommentar versehen.

IV. Gezielt im Buch suchen

Suchst du nach einem bestimmten Begriff im Buch, so gibst du ein entsprechendes Stichwort in das Suchfeld rechts oben ein. Du erhältst die Seiten und Materialien im Buch, in denen das Wort vorkommt, und gelangst per Klick direkt auf die entsprechenden Seiten. Den Begriff, nach dem du gesucht hast, siehst du auf der jeweiligen Seite farblich unterlegt.

Eine Generalisierung und Zuordnung der einzelnen Paraphrasierungen der Textbestandteile in das Kategoriensystem führt zu der Darstellung in Tabelle 6.10.

Tabelle 6.10 Kategorisierung der bedienungsbezogenen Zusatzfunktionen, eBook pro

Paraphrasierung	Generalisierung	Kategorisierung
Vergrößerung des Buchs	Zoom	technologisches Merkmal
		typographisches Merkmal
hervorheben und kommentieren	Textmarkierung	technologisches Merkmal
		typographisches Merkmal
	Kommentierung	technologisches Merkmal
		typographisches Merkmal
Stift, Textmarker, Löschen-Werkzeug	Textwerkzeug	technologisches Merkmal
		typographisches Merkmal
Notizzettel	Kommentierung	technologisches Merkmal
		typographisches Merkmal
Lesezeichen	Erinnerung/Markierung	technologisches Merkmal
		typographisches Merkmal
gezielt im Buch suchen	Suchfunktion	technologisches Merkmal
		typographisches Merkmal

Die Kategorisierungen als *typographisches Merkmal* beziehen sich zum einen darauf, dass die einzelnen Funktionen durch verschiedene Symbole – wie zum Beispiel eine Lupe für die Suchfunktion oder ein Stift für die Textkommentierung – gekennzeichnet werden. Zum anderen ergeben sich aber auch farbliche Veränderungen im Schulbuch, wenn Textabschnitte markiert oder beschriftet werden, sodass auch hier eine Kennzeichnung als *typographisches Merkmal* sinnvoll erscheint. Die Kategorisierung als *technologisches Merkmal* ergibt sich durch die nutzungsbedingten Funktionen, da erst aufgrund des technologischen Formats des Schulbuchs eine Implementation solcher Funktionen möglich wird. Insgesamt zeigt sich somit durch die *qualitative Inhaltsanalyse*, dass die neuen Strukturelementtypen auf Makrostrukturebene (im *eBook pro*) lediglich *typographische* und *technologische Merkmale* charakterisieren, was anhand der Übersicht der Strukturelementtypen auf Makroebene (vgl. Tabelle 6.9) ersichtlich wird.

Aufgrund der Diversität der Strukturelemente beider digitaler Schulbücher ist ein Vergleich bezüglich der Anordnung der verschiedenen Strukturelementtypen auf Makroebene schwierig. Die Makrostruktur im *Lehrwerk* von Brockhaus spiegelt lediglich die Kapitel und das Inhaltsverzeichnis wider, während das *eBook pro* von Klett die strukturelle Konfiguration der traditionellen Schulbuchversion übernimmt und der Nutzerin bzw. dem Nutzer mehrere Elemente und Inhalte zur Verfügung stellt. In Abbildung 6.5 zeigen sich neben den *Kapiteln* des *eBook pro* die zusätzlichen Strukturelementtypen, die nach den Kapiteln aufgeführt werden; in Abbildung 6.6 zeigt sich für das *Lehrwerk*, dass lediglich die *Kapitel* auf der Startseite, ergo im *Inhaltsverzeichnis*, angezeigt werden und keine zusätzlichen Strukturelementtypen zur Verfügung stehen. Im Gegensatz dazu verdeutlicht Abbildung 6.5 den traditionellen Aufbau des Schulbuchs beim *eBook pro* und die dort bereitgestellten Strukturelementtypen, die über die Kapitel hinausgehen. Dies sollen die folgenden Screenshots der jeweiligen Inhaltsverzeichnisse der beiden digitalen Schulbücher verdeutlichen (vgl. Abbildung 6.5 und Abbildung 6.6).

Abbildung 6.5 Screenshot des Inhaltsverzeichnisses, eBook pro (Braun et al., 2019)

Abbildung 6.6 Screenshot des Inhaltsverzeichnisses, Lehrwerk (Hornisch et al., 2017)

Zusammenfassend lässt sich für die Makrostruktur der beiden analysierten digitalen Schulbücher feststellen, dass durch eine Gliederung der Inhalte in *Kapitel* an die Makrostruktur traditioneller Schulbücher für die Mathematik angeknüpft wird. Dennoch unterscheiden sich die beiden Konzepte anhand ihrer Strukturelementtypen, die den Lernenden zusätzlich zu den Kapiteln zur Verfügung gestellt werden, da dies nur beim *eBook pro* von Klett der Fall ist. In diesem Zusammenhang soll jedoch noch einmal betont werden, dass sich das digitale Schulbuchkonzept *Lehrwerk* von Brockhaus in der Entwicklungsphase befindet, sodass gegebenenfalls nicht alle Inhalte in der in dieser Studie untersuchten Version vorhanden sind.

Darüber hinaus ergeben sich beim *eBook pro* auf Makrostrukturebene neue Strukturelementtypen, die bedienungsbezogene Aspekte ansprechen, was sich durch die ausschließliche Kategorisierung als *typographische* und *technologische Merkmale* gezeigt hat. Ein wesentlicher Unterschied zeigt sich zudem bei den Strukturelementtypen *Inhaltsverzeichnis* und *Kapitel*, die im digitalen Schulbuch *Lehrwerk* aufgrund der technologischen Möglichkeiten von der Lehrkraft angepasst werden können. So können Inhalte in ihrer Reihenfolge verändert werden oder gar nicht erst für die Lernenden sichtbar sein, sodass die Technologie Veränderungen sowohl auf den Inhalt als auch auf die Struktur bewirkt (vgl. Abschnitt 3.3).

6.3.1.2 Mesostruktur

Die Mesostruktur traditioneller Schulbücher beschreibt die Struktur innerhalb der jeweiligen Kapitel (vgl. Abschnitt 2.1.2). Informationen über die Mesostruktur der digitalen Schulbücher werden einerseits aus den Inhaltsverzeichnissen (eBook pro, Braun et al., 2019) und andererseits aus den Nutzungsbeschreibungen („Allgemeine Benutzerhinweise", Brockhaus Lehrwerke, o. J.a) ermittelt.

Auch die untersuchten digitalen Schulbuchkonzepte innerhalb dieser Studie weisen eine Kapitelstruktur auf (vgl. Abschnitt 6.3.1.1), sodass sich auch für digitale Mathematikschulbücher eine Mesostruktur identifizieren lässt. Dies kann somit als erstes Ergebnis zur Mesostruktur digitaler Schulbücher konstatiert werden. Tabelle 6.11 zeigt die Strukturelementtypen, die auf mesostruktureller Ebene für die beiden analysierten digitalen Schulbuchkonzepte festgestellt werden konnten, kategorisiert anhand ihrer verschiedenen Merkmale.

Ähnlich wie bei der Makrostruktur (Abschnitt 6.3.1.1) unterscheiden sich die beiden digitalen Schulbuchkonzepte bezüglich ihrer Strukturelemente auf der Mesoebene erheblich, was sich dadurch als zweites Ergebnis bezüglich der Mesostruktur digitaler Schulbücher herausstellt. Während das *eBook pro* von Klett die Mesostruktur der gedruckten Version übernimmt (vgl. Rezat, 2009, S. 96) – und demnach alle Strukturelementtypen aus Tabelle 6.11 dem *eBook pro* zugeordnet werden können –, stellt das *Lehrwerk* von Brockhaus der Nutzerin bzw. dem Nutzer insbesondere *Lerneinheiten* zur Verfügung. Das bedeutet, dass die Mesostruktur beim *Lehrwerk* ausschließlich aus den *Lerneinheiten* besteht; im Gegensatz dazu bietet das *eBook pro* der Nutzerin bzw. dem Nutzer am Anfang des Kapitels (mathematische) Inhalte an, die zum Anknüpfen an vorheriges Wissen verwendet werden können. Darüber hinaus werden lerneinheitenübergreifende

Tabelle 6.11 Übersicht der Strukturelementtypen auf Mesoebene

Strukturele-menttyp	schulbuchbezogene Aspekte			unterrichtsbezogene Aspekte		
	technologische Merkmale	typographische Merkmale	sprachliche Merkmale	inhaltliche Aspekte	didaktische Funktion	situative Bedingung
Einführungsseite	—	farbig, Bilder	propädeutisch	Anknüpfen	Aktivierung des Vorwissens, Vorerfahrungen	—
Aktivitäten	—	farbig	—	Anknüpfen	Aktivierung des Vorwissens, Vorerfahrungen	offener Einstieg
Lerneinheiten	scrollen[a] blättern[b]	nummeriert	—	Erkunden	Erarbeitung neues Wissens	—
Themenseiten	—	farbig	—	Ordnen	nachhaltiger Wissensaufbau durch Systematisieren	—
lerneinheitenübergreifende Zusammenfassung	—	farbig	prägnant	Ordnen	nachhaltiger Wissensaufbau durch Sichern	—
				Vertiefen	Wiederholen	
lerneinheitenübergreifende Aufgaben	—	farbig, nummeriert	—	Vertiefen	Üben und Wiederholen	Einzelarbeit (aufgrund der Lösungen)
lerneinheitenübergreifende Tests	—	farbig, nummeriert	—	Vertiefen	Üben und Wiederholen	Einzelarbeit (aufgrund der Lösungen), Zeitabschnitt
Aufgaben zu Inhalten früherer Kapitel	—	blaue Hervorhebungen	appellativ	Erkunden	Erarbeitung neues Wissens	Selbstkontrolle
			interrogativ	Anknüpfen	Aktivierung von Vorwissen	

[a]Gilt nur für das *Lehrwerk* von Brockhaus
[b]Gilt nur für das *eBook pro* von Klett

Schwerpunkte im Anschluss an die *Lerneinheiten* gesetzt, mithilfe derer die Nutzerin bzw. der Nutzer Inhalte des gesamten Kapitels ordnen bzw. vertiefen kann. Die Screenshots (vgl. Abbildung 6.7) veranschaulichen dies anhand des Kapitels „Flächeninhalt und Umfang" (*Lehrwerk*) bzw. „Flächen" (*eBook pro*).

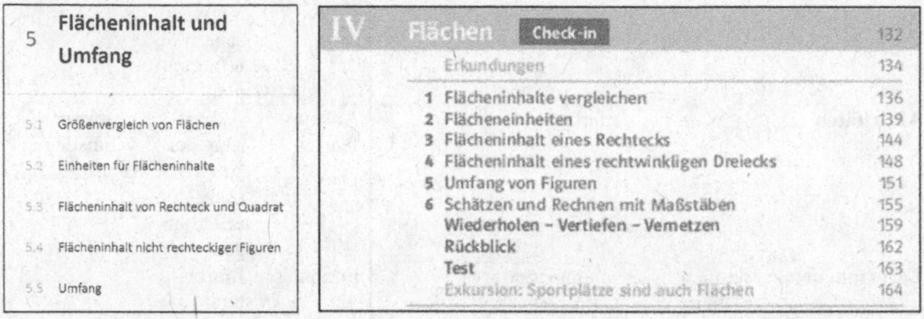

5   Flächeninhalt und Umfang

5.1   Größenvergleich von Flächen

5.2   Einheiten für Flächeninhalte

5.3   Flächeninhalt von Rechteck und Quadrat

5.4   Flächeninhalt nicht rechteckiger Figuren

5.5   Umfang

IV   Flächen   Check-in   132
Erkundungen   134
1   Flächeninhalte vergleichen   136
2   Flächeneinheiten   139
3   Flächeninhalt eines Rechtecks   144
4   Flächeninhalt eines rechtwinkligen Dreiecks   148
5   Umfang von Figuren   151
6   Schätzen und Rechnen mit Maßstäben   155
Wiederholen – Vertiefen – Vernetzen   159
Rückblick   162
Test   163
Exkursion: Sportplätze sind auch Flächen   164

Lehrwerk, Brockhaus   *eBook pro*, Klett

Abbildung 6.7 Vergleich der Mesostruktur anhand des exemplarischen Kapitels zum Thema ‚Flächen' (vgl. Braun et al., 2019; Hornisch et al., 2017)

In Abbildung 6.7 werden die Kapitel „Flächeninhalt und Umfang" (*Lehrwerk*) und „Flächen" (*eBook pro*) gegenübergestellt. Dabei werden die oben beschriebenen Unterschiede und Gemeinsamkeiten bezogen auf ihre Strukturelemente deutlich. Der Fokus beim *Lehrwerk* liegt auf der Strukturierung des Kapitels in *Lerneinheiten*; weitere Strukturelemente sind nicht vorhanden. Im Gegensatz dazu gleicht die Mesostruktur des *eBook pro* der Mesostruktur von gedruckten Schulbüchern, sodass neben den *Lerneinheiten* auch weiterführende Strukturelemente vorhanden sind, die farblich hervorgehoben werden. Diese werden vom *eBook pro* als „Check-in", „Erkundungen", „Wiederholen – Vertiefen – Vernetzen", „Rückblick", „Test" und „Exkursion" (vgl. Abbildung 6.7) bezeichnet.

Um die Analogie zu der Mesostruktur der traditionellen Schulbücher hervorzuheben, werden bei der hier vorgenommenen Kategorisierung der Strukturelemente die Begrifflichkeiten von Rezat (2009, S. 96) übernommen. So handelt es sich bei dem Abschnitt „Check-in" um das Strukturelement *Aufgaben zu Inhalten früherer Kapitel*; die „Erkundungen" spiegeln sich in den *Aktivitäten* wider, unter *Themenseiten* werden die „Exkursion" aufgefasst, die *lerneinheitenübergreifende Zusammenfassung* ist als „Rückblick" benannt, der Abschnitt *lerneinheitenübergreifende Aufgaben* als „Wiederholen – Vertiefen – Vernetzen" und unter *lerneinheitenübergreifende Tests* versteht sich der Abschnitt „Test". Der Strukturelementtyp *Einführungsseite* wird im *eBook pro* nicht im Inhaltsverzeichnis aufgeführt, findet sich jedoch am Anfang des Kapitels unter der Beschreibung „Das kannst du bald" (vgl. Braun et al., 2019, S. 132) wieder.

Zusätzlich zu den gleichen Strukturelementtypen vom *eBook pro* im Vergleich zu traditionellen Mathematikschulbüchern stimmt auch die Anordnung der Strukturelemente (für das *eBook pro*) mit der Anordnung der Strukturelemente auf Mesoebene für traditionelle Schulbücher überein (vgl. Rezat, 2009, S. 98). So befinden sich vor den *Lerneinheiten* die Strukturelemente *Einführungsseite, Aufgaben zu Inhalten früherer Kapitel* und *Aktivitäten*; nach den *Lerneinheiten* werden die Strukturelemente *lerneinheitenübergreifende Aufgaben, lerneinheitenübergreifende Zusammenfassung, lerneinheitenübergreifende Tests* und *Themenseiten* aufgeführt (vgl. Abbildung 6.7; *eBook pro, Klett*). Die Ähnlichkeit bezogen auf die Anordnung der Strukturelemente kann erneut mit der Analogie zwischen *eBook pro* und der gedruckten Schulbuchversion begründet werden. Im Gegensatz dazu kann für das *Lehrwerk* keine Aussage über die Anordnung der Strukturelemente gemacht werden, da die Kapitel nur aus den jeweiligen *Lerneinheiten* bestehen.

Betrachtet man den in beiden digitalen Schulbüchern auftretenden Strukturelementtyp *Lerneinheiten*, fällt auf, dass sich das *technologische Merkmal* bei den beiden digitalen Schulbuchkonzepten unterscheidet. Die einzelnen *Lerneinheiten* werden im *Lehrwerk* auf einer Seite dargestellt und lassen sich durch Scrollen erreichen. Das bedeutet, dass die jeweilige *Lerneinheit* letztendlich unabhängig von der Länge der *Lerneinheit* auf einer Seite dargestellt wird. Bei dem digitalen Schulbuch *eBook pro* erinnert die Struktur der Kapitel bzw. der jeweiligen *Lerneinheit* aufgrund der Darstellung der Inhalte auf Seiten an ein traditionelles, gedrucktes Schulbuch; bedingt dadurch werden die Inhalte der Kapitel durch das Bedienen der Pfeilsymbole (<, >) erreicht, was stark an das Blättern im gedruckten Buch erinnert. Somit unterscheiden sich die *Lerneinheiten* insbesondere in ihren *technologischen Merkmalen* und erlauben dadurch Rückschlüsse auf die Unterscheidung zwischen digitalen und digitalisieren Schulbüchern. Dies wird in Abschnitt 6.4 aufgegriffen und näher beschrieben. Zudem regen insbesondere die Ergebnisse der Strukturelemente auf der Ebene der Mikrostruktur eine Diskussion der Unterschiede zwischen digitalen und digitalisierten Schulbüchern an (vgl. Abschnitt 6.3.1.3).

Zusammenfassend lässt sich für die Mesostruktur der beiden untersuchten digitalen Schulbücher feststellen, dass die identifizierten Strukturelementtypen – ähnlich wie bei der Makrostruktur (vgl. Abschnitt 6.3.1.1) – an die Ergebnisse der Strukturanalyse zu traditionellen Schulbüchern anknüpfen. Die Mesostruktur besteht hauptsächlich aus *Lerneinheiten* und kann darüber hinaus durch zusätzliche Strukturelementtypen erweitert werden, sodass die Inhalte der einzelnen Lerneinheiten miteinander verknüpft werden. Hier wird ein erheblicher

Unterschied zwischen den beiden analysierten digitalen Schulbüchern deutlich. Während das *eBook pro* sowohl die Strukturelementtypen der Mesostrukturebene als auch die Anordnung dieser Strukturelementtypen von traditionellen Mathematikschulbüchern übernimmt, besteht die Mesostruktur beim *Lehrwerk* nur aus den *Lerneinheiten*; weitere Strukturelementtypen konnten nicht festgestellt werden. In Bezug auf die Unterschiede zwischen digitalen und gedruckten Schulbüchern (für die Mathematik) stellt sich daher die Frage, ob das Schulbuch *eBook pro* generell als ‚digital' bezeichnet werden kann.

Darüber hinaus ist jedoch ein Hauptunterschied bezogen auf die *technologischen Merkmale* innerhalb der bei beiden Schulbüchern identifizierten *Lerneinheiten* erkennbar, die einerseits auf einer fortlaufenden Seite (*Lehrwerk*) bzw. andererseits als begrenzte Schulbuchseiten (*eBook pro*) dargestellt werden. Die Art und Weise der Darstellung der *Lerneinheiten* spiegelt sich demnach in der Art und Weise der Verwendung (scrollen vs. blättern) wider, weshalb – wie schon bei den in der Makrostruktur festgestellten Anpassungsmöglichkeiten des Strukturelements *Inhaltsverzeichnis* – die *technologischen Merkmale* einen Einfluss auf die Schulbuchstruktur haben.

Die Unterschiede in den *technologischen Merkmalen* der *Lerneinheiten* werden sich weiter in der Mikrostruktur und den dort beschriebenen und analysierten Strukturelementtypen der jeweiligen Lerneinheit zeigen. Hieran anknüpfend lässt sich in Abschnitt 6.4 diskutieren, inwiefern diese Aspekte als Indizien für die Unterscheidung zwischen digitalisierten und digitalen Schulbüchern betrachtet werden können (vgl. Abschnitt 3.4).

6.3.1.3 Mikrostruktur

Informationen über die Mikrostruktur werden hauptsächlich aus den einzelnen Lerneinheiten ermittelt, da in den Beschreibungen der Einführungsseiten („So lernst du mit dem Lambacher Schweizer", Braun et al., 2019) bzw. in den allgemeinen Nutzerhinweisen („Allgemeine Benutzerhinweise", Brockhaus Lehrwerke, o. J.a) nicht alle Strukturelemente innerhalb einer Lerneinheit benannt werden und darüber hinaus hauptsächlich auf die Anordnung der Strukturelemente eingegangen wird (vgl. „Neue Inhalte verstehen und üben", Braun et al., 2019, S. II). Aus den Beschreibungen würden sich daher lediglich die Strukturelementtypen *Lehrtext*, *Merkkasten*, *Beispielaufgaben*, *Testaufgaben* und *Aufgaben zur Wiederholung* für das *eBook pro* bzw. *Lehrtext*, *Beispiel*, *Übungen*, *Merksatz* und *Animation* für das *Lehrwerk* ergeben. Eine qualitative Analyse der *Lerneinheiten* an sich ist daher evident, um die Unterschiede der bereits genannten Strukturelementtypen aus den Beschreibungen der Schulbuchverlage zu charakterisieren und um weitere Strukturelementtypen zu lokalisieren.

Die Strukturelemente auf Mikroebene wurden zuerst anhand ihrer *technologischen Merkmale* differenziert. Der Grund dafür liegt insbesondere bei den vielfältigen Einsatzmöglichkeiten der verschiedenen Aufgabenformate. So ist es durchaus vorstellbar, dass beispielsweise *Testaufgaben, Übungsaufgaben* oder *Aufgaben mit Lösungen* (vgl. Rezat, 2009, S. 99) im Unterricht oder zuhause für die gleichen inhaltlichen Zwecke verwendet werden (zum Beispiel zum Wiederholen), obwohl sie von den Schulbuchautorinnen und -autoren möglicherweise für unterschiedliche didaktische Funktionen konzipiert wurden. Der Blickwinkel in der Analyse der digitalen Schulbücher liegt aber insbesondere auch auf Strukturelementen, die erst aufgrund der digitalen Natur entstehen können (vgl. Forschungsfrage ii). Anders als bei der Analyse der gedruckten Mathematikschulbücher (vgl. Rezat, (2009, S. 99), bei der die Aufgabenformate hauptsächlich durch die *inhaltlichen Aspekte* und *didaktischen Funktionen* unterschieden wurden, wird für die Analyse der digitalen Schulbücher auf Mikroebene der Blick somit auf die *technologischen Merkmale* gerichtet. Dadurch ist es zwar nicht mehr möglich zu kategorisieren, ob Aufgabenformate beispielsweise explizit zum Erkunden oder zum Vertiefen konzipiert wurden; allerdings trägt diese Kategorisierung dazu bei, die verschiedenen Strukturelemente hinsichtlich ihrer Digitalität zu unterscheiden. Eine Aussage über die Digitalität eines Strukturelements lässt wiederum Aussagen über die inhaltlichen Eigenschaften dieses Strukturelements zu, was sich im expliziten Einsatz des jeweiligen Strukturelements und somit in der tatsächlichen Nutzung des digitalen Schulbuchs zeigen kann (vgl. Kapitel 9, Abschnitte 9.3–9.4). Eine *Zuordnungsübung* (beispielsweise von Flächen wie Zimmer, Garten oder Buch und ihren Größenbezeichnungen wie „klein", „mittelgroß" oder „groß", vgl. Abschnitt 9.2.3) bietet aufgrund der technologischen Natur des Mediums eine direkte Bearbeitung im digitalen Schulbuch und muss nicht wie bei gedruckten Schulbüchern durch die Schülerin bzw. den Schüler in das Schulheft übertragen werden. Dieser Vorteil des digitalen Schulbuchs ist jedoch lediglich bedienungsbezogener Natur und bietet nicht (wie beispielsweise eine *Exploration*) eine Bearbeitung eines mathematischen Inhalts, die zum *Erkunden* oder *Ordnen* eingesetzt werden kann (vgl. Abschnitt 9.3) und bei gedruckten Schulbüchern nicht umsetzbar ist.

Darüber hinaus wird der Varianz in den *didaktischen Funktionen* und *inhaltlichen Aspekten* durch die Kategorisierung in die *unterrichtsbezogenen Aspekte* begegnet und dadurch eine Unterscheidung von erwarteter und tatsächlicher Nutzung deutlich gemacht. Insbesondere für die Aufgabenformate ergibt sich somit eine vollständige Abdeckung der *inhaltlichen Aspekte* bzw. *didaktischen Funktionen.*

Tabelle 6.12 Übersicht der Strukturelementtypen auf Mikroebene

Strukturelementtyp	*schulbuchbezogene Aspekte*			*unterrichtsbezogene Aspekte*		
	technologische Merkmale	typographische Merkmale	sprachliche Merkmale	inhaltliche Aspekte	didaktische Funktion	situative Bedingung
Aufgaben						
Zuordnungsaufgabe	dynamisch, Drag-and-Drop (oder Auswahl[a])	mit Kasten hervorgehoben[b]	appellativ, determinativ, informativ, interrogativ	Anknüpfen	Aktivierung des Vorwissens	Einzelarbeit, Partnerarbeit, Gruppenarbeit, Verwendung zuhause
Notizaufgabe[c]	schriftliche Eingabe, herunterladbar			Erkunden	Erarbeitung neues Wissens	
statische Aufgabe	—			Ordnen	nachhaltiger Wissensaufbau	
Rechenaufgabe	direkte Eingabe der Ergebnisse bzw. Auswahl von Antwortmöglichkeiten			Vertiefen	Üben und Wiederholen	
interaktive Aufgabe[d]	Einstellungen möglich, dynamisch	in Kasten eingebettet				
Visualisierung[e]	fortlaufend, Vergrößerung durch Klick möglich	typographische Hervorhebungen	deskriptiv, determinativ	Erkunden	Erarbeitung neues Wissens	—
Exploration[f]	dynamisch, Vergrößerung durch Klick möglich, veränderbar	typographische Hervorhebungen	appellativ, determinativ, erklärend, informativ, interrogativ	Erkunden	Erarbeitung neues Wissens	—
				Ordnen	nachhaltiger Wissensaufbau	
Video[g]	abspielbar, pausierbar	in neuem Fenster dargestellt	erklärend	Erkunden	Erarbeitung neues Wissens	Einzelarbeit, Partnerarbeit, Gruppenarbeit, Verwendung zuhause
				Ordnen	nachhaltiger Wissensaufbau	
				Vertiefen	Üben und Wiederholen	

(Fortsetzung)

Tabelle 6.12 (Fortsetzung)

Beispiel						
Beispiel	Auswahl verschiedener Aufgaben (und Explorationen[h])	typographische Hervorhebungen	appellativ, erklärend, interrogativ	Anknüpfen	Aktivierung des Vorwissens	—
				Erkunden	Erarbeitung neues Wissens	
Kasten mit Merkwissen	—	typographische Hervorhebungen	deskriptiv, erklärend	Ordnen	nachhaltiger Wissensaufbau	—
				Vertiefen	Üben und Wiederholen	
Lehrtext	Wörter nachschlagen, Wörter farblich markieren, Anmerkungen hinzufügen	einzelne Wörter werden fett hervorgehoben	deskriptiv, erklärend, informativ	Anknüpfen	Aktivierung des Vorwissens	—
				Ordnen	nachhaltiger Wissensaufbau	
				Vertiefen	Üben und Wiederholen	
Tabelle	—	farblich hervorgehoben	—	Ordnen	nachhaltiger Wissensaufbau	—
Bild	Vergrößerung durch Klick möglich[i]	—	—	—	—	—
Schlüsselbegriffe[j]	Hyperlink-Struktur	Symbol	erklärend	Ordnen	Systematisieren (vernetzen)	—
				Vertiefen	Üben und Wiederholen	
Tipp/Hilfestellung	—	mit Kasten hervorgehoben, Hilfe-Symbol	determinativ, erklärend, informativ	Ordnen	nachhaltiger Wissensaufbau	—
				Vertiefen	Üben und Wiederholen	

(Fortsetzung)

Tabelle 6.12   (Fortsetzung)

Lösungselement						
Lösungsweg/ Lösungsvorschlag	ein- und ausblendbar	mit Kasten hervorgehoben	erklärend	Vertiefen	Üben und Wiederholen	Selbstkontrolle
Lösung	ein- und ausblendbar	—				
Ergebnis überprüfen	digitale Überprüfung der eingegebenen Ergebnisse	Hervorhebungen der richtigen bzw. falschen Eingaben	—			
Audio[k]	akustische Wiedergabe des Textes	Symbol	—	—	—	—
Einstellungen[l]	Anpassung der Schriftgröße und Schriftart	Symbol	—	—	—	—
Suche[m]	Begriffssuche innerhalb des Schulbuchs	Symbol	—	—	—	—
Markierung[n]	Markierung von Textinhalten	Symbol, farblich	—	—	—	—
Kommentierung[o]	Kommentierung von Inhalten	Symbol	—	—	—	—

[a]Gilt nur für das *eBook pro* von Klett
[b]Gilt nur für das *Lehrwerk* von Brockhaus
[c]Gilt nur für das *Lehrwerk* von Brockhaus
[d]Gilt nur für das *Lehrwerk* von Brockhaus
[e]Gilt nur für das *Lehrwerk* von Brockhaus
[f]Gilt nur für das *Lehrwerk* von Brockhaus
[g]Gilt nur für das *eBook pro* von Klett
[h]Gilt nur für das *Lehrwerk* von Brockhaus
[i]Gilt nur für das *Lehrwerk* von Brockhaus
[j]Gilt nur für das *Lehrwerk* von Brockhaus
[k]Gilt nur für das *Lehrwerk* von Brockhaus
[l]Gilt nur für das *Lehrwerk* von Brockhaus
[m]Gilt nur für das *Lehrwerk* von Brockhaus
[n]Gilt nur für das *Lehrwerk* von Brockhaus
[o]Gilt nur für das *Lehrwerk* von Brockhaus

In Tabelle 6.12 sind die verschiedenen Strukturelementtypen und deren Merkmale zusammengefasst, die durch die *qualitative Inhaltsanalyse* der *Lerneinheiten* bei den untersuchten digitalen Schulbüchern identifiziert wurden.

Beide digitalen Mathematikschulbücher beinhalten auf der Mikrostrukturebene eine Vielzahl unterschiedlicher Strukturelementtypen, wie durch die Übersicht der Strukturelementtypen in Tabelle 6.12 deutlich wird. Sowohl das *eBook pro* als auch das *Lehrwerk* stellen der Nutzerin bzw. dem Nutzer verschiedene *Aufgabenformate*, die Strukturelementtypen *Beispiel, Bild, Kasten mit Merkwissen, Lehrtext, Tabelle, Tipp/Hilfestellung* sowie verschiedene Möglichkeiten zur Überprüfung der Ergebnisse (Strukturelementtypen *Lösungselement*) zur Verfügung, die sich bezüglich einiger Merkmale jedoch leicht unterscheiden können. So sind die *typographischen Merkmale* bei dem Strukturelementtyp *Aufgabenformate* im *Lehrwerk* durch einen blaufarbigen Kasten hinterlegt, was beim *eBook pro* nicht der Fall ist; das Strukturelement *Beispiel* kann beim *Lehrwerk* eine *Aufgabe* sowie eine *Exploration* beinhalten, während beim *eBook pro* den Lernenden nur *Aufgaben* schrittweise erklärt werden. Dennoch kann an dieser Stelle festgehalten werden, dass die Strukturelementtypen *Beispiel, Bild, Kasten mit Merkwissen, Lehrtext, Tabelle, Tipp/Hilfestellung* sowie verschiedene Möglichkeiten zur Überprüfung der Ergebnisse (Strukturelementtypen *Lösungselement*) in beiden digitalen Schulbüchern vorkommen.

Des Weiteren kommen alle soeben genannten Strukturelementtypen auch in gedruckten Mathematikschulbüchern vor (vgl. Abschnitt 2.1.3); lediglich das Strukturelement *Ergebnis überprüfen* konnte nicht bei den gedruckten Mathematikschulbüchern festgestellt werden. Dies ist mit dem *technologischen Merkmal* und der damit zusammenhängenden technologischen (digitalen) Überprüfung durch das Schulbuch zu begründen, was bei gedruckten Schulbüchern nicht möglich ist.

Zusätzlich zu diesem Strukturelementtyp konnten bei den beiden digitalen Mathematikschulbüchern bezogen auf die Mikroebene weitere Strukturelementtypen identifiziert werden, die bei traditionellen Schulbüchern (für die Mathematik) nicht festgestellt werden konnten, sodass es sich bei den hier kategorisierten Strukturelementtypen um ‚neue' Schulbuchelemente handelt. Insgesamt konnten die folgenden neuen Strukturelementtypen identifiziert werden:

- Audio
- Einstellungen
- Ergebnis überprüfen
- Exploration
- interaktive Aufgabe

- Kommentierung
- Markierung
- Notizaufgabe
- Rechenaufgabe
- Schlüsselbegriffe
- Suche
- Video
- Visualisierung
- Zuordnungsaufgabe

Die Strukturelementtypen *Audio, Einstellungen, Suche, Markierung* und *Kommentierung* finden sich lediglich in den Lerneinheiten vom *Lehrwerk* von Brockhaus und beschreiben ausschließlich bedienungsbezogene Aspekte, was sich durch die alleinige Kategorisierung der *typographischen* und *technologischen Merkmale* zeigt. Dabei wurden die beiden Strukturelementtypen *Suche, Markierung* und *Kommentierung* beim anderen digitalen Schulbuch *eBook pro* bereits auf der Makrostrukturebene festgestellt (vgl. Abschnitt 6.3.1.1); beim *Lehrwerk* ergeben sich die gleichen Funktionen auf der Ebene der Mikrostruktur. Die Möglichkeiten zur Textmarkierung bzw. Textkommentierung werden in allgemeinen Benutzerhinweisen folgendermaßen beschrieben:

> Beim Markieren eines Wortes, eines Satzes oder einer längeren Passage erhalten Sie außerdem die Möglichkeit, diese Stelle **farbig zu markieren** oder mit einem **Kommentar** zu versehen. Sie können entscheiden, ob Kommentare für Schülerinnen und Schüler sichtbar sind oder nicht. (Allg. Benutzerhinweise)

Die Generalisierung und Einordnung in das Kategoriensystem ergibt die Zuordnung dargestellt in Tabelle 6.13.

Anhand der Kategorisierung wird deutlich, dass es sich auch bei diesen Funktionen allein um *technologische Merkmale* handelt, die nach der Verwendung durch *typographische Merkmale* (wie beispielsweise farbliche Hervorhebungen) gekennzeichnet werden. Zudem finden sich diese Verwendungen des digitalen Schulbuchs beim *Lehrwerk* von Brockhaus – wie oben schon betont – nur auf Ebene der einzelnen Lerneinheiten, also auf Mikroebene.

Tabelle 6.13 Kategorisierung Textfunktionen Lehrwerk von Brockhaus

Textbestandteil	Generalisierung	Kategorie
Beim Markieren eines Wortes, eines Satzes oder einer längeren Passage erhalten Sie außerdem die Möglichkeit, diese Stelle farbig zu markieren oder mit einem Kommentar zu versehen. Sie können entscheiden, ob Kommentare für Schülerinnen und Schüler sichtbar sind oder nicht.	Textmarkierung	technologisches Merkmal
		typographisches Merkmal
	Kommentierung	technologisches Merkmal
		typographisches Merkmal
	Sichtbarkeit[5]	technologisches Merkmal
		typographisches Merkmal

Darüber hinaus lassen sich drei zusätzliche nutzungsbezogene Strukturelemente identifizieren, die in der Zeile über der Lerneinheit zu finden sind (vgl. Abbildung 6.8) und durch verschiedene Symbole verdeutlicht werden: *Sprechen* (Symbol: Kopfhörer), *Einstellungen* (Symbol: Zahnrad), *Suche* (Symbol: Lupe) (vgl. Abbildung 6.8).

Bei der Funktion *Sprechen* kann die Nutzerin bzw. der Nutzer nach Auswahl eines Textabschnittes diesen vorlesen lassen. Eine Generalisierung der Funktion *Sprechen* führt in der *qualitativen Inhaltsanalyse* zu dem Strukturelementtyp *Audio* (vgl. Tabelle 6.14). Der Strukturelementtyp *Einstellungen* bietet die Möglichkeit, die Textgröße (normal, mittel, groß) zu wählen, die Schriftart (Sans-serif, Serif, Dyslexic) und die Lesegeschwindigkeit (langsam, normal, schnell) anzupassen. Bei der Verwendung des Strukturelementtyps *Suche* kann die Nutzerin bzw. der Nutzer einen Begriff eingeben und innerhalb des gesamten Lehrwerks nach diesem suchen. Alle drei Strukturelemente bieten jedoch keine *inhaltlichen Eigenschaften* im Sinne einer *didaktischen Funktion*, sodass es sich hier um reine organisatorische bzw. bedienungsbezogene Strukturelemente handelt, wie in Tabelle 6.14 anhand der beiden Kategorien *technologische* und *typographische Merkmale* dargestellt wird.

---

[5] Zum Zeitpunkt der Schulbuchanalyse war es nicht möglich zu beurteilen, ob Schülerinnen und Schüler auch die Funktion von Kommentaren verwenden können. Da sich die Beschreibung dieser Funktion in den allgemeinen Benutzerhinweisen ausschließlich auf die Lehrkraft bezieht, wird diese Möglichkeit der Textbearbeitung hier zwar der Vollständigkeit halber aufgeführt, im weiteren Verlauf jedoch nicht weiter verfolgt.

Abbildung 6.8 Screenshot zur Lerneinheit „Größenvergleich von Flächen", Lehrwerk (Hornisch et al., 2017)

Tabelle 6.14 Bedienungsbezogene Strukturelementtypen im Lehrwerk

Textbestandteil	Generalisierung	Kategorie
Sprechen	Audio	technologische Merkmale
		typographische Merkmale
Einstellungen	Einstellungen	technologische Merkmale
		typographische Merkmale
Suche	Suchfunktion	technologische Merkmale
		typographische Merkmale

Bisher wurde geschildert, dass die Strukturelementtypen *Audio*, *Einstellungen*, *Suche*, *Markierung* und *Kommentierung* nur beim *Lehrwerk* auf der Mikrostruktur identifiziert werden konnten; die Strukturelementtypen *Audio* und *Einstellungen* bilden darüber hinaus auf allen Strukturebenen ein Alleinstellungsmerkmal für das *Lehrwerk* von Brockhaus, da sich die Strukturelementtypen *Suche*, *Markierung* und *Kommentierung* im *eBook pro* bereits auf der Makroebene identifizieren lassen (vgl. Abschnitt 6.3.1.1).

Darüber hinaus ergeben sich bei den beiden digitalen Mathematikschulbüchern bezogen auf die anderen neuen Strukturelementtypen weitere Unterschiede. Auf der einen Seite finden sich die neuen Strukturelementtypen im *eBook pro* lediglich im Zusatzmaterial[6]; im *Lehrwerk* sind sie dagegen in der gesamten Lerneinheit mit eingebunden. Dadurch lässt sich ein Unterschied bezogen auf die Gesamtkonzeption der beiden digitalen Schulbuchversionen feststellen, auf den in Abschnitt 6.3.2 näher eingegangen wird. Auf der anderen Seite ist das Strukturelement *Video* nur im digitalen Schulbuch *eBook pro* von Klett vorhanden; die Strukturelemente *Notizaufgabe, interaktive Aufgabe, Visualisierung, Exploration* und *Schlüsselbegriffe* dagegen nur im *Lehrwerk*. Da es sich hierbei (im Vergleich zu gedruckten Mathematikschulbüchern) um neue Schulbuchelemente handelt, werden diese im Folgenden vorgestellt.

Zuordnungsaufgabe

Das Strukturelement *Zuordnungsaufgabe* konnte sowohl im *eBook pro* von Klett als auch im *Lehrwerk* von Brockhaus identifiziert werden. Dabei handelt es sich um ein Aufgabenformat, bei dem die Schülerinnen und Schüler zusammengehörige Begriffe, Werte, Bezeichnungen, etc. entweder per *Drag-and-Drop* zuordnen, aus einem *Drop-down-Menü* auswählen oder eine Auswahl von (richtigen und falschen) Antwortmöglichkeiten anklicken müssen. Die Möglichkeit der Einbindung einer *Zuordnungsaufgabe* direkt in die Lerneinheit ergibt sich demnach erst aufgrund der *technologischen Merkmale*. Die *Zuordnungsaufgabe* beim *Lehrwerk* unterscheidet sich von der *Zuordnungsaufgabe* beim *eBook pro* in dem Maße, dass beim *Lehrwerk* nur eine Bearbeitung im Sinne der *Drag-and-Drop*-Funktion zur Verfügung steht, während beim *eBook pro* alle drei Zuordnungsmöglichkeiten gegeben sind. Die folgenden Screenshots (Abbildung 6.9, Abbildung 6.10 und Abbildung 6.11) zeigen exemplarisch drei Aufgaben, die dem Strukturelement *Zuordnungsaufgabe* angehören.

---

[6] Das Zusatzmaterial im *eBook pro* wird in der Lerneinheit durch einen orangen Kasten markiert. Bei Klick auf diesen Kasten werden die in dem Zusatzmaterial enthaltenen Strukturelemente auf einer weiteren Seite dargestellt.

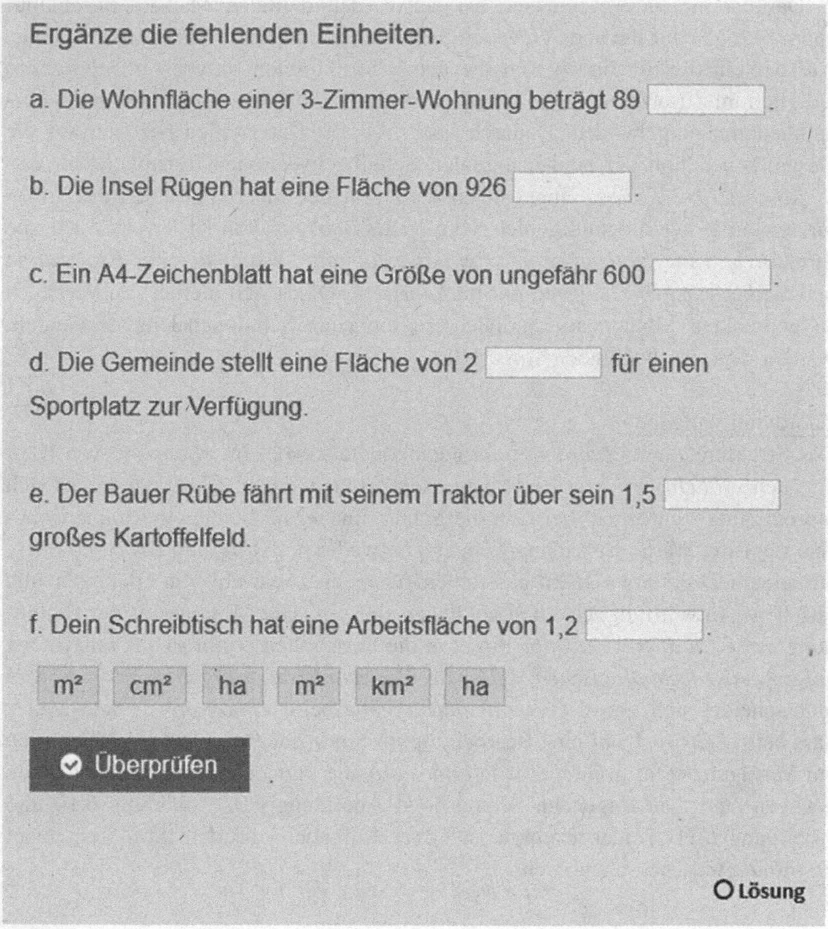

Ergänze die fehlenden Einheiten.

a. Die Wohnfläche einer 3-Zimmer-Wohnung beträgt 89 [_____].

b. Die Insel Rügen hat eine Fläche von 926 [_____].

c. Ein A4-Zeichenblatt hat eine Größe von ungefähr 600 [_____].

d. Die Gemeinde stellt eine Fläche von 2 [_____] für einen Sportplatz zur Verfügung.

e. Der Bauer Rübe fährt mit seinem Traktor über sein 1,5 [_____] großes Kartoffelfeld.

f. Dein Schreibtisch hat eine Arbeitsfläche von 1,2 [_____].

[m²] [cm²] [ha] [m²] [km²] [ha]

[✔ Überprüfen]

○ Lösung

Abbildung 6.9 Zuordnungsaufgabe (Drag-and-Drop), Lehrwerk (Hornisch et al., 2017)

Notizaufgabe
Bei dem Strukturelement *Notizaufgabe* handelt es sich um ein Aufgabenformat, bei dem die Lernenden Ideen, Hypothesen, Vermutungen oder vollständige Bearbeitungen schriftlich über die Eingabe per Tastatur direkt im digitalen Schulbuch festhalten können. Die eingegebenen Bearbeitungen können im Anschluss heruntergeladen werden. Dieses Strukturelement wurde in der Analyse der digitalen

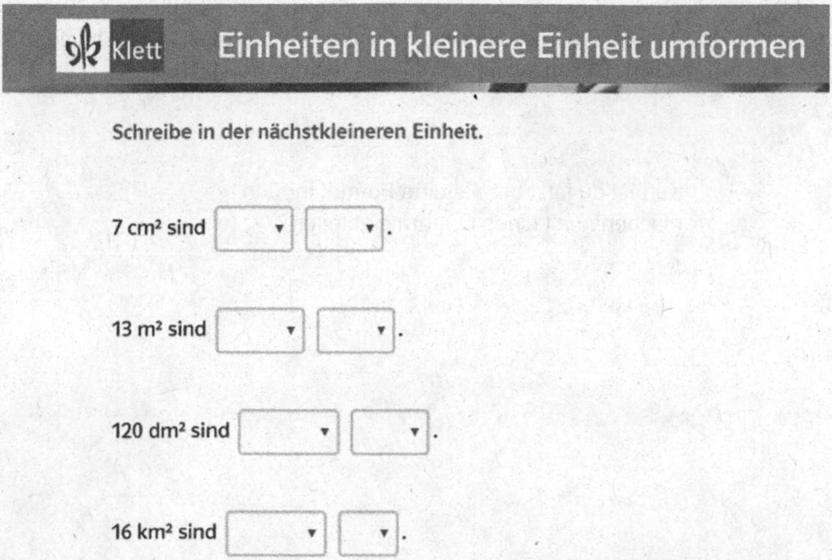

Klett   Einheiten in kleinere Einheit umformen

Schreibe in der nächstkleineren Einheit.

7 cm² sind [▾] [▾] .

13 m² sind [▾] [▾] .

120 dm² sind [▾] [▾] .

16 km² sind [▾] [▾] .

Abbildung 6.10 Zuordnungsaufgabe (Drop-down-Menü), eBook pro (Braun et al., 2019)

Untersuche, ob die Flächen gleich groß sind.

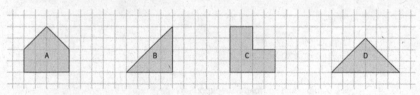

○ Figur A und Figur D sind gleich groß.

○ Figur A und Figur C sind gleich groß.

○ Figur A und Figur B sind gleich groß.

○ Figur B und Figur C sind gleich groß.

○ Figur B und Figur D sind gleich groß.

○ Figur B und Figur C sind gleich groß.

Abbildung 6.11 Zuordnungsaufgabe (Auswahl), eBook pro (Braun et al., 2019)

Schulbücher nur im *Lehrwerk* von Brockhaus identifiziert. Abbildung 6.12 zeigt exemplarisch eine Aufgabe des Strukturelements *Notizaufgabe*; Abbildung 6.13 die dafür vorgesehene Möglichkeit zum Download der Bearbeitung.

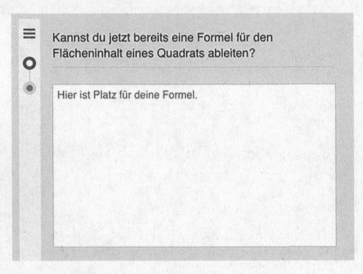

Abbildung 6.12 Notizaufgabe, Lehrwerk (Hornisch et al., 2017)

Abbildung 6.13 Notizaufgabe (Download), Lehrwerk (Hornisch et al., 2017)

Rechenaufgabe

Das Strukturelement *Rechenaufgabe* konnte bei beiden digitalen Schulbüchern identifiziert werden. Für die Schülerinnen und Schüler bietet sich bei diesem Aufgabenformat die Möglichkeit, ausgerechnete Ergebnisse in dafür vorgesehene Felder (direkt in dem Schulbuch) einzutippen und durch das Schulbuch überprüfen zu lassen, indem sie auf die Schaltfläche „Überprüfen" (*Lehrwerk*) bzw. „Prüfen" oder „ok" (*eBook pro*) klicken. Die Verwendung der Funktion „Überprüfen" wird durch das Strukturelement des Lösungselements *Ergebnis überprüfen* beschrieben, sodass die beiden Strukturelementtypen *Rechenaufgabe* und *Ergebnis überprüfen* in Verbindung miteinander auftreten. Abbildung 6.14 zeigt exemplarisch eine *Rechenaufgabe* im *Lehrwerk*; Abbildung 6.15 eine *Rechenaufgabe* aus dem *eBook pro*.

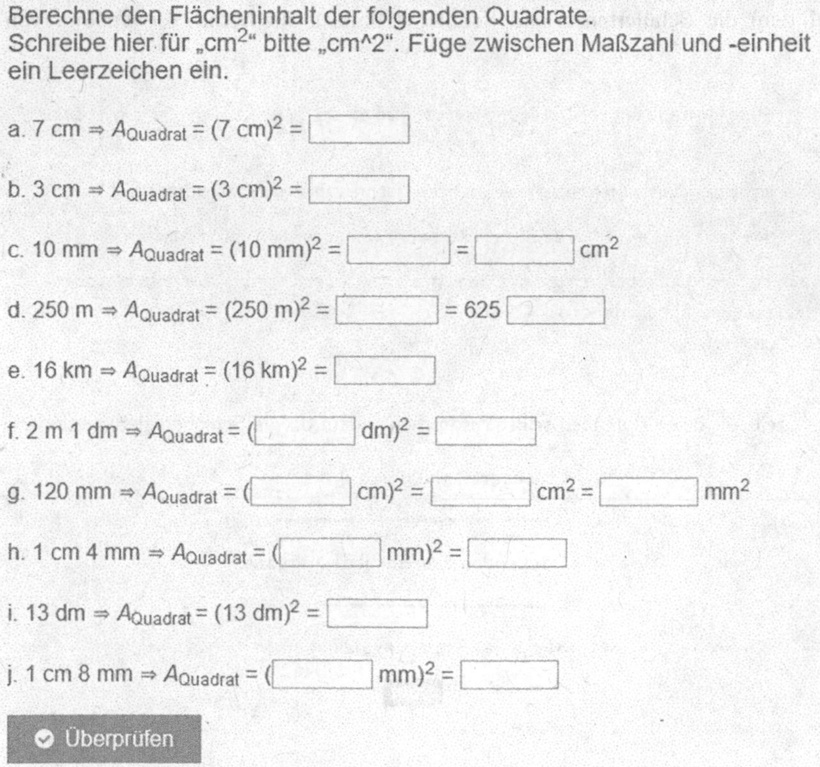

Berechne den Flächeninhalt der folgenden Quadrate.
Schreibe hier für „cm^2" bitte „cm^2". Füge zwischen Maßzahl und -einheit ein Leerzeichen ein.

a. 7 cm $\Rightarrow A_{\text{Quadrat}} = (7 \text{ cm})^2 = \boxed{}$

b. 3 cm $\Rightarrow A_{\text{Quadrat}} = (3 \text{ cm})^2 = \boxed{}$

c. 10 mm $\Rightarrow A_{\text{Quadrat}} = (10 \text{ mm})^2 = \boxed{} = \boxed{} \text{ cm}^2$

d. 250 m $\Rightarrow A_{\text{Quadrat}} = (250 \text{ m})^2 = \boxed{} = 625 \boxed{}$

e. 16 km $\Rightarrow A_{\text{Quadrat}} = (16 \text{ km})^2 = \boxed{}$

f. 2 m 1 dm $\Rightarrow A_{\text{Quadrat}} = (\boxed{} \text{ dm})^2 = \boxed{}$

g. 120 mm $\Rightarrow A_{\text{Quadrat}} = (\boxed{} \text{ cm})^2 = \boxed{} \text{ cm}^2 = \boxed{} \text{ mm}^2$

h. 1 cm 4 mm $\Rightarrow A_{\text{Quadrat}} = (\boxed{} \text{ mm})^2 = \boxed{}$

i. 13 dm $\Rightarrow A_{\text{Quadrat}} = (13 \text{ dm})^2 = \boxed{}$

j. 1 cm 8 mm $\Rightarrow A_{\text{Quadrat}} = (\boxed{} \text{ mm})^2 = \boxed{}$

⊘ Überprüfen

Abbildung 6.14 Rechenaufgabe, Lehrwerk (Hornisch et al., 2017)

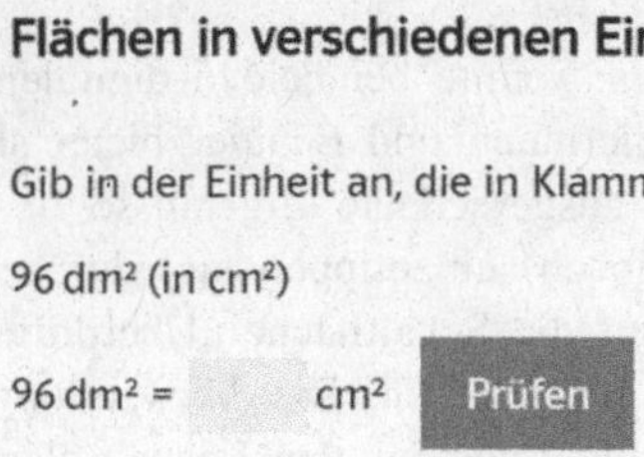

Flächen in verschiedenen Einheiten angeben

Gib in der Einheit an, die in Klammern steht.

96 dm² (in cm²)

96 dm² =   cm²   Prüfen

Abbildung 6.15   Rechenaufgabe, eBook pro (Braun et al., 2019)

Interaktive Aufgabe

Das Aufgabenformat *interaktive Aufgabe* konnte nur beim *Lehrwerk* festgestellt werden. Bei diesem Strukturelement handelt es sich um ein Aufgabenformat, bei dem die Schülerinnen und Schüler (zumeist durch die Verwendung von

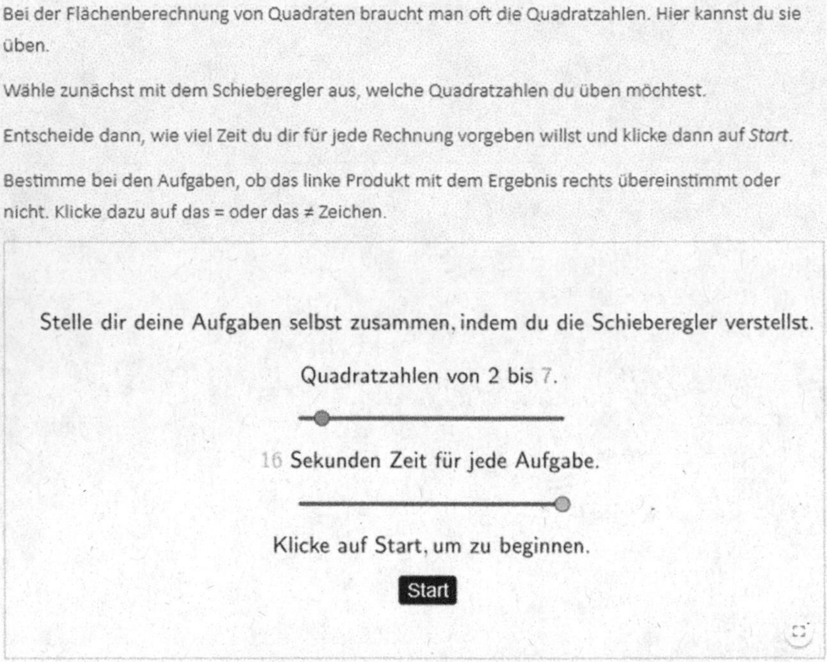

Bei der Flächenberechnung von Quadraten braucht man oft die Quadratzahlen. Hier kannst du sie üben.

Wähle zunächst mit dem Schieberegler aus, welche Quadratzahlen du üben möchtest.

Entscheide dann, wie viel Zeit du dir für jede Rechnung vorgeben willst und klicke dann auf *Start*.

Bestimme bei den Aufgaben, ob das linke Produkt mit dem Ergebnis rechts übereinstimmt oder nicht. Klicke dazu auf das = oder das ≠ Zeichen.

Stelle dir deine Aufgaben selbst zusammen, indem du die Schieberegler verstellst.

Quadratzahlen von 2 bis 7.

16 Sekunden Zeit für jede Aufgabe.

Klicke auf Start, um zu beginnen.

Start

Abbildung 6.16   Interaktive Aufgabe (Schieberegler), Lehrwerk (Hornisch et al., 2017)

Schiebereglern) Einstellungen vor der Bearbeitung einer *Rechenaufgabe* vornehmen können. Das bedeutet, dass sich die Strukturelementtypen *Rechenaufgabe*
und *interaktive Aufgabe* darin unterscheiden, dass die Nutzerinnen und Nutzer
durch die Veränderung der Schieberegler einen Einfluss auf die Konstruktion der
jeweiligen Aufgabe haben. Dies ist meist mit Einstellungen bezogen auf den
Schwierigkeitsgrad verbunden, wie in Abbildung 6.16 deutlich wird. Auf der
anderen Seite werden auch Aufgabenformate, die eine direkte Rückmeldung an
die Nutzerin bzw. den Nutzer anzeigen, als *interaktive Aufgabe* kategorisiert, da
sie im Gegensatz zu einer *Rechenaufgabe* nicht das Ergebnis selbst eingeben
müssen, sondern eine Auswahl von Antwortmöglichkeiten zur Verfügung steht,
die eine Interaktion mit dem Schulbuch zur Folge hat (vgl. Abbildung 6.17).

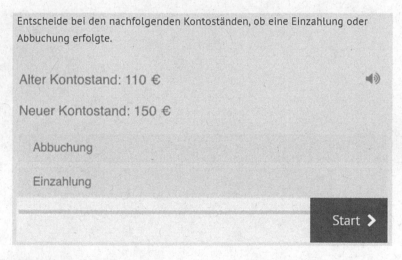

Abbildung 6.17   Interaktive Aufgabe, Lehrwerk (Hornisch et al., 2017)

Visualisierung
Bei der *Visualisierung* handelt es sich um ein Strukturelementtyp, das nur im
Lehrwerk identifiziert werden konnte[7]. Bei diesem Strukturelementtyp können

---

[7] In den analysierten Schulbuchkapiteln „Flächeninhalt und Umfang" und „Ganze Zahlen"
war das Strukturelement *Visualisierung* nur ein Mal vorhanden und wurde in einer neuen
Version durch eine Bildergalerie ersetzt. Dennoch wird das Strukturelement als separates
Schulbuchelement in die Analyse aufgenommen, da zum einen die ursprüngliche Version

Die Animation zeigt zunächst das Einheitsquadrat zur Seitenlänge mm.
Anklicken von cm² und dm² zeigt die entsprechenden Einheitsquadrate.
Vollbild >
mm²
cm²
dm²
Start >

Abbildung 6.18 Visualisierung, Lehrwerk (Hornisch et al., 2017)

die Schülerinnen und Schüler im Gegensatz zu den bisherigen Aufgabenformaten Vermutungen zu einem (mathematischen) Gegenstand aufstellen, die auf den Beobachtungen der *Visualisierung* beruhen. Dies führt dazu, dass bei diesem Strukturelementtyp keine typischen Rechenaufgaben (mit eindeutigen Lösungen) bearbeitet werden können. Der jeweilige mathematische Gegenstand wird daher in der *Visualisierung* dargestellt; die Lernenden können ihn beobachten und beschreiben. Aus diesem Grund wird dem beschriebenen Strukturelementtypen der inhaltliche Aspekt *Erkunden* im Zusammenhang mit der didaktischen Funktion *Erarbeitung neues Wissens* zugeordnet. Abbildung 6.18 zeigt exemplarisch die *Visualisierung* zum Thema „Einheiten für Flächeninhalte", bei dem die Einheitsquadrate zu den Seitenlängen *mm*, *cm* und *dm* in animierter Abfolge angezeigt werden.

Exploration

Im Gegensatz zu der *Visualisierung* bietet der Strukturelementtyp *Exploration* den Schülerinnen und Schülern die Möglichkeit, in dem Strukturelement Änderungen vorzunehmen und dadurch den mathematischen Gegenstand zu erkunden und das Wissen aus den eigenen Handlungen heraus nachhaltig aufzubauen. Aus diesem Grund wird der Strukturelementtyp *Exploration* dem inhaltlichen Aspekt des *Erkundens* für die *Erarbeitung neues Wissens* und des *Ordnens* für einen *nachhaltigen Wissensaufbau* zugeordnet. Im Gegensatz zu der *interaktiven Aufgabe*, bei der die Lernenden auch an dem Strukturelement Änderungen vornehmen können, geht es bei dem Strukturelementtyp *Exploration* – wie schon bei der *Visualisierung* – jedoch nicht darum, eine Rechnung (richtig) zu lösen, sondern um die Erkundung eines (mathematischen) Gegenstandes. In der Analyse der beiden digitalen Schulbücher konnte der Strukturelementtyp *Exploration* jedoch nur im *Lehrwerk* von Brockhaus identifiziert werden. Abbildung 6.19 zeigt ein Beispiel dieses Strukturelementtyps.

---

vom *Lehrwerk* dieses Schulbuchelement enthielt und zum anderen auch Animationen im Sinne einer gif-Datei durchaus denkbar sind und dieser Kategorie angehören würden.

Um den Flächeninhalt eines Rechtecks zu bestimmen, können wir das Rechteck mit Einheitsquadraten auslegen. Anschließend zählen wir die Rechtecke. Die einfachste Art, dies zu tun: Wir multiplizieren die Anzahl der Quadrate pro Reihe mit der Anzahl der Reihen.

Ziehe an den roten Punkten, um andere Rechtecke zu erzeugen.

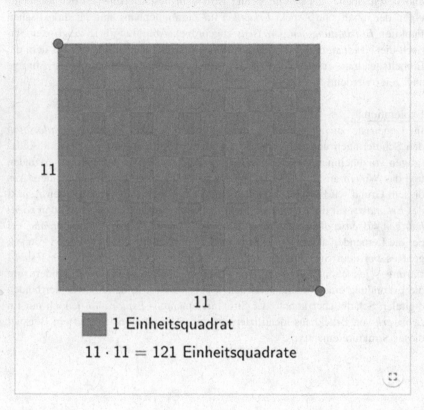

Abbildung 6.19   Exploration, Lehrwerk (Hornisch et al., 2017)

Video

Das Strukturelement *Video* steht den Schülerinnen und Schülern nur im *eBook pro* zur Verfügung und ermöglicht ihnen, sich Inhalte (z. B. bei Unsicherheiten oder zum Wiederholen) erneut erklären zu lassen. In dem analysierten Kapitel „Flächen" dieser Studie konnten zwei Strukturelemente des Typs *Video* identifiziert werden; jedes Mal in Zusammenhang mit dem Strukturelementtyp *Kasten mit Merkwissen*. Das legt eine Verwendung zum *Erkunden* bzw. *Ordnen* nahe. Dennoch ist es auch vorstellbar, dass sich die Schülerinnen und Schüler das *Video* zum *Üben und Wiederholen* ansehen, sodass diese Kategorisierung auf der Ebene der *didaktischen Funktion* ebenfalls kategorisiert wurde. Abbildung 6.20 zeigt beispielhaft einen Screenshot dieses Strukturelementtyps.

Abbildung 6.20 Strukturelement Video, eBook pro (Braun et al., 2019)

Schlüsselbegriffe

Schulbuchelemente zum Strukturelementtyp *Schlüsselbegriffe* konnten nur im *Lehrwerk* festgestellt werden. Dabei handelt es sich um die Möglichkeit, „zentrale Begriffe (…) [aufzugreifen] und inhaltlich [zu vertiefen]" („Allgemeine

Benutzerhinweise", Brockhaus Lehrwerke, o. J.a), indem die Brockhaus Enzyklopädie in die Lerneinheit integriert ist. Dies wird erst durch die technologische Umsetzung möglich und ist dementsprechend ein Merkmal im Sinne von neuen Strukturelementen von digitalen Schulbüchern. Die Funktion des Nachschlagens erinnert stark an das Strukturelement *Stichwortverzeichnis* (vgl. Makrostruktur, Abschnitt 6.3.1.1), das im *eBook pro* und auch in traditionellen Mathematikschulbüchern identifiziert wurde bzw. gleicht einer Formelsammlung, geht jedoch inhaltlich darüber hinaus, da der Inhalt nicht nur prägnant wiedergegeben, sondern ausführlicher erklärt wird (vgl. „Allgemeine Benutzerhinweise", Brockhaus Lehrwerke, o. J.a). Als *inhaltliche Eigenschaften* lassen sich somit das *Ordnen* bzw. *Vertiefen* zuordnen. Abbildung 6.21 zeigt den Schlüsselbegriff „Flächeninhalt", bei dem darüber hinaus sichtbar wird, dass innerhalb des einen nachgeschlagenen Begriffes weitere Begriffe (aufgrund des *technologischen Merkmals* einer Hyperlink-Struktur) durch einen Klick auf die farblich hervorgehobenen Wörter nachgeschlagen werden können.

Flächeninhalt, Formelzeichen F oder A, Größe eines von einem geschlossenen Linienzug begrenzten Teils einer Fläche. Die Flächeneinheiten sind der Quadratmeter (m^2) und seine dezimalen Vielfachen und Teile (Einheiten, Übersicht).

Die rechnerische Bestimmung des Flächeninhalts einfacher Flächenstücke (z. B. Dreieck, Kreis) erfolgt in der Elementarmathematik aus einzelnen Bestimmungsstücken dieser Figuren (z. B. Seiten, Höhen beim Dreieck) mithilfe bekannter Formeln oder durch Zerlegung der Flächenstücke in derart berechenbare Flächenstücke. Den Flächeninhalt beliebig begrenzter Flächenstücke auf analytisch gegebenen Flächen berechnet man mit Methoden der Integralrechnung.

Zugeordnete Quelle

Brockhaus, Flächeninhalt. (abgerufen 2020-08-28)

Abbildung 6.21 Schlüsselbegriffe, Lehrwerk (Hornisch et al., 2017)

Ergebnis überprüfen
Der Strukturelementtyp *Ergebnis überprüfen* wird mit den beiden anderen Strukturelementtypen *Lösungsweg/Lösungsvorschlag* und *Lösung* der übergeordneten

Kategorie *Lösungselement* zugeordnet und konnte in beiden digitalen Schulbüchern festgestellt werden. Dieser Strukturelementtyp ermöglicht es, eingegebene Ergebnisse direkt durch das digitale Schulbuch überprüfen zu lassen; die ausgewerteten Ergebnisse werden dann farblich (meistens: richtig = grün, falsch = rot) markiert. Zusätzlich zu dem Strukturelementtyp *Rechenaufgabe* taucht die Möglichkeit zum *Ergebnis überprüfen* auch in Kombination mit dem Strukturelementtyp *Zuordnungsaufgabe* auf. Abbildung 6.22 zeigt eine bearbeitete und überprüfte Anzeige einer *Zuordnungsaufgabe* im *eBook pro*, Abbildung 6.23 dagegen eine bearbeitete und überprüfte Anzeige einer *Rechenaufgabe* im *Lehrwerk*.

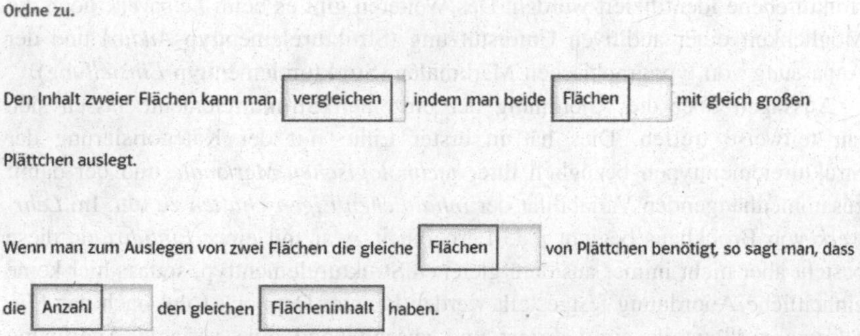

Ordne zu.

Den Inhalt zweier Flächen kann man | vergleichen | , indem man beide | Flächen | mit gleich großen

Plättchen auslegt.

Wenn man zum Auslegen von zwei Flächen die gleiche | Flächen | von Plättchen benötigt, so sagt man, dass

die | Anzahl | den gleichen | Flächeninhalt | haben.

Abbildung 6.22 Ergebnis überprüfen, Zuordnungsaufgabe, eBook pro (Braun et al., 2019)

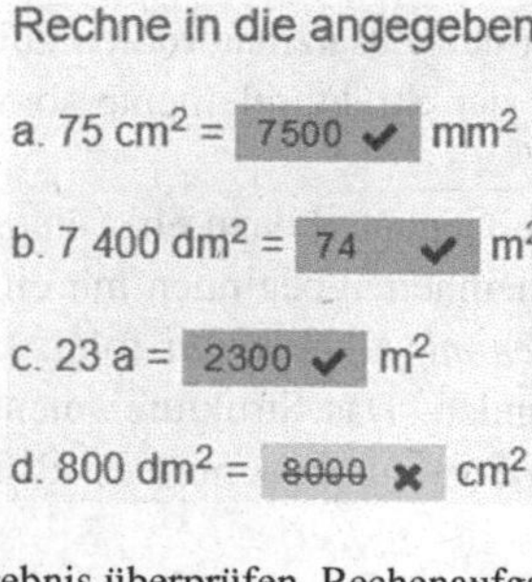

Rechne in die angegebene Einheit um.

a. $75\ cm^2 =$ | 7500 ✔ | mm^2

b. $7\ 400\ dm^2 =$ | 74 ✔ | m^2

c. $23\ a =$ | 2300 ✔ | m^2

d. $800\ dm^2 =$ | 8000 ✘ | cm^2

Abbildung 6.23 Ergebnis überprüfen, Rechenaufgabe, Lehrwerk (Hornisch et al., 2017)

Die Vorstellung der neuen Strukturelementtypen, die durch die *qualitative Inhaltsanalyse* der untersuchten digitalen Schulbücher *eBook pro* und *Lehrwerk* kategorisiert werden konnten, zielte zum einen darauf ab, die Möglichkeiten, die sich durch eine Verwendung dieser Strukturelemente ergibt, zu beschreiben. Zum anderen wurde aber auch deutlich, dass nicht alle dieser neuen Strukturelementtypen in beiden digitalen Schulbüchern vorzufinden waren. Demnach konnten zwar die Aufgabenformate *Zuordnungsaufgabe, statische Aufgabe* und *Rechenaufgabe* in beiden digitalen Schulbüchern ausfindig gemacht werden; die Strukturelemente *Notizaufgabe, interaktive Aufgabe, Schlüsselbegriffe* sowie die *Visualisierung* und *Exploration* jedoch nur im *Lehrwerk*. Das Strukturelement *Video* war hingegen nur im *eBook pro* identifizierbar. Darüber hinaus konnten die Strukturelementtypen *Suche, Markierung* und *Kommentierung* im *Lehrwerk* auf der Ebene der Mikrostruktur festgestellt werden, die beim *eBook pro* bereits auf der Makrostrukturebene identifiziert wurden. Des Weiteren gibt es beim *Lehrwerk* noch die Möglichkeit einer auditiven Unterstützung (Strukturelementtyp *Audio*) und der Anpassung von typographischen Merkmalen (Strukturelementtyp *Einstellung*).

Aussagen über die Anordnung der einzelnen Strukturelemente lassen sich nur teilweise treffen. Dies hat in erster Linie mit der Kategorisierung der Strukturelementtypen bezüglich ihrer *technologischen Merkmale* und der damit zusammenhängenden Variabilität der *inhaltlichen Eigenschaften* zu tun. Im *Lehrwerk* von Brockhaus beginnt jede Lerneinheit zwar mit einer *Einführung*; diese besteht aber nicht immer aus dem gleichen Strukturelementtyp, sodass hier keine einheitliche Anordnung festgestellt werden konnte. Dennoch folgt nach der *Einführung* größtenteils ein *Lehrtext* und anschließend eine variable Anordnung der *Aufgabenformate, Beispiel* oder ein *Kasten mit Merkwissen*. Die *Lösungselemente* sind immer bei der jeweiligen Aufgabe angeordnet; gleiches gilt zum großen Teil für das Strukturelement *Tipp/Hilfestellung*. Die Strukturelemente *Visualisierung* und *Exploration* befinden sich in erster Linie am Anfang einer Lerneinheit, können jedoch auch in den Zusatzmaterialien auftauchen. Insgesamt ist beim *Lehrwerk* die Anordnung der Strukturelemente somit eher als variabel zu beschreiben.

Für das *eBook pro* ergibt sich im Gegenteil dazu eher eine feste Anordnungen der Strukturelementtypen. Die Lerneinheiten beginnen mit einer kurzen *Aufgabe*, auf die ein *Lehrtext* und ein *Kasten mit Merkwissen* folgt. Im Anschluss daran sind *Beispiele* und *Aufgaben* zu finden. Das Strukturelement *Tipp/Hilfestellung* befindet sich rechts neben anderen Strukturelementen (z. B. bei *Beispielen* oder *Aufgaben*).

Zusammenfassend lässt sich für die Mikrostruktur der beiden untersuchten digitalen Schulbuchkonzepte festhalten, dass einerseits die gleichen Strukturelementtypen (z. B. *Kasten mit Merkwissen*, *Lehrtext*) in beiden Schulbuchkonzepten vorhanden sind, andererseits aber neue Strukturelementtypen festgestellt wurden, die entweder nur in einem Schulbuchkonzept (z. B. *Visualisierung* und *Exploration* beim *Lehrwerk*, *Video* beim *eBook pro*) oder in beiden (bspw. verschiedene Möglichkeiten der Ergebnisüberprüfung, unterschiedliche Aufgabenformate) identifiziert werden konnten. Des Weiteren unterscheiden sich die beiden Schulbuchkonzepte auf Mikroebene hinsichtlich der Anordnung ihrer Strukturelemente. Das *eBook pro* weist eine feste Anordnung der Strukturelemente auf, während das *Lehrwerk* eine variable Anordnung der Strukturelemente besitzt.

Bezogen auf die neuen Strukturelementtypen lässt sich für die Mikroebene konstatieren, dass die beiden digitalen Schulbuchkonzepte insbesondere hinsichtlich der verschiedenen *Aufgabenformate* und derjenigen Strukturelemente divergieren, die eine Interaktion zwischen Nutzerin bzw. Nutzer und dem jeweiligen Strukturelement ermöglichen. Dazu zählen die Strukturelemente *interaktive Aufgabe* und *Exploration*, die beide nur im *Lehrwerk* vorhanden sind. Mit Interaktion ist bei den Strukturelementtypen die Möglichkeit gemeint, Änderungen am Strukturelement durch Einstellungsmöglichkeiten (z. B. Schieberegler) vorzunehmen oder dynamische Bearbeitungen per se. Diese Änderungen sind somit dynamischer Natur und erst aufgrund der technologischen Möglichkeiten denkbar. Zwar gilt dies auch für das Strukturelement *Zuordnungsaufgabe*, jedoch beschränkt sich die dynamische Bearbeitung auf die Zuordnung von kohärierenden Eigenschaften und fokussiert dadurch keine explorativen Entdeckungen. Die beiden neuen Strukturelementtypen *Visualisierung* (*Lehrwerk*) und *Video* (*eBook pro*) ähneln sich in dem Sinne, dass sie einen mathematischen Gegenstand fortlaufend darstellen – zum einen als Erklärfilm, der mit einer Tonspur versehen ist und zudem ein Pausieren des Videos ermöglicht, und zum anderen als Animation, die den mathematischen Inhalt kontinuierlich widergibt, jedoch ohne auditive Unterstützung.

Auf der anderen Seite konnten aber auch Unterschiede festgestellt werden, die mit der Gesamtkonzeption der Schulbuchversion zusammenhängen. So sind die neuen Strukturelementtypen *Zuordnungsaufgabe*, *Rechenaufgabe*, *Video* und *Ergebnis überprüfen* im *eBook pro* lediglich im Zusatzmaterial enthalten, während sie auf der anderen Seite im *Lehrwerk* in der kompletten Lerneinheit eingebunden sind. Auf diese strukturellen Besonderheiten wird nun in den folgenden Abschnitten eingegangen.

6.3.2   Strukturelle Besonderheiten bei digitalen Schulbüchern

Zusätzlich zu der Beschreibung der Strukturelemente in den Einführungsseiten wird beim ersten Aufrufen der Nutzungssoftware *Klett Lernen* ein Bedienfeld angezeigt, das die zusätzlichen Funktionen, die der Nutzerin bzw. dem Nutzer in der digitalen Schulbuchversion zur Verfügung stehen, erklärt (vgl. Abbildung 6.24).

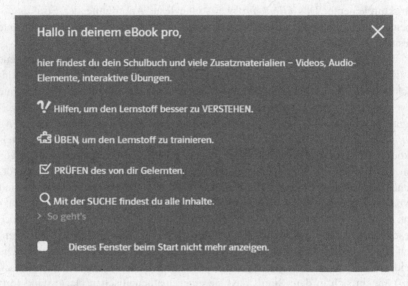

Abbildung 6.24   Begrüßungsanzeige, eBook pro (Braun et al., 2019)

Auch hier wurden die Textbestandteile zuerst paraphrasiert, dann generalisiert und anschließend in das Kategoriensystem eingeordnet (siehe Tabelle 6.15).

Tabelle 6.15 Strukturelemente in den Zusatzmaterialien im eBook pro

Textbestandteil	Paraphrasierung	Generalisierung	Kategorie
Hilfen, um den Lernstoff besser zu verstehen.	Lernstoff verstehen	verstehen	inhaltliche Eigenschaft
			technologische Merkmale
			typographische Merkmale
Üben, um den Lernstoff zu trainieren.	Lernstoff üben, trainieren	üben, trainieren	inhaltliche Eigenschaft
			technologische Merkmale
			typographische Merkmale
Prüfen des von dir Gelernten.	Wissen prüfen	prüfen	inhaltliche Eigenschaft
			technologische Merkmale
			typographische Merkmale
Mit der Suche findest du alle Inhalte.	Inhalte finden	finden	typographische Merkmale
			technologische Merkmale

Hierbei zeigt sich, dass die Zusatzfunktionen unter verschiedenen Blickwinkeln betrachtet werden können. Auf der einen Seite wird der Nutzerin bzw. dem Nutzer hier explizit empfohlen, beispielsweise das Zusatzmaterial *PRÜFEN* mit dem Ziel einer Wissensüberprüfung zu verwenden. Von den Schulbuchautorinnen und -autoren wird hier also *ein inhaltlicher Aspekt* bzw. eine *didaktische Funktion* verfolgt. Das *typographische Merkmal* bezieht sich auf das Symbol, das für dieses Zusatzmaterial steht. Demnach könnten die Zusatzfunktionen auch als eigene Strukturelementtypen (beispielsweise *Verständnis, Training, Prüfung*) in der Mikrostruktur verzeichnet werden. Dennoch konnten innerhalb der verschiedenen Zusatzmaterial-Funktionen – ausgenommen von der Suchfunktion, die ausschließlich einen bedingungsbezogenen Aspekt widerspiegelt und daher in der Makrostruktur (vgl. Abschnitt 6.3.1.1) kategorisiert wurde – die verschiedenen

Aufgabenformate *Zuordnungsaufgabe* und *Rechenaufgabe*, der Strukturelementtyp *Video* sowie die Möglichkeit einer *Ergebnisüberprüfung*, Anzeigen der *Lösung* bzw. des *Lösungswegs* identifiziert werden. Die einzelnen Zusatzfunktionen beinhalten somit weitere Strukturelementtypen, die sich insbesondere durch dynamische Aufgabenformate und verschiedene Möglichkeiten der Ergebnisüberprüfung auszeichnen, was durch die Beschreibung der *technologischen Merkmale* berücksichtigt wird. Die einzelnen Zusatzfunktionen sind also durch weitere Strukturelementtypen definiert und werden deshalb nicht als eigene Strukturelementtypen in der Mikrostruktur aufgeführt. Die Mikrostruktur im digitalen Schulbuch *eBook pro* von Klett wird somit durch die Zusatzfunktionen erweitert. Durch das Einbeziehen digitaler Tools in den Zusatzfunktionen entstehen einerseits dynamische Übungsformate, andererseits mehrere Möglichkeiten zur Ergebniskontrolle sowie der Strukturelementtyp *Video*.

Auch in den Lerneinheiten im *Lehrwerk* von Brockhaus finden sich Zusatzfunktionen (dargestellt durch bis zu vier Symbole), die je nach Lerneinheit am rechten Bildschirmrand erscheinen: ein *Schlüssel*, ein *Ausrufe-/Fragezeichen*, ein *Buch* sowie ein *Tempel* (vgl. Abbildung 6.8). Der *Schlüssel* steht für den Strukturelementtyp *Schlüsselbegriffe* (vgl. Mikrostruktur, Tabelle 6.12), bei dem einzelne mathematische Begriffe in der Lerneinheit durch die Integration der Brockhaus Enzyklopädie thematisiert werden: „Zentrale Begriffe werden aufgegriffen und inhaltlich vertieft" (Brockhaus Lehrwerke, o. J.a). Das *Ausrufe-/Fragezeichen* steht für zusätzliche Übungen, die in drei Schwierigkeitsstufen eingeteilt sind. Das *Buch* beinhaltet Extras bzw. Zusatzmaterialien, beispielsweise in Form von Projektideen. Alle drei Elemente sind für Schülerinnen und Schüler konzipiert, wenngleich bei den Inhalten der *Schlüsselbegriffe* gefragt werden muss, inwiefern die Formulierungen schülergerecht und für die jeweilige Klassenstufe verständlich sind. Unter dem Symbol des *Tempels* werden demgegenüber Materialien für die Lehrkraft zur Verfügung gestellt, die „Hinweise zur Handhabung der jeweiligen Lerneinheit" (Brockhaus Lehrwerke, o. J.a) abbilden und sich explizit an die Lehrkraft richten[8]. In Tabelle 6.16 werden die für Schülernutzungen vorgesehenen Elemente aus den Zusatzmaterialien in das Kategoriensystem eingeordnet.

---

[8] Aus diesem Grund wird das Strukturelement „Lehrermaterialien" zwar zur Vollständigkeit an dieser Stelle aufgeführt, jedoch im weiteren Verlauf wegen seiner Lehrerfokussiertheit nicht weiter thematisiert.

Tabelle 6.16 Strukturelemente in den Zusatzmaterialien im Lehrwerk

Textbestandteil	Generalisierung	Kategorie
Aufgreifen zentraler Begriffe	Schlüsselbegriffe	inhaltliche Eigenschaft
		technologische Merkmale
		typographische Merkmale
Übungen im Zusatzbereich	Zusatzübungen	inhaltliche Eigenschaft
		technologische Merkmale
		typographische Merkmale
weiteres Material zum Thema	Zusatzmaterial	inhaltliche Eigenschaft
		technologische Merkmale
		typographische Merkmale

Wie schon beim *eBook pro* beziehen sich die *typographischen Merkmale* auf die Symbole für die jeweiligen Zusatzfunktionen. Die Zusatzfunktion *Schlüsselbegriffe* erinnert stark an das Strukturelement *Stichwortverzeichnis* (vgl. Makrostruktur, Abschnitt 6.3.1.1) bzw. gleicht einer Formelsammlung, geht jedoch inhaltlich darüber hinaus, da der jeweilige Inhalt nicht nur prägnant wiedergegeben, sondern ausführlicher erklärt wird (vgl. Brockhaus Lehrwerke, o. J.a, Abschnitt 6.3.1.3). Als *inhaltliche Eigenschaften* lassen sich somit das *Ordnen* bzw. *Vertiefen* zuordnen. Auf *technologischer Ebene* zeigt sich hier ein Merkmal des digitalen Mediums, da in den inhaltlichen Beschreibungen durch eine Hyperlink-Struktur auf weitere Begriffe zugegriffen werden kann und diese dann ebenfalls inhaltlich erklärt werden.

Sowohl die *Zusatzübungen* als auch das *Zusatzmaterial* bestehen in erster Linie aus verschiedenen *Aufgabenformaten* oder *Explorationen*, sodass diese auf *inhaltlicher Ebene* für verschiedene Zwecke eingesetzt werden können und zudem auf *technologischer Ebene* sehr unterschiedlich sind. Aus diesem Grund werden – wie schon beim *eBook pro* – diese Zusatzfunktionen nicht als eigenständige Strukturelementtypen in der Mikrostruktur aufgeführt, sondern durch die bisherige Auflistung der *Aufgabenformate* und *Exploration* dargestellt und tauchen daher schon in der Tabelle der Strukturelementtypen auf Mikroebene auf (vgl. Tabelle 6.12). Für beide digitale Schulbücher kristallisiert sich somit insgesamt heraus, dass Zusatzmaterialien für die Lernenden in Form von verschiedenen Aufgabenformaten und Explorationen, ergo digitalen Strukturelementtypen, zur Verfügung gestellt werden, die die jeweilige Lerneinheit zusätzlich erweitern.

Ergänzend zu den jeweiligen Zusatzmaterialien wurden bedienungsbezogene Aspekte sowohl auf der Makrostrukturebene (für das *eBook pro*) als auch auf der Mikrostrukturebene (für das *Lehrwerk*) bereits in den entsprechenden Strukturebenen thematisiert. Auch wenn nicht alle dieser Strukturelementtypen in beiden digitalen Mathematikschulbüchern zu gleichen Maßen identifiziert werden konnten, ist ihnen gemeinsam, dass sie lediglich *schulbuchbezogene Aspekte* beinhalten, die sich auf die Darstellung bzw. Bedienung des Schulbuchs beziehen. Für eine bessere Übersicht werden diese Strukturelementtypen nun in Tabelle 6.17 aufgeführt. Dadurch wird deutlich, dass sich keine Kategorisierungen der *unterrichtsbezogenen Aspekte* sowie der *sprachlichen Merkmale* ergeben.

Tabelle 6.17 Übersicht der bedienungsbezogenen Strukturelementtypen

Strukturele- menttyp	schulbuchbezogene Aspekte			unterrichtsbezogene Aspekte		
	technologi- sche Merkmale	typographi- sche Merk- male	sprachli- che Merk- male	inhaltli- che Aspekte	didakti- sche Funktion	situative Bedin- gung
Audio[a]	akustische Wiedergabe des Textes	Symbol	—	—	—	—
Einstellungen[b]	Anpassung der Schrift- größe und Schriftart		—	—	—	—
Suche	Begriffssu- che innerhalb des Schul- buchs		—	—	—	—
Markierung	Markierung von Textin- halten	Symbol, farb- lich	—	—	—	—
Kommentierung	Kommentie- rung von In- halten	Symbol	—	—	—	—
Zoom	Vergröße- rung/Verklei- nerung		—	—	—	—
Lesezeichen[c]	Markierung von Seiten		—	—	—	—

[a] nur im *Lehrwerk*
[b] nur im *Lehrwerk*
[c] nur im *eBook pro*

Wie in Tabelle 6.17 erneut hervorgehoben wird, ergeben sich bei diesen Strukturelementtypen nur Kategorisierungen anhand von *technologischen* und *typographischen Merkmalen*, wobei sich das *typographische Merkmale* allein durch ein Symbol für den entsprechenden Strukturelementtypen auszeichnet (z. B. eine Lupe für die *Suche*). Lediglich bei dem Strukturelementtyp *Markierung* ergibt sich auf typographischer Ebene eine farbliche Hervorhebung des markierten Textinhalts.

Es konnten weder *sprachliche Merkmale* noch *unterrichtsbezogene Aspekte* bei den Strukturelementen identifiziert werden. Dies ist allerdings nicht sonderlich verwunderlich, da sich die Funktionen ausschließlich auf organisatorische bzw. bedienungsbedingte Aspekte beziehen und sich somit keine *inhaltlichen Eigenschaften* oder *situativen Bedingungen* kategorisieren lassen.

Im Gesamten ergeben sich bezogen auf strukturelle Besonderheiten bei digitalen Schulbüchern (im Vergleich zu traditionellen Schulbüchern für die Mathematik) zwei Hauptresultate: Zum einen bieten beide digitalen Schulbücher neue Funktionen, die sich auf bedienungsbezogene Aspekte beziehen und keine inhaltlichen Neuerungen ermöglichen. Dazu gehören die in Tabelle 6.17 aufgeführten Strukturelementtypen. Diese bedienungsbezogenen Aspekte finden sich einerseits auf der Makrostrukturebene im *eBook pro* oder auf der Mikrostrukturebene im *Lehrwerk* und unterscheiden sich somit je nach Schulbuch. Zum anderen wurde auch deutlich, dass beide digitalen Schulbücher (auf Mikrostrukturebene) Zusatzmaterialien anbieten, die insbesondere neue Strukturelementtypen beinhalten. Dies gilt in besonderem Maße für das *eBook pro*, das ausschließlich neue Strukturelementtypen in den Zusatzmaterialien zur Verfügung stellt. Inwiefern beide untersuchten Schulbücher in gleichem Maße als ‚digitale Schulbücher' bezeichnet werden können oder ob es aufgrund der durch die Strukturanalyse identifizierten Unterschiede einer Unterscheidung im Sinne eines Grades der Digitalität bedarf, wird im nun folgenden Kapitel diskutiert.

6.4 Zusammenfassung und Diskussion der Ergebnisse

Durch die *qualitative Inhaltsanalyse* zeigt sich für die beiden digitalen Mathematikschulbücher der Sekundarstufe I, dass – wie schon bei gedruckten deutschsprachigen Mathematik-schulbüchern (vgl. Rezat, 2009) – drei Strukturebenen unterschieden werden können: die Makro-, Meso- und Mikrostrukturebene. Innerhalb der einzelnen Strukturebenen kann die Schulbuchstruktur bezüglich verschiedener Strukturelemente beschrieben werden, die sich anhand *technologischer, sprachlicher* und *typographischer Merkmale* sowie *inhaltlicher Aspekte, didaktischer Funktionen* und *situativer Bedingungen* genauer charakterisieren und dadurch voneinander abgrenzen lassen. Dabei lassen sich die ersten drei Eigenschaften als *schulbuchbezogene Aspekte* und die letzten drei Eigenschaften als *unterrichtsbezogene Aspekte* charakterisieren, wodurch die Strukturelemente einerseits Aspekte schulbuchbezogener Vorgaben und andererseits Aspekte des eigentlichen Unterrichts widerspiegeln. Diesbezüglich zeigt sich bereits in den Merkmalsbeschreibungen der Strukturelementtypen eine Unterscheidung zwischen erwarteter und tatsächlicher Nutzung (vgl. Abschnitt 2.2). Strukturelemente mit denselben Eigenschaften können somit zu Strukturelementtypen zusammengefasst werden, wodurch sich die Strukturen digitaler Mathematikschulbücher miteinander vergleichen lassen.

Strukturebenen

Die Makrostruktur spiegelt die Gesamtkonzeption der (digitalen) Schulbücher als ‚Jahrgangsstufenbände' oder ‚Lehrgänge geschlossener Sachgebiete' wider. Bei den beiden analysierten digitalen Schulbuchkonzepten handelt es sich um Jahrgangsstufenbände. Darüber hinaus bezieht sich die Makrostruktur aber auch auf eine erste Gliederung der Inhalte in einzelne Kapitel und weitere Bereiche, die eine Orientierung im Buch erleichtern sollen. Hierbei zeigen sich jedoch erhebliche Unterschiede bei den beiden analysierten digitalen Schulbüchern: Während sich bei dem *Lehrwerk* von Brockhaus lediglich eine makrostrukturelle Gliederung der Inhalte in *Kapitel* – dargestellt im *Inhaltsverzeichnis* – identifizieren ließ, konnten beim *eBook pro* von Klett darüber hinaus weitere Strukturelementtypen festgestellt werden, die über die Inhalte in den einzelnen Kapiteln hinausgehen. Dazu zählen unter anderem *kapitelübergreifende Aufgaben* und *Tests* sowie *Lösungen zu ausgewählten Aufgaben* und bedienungsbezogene Funktionen wie *Suche, Markierung, Kommentierung, Lesezeichen* und *Zoom*. Im Gegensatz dazu kann die Ansicht und der Inhalt des *Inhaltsverzeichnisses* im *Lehrwerk* (durch die Lehrkraft) beliebig angepasst werden, sodass hier auf technologischer Ebene eine Veränderung im Vergleich zu gedruckten Mathematikschulbüchern und dem *eBook pro* sichtbar wird.

Die Mesostruktur bezieht sich auf die Struktur der einzelnen Kapitel. Bei beiden analysierten digitalen Schulbüchern konnte die Gliederung der Kapitel in *Lerneinheiten* festgestellt werden. Ansonsten zeigten sich – wie schon bei der Makrostruktur – große Unterschiede in den beiden Schulbuchkonzepten. Das *eBook pro* bietet der Nutzerin bzw. dem Nutzer zusätzlich zu den *Lerneinheiten* weitere Strukturelementtypen, die die Inhalte der *Lerneinheiten* verknüpfen. Dazu gehören Strukturelemente wie *lerneinheitenübergreifende Zusammenfassung, Aufgaben* oder *Tests*. Im Gegensatz dazu werden der Nutzerin bzw. dem Nutzer beim *Lehrwerk* keine zusätzlichen Elemente zur Verfügung gestellt.

Bei den jeweiligen *Lerneinheiten* der beiden digitalen Schulbücher ergeben sich darüber hinaus bedienungsbezogene Unterschiede, die mit der Gesamtkonzeption der Schulbücher zusammenhängen. Demnach werden beim *Lehrwerk* die Schulbuchinhalte bei den *Lerneinheiten* auf einer Seite dargestellt und durch Scrollen erreicht; das *eBook pro* orientiert sich am klassischen Schulbuchdesign im Sinne von Schulbuchseiten, sodass eine Nutzung durch Blättern ermöglicht wird. Dies zeigt sich auch im Erscheinungsbild der beiden Schulbuchversionen. So gleicht das *eBook pro* durch die Darstellung der Inhalte auf Schulbuchseiten einem klassischen Schulbuchdesign, wie Abbildung 6.25 verdeutlicht. Im Gegensatz dazu lässt sich im *Lehrwerk* eine Hyperlink-Struktur ausmachen, bei der die Inhalte durch einen Klick auf das entsprechende Thema zugänglich sind und anschließend auf einer einzelnen Seite, auf der die einzelnen Inhalte durch Scrollen erreicht werden können, dargestellt werden (vgl. Abbildung 6.26).

Durch die Mikrostruktur wird die Struktur der einzelnen *Lerneinheiten* beschrieben. Die *Lerneinheiten* beider digitaler Schulbücher enthalten jeweils *Lehrtexte*, die den entsprechenden Inhalt beschreiben, einen *Kasten mit Merkwissen*, der den wesentlichen mathematischen Inhalt prägnant zusammenfasst, sowie *Bilder*, *Tabellen* und *Beispiele*. Zudem bieten beide Schulbücher eine Vielzahl verschiedener *Aufgabenformate* an.

Abbildung 6.25 Screenshot der Komplettansicht, eBook pro (Braun et al., 2019)

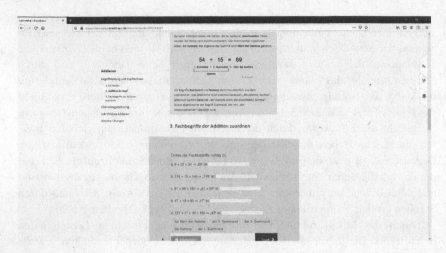

Abbildung 6.26 Screenshot der Komplettansicht, Lehrwerk (Hornisch et al., 2017)

Bezogen auf die Aufgabenformate lassen sich jedoch merkliche Unterschiede feststellen. So sind die Aufgabenformate *Zuordnungsaufgabe* und *Rechenaufgabe* im *eBook pro* lediglich im Zusatzmaterial enthalten, während sie im *Lehrwerk* in der gesamten Lerneinheit eingebunden sind. Zudem konnten in beiden Schulbüchern drei verschiedene Arten der Ergebniskontrolle identifiziert werden: Anzeigen der *Lösung*, Anzeigen des *Lösungsweges* sowie eine dynamische *Überprüfung der Ergebnisse*. Auch wenn alle drei Möglichkeiten in beiden Schulbüchern vorhanden sind, konnte – wie auch schon die dynamischen Aufgabenformate – beim *eBook pro* nur in den Zusatzmaterialien die dynamische Überprüfungsmöglichkeit identifiziert werden, beim *Lehrwerk* jedoch durchgängig in der gesamten Lerneinheit. Des Weiteren wurde in der Schulbuchanalyse nur im *eBook pro* das Strukturelement *Video* und nur im *Lehrwerk* die Strukturelemente *interaktive Aufgabe, Notizaufgabe, Schlüsselbegriffe, Visualisierung* und *Exploration* lokalisiert. Darüber hinaus zeigten sich im *Lehrwerk* bedienungsbezogene Funktionen durch die Strukturelementtypen *Audio, Einstellungen, Suche, Markierung* und *Kommentierung*, die zum Teil im *eBook pro* auf der Makrostrukturebene realisiert werden.

In Tabelle 6.18 werden die identifizierten Strukturelementtypen auf den drei Strukturebenen übersichtlich zusammengefasst und in die Ergebnisse der Strukturanalyse von gedruckten Mathematikschulbüchern (vgl. Rezat, 2009) mit eingebunden, sodass ein Vergleich zwischen traditionellen Schulbüchern und den hier analysierten digitalen Schulbüchern für die Mathematik möglich wird.

Tabelle 6.18 Übersicht der Strukturelementtypen auf den drei Strukturebenen

Strukturelementtyp	traditionelle Mathematikschulbücher (vgl. Rezat, 2009)	eBook pro, Klett	Lehrwerk, Brockhaus
Makrostruktur			
Hinweise zur Struktur	x	x	
Inhaltsverzeichnis	x	x	x
Kapitel	x	x	x
kapitelübergreifende Aufgaben	x	x	
kapitelübergreifende Tests	x	x	
Lösungen zu ausgewählten Aufgaben	x	x	
Stichwortverzeichnis	x	x	
Text- und Bildquellenverzeichnis	x	x	
Verzeichnis mathematischer Symbole		x	
Suche		x	
Markierung		x	
Kommentierung		x	
Zoom		x	
Lesezeichen		x	
Mesostruktur			
Einführungsseite	x	x	
Aktivitäten	x	x	
Lerneinheiten	x	x	x
Themenseiten	x	x	
lerneinheitenübergreifende Zusammenfassung	x	x	
lerneinheitenübergreifende Aufgaben	x	x	
lerneinheitenübergreifende Tests	x	x	

(Fortsetzung)

Tabelle 6.18 (Fortsetzung)

Strukturelementtyp	traditionelle Mathematikschulbücher (vgl. Rezat, 2009)	eBook pro, Klett	Lehrwerk, Brockhaus
Aufgaben zu Inhalten früherer Kapitel	x	x	
Mikrostruktur			
Zuordnungsaufgabe		x	x
Notizaufgabe			x
statische Aufgabe	x	x	x
Rechenaufgabe		x	x
interaktive Aufgabe			x
Visualisierung			x
Exploration			x
Video		x	
Beispiel	x	x	x
Kasten mit Merkwissen	x	x	x
Lehrtext	x	x	x
Tabelle	x	x	x
Bild	x	x	x
Schlüsselbegriffe			x
Tipp/Hilfestellung	x	x	x
Lösungsweg/ Lösungsvorschlag		x	x
Lösung		x	x
Ergebnis überprüfen		x	x
Audio			x
Einstellungen			x
Suche			x
Markierung			x
Kommentierung			x

Implikationen für eine Unterscheidung von gedruckten und digitalen Mathematikschulbüchern

Durch die Darstellung in Tabelle 6.18 werden die Unterschiede sowohl zwischen den beiden analysierten Schulbüchern als auch im Vergleich zu gedruckten Mathematikschulbüchern stringent deutlich. So zeigt sich, dass die Struktur vom *eBook pro* in großem Maße der Struktur von traditionellen Mathematikschulbüchern gleicht, was sich bei allen drei Strukturebenen herauskristallisiert. Während die Strukturelementtypen auf der Mesoebene vollständig identisch sind, wird die Makrostrukturebene durch zusätzliche Strukturelementtypen erweitert – allerdings insbesondere durch die bedienungsbezogenen Funktionen. Auf der Mikrostrukturebene zeigt sich im Vergleich zu den traditionellen Strukturelementtypen ebenfalls eine große Übereinstimmung. So wurden die Elemente *Beispiel, Kasten mit Merkwissen, Lehrtext, Tabelle, Bild, Tipp/Hilfestellung* und *statische Aufgabe* beibehalten und durch die Elemente *Zuordnungsaufgabe, Rechenaufgabe, Lösungsweg/Lösungsvorschlag, Lösung, Ergebnis überprüfen* und *Video* erweitert. Hierbei ist jedoch erneut zu betonen, dass die Strukturelemente auf Mikroebene zuerst anhand ihrer *technologischen Merkmale* charakterisiert wurden und sich deshalb eine andere Kategorisierung als bei traditionellen Mathematikschulbüchern ergibt. Demzufolge sind die traditionellen Strukturelementtypen *Einstiegsaufgaben, Aufgabe mit Lösung, weiterführende Aufgabe, Übungsaufgaben, Testaufgaben* und *Aufgaben zur Wiederholung* (vgl. Rezat, 2009, S. 99) in der hier vorliegenden Analyse bei den Strukturelementen der verschiedenen Aufgabentypen vorzufinden. Dies gilt gleichermaßen für das *eBook pro* als auch für das *Lehrwerk*.

Das digitale Mathematikschulbuch *Lehrwerk* zeigt hingegen erhebliche Unterschiede auf allen drei Strukturebenen. Bezüglich der Makrostruktur konnten nur die Strukturelementtypen *Inhaltsverzeichnis* und *Kapitel* identifiziert werden, bei denen zudem die Möglichkeit der individuellen Anpassung durch die Lehrkraft gegeben ist. Auch die Mesostruktur gliedert sich ausschließlich in die *Lerneinheiten*, sodass bei diesen beiden Strukturebenen keine Erweiterung, sondern eine Reduzierung der Strukturelementtypen festzustellen ist. Darüber hinaus dazu konnten umfangreiche Unterschiede innerhalb der Mikrostruktur lokalisiert werden, die sich insbesondere auf die verschiedenen Aufgabenformate (*Zuordnungsaufgabe, Notizaufgabe, statische Aufgabe, Rechenaufgabe* und *interaktive Aufgabe*), die Strukturelementtypen *Visualisierung* und *Exploration* sowie auf die verschiedenen Lösungselemente (*Lösungsweg/Lösungsvorschlag, Lösung* und *Ergebnis überprüfen*) beziehen.

Zu der Anordnung der Strukturelemente lässt sich feststellen, dass das *eBook pro* auf allen drei Strukturebenen eine feste Anordnung der Strukturelemente besitzt und auch hier der Struktur der traditionellen Mathematikschulbücher folgt (vgl. Rezat, 2009, S. 107–110). Das *Lehrwerk* bietet stattdessen eine variable Anordnung, was sich zum einen durch die Anpassungsmöglichkeiten auf Makro- und Mesostrukturebene zeigt und zum anderen durch die flexible Strukturierung der Lerneinheiten bezüglich der Strukturelementtypen.

Implikationen für eine Unterscheidung von verschiedenen· digitalen Schulbuchkonzepten

Insgesamt lässt sich aufgrund der unterschiedlichen Strukturelementtypen auf den Strukturebenen von zwei verschiedenen Schulbuchkonzepten sprechen. Dieses Ergebnis deckt sich auch mit den in Abschnitt 3.3 vorgestellten verschiedenen digitalen Schulbuchversionen aus der Literatur (vgl. Pepin et al., 2015). Demnach kann das *eBook pro* als „integratives elektronisches Schulbuch" (Pepin et al., 2015, S. 640; eigene Übersetzung) beschrieben werden, da zum einen das Erscheinungsbild und zum anderen die Strukturelementtypen auf Makroebene nur wenige Unterschiede zur gedruckten Version darstellen. Das *Lehrwerk* lässt sich demgegenüber als „interaktives elektronisches Schulbuch" (Pepin et al., 2015, S. 640; eigene Übersetzung) beschrieben werden, was insbesondere durch die Strukturelementtypen der Mikrostruktur deutlich wird. Laut Pepin et al. (2015) zeichnen sich interaktive elektronische Schulbücher durch interaktive Aufgaben aus, die in dem Schulbuch direkt eingebunden und nicht als externe Erweiterungen verfügbar sind (vgl. Pepin et al., 2015, S. 640). Auch die flexible Anpassung der Kapitel wird von den Autorinnen und Autoren angesprochen (vgl. Pepin et al., 2015, S. 640), sodass beide Eigenschaften eines interaktiven elektronischen Schulbuchs durch das *Lehrwerk* erfüllt werden. Insgesamt wird das *Lehrwerk* daher als ‚digitales' Schulbuch für die Mathematik bezeichnet.

Im Gegensatz dazu stellt sich die Frage, ob die hier analysierte Schulbuchversion des *eBook pro* als ein ‚digitales' Schulbuch bezeichnet werden kann oder ob aufgrund der engen Anlehnung an traditionelle Mathematikschulbücher und der Kategorisierung eines integrativen elektronischen Schulbuchs eher die Bezeichnung eines ‚digitalisierten' Schulbuchs sinnvoll ist. Das Ziel für diese Unterscheidung liegt einerseits darin, die Bandbreite verschiedener digitaler Schulbuchversionen aufzuzeigen und einzuordnen. Andererseits hat eine Unterscheidung der beiden analysierten Schulbuchkonzepte auch Auswirkungen auf die empirische Untersuchung dieser Arbeit, da die Analyse von Schulbuchnutzungen (von Lernenden) digitale Mathematikschulbücher in den Fokus der Untersuchung rückt und daher digitale von digitalisierten Unterrichtswerken abzugrenzen sind. Um dementsprechend Rückschlüsse von den Strukturelementtypen der verschiedenen Strukturebenen auf eine Bezeichnung des Schulbuchs als ‚digital' bzw. ‚digitalisiert' zu erlangen, werden die Strukturelementtypen der verschiedenen Strukturebenen (sowohl für das *eBook pro* als auch für das *Lehrwerk*) in die Schulbuchfunktionen ‚Inhalt', ‚Struktur' und ‚Technologie' (vgl. Abbildung 3.2) eingeordnet. Dadurch lässt sich visualisieren, welche Strukturelementtypen durch die Möglichkeiten der Technologie einen Einfluss auf den (mathematischen) Inhalt oder die Struktur haben – und demnach als digitale Strukturelemente bezeichnet werden können – und welche Strukturelementtypen andererseits hauptsächlich einen technologischen Charakter besitzen und bedienungsbezogene Aspekte abbilden – und daher als digitalisierte Strukturelemente bezeichnet werden sollten. Insgesamt können dadurch Schulbuchversionen als ‚digital' bzw. ‚digitalisiert' charakterisiert werden.

In den folgenden Zuteilungen (dargestellt in Tabelle 6.19, Tabelle 6.20 und Tabelle 6.21) werden die Strukturelementtypen vom *Lehrwerk* (rot) und *eBook pro* (blau) den drei Funktionen ‚Inhalt', ‚Struktur' und ‚Technologie' (vgl. Abbildung 3.2) zugeordnet. Diese Zuordnungen der einzelnen Strukturelementtypen erfolgte auf der Grundlage der durch die Strukturelementtypen ermöglichten Funktionen; die Zuordnungen werden in dem folgenden Abschnitt für die einzelnen Strukturebenen beschrieben. Durch diese Zuordnung soll deutlich werden, welche grundlegenden Möglichkeiten sich durch den Einfluss der Technologie auf die Funktionen ‚Inhalt' und ‚Struktur' bei den beiden analysierten Mathematikschulbüchern ergeben, um den Nutzen der Technologie zu verdeutlichen und dadurch eine Bezeichnung ‚digitales Schulbuch' im Kontrast zu der Bezeichnung ‚digitalisiertes Schulbuch' zu begründen.

Anhand Tabelle 6.19 zeigt sich, dass lediglich die beiden Strukturelementtypen der Mikroebene *Inhaltsverzeichnis* und *Kapitel* vom *Lehrwerk* in allen drei Schulbuch-Funktionen ‚Inhalt', ‚Struktur' und ‚Technologie' eingeordnet werden. Dies lässt sich damit begründen, dass die beiden Strukturelementtypen *Inhaltsverzeichnis* und *Kapitel* in diesem Schulbuchkonzept (durch die Lehrkraft) variiert werden können und der Inhalt somit angepasst werden kann. Die Technologie hat also einen direkten Einfluss auf die Struktur und den Inhalt des Schulbuchs.

Auf der anderen Seite werden diese beiden Strukturelementtypen beim *eBook pro* nur in den zwei Schulbuchfunktionen ‚Struktur' und ‚Inhalt' eingeordnet, da die einzelnen *Kapitel* auch bei diesem Schulbuchkonzept den Inhalt in strukturierter Form anbieten – jedoch ohne die Möglichkeit einer variierten

Tabelle 6.19 Einordnung der Strukturelementtypen auf Makroebene in die Aspekte ‚Inhalt', ‚Struktur' und ‚Technologie'

Strukturelement	Inhalt	Struktur	Technologie
Hinweise zur Struktur	○		
Inhaltsverzeichnis	○•	•○	•
Kapitel	•○	•○	•
kapitelübergreifende Aufgaben	○	○	
kapitelübergreifende Tests	○	○	
Lösungen zu ausgewählten Aufgaben	○		
Stichwortverzeichnis	○		
Text- und Bildquellenverzeichnis	○		
Verzeichnis mathematischer Symbole	○		
Suche			○
Markierung			○
Kommentierung			○
Zoom			○
Lesezeichen			○

•*Lehrwerk von Brockhaus* ○ *eBook pro von Klett*

Anordnung. Darüber hinaus werden auch die Strukturelementtypen *kapitelübergreifende Aufgaben* und *kapitelübergreifende Tests* den beiden Funktionen ‚Inhalt' und ‚Struktur' eingeordnet, da den Lernenden durch diese Strukturelemente Inhalte aus verschiedenen Kapiteln zur Verfügung stehen. Die neu identifizierten Strukturelementtypen *Suche, Markierung, Kommentierung, Zoom* und *Lesezeichen* wurden dem Bereich ‚Technologie' zugeordnet, da sich durch diese Möglichkeiten keine inhaltlichen oder strukturellen Neuerungen ergeben und lediglich auf organisatorischer Ebene verwendet werden können (vgl. Abschnitt 6.3.1.1). Demgegenüber werden die übrigen Strukturelementtypen *Hinweise zur Struktur, Lösungen zu ausgewählten Aufgaben, Stichwortverzeichnis, Text- und Bildquellenverzeichnis* sowie *Verzeichnis mathematischer Symbole*, die auch schon in gedruckten Mathematikschulbüchern auf der Makrostrukturebene festgestellt wurden, dem Bereich ‚Inhalt' zugeordnet, da sie den Lernenden kapitelunabhängige Inhalte oder Übersichten bieten.

Anhand der Zuteilungen in Tabelle 6.19 wird deutlich, dass nur im *Lehrwerk* Strukturelemente vorhanden sind, die aufgrund von technologischen Möglichkeiten makrostrukturelle Veränderungen der Funktionen ‚Inhalt' und ‚Struktur' bewirken; im *eBook pro* zeigen sich lediglich technologische Veränderungen ohne

Auswirkung auf den ‚Inhalt' oder die ‚Struktur'. Dies kann als erste Grundlage dafür gesehen werden, dass das *eBook pro* – wie oben bereits angemerkt – als ‚digitalisiertes' und nicht, wie das *Lehrwerk*, als ‚digitales' Mathematikschulbuch bezeichnet werden sollte.

In Tabelle 6.20 ist die Einordnung der Strukturelementtypen auf der Mesostrukturebene dargestellt. Dabei wird sichtbar, dass der Strukturelementtyp *Lerneinheiten* beim *Lehrwerk* in alle drei Funktionen ‚Inhalt', ‚Struktur' und ‚Technologie' eingeordnet werden kann, da – wie schon auf der Makrostrukturebene – die Inhalte durch die Möglichkeit des digitalen Mediums in eine veränderte Struktur gebracht werden können. Die Strukturelementtypen des *eBook pro* lassen sich demgegenüber nur bei der Schulbuchfunktion ‚Inhalt' (Strukturelementtypen *Einführungsseite*, *Aktivitäten* und *Themenseite*) sowie in die beiden Funktionen ‚Struktur' und ‚Inhalt' (Strukturelementtypen *Lerneinheiten*, *lerneinheitenübergreifende Zusammenfassung*, *lerneinheitenübergreifende Aufgaben*, *lerneinheitenübergreifende Tests* und *Aufgaben zu Inhalten früherer Kapitel*) zuordnen, da diese Strukturelementtypen keine Veränderung aufgrund der digitalen Natur des Schulbuchs erfahren haben und im gleichen Maße in der gedruckten Version den Nutzerinnen und Nutzern zur Verfügung stehen. Demzufolge wird deutlich, dass die Technologie auf der Mesostrukturebene des *eBook pro* zu keinen Veränderungen im Vergleich zu der gedruckten Schulbuchversion führt.

Tabelle 6.20 Einordnung der Strukturelementtypen auf Mesoebene in die Aspekte ‚Inhalt', ‚Struktur' und ‚Technologie'

Strukturelement	Inhalt	Struktur	Technologie
Einführungsseite	○		
Aktivitäten	○		
Lerneinheiten	•○	•○	•
Themenseiten	○		
lerneinheitenübergreifende Zusammenfassung	○	○	
lerneinheitenübergreifende Aufgaben	○	○	
lerneinheitenübergreifende Tests	○	○	
Aufgaben zu Inhalten früherer Kapitel	○	○	

• *Lehrwerk von Brockhaus* ○ *eBook pro von Klett*

Durch die Einordnung der Strukturelementtypen der Mikrostrukturebene in die Funktionen ‚Inhalt', ‚Struktur' und ‚Technologie' (vgl. Tabelle 6.21) zeigt sich, dass das *Lehrwerk* sowohl traditionelle als auch digitalisierte und digitale Strukturelementtypen integriert, das *eBook pro* hingegen insbesondere traditionelle und digitalisierte Strukturelementtypen. Die Unterscheidung zwischen digitalisierten und digitalen Strukturelementtypen kann nun aufgrund der Einteilung ebendieser Elemente näher beschrieben werden.

Für die Zuordnung der Strukturelemente auf Mikrostrukturebene ist vorab zu bemerken, dass ein Großteil der Strukturelementtypen einen mathematischen Inhalt abbildet und somit dem Aspekt ‚Inhalt' zugeordnet werden kann. Lediglich das im *Lehrwerk* vorhandene Strukturelement *Einstellungen* ermöglicht strukturelle Funktionen, da durch die dort gegebenen Möglichkeiten ein Einfluss auf die Darstellung und somit auf die Struktur der Lerneinheit gegeben ist. Dies wird allerdings nur durch die technologische Möglichkeit umsetzbar, weshalb der Strukturelementtyp *Einstellungen* beiden Funktionen ‚Struktur' und ‚Technologie' zugeordnet wird. Darüber hinaus beziehen sich die bedienungsbezogenen Strukturelemente *Audio, Suche, Markierung* und *Kommentierung* im *Lehrwerk* ausschließlich auf technologische Merkmale und werden daher dem Aspekt ‚Technologie' zugeordnet.

Demgegenüber wurden diejenigen Strukturelementtypen im *Lehrwerk*, die auch schon für traditionelle Mathematikschulbücher festgestellt wurden und keine technologischen Veränderungen erfahren haben, dem Aspekt ‚Inhalt' zugeordnet. Dazu gehören die Elemente *Beispiel, Kasten mit Merkwissen, Lehrtext, Tabelle, Bild, Lösungsweg/Lösungsvorschlag, Lösung, Tipp/Hilfestellung* und *statische Aufgabe*.

Die Strukturelementtypen, die erst aufgrund der digitalen Natur des Schulbuchs möglich werden und darüber hinaus den (mathematischen) Inhalt darstellen, werden den zwei Funktionen ‚Inhalt' und ‚Technologie' zugeordnet. Dazu gehören für das *Lehrwerk* die Mikrostrukturelemente *Zuordnungsaufgabe, Notizaufgabe, Rechenaufgabe, interaktive Aufgabe, Visualisierung, Exploration, Schlüsselbegriffe* und *Ergebnis überprüfen*. Um jedoch zu verdeutlichen, dass es sich bei den Aufgabenformaten *Zuordnungsaufgabe, Notizaufgabe* und *Rechenaufgabe* um Formate handelt, die bei einem gedruckten Schulbuch durch eine Auslagerung der Bearbeitung (beispielsweise in das Heft der Schülerinnen und Schüler) schon möglich waren und nun durch die Technologie direkt in das Schulbuch eingebunden sind, werden diese Mikrostrukturelemente in Klammern dargestellt (vgl. Tabelle 6.21). Im Gegensatz dazu werden diejenigen Strukturelemente, die erst aufgrund der digitalen Natur des Mediums entstehen und daher bei gedruckten Mathematikschulbüchern nicht auftauchen konnten, ohne Klammern dargestellt. Damit sind für das *Lehrwerk* die Elemente *interaktive Aufgabe, Visualisierung, Exploration, Ergebnis überprüfen* und *Schlüsselbegriffe* gemeint.

Für das *eBook pro* ergibt sich für die Aufgabenformate *Zuordnungsaufgabe* und *Rechenaufgabe* sowie für die Strukturelemente *statische Aufgabe, Beispiel,*

Kasten mit Merkwissen, Lehrtext, Tabelle, Bild, Tipp/Hilfestellung, Lösungsweg/ Lösungsvorschlag, Lösung und *Ergebnis überprüfen* die gleiche Zuordnung wie für das *Lehrwerk*. Lediglich der Strukturelementtyp *Video* findet sich zusätzlich zu der Möglichkeit der direkten *Ergebnisüberprüfung* bei beiden Funktionen ‚Technologie‘ und ‚Inhalt‘ wieder. Insgesamt ergibt sich durch die Zuordnung nun die folgende Darstellung für die Strukturelementtypen der Mikrostruktur:

Tabelle 6.21 Einordnung der Strukturelementtypen auf Mikroebene in die Aspekte ‚Inhalt‘, ‚Struktur‘ und ‚Technologie‘

Strukturelement	Inhalt	Struktur	Technologie
Zuordnungsaufgabe	(•)(○)		(•)(○)
Notizaufgabe	(•)		(•)
statische Aufgabe	•○		
Rechenaufgabe	(•)(○)		(•)(○)
interaktive Aufgabe	•		•
Visualisierung	•		•
Exploration	•		•
Video	○		○
Beispiel	•○		
Kasten mit Merkwissen	•○		
Lehrtext	•○		
Tabelle	•○		
Bild	•○		
Schlüsselbegriffe	•		•
Tipp/Hilfestellung	•		
Lösungsweg/Lösungsvorschlag	•○		
Lösung	•○		
Ergebnis überprüfen	•○		•○
Audio			•
Einstellungen		•	•
Suche			•
Markierung			•
Kommentierung			•

• *Lehrwerk von Brockhaus* ○ *eBook pro von Klett*

Insgesamt zeigt sich durch die Einteilung der Strukturelementtypen auf den verschiedenen Strukturebenen (vgl. Tabelle 6.19, Tabelle 6.20 und Tabelle 6.21), dass die meisten inhalts- und strukturbezogenen Änderungen (bezogen auf den Einfluss der Technologie) im *Lehrwerk* festzustellen sind. Durch die Zuordnung wird deutlich, dass die Strukturelementtypen auf der Mikroebene beim *eBook pro* hauptsächlich den einzelnen Funktionen zugeordnet werden konnten und nicht in mehreren Schulbuchfunktionen zu verorten sind (wie dies beim *Lehrwerk* der Fall ist). Dies stützt die Bezeichnung des *Lehrwerks* als ‚digitales' Schulbuch, da die Strukturelementtypen vorwiegend durch den Einfluss der Technologie charakterisiert werden; das *eBook pro* zeigt im Gegensatz dazu überwiegend Merkmale, die nicht durch die Funktion der Technologie Veränderungen erfahren haben und somit eine Bezeichnung als ‚digitalisiertes' Schulbuch rechtfertigen.

Gegenüberstellung der beiden analysierten Schulbuchkonzepte hinsichtlich ihrer Strukturebenen und -elemente

Im Gegensatz zum *eBook pro* bietet das *Lehrwerk* durch den veränderten Aufbau der Makrostruktur – d. h. aufgrund der Darstellung des Inhalts auf einer Seite und der damit verbundenen Nutzung durch Scrollen – ein Schulbuchdesign, das von einem traditionellen Schulbuchaufbau (in Form von gedruckten Schulbuchseiten) abweicht. Auf der Ebene der Makrostrukturelemente lassen sich zwar – im Vergleich zu traditionellen Schulbüchern – keine neuen Strukturelemente identifizieren. Es zeigte sich aufgrund der durchgeführten Analyse vielmehr, dass die Hauptbestandteile der Makrostruktur – durch die Konzentration auf die Strukturelemente *Inhaltsverzeichnis* und *Kapitel* – beibehalten bleiben und so an die generelle Struktur angeknüpft wird, wenn auch in reduzierter Form. Das *Lehrwerk* bietet somit zwar keine neuartigen Strukturelemente, jedoch ein verändertes Design, was (auf Makrostrukturebene) für ein digitales und gegen ein digitalisiertes Schulbuch spricht. Das *eBook pro* bietet hingegen die gleichen Strukturelementtypen wie traditionelle Mathematikschulbücher, sodass sich hier kein Unterschied zwischen der gedruckten und der hier analysierten Schulbuchversion feststellen lässt, was demzufolge für eine Kategorisierung als digitalisiertes Schulbuch spricht.

Ein Vergleich der mesostrukturellen Ergebnisse der beiden analysierten Schulbücher im Vergleich zu traditionellen Mathematikschulbüchern zeigt ähnliche Tendenzen. So sind in der Mesostruktur des *eBook pro* die gleichen Strukturelemente enthalten wie für traditionelle Schulbücher; das *Lehrwerk* bietet hingegen ausschließlich *Lerneinheiten* an. Dies spricht erneut dafür, das *eBook pro* als digitalisiertes Schulbuch und das *Lehrwerk* als digitales Schulbuch zu bezeichnen, da sich bzgl. der Mesostruktur beim *eBook pro* keine Unterschiede zu der gedruckten

Version feststellen lassen. Zudem unterscheiden sich die jeweiligen *Lerneinheiten* hauptsächlich in ihren *technologischen Merkmalen* (‚scrollen' vs. ‚blättern', vgl. Abschnitt 6.3.1.2), was für das *Lehrwerk* erneut den digitalen Charakter hervorhebt. Der Unterschied in dem gemeinsamen Strukturelementtyp *Lerneinheit* besteht somit in dem *technologischen Merkmal* und demnach in der Bedienung des Schulbuchs.

Diese Tendenzen zeigen sich auf der Mikroebene in besonderem Maße. Aufgrund der *technologischen Merkmale* in der Kategorisierung der Schulbuchinhalte konnten insbesondere diejenigen Strukturelemente identifiziert werden, die in traditionellen, gedruckten Schulbüchern nicht vorhanden sind. Dazu zählen die dynamischen Aufgabenformate (*Zuordnungsaufgabe*, *Notizaufgabe*, *Rechenaufgabe* und *interaktive Aufgabe*), das *Video*, die *Schlüsselbegriffe*, *Visualisierung* und *Exploration* sowie die dynamische Überprüfung der eingegebenen Ergebnisse (*Ergebnis überprüfen*). Der Unterschied bezüglich einiger Aufgabenformate besteht jedoch nicht darin, dass es *Zuordnungsaufgaben* oder *Rechenaufgaben* bei traditionellen Schulbüchern nicht gegeben hat, sondern vielmehr in der Möglichkeit, diese direkt im digitalen Schulbuch zu bearbeiten. Anders sieht das bei den Strukturelementen *interaktive Aufgabe*, *Video*, *Visualisierung*, *Exploration*, *Schlüsselbegriffe* und *Ergebnis überprüfen* aus, die sich erst aufgrund der digitalen Natur des Mediums realisieren lassen. Aus diesem Grund lassen sich diese Strukturelemente auch als ‚digitale Strukturelemente' bezeichnen, während die Aufgabenformate *Zuordnungsaufgabe*, *Notizaufgabe* und *Rechenaufgabe* als ‚digitalisierte Strukturelemente' zu verstehen sind. Darüber hinaus zeigt sich aber insgesamt, dass ergänzend zu den Strukturelementen aus traditionellen Schulbüchern (z. B. *Kasten mit Merkwissen, Lehrtext*) speziell die Übungsaufgaben in verschiedenen dynamischen Formaten (Übungsaufgaben *mit Zuordnungs-, Rechen-* oder *Notizcharakter* sowie *interaktive Aufgabe* und *Explorationen*) realisiert werden sowie mehrere Möglichkeiten zur Ergebniskontrolle gegeben sind (*Anzeigen der Lösung, Anzeigen des Lösungsweges, dynamische Überprüfung der Ergebnisse*). Zudem stehen den Nutzerinnen und Nutzern im *eBook pro Erklärvideos* und beim *Lehrwerk* die Funktion eines integrierten Nachschlagewerkes (*Schlüsselbegriffe*) zur Verfügung. Allerdings beziehen sich diese Neuerungen im *eBook pro* lediglich auf die Inhalte in den Zusatzmaterialien, während sich im *Lehrwerk* die Neuerungen durchgängig auf der gesamten Mikrostrukturebene finden.

Darüber hinaus wurde auf der Makroebene für das *Lehrwerk* festgestellt, dass das Strukturelement *Lösungen zu ausgewählten Aufgaben* im Gegensatz zum *eBook pro* nicht vorhanden ist. Ein Grund dafür ergibt sich möglicherweise in den verschiedenen Möglichkeiten zur Ergebniskontrolle, die direkt an eine

Aufgabe (ergo auf der Ebene der Mikrostruktur) angeschlossen sind. Für die Aufgaben in den Zusatzmaterialien vom *eBook pro* – und somit für die digitalisierten Aufgabenformate – gilt dies gleichermaßen, sodass für beide Schulbücher eine Verschiebung der Strukturelementtypen *Lösungen* von der Makroebene in die Mikroebene festgestellt werden konnte. Dies stellt somit einen weiteren Unterschied zu traditionellen Mathematikschulbüchern dar.

Die Ergebnisse bzgl. der Strukturebenen lassen sich daher mit Blick auf eine Differenzierung zwischen ‚digitalisierten' und ‚digitalen' Schulbüchern interpretieren. Während das *Lehrwerk* bereits auf Grundlage bestehender Forschungsliteratur (vgl. Pepin et al., 2015) als ‚digitales Schulbuch' bezeichnet wurde – und nun durch die Zuordnungen der Strukturelementtypen Bestätigung fand –, kann das *eBook pro* aus den folgenden technologiebezogenen Gründen als ‚digitalisiertes Schulbuch' bezeichnet werden:

a) Auf der Makrostrukturebene ergeben sich – zusätzlich zu den Strukturelementtypen von traditionellen Mathematikschulbüchern – lediglich die bedienungsbezogenen Strukturelementtypen *Suche, Markierung, Kommentierung, Zoom* und *Lesezeichen.*

b) Auf der Mesostrukturebene können keine Veränderungen seitens der Strukturelementtypen identifiziert werden.

c) Auf der Mikrostrukturebene finden sich neben den digitalisierten Aufgabenformaten lediglich in den Zusatzmaterialien die Strukturelementtypen *Video* und *Ergebnis überprüfen.*

Daraus ergeben sich für das *eBook pro* die folgenden zusammenfassenden Aussagen, die sich auf die Strukturelementtypen der verschiedenen Strukturebenen im Vergleich zu traditionellen Mathematikschulbüchern beziehen:

(1) Die Strukturelementtypen der verschiedenen Strukturebenen decken sich zu einem überwiegenden Anteil mit den Schulbuchelementen traditioneller Mathematik-schulbücher.

(2) Das Schulbuchdesign gleicht durch die Seitenstruktur und die Nutzung durch (digitales) Blättern der gedruckten Fassung.

Diese Feststellungen finden sich auch im theoretischen Teil dieser Arbeit (vgl. Abschnitt 3.3.3) wieder. Dort wurde bereits die enge Anlehnung von digitalen Schulbüchern an gedruckte Schulbuchversionen thematisiert, was sich nun durch die *qualitative Inhaltsanalyse* insbesondere auf den beiden Ebenen der Makro-

und Mesostruktur beim *eBook pro* bestätigt hat, da die Strukturebenen zu einem großen Teil Eigenschaften eines traditionellen Schulbuchs aufweisen.

Implikationen in Bezug auf Struktureigenschaften und Strukturelemente digitaler Mathematikschulbücher

Bezüglich der ersten Forschungsfrage ('Welche Struktureigenschaften und Strukturelemente lassen sich bei digitalen Schulbüchern identifizieren?') wurden die Struktureigenschaften und Strukturelemente zweier elektronischer Mathematikschulbücher für die Sekundarstufe I analysiert und diskutiert. Daraus wurde ersichtlich, dass teilweise (im Vergleich zu traditionellen Mathematikschulbüchern) die gleichen Struktureigenschaften und -elemente identifiziert werden konnten (vgl. Forschungsfrage i: 'Inwiefern lassen sich die Forschungsergebnisse bezogen auf die Struktur und Strukturelemente traditioneller Schulbücher auch bei digitalen Schulbüchern für die Mathematik wiederfinden?'), darüber hinaus aber auch neue – digitalisierte und digitale – Strukturelemente, die erst aufgrund der digitalen Natur des Schulbuchs möglich sind (vgl. Forschungsfrage ii: 'Welche zusätzlichen Struktureigenschaften und -elemente lassen sich bei digitalen Mathematikschulbüchern identifizieren?'). Des Weiteren wurde deutlich, dass die Topologie der Strukturebenen und -elemente durch die Eigenschaft *technologische Merkmale* die digitalen Veränderungen – und demnach auch insbesondere die digitalen Besonderheiten – abbildet und daher zusätzlich zu den linguistischen Eigenschaften von Heinemann (2000) eingeführt wird (vgl. Forschungsfrage iii: 'Welche Erweiterung der Typologie nach Heinemann (2000) ermöglicht es, den digitalen Charakter des Mediums durch eine technologische Sichtweise zu charakterisieren?').

Im Anschluss an die deskriptive Analyse wurde auf Grundlage der *qualitativen Inhaltsanalyse* diskutiert, dass das *eBook pro* zu großen Teilen an die Struktur traditioneller Mathematikschulbücher anknüpft und digitalisierte Elemente insbesondere in den Zusatzmaterialien implementiert werden. Das *Lehrwerk* hingegen bietet durch die durchgängige Einbindung digitaler Strukturelemente ein ganzheitliches neues Schulbuchkonzept. Das *eBook pro* wurde daher als 'digitalisiertes' Schulbuch bezeichnet, das *Lehrwerk* als 'digitales' Schulbuch.

In der Diskussion bezüglich der Funktionen von gedruckten Schulbüchern wurde bereits prognostiziert, dass sich auch bei digitalen Schulbüchern die inhaltliche Funktion in besonderem Maße herauskristallisieren muss, damit der Nutzen für den Unterricht, die enge Anlehnung an das Curriculum und die Verwendung von Schülerinnen und Schülern sowie Lehrerinnen und Lehrern gleichermaßen ihren Stellenwert behalten. Rückschlüsse auf die inhaltliche Funktion lassen sich anhand der Struktur und Strukturelemente der Schulbücher ziehen, die die Art und Weise der Darstellung des (mathematischen) Inhalts offenbaren (vgl. Abschnitt 3.2.1). Dadurch, dass insbesondere das *Lehrwerk* vielfältige neue Strukturelemente bietet, die den mathematischen Inhalt auf dynamische und interaktive Weise darstellen (bspw. *Interaktion* oder *interaktive Aufgabe*), wird die inhaltliche Funktion bei diesem digitalen Unterrichtswerk weiter eine zentrale Rolle einnehmen. Dies greift auch der von Yerushalmy (2005) thematisierte Einsatz interaktiver visueller Repräsentationen im Fach Mathematik auf, der hervorhebt, dass neue Denkansätze bei den Lernenden eben genau durch die Visualisierung mathematischer Inhalte entstehen können (vgl. Yerushalmy, 2005, S. 217). Das digitalisierte Schulbuch *eBook pro* knüpft demgegenüber aufgrund der engen Anlehnung an das gedruckte Schulbuch vielmehr an die inhaltliche Funktion gedruckter Schulbücher an, ohne diese weiter zu entwickeln.

Aus den deskriptiven Ergebnissen der Analyse digitaler Mathematikschulbücher für die Sekundarstufe I sollen nun Folgerungen für die empirische Untersuchung der Nutzung digitaler Mathematikschulbücher durch Schülerinnen und Schüler gezogen werden. Durch die Strukturanalyse der digitalen Schulbücher und der sich daraus entwickelten Strukturelementtypen lassen sich einzelne Strukturelemente innerhalb der Schulbücher auswählen und in der empirischen Untersuchung einsetzen. Dadurch können Rückschlüsse auf die Verwendung einzelner Strukturelemente gezogen werden. Aufgrund der engen Anlehnung des *eBook pro* an traditionelle Mathematikschulbücher und der sich daraus ergebenen Kennzeichnung als ‚digitalisiertes' Schulbuch wird diese Schulbuchversion nicht in der empirischen Datenerhebung eingesetzt. Im Fokus der Studie zur Nutzung digitaler Mathematikschulbücher durch Lernende steht neben der Frage nach der allgemeinen Verwendung dieser digitalen Schulbücher insbesondere die Frage nach der Nutzung der digitalen Strukturelemente im Mittelpunkt, sodass für die Datenerhebung das digitale Schulbuch *Lehrwerk* eingesetzt wird.

Teil III

Empirische Untersuchung der Nutzung digitaler Mathematikschulbücher von Schülerinnen und Schülern

Die Gegenstandsbereiche ‚Flächeninhalt‘ und ‚Ganze Zahlen‘

In der empirischen Datenerhebung werden die zwei mathematischen Gegenstandsbereiche ‚Flächeninhalt‘ und ‚Ganze Zahlen‘ in den entsprechenden Kapiteln des digitalen Schulbuchs *Lehrwerk* (vgl. Hornisch et al., 2017) eingesetzt. Aus diesem Grund wird in diesem Kapitel eine fachinhaltliche Beschreibung dieser beiden Gegenstandsbereiche vorgenommen sowie auf mathematikdidaktische Erkenntnisse zu diesen beiden Inhaltsbereichen eingegangen. Des Weiteren werden beide Themengebiete in die Bildungsstandards und Kernlehrpläne eingeordnet mit dem Ziel einer umfassenden Darstellung der Relevanz dieser beiden Inhaltsbereiche im Fach Mathematik.

7.1   Flächeninhalt

In der Mathematik werden „Flächeninhalte von Polygonen (…) als reelle Maßfunktionen für bestimmte Punktemengen" (Krauter & Bescherer, 2013, S. 105) definiert, die axiomatisch charakterisiert werden. Ohne eine nähere Ausführung der einzelnen Axiome gilt für Flächeninhalte nach Krauter und Bescherer (2013):

Es sei R^2 die Menge aller Punkte der reellen Ebene. Wir betrachten im Folgenden bestimmte Teilmengen dieser Ebene, nämlich Polygone (Vielecke) $A, B, C, D, \ldots$. Es wird nun eine Funktion F definiert, die jedem Polygon einen reellen Zahlenwert als Flächenmaßzahl zuweist:

Die reelle Maßfunktion Flächeninhalt F muss die folgenden Forderungen erfüllen:

M1 Nichtnegativität: Für jedes Polygon A gilt $F(A) \geq 0$.

M2Verträglichkeit mit der Kongruenz: Für alle Polygone A, B gilt:

Wenn A kongruent zu B ist, dann ist $F(A) = F(B)$.

M3Additivität: Für alle Polygone A, B gilt:

Wenn A und B keine inneren Punkte gemeinsam haben (also höchstens Randpunkte), dann soll gelten:

$$F(A \cup B) = F(A) + F(B)$$

M4Normierung: Für das Einheitsquadrat E soll gelten: $F(E) = 1$.

(Krauter & Bescherer, 2013, S. 105)

Flächeninhalte werden demnach als Maßfunktionen definiert, die die Eigen-schaften Positivität, Invarianz, Additivität und Normiertheit (vgl. Fricke, 1983) besitzen, woraus sich nach Wörner (2014) die folgenden vier Leitideen zum Flächeninhaltsbegriff ableiten lassen:

1. Der Flächeninhalt einer Figur ist eine positive Maßzahl.
2. Zwei deckungsgleiche Figuren sind immer auch inhaltsgleich.
3. Haben zwei Figuren keinen gemeinsamen Schnittpunkt (ausgenommen dem Rand), so ist der Flächeninhalt der zusammengesetzten Figur, die Summe aus den Flächeninhalten der jeweiligen Einzelfiguren.
4. Dem Flächeninhalt eines Quadrats mit der Kantenlänge 1 cm wird (willkürlich) die Maßzahl 1 cm^2 zugeordnet.

(Wörner, 2014, S. 1327 f.)

Im Fokus beider Definitionen zum Flächeninhaltsbegriff steht insbesondere der Maßzahlaspekt, sodass Flächen nicht nur miteinander verglichen, sondern darüber hinaus auch durch die Angabe von expliziten Maßen eindeutig beschrie-ben werden können. Die Grundidee des Messens stellt somit eine leitende Grundidee zum Flächeninhaltsbegriff dar, die nach Kuntze (2018) in die fol-genden vier Aspekte des Messens eingeteilt werden können: Vergleichsaspekt, Messen-durch-Auslegen-und-Zählen-Aspekt, Messgerät-Aspekt sowie Messen-als-Berechnen-Aspekt (vgl. Kuntze, 2018, S. 151 f.). Beim Vergleichsaspekt werden zwei (oder mehr) Flächen miteinander verglichen (z. B. durch Auf-einanderlegen), um zu entscheiden, ob diese „Größen gleich groß sind oder nicht" (Kuntze, 2018, S. 151). Die Möglichkeit des indirekten Vergleichens durch „Auslegen mit einer Vergleichseinheit" (Kuntze, 2018, S. 152) kann dabei den Messen-durch-Auslegen-und-Zählen-Aspekt vorbereiten, bei dem ebene Figu-ren mit einer (vorab festgelegten) Einheitsgröße parkettiert werden. Bei diesem

Aspekt des Messens expliziert sich die Eigenschaft der Normierung (vgl. Krauter & Bescherer, 2013; Wörner, 2014), sodass das Auslegen von Flächen mit Einheitsquadraten durch diese Beschreibungen evident wird. Beim Messgerät-Aspekt handelt es sich oft „um technische Lösungen, bei denen Maßangaben auf eine Längenmaßbestimmung zurückgeführt werden (…) [und] [d]as Ablesen (…) als Variante des Messen-durch-Auslegen-Aspekts angesehen werden [kann]" (Kuntze, 2018, S. 152). Hier stehen demnach Messaspekte von Längen im Vordergrund, die durch vorab normierte Einteilungen (durch Skalen) abgelesen bzw. gemessen werden können. Der vierte beschriebene Aspekt des Messens (Messen-als-Berechnen-Aspekt) thematisiert die Größenbestimmung von Flächen als Berechnung mit Hilfe von Formeln (vgl. Kuntze, 2018, S. 152), sodass im Gegensatz zu den ersten drei (handlungsbasierten) Aspekten des Messens durch Auslegen mit Einheitsgrößen bzw. Ablesen anhand von Skalen keine Vergleichsgrößen einbezogen werden, sondern die Größe einer Fläche rechnerisch bestimmt wird. Kuntze (2018) bemerkt in diesem Zusammenhang jedoch, dass „auch das Berechnen von Flächen- und Rauminhalten (…) letztlich eine Methode des Messens [ist]" (Kuntze, 2018, S. 149) und das Messen daher Ausgangspunkt und Grundlage für die Berechnung von Flächeninhalten darstellt.

Für die Berechnung von Flächeninhalten unterschiedlicher Polygone sollten Lernende in der Lage sein, verschiedene Strategien anzuwenden – sofern sie über ein gutes Verständnis der Flächenmessung verfügen:

> For example, they may count square units and/or half square units, make a multiplication to find the area of rectangles, decompose polygons into smaller, simpler polygons and use addition, may embed a polygon into a larger, simpler polygon and use subtraction, and may be able to apply a formula to calculate the area. Essential is that students can apply these strategies in a flexible way fitting to the problems at hand. (Bjørkås & van den Heuvel-Panhuizen, 2019)

Herendiné-Kónya (2015) beschreibt in diesem Zusammenhang des Messens sechs allgemeine Messprinzipien, die beim Unterrichten zum Thema ‚Messen' Verwendung finden: „quantity conservation; direct comparison of quantities without measuring; the need for repeated (standard or non-standard) units; estimation before measuring; exploration of the inverse relationship between the size of the unit and the number required to measure; choosing an appropriate standard unit for a concrete quantity" (Herendiné-Kónya, 2015, S. 536). Einen detaillierten Überblick über verschiedene Aspekte konzeptionellen Wissens über Flächenmaße geben Idrus et al. (2022), die die oben erwähnten Aspekte des Messens und verschiedene Strategien zur Flächenberechnung zusammenfassen, aber auch Schwierigkeiten aus der Lernendenperspektive thematisieren (vgl. Idrus et al.,

2022, 51 f.). Alle Beschreibungen nehmen – in unterschiedlichen Konnotationen – Bezug zu den oben erwähnten Aspekten zu Flächeninhalten (Vergleichsaspekt, Messen-durch-Auslegen-und-Zählen-Aspekt, Messgerät-Aspekt und Messen-als-Berechnen-Aspekt), sodass im weiteren Verlauf diese Unterscheidungen weiter verfolgt werden.

Darüber hinaus zeigen Forschungsergebnisse, dass Schülerinnen und Schüler zwar die Formeln zur Berechnung von Flächeninhalten verschiedenartiger Polygone behalten, die konkreten Flächeninhalte jedoch nicht erfolgreich berechnen können (vgl. Huang & Witz, 2012, S. 10). Daraus lässt sich ableiten, dass ein zentraler Schwerpunkt im Unterricht das Auswendiglernen von Formeln einnimmt und der Fokus nicht auf das konzeptionelle Verständnis und auf Erklärungen zu eigenen Argumentationen gelegt wird (Bjørkås & van den Heuvel-Panhuizen, 2019; eigene Übersetzung).

In den Kernlehrplänen für die Mathematik für das Gymnasium (Sekundarstufe I (G8) in Nordrhein-Westfalen) (Ministerium für Schule und Weiterbildung des Landes Nordrhein-Westfalen, 2007) wird die Geometrie als eigene inhaltsbezogenen Kompetenz aufgeführt. Am Ende der Jahrgangsstufe 6 sollen die Schülerinnen und Schüler verschiedene Figuren benennen und charakterisieren sowie den Flächeninhalt von Rechtecken, Dreiecken, Parallelogrammen und daraus zusammengesetzten Figuren schätzen und bestimmen können (vgl. Ministerium für Schule und Weiterbildung des Landes Nordrhein-Westfalen, 2007, S. 22).

Auch in den Bildungsstandards lässt sich die Geometrie (und expliziter der thematische Gegenstands des Flächeninhalts) in den Leitideen „Raum und Form" sowie „Messen" verorten (vgl. KMK, 2004, S. 10 f.). Die folgenden in den Bildungsstandards aufgeführten inhaltsbezogenen mathematischen Kompetenzen beziehen sich auf den Gegenstandbereich Flächeninhalte:
Die Schülerinnen und Schüler:

- nutzen das Grundprinzip des Messens, insbesondere bei der Längen-, Flächen- und Volumenmessung (…),
- wählen Einheiten von Größen situationsgerecht aus (insbesondere für (…) Länge, Fläche (…)),
- schätzen Größen mit Hilfe von Vorstellungen über geeignete Repräsentanten,
- berechnen Flächeninhalt und Umfang von Rechteck, Dreieck und Kreis sowie daraus zusammengesetzten Figuren, (…)
- erkennen und beschreiben geometrische Strukturen in der Umwelt,
- operieren gedanklich mit Strecken, Flächen und Körpern, (…)
- analysieren und klassifizieren geometrische Objekte der Ebene.

(KMK, 2004, S. 10 f.)

Die hier beschriebenen Kompetenzen decken sich mit den oben genannten Aspekten des Messens (vgl. Kuntze, 2014). Darüber hinaus bezeichnen Greefrath und Laakmann (2014) das „Erfassen von Flächengrößen (…) [als] eine fundamentale Idee (…), die den Mathematikunterricht von der Grundschule bis zum Abitur begleitet und strukturiert" (Greefrath & Laakmann, 2014, S. 2) und heben dadurch die Relevanz des Flächeninhaltsbegriffs für die mathematische Bildung hervor. Des Weiteren betonen sie jedoch, dass „eine Fläche (…) keine Grundgröße wie eine Länge oder Masse [ist], sondern eine zusammengesetzt Größe" (Greefrath & Laakmann, 2014, S. 2), weshalb der Aufbau entsprechender Vorstellungen zum Flächeninhalt entlang der oben genannten Aspekte und Leitideen konstruktiv erfahren werden soll.

Das Kapitel „Flächeninhalt und Umfang" im eingesetzten digitalen Mathematikschulbuch behandelt den mathematischen Inhalt der Flächen- und Umfangsberechnung von ebenen Figuren. Dabei behandeln die ersten vier Lerneinheiten in dem empirisch eingesetzten Unterrichtswerk den mathematischen Gegenstand der Flächeninhalte, während die letzte Lerneinheit den Umfang von ebenen Figuren thematisiert. Das Kapitel ist in die folgenden Lerneinheiten aufgebaut: Größenvergleich von Flächen, Einheiten für Flächeninhalte, Flächeninhalte von Rechteck und Quadrat, Flächeninhalt nicht-rechteckiger Flächen sowie Umfang.

Die Behandlung des Themas Flächeninhalte von ebenen Figuren wird durch eine Lerneinheit über die Größenzuordnungen von Flächen eingeführt. Im Anschluss werden die Maßeinheiten zur eindeutigen Größenkennzeichnung von Flächen durch das Konzept der Einheitsquadrate erarbeitet, die Begrifflichkeiten zu Flächeneinheiten sowie die Umrechnung zwischen den verschiedenen Einheiten thematisiert. Erst danach wird die Formel zur Berechnung von rechteckigen Flächeninhalten behandelt, die folglich auch für quadratische Figuren gilt.

In der nächsten Lerneinheit werden die Flächeninhalte nicht-rechteckiger Flächen durch Zerlegen oder Ergänzen erarbeitet, bevor die letzte Lerneinheit die Umfangsvorstellung als „einmal drumherum" (vgl. Hornisch et al., 2017) beschreibt und definiert sowie dabei verschiedene, nicht-rechteckige Flächen thematisiert werden. Die ausgewählten empirischen Beispiele (vgl. Kapitel 9) stellen keine Schülerbearbeitungen zum inhaltlichen Gegenstand des Umfangs dar, sodass oben keine fachinhaltliche Diskussion zu dem Begriff des Umgangs geführt wurde.

In den Lerneinheiten des digitalen Mathematikschulbuchs werden die verschiedenen inhaltlichen Kompetenzen durch verschiedene Strukturelemente aufgebaut. In den entsprechenden empirischen Beispielen (vgl. Kapitel 9) wird bei der Vorstellung der Aufgabe auf die jeweiligen mathematischen Leitideen und Kompetenzen eingegangen, um die Strukturelemente fachdidaktisch zu beschreiben.

7.2   Ganze Zahlen

Die ganzen Zahlen umfassen aus mathematischer Perspektive alle natürlichen Zahlen sowie deren additive Inverse inklusive der Zahl Null. Damit geht einher, dass die negativen Zahlen (in diesem Zahlbereich) die natürlichen Zahlen mit einem negativen Vorzeichen darstellen. In der fachdidaktischen Diskussion werden negative Zahlen unter verschiedenen Zahlaspekten beschrieben, denen die Lernenden in ihrer Erfahrungswelt begegnen und aus diesem Grund in verschiedenen Kontexten im Mathematikunterricht thematisiert werden (vgl. Rütten, 2016, S. 159 f.). In Anknüpfung an die verschiedenen Zahlaspekte lassen sich Möglichkeiten zur Einführung der negativen Zahlen diskutieren (vgl. Rütten, 2016, S. 170–173). Darüber hinaus spielen Hürden, die Lernende beim Übergang von natürlichen zu negativen Zahlen überwinden müssen, im Lernprozess zu negativen Zahlen eine übergeordnete Rolle (vgl. Malle, 2007). Im Folgenden werden diese Aspekte daher näher beschrieben.

Mithilfe negativer Zahlen können Vorgänge in der Umwelt und in der menschlichen Lebenswelt beschrieben werden. Dabei lassen sich die folgenden vier Zahlaspekte unterscheiden (vgl. Rütten, 2016, S. 159 f.): Maßzahl- bzw. Skalenaspekt, Rechenzahlaspekt, Äquivalenzklassenaspekt und Operator- bzw. Vektoraspekt. Negative Zahlen treten „in der Lebenswelt oft im Zusammenhang mit der Angabe einer quantifizierbaren Objekteigenschaft oder auf Skalen [auf], um entsprechende Eigenschaften durch Messen zu bestimmen" (Rütten, 2016, S. 159). Beispiele hierfür sind Temperaturangaben, aber auch Schulden, Fehlbeträge und die Bezeichnung unterirdischer Etagen in Gebäuden (vgl. Winter, 1989, S. 23), was durch den Maßzahl- bzw. Skalenaspekt Verwendung findet. Daneben beschreibt der Rechenzahlaspekt negative Zahlen im Kontext von Lösungen zu Subtraktionsaufgaben oder Gleichungen. In diesem Zusammenhang können negative Zahlen auch im Kontext von Displayanzeigen (z. B. zur Angabe des Rückgeldes) begegnen, sodass der Rechenzahlaspekt in enger Anlehnung an den Maßzahlaspekt zu verstehen ist. Ein weiterer Zahlaspekt beschreibt die Verwendung negativer Zahlen durch Verhältnisse von Mengen, wie sie beispielsweise im Kontext von Torverhältnissen im Fußball auftauchen: „Hierzu werden die Gegentore von den Toren abgezogen. Hat eine Mannschaft mehr Gegentore kassiert als selbst Tore geschossen, besitzt sie eine negative Tordifferenz" (vgl. Rütten, 2016,

S. 160). Somit können negative Zahlen auch Äquivalenzklassen repräsentieren[1]. Der vierte Zahlaspekt (Vektoraspekt) beschreibt die Verwendung negativer Zahlen im Kontext von Vektoren: „Bei Vektoren dienen Zahlen folglich der Richtungs- bzw. Bewegungsangabe. Das Vorzeichen bestimmt die Richtung, in die sich eine Bewegung vollzieht" (Rütten, 2016, S. 161). Dabei ist anzumerken, dass bereits im Zusammenhang mit Operationen am Zahlenstrahl der Vektoraspekt Verwendung findet: „In diesem Zusammenhang wird für den Vektor auch der Begriff Operator verwendet. Ein solcher Operator gibt eine Handlungsanweisung bzgl. der Schritte, die es auf dem Zahlenstrahl nach rechts oder links zu schreiten gilt" (Rütten, 2016, S. 161).

Zusätzlich zu den vier genannten Zahlaspekten spricht Schindler (2014) von verschiedenen inhaltlichen Teilbereichen, die im Zusammenhang mit negativen Zahlen unterschiedlich stark beforscht worden sind. Insbesondere bei der Einführung von negativen Zahlen und im Besonderen zur Ordnungsrelation besteht erhöhter Forschungsbedarf (vgl. Schindler, 2014, 77 ff.). Darüber hinaus scheinen Lernende beim Lösen von Gleichungen Probleme zu haben, wenn negative Zahlen eine Rolle spielen (vgl. Bofferding, 2010, S. 703; Vlassis, 2004). Demgegenüber stellte Gallardo (2002) fest, dass Schülerinnen und Schüler ein intuitives Gespür für negative Zahlen haben, bevor sie dieses Wissen überhaupt formalisieren können (vgl. Kieran, 2007, S. 717). Es scheint somit eine Diskrepanz zwischen dem Umgang mit und der Vorstellung von negativen Zahlen bei Schülerinnen und Schülern zu geben, was Bofferding (2010) folgendermaßen formulierte: „One reason why students still struggle with algebra concepts is they have difficulty understanding and working with negative numbers" (Bofferding, 2010, S. 703).

Ein Grund für die beschriebenen Schwierigkeiten im Umgang mit negativen Zahlen bei Schülerinnen und Schülern kann in den verschiedenen Funktionen des Minuszeichens liegen. Vlassis (2004) unterscheidet auf der Grundlage einer Kategorisierung von Gallardo und Rojano (1994) drei verschiedene Funktionen des Minuszeichens in der elementaren Algebra. Die ‚unary function' beschreibt dabei das Minuszeichen im Sinne eines Vorzeichens einer natürlichen Zahl und kategorisiert somit das Minuszeichen als Kennzeichen einer negativen Zahl (vgl. Vlassis, 2004, S. 472). Bei der ‚binary function' wird das Minuszeichen als Subtraktionsaufgabe verstanden und steht demnach für ein Operationszeichen (vgl. Vlassis, 2004, S. 472). Die dritte Funktion (‚symmetrical functions') klassifiziert auch eine Operation, aber im Gegensatz zu der Subtraktion handelt es sich um eine Beschreibung der Inversion, d. h. „das Gegenteil von" (vgl. Vlassis,

---

[1] Für eine nähere Diskussion des Äquivalenzklassenaspekts sei auf Rütten (2016) verwiesen.

2004, S. 472). Die ‚unary function' und ‚binary function' werden des Weiteren noch in jeweils vier weitere Vorstellungsstufen unterschieden (vgl. Vlassis, 2004, S. 472); an dieser Stelle werden jedoch die drei Hauptfunktionen als ausreichende Unterscheidung zu den verschiedenen Vorstellungen negativer Zahlen angesehen.

Schindler (2014) appelliert im Zusammenhang einer „Entwicklung eines individuellen Begriffs der negativen Zahl [für] (…) kontextuelle als auch formal-symbolische Bezüge" (Schindler, 2014, 89 f.). Rütten (2016) fordert in Anlehnung an Krauthausen (2018, S. 43 ff.) aufgrund der Schwierigkeiten im Umgang mit negativen Zahlen eine vollständige und angemessene Repräsentation aller Zahlaspekte im Mathematikunterricht, jedoch ohne eine begriffliche Differenzierung seitens der Lernenden. Für die Repräsentation der negativen Zahlen im Mathematikunterricht eignen sich verschiedene Kontexte, in denen die negativen Zahlen unter dem Blickwinkel der jeweiligen Zahlaspekte thematisiert werden können. Eine Aufzählung verschiedener Kontexte ist in Rütten (2016, S. 165) zu finden. Insofern gilt dies auch für Thematisierung und Konkretisierung der negativen Zahlen in einem digitalen Schulbuch für die Struktur der jeweiligen Lerneinheiten aus fachdidaktischer Perspektive.

Daran anknüpfend werden in der fachdidaktischen Diskussion von Padberg, Danckwerts und Stein (1995) zwei Möglichkeiten zur Einführung der negativen Zahlen beschrieben, die als „Anbau" bzw. „Neubau" bezeichnet werden (vgl. Padberg et al., 1995, S. 120 bzw. 154 ff.). Die Möglichkeit des Anbaus negativer Zahlen wird durch eine Erweiterung des Zahlenstrahls zur Zahlengeraden entwickelt, sodass zu jeder Zahl $a > 0$ eine inverse Zahl $-a$ zugeordnet wird. Durch die Vorstellung, dass die negativen Zahlen ebenso wie die positiven Zahlen die Entfernung zur Null darstellen, ergeben sich die negativen Zahlen als Spiegelbilder der positiven Zahlen. Im Gegensatz dazu beschreibt die Möglichkeit des „Neubaus" die Entwicklung negativer Zahlen durch die Definition einer Äquivalenzklassenrelation (vgl. Äquivalenzklassenaspekt). Die Erweiterung der natürlichen Zahlen in den Bereich der ganzen Zahlen wird näher in Rütten (2016, S. 170–173) beschrieben.

An dieser Stelle soll vertieft auf zahlreiche Hürden beim Übergang von den natürlichen in den ganzen Zahlbereich eingegangen werden. Malle (1986) beschreibt in diesem Zusammenhang die Entwicklung negativer Zahler als einen „langwierigen Prozeß aus den alten Zahlen (…) [, bei dem] viele Schwierigkeiten zu bewältigen [sind]" (Malle, 1986, S. 14) und identifiziert fünf Hürden bei dem Entstehungsprozess negativer Zahlen bei Lernenden.

Die erste Hürde „Gegensätzliches Deuten der alten (positiven) Zahlen" schreibt Malle dem Vorschul- bzw. Primarstufenalter zu und „besteht in der

Entwicklung von Deutungen der alten Zahlen, die einen gewissen Gegensatz ausdrücken" (Malle, 1986, S. 13). Dazu zählen Deutungen der Zahlen wie „über Null – unter Null, Guthaben – Schulden, nach Christus – vor Christus, nach rechts – nach links" (Malle, 1986, S. 13), sodass die negativen Zahlen nicht als eigene Objekte, sondern immer in Relation mit den alten Zahlen interpretiert werden.

Als zweite Hürde wird das „Entdecken neuer Beziehungen zwischen den alten Zahlen" beschrieben, die sich insbesondere durch die Deutung der (positiven und negativen) Zahlen als Zustandsunterschiede charakterisieren lassen. So können die Lernenden schnell einfache Rechenaufgaben lösen; die Deutung negativer Zahlen „als eigene Denkobjekte" (Malle, 1986, S. 13) tritt in diesem Zusammenhang jedoch nicht auf.

Die Anerkennung negativer Zahlen als eigenständige Denkobjektive wird insbesondere bei der Multiplikation ganzer Zahlen unumgänglich, sodass das Begreifen negativer Zahlen als abstrakte Rechenobjekte eine Distanzierung von konkreten Deutungen der Rechenoperationen bedingt (vgl. Malle, 1986, S. 16). Die Schülerinnen und Schüler müssen somit geänderte Vorstellungen der Ordnung ganzer Zahlen (Hürde 3) entwickeln und positive und negative Zahlen bereits im Zusammenhang der Addition und Subtraktion neu deuten.

Eine weitere Hürde ergibt sich mit Bezug zu der „Sinngebung neuer Schreibweisen", in der Vorzeichen und Operatorzeichen inhaltlich getrennt werden müssen, um negative Zahlen als abstrakte Rechenobjekte begreifen zu können (vgl. Malle, 1986, S. 16). Dabei ermöglichen Alltagskontexte kein Überwinden der Hürde, sodass das Sinnproblem im Rahmen geeigneter Würfelspiele thematisiert werden sollte.

Letztendlich ist es jedoch unumgänglich, den definitorischen Charakter der Rechenoperationen anzuerkennen (Hürde 5) und die „Vorzeichenregeln (...) [nicht als] zwangsläufige Abstraktionen aus der Natur, sondern [als] Festlegungen des Menschen" (Malle, 1986, S. 17) wahrzunehmen. Für die unterrichtliche Praxis bedeutet dies, dass negative Zahlen in Handlungskontexten erarbeitet werden müssen, sodass die Lernenden negative Zahlen als eigenständige Objekte ihres Denkens anerkennen und nicht als positive Zahlen im negativen Gewand.

In den Kernlehrplänen für die Mathematik für das Gymnasium (Sekundarstufe I (G8) in Nordrhein-Westfalen) (Ministerium für Schule und Weiterbildung des Landes Nordrhein-Westfalen, 2007) tauchen die negativen Zahlen in den inhaltsbezogenen Kompetenzen im Bereich Arithmetik/Algebra auf. Am Ende der Jahrgangsstufe 6 sollen die Schülerinnen und Schüler mit ganzen Zahlen rechnen, Rechengesetze nutzen und systematisch zählen können (vgl. Ministerium für

Schule und Weiterbildung des Landes Nordrhein-Westfalen, 2007, S. 22). Zusätzlich sollen die Schülerinnen und Schüler auch „in Anwendungszusammenhängen sachgerecht mit Zahlen [arbeiten]" (Ministerium für Schule und Weiterbildung des Landes Nordrhein-Westfalen, 2007, S. 15).

Auch in den Bildungsstandards lassen sich die negativen Zahlen in der Leitidee „Zahl" verorten (vgl. KMK, 2004, S. 10). Die folgenden in den Bildungsstandards aufgeführten inhaltsbezogenen mathematischen Kompetenzen beziehen sich auf den Gegenstandbereich der negativen Zahlen:

Die Schülerinnen und Schüler

- nutzen sinntragende Vorstellungen von rationalen Zahlen, insbesondere von natürlichen, ganzen und gebrochenen Zahlen entsprechend der Verwendungsnotwendigkeit, (…)
- begründen die Notwendigkeit von Zahlbereichserweiterungen an Beispielen,
- nutzen Rechengesetze, auch zum vorteilhaften Rechnen

(KMK, 2004, S. 10)

Das Kapitel „Ganze Zahlen" im eingesetzten digitalen Schulbuch thematisiert die Zahlbereichserweiterung der natürlichen Zahlen um die negativen Zahlen und ist in sieben Lerneinheiten unterteilt. Die erste Lerneinheit „Negative Zahlen" führt dabei die negativen Zahlen im Kontext von Temperaturen unter Null sowie durch die Verwendung von Temperaturskalen ein und erweitert dementsprechend den bereits bekannten Zahlenstrahl durch die Angaben von Zahlen links von der Null zu einer Zahlengeraden. In der zweiten Lerneinheit „Negative Zahlen beschreiben Änderungen" werden positive Zahlen als Zunahmen und negative Zahlen als Abnahmen charakterisiert, sodass positive und negative Zahlen – zusätzlich zu Zuständen – als Zustandsänderungen (bspw. von Temperaturen) verstanden werden können. Im Anschluss wird in der nächsten Lerneinheit „Erweiterung des Koordinatensystems" das bereits bekannte Koordinatensystem (1. Quadrant) auf den Bereich der negativen Zahlen erweitert (2. – 4. Quadrant), sodass für geometrische Darstellungen im Koordinatensystem negative Zahlen Verwendung finden. Nach den Erweiterungen der Zahlbereiche wird in der nächsten Lerneinheit „Die Null" das Rechnen mit der Zahl Null thematisiert und für die Division Rechenregeln beim Rechnen mit Null formuliert. Die nächsten beiden Lerneinheiten „Ganze Zahlen addieren und subtrahieren" und „Ganze Zahlen multiplizieren und dividieren" behandeln Rechenregeln für die Addition und Subtraktion bzw. Multiplikation und Division mit negativen Zahlen, bevor die letzte Lerneinheit „Rechnen mit allen Grundrechenarten" weiterführende Aufgaben zu diesen

Grundrechenarten zur Verfügung stellt. In der empirischen Erhebung wurden aufgrund von zeitlichen Gründen lediglich Inhalte aus den Lerneinheiten „Negative Zahlen", „Negative Zahlen beschreiben Änderungen", „Erweiterung des Koordinatensystems", „Die Null" und „Ganze Zahlen multiplizieren und dividieren" ausgewählt und erprobt.

Die fachdidaktische Betrachtung negativer Zahlen ist auch für die empirische Untersuchung relevant, da aus dem eingesetzten digitalen Schulbuch verschiedene Strukturelemente aus dem Kapitel „Ganze Zahlen" ausgewählt werden, sodass die hier beschriebenen Kontexte negativer Zahlen Verwendung finden.

Untersuchungsdesign

8.1 Design der Interviewsituation

Die dieser Arbeit zugrundeliegenden empirischen Daten zur Nutzung digitaler Mathematikschulbücher durch Schülerinnen und Schüler wurden durch halbstrukturierte, wissenschaftliche Interviews generiert, in denen sowohl Einzel- als auch Partner- und Gruppenbefragungen verfolgt wurden. Die Art des Interviewkontakts erfolgte in Form von persönlichem Kontakt in der Schule der teilnehmenden Schülerinnen und Schüler mit einem einzigen Interviewer (vgl. Döring & Bortz, 2016, S. 358 ff.).

Die empirische Untersuchung wurde im Rahmen einer Vorstudie (Dezember 2016) und einer Hauptstudie (Juni – Juli 2018) durchgeführt. Für die Vorstudie (vgl. Schülernutzung in Abschnitt 9.2.3) arbeiteten drei Lernende einer fünften Klasse (Luise-von-Duesberg-Gymnasium, Kempen) im Zeitrahmen von 80 Minuten mit der Lerneinheit „Größenvergleich von Flächen" im Kapitel „Flächeninhalt und Umfang" im *Lehrwerk*. Die Lernenden bearbeiteten innerhalb dieser Lerneinheit verschiedene Schulbuchinhalte an drei zur Verfügung gestellten schulexternen Laptops (Betriebssysteme MacOS und Windows 10) teilweise individuell und teilweise in Partner- oder Gruppenarbeit. Die Bearbeitungen in den verschiedenen sozialen Settings waren insbesondere technischen Schwierigkeiten geschuldet (z. B. instabile Internetverbindung, Darstellung der Inhalte in dem verwendeten Internetbrowser, Probleme mit dem Laptop), sodass für die Durchführung der Hauptstudie mit insgesamt acht Schülerinnen und Schülern keine externen Laptops, sondern schulinterne iPads verwendet wurden. Diesbezüglich wurde für die Hauptstudie (vgl. Schülernutzungen in den Abschnitten 9.2.1, 9.2.2, 9.3 und 9.4) eine weiterführende Schule (Wim-Wenders-Gymnasium (ehe-

M. Pohl, *Digitale Mathematikschulbücher in der Sekundarstufe I*, Essener Beiträge zur Mathematikdidaktik, https://doi.org/10.1007/978-3-658-43134-1_8

mals: Gymnasium Schmiedestraße), Düsseldorf) ausgesucht, die einen eigenen WLAN-Zugang und schulinterne iPads zur Verfügung stellen konnte.

Auf inhaltlicher Ebene bearbeiteten die Lernenden in der Hauptstudie Inhalte aus den Kapiteln „Flächeninhalt und Umfang" sowie „Ganze Zahlen", sodass auf der Grundlage verschiedener mathematischer Inhalte die Schulbuchnutzungen beobachtet und beschrieben werden können. Der Einbezug eines nicht-geometrischen mathematischen Inhalts kann mit Forschungsergebnissen zu Nutzungen digitaler Werkzeuge (vgl. Abschnitt 3.3.3) begründet werden. In Abschnitt 3.3.3 wurde bereits darauf hingewiesen, dass digitale Werkzeuge im Schulkontext insbesondere in den Bereichen der Geometrie und Analysis oder für Berechnungen Verwendung finden. Schulbücher – gedruckt oder digital – behandeln darüber hinaus aber auch weitere mathematische Bereiche, weshalb auf der Ebene der Strukturelemente zu untersuchen ist, wie diese mathematischen Inhalte digital umgesetzt werden. Für die Nutzung digitaler Mathematikschulbücher durch Schülerinnen und Schüler ist in zweiter Instanz somit auch ein Blick auf digitale Strukturelemente außerhalb der mathematischen Bereiche (Geometrie und Analysis) von Interesse, um zu untersuchen, wie Schülerinnen und Schüler mit dynamischen Elementen für den Bereich der Arithmetik umgehen. Letztendlich können damit Nutzungen digitaler Inhalte in einem weiteren mathematischen Themengebiet eine größere inhaltliche Diversität im Umgang mit digitalen Werkzeugen ermöglichen.

Sowohl in der Vorstudie als auch in der Hauptstudie arbeiteten die Schülerinnen und Schüler einerseits individuell und andererseits in Partner- oder Gruppenkonstellationen zusammen. Dabei wurden sie durchgängig vom Interviewer aufgefordert, spezifische Strukturelemente im digitalen Schulbuch zu bearbeiten. Das bedeutet, dass die Lernenden nicht selbstständig Inhalte aus der Lerneinheit bearbeiteten, was jedoch einem klassischen schulischen Setting entspricht und die Schulbuchnutzung dementsprechend – obgleich der reduzierten Teilnehmerzahl – einer Verwendung im Klassenkontext ähnelt. Die Bearbeitungen wurden durch externe Videokameras dokumentiert, sodass die Arbeit mit dem Laptop (Vorstudie) bzw. mit den iPads (Vorstudie) nachverfolgt werden konnte. Zusätzlich dazu wurden Programme zur Bildschirmaufnahme verwendet, sodass dokumentiert werden konnte, welche Inhalte die Schülerinnen und Schüler im digitalen Schulbuch detailliert verwenden. Insgesamt ergab sich durch diese doppelte Dokumentation der Schulbuchnutzungen eine Datenmenge von 36 Stunden (davon 12 Stunden Kameraaufnahmen, 24 Stunden Bildschirmaufnahmen). Bei beiden Erhebungen hatten die Lernenden die Möglichkeit, Notizen auf einem separaten Blatt Papier (DIN A4) anzufertigen.

8.2 Auswahl der Probandinnen und Probanden

Die vorliegende empirische Untersuchung fokussiert inhaltlich die Themen „Flächeninhalt" und „Negative Zahlen". Beide Inhaltsbereiche sind thematisch im digitalen Schulbuch der fünften Jahrgangsstufe aufgeführt, weshalb Schülerinnen und Schüler aus einer fünften Jahrgangsstufe ausgewählt wurden. Die Auswahl erfolgte durch die Mathematiklehrkraft der Schülerinnen und Schüler auf Grundlage der Instruktion des Interviewers, Lernende mit guten, mittleren und schwachen Leistungen im Fach Mathematik auszuwählen. Bei der angestrebten Untersuchung wurde das Ziel verfolgt, die Schulbuchnutzungen verschiedener Lernende zu erfassen, weshalb eine Varianz bzgl. der Mathematikschulnote diese Bedingung berücksichtigte.

Des Weiteren handelt es sich bei der empirischen Untersuchung um eine qualitative Studie mit hochauflösenden Beschreibungen der Schulbuchnutzungen der Lernenden. Diesbezüglich bedarf es einer gezielt homogenen Stichprobe, die aufgrund der Auswahl der Schülerinnen und Schüler durch die Lehrkraft auf „einen einzigen oder (…) wenige Rekrutierungswege" und durch „ein relativ kleines Sample zusammengestellt" wurde (Döring & Bortz, 2016, S. 304). Durch dieses Vorgehen konnte die Zielgruppe begründet eingegrenzt werden, sodass im Interesse dieser empirischen Studie die Verwendung unterschiedlicher Strukturelemente durch Lernende exemplarisch anhand von einzelnen Schülerinnen und Schülern beschrieben werden kann.

An der Vorstudie (Dezember 2016) nahmen die Schülerin Frederike und ihre zwei Mitschüler Lukas und Merlin vom Luise-von-Duesberg-Gymnasium in Kempen teil. Diese arbeiteten gemeinsam an der Lerneinheit „Größenvergleich von Flächen" im Kapitel „Flächeninhalt und Umfang" für 80 Minuten. An der Hauptstudie (Juni – Juli 2018) nahmen insgesamt acht Lernende vom Wim-Wenders-Gymnasium (ehemals Gymnasium Schmiedestraße) in Düsseldorf teil (siehe Tabelle 8.1), die in zwei Gruppen von jeweils drei Lernenden zu den Kapiteln „Flächeninhalt und Umfang" und „Ganze Zahlen" eingeteilt wurden. Hierbei ist jedoch zu beachten, dass nicht immer alle Schülerinnen und Schüler für die kompletten Beobachtungszeiträume aus unterschiedlichen Gründen (Krankheit, sonstiger Unterricht) teilnehmen konnten und es dadurch zu Fluktuationen innerhalb der Bearbeitungsgruppen kam. Die genaue Aufteilung der Lernenden an den Erhebungstagen ist Tabelle 8.1 zu entnehmen. Die Bearbeitungsdauer der beiden Gruppen variierte in der Hauptstudie zwischen 40 bis 80 Minuten.

In der folgenden Tabelle 8.1 sind die verwendeten Lerneinheiten der beiden Kapitel „Flächeninhalt und Umfang" (Geometrie) und „Ganze Zahlen" (Arithmetik) aus der Hauptstudie dargestellt. Die Namen der teilnehmenden Schülerinnen und Schüler wurden dabei pseudonymisiert; das Geschlecht wurde beibehalten. In der Vorstudie (Lerneinheit „Größenvergleich von Flächen") nahmen die Lernenden Frederike, Lukas und Merlin teil. Auch hier wurden die Namen pseudonymisiert und das Geschlecht beibehalten.

Tabelle 8.1 Überblick über die zeitliche und inhaltliche Datenerhebung der Hauptstudie

	Erhebung 1	Erhebung 2	Erhebung 3	Erhebung 4	Erhebung 5
Geometrie	Größenvergleich von Flächen	Einheiten für Flächeninhalte	Flächeninhalte von Rechteck und Quadrat	Flächeninhalt nichtrechteckiger Figuren	Umfang
teilnehmende Lernende	Jan, Marie, Sophie	Jan, Marie, Sophie	Jan	Jan, Marie, Sophie	Jan, Marie, Sophie
Arithmetik	Negative Zahlen	Negative Zahlen beschreiben Änderungen	Erweiterung des Koordinatensystems	Die Null	Ganze Zahlen multiplizieren und dividieren
teilnehmende Lernende	Lena, Nina, Paula	Aline, Kai, Lena	Aline, Kai, Paula	Aline, Kai, Lena	Aline, Kai, Lena

8.3   Auswahl der Schulbuchinhalte

Die Auswahl der Schulbuchinhalte orientierte sich zuerst an der vorgegebenen Struktur der Kapitel in Lerneinheiten; die mathematischen Inhalte der Lerneinheiten wurden zum Teil noch nicht im Unterricht behandelt. Die mathematischen Inhalte zu den jeweiligen Erhebungen können in Tabelle 8.1 abgelesen werden.

Des Weiteren zielt die empirische Untersuchung darauf ab, den Umgang mit verschiedenen Strukturelementtypen zu erforschen, weshalb nicht alle Inhalte im Schulbuch bzw. in der jeweiligen Lerneinheit thematisiert werden konnten. Daher wurde bei der Auswahl der einzelnen Strukturelemente darauf geachtet, dass eine Vielzahl unterschiedlicher Strukturelementtypen in den verschiedenen Lerneinheiten (vgl. Tabelle 6.12, Abschnitt 6.3.1.3) von den Lernenden bearbeitet werden können. Durch diese Auswahl soll dem Forschungsinteresse dieser Arbeit zur Verwendung digitaler Mathematikschulbücher und somit verschiedener Strukturelemente Rechnung getragen werden. Aufgrund der Auswahl von unterschiedlichen Strukturelementtypen – und demnach auf der einen Seite von Strukturelementtypen, die bereits bei gedruckten Mathematikschulbüchern identifiziert werden konnten (z. B. *Kasten mit Merkwissen, Lösung*; vgl. Abschnitt 6.4), und digitalisierten sowie digitalen Strukturelementtypen (z. B. *Rechenaufgabe, Zuordnungsaufgabe, Exploration*; vgl. Abschnitt 6.3.2 und 6.4) auf der anderen Seite – kann die Nutzung digitaler Mathematikschulbücher erfasst werden. In der empirischen Erhebung werden demnach nicht ausschließlich spezifische Strukturelementtypen fokussiert, sondern eine Vielzahl von unterschiedlichen Strukturelementtypen, da die Lerneinheiten aus einer Zusammenstellung unterschiedlicher Strukturelemente konzipiert sind. Um die Nutzung von digitalen Mathematikschulbüchern von Lernenden zu untersuchen, wird somit der Umgang mit verschiedenen Strukturelementtypen verfolgt. Demzufolge zeigt sich einerseits die Relevanz der Strukturanalyse digitaler Mathematikschulbücher (vgl. Kapitel 6) für die empirische Erhebung; andererseits kann durch die beschriebene Konzeption der Datenerhebung (i. e. durch die Auswahl verschiedener Strukturelementtypen) untersucht werden, zu welchen Zwecken die Lernenden explizite Strukturelemente verwenden (vgl. Forschungsfrage 2: ‚Welche Strukturelemente verwenden Schülerinnen und Schüler beim Umgang mit einem digitalen Schulbuch und zu welchen Zwecken?‘) und wie sie explizit mit ihnen umgehen (vgl. Forschungsfrage 3: ‚Welche Verwendungsweisen lassen sich bei der Nutzung von verschiedenen Strukturelementen während der Arbeit mit einem digitalen Mathematikschulbuch bei Schülerinnen und Schülern identifizieren?‘).

Analyse ausgewählter Schulbuchnutzungen von Lernenden

9

In den folgenden Abschnitten 9.2–9.4 werden insgesamt acht verschiedene Nutzungen von Lernenden mit einem digitalen Mathematikschulbuch beschrieben. Dabei werden in den jeweiligen Beschreibungen zuerst die Aufgaben bzw. Strukturelemente vorgestellt, anschließend die Bearbeitungen der Schülerinnen und Schüler dargestellt und nachfolgend die Aussagen und Handlungen der Lernenden im Rahmen der *semiotischen Vermittlung* (Bartollini Bussi & Mariotti, 2008) analysiert. Durch die Deutungen der Aussagen der Lernenden bezüglich ihrer Gerichtetheit – auf das digitale Schulbuch (*Artefaktzeichen*) oder die Mathematik (*Mathematikzeichen*) – kann die Schulbuchnutzung auf ihre Bezugspunkte ‚Schulbuch' oder ‚Mathematik' beschrieben werden. In den Transkripten werden die Aussagen und Handlungen der Lernenden bezogen auf ihre Zeichen visuell folgendermaßen dargestellt:

- Artefaktzeichen: <u>unterstrichen</u>
- Mathematikzeichen: grau hervorgehoben

In den Analysen wird sich im besonderen Maße eine große Relevanz der *Drehpunktzeichen* (**fett hervorgehoben**) manifestieren, die sich dadurch auszeichnen, dass die Aussagen der Lernenden sowohl schulbuch- als auch mathematikbezogen gedeutet werden können (vgl. Abschnitt 4.3).

Diese wechselseitige Bezugnahme wird in den folgenden Analysen als ‚Aushandlungsprozess' bezeichnet, in denen die Lernenden zumeist Deutungen von Schulbuchinhalten (dargestellt durch die jeweiligen Strukturelemente) mit ihren eigenen mathematischen Argumentationsstrukturen aushandeln. Es findet somit eine Aushandlung zwischen einerseits dem (individuellem) mathematischen Verständnis der bzw. des Lernenden und andererseits dem dargestellten

© Der/die Autor(en), exklusiv lizenziert an Springer Fachmedien Wiesbaden GmbH, ein Teil von Springer Nature 2023
M. Pohl, *Digitale Mathematikschulbücher in der Sekundarstufe I*, Essener Beiträge zur Mathematikdidaktik, https://doi.org/10.1007/978-3-658-43134-1_9

Schulbuchinhalt statt. Mit dem Begriff der Aushandlung soll hier nicht das Aushandeln von mehreren Gesprächspartnerinnen und Gesprächspartnern oder die Aushandlung über einen expliziten (mathematischen) Inhalt per se verstanden werden. Vielmehr sollen damit Begriffsdeutungen der Lernenden charakterisiert werden, die sich wechselseitig auf die beiden Pole ‚Schulbuch' und ‚Mathematik' beziehen, wodurch die Lernenden Inhalte aus dem digitalen Schulbuch mit ihren eigenen mathematischen Kenntnissen aushandeln. Im Verständnis der *semiotischen Vermittlung* ließe sich der Aushandlungsprozess demnach auch als Vermittlungsprozess bezeichnen, da die *Drehpunktzeichen* ebendiese wechselseitige Bezugnahme auf das Schulbuch und die Mathematik charakterisieren und im (sprachlichen) Sinne der *semiotischen Vermittlung* das Schulbuch zwischen dem Inhalt (ergo der Mathematik) und den Lernenden vermittelt. Im Rahmen dieser Arbeit wird jedoch der Begriff ‚Aushandlungsprozess' dem Begriff ‚Vermittlungsprozess' vorgezogen, da den Lernenden dadurch eine aktivere Rolle in dem Bearbeitungsprozess zugeschrieben wird als durch die passive Vermittlung durch das (digitale) Mathematikschulbuch.

Des Weiteren zeigt sich anhand der Prävalenz der *Drehpunktzeichen* in den exemplarischen Beispielen der Schulbuchnutzungen der Lernenden eine Passung zwischen der *semiotischen Vermittlung* und der *instrumentellen Genese* (Rabardel, 1995). Durch die wechselseitige Bezugnahme auf Schulbuchinhalte und Mathematik – dargestellt durch die *Drehpunktzeichen* – kann der Prozess der *Instrumentierung* beschrieben werden. Die wechselseitige Bezugnahme auf spezifische Strukturelemente im digitalen Schulbuch einerseits und auf mathematische Aussagen (in Form von Hypothesen, Begründungen, Argumentationen) andererseits charakterisiert den bereits erwähnten Aushandlungsprozess zwischen beiden Polen (‚Schulbuch' und ‚Mathematik') und ermöglicht dadurch eine Beschreibung der Nutzungsweisen des Schulbuchs durch die Lernenden. Die Art und Weise der Nutzung spezifischer Strukturelemente mit Bezug zu mathematischen Aussagen verdeutlicht den Einfluss des Artefakts ‚Schulbuch' auf die Lernenden und gleichermaßen der Lernenden auf das Schulbuch. Ebendiese wechselseitige Beeinflussung und Bezugnahme charakterisiert den Prozess der *Instrumentierung* im Sinne der *instrumentellen Genese* (vgl. Abschnitt 4.2) und erlaubt somit eine instrumentelle Beschreibung der *Drehpunktzeichen* im Rahmen der Schulbuchnutzung.

Zielgerichtete Verwendungen im Rahmen der *instrumentellen Genese* (*Instrumentalisierung*) zeigen sich demgegenüber durch wiederholte Nutzungen oder in expliziten Aussagen zur zweckgemäßen Nutzung der Lernenden. Durch diese beiden Prozesse lässt sich das Artefakt ‚digitales Schulbuch' als ein Instrument zum Mathematiklernen beschreiben (vgl. Abschnitt 4.2.2).

Aus den soeben genannten Gründen können die Schulbuchnutzungen im Anschluss an die Zeichenanalyse im Rahmen der *semiotischen Vermittlung* aus dem Blickwinkel der *instrumentellen Genese* beschrieben und dargestellt werden. Das Zusammenwirken der beiden theoretischen Konzepte, der hier kursorisch dargestellte Aushandlungsprozess sowie die methodische Vorgehensweise bei der Analyse der Schulbuchnutzungen werden im folgenden Abschnitt 9.1 näher erläutert. Im Anschluss daran werden in den Abschnitten 9.2, 9.3 und 9.4 die Nutzungen von verschiedenen Strukturelementen durch Lernende beschrieben und analysiert. Abschnitt 9.5 fasst die in den Analysen beschriebenen Ergebnisse zusammen.

9.1 Methodische Vorgehensweise: Zusammenwirken der Semiotischen Vermittlung und Instrumentellen Genese

In diesem Abschnitt wird beschrieben, in welchem Zusammenhang die beiden Theorien *semiotische Vermittlung* (Bartollini Bussi & Mariotti, 2008) und *instrumentelle Genese* (Rabardel, 1995, 2002) für die Untersuchung der Nutzungen digitaler Schulbücher durch Lernende gesehen werden. Dabei wird deutlich, dass der Analysefokus durch die Theorie der *semiotischen Vermittlung* auf die individuellen Zeichenproduktionen der Akteurinnen und Akteure und deren wechselseitige Gerichtetheit auf das Artefakt ,digitales Schulbuch' und die Mathematik gelegt wird (vgl. Abschnitt 4.3.3). Dies hat zur Folge, dass die Aussagen und Handlungen der Lernenden hinsichtlich ihrer Gerichtetheit (Artefakt vs. Mathematik) analysiert werden können. Dabei wird sich in allen Nutzungsanalysen zeigen, dass sich die Aussagen und Handlungen der Lernenden während der Bearbeitung von Strukturelementen und somit während der Schulbuchnutzung zu einem großen Teil wechselseitig auf das Artefakt ,digitales Schulbuch' (bzw. auf einzelne Strukturelemente) und die Mathematik beziehen, was durch die Kategorisierung als *Drehpunktzeichen* hervorgehoben wird. In den Analysen der Nutzungsbeispiele nimmt die Theorie der *semiotischen Vermittlung* somit insbesondere die Rolle einer Analysemethode ein, sodass die Aussagen der Lernenden auf ihre Gerichtetheit (Artefakt – Mathematik) charakterisiert werden können.

Auf der anderen Seite ist jedoch zu bemerken, dass sich auf der Grundlage der Theorie der *semiotischen Vermittlung* aufgrund des soziosemiotischen Schwerpunkts keine Schlussfolgerungen bezüglich einer zielgerichteten Nutzung sowie zur Art und Weise der Nutzung durch die Lernenden ableiten lassen. Dies wird jedoch im Rahmen dieser Untersuchung verfolgt, um Aussagen zu den individuellen Nutzungen verschiedener Strukturelemente treffen zu können und zu erforschen, wie Lernende mit digitalen Schulbüchern (für die Mathematik) umgehen (Forschungsfragen 2 und 3). Dazu bedarf es einer konstruktivistischen Lerntheorie, die diese beiden Fokusse in den Blick nimmt. Die Theorie der *instrumentellen Genese* (Rabardel, 1995) leistet durch den prozesshaften Schwerpunkt der Instrumententwicklung genau dies. Durch die dort thematisierten Blickwinkel der *Instrumentierung* und *Instrumentalisierung* (vgl. Abschnitt 4.2) lässt sich somit beschreiben, auf welche Weise das Artefakt ‚digitales Schulbuch' durch die Nutzung des Subjekts zu einem Instrument zum Mathematiklernen wird. Das Zusammenwirkungen dieser beiden theoretischen Blickwinkel, die besondere Bedeutung der *Drehpunktzeichen* und der Prozess der Aushandlung wird auf den folgenden Seiten nun näher beschrieben.

Im Rahmen dieser Untersuchung wird sich zeigen, dass die durch die semiotische Analyse identifizierten *Drehpunktzeichen* aufgrund ihrer wechselseitigen Gerichtetheit auf das Artefakt ‚Schulbuch' und die Mathematik eine Schlüsselrolle in der individuellen Instrumententwicklung einnehmen und daher innerhalb der *instrumentellen Genese* verortet werden können. Diesbezüglich werden die mithilfe der *semiotischen Vermittlung* rekonstruierten Zeichen in einem zweiten Schritt aus dem Blickwinkel der *instrumentellen Genese* betrachtet. Näher bedeutet dies, dass die Schulbuchnutzungen der Lernenden, und insbesondere der Prozess der *Instrumentierung*, durch die kategorisierten *Drehpunktzeichen* beschrieben werden können. An dieser Stelle ist zu erwähnen, dass es sich bei den in dieser Arbeit untersuchten Schulbuchnutzungen um individuelle Entwicklungen des Instruments ‚digitales Schulbuch' handelt. Damit ist gemeint, dass die Aussagen und Handlungen zunächst auf einer semiotischen Ebene bezüglich ihrer Gerichtetheit auf das Artefakt (*Artefaktzeichen*), die Mathematik (*Mathematikzeichen*) oder auf beide Aspekte (*Drehpunktzeichen*) sichtbar gemacht werden. Dabei kristallisiert sich heraus, dass die *Drehpunktzeichen* aufgrund der wechselseitigen Gerichtetheit auf das digitale Schulbuch und die Mathematik eine besondere Rolle in der Schulbuchnutzung einnehmen. In einem zweiten Schritt werden dann die *Drehpunktzeichen* bezüglich der *Instrumentierung* im Rahmen der *instrumentellen Genese* beschrieben, sodass die Verwendungsweisen eines Strukturelements durch die wechselseitige Bezugnahme auf Strukturelement und Mathematik charakterisiert werden können. Die *Instrumentalisierung* zeigt sich insbesondere in den Aussagen der Lernenden zu einer zielgerichteten Nutzung dieses Strukturelements und in wiederholten Nutzungen des gleichen Strukturelements. Letztendlich kann somit auf individueller Ebene die Instrumententwicklung rekonstruiert werden.

Zur Erinnerung an die Beschreibung in Abschnitt 4.2 lässt sich der Prozess der *instrumentellen Genese* dabei folgendermaßen darstellen: Während der Arbeit mit einem digitalen Schulbuch und dort explizit aufgeführten Inhalten, ergo den Strukturelementen, wirken nicht nur die Lernenden auf das digitale Schulbuch ein (z. B. durch Verschieben von Punkten in dynamischen Strukturelementen oder durch Eingaben von Lösungen in dafür vorgesehene Felder), sondern auch das Schulbuch auf die Lernenden (z. B. durch das Anzeigen von falschen oder richtigen Eingaben nach der Verwendung einer Überprüfungsfunktion). Das digitale Schulbuch und die Lernenden beeinflussen sich somit gegenseitig und die Schülerinnen und Schüler verwenden Strukturelemente zu einem bestimmten Ziel (*Instrumentalisierung*) sowie auf eine gewisse Art und Weise (*Instrumentierung*). Mithilfe der Blickrichtung der *instrumentellen Genese* können somit die Aussagen und Handlungen der Lernenden, die durch die *semiotische Vermittlung* noch unabhängig von einer zielgerichteten Verwendung oder einer expliziten Beschreibung der Art und Weise der Nutzung charakterisiert worden sind, nun bezüglich dieser beiden Prozesse (*Instrumentalisierung* und *Instrumentierung*) dargestellt werden. Dies sorgt für eine Beleuchtung der nutzungsbezogenen Forschungsfragen (‚Welche Strukturelemente verwenden Schülerinnen und Schüler beim Umgang mit einem digitalen Schulbuch und zu welchen Zwecken?‘ und ‚Welche Verwendungsweisen lassen sich bei der Nutzung von verschiedenen Strukturelementen während der Arbeit mit einem digitalen Mathematikschulbuch bei Schülerinnen und Schülern identifizieren?‘).

In der Vorstellung der Theorie der *instrumentellen Genese* (Rabardel, 2002) wurden die Verwendungsweisen im Zusammenhang mit der Artefaktnutzung durch Gebrauchsschemata beschrieben und diesbezüglich zwischen *usage schemes* und *instrument-mediated action schemes* unterschieden (vgl. Abschnitt 4.2). Dabei wurden *usage schemes* als Handlungen beschrieben, die sich auf die Verwendung des *Artefakts* bzw. Teilen von ihm beziehen, während sich *instrument-mediated action schemes* auf die Tätigkeit an sich beziehen und zielgerichtete Nutzungen darstellen. Im Zusammenschluss mit der Theorie der *semiotischen Vermittlung* können die Gebrauchsschemata nun durch eine semiotische Perspektive identifiziert werden. *Usage schemes* spiegeln sich demnach überwiegend in den *Artefaktzeichen* wieder; zielgerichtete Nutzungen (*instrument-mediated action schemes*) lassen sich durch die *Drehpunktzeichen* charakterisieren, da hier die Strukturelemente nicht losgelöst von mathematischen Deutungen, sondern zu gewissen, expliziten Zielen verwendet werden. Diese zielgerichteten Nutzungen lassen sich insbesondere durch explizite Aussagen zu Nutzungsabsichten der

Lernenden bzw. in wiederholten Nutzungen des gleichen Strukturelements formulieren (*Instrumentalisierung*) und aufgrund der wechselseitigen Bezugnahme auf Strukturelement und Mathematik durch die Lernenden (*Instrumentierung*).

Durch die semiotische Analyse wird (wie oben bereits dargelegt) deutlich, dass die Lernenden zu einem großen Teil Aussagen treffen, die sich gleichermaßen sowohl auf das Artefakt ‚digitales Schulbuch' als auch auf die Mathematik beziehen, was sich anhand der *Drehpunktzeichen* charakterisieren lässt. In diesem Zusammenhang wird in den anschließenden Analysen der *Drehpunktzeichen* im Rahmen der *instrumentellen Genese* von einem ‚Aushandlungsprozess' gesprochen. Mit dem Begriff der Aushandlung ist dabei wie oben bereits ausgeführt folgender Prozess gemeint: Einerseits deuten die Lernenden Inhalte, die ihnen vom digitalen Schulbuch durch die Strukturelemente angezeigt werden; das Schulbuch wirkt somit auf die Lernenden ein. Andererseits deuten die Lernenden die Inhalte auf der Grundlage ihres mathematischen Wissens und versuchen daher, das eigene mathematische Verständnis in die Schulbuchinhalte hineinzudeuten, sodass auch die Lernenden auf das Schulbuch einwirken. Es findet somit ein wechselseitiger Prozess statt, in dem die Lernenden zwischen Deutungen des Artefakts ‚digitales Schulbuch' und der Mathematik hin- und herwechseln und versuchen, Inhalte aus dem Schulbuch mit ihren eigenen, individuellen mathematischen Kenntnissen auszuhandeln. Dieses Verständnis des Aushandlungsprozesses korrespondiert ferner mit Peirce' Auffassung eines Zeichens als Vermittler zwischen Subjekt und Objekt, also zwischen dem mathematischen Verständnis des Lernenden und dem digitalen Schulbuch (vgl. Abschnitt 4.3.2). Demzufolge kann durch eine Deutung der Zeichen, die sich sowohl auf das Schulbuch als auch auf die Mathematik beziehen, der wechselseitige Einfluss von Schulbuch und Schülerin bzw. Schülerin beschrieben werden.

Durch die semiotische Analyse und der dadurch rekonstruierten wechselseitigen Gerichtetheit sowohl auf das Artefakt als auch auf die Mathematik (*Drehpunktzeichen*) lässt sich mit Bezug zur *instrumentellen Genese* somit die Art und Weise der Nutzung genauer beschreiben. Die Lernenden versuchen, Inhalte aus dem Schulbuch in ihre mathematischen Vorkenntnisse einzuordnen. Dabei stoßen sie teilweise auf Konflikte zwischen den angezeigten Inhalten durch das digitale Schulbuch und ihren mathematischen Denkweisen, wenn beispielsweise vorab eingetragene Ergebnisse als falsch angezeigt werden oder wenn sie durch das dynamische Verschieben neue mathematische Inhalte selbst entdecken können. Die Lernenden versuchen daraufhin, diese rückgemeldeten Informationen zu verstehen und mit ihren mathematischen Vorkenntnissen abzugleichen. Dieser Abgleich bzw. das Nachvollziehen der angezeigten Informationen durch das digitale Schulbuch in Referenz zu den individuellen mathematischen Kenntnissen wird im Rahmen dieser Untersuchung als Aushandlungsprozess beschrieben, da die Lernenden Inhalte aus dem Schulbuch in ihre mathematischen Kenntnisse einordnen und dadurch die Bedeutung des jeweiligen (mathematischen) Inhalts (dargestellt durch das Strukturelement) zwischen Artefakt und Mathematik aushandeln. Durch diesen Prozess des Aushandelns lässt sich das Artefakt ,digitales Schulbuch' als ein Instrument zum Mathematiklernen betrachten.

Die Nutzung digitaler Schulbücher durch Lernende wird im Rahmen dieser Arbeit somit aus den zwei unterschiedlichen Perspektiven der *semiotischen Vermittlung* und *instrumentellen Genese* charakterisiert. Während die *semiotische Vermittlung* als Analysemethode verstanden und dazu eingesetzt wird, die Aussagen und Handlungen der Lernenden mit Bezug auf ihre Gerichtetheit (Artefakt − Mathematik) zu rekonstruieren, werden die rekonstruierten Zeichendeutungen im Rahmen der *instrumentellen Genese* im Hinblick auf die Instrumententwicklung beleuchtet. Die *Drehpunktzeichen*, die sich durch die semiotische Analyse überwiegend zeigen werden, nehmen dabei eine übergeordnete Rolle ein, da sie aufgrund ihrer wechselseitigen Bezugnahme auf das Artefakt und die Mathematik den Prozess der *Instrumentierung* charakterisieren. Im Rahmen der semiotischen Analysen werden also insbesondere die *Drehpunktzeichen* thematisiert. Im Anschluss daran werden diese Zeichendeutungen dann im Zusammenhang zur *instrumentellen Genese* näher daraufhin beleuchtet, inwiefern die Lernenden dem digitalen Schulbuch (bzw. expliziten Strukturelementen) gewisse Ziele zuschreiben und auf welche Art und Weise sie verschiedene Strukturelemente verwenden. Diese wechselseitige Bezugnahme auf Artefakt und Mathematik und der im Rahmen der *instrumentellen Genese* verfolgten Instrumententwicklung wird in den Analysen − wie bereits mehrfach erwähnt − als Aushandlungsprozess beschrieben. Die Analyse mithilfe der *instrumentellen Genese* basiert somit auf der Zeichenanalyse der *semiotischen Vermittlung*. Demzufolge wird das Zusammenwirken dieser beiden Theorien in dieser Arbeit unter anderem auch als ,Passung' beschrieben und als Ergebnis einer Theorieentwicklung angesehen.

Um den Begriff des Aushandlungsprozesses und das Zusammenwirken der beiden Theorien näher zu beschreiben, wird im Folgenden eine exemplarische Analyse kursorisch dargestellt. Die Lernenden bekommen während der Arbeit mit dem digitalen Schulbuch bzw. einzelnen Strukturelementen verschiedene Arten von Rückmeldungen angezeigt. Dies können Rückmeldungen in Form von Lösungselementen (z. B. das Anzeigen von richtig oder falsch eingegebenen Ergebnissen) oder in Form von digitalen Strukturelementen (z. B. durch das dynamische Verändern von Einstellungsmöglichkeiten bspw. durch Schieberegler oder durch dynamisches Verschieben von Punkten) sein. Mit Rückmeldungen sind also nicht nur Feedback-Funktionen im Sinne von Lösungsüberprüfungen gemeint, sondern auch Interaktionen mit digitalen Strukturelementen an sich, bei denen die Lernenden durch das dynamische Verändern Auswirkungen ihres Handelns direkt angezeigt bekommen. Das digitale Schulbuch gibt den Lernenden somit eine Rückmeldung auf ihr jeweiliges Handeln und demnach auf ihr mathematisches Denken. Diese Rückmeldungen werden von den Lernenden gedeutet, indem sie diese in ihre mathematischen Denkstrukturen einordnen.

Die folgende Schulbuchnutzung der Schülerin Lena soll den Aushandlungsprozess und das Zusammenwirken beider theoretischen Blickwinkel nachvollziehbar machen. In dem Beispiel (vgl. Abschnitt 9.2.1) bearbeitet die Schülerin Lena eine Zahlenmauer, bei der jeweils das Produkt zweier (positiver und negativer) Nachbarzahlen in die leeren Felder darüber oder der erste bzw. zweite Faktor in die Felder unter das Produkt eingegeben werden soll. Dabei soll Lena den zweiten Faktor so wählen, dass das Produkt mit dem ersten Faktor Null ergibt. Allerdings ist der erste Faktor bereits Null, sodass mathematisch jede Zahl für den zweiten Faktor eingesetzt werden kann. Die Schülerin probiert verschiedene Zahlen aus, die ihr jedoch nach der Überprüfung durch das digitale Schulbuch (Verwendung des Strukturelements *Ergebnis überprüfen*) immer als falsch angezeigt werden. Es zeigt sich anschließend, dass die Schülerin nach der Überprüfung ihrer Ergebnisse zur richtigen Lösung gelangen möchte. Dabei stellt sie aber (bei allen eingegebenen Zahlen) nicht ihre eigenen Lösungen in Frage, sondern die Rückmeldung („falsch") von dem Schulbuch. Am Ende von ihren Eingaben lässt sie sich die vom Schulbuch vorgeschlagene Lösung („Drei") anzeigen. Schlussendlich erklärt sie ihren Mitschülern nach der Bearbeitungszeit diese Aufgabe und argumentiert mathematisch korrekt, dass jede beliebige Zahl einsetzbar gewesen wäre.

Das Eingeben von Zahlen in die Zahlenmauer sowie das Klicken auf die Buttons „Prüfen" und „Lösung" – und somit die Bearbeitung der Zahlenmauer an sich – lassen sich als schulbuchbezogene Handlungen, ergo *Artefaktzeichen*, charakterisieren, da sich in den Handlungen der Schülerin kein expliziter Bezug zur Mathematik feststellen lässt. Auf der anderen Seite zeigen sich in den Erklärungen der Schülerin an ihre Mitschüler *Mathematikzeichen*, da sie mathematisch korrekt argumentiert, warum ihre Eingaben korrekt sein müssten.

Die *Drehpunktzeichen* zeigen sich bei diesem Beispiel in dem wiederholten Infragestellen der angezeigten Rückmeldung des digitalen Schulbuchs (z. B. „Das ist unfair.", „Ich kapier das nicht. Das ist ja total unfair. Alle anderen sind richtig, aber ich kann nicht jede Zahl einsetzen.", „Warum ausgerechnet drei?"). Lenas Aussagen charakterisieren somit einen Wechsel zwischen mathematischer und schulbuchbezogener Gerichtetheit, sodass die Schülerin die Lösung des digitalen Schulbuchs bzw. die angezeigten Rückmeldungen mit ihren mathematischen Vorkenntnissen aushandelt.

Auf der Grundlage der semiotischen Analyse lassen sich die identifizierten *Drehpunktzeichen* nun in einem weiteren Schritt im Rahmen der *instrumentellen Genese* beleuchten. Die Schülerin versucht, die Rückmeldung des Schulbuchs (i. e. die vermeintlich fehlerhaften Eingaben) zu deuten und in Verbindung zu ihrem mathematischen Denken zu setzen. Lena deutet die Schulbuchrückmeldung dabei insbesondere auf der Grundlage ihres eigenen mathematischen Verständnisses, da sie die als falsch angezeigten Eingaben nicht akzeptiert, sondern ablehnt („Nö.", „Das ist unfair.", „Ich kapier das nicht. Das ist ja total unfair.") und darüber hinaus nachvollziehen möchte („Alle anderen sind richtig, aber ich kann nicht jede Zahl einsetzen.", „Warum ausgerechnet drei?").

Die Deutung der Schulbuchrückmeldung einerseits (‚falsch') und die Deutung der Rückmeldung mit Bezug zu ihrem mathematischen Wissen andererseits lässt sich somit als Aushandlungsprozess beschreiben. Dieser Aushandlungsprozess zeigt sich im Rahmen der *semiotischen Vermittlung* anhand der Kategorisierung der *Drehpunktzeichen*, sodass der Blickwinkel der semiotischen Theorie die Gerichtetheit der Aussagen und Handlungen der Schülerin sichtbar macht. Im Rahmen der *instrumentellen Genese* werden die zuvor rekonstruierten Zeichendeutungen nutzungsbezogen analysiert, sodass der Aushandlungsprozess durch die *Instrumentierungen* „Ablehnen der Schulbuch-Lösung" und „Nachvollziehen der Rückmeldung" beschrieben werden kann. Die Verwendung der Überprüfungsfunktion wird in der Bearbeitung der Aufgabe als „Verifikation des eingegebenen Ergebnisses" kategorisiert (*Instrumentalisierung*), da die Schülerin das Strukturelement *Ergebnis überprüfen* wiederholt verwendet, um ihre eingegebenen Ergebnisse zu kontrollieren. Die Grundlage dieser Kategorie bildet somit die wiederholte Verwendung des Strukturelements für den gleichen Zweck.

Beide theoretischen Sichtweisen haben für dieses Beispiel und für die Analysen weiterer Schulbuchnutzungen folgende Tragweite: Während die *semiotische Vermittlung* die Rekonstruktion und Verdeutlichung der Zeichen – bezogen auf das digitale Schulbuch oder die Mathematik – auf einer individuellen Ebene verfolgt, gelingt es im Rahmen der *instrumentellen Genese*, die Bearbeitungsprozesse nutzungsbezogen – und demnach zielgerichtet sowie bezüglich ihrer Art und Weise – zu beschreiben. Eine Interpretation im Rahmen der *instrumentellen Genese* ist jedoch nur auf Grundlage der zuvor beschriebenen Aushandlungsprozesse (rekonstruiert durch die *Drehpunktzeichen*) möglich, sodass in dieser Arbeit durch dieses Zusammenwirken der beiden theoretischen Blickwinkel von einer ‚Passung' der beiden Theorien gesprochen wird.

Die folgende Abbildung 9.1 verdeutlicht das Zusammenwirken dieser beiden theoretischen Perspektiven innerhalb dieser Arbeit noch einmal visuell. Dabei wird deutlich, dass erstens die *semiotische Vermittlung* im Kontext der *instrumentellen Genese* zu verstehen ist und zweitens die *Drehpunktzeichen* im Zusammenhang mit der Instrumententwicklung stehen – und insbesondere innerhalb der *Instrumentierung*. Artefakt- und Mathematikzeichen stehen dabei auf der gleichen Höhe wie das Subjekt, weil sowohl die direkten Nutzungen des (digitalen) Schulbuchs vom Subjekt ausgehen (*Artefaktzeichen*) als auch die mathematischen Begründungen (*Mathematikzeichen*). Die *Drehpunktzeichen* wiederum stehen im Wechselspiel zwischen dem Artefakt und der Mathematik und befinden sich deshalb nicht auf der gleichen Höhe wie das Subjekt. Durch die Interpretation der *Drehpunktzeichen* im Rahmen der *instrumentellen Genese* lässt sich somit der hiermit beschriebene Aushandlungsprozess rekonstruieren.

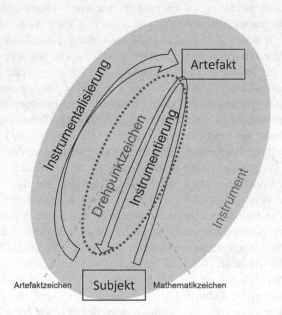

Abbildung 9.1 Zusammenwirken der semiotischen Vermittlung und instrumentellen Genese

Des Weiteren veranschaulicht Tabelle 9.1 die oben beschriebenen Aussagen und Handlungen der Schülerin Lena einmal im Rahmen mit der *semiotischen*

Vermittlung und den damit zusammenhängenden kategorisierten Zeichendeutungen. Zudem zeigt sich der Zusammenhang der *Drehpunktzeichen* im Prozess der *instrumentellen Genese* mit dem hier beschriebenen Aushandlungsprozess.

Tabelle 9.1 Beispielhafte Analyse des Aushandlungsprozesses innerhalb der semiotischen Vermittlung und instrumentellen Genese

Aussagen und Handlungen der Schülerin	Semiotische Ebene (Semiotische Vermittlung)	Individuelle Ebene (Instrumentelle Genese)
Bearbeitungen der Zahlenmauer (Eingaben von Zahlen, klicken auf „Prüfen" und „Lösung")	Artefaktzeichen: Bezug zum Schulbuch bzw. einzelnen Strukturelementen	
„Das ist unfair." „Ich kapier das nicht. Das ist ja total unfair. Alle anderen sind richtig (…). Ich hab schon null und die zwei ausprobiert. Welche Zahl soll ich denn sonst noch einsetzen?" „Warum unbedingt drei? Das ist so unfair! Nö! Das ist unfair! (…) Warum nur drei? Das ist total unfair."	Drehpunktzeichen: Die Schülerin versucht, die Zeichen des Schulbuchs (falsche Eingabe) zu deuten und in Verbindung mit ihrem mathematischen Denken zu setzen. Einerseits findet also eine Deutung der Schulbuchrückmeldung statt, andererseits eine Deutung des eigenen mathematischen Verständnisses.	Aushandlungsprozess: Aushandlung von Schulbuchinhalten und dem mathematischem (Vor-)-Wissen der Schülerin. Die Schülerin lehnt einerseits die Schulbuch-Lösung ab und möchte diese andererseits nachvollziehen. Dadurch ergeben sich die *Instrumentierungen* „Ablehnen der Schulbuch-Lösung" und „Nachvollziehen der Rückmeldung"
„Und das alles ergibt ja immer null. Null mal null, null. Aber hier kann man ja eigentlich jede beliebige Zahl einsetzen, weil das sowieso null ergeben würde. (…) Alles mal null ergibt null."	Mathematikzeichen: Mathematische Argumentation, losgelöst vom Schulbuch bzw. einzelnen Strukturelementen	

Insgesamt werden als erstes in dem nun folgenden Abschnitt 9.2 drei Schülernutzungen zum Umgang mit einem Lösungselementtyp (Strukturelementtyp *Ergebnis überprüfen*) des digitalen Mathematikschulbuchs beschrieben. Im Anschluss wird der Fokus der Untersuchung auf der Nutzung einzelner digitaler Strukturelementtypen liegen (vgl. Abschnitt 9.3), bevor in Abschnitt 9.4 Schulbuchnutzungen auf der Ebene der gesamten Lerneinheit (i. e. Mesoebene) thematisiert werden.

Die Fokussierung auf den Strukturelementtyp *Ergebnis überprüfen* in Abschnitt 9.2 lässt sich mit bereits bestehenden mathematikdidaktischen Erkenntnissen zu Feedback und Assessment auf den Lernprozess bei Schülerinnen und Schülern erklären (u. a. Drijvers et al., 2016; Ruchniewicz, 2022), wurde jedoch im Zusammenhang mit digitalen Schulbuchkonzepten bisher wenig erforscht (vgl. Rezat, 2021). Des Weiteren zielt die hier vorliegende Untersuchung darauf ab, den Umgang von Lernenden mit digitalen Schulbüchern für die Mathematik zu untersuchen, weshalb der Fokus auf einzelne digitale Strukturelementtypen[1] (vgl. Abschnitt 9.3) begründet werden kann.

Die Nutzungen in den Abschnitten 9.2 und 9.3 thematisieren die Verwendung einzelner Strukturelementtypen, weshalb dem Charakteristikum eines Mathematikschulbuchs – ergo der aufeinander aufbauenden Strukturierung des mathematischen Inhalts durch die Aneinanderreihung verschiedener Strukturelemente – bisher nicht Rechnung getragen wurde. Aus diesem Grund werden in Abschnitt 9.4 Nutzungen verschiedener Strukturelemente auf der gesamten Lerneinheit beschrieben.

9.2   Umgang mit Lösungselementen des digitalen Schulbuchs

In den folgenden Beispielen werden Nutzungsprozesse der Schülerbearbeitungen mit dem digitalen Schulbuch dargestellt, die sich mit der Verwendung eines Lösungselements (Strukturelementtypen *Lösung, Lösungsvorschlag/Lösungsweg, Ergebnis überprüfen*) befassen. Dabei bearbeiten die Schülerinnen und Schüler unterschiedliche Aufgabentypen (Strukturelementtypen *Rechenaufgabe* und *Zuordnungsaufgabe*) und nutzen am Ende oder während ihrer Bearbeitungen das zur Verfügung stehende Lösungselement. Die Lösungselemente sind Hauptbestandteile des digitalen Schulbuchs und bieten im Gegensatz zu traditionellen Schulbüchern eine Möglichkeit der Ergebnisüberprüfung durch die direkte Rückmeldung des Schulbuchs (Strukturelementtyp *Ergebnis überprüfen*) (vgl. Abschnitt 6.3.1.3).

Die drei empirischen Beispiele charakterisieren Schulbuchbearbeitungen sowohl in Einzelarbeit und im Diskurs mit dem Interviewer als auch im sozialen Kontext unter den Mitschülerinnen und Mitschülern. Dabei diskutieren die Lernenden ihre Bearbeitungen vor und nach der Verwendung der Lösungselemente. Im Rahmen einer semiotischen Analyse (Bartollini Bussi & Mariotti, 2008) werden die Äußerungen und Handlungen der Lernenden auf ihre schulbuch- bzw. mathematikbezogene Gerichtetheit untersucht. Dadurch lässt sich zeigen, dass

---

[1] Zur Erinnerung: Digitale Strukturelementtypen ergeben sich erst aufgrund der digitalen Natur des Artefakt ‚digitales Schulbuch' und explizieren daher den Mehrwert digitaler Mathematikschulbücher im Vergleich zu gedruckten, traditionellen Schulbüchern (vgl. Abschnitt 6.3.1.3).

sich die Lernenden einerseits auf schulbuchbezogene Elemente beziehen, andererseits auf mathematikbezogener Ebene argumentieren. Darüber hinaus zeigt sich aber insbesondere nach der Verwendung des entsprechenden Lösungselements, dass die Schülerinnen und Schüler im Wechsel zwischen Bezugnahmen zu der angezeigten Rückmeldung durch das digitale Schulbuch und zu ihren eigenen mathematischen Argumentationsstrukturen die korrekte Lösung aushandeln. Dieser Aushandlungsprozess wird somit durch die Verwendung des entsprechenden Lösungselements und dadurch aufgrund der direkten Rückmeldung durch das digitale Schulbuch initiiert. Mit Aushandlung und dem dadurch entstehenden Aushandlungsprozess ist in dieser Arbeit (wie in Abschnitt 9.1 bereits erläutert) der wechselseitige Bezug auf Schulbuchelemente und das mathematische Verständnis gemeint, der sich durch eine Deutung der Aussagen der Schülerinnen und Schülern als *Drehpunktzeichen* manifestiert. Zwar können in dem Aushandlungsprozess auch mehrere Lernende miteinander diskutieren, jedoch ist in diesem Rahmen nicht die Aushandlung unter den einzelnen Lernenden oder die Aushandlung über bestimmte Begriffe gemeint, sondern die wechselseitige Bezugnahme auf das Schulbuch und die Mathematik und die dadurch initiierte Aushandlung zwischen Schulbuchinhalten und der mathematischen Argumentation der Lernenden. Aufgrund der Analyse der *semiotischen Vermittlung* wird demzufolge insbesondere der Aushandlungsprozess durch die *Drehpunktzeichen* dokumentiert, der die eben angesprochene wechselseitige Bezugnahme auf das Artefakt Schulbuch und die Mathematik beschreibt.

Im Anschluss kann auf der Grundlage ebendieser Zeichendeutungen die Art und Weise der Nutzung sowie das Nutzungsziel des digitalen Mathematikschulbuchs aus der Perspektive der *instrumentellen Genese* typisiert werden, sodass die Verwendung des Schulbuchs theoriegeleitet beschrieben werden kann (vgl. Forschungsfrage 2 und 3). Insbesondere wird sich daran zeigen, dass der in der *semiotischen Analyse* durch die Deutung der *Drehpunktzeichen* lokalisierte Aushandlungsprozess beschreibt, durch welche Art und Weise die Lernenden das Schulbuch bzw. einzelne Strukturelemente verwenden (*Instrumentierung*), sodass in diesem Zusammenhang aus dem Artefakt Schulbuch ein Instrument zum Mathematiklernen entsteht; dies verdeutlicht die Passung der *semiotischen Vermittlung* und *instrumentellen Genese*.

Insgesamt werden im Abschnitt 9.2 drei empirische Beispiele vorgestellt, in denen die Schülerinnen und Schülern Lösungselemente des digitalen Mathematikschulbuchs verwenden. In dem ersten Beispiel 9.2.1 wird sich zeigen, dass die Schülerin die angezeigte Schulbuch-Lösung ablehnt, da sie nicht verstehen kann, warum ihre eigene Lösung als falsch angezeigt wird. Zudem hinterfragt sie die vom Schulbuch angezeigte Lösung. Dieses Hinterfragen wird in der Schulbuchnutzung im zweiten Beispiel 9.2.2 verstärkt sichtbar werden, indem der

Schüler in seiner Bearbeitung versucht, die Schulbuch-Lösung nachzuvollziehen und sich in diesem Prozess auf seine zuvor eingegebene und überprüfte Lösung bezieht. Im Gegensatz zu den ersten beiden Einzelbearbeitungen tauschen sich im dritten empirischen Beispiel 9.2.3 drei Lernende über ihre vorgenommenen Aufgabenbearbeitungen und Ergebnisse aus. Im Anschluss an die Verwendung des Strukturelements *Ergebnis überprüfen* zeigen sich verschiedene Reaktionen in den Aussagen der Schülerinnen und Schülern, die an die Nutzungen der Beispiele 9.2.1 und 9.2.2 anknüpfen, jedoch darüber hinaus weitere Nutzungen der Lösungselemente konkretisieren.

Zusammenfassend wird durch diese drei empirischen Beispiele und durch die Analyse der Bearbeitungsprozesse mithilfe der *semiotischen Vermittlung* deutlich werden, dass verschiedene Reaktionen auf die Verwendung der Lösungsstrukturelemente entstehen können, die sich auch insbesondere im Vergleich zu den getätigten Aussagen vor der Verwendung der Lösungselemente unterscheiden können. Dabei können Unterschiede in den Aussagen hinsichtlich ihrer artefakt- und mathematikbezogenen Gerichtetheit rekonstruiert werden. Dies erlaubt es, den Bearbeitungsprozess unter Bezug auf das Schulbuch auf der einen und auf die Mathematik auf der anderen Seite zu beschreiben. In einem zweiten Schritt werden die durch die *semiotische Analyse* herausgearbeiteten Deutungen im Rahmen der *instrumentellen Genese* unter den Blickwinkeln der *Instrumentalisierung* und *Instrumentierung* beschrieben, was die Nutzungen der Strukturelemente aus Schülersicht einerseits zu einem gewissen Zweck und andererseits durch eine bestimmte Art und Weise näher beleuchtet.

Konkret bedeutet das, dass das Strukturelement *Ergebnis überprüfen* zur „Verifikation des eingegebenen Ergebnisses" verwendet wird und die vier unterschiedlichen Verwendungsweisen „Ablehnung der Schulbuch-Lösung", „Abgleich von richtigen bzw. falschen Ergebnissen", „Nachvollziehen der Rückmeldung mit Bezug zur eigenen Lösung" und „Nachvollziehen der Rückmeldung mit Bezug zur Schulbuch-Lösung" identifiziert werden. Im Folgenden werden die drei Beispiele jeweils zuerst inhaltlich im Detail vorgestellt, bevor die Analysen durchgeführt und diskutiert werden.

9.2.1   Ablehnen der Schulbuch-Lösung

In der folgenden Schulbuchnutzung versucht Schülerin Lena, die richtige Lösung zu einer Aufgabe zu erreichen, nachdem sie ihre Ergebnisse vom digitalen Schulbuch überprüft hat und diese als falsch angezeigt wurden. Dabei stellt sie aber (bei allen eingegebenen Zahlen) nicht ihre eigenen Lösungen in Frage, sondern die Rückmeldung des digitalen Schulbuchs.

9.2.1.1 Vorstellung der Aufgabe

Die Aufgabe „Zahlenmauer II" wird durch ein Strukturelement der Kategorie *Rechenaufgabe* dargestellt, bei der jeweils das Produkt zweier (positiver und negativer) Nachbarzahlen in die leeren Felder darüber oder der erste bzw. zweite Faktor in die Felder unter das Produkt eingegeben werden soll (vgl. Abbildung 9.2).

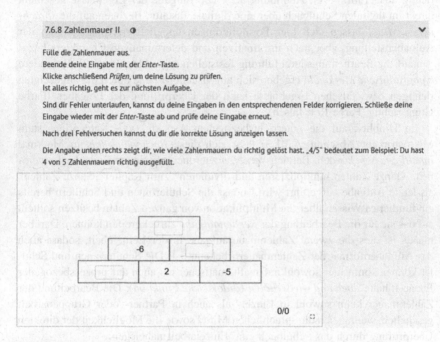

Abbildung 9.2 Rechenaufgabe „Zahlenmauer II", Lehrwerk (Hornisch et al., 2017)

Nachdem alle Felder ausgefüllt worden sind, können die Eingaben durch das digitale Schulbuch überprüft werden (Strukturelement *Ergebnis überprüfen*), sodass die Schülerinnen und Schüler eine Rückmeldung zu ihren richtigen und falschen Eingaben erhalten und diese in einem zweiten Schritt korrigieren können. Richtige Eingaben werden dabei grün markiert, falsche Eingaben rot. Diesen Vorgang können die Lernenden insgesamt drei Mal durchführen; danach können sie sich das richtige Ergebnis anzeigen lassen (Strukturelement *Lösung*). Die technologischen Merkmale dieser Rechenaufgabe beziehen sich somit auf die direkte

Eingabe in das Schulbuch und auf die direkte Überprüfungsmöglichkeit durch das Schulbuch.

Insgesamt werden in der *Rechenaufgabe* mehrere verschiedene Zahlenmauern erzeugt. Die Schülerinnen und Schüler erhalten am unteren rechten Rand der Aufgabe eine Angabe darüber, wie viele Zahlenmauern sie insgesamt richtig beantwortet haben: „4/5 bedeutet zum Beispiel: Du hast 4 von 5 Zahlenmauern richtig ausgefüllt." (vgl. Abbildung 9.2). Die Eingabe der Ergebnisse geschieht direkt im digitalen Schulbuch über eine digitale Tastatur. Bezogen auf die *sprachlichen Mittel* lassen sich hier Formulierungen appellativen Charakters in der Aufgabenstellung, aber auch informativen und determinativen Charakters bezogen auf die Bearbeitungsdurchführung feststellen (vgl. Abschnitt 6.3). Besondere *typographische Merkmale* ergeben sich auf visueller Ebene durch die angezeigten richtigen bzw. falschen Ergebnisse nach der Überprüfung der Eingaben (Farbe Grün: richtig, Farbe Rot: falsch).

Im Hinblick auf die unterrichtsbezogenen Aspekte (vgl. Kategoriensystem Mikrostruktur, Abschnitt 6.3.1.3) lässt sich diese *Rechenaufgabe* im Merkmal *inhaltliche Aspekte* dem Bereich *Vertiefen* zuordnen, da sie am Ende der Lerneinheit „Ganze Zahlen multiplizieren und dividieren" zum Kapitel „Ganze Zahlen" als letzte Aufgabe aufgeführt wird, sodass die Schülerinnen und Schülern bereits ein fundiertes Wissen über die Multiplikation von ganzen Zahlen besitzen sollten, auf das sie für die Bearbeitung der *Rechenaufgabe* zurückgreifen können. Darüber hinaus ist dies die zweite Zahlenmaueraufgabe in der Lerneinheit, sodass auch das Aufgabenformat der Zahlenmauern bekannt ist. Die Schülerinnen und Schüler können somit hier sowohl auf mathematischer als auch auf prozessbezogener Ebene Inhalte *üben und wiederholen* (*didaktische Funktion*). Die Bearbeitung der Zahlenmauer kann sowohl in Einzel- als auch in Partner- oder Gruppenarbeit geschehen, wenngleich die sprachlichen Mittel sowie die Möglichkeit der direkten Überprüfung durch das Schulbuch eine Einzelarbeit nahelegen.

Der inhaltlich mathematische Gegenstand der Lerneinheit thematisiert die Multiplikation ganzer Zahlen. Dabei wird am Anfang der Lerneinheit zuerst an die Vorerfahrungen zur Multiplikation natürlicher Zahlen angeknüpft und dieses Wissen auf die Multiplikation einer positiven und negativen Zahlen mit Bezug zum Pfeilmodell erweitert. Im weiteren Verlauf der Lerneinheit wird die Multiplikation zweier negativer Zahlen im Sinne des Permanenzprinzips hergeleitet. Bei dem hier vorgestellten Strukturelement werden die negativen Zahlen an keinem Alltagskontext thematisiert, sodass aus fachdidaktischer Perspektive demnach keine expliziten Zahlaspekte identifiziert werden können. Vielmehr zeigt sich durch den Rechencharakter und die Anwendung zuvor thematisierter Rechenoperationen im Sinne des Permanenzprinzips die von Malle (1986) beschriebene fünfte Hürde („Erkennen des definitorischen Charakters der Rechenoperationen") (vgl. Abschnitt 7.2).

In den Bildungsstandards kann diese Aufgabe aufgrund der Durchführung von Rechenoperationen dem Aspekt „Mit symbolischen, formalen und technischen Elementen der Mathematik umgehen" zur mathematischen Leitidee „Zahl" zugeordnet werden (vgl. Ministerium für Schule und Weiterbildung des Landes Nordrhein-Westfalen, 2007, S. 8–9). In den Kernlehrplänen ergibt sich eine Zuordnung in die inhaltliche Kompetenz „Arithmetik/Algebra" und (aufgrund des digitalen Charakters)l in die prozessbezogene Kompetenz „Werkzeuge" (vgl. KMK, 2004, S. 20–21).

9.2.1.2 Vorstellung des Transkripts

Das folgende Transkript beschreibt die Bearbeitung der vierten Zahlenmaueraufgabe der Schülerin Lena sowie die anschließende Diskussion mit ihrer Mitschülerin Alina, ihrem Mitschüler Kai und dem Interviewer. Zuvor haben die Lernenden Lena, Kai und Alina in Einzelarbeit unterschiedliche Zahlenmauer-Aufgaben zu der *Rechenaufgabe* „Zahlenmauer I" bearbeitet. Auf Anweisung des Interviewers startet Lena nun die *Rechenaufgabe* „Zahlenmauer II" und bearbeitet die ersten drei Zahlenmauern vollständig korrekt. Bei der Bearbeitung der vierten Zahlenmauer steht Lena allerdings vor einem Konflikt, da sie in der Zahlenmauer den rechten Basisstein ausfüllen soll, dessen Multiplikation mit dem mittleren Basisstein 0 das Produkt 0 ergibt (vgl. Abbildung 9.3).

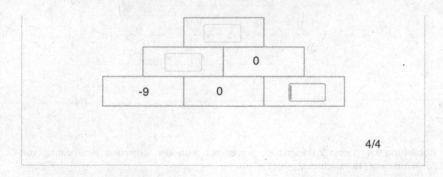

Abbildung 9.3 Vierte Zahlenmauer, Screenshot vor der Bearbeitung von Schülerin Lena (Hornisch et al., 2017)

Lena reagiert mit Blick auf die Aufgabe mit der Aussage „Das ist aber unfair! Aber da kann man jede Zahl einsetzen! Da kann man jede Zahl einsetzen da, das ist doch unfair! Alles würde null ergeben." und bezieht sich damit auf die Basiszahl unten rechts. Im Anschluss daran füllt Lena zuerst die Dachzahl sowie die linke Mittelzahl (das Produkt von −9 und 0) aus (vgl. Abbildung 9.4), wiederholt aber danach ihre Aussage, dass man „jede Zahl einsetzen [kann]" und dass das „unfair" sei, woraufhin sie die rechte Basiszahl nach wie vor nicht ausfüllt.

Auf Rückfrage des Interviewers, welche Zahl sie wählt, erklärt die Schülerin auf der einen Seite, dass sie sich nicht entscheiden kann, da dann eventuell ihre Eingaben falsch sind, und wiederholt auf der anderen Seite ihre Erklärung, dass man dort jede Zahl einsetzen kann. Lenas Mitschüler rät ihr daraufhin, eine Zahl einzusetzen, weil das Schulbuch zurückmeldet, was richtig ist und was nicht, woraufhin Lena widerspricht, dass sie ja dann „jede Zahl ausprobieren" kann (Tabelle 9.2, Turn 3). Lena entscheidet sich im Anschluss für die Zahl zwei, tippt diese ein und lässt die nun vollständig ausgefüllte Zahlenmauer durch das digitale Schulbuch überprüfen, indem sie das Strukturelement *Ergebnis überprüfen* verwendet. Ihre Eingabe im rechten Basisstein wird jedoch als falsch angezeigt und Lena wird aufgefordert, ihre Eingabe zu korrigieren (vgl. Abbildung 9.5).

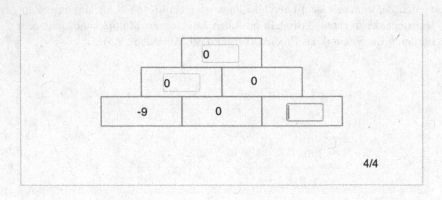

Abbildung 9.4 Vierte Zahlenmauer, Screenshot nach der teilweisen Bearbeitung von Schülerin Lena (Hornisch et al., 2017)

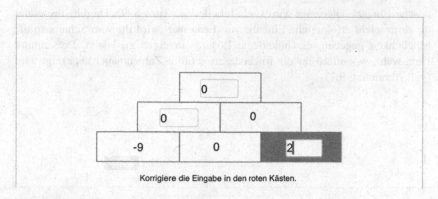

Abbildung 9.5 Vierte Zahlenmauer, Screenshot nach der Eingabe der Zahl 2 (Hornisch et al., 2017)

Lena verändert daraufhin ihre Eingabe der Zahl zwei in die Zahl null, überprüft wieder ihre Eingabe, jedoch erhält sie vom digitalen Schulbuch erneut die Rückmeldung „falsch" (vgl. Abbildung 9.6; Tabelle 9.2, Turn 5).

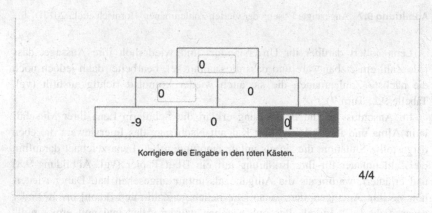

Abbildung 9.6 Vierte Zahlenmauer, Screenshot nach der Eingabe der Zahl 0 (Hornisch et al., 2017)

Im Anschluss an ihre zweite Überprüfung argumentiert Lena, dass sie nicht jede Zahl einsetzen kann, und korrigiert ihre Eingabe null in die Zahl eins, lässt dies erneut vom digitalen Schulbuch überprüfen, woraufhin ihr jedoch wieder eine falsche Eingabe angezeigt wird (vgl. Tabelle 9.2, Turn 5–9). Da dies insgesamt die dritte nicht erfolgreiche Eingabe von Lena war, wird ihr vom Schulbuch die Möglichkeit gegeben, die hinterlegte Lösung anzeigen zu lassen. Dies nimmt Lena wahr, woraufhin ihr die folgende ausgefüllte Zahlenmauer angezeigt wird (vgl. Abbildung 9.7).

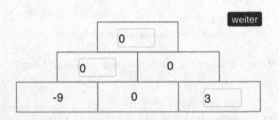

4/5

Abbildung 9.7 Angezeigte Lösung der vierten Zahlenmauer (Hornisch et al., 2017)

Lena äußert darüber ihr Unverständnis und wiederholt ihre Aussage, dass jede Zahl einsetzbar wäre und dass dies unfair sei, bearbeitet dann jedoch noch die nächste Zahlenmauer, die sie auch wieder komplett richtig ausfüllt (vgl. Tabelle 9.2, Turn 9).

Im Anschluss an die Bearbeitung erklärt die Schülerin Lena ihrer Mitschülerin Alina und ihrem Mitschüler Kai auf Nachfrage des Interviewers die eben dargestellte Situation, die sie als unfair empfunden hat. Lena zeichnet daraufhin die Zahlenmauer für ihre Erklärung auf ein Blatt Papier (vgl. Abbildung 9.8) und erläutert, warum sie die Aufgabe als unfair angesehen hat. Dabei wiederholt sie ihre Aussagen, dass „man jede beliebige Zahl raten [kann] bis 100 oder sogar mehr (…), [w]eil alles null ergeben würde. Alles mal null ergibt null" (Tabelle 9.2, Turn 11). Zudem geht sie auch explizit auf die von ihr gewählten Antwortmöglichkeiten zwei und eins ein und argumentiert auf Grundlage ihrer mathematischen Kenntnisse, warum auch diese Ergebnisse korrekt wären: „[Z]wei und eins wären eigentlich richtig, weil man mit jeder Zahl das machen kann". Letztendlich deduziert sie, dass sowohl das Schulbuch als auch sie Recht haben und konkludiert, dass „Technik nicht immer alles weiß".

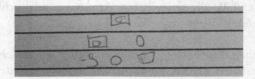

Abbildung 9.8 Aufgezeichnete Zahlenmauer von Lena zur Erklärung für ihre Mitschülerinnen und Mitschüler

9.2.1.3 Semiotische Analyse

Bereits in der Vorstellung des Transkripts wurde deutlich, dass die Schülerin Lena zum einen die ihr gestellte Rechenaufgabe mehrfach als „unfair" bezeichnet (vgl. Tabelle 9.2, Turn 1, 3, 5, 9, 11, 13, 19) und zum anderen versucht, die im Schulbuch hinterlegte (vermeintlich) korrekte Lösung zu finden, indem sie mehrere Zahlen nacheinander in das digitale Schulbuch eingibt (vgl. Tabelle 9.2, Turn 5, 9). In der folgenden Analyse wird diese Bearbeitung der Schülerin Lena mithilfe der *semiotischen Vermittlung* näher untersucht, wodurch sich zeigen wird, dass ihre Aussagen vor und nach der Aufgabenbearbeitung zu einem großen Teil mathematischer Natur sind, während der Bearbeitung und nach der Überprüfung durch das digitale Schulbuch jedoch eine Prävalenz der *Drehpunktzeichen* festgestellt werden kann.

Das Ziel der Analyse ist es somit herauszuarbeiten, welche Auswirkung die Rückmeldung durch das digitale Schulbuch auf die Bearbeitung der Schülerin hat, was sich anhand der von der Schülerin produzierten Zeichen rekonstruieren lässt. Diese Zeichen beziehen sich entweder auf die Aufgabe direkt (und somit auf das Schulbuch) oder auf die mathematischen Begründungen, die die Schülerin als Grundlage für ihre Aussagen heranzieht. Insgesamt wird durch die Analyse mithilfe der *semiotischen Vermittlung* ein Aushandlungsprozess zwischen dem mathematischen Verständnis der Schülerin und der mathematischen Lösung im Schulbuch sichtbar werden, da die Schülerin auf der einen Seite die Schulbuch-Lösung ablehnt, aber auf der anderen Seite auch versucht, die angezeigte Lösung nachzuvollziehen. Die Möglichkeit der Überprüfung kann somit als Startpunkt für einen Prozess verstanden werden, in dem die Schülerin die Schulbuch-Lösung nachvollziehen möchte, ihre eigenen mathematischen Überzeugungen dabei jedoch nicht verwirft, sondern sich im Gegenteil auf diese beruft.

Die Analyse mithilfe der *semiotischen Vermittlung* zeigt schlussendlich die folgenden Zeichendeutungen:

- Vor der expliziten Bearbeitung, i. e. dem Ausfüllen der Zahlenmauer, können Zeichen rekonstruiert werden, die mathematischer Natur sind, sich aber auch im Sinne der *Drehpunktzeichen* auf die *Rechenaufgabe* beziehen und erste Hinweise auf den Aushandlungsprozess zwischen Schulbuch und Mathematik liefern.
- Während der Aufgabenbearbeitung basieren die Aussagen der Schülerin teilweise auf ihr vorhandenes mathematisches Wissen (*Mathematikzeichen*), sind jedoch zu einem großen Teil sowohl wechselseitig auf die Aufgabe als auch auf die Mathematik gerichtet und werden daher im Sinne der *Drehpunktzeichen* verstanden. Dies ändert sich auch nicht nach der Anzeige der vermeintlich korrekten Lösung durch das digitale Schulbuch.
- Nach der Überprüfung durch das digitale Schulbuch möchte die Schülerin die angezeigte Lösung verstehen und bezieht sich dabei zum einen auf das Schulbuch, zum anderen argumentiert sie auf der Grundlage von mathematischen Argumenten, sodass diese Aussagen als *Drehpunktzeichen* dargestellt werden.
- In der anschließenden Diskussion sind die Aussagen der Schülerin hauptsächlich mathematischer Natur (*Mathematikzeichen*), sodass sich Lena in ihren Erklärungen auf ihre mathematischen Überzeugungen bezieht.

Im Folgenden werden diese vier Analyseergebnisse an den entsprechenden Transkriptstellen hergeleitet. Am Ende lässt sich in der gesamten Aufgabenbearbeitung eine Prävalenz der *Drehpunktzeichen* charakterisieren, die den oben erwähnten Aushandlungsprozess zwischen Schulbuch und Mathematik beschreibt und daher im nachfolgenden Abschnitt 9.2.1.4 aus der Sichtweise der *Instrumentierung* weiter verfolgt wird.

Lenas erste Reaktion, nachdem sie die Zahlenmaueraufgabe gesehen hat, äußert sich in ihrer Bewertung der Zahlenmauer als „unfair" (vgl. Tabelle 9.2, Turn 1). Im weiteren Verlauf der Bearbeitung wird deutlich, dass Lena mit dieser Aussage die Rechnung zum Ausfüllen der rechten Basiszahl meint, wie dies schon in Abschnitt 9.2.1.1 beschrieben wurde. Am Anfang der eigentlichen Bearbeitung der Zahlenmauer – und direkt im Anschluss an ihre Bemerkung „Das ist aber unfair." – argumentiert Lena, dass man „jede Zahl einsetzen [kann]" und dass „[a]lles (…) null ergeben [würde]" (Tabelle 9.2, Turn 1). Lenas Aussagen dieser Art sind somit mathematisch begründet, da sie auf der mathematischen Annahme basieren, dass das Produkt jeder beliebigen Zahl mit null wieder null ergibt, und werden daher als *Mathematikzeichen* gedeutet.

Ihre Aussage „Das ist aber unfair." (Tabelle 9.2, Turn 1) basiert zum einen auf genau dieser Annahme, da Lena die Aufgabe aufgrund ihrer mathematischen Kenntnisse als „unfair" bewertet. Zum anderen bezieht sich Lena aber durch diese Bewertung auch direkt auf die Aufgabe, da sie explizit auf die Zahlenmauer verweist („das"; Tabelle 9.2, Turn 1). Lenas mathematische Begründung („Aber da kann man jede Zahl einsetzen! Aber da kann man jede Zahl einsetzen da. (…) Alles würde null ergeben.") bezieht sich demnach auch auf konkrete Inhalte im Schulbuch, sodass Lena sowohl auf die Aufgabe Bezug nimmt – und somit auf das Artefakt Schulbuch – als auch auf die Mathematik. Aus diesem Grund werden derartige Aussagen („Das ist aber unfair") als *Drehpunktzeichen* kategorisiert und kennzeichnen ihre wechselseitige Aushandlung zwischen Schulbuchlösung und ihren mathematischen Kenntnissen.

Auch nach der Rückfrage des Interviewers, für welche Zahl sie sich entscheidet (Tabelle 9.2, Turn 2), wiederholt Lena ihre Aussage, dass „man (…) doch jede Zahl einsetzen [kann]" (Tabelle 9.2, Turn 3), weshalb sie die Aufgabe erneut als unfair bezeichnet. Auch hier kann Lenas (mathematisch korrekte) Begründung („Man kann doch jede Zahl einsetzen.") als *Mathematikzeichen* kategorisiert werden. Ihre anschließenden Bewertungen „Das ist aber unfair." und „Ich kapier es nicht." (Tabelle 9.2, Turn 3) verdeutlichen, dass Lena aufgrund ihrer mathematischen Kenntnisse die Schulbuchaufgabe nicht akzeptiert. Hier zeigt sich somit erneut ein Aushandlungsprozess zwischen Lenas mathematischem Verständnis und der Schulbuchaufgabe, weshalb ihre Aussagen („Das ist unfair." und „Ich kapier es nicht.") wiederholt als *Drehpunktzeichen* gedeutet werden.

Im Anschluss daran interveniert Lenas Mitschüler Kai, der an seinem iPad eine andere Zahlenmaueraufgabe bearbeitet und Lenas konkrete Zahlenmauer somit nicht kennt, indem er sagt, dass „die [ja] sagen (…), wenn es passt." (Tabelle 9.2, Turn 4). Kai meint damit die im Schulbuch hinterlegte Lösung, die mit der eigenen Eingabe verglichen und als richtig bzw. falsch angezeigt wird, und spricht demnach konkret schulbuchbezogene Aspekte an. Daher wird seine Aussage als *Artefaktzeichen* gedeutet. Lenas Reaktion aufs Kais Intervention („[A]ber da kann ich jede Zahl ausprobieren." (Tabelle 9.2, Turn 5)) kann als *Mathematikzeichen* gedeutet werden, da diese Aussage erneut auf Lenas mathematischen Sachkenntnissen beruht. Lenas mathematisches Verständnis spielt demnach auch während des Intervenierens ihres Mitschülers eine entscheidende Rolle, da sie nach wie vor von ihrer mathematischen Position überzeugt ist.

Im weiteren Verlauf testet Lena die Zahlen 2 und 0 aus, die jedoch beide Male nach der Überprüfung als falsch angezeigt werden. Die konkreten Handlungen am Schulbuch, ergo die Eingabe der Zahlen und die Überprüfung dieser, werden im Rahmen der *semiotischen Vermittlung* als *Artefaktzeichen* gedeutet, da lediglich die Bearbeitung der *Rechenaufgabe* im Vordergrund steht – und somit schulbuchbezogene Handlungen. Bei Lenas anschließender Reaktion zeigt sich jedoch erneut ein Aushandlungsprozess zwischen den von ihr eingegebenen Zahlen und der im Schulbuch hinterlegten Lösung, in dem sie die Aufgabenstellung erneut als „unfair" bewertet und ihre Unzufriedenheit über die ‚Unendlichkeit' der möglichen Lösungsantworten zum Ausdruck bringt: „[I]ch kann nicht jede Zahl einsetzen. Ich hab schon null und die zwei ausprobiert. Welche Zahl soll ich denn sonst noch einsetzen?" (Tabelle 9.2, Turn 5). Dieser Aushandlungsprozess zwischen ihren mathematischen Kenntnissen und der angezeigten Schulbuchrückmeldung wird erneut durch die Kategorisierung als *Drehpunktzeichen* verdeutlicht, wobei Lenas Aussage „ich kann nicht jede Zahl einsetzen" aus den gleichen Gründen wie zuvor als *Mathematikzeichen* gedeutet wird.

Lena versucht daraufhin ein weiteres Mal, die vom Schulbuch akzeptierte Lösung zu erreichen, gibt die Zahl 1 ein und klickt auf „Überprüfen", was jedoch wieder als falsch angezeigt wird. Im Anschluss daran ermöglicht das Schulbuch, die Lösung anzeigen zu lassen, was Lena auch wahrnimmt. Diese Handlungen mit dem Schulbuch an sich werden als *Artefaktzeichen* gedeutet, da Lena Elemente des Schulbuchs explizit verwendet (Tabelle 9.2, Turn 9).

Insgesamt zeigt sich bis zu diesem Zeitpunkt, dass die Schülerin bereits vor der expliziten Bearbeitung die Zahlenmauer als „unfair" beschreibt (*Drehpunktzeichen*) und diese Bewertung mathematisch begründet (*Mathematikzeichen:* „Aber da kann man jede Zahl einsetzen.", „Alles würde null ergeben."; Tabelle 9.2, Turn 1). Im anschließenden Bearbeitungsprozess lassen sich die von der Schülerin geäußerten Zeichen als *Drehpunktzeichen* deuten, da sie zum einen die Aufgabe erneut als „unfair" bezeichnet und zum anderen aber auch mathematisch legitimiert, dass man jede Zahl einsetzen kann (vgl. Tabelle 9.2, Turn 1, 3, 5). Lena äußert sich demnach gleichermaßen sowohl aufgabenbezogen (i. e. das *Artefakt*) als auch mathematikbezogen, da sie aufgrund ihrer mathematischen Auffassungen ihre Bewertung der Aufgabe begründet.

Am Ende der Bearbeitung lässt sich die Schülerin die Lösung anzeigen (Strukturelement *Lösung*). Daraufhin stellt Lena die vom Schulbuch angezeigte Lösung „drei" in Frage, lehnt diese sogar ab („Nö."; Tabelle 9.2, Turn 9) und möchte zur gleichen Zeit jedoch auch nachvollziehen, warum „unbedingt drei" richtig sein soll (Tabelle 9.2, Turn 9). Lena reagiert dabei geradezu aufgebracht, was sich anhand der wiederholten Äußerungen „Warum drei?" bzw. „Das ist unfair." (Tabelle 9.2, Turn 9) zeigt. Diese Aushandlung zwischen ihren Eingaben bzw. ihrem mathematischen Verständnis und der vom Schulbuch als richtig angezeigten Lösung lässt sich demnach erneut durch eine Kategorisierung der *Drehpunktzeichen* beschreiben. Ausschließlich Lenas Aussage „die können jede

Zahl" (Tabelle 9.2, Turn 9) kann als *Mathematikzeichen* gedeutet werden, da Lena dort wiederholt ihre mathematische Begründung zum Ausdruck bringt, dass jede Zahl mit null multipliziert null ergibt.

Es zeigt sich somit, dass die Aussagen der Schülerin vor der Bearbeitung sowohl als *Drehpunktzeichen* als auch als *Mathematikzeichen* gedeutet werden können. Während der Bearbeitung und nach der Anzeige der Lösung lassen sich insbesondere *Drehpunktzeichen* rekonstruieren, da Lenas Infragestellen der Schulbuchlösung sowie ihre Bewertung der Aufgabe als unfair sowohl einen Bezug zum Schulbuch deutlich machen als auch auf ihren mathematischen Kenntnissen basieren. Ihre expliziten mathematischen Begründungen werden demgegenüber als *Mathematikzeichen* kategorisiert, die sie im Prozess der Aufgabenbearbeitung stets wiederholt.

Nach der Bearbeitung der Zahlenmauer erklärt Lena in der anschließenden Diskussion mit dem Interviewer die Zahlenmaueraufgabe ihrer Mitschülerin und ihrem Mitschüler (Tabelle 9.2, Turn 11). Hierbei erläutert die Schülerin ihre Vorgehensweise: „[D]ann ich hab da die eins, ich hab da die zwei und die null ausprobiert und es ergab, es war alles falsch und dann hab ich geguckt und es war drei richtig" (Tabelle 9.2, Turn 11). Diese Aussagen beschreiben ihre explizite Vorgehensweise, ihre Verwendung des digitalen Schulbuchs bzw. der Rechenaufgabe, und lassen sich daher als *Artefaktzeichen* interpretieren. Im Kontrast dazu zeigt sich jedoch, dass Lena vorab ihre mathematischen Aussagen vom Anfang wiederholt und diese zudem detaillierter erläutert: „Und das alles ergibt ja immer null. Null mal null, null. Aber hier kann man ja eigentlich jede beliebige Zahl einsetzen, weil das sowieso null ergeben würde" (Tabelle 9.2, Turn 11). Diese Ausführungen können im Bezug zur *semiotischen Vermittlung* als *Mathematikzeichen* gedeutet werden und verdeutlichen, dass die Schülerin sowohl nach der Rückmeldung des Schulbuchs durch die Verwendung des Strukturelements *Ergebnis überprüfen* als auch nach Anzeige der Lösung (Strukturelement *Lösung*) auf ihre mathematischen Kenntnisse vertraut, diese nicht verwirft und die Schulbuchlösung nicht akzeptiert. Der Bearbeitungsprozess – und somit die Aushandlung zwischen dem individuellen mathematischen Verständnis der Schülerin und der im Schulbuch hinterlegten Lösung – bewirkt somit letztendlich keine Umdeutung des korrekten mathematischen Verständnisses der Schülerin hinsichtlich der Multiplikation einer beliebigen Zahl mit null.

Am Ende der Erläuterungen fragt Lena ein weiteres Mal „Wieso ausgerechnet drei?" (Tabelle 9.2, Turn 11), was erneut die Aushandlung zwischen der Schulbuchlösung und dem konkreten mathematischen Verständnis der Schülerin deutlich macht und daher als *Drehpunktzeichen* gedeutet wird. In den darauffolgenden Diskussion mit dem Interviewer argumentiert Lena jedoch wieder auf

Grundlage ihrer mathematischen Kenntnisse, sodass diese Aussagen als *Mathematikzeichen* gedeutet werden (vgl. Tabelle 9.2, Turn 13, 15, 19). Damit zeigt sich insgesamt auch für die abschließende Diskussion, dass die Schülerin nach der Bearbeitung und nach der Anzeige der (vermeintlich) korrekten Lösung durch das Schulbuch dennoch auf ihre mathematischen Begründungen vertraut und diese trotz der Schulbuchrückmeldung nicht verworfen hat. Lena argumentiert in der Diskussion somit hauptsächlich auf einer mathematischen Ebene, wobei sich unter anderem nach wie vor Bezüge zu der Aufgabe zeigen und Lena die angezeigte Lösung ‚drei' nachvollziehen möchte.

Tabelle 9.2 zeigt das Transkript der Aufgabenbearbeitung sowie die Analyse der Zeichen mithilfe der *semiotischen Vermittlung*.

Zusammenfassend ergeben sich durch die *semiotische Analyse* folgende Feststellungen hinsichtlich des Bearbeitungsprozesses: Die Aussagen der Schülerin

- vor der expliziten Bearbeitung der Zahlenmauer sind insbesondere mathematikbezogener Natur („Alles würde null ergeben", *Mathematikzeichen*), beziehen sich dabei teilweise im Sinne der *Drehpunktzeichen* auch auf die Rechenaufgabe und geben erste Hinweise auf den Aushandlungsprozess („Das ist aber unfair");
- während der Aufgabenbearbeitung sind teilweise auf das Schulbuch gerichtet (Eingabe von Zahlen, Klicken auf überprüfen, *Artefaktzeichen*), beziehen sich zu einem großen Teil jedoch sowohl auf die Aufgabe als auch auf die Mathematik („Ich kapier das nicht. Das ist ja total unfair. (…) Welche Zahl soll ich denn sonst noch einsetzen?", *Drehpunktzeichen*). Dies ändert sich auch nicht nach der Anzeige der Lösung („Warum unbedingt drei? Das ist so unfair! Nö! Das ist unfair");
- nach der Bearbeitung bzw. in der anschließenden Diskussion sind hauptsächlich mathematischer Natur („Und das alles ergibt ja immer null. Null mal null, null. Aber hier kann man ja eigentlich jede beliebige Zahl einsetzen, weil das sowieso null ergeben würde", *Mathematikzeichen*). Die Schülerin bezieht sich beim Infragestellen der Schulbuch-Lösung jedoch auch wieder auf das Schulbuch, was durch die *Drehpunktzeichen* zum Ausdruck gebracht wird.

Durch die Dominanz der *Mathematikzeichen* vor und nach der Aufgabenbearbeitung zeigt sich, dass die Schülerin auf ihr mathematisches Verständnis vertraut und die vom Schulbuch vorgeschlagene Lösung keinen endgültigen Einfluss auf ihre mathematische Begründung hat. Allerdings wird durch die Prävalenz der *Drehpunktzeichen* im Bearbeitungsprozess deutlich, dass die Strukturelemente *Ergebnis überprüfen* und *Lösung* sehr wohl ein Überdenken des

Tabelle 9.2 Semiotische Analyse, Ablehnen der Schulbuch-Lösung

Turn	Person	Inhalt
1	L	**Das ist aber unfair.** Aber da kann man jede Zahl einsetzen! Aber da kann man jede Zahl einsetzen da, **das ist doch unfair!** Alles würde null ergeben.
2	I	Für welche entscheidest du dich denn dann?
3	L	Weiß ich nicht, dann sind welche falsch. **Das ist unfair.** ... Ich entscheide mich für die null. Ende. [*tippt in den Dachstein sowie in den linken Mittelstein jeweils 0 ein*] (*Verzögerungen durch technisches Problem der Tastatur*) **Ich kapier es nicht.** Man kann doch jede Zahl einsetzen. **Das ist aber unfair.**
4	K	Ja und die sagen ja, wenn es passt.
5	L	Ja, aber da kann ich jede Zahl ausprobieren. Ich mach jetzt einfach mal die zwei [*tippt 2 ein, klickt auf prüfen. Die 2 wird als falsch angezeigt*] Hä, **das ist total unfair!** [*ändert die 2 in eine 0*] **Nö.** [*klickt auf prüfen*, die 0 wird auch als falsch angezeigt] **Ich kapier das nicht. Das ist ja total unfair. Alle anderen sind richtig, aber ich kann nicht jede Zahl einsetzen. Ich hab schon null und die zwei ausprobiert. Welche Zahl soll ich denn sonst noch einsetzen?**
6	I	Null und zwei hast du schon eingesetzt?
7	L	Ja.
8	I	Nimm noch eine.
9	L	Eins. Das ist aber falsch. [*tippt 1 ein und dann auf prüfen*: falsch]. Ja ... Lösung. [*klickt auf Lösung. Es wird 3 angezeigt*]. Drei. **Warum drei? Warum drei?** Warum, die können jede Zahl. **Warum unbedingt drei? Das ist so unfair! Nö!** **Das ist unfair!** (...) **Warum nur drei? Das ist total unfair.** [*sie füllt die nächste Zahlenmauer aus*] (...) [*richtig gelöst*] (...)
10	I	(...) Und bei Lena gab es eine Situation, die war ein [wenig] unfair. Erklär das mal bitte.
11	L	Das ist total unfair. Also ich zeig das lieber aufm Papier. Da stand (...) [*zeichnet die Zahlenmauer auf ein Blatt Papier und erklärt daran die Aufgabenstellung*] Und das alles ergibt ja immer null. Null mal null, null. Aber hier kann man ja eigentlich jede beliebige Zahl einsetzen, weil das sowieso null ergeben würde und dann ich hab da die eins, ich hab da die zwei und die null ausprobiert und es ergab, es war alles falsch und dann hab ich geguckt und es war drei richtig. (...) **Wieso ausgerechnet drei?**
12	I	Ich hab das nicht programmiert, aber was stört dich denn da?
13	L	Weil das total unfair ist. Da kann man jede beliebige Zahl raten bis 100 oder sogar mehr.
14	I	Und warum kann man jede Zahl einsetzen?
15	L	Weil alles null ergeben würde. Alles mal null ergibt null. Weil mit der null da nicht, das haben wir ja schon durchgenommen, dass man da immer null rechnet, weil es anders ja nicht ging.
16	I	Also wer hat denn dann jetzt Recht gehabt?
17	L	Ich.
18	I	Und das Schulbuch nicht?
19	L	Nein...das ist unfair. Also doch hat es, aber es das ist einf eigentlich ehm wäre meine Ergebnisse – bei der null bin ich mir nicht sicher – aber zwei und eins wären eigentlich richtig, weil man mit jeder Zahl das machen kann (...).
20	K	Null wäre auch richtig. Null mal null ist null.
21	I	Was kann man denn davon vielleicht mitnehmen? Also vielleicht nicht nur für diese Aufgabe, sondern für andere Überprüfungsaufgaben?
22	L	Dass Technik nicht immer alles weiß.

mathematischen Wissens der Schülerin auslösen und sie sich demnach in einem Aushandlungsprozess zwischen der Mathematik und dem Schulbuch befindet. Dieser Aushandlungsprozess wird durch die *instrumentelle Genese* im nächsten Abschnitt weiter in den Blick genommen.

Insgesamt zeigt sich durch die semiotische Analyse der Aussagen der Schülerin Lena, dass vor der Aufgabenbearbeitung sowohl *Drehpunkt-* als auch *Mathematikzeichen* kategorisiert werden können, während der Bearbeitung insbesondere *Artefakt-* und *Drehpunktzeichen* und am Ende der Bearbeitung bzw. nach Anzeige der Schulbuchlösung hauptsächlich *Drehpunktzeichen* rekonstruierbar sind. Hierbei wird eine Prävalenz der *Drehpunktzeichen* im gesamten Verlauf des Bearbeitungsprozesses deutlich und exponiert. Im Gegensatz zu der Prävalenz der *Drehpunktzeichen* während und nach der Bearbeitung der Zahlenmauer zeigt sich in der anschließenden Diskussion mit dem Interviewer und der Mitschülerin und dem Mitschüler eine hohe Inzidenz der *Mathematikzeichen*. Mithilfe dieser Zeichendeutungen lässt sich beschreiben, welche Reaktionen sich bei der Nutzung verschiedener Strukturelemente (bezogen auf die Mathematik und auf das Schulbuch) zeigen. Die vielfache Deutung der Schüleraussagen als *Drehpunktzeichen* charakterisiert demzufolge die Aushandlung zwischen den mathematischen Kenntnissen der Schülerin und der im Schulbuch hinterlegten Lösung.

Aufgrund dessen können diese Zeichendeutungen nun in einem weiteren Schritt im Rahmen der *instrumentellen Genese* beschrieben werden, was die *Drehpunktzeichen* und den Bearbeitungsprozess hinsichtlich ihrer Verwendungsweise und ihrem Verwendungsziel charakterisieren wird. Dies wird eine Diskussion der zweiten und dritten Forschungsfragen („Welche Strukturelemente verwenden Schülerinnen und Schüler beim Umfang mit digitalen Schulbüchern und zu welchen Zwecken?" bzw. „Welche Verwendungsweisen lassen sich bei der Nutzung von verschiedenen Strukturelementen während der Arbeit mit einem digitalen Mathematikschulbuch bei Schülerinnen und Schülern identifizieren?") ermöglichen. Bezogen auf die Frage, welche Funktionen die Schülerin dem digitalen Schulbuch zuschreibt, wozu sie das digitale Schulbuch somit *instrumentalisiert*, und wie sie das Schulbuch verwendet, lässt sich demnach mit Blick auf die *instrumentelle Genese* näher beleuchten, indem die soeben durchgeführten semiotischen Deutungen vor und während der Bearbeitung (bzw. vor und nach der Verwendung der Überprüfungsfunktion) sowie in der anschließenden Diskussion (bzw. nach Verwendung des Strukturelements *Lösung*) unter diesen beiden Blickwinkeln (*Instrumentalisierung* und *Instrumentierung*) betrachtet werden.

9.2.1.4 Bezug zur instrumentellen Genese

Durch die in Abschnitt 9.2.1.3 durchgeführte semiotische Analyse der Zahlenmauerbearbeitung hat sich gezeigt, dass die Aussagen der Schülerin Lena vor, während und nach der Aufgabenbearbeitung sowohl artefaktbezogen als auch mathematikbezogen gedeutet werden konnten. Dabei wurde insbesondere deutlich, dass eine Vielzahl der Aussagen als *Drehpunktzeichen* identifiziert wurden, durch die in der Bearbeitung somit ein zentraler Aushandlungsprozess (zwischen dem mathematischen Verständnis der Schülerin und der im Schulbuch hinterlegten mathematischen Lösung) charakterisiert wird. Im Rahmen der *instrumentellen Genese* werden die Aussagen der Schülerin daher unter den Aspekten der *Instrumentalisierung* und *Instrumentierung* betrachtet, da sich dadurch darstellen lässt, wozu die Schülerin einzelne Strukturelemente während der Aufgabenbearbeitung verwendet (*Instrumentalisierung*) und wie sie konkret mit ihnen umgeht (*Instrumentierung*).

Die Art und Weise der Schulbuchnutzung (*Instrumentierung*) lässt sich auf der Grundlage der *semiotischen Vermittlung* beschreiben, da sich durch die Gerichtetheit der Zeichen die Verwendung bezogen auf das digitale Schulbuch an sich, aber eben auch auf die zugrundeliegende Mathematik unterscheiden lässt. Somit wird im Rahmen dieser Arbeit eine Passung zwischen der *semiotischen Vermittlung* und der *instrumentellen Genese* verstanden. Durch den Blickwinkel der *instrumentellen Genese* wird sich herausstellen, dass die Schülerin aufgrund der Rückmeldung die Schulbuch-Lösung sowohl ablehnt als auch nachvollziehen möchte. Das Strukturelement „Ergebnis überprüfen" wird infolgedessen zur „Verifikation des eingegebenen Ergebnisses" verwendet (*Instrumentalisierung*) und kann anhand der wiederholten Nutzungen des Strukturelements induktiv gebildet werden.

In der semiotischen Analyse (vgl. Abschnitt 9.2.1.3) wurden die Bearbeitungen der Schülerin vor, während und nach der Verwendung der Strukturelemente *Ergebnis überprüfen* und *Lösung* beschrieben. Auch in der Analyse der Schulbuchnutzungen im Rahmen der *instrumentellen Genese* wird im Besonderen auf die Verwendung der Strukturelemente *Ergebnis überprüfen* und *Lösung* eingegangen, da der Bearbeitungsprozess von diesen beiden Strukturelementen wesentlich beeinflusst wird. Das Ziel dieser Analyse ist es, die Schüleraussagen in dem Bearbeitungsprozess in Kategorien zusammenzufassen, die die artefakt- und mathematikbezogenen Aussagen im Rahmen der Schulbuchnutzung konkretisieren und auf Grundlage derer es möglich ist, den Umgang der Schülerinnen und Schülern mit dem digitalen Schulbuch zu indizieren. Daher wird nun zuerst auf die *Instrumentalisierung* eingegangen, da sich im Anschluss auf die Nutzungs-ziele der Schülerinnen und Schüler untersuchen lässt, wie die Lernenden explizit Strukturelemente im Rahmen der Schulbucharbeit verwenden (*Instrumentierung*).

Betrachtet man die Bearbeitung der Schülerin bezogen auf die Frage, wozu sie die Strukturelemente *Ergebnis überprüfen* und *Lösung* während der *Rechenauf-gabe* „Zahlenmauer II" verwendet, zeigt sich durch die wiederholte Verwendung des Strukturelements *Ergebnis überprüfen*, dass Lena die Überprüfungsfunk-tion zur Verifikation der eingegebenen Ergebnisse nutzt. Dies zeigt sich explizit durch die Äußerung von Lenas Mitschüler Kai „die sagen ja, wenn es passt" (Tabelle 9.2, Turn 4), und der anschließenden Bestätigung dieser Aussage von Lena („Ja"; Tabelle 9.2, Turn 5). Auf der anderen Seite beschreibt Lena das Schulbuch bzw. die Überprüfungsfunktion abschließend mit den Worten „[d]ass Technik nicht immer alles weiß" (Tabelle 9.2, Turn 22). Hier bewertet Lena – aus-gelöst von dem Bearbeitungsprozess und der Ablehnung ihrer korrekten Eingaben seitens des Schulbuchs – die angezeigte Lösung des Schulbuchs zwar; ihre Ver-wendung der Strukturelemente *Ergebnis überprüfen* und *Lösung* wird dadurch aber nicht beeinflusst. Lena schreibt dem Strukturelement *Ergebnis überprüfen* nach wie vor die Funktion einer „Verifikation des eingegebenen Ergebnisses" zu, dem Strukturelement *Lösung* das „Anzeigen der korrekten Lösung". Beide Lösungselemente dienen somit dem Zweck einer Ergebniskontrolle.

Die Frage, wie sie explizit mit den Strukturelementen umgeht und auf die Rückmeldungen reagiert, lässt sich im Gegensatz dazu unter dem Blickwinkel der *Instrumentierung* betrachten, sodass in diesem Zusammenhang Lenas Bewertung der Schulbuchlösung thematisiert wird. Dies wird Gegenstand der nun folgen-den Diskussion sein und an die in den Abschnitten 9.2.1.2 und 9.2.1.3 bereits vorgestellten Reaktionen der Schülerin anknüpfen.

Lenas Aussagen „Das ist aber unfair." (Tabelle 9.2, Turn 1 und 3) und „Ich kapier das nicht. Das ist ja total unfair. Alle anderen sind richtig, aber ich kann nicht jede Zahl einsetzen." (Tabelle 9.2, Turn 5)" vor bzw. während der Ver-wendung des Strukturelements *Ergebnis überprüfen* wurden in der *semiotischen Analyse* als *Drehpunktzeichen* gedeutet. Betrachtet man diese Aussagen unter der Frage, wie Lena das Strukturelement (bezogen auf den Bearbeitungsprozess) verwendet, können Aussagen dieser Art im Rahmen der *Instrumentierung* als „Ablehnen der Schulbuch-Lösung" kategorisiert werden, da Lena sich direkt auf die vom Schulbuch überprüfte Eingabe bezieht, die Rückmeldung als „unfair" beschreibt und dezidiert, dass es ihr nicht möglich ist, „jede Zahl" einzusetzen. Diese Beschreibung manifestiert sich im weiteren Bearbeitungsprozess nach der Verwendung des Strukturelements *Lösung*, da sie dort die angezeigte Lösung ausdrücklich verneint: „Das ist so unfair! Nö!" (Tabelle 9.2, Turn 9).

Auf der anderen Seite zeigt sich in Lenas Aussagen „Ich hab schon null und die zwei ausprobiert. Welche Zahl soll ich denn sonst noch einsetzen?" (Tabelle 9.2, Turn 5) bzw. „Warum drei? Warum drei? (…) Warum unbedingt drei? (…) Warum nur drei?" (Tabelle 9.2, Turn 9), dass sie die im Schulbuch hinterlegte Lösung drei in Frage stellt und verstehen möchte, warum ihre Eingaben nicht korrekt sind, sondern ausschließlich die vom Schulbuch angezeigte Lösung drei. Eine weitere Äußerung dieser Art zeigt sich in der Diskussion mit ihrer Mitschülerin und ihrem Mitschüler und somit nach dem Bearbeitungsprozess, da Lena dort erneut ihre Frage „Wieso ausgerechnet drei?" wiederholt (Tabelle 9.2, Turn 11). Aussagen dieser Art können aus den genannten Gründen in der Kategorie „Nachvollziehen der Rückmeldung" zugeordnet werden.

Insgesamt zeigen sich in diesem empirischen Beispiel somit die beiden *Instrumentierungen* „Ablehnen der Schulbuch-Lösung" und „Nachvollziehen der Rückmeldung" zu den Strukturelementen *Ergebnis überprüfen* und *Lösung* bezüglich der *Instrumentalisierung* „Verifikation des eingegebenen Ergebnisses". In anderen Worten: Die Strukturelemente *Ergebnis überprüfen* und *Lösung* werden zum Überprüfen von (eigenen) Ergebnissen verwendet. Nach der Rückmeldung zeigen sich Aushandlungsprozesse zwischen der vom Schulbuch rückgemeldeten Lösung und dem (mathematischen) Verständnis der Schülerin, sodass auf der einen Seite die Schulbuchlösung von der Schülerin abgelehnt wird, sie auf der anderen Seite jedoch auch versucht, die Schulbuch-Lösung nachzuvollziehen.

9.2.1.5 Zusammenfassung

In diesem empirischen Beispiel der Schülernutzung des digitalen Schulbuchs (Strukturelementtypen *Rechenaufgabe, Ergebnis überprüfen, Lösung*) konnte ein Aushandlungsprozess zwischen dem mathematischen Verständnis der Schülerin und der vom Schulbuch angezeigten Lösung beschrieben werden, und somit zwischen dem Instrument ‚Schulbuch' und dem (mathematischen) Denken der Schülerin. Die Schülerin versucht, ausgelöst von der Rückmeldung durch das Schulbuch, zur richtigen Lösung zu gelangen. Dabei stellt sie aber (bei allen eingegebenen Zahlen) nicht ihre eigenen Lösungen in Frage, sondern die Rückmeldung durch das Schulbuch.

Durch die Analyse der Schülernutzungen mithilfe der *semiotischen Vermittlung* konnten die Aussagen der Schülerin während der Aufgabenbearbeitung gedeutet und hinsichtlich ihrer Gerichtetheit auf das Schulbuch (*Artefaktzeichen*), die Mathematik (*Mathematikzeichen*) oder auf beide Aspekte (*Drehpunktzeichen*) interpretiert werden. Dabei hat sich gezeigt, dass die Aussagen der Schülerin vor der Bearbeitung und in der anschließenden Diskussion zu einem großen Teil als *Mathematikzeichen* gedeutet werden konnten, was darauf schließen lässt, dass die Schülerin obgleich der Rückmeldung durch das Schulbuch im Bearbeitungsprozess auf ihr eigenes mathematisches Verständnis vertraut. Während der Bearbeitung der Aufgabe konnten die Aussagen der Schülerin hauptsächlich als *Drehpunktzeichen* gedeutet werden, was einen Aushandlungsprozess zwischen dem mathematischen Wissen der Schülerin und der Schulbuchaufgabe verdeutlicht.

Um eine Aussage über den Nutzungszweck einzelner Strukturelemente treffen zu können, wurden die Aufgabenbearbeitungen und die analysierten Aussagen der Schülerin im Rahmen der *instrumentellen Genese* weiter untersucht. Dabei zeigte sich, dass die Schülerin die Funktion *Ergebnis überprüfen* nutzt, um eine Rückmeldung auf ihre Eingabe zu erhalten. Somit schreibt sie diesem Strukturelement die Funktion „Verifikation des eingegeben Ergebnisses" zu, was sich durch die *Instrumentalisierung* beschreiben lässt. Der Aushandlungsprozess zwischen dem mathematischen Verständnis der Schülerin und der im Schulbuch verwendeten Lösung, der sich insbesondere durch die *Drehpunktzeichen* rekonstruieren ließ, wurde durch die *Instrumentierung* beschreiben, also wie die Schülerin die Strukturelemente verwendet. Die Aussagen der Schülerin im Bearbeitungsprozess lassen sich insgesamt zwei verschiedenen Kategorien zuordnen:

- Ablehnen der Schulbuch-Lösung
- Nachvollziehen der Rückmeldung

Beide *Instrumentierungen* zeigen sich insbesondere anhand der *Drehpunktzeichen*, die sich in den Aussagen der Schülerin während der Bearbeitung der Zahlenmauer und somit während des Aushandlungsprozesses rekonstruieren lassen, und verdeutlichen die Passung der *semiotischen Vermittlung* in der Entwicklung von Instrumenten zum Lernen von Mathematik (i. e. *instrumentelle Genese*).

Zusammenfassend trägt dieses Beispiel zur Beantwortung der zweiten Forschungsfrage „Welche Strukturelemente verwenden Schülerinnen und Schüler beim Umgang mit einem digitalen Schulbuch und zu welchen Zwecken?" Folgendes bei:

- Die Strukturelemente *Ergebnis überprüfen* und *Lösung* werden zur „Verifikation des eingegeben Ergebnisses" verwendet.

Für die Beantwortung der dritten Forschungsfrage „Welche Verwendungsweisen lassen sich bei der Nutzung von verschiedenen Strukturelementen während der Arbeit mit einem digitalen Mathematikschulbuch bei Schülerinnen und Schülern identifizieren?" können die folgenden Schlussfolgerungen getroffen werden:

- Die Schülerin lehnt mehrfach die Zahlenmauer an sich sowie die vom Schulbuch als korrekt angezeigte Lösung ab. (*Instrumentierung* „Ablehnen der Schulbuch-Lösung")
- Darüber hinaus versucht die Schülerin, die Rückmeldung vom Schulbuch nachzuvollziehen und hinterfragt die ihr angezeigte Rückmeldung bzw. die Schulbuch-Lösung. (*Instrumentierung* „Nachvollziehen der Rückmeldung)

In dem nun folgenden Beispiel wird die Verwendung des Strukturelements *Ergebnis überprüfen* die *Instrumentierung* „Nachvollziehen der Rückmeldung" weiter ausdifferenzieren und zeigen, dass sich der Schüler in dem Prozess des Nachvollziehens explizit auf seine eigenen Lösungen bezieht.

9.2.2 Nachvollziehen der Schulbuch-Rückmeldung

In dieser Aufgabenbearbeitung versucht Schüler Jan – ausgelöst von der Rückmeldung durch das Schulbuch – zur richtigen Lösung zu gelangen. Im Gegensatz zur Schülerin Lena in Abschnitt 9.2.1 stellt er jedoch nicht die Schulbuch-Lösung bzw. die Rückmeldung in Frage, sondern seine eigene Lösung.

9.2.2.1 Vorstellung der Aufgabe

Die Aufgabe „Quadrate und Rechtecke finden" wird durch ein Strukturelement der Kategorie *Rechenaufgabe* dargestellt, bei der die Anzahl der in der jeweiligen Abbildung eingezeichneten Quadrate bzw. (nicht quadratischer) Rechtecke eingetragen und anschließend durch das digitale Schulbuch überprüft werden kann (vgl. Abbildung 9.9 und Abbildung 9.10).

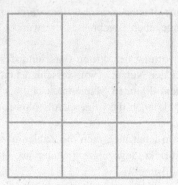

Betrachte das abgebildete 3x3–Kästchengitter und beantworte folgende Fragen:

a. Wie viele Quadrate findest du im 3x3–Kästchengitter?

Anzahl der Quadrate:

b. Wie viele Rechtecke, die nicht zugleich quadratisch sind, findest du im 3x3–Kästchengitter?

Anzahl der Rechtecke, die nicht zugleich quadratisch sind:

⊘ Überprüfen

Abbildung 9.9   Rechenaufgabe „Quadrate und Rechtecke finden", erste Teilaufgabe, Lehrwerk (Hornisch et al., 2017)

Zusätzlich zu der direkten Überprüfung durch das digitale Schulbuch (Strukturelement *Ergebnis überprüfen*) lässt sich aber auch der Lösungsweg (Strukturelement *Lösungsweg/Lösungsvorschlag*) und die Lösung (Strukturelement *Lösung*) anzeigen (vgl. Abbildung 9.10).

Die Aufgabe ist aufgeteilt in zwei Teilaufgaben. In der ersten Teilaufgabe soll die Anzahl der Quadrate sowie die Anzahl nicht-quadratischer Rechtecke in einem 3 × 3-Kästchengitter ermittelt werden. In der zweiten Teilaufgabe sollen die gleichen Arbeitsaufträge für ein entsprechendes 4 × 4-Kästchengitter

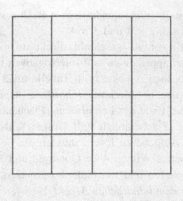

Betrachte nun das abgebildete 4x4–Kästchengitter und beantworte
folgende Fragen:

c. Wie viele Quadrate findest du im 4x4–Kästchengitter?

Anzahl der Quadrate: ☐

d. Wie viele Rechtecke, die nicht zugleich quadratisch sind, findest du im 4x4–
Kästchengitter?

Anzahl der Rechtecke, die nicht zugleich quadratisch sind: ☐

✓ Überprüfen

○ Lösungsweg   ○ Lösung

Abbildung 9.10 Rechenaufgabe „Quadrate und Rechtecke finden", zweite Teilaufgabe,
Lehrwerk (Hornisch et al., 2017)

bearbeitet werden. Die Kästchengitter befinden sich dazu vor den jeweiligen
Arbeitsaufträgen als statische Abbildung.

In dem abgebildeten 3×3-Kästchengitter bei dem ersten Aufgabenteil können
insgesamt 14 Quadrate mit den Seitenlängen 1×1, 2×2 und 3×3 (Aufgabe
a) und 22 (nicht-quadratische) Rechtecke mit den Seitenlängen 1×2, 1×3 und
2×3 (Aufgabe b) identifiziert werden. Das 4×4-Kästchengitter bei der zweiten
Teilaufgabe beinhaltet insgesamt 30 Quadrate mit den Seitenlängen 1×1, 2×2,

3×3 und 4×4 sowie 70 (nicht-quadratische) Rechtecke mit den Seitenlängen 1×2, 1×3, 1×4, 2×3, 2×4 und 3×4.

Die Eingabe der Ergebnisse geschieht direkt im digitalen Schulbuch; die *sprachlichen Mittel* sind appellativen und interrogativen Charakters. Im Hinblick auf die unterrichtsbezogenen Aspekte (vgl. Tabelle 6.12, Abschnitt 6.3.1.3) lässt sich diese *Rechenaufgabe* im Merkmal *inhaltliche Aspekte* dem Bereich *Ordnen* zuordnen, da sie am Ende der Lerneinheit „Flächeninhalt von Rechteck und Quadrat" zum Kapitel „Flächeninhalt und Umfang" als letzte Aufgabe aufgeführt wird. Um diese Aufgabe zu lösen, müssen die Schülerinnen und Schüler somit schon ein fundiertes Wissen über Quadrate und Rechtecke besitzen, auf dieses Wissen zurückgreifen und letztendlich vernetzen. Auch eine Zuordnung der *Rechenaufgabe* zu *dem inhaltlichen Aspekt Vertiefen* wäre möglich, da diese Aufgabe die Lerneinheit abschließt und somit die Inhalte geübt und wiederholt werden können. Allerdings konnten in der gesamten Lerneinheit keine ähnlichen Aufgaben identifiziert werden, sodass hier nicht von einem *Üben* bzw. *Wiederholen*, sondern eher von einem *Systematisieren* gesprochen werden kann. Die Bearbeitung der Rechenaufgabe kann sowohl in Einzel- als auch in Partner- oder Gruppenarbeit geschehen, wenngleich die *sprachlichen Mittel* eine Einzelarbeit nahelegen.

Der inhaltliche mathematische Gegenstand der Lerneinheit thematisiert den Flächeninhalt von Rechtecken und Quadraten. Dabei wird zuerst der Flächeninhalt von Rechtecken betrachtet und die Formel zur Berechnung des Flächeninhalts von Rechtecken als Folge des Messprozesses durch Auslegen hergeleitet (vgl. Kuntze, 2018, S. 163). Im Anschluss daran wird „die Flächeninhaltsformel für das Quadrat selbständig gewonnen" (vgl. Brockhaus Lehrwerke, o. J.b), indem das Quadrat als spezielles Rechteck mit gleichlangen Seiten eingeführt wird. Bezogen auf fachdidaktische Kategorisierungen lässt sich die hier vorgestellte Aufgabe den prozessbezogenen Kompetenzen des Problemlösens zuordnen, da die Lernenden Problemlösestrategien wie Beispiele finden, systematisches Probieren sowie Zurückführen auf Bekanntes anwenden können (vgl. Ministerium für Schule und Weiterbildung des Landes Nordrhein-Westfalen, 2007, S. 14). Auf inhaltsbezogener Ebene tritt die Kompetenz des Erfassens in den Vordergrund, da es sich bei dieser Aufgabe nicht um die Bestimmung expliziter Flächeninhalte handelt, sondern vielmehr um die Charakterisierung der Flächen Quadrat und Rechteck. Die Leitidee des Messens tritt bei dieser Aufgabe demnach in den Hintergrund und wird stattdessen durch das explizite Erfassen von Flächeninhalten (Leitidee Raum und Form) ersetzt.

9.2.2.2 Vorstellung des Transkripts

Das folgende Transkript (vgl. Tabelle 9.3) beschreibt die Bearbeitung der ersten Teilaufgabe der *Rechenaufgabe* des Schülers Jan, der sich selbstständig mit der Aufgabe beschäftigt und im Diskurs mit dem Interviewer über die Korrektheit seiner Lösung spricht. Jan bearbeitet die Aufgabe an einem iPad und gibt seine Ergebnisse in die dafür vorgesehenen Felder per Tastureingabe ein. Abbildung 9.11 zeigt einen Screenshot seiner Bearbeitung nach der Überprüfung durch das digitale Schulbuch, die Jan rückmeldet, dass beide seiner Eingaben falsch sind.

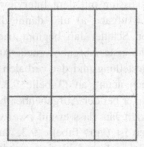

Betrachte das abgebildete 3x3–Kästchengitter und beantworte folgende Fragen:

a. Wie viele Quadrate findest du im 3x3–Kästchengitter?

Anzahl der Quadrate: 9   ✖

b. Wie viele Rechtecke, die nicht zugleich quadratisch sind, findest du im 3x3–Kästchengitter?

Anzahl der Rechtecke, die nicht zugleich quadratisch sind: 0   ✖

Du hast 0 von 2 Anzahlen richtig bestimmt.

Abbildung 9.11 Bearbeitung von Jan und überprüfte Ergebnisse (Hornisch et al., 2017)

Am Anfang des Transkripts fragt Jan den Interviewer, nachdem er seine Ergebnisse bei Aufgabe a und b eingegeben hat, ob er seine Eingaben überprüfen lassen soll, was der Interviewer ihm überlässt (vgl. Tabelle 9.3, Turn 1–4). Jan überprüft seine Ergebnisse; beide werden ihm daraufhin als falsch angezeigt (vgl. Abbildung 3.1; Tabelle 9.3, Turn 3), sodass Jan seine Eingabe bei Aufgabe a verändert und erneut auf „Überprüfen" klickt (vgl. Tabelle 9.3, Turn 5). Auch dies wird ihm jedoch wieder als falsch angezeigt, woraufhin Jan zu dem zweiten Aufgabenteil (Aufgabe c und d) scrollt, seine Ergebnisse eingibt, auf „Überprüfen" klickt und auch dort die Rückmeldung „falsch" erhält, sodass er letztendlich konstatiert, dass er „bei beiden nix richtig" hat (vgl. Tabelle 9.3, Turn 5).

Die anschließende Diskussion mit dem Interviewer fokussiert ausschließlich den ersten Aufgabenteil (Aufgabe a) und damit die Anzahl der Quadrate in dem 3×3-Kästchengitter. Schüler Jan beginnt nach der Rückmeldung durch das digitale Schulbuch, die erste Aufgabe erneut zu bearbeiten. Dies fängt mit dem Durchlesen der Fragestellung und der verbalen Wiederholung seiner ersten Lösung „Sind ja eigentlich neun" an (Tabelle 9.3, Turn 7). Nach der Rückfrage des Interviewers, wie er bei der Aufgabenbearbeitung vorgegangen ist (vgl. Tabelle 9.3, Turn 10), erklärt Jan, dass er auf zwei verschiedene Weisen auf die Lösung „neun" gekommen ist (vgl. Tabelle 9.3, Turn 11) und dies vom digitalen Schulbuch dennoch als falsch deklariert wurde. Der Interviewer fragt ihn daraufhin, ob er noch eine weitere Lösungsidee hat (vgl. Tabelle 9.3, Turn 12), woraufhin Jan in der Abbildung das gesamte 3×3-Kästchengitter mit seinem Finger umrandet und „zehn" als weiteres Ergebnis vorschlägt, was jedoch auch nicht richtig ist (vgl. Tabelle 9.3, Turn 13–19). Im Anschluss zählt Jan erneut die Quadrate in der Abbildung und vermutet, dass „13 oder 14" richtig sein könnte, die er nacheinander in die Rechenaufgabe eingibt und überprüft, sodass er letztendlich zu dem richtigen Ergebnis „14" kommt (vgl. Tabelle 9.3, Turn 19).

Infolgedessen fragt der Interviewer Schüler Jan, wie er nun auf die richtige Lösung gekommen ist (vgl. Tabelle 9.3, Turn 20), woraufhin Jan in der Abbildung des 3×3-Kästchengitters zuerst auf die 1×1-Quadrate verweist (vgl. Tabelle 9.3, Turn 21), danach das gesamte 3×3-Kästchengitter als ein einzelnes Quadrat aufzählt (vgl. Tabelle 9.3, Turn 23) und anschließend die in dem 3×3-Kästchengitter eingeschriebenen 2×2-Quadrate zu der Anzahl der Quadrate hinzuzählt (vgl. Tabelle 9.3, Turn 25), sodass er insgesamt auf 14 Quadrate kommt. Darüber hinaus erklärt Jan auch, dass bei all diesen Quadraten die Seiten gleich lang sind (vgl. Tabelle 9.3, Turn 27), weshalb dies zu der korrekten Lösung führt.

Die Bearbeitung des Schülers wird nun im folgenden Abschnitt mithilfe der *semiotischen Vermittlung* analysiert, um die von Jan geäußerten Zeichen auf ihre schulbuchbezogenen bzw. mathematikbezogenen Deutungen evident zu machen. Damit ist es letztendlich möglich, einen Aushandlungsprozess zwischen Jans mathematischem Verständnis und der im Schulbuch hinterlegten Lösung zu exponieren, was in einem zweiten Schritt mithilfe der *instrumentellen Genese* sowohl die *Instrumentalisierung* als auch die *Instrumentierung* des Strukturelements *Ergebnis überprüfen* veranschaulicht. Ziel dieser beiden Analysen wird sein, den Umgang des Schülers mit dem Strukturelement *Rechenaufgabe* zu beschreiben und bezüglich eines Verwendungsziels zu kategorisieren, um die Nutzung eines digitalen Schulbuchs mathematik- und schulbuchbezogen darzustellen.

9.2.2.3 Semiotische Analyse

Bereits in der oben dargestellten Vorstellung des Transkripts wurde in dem Bearbeitungsprozess des Schülers deutlich, dass Jan durch die Rückmeldung, die das digitale Schulbuch anzeigt, seine erste Lösung („neun", vgl. Tabelle 9.3, Turn 5, 7, 9) überdenkt und versucht, das korrekte Ergebnis zu finden, indem er andere Lösungsmöglichkeiten in das Eingabefeld eintippt und durch das digitale Schulbuch überprüfen lässt („zehn", „13", „14", vgl. Tabelle 9.3, Turn 13, 19). In der folgenden Analyse wird daher der Bearbeitungsprozess mithilfe der *semiotischen Vermittlung* detailliert herausgearbeitet. Das Ziel dabei ist es – durch die Kategorisierung der Zeichen, die Schüler Jan während der Lösungsfindung produziert – zu untersuchen, welche Auswirkung das Strukturelement *Ergebnis überprüfen* auf den Bearbeitungsprozess des Schülers hat. Anhand der Analyse wird sich zeigen, dass Jan im Laufe der Lösungsfindung verschiedene Zeichen produziert, die sich zum einen direkt auf das digitale Schulbuch bzw. auf die Aufgabe und die Abbildung beziehen und zum anderen auf die mathematischen Begründungen, die er als Grundlage für seine Lösungen äußert. Insgesamt wird dabei deutlich werden, dass Jan durch die Rückmeldung des digitalen Schulbuchs versucht, die richtige Lösung zu erreichen. Die Rückmeldung kann dadurch als Startpunkt für einen Aushandlungsprozess verstanden werden, in dem der Schüler die Schulbuch-Lösung nachvollziehen möchte.

Vor der Überprüfung der eingegebenen Ergebnisse „neun" (Anzahl der Quadrate, Aufgabenteil a) und „null" (Anzahl der nicht-quadratischer Rechtecke, Aufgabenteil b) findet keine Diskussion zwischen dem Schüler Jan und dem Interviewer darüber statt, wie der Schüler zu seinen Lösungen gekommen ist. Jan fragt stattdessen, ob er seine Eingaben überprüfen darf (vgl. Tabelle 9.3, Turn 1), was der Interviewer ihm selbst überlässt (vgl. Tabelle 9.3, Turn 2, 4). Nach der Rückmeldung durch das digitale Schulbuch bzw. durch die Verwendung des Strukturelements *Ergebnis überprüfen* verändert Jan seine erste Eingabe bei Aufgabenteil a von „neun" in „zehn", lässt das Ergebnis wieder überprüfen, was jedoch erneut falsch ist, und bearbeitet dann die Aufgabenteile c und d. Jan gibt seine Ergebnisse ein, klickt auf „Überprüfen", jedoch wird ihm auch hier ein falsches Ergebnis rückgemeldet, woraufhin er konstatiert, dass er „bei beiden nix richtig hat" (vgl. Tabelle 9.3, Turn 5). Jans Handlungen beziehen sich hier sowohl direkt auf das Artefakt bzw. auf das Strukturelement *Ergebnis überprüfen* als auch auf die Rechenaufgabe und die Abbildungen der 3 × 3- bzw. 4 × 4-Kästchengitter, da er auf der einen Seite das Strukturelement *Ergebnis überprüfen* verwendet, um seine eingegebenen Ergebnisse zu kontrollieren; auf der anderen Seite setzt er sich nach der Rückmeldung durch das digitale Schulbuch erneut mit dem Arbeitsauftrag auseinander und zählt mit seinem Finger mit Bezug zu der Abbildung. Auch hier bezieht er sich auf das Artefakt an sich, weshalb seine Handlungen als *Artefaktzeichen* im Sinne der *semiotischen Vermittlung* bezeichnet werden können.

Im Anschluss an die erste Rückmeldung des digitalen Schulbuchs zu den eingegebenen Ergebnissen von Jan liest der Schüler die Aufgabenstellung zum Aufgabenteil a laut vor und äußert dann seine erste Hypothese, die er schon durch das Schulbuch überprüfen lassen hat: „Sind ja eigentlich neun" (Tabelle 9.3, Turn 7, 9). Nach Rückfrage des Interviewers, wie er darauf kommt (vgl. Tabelle 9.3, Turn 10), erklärt Jan, dass er einerseits multipliziert und andererseits gezählt hat und beides zu dem gleichen Ergebnis geführt hat (vgl. Tabelle 9.3, Turn 11). Er hat somit die mathematische Formel zur Berechnung von Flächeneinheiten von Quadraten als auch die Idee des Auslegens (vgl. Kuntze, 2018, S. 151 f,) angewendet. Jans Argumentation bezieht sich somit nicht mehr ausschließlich auf das digitale Schulbuch oder auf das Strukturelement, sondern unterliegt einer mathematischen Grundlage, ergo zwei Arten der Flächenberechnung (Multiplikation der Seitenlängen, Aspekt des Auslegens mit einer Referenzgröße). Dennoch sind diese Aussagen nicht losgelöst vom Schulbuch zu deuten, da der Bezug zum Strukturelement *Ergebnis überprüfen* noch gegeben ist, was sich auch in Jans

Aussage „aber wenn ich neun eingebe, war's immer falsch" (Tabelle 9.3, Turn11) zeigt. Aus diesem Grund können diese Aussagen hier als *Drehpunktzeichen* gedeutet werden.

In den darauf folgenden Aussagen lässt sich mithilfe der *semiotischen Vermittlung* ein Aushandlungsprozess des Schülers zwischen schulbuchbezogenen Handlungen und mathematikbezogenen Hypothesen identifizieren, da Jan versucht, durch das Strukturelement *Ergebnis überprüfen* eine positive Rückmeldung angezeigt zu bekommen. Dies geschieht im Wechsel von mathematischen Hypothesen, welche Lösungen noch in Frage kommen (vgl. Tabelle 9.3, Turn 13, 19), Verweisen auf das 3×3-Kästchengitter und Nutzungen der Überprüfen-Funktion (vgl. Tabelle 9.3, Turn 15, 19). Während die Verweise auf die Abbildung und das Überprüfen der eingegebenen Ergebnisse einen direkten Bezug zum digitalen Schulbuch abbilden und somit als *Artefaktzeichen* kategorisiert werden, zeigt sich in den Lösungs-Hypothesen ein mathematischer Bezug, der jedoch nicht losgelöst von der Schulbuchnutzung erfolgt, weshalb diese Aussagen als *Drehpunktzeichen* gedeutet werden. Der Schüler Jan befindet sich demnach in einem Aushandlungsprozess zwischen Schulbuchnutzung und mathematischer Deutung, der durch die Rückmeldung durch das digitale Schulbuch ausgelöst wird. Jan versucht, auf die richtige Lösung zu kommen, indem er verschiedene Zahlen in die *Rechenaufgabe* eingibt und überprüft, bis er letztendlich zu dem richtigen Ergebnis gelangt. Jan befindet sich während der Lösungsfindung demnach in einem· Wechsel von artefaktbezogenen Handlungen und mathematikbezogenen Aussagen. Dieser Aushandlungsprozess ist somit durch die Rückmeldung beeinflusst, weshalb hier ein Wechselspiel zwischen dem Artefakt ‚Schulbuch' und der Mathematik besteht; aus diesem Grund wird der Aushandlungsprozess durch die *Drehpunktzeichen* charakterisiert.

Nachdem Jan das richtige Ergebnis von Aufgabenteil a herausgefunden hat, erklärt er nach der Aufforderung des Interviewers (vgl. Tabelle 9.3, Turn 20), warum „vierzehn" die richtige Lösung ist. Dabei verweist er zuerst auf die neun kleinen 1×1-Quadrate (vgl. Tabelle 9.3, Turn 21), danach auf das große 3×3-Quadrat (vgl. Tabelle 9.3, Turn 23) und anschließend auf die vier 2×2-Quadrate (vgl. Tabelle 9.3, Turn 25). Auch hier bezieht sich Jan explizit auf die einzelnen Kästchen in der Abbildung, was demnach als *Artefaktzeichen* kategorisiert wird (vgl. Tabelle 9.3, Turn 23, 25). Seine Beschreibungen der einzelnen Quadratflächen werden in diesem Zusammenhang jedoch als *Mathematikzeichen* gedeutet. Dies lässt sich insbesondere mit Jans abschließenden Kommentar „Weil das ja auch Quadrate sind … all … sind halt alle Seiten gleich lang" (Tabelle 9.3,

Turn 27) begründen, da er hier auf rein mathematischer Ebene argumentiert und erläutert, dass bei Quadraten die Seitenlängen immer gleich lang sind. Seine Begründungen zu den einzelnen Quadratflächen basieren demnach auf dieser mathematischen Grundlage und können somit als *Mathematikzeichen* klassifiziert werden.

Insgesamt lassen sich in den Aussagen von Schüler Jan *Artefaktzeichen*, *Drehpunktzeichen* und *Mathematikzeichen* identifizieren. In der Bearbeitung der *Rechenaufgabe* zeigt sich dabei ein Aushandlungsprozess zwischen den schulbuchbezogenen Verwendungen durch den Schüler und mathematikbezogenen Aussagen, in dem Jan versucht, die richtige Lösung zu erreichen, nachdem seine erste Eingabe nicht korrekt war. Durch die Rückmeldung, die er von dem digitalen Schulbuch durch die Verwendung des Strukturelements *Ergebnis überprüfen* angezeigt bekommt, fängt Jan an, weitere (für ihn mögliche) Ergebnisse zu überprüfen, bis er letztendlich das korrekte Ergebnis gefunden hat.

Durch die Analyse mithilfe der *semiotischen Vermittlung* wird insgesamt deutlich, dass Jans erste Bearbeitungen ausschließlich auf das *Artefakt* gerichtet waren, da er seine Ergebnisse in das dafür vorgesehene Feld in der Rechenaufgabe eingetippt und auf die Funktion „Überprüfen" geklickt hat. Im Anschluss daran lassen sich *Drehpunktzeichen* identifizieren, da er nach der Rückmeldung zwischen mathematik- und schulbuchbezogenen Aussagen bzw. Handlungen wechselt, wodurch sich der Aushandlungsprozess und ein Nachvollziehen der richtigen Lösung abbildet. Die Rückmeldung durch das digitale Schulbuch initiiert somit einen Prozess, in dem der Schüler versucht, die angezeigte Rückmeldung zu verstehen und auf das richtige Ergebnis zu kommen. Im Endeffekt erreicht Jan dieses Ziel und argumentiert letztendlich auf mathematischer Ebene aufgrund seiner mathematischen Begründung, was demnach als *Mathematikzeichen* gedeutet werden kann. In Tabelle 9.3 ist die Analyse der Bearbeitung von Jan abgebildet.

Tabelle 9.3 Semiotische Analyse, Nachvollziehen der Rückmeldung

Turn	Person	Inhalt
1	Jan	Soll ich mal das erste überprüfen?
2	Interviewer	Ich will da gar nichts zu sagen. Mach das mal so wie du es ...
3	Jan	[*klickt auf „Überprüfen":* 0 richtig]
4	Interviewer	... für richtig hältst.
5	Jan	[*zählt mit seinem Finger und korrigiert Aufgabenteil a von 9 in 10; klickt anschließend erneut auf überprüfen, was jedoch wieder falsch ist*] Bei der ersten okay ... dann mach ich mal die zweite. [*scrollt runter zu dem zweiten Aufgabenteil (4 × 4-Kästchengitter), tippt seine Ergebnisse ein (Anzahl der Quadrate: 16, Anzahl der Rechtecke: 0) und klickt auf überprüfen: 0 richtig*] Okay ich hab' bei beiden nix richtig.
6	Interviewer	Schon fertig?
7	Jan	Ja. Ich hatte aber bei beiden nix richtig [*klickt erneut auf „Überprüfen", da sich die Anzeige inzwischen verändert hatte und liest dann die Frage laut vor*] So [*liest vor*] „Wie viele Quadrate findest du im 3×3-Kästchengitter?" **Sind ja eigentlich neun.**
8	Interviewer	Hmhm [*bejahend*].
9	Jan	**Sind ja eigentlich neun.**
10	Interviewer	Ja, das heißt, was hast du gezählt? Wie bist du da vorgegangen?
11	Jan	Ja also **ich hab' „mal" gerechnet, drei mal drei und ich hab auch gezählt. War beides immer neun,** aber wenn ich Neun eingegeben hab, war's immer falsch.
12	Interviewer	Und woran könnte das liegen? Hast du vielleicht noch 'ne Idee?
13	Jan	[*überlegt*] **Ja, zehn geht auch nicht, dass das dann noch als eins gilt.**
14	Interviewer	Was genau noch als eins?
15	Jan	**Ja das Ganze** [*umkreist mit dem Finger das komplette Quadrat*].
16	Interviewer	Ist das kein Quadrat?
17	Jan	Doch. Hab' ich ja gemacht dann zehn.
18	Interviewer	Hmhm [*bejahend*]. War auch nicht richtig?
19	Jan	Hmhm [*verneinend*]. [*zählt erneut die Quadrate*] **Dreizehn oder vierzehn glaub ich. Dreizehn** [*tippt 13 ein und klickt auf „Überprüfen": falsch*]. **Dann** [leise] **vierzehn.** [*klickt auf „Überprüfen": richtig*]. **Vierzehn war richtig.**
20	Interviewer	So, dann erklär mal jetzt, was du jetzt danach noch mal geschaut hast.
21	Jan	Ich hab ehm noch mal geschaut [*will nach oben scrollen*], was grad nicht funktioniert [*lädt die Seite neu*]. Ehm also die einzelnen Kästchen ...
22	Interviewer	Hmhm [*bejahend*].
23	Jan	... und dann noch mal das Gesamte [*umkreist mit seinem Finger die Außenumrisse des großen Quadrats*].
24	Interviewer	Hmhm [*bejahend*].
25	Jan	Und immer hier vier: 1, 2, 3, 4. 1, 2, 3, 4. 1, 2, 3, 4. 1, 2, 3, 4 [*zeigt mit seinem Finger auf die 2 × 2-Quadrate*].
26	Interviewer	Und wie bist du darauf gekommen, das dann?
27	Jan	Weil das ja auch Quadrate sind ... all ... sind halt alle Seiten gleich lang.

Abbildung 9.12 visualisiert die *semiotische Analyse* und die in diesem Zusammenhang gedeuteten Zeichen des Schülers Jan, sodass deutlich wird, dass der Schüler ausgehend von *Artefaktnutzungen* über den Aushandlungsprozess (*Drehpunktzeichen*) letztendlich zur mathematischen Aussage (*Mathematikzeichen*) gelangt.

Bezogen auf die Frage, welche Funktion der Schüler dem digitalen Schulbuch bzw. dem Strukturelement *Ergebnis überprüfen* zuschreibt, wozu er das digitale Schulbuch somit instrumentalisiert, und wie er das Schulbuch verwendet, lässt sich mit Blick auf die *instrumentelle Genese* näher beleuchten, indem die soeben durchgeführten semiotischen Deutungen nach der Verwendung der Überprüfungs-Funktion unter diesen beiden Blickwinkeln (*Instrumentalisierung* und *Instrumentierung*) betrachtet werden.

9.2.2.4 Bezug zur instrumentellen Genese

Die in Abschnitt 9.2.2.3 durchgeführte semiotische Analyse hat gezeigt, welche Zeichen sich während der Arbeit mit dem digitalen Schulbuch bei dem Schüler konstruieren lassen. Es wurde deutlich, dass die Handlungen des Schülers am Anfang der Bearbeitung als *Artefaktzeichen* gedeutet werden konnten, während sich nach der Verwendung des Strukturelements *Ergebnis überprüfen* ein Aushandlungsprozess angeschlossen hat, in dem der Schüler versucht hat, die richtige Lösung zu finden. Dieser Aushandlungsprozess wurde durch *Drehpunktzeichen* charakterisiert und mündete letztendlich in der richtigen Lösung. Die anschließende Diskussion über das richtige Ergebnis machte eine mathematikbezogene Argumentation seitens des Schülers deutlich, welche als *Mathematikzeichen* gedeutet wurde. Dadurch konnte somit ein Einfluss des Strukturelements *Ergebnis überprüfen* auf die Auseinandersetzung mit der Schulbuchaufgabe deutlich gemacht werden.

Die Rückmeldung des digitalen Schulbuchs initiiert hier einen Aushandlungsprozess seitens des Schülers mit der Aufgabe. Die Analyse im Rahmen der *semiotischen Analyse* ermöglichte somit eine Deutung der Schüleraussagen und -handlungen im Hinblick auf ihre (schulbuch- bzw. mathematikbezogene) Gerichtetheit. In diesem Zusammenhang kann die Schulbuchnutzung seitens des Lernenden sowohl mit Bezug zum Schulbuch an sich als auch bezogen auf die Mathematik herausgearbeitet werden. In einem weiteren Schritt können diese Schulbuchnutzungen nun im Hinblick auf ihr Verwendungsziel (*Instrumentalisierung*) und auf die Art und Weise der Nutzung (*Instrumentierung*) beschrieben werden, sodass veranschaulicht werden kann, inwiefern das digitale Schulbuch zu einem Instrument zum Lernen von Mathematik wird.

Artefaktzeichen	Drehpunktzeichen	Mathematikzeichen
[tippt 9 ein, klickt auf „Überprüfen": falsch; zählt mit seinen Fingern und ändert 9 in 10; klickt wieder auf „Überprüfen", was wieder falsch ist]	Sind ja eigentlich neun.	Ehm also die einzelnen Kästchen
	Ja also ich hab' „mal" gerechnet, drei mal drei und ich hab auch gezählt. War beides immer neun.	und dann noch mal das Gesamte *[umkreist mit seinem Finger die Außenumrisse des großen Quadrats]*.
	Ja, zehn geht auch nicht, dass das dann noch als eins gilt (…) das Ganze *[umkreist mit dem Finger das komplette Quadrat]*.	Und immer hier vier: 1, 2, 3, 4. 1, 2, 3, 4. 1, 2, 3, 4. 1, 2, 3, 4 *[zeigt mit seinem Finger auf die 2x2-Quadrate]*.
	[zählt erneut die Quadrate] Dreizehn oder Vierzehn glaub ich. Dreizehn *[tippt 13 ein und klickt auf überprüfen: falsch]*. Dann *[leise]* vierzehn. *[klickt auf überprüfen: richtig]*. Vierzehn war richtig.	Weil das ja auch Quadrate sind … all … sind halt alle Seiten gleich lang.

Nutzung des Strukturelements *Ergebnis überprüfen*	Nachvollziehen der Rückmeldung	Mathematische Erklärung der richtigen Lösung

Abbildung 9.12 Visualisierung der Aufgabenbearbeitung mithilfe der semiotischen Analyse

Werden die Aussagen des Schülers im Rahmen der *instrumentellen Genese* betrachtet, steht zuerst einmal die Frage nach der *Instrumentalisierung*, also wozu der Lernende das digitale Schulbuch verwendet, im Vordergrund. Dazu zeigt sich am Anfang der Transkriptsequenz, dass Jan seine eingegebenen Ergebnisse von dem digitalen Schulbuch überprüfen lassen möchte, da er auf das Strukturelement *Ergebnis überprüfen* verweist (vgl. Tabelle 9.3, Turn 1, 3). Wie bereits oben beschrieben wurde schließt sich nach der ersten Rückmeldung ein Aushandlungsprozess an, in dem der Schüler immer wieder das Strukturelement *Ergebnis überprüfen* verwendet, um seine eingegebenen Ergebnisse zu verifizieren (vgl. Tabelle 9.3, Turn 5, 19). Die mehrfache Verwendung des gleichen Strukturelements zur Überprüfung zeigt somit, dass der Schüler das Strukturelement *Ergebnis überprüfen* zur Verifikation des eingegebenen Ergebnissen nutzt. In anderen Worten: Jan schreibt dem Strukturelement *Ergebnis überprüfen* die Funktion einer „Verifikation des eingegebenen Ergebnisses" zu. Dies steht in Einklang mit der in Abschnitt 9.2.1.4 identifizierten Funktionszuschreibung „Verifikation des eingegebenen Ergebnisses" des Strukturelements *Ergebnis überprüfen*, da bei beiden Nutzungen das Strukturelement *Ergebnis überprüfen* zur Kontrolle der Eingaben verwendet wird.

Betrachtet man die im Anschluss an die Bearbeitung entstehende Diskussion des Schülers unter dem Blickwinkel der *Instrumentierung*, also wie der Schüler das digitale Schulbuch verwendet, können die Aussagen bzw. Reaktionen des Schülers (zusätzlich zu den oben bereits anhand der *semiotischen Vermittlung* rekonstruierten artefakt- bzw. mathematikbezogenen Deutungen) in Kategorisierungen eingeteilt werden, die die Art und Weise der Nutzung charakterisieren.

Jans Aussagen „[I]ch hab bei beiden nix richtig." (Tabelle 9.3, Turn 5), „Ich hatte aber bei beiden nix richtig." (Tabelle 9.3, Turn 7) und „[A]ber wenn ich neun eingegeben hab, war's immer falsch." (Tabelle 9.3, Turn 11) fokussieren eine Verwendung des Schulbuchs bzw. des Strukturelements *Ergebnis überprüfen*, die sich als „Abgleich von richtigen bzw. falschen Ergebnissen" beschreiben lässt. Jan bewertet auf der Grundlage der Rückmeldung durch das digitale Schulbuch seine eingegebenen Ergebnisse selbst als falsch und gleicht somit seine Ergebnisse mit der Schulbuchrückmeldung ab. Diese Nutzungen wurden im Rahmen der *semiotischen Vermittlung* in Abschnitt 9.2.2.3 als *Artefaktzeichen* kategorisiert, da sich in den Aussagen des Schülers ein direkter Bezug zum Schulbuch herstellen lässt. Im Rahmen der *instrumentellen Genese* und der Frage, wie das digitale Schulbuch zu einem Instrument zum Mathematiklernen wird, lassen sich die *Artefaktzeichen* somit bezogen auf die *Instrumentierung* in solcher Weise beschreiben, dass ein Abgleichen von richtigen bzw. falschen Ergebnissen keine mathematikbezogenen Deutungen implizieren müssen, sondern insbesondere auf schulbuchbezogener Grundlage identifiziert werden können. Nutzungen dieser Art lassen sich somit durch die Kategorie „Abgleich von richtigen bzw. falschen Ergebnissen" beschreiben. Anders als die anderen *Instrumentierungen*, die sich durch einen wechselseitigen Bezug auf das Schulbuch und die Mathematik durch die *Drehpunktzeichen* entfalten, zeigt sich ein „Abgleich von richtigen bzw. falschen Ergebnissen" in den Schulbuchnutzungen letztendlich nicht auf inhaltlich-mathematischer Deutung, sondern ausschließlich auf schulbuchbezogener Grundlage.

Des Weiteren lässt sich der in Abschnitt 9.2.2.3 beschriebene Aushandlungsprozess von Schüler Jan der Kategorie „Nachvollziehen der Rückmeldung" (vgl. Abschnitt 9.2.1.4) zuordnen, da er aufgrund der Rückmeldung, die ihm von dem digitalen Schulbuch angezeigt wird, sukzessiv weitere Lösungen eingibt und überprüfen lässt, bis er letztendlich zu der richtigen Lösung gelangt (vgl. Tabelle 9.3, Turn 13, 19). Der Schüler zweifelt die ihm angezeigte Rückmeldung „falsch" zu seinen Ergebnissen neun, zehn und dreizehn somit nicht an, sondern versucht nach wie vor eine positive Rückmeldung zu erreichen, indem er seine bisherigen Eingaben verwirft und weitere Lösungen eingibt. Der Prozess des Nachvollziehens zeigte sich im Rahmen der *semiotischen Analyse* durch die Kategorisierung der Schüleraussagen als *Drehpunktzeichen* (vgl. Abschnitt 9.2.2.3); nun lässt sich der Prozess des Nachvollziehens innerhalb des Prozesses der *Instrumentierung* auf der Grundlage der *Drehpunktzeichen* beschreiben. Der Schüler rückt hier somit von seinen ursprünglichen Ergebnissen ab und zweifelt nicht die Schulbuchrückmeldung an wie dies insbesondere bei dem ersten empirischen Beispiel (vgl. Abschnitt 9.2.1) der Fall war.

Somit können Nutzungen, die ein Nachvollziehen der Rückmeldung beschreiben, weiter ausdifferenziert werden, indem der Nachvollziehensprozess bezüglich einer Referenzgrundlage unterschieden wird, auf die sich die Lernenden beziehen. Während die Schülerin Lena im ersten Beispiel in Abschnitt 9.2.1 die Schulbuch-Lösung nachvollziehen wollte und dabei immer wieder auf ihre eigenen Lösungen referierte, zeigt sich bei Schüler Jan ein Nachvollziehensprozess der Schulbuch-Lösung, in dem er sich auf die Schulbuch-Lösung bezieht. Aus diesem Grund bilden sich die Unterkategorien „Nachvollziehen der Rückmeldung mit Bezug zur eigenen Lösung" (vgl. Abschnitt 9.2.1) und „Nachvollziehen der Rückmeldung mit Bezug zur Schulbuch-Lösung". Der Unterschied der beiden Unterkategorien lässt sich demnach auf Grundlage des Referenzrahmens erklären: Während die Schülerin im ersten Beispiel die Schulbuch-Lösung nachvollziehen möchte und in dem Prozess jeweils auf ihre eigene Lösungen verweist und diese nach wie vor als „richtig" anerkennt, argumentiert hier der Schüler mit Bezug zu der angezeigten Rückmeldung, dass seine bisherigen Ergebnisse nicht richtig zu sein scheinen.

Insgesamt zeigt sich, dass der Ausgangspunkt für die *Instrumentierungen* die Verwendung des Strukturelements *Ergebnis überprüfen* darstellt, von dem

die Aussagen des Lernenden als „Abgleich von richtigen bzw. falschen Ergebnissen" und „Nachvollziehen der Rückmeldung" kategorisiert werden konnten.
Die Kategorisierungen knüpfen somit an den Nutzungen der Analyse aus dem
ersten empirischen Beispiel (vgl. Abschnitt 9.2.1) an, in denen die Schülerin
sowohl die Aufgabe als auch die Schulbuchlösung ablehnt und darüber hinaus
die Schulbuchlösung nachvollziehen möchte. Zusätzlich dazu konnte aber durch
die Analyse der Bearbeitung des Schülers Jan die Kategorie „Nachvollziehen der
Rückmeldung" in Bezug auf ihre Referenzrahmen erweitert werden, sodass sich
die Unterkategorie „Nachvollziehen der Rückmeldung mit Bezug zur Schulbuch-
Lösung" ergibt. In Verbindung mit Abschnitt 9.2.1 ergibt sich die folgende
Kategorisierung der *Instrumentierung* zum Strukturelement *Ergebnis überprüfen*
und der *Instrumentalisierung* „Verifikation des eingegebenen Ergebnisses" (vgl.
Tabelle 9.4).

Tabelle 9.4 Instrumentierungen zum Strukturelement „Ergebnis überprüfen" und der
Instrumentalisierung „Verifikation des eingegebenen Ergebnisses"

Ablehnung der Schulbuch-Lösung
Abgleich von richtigen bzw. falschen Ergebnissen
Nachvollziehen der Rückmeldung mit Bezug zur eigenen Lösung
Nachvollziehen der Rückmeldung mit Bezug zur Schulbuch-Lösung

9.2.2.5 Zusammenfassung

In diesem empirischen Beispiel der Schülernutzung des digitalen Schulbuchs
(Strukturelemente *Rechenaufgabe, Ergebnis überprüfen*) zeigt sich ein Aushandlungsprozess zwischen dem mathematischen Verständnis des Schülers und
der vom Schulbuch angezeigten Lösungsüberprüfung (Strukturelement *Ergebnis überprüfen*), und somit zwischen dem Instrument ‚Schulbuch' und dem
(mathematischen) Denken des Schülers. Der Schüler versucht – ausgelöst von
der Rückmeldung durch das Schulbuch – zur richtigen Lösung zu gelangen. Im Gegensatz zur Schülerin in Abschnitt 9.2.1 stellt er jedoch nicht die
Schulbuch-Lösung bzw. die Rückmeldung in Frage, sondern seine eigene Lösung.

Durch die Analyse der Schülernutzungen mithilfe der *semiotischen Vermittlung*
konnten die Zeichen während der Aufgabenbearbeitung gedeutet und hinsichtlich
ihrer Gerichtetheit auf das Schulbuch (*Artefaktzeichen*), die Mathematik (*Mathematikzeichen*) oder auf beide Aspekte (*Drehpunktzeichen*) interpretiert werden.
Dabei hat sich gezeigt, dass der Schüler anfangs das Strukturelement *Ergebnis*

überprüfen zur Verifikation seiner eingegebenen Ergebnisse verwendet und dabei nur auf die dargestellten Inhalte im Schulbuch eingeht, weshalb seine Aussagen am Anfang als *Artefaktzeichen* gedeutet werden konnten.

Im Anschluss an die Überprüfung durch das digitale Schulbuch entwickelte sich ein Aushandlungsprozess zwischen dem mathematischen Verständnis des Schülers und der Schulbuchlösung, da der Schüler zuvor falsche Ergebnisse eingegeben hatte und nun die korrekte Lösung erreichen wollte. Diese Handlungen und Aussagen wurden als *Drehpunktzeichen* kategorisiert, da sich der Schüler angestoßen durch die Rückmeldung auf dem Weg zur korrekten mathematischen Lösung befand. Am Ende – nach Erreichen der korrekten Lösung – beschreibt Jan den mathematischen Hintergrund zu der korrekten Lösung und argumentiert somit auf einer mathematischen Ebene, weshalb seine Aussagen in der Diskussion mit dem Interviewer als *Mathematikzeichen* gedeutet wurden. Damit zeigt sich insgesamt ein Entwicklungsprozess ausgehend von einer artefaktbezogenen Nutzung, der letztendlich – angestoßen durch die Rückmeldung des digitalen Schulbuchs – in einer mathematisch tragfähigen Erklärung mündet (vgl. Abbildung 9.12).

In einem weiteren Schritt wurden die in der *semiotischen Vermittlung* analysierten Zeichen des Schülers im Rahmen der *instrumentellen Genese* weiter untersucht. Das Ziel bestand darin, die Schulbuchnutzungen auf ihren Zweck (*Instrumentalisierung*) und ihre Art und Weise (*Instrumentierung*) zu beschreiben. Der Schüler nutzt die Funktion *Ergebnis überprüfen*, um eine Rückmeldung auf seine Eingabe zu erhalten. Somit kann Jans Nutzungsziel als „Verifikation des eingegeben Ergebnisses" im Sinne der *Instrumentalisierung* beschrieben werden. Die Feedback-Funktion löst bei dem Schüler einen Aushandlungsprozess zwischen seiner Ergebnisse und der richtigen Lösung aus, im Grunde also zwischen der Mathematik und dem Schulbuch. Dies lässt sich durch den Prozess der *Instrumentierung* beschreiben, also wie der Schüler das Strukturelement verwendet. Dabei hat sich gezeigt, dass der Schüler die richtigen bzw. falschen Ergebnisse abgleicht und versucht, die korrekte Lösung nachzuvollziehen. Dabei bezieht er sich immer wieder auf seine bisherigen Lösungsversuche. Insgesamt konnten zwei Nutzungsweisen im Anschluss an die Feedback-Funktion *Ergebnis überprüfen* kategorisiert werden:

- Abgleich von richtigen bzw. falschen Ergebnissen
- Nachvollziehen der Rückmeldung mit Bezug zur eigenen Lösung

Während die *Instrumentierung* „Abgleich von richtigen bzw. falschen Ergebnissen" insbesondere anhand der *Artefaktzeichen* im Anschluss an die Überprüfung der eingegebenen Ergebnisse identifiziert werden konnte, zeigte sich die *Instrumentierung* „Nachvollziehen der Rückmeldung mit Bezug zur Schulbuch-Lösung" anhand der *Drehpunktzeichen*, die sich in den Aussagen des Schülers während der Bearbeitung der *Rechenaufgabe* und somit während des Aushandlungsprozesses rekonstruieren lassen. Die *Drehpunktzeichen* nehmen somit erneut eine entscheidende Rolle im Bearbeitungsprozess und in der *Instrumentierung* des digitalen Schulbuchs ein und präzisieren demnach die Passung der *semiotischen Vermittlung* und der *instrumentellen Genese*.

Zusammenfassend trägt dieses Beispiel zur Beantwortung der zweiten Forschungsfrage „Welche Strukturelemente verwenden Schülerinnen und Schüler beim Umgang mit einem digitalen Schulbuch und zu welchen Zwecken?" Folgendes bei:

- Das Strukturelement *Ergebnis überprüfen* wird zur „Verifikation des eingegeben Ergebnisses" verwendet.

Für die Beantwortung der dritten Forschungsfrage „Welche Verwendungsweisen lassen sich bei der Nutzung von verschiedenen Strukturelementen während der Arbeit mit einem digitalen Mathematikschulbuch bei Schülerinnen und Schülern identifizieren?" können die folgenden Schlussfolgerungen getroffen werden:

- Der Schüler nutzt die Überprüfungsfunktion, indem er seine Ergebnisse mit der Schulbuchlösung abgleicht. (*Instrumentierung* „Abgleich von richtigen bzw. falschen Ergebnissen")
- Darüber hinaus versucht der Schüler jedoch, die Rückmeldung vom Schulbuch nachzuvollziehen und bezieht sich dabei auf die Schulbuch-Rückmeldung. (*Instrumentierung* „Nachvollziehen der Rückmeldung mit Bezug zur Schulbuch-Lösung")

Auch in dem nun folgenden Beispiel wird sich zeigen, dass die Verwendung des Strukturelements *Ergebnis überprüfen* Auswirkungen auf die mathematische Argumentation der Lernenden hat. Dabei lassen sich unter anderem die bereits erwähnten *Instrumentierungen* aus den empirischen Beispielen 9.2.1 und 9.2.2 identifizieren. Allerdings finden sowohl vor als auch nach der Überprüfung der eingegebenen Ergebnisse Diskussionen im sozialen Kontext statt, sodass die Lernenden ihre Ergebnisse zusätzlich zu der Rückmeldungsfunktion des Schulbuchs auch untereinander vergleichen. Dabei zeigen sich sowohl mathematikbezogene als auch schulbuchbezogene Begründungen im Austausch der Schülerinnen und Schüler.

9.2.3 Lösungsüberprüfung im sozialen Diskurs

In dieser Analyse der Schulbuchnutzungen wird sich zeigen, dass die Schülerin Frederike und ihre Mitschüler Lukas und Merlin über ihre unterschiedlichen Lösungen diskutieren und diese danach durch das digitale Schulbuch überprüfen lassen. Im Anschluss daran werden verschiedene Verwendungsweisen der digitalen Überprüfungsmöglichkeit sichtbar, die an den Nutzungen der ersten beiden empirischen Beispielen anknüpfen, sich aber nun auch im sozialen Diskurs zeigen.

9.2.3.1 Vorstellung der Aufgabe

Die Aufgabe „Flächen im Alltag" wird durch ein Strukturelement der Kategorie *Zuordnungsaufgabe* dargestellt, bei der als Einstieg in das Thema ‚Flächeninhalt' verschiedene Flächengrößen aus dem Alltag von „sehr klein" über „mittelgroß" bis „sehr groß" durch Verschieben der entsprechenden Größenkennungen zu den jeweiligen Flächen eingeteilt werden sollen (siehe Abbildung 9.13).

Die Zuordnung kann direkt im digitalen Schulbuch als *Drag-and-Drop*-Funktion bearbeitet werden und ist somit dynamischer Natur. Darüber hinaus ist diese *Zuordnungsaufgabe* durch eine blaue Untermalung in einem Kasten hervorgehoben; die *sprachlichen Mittel* sind appellativen Charakters. Im Hinblick auf die unterrichtsbezogenen Aspekte (vgl. Tabelle 6.12, Abschnitt 6.3.1.3) lässt sich diese *Zuordnungsaufgabe* im Merkmal *inhaltliche Aspekte* dem Bereich *Anknüpfen* zuordnen, da sie am Anfang des Kapitels und der Lerneinheit steht. Dadurch wird an das Vorwissen der Schülerinnen und Schüler angeknüpft, was auch in den Nutzungsbeschreibungen der Schulbuchautorinnen und -autoren deutlich wird: „Der Größenvergleich von Flächen wird (…) mit der Präsentation bekannter Objekte aus dem Alltag der Schülerinnen und Schüler [eingeleitet]" (Brockhaus Lehrwerke, o. J.c). Die Bearbeitung kann sowohl in Einzel- als auch in Partner- oder Gruppenarbeit geschehen, wobei die *sprachlichen Mittel* eine Einzelbearbeitung nahelagen.

Der inhaltliche mathematische Gegenstand der Unterrichtseinheit thematisiert den Größenvergleich von Flächen, wobei dies laut Aussage der Lehrkraft noch nicht im regulären Mathematikunterricht behandelt wurde. Kuntze (2018) nennt in Bezug zum Flächeninhalt verschiedene Aspekte, die der Idee des

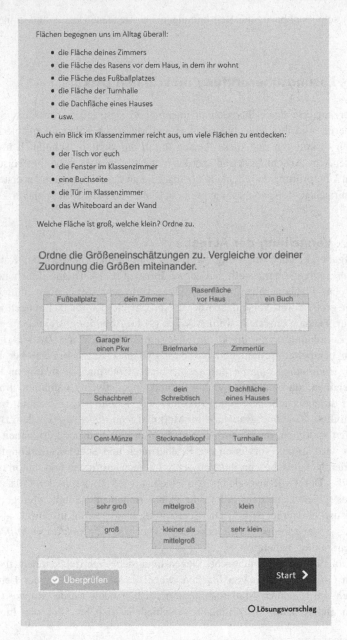

Abbildung 9.13 Zuordnungsaufgabe „Flächen im Alltag", Lehrwerk (Hornisch et al., 2017)

Messens zugrunde liegen: der *Vergleichsaspekt*, der *Messen-durch-Auslegen-und-Zählen-Aspekt*, der *Messgerät-Aspekt* sowie der *Messen-als-Berechnen-Aspekt* (vgl. Kuntze, 2018, S. 151 f.). Der *Vergleichsaspekt* zielt in erster Linie auf die Frage ab, „ob zwei Größen gleich groß sind oder nicht" (Kuntze, 2018, S. 151). Eine Methode, um die Größe von Flächen miteinander zu vergleichen, kann durch das Aufeinanderlegen der Flächen oder einer Vergleichseinheit erfolgen. Dies bereitet den *Messen-durch-Auslegen-und-Zählen-Aspekt* vor, bei dem Flächen „mit einer ausgezeichneten Größe ausgelegt" (Kuntze, 2018, S. 152) werden. Der *Messgerät-Aspekt* ist oft technischer Natur; der *Messen-als-Berechnen-Aspekt* setzt Wissen über Formeln zur Flächenberechnung voraus (Kuntze, 2014, S. 152). Da die in dem digitalen Schulbuch ausgewählte *Zuordnungsaufgabe* den Größenvergleich von Flächen fokussiert und somit eine Einleitung in das Themenfeld von Flächeninhalten bietet, werden ausschließlich der *Vergleichs-* und der *Messen-durch-Auslegen-und-Zählen-Aspekt* in der *Zuordnungsaufgabe* thematisiert. Als inhaltsbezogene Kompetenz lässt sich aus diesem Grund die Leitidee des Messens ausmachen; als prozessbezogene Kompetenzen zeigen sich Eigenschaften des Argumentierens und Kommentierens aufgrund der individuellen Lösungswege und Zuordnungen sowie verschiedene Arten des Begründens (vgl. Ministerium für Schule und Weiterbildung des Landes Nordrhein-Westfalen, 2007, S. 18–22).

9.2.3.2 Vorstellung des Transkripts

Das folgende Transkript beschreibt die Diskussion der Schüler Lukas, Merlin und der Schülerin Frederike zu ihren jeweiligen Bearbeitungen der *Zuordnungsaufgabe*. Die beiden Schüler Lukas und Merlin arbeiteten vorab an einem gemeinsamen Rechner, während Schülerin Frederike an einem separaten Computer arbeitete. Beide Gruppen durften sich bereits während der Bearbeitung austauschen.

Der inhaltliche mathematische Gegenstand der Unterrichtseinheit bildet – wie oben bereits beschrieben – den Größenvergleich von Flächen ab, wobei dies noch nicht im regulären Mathematikunterricht behandelt wurde. Abbildung 9.14 und Abbildung 9.15 zeigen die fertigen Zuordnungen der beiden Gruppen. Dabei zeigt sich auf der einen Seite, dass einige gleiche Größenzuteilungen vorgenommen wurden (Fußballplatz „sehr groß", Briefmarke „sehr klein", Zimmertür „kleiner als mittelgroß", Dachfläche eines Hauses „groß" und Stecknadelkopf „sehr klein"). Auf der anderen Seite wurden den übrigen acht Flächen unterschiedliche Größeneinteilungen zugeordnet.

Nach der Bearbeitung der Aufgabe vergleichen die Schüler Lukas und Merlin ihre Zuordnungen mit den vorgenommenen Zuordnungen der Mitschülerin Frederike, die die Zuordnungen in Einzelarbeit vorgenommen hat. Dabei diskutieren

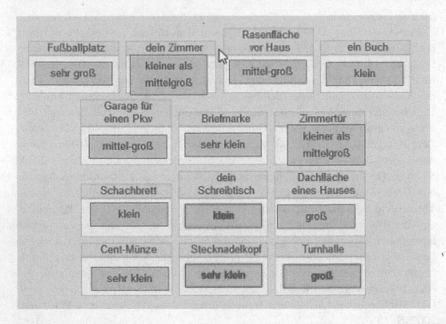

Abbildung 9.14 Bearbeitung von Lukas und Merlin vor der Diskussion mit Frederike (Hornisch et al., 2017)

Frederike und Lukas zuerst über ihre Größenzuteilungen der Flächen „Fußballplatz", „dein Zimmer" und „Rasenfläche vor Haus" und stellen fest, dass sie dort unterschiedliche Größenzuordnungen vorgenommen haben (nicht Teil des Transkripts). Da sie sich aber nicht auf eine gemeinsame Lösung einigen können, wird vom Interviewer vorgeschlagen, ein anderes Beispiel anzuschauen. Nun vergleichen Lukas, Merlin und Frederike die Größeneinteilungen zu dem Gegenstand „Buch", das Frederike als „kleiner als mittelgroß" und Lukas und Merlin als „klein" eingestuft haben. Lukas wählt dazu als Vergleichsgröße das Zimmer, das Frederike als „mittelgroß" eingeteilt hat, indem er sagt: „Guck mal dein Zimmer an und dein Buch" (Tabelle 9.5, Turn 3). Sein Mitschüler Merlin unterstützt ihn in diesem Vergleich und sagt: „Dein Buch ist eindeutig kleiner als dein Zimmer" (Tabelle 9.5, Turn 5), woraufhin Lukas konstatiert: „Viel kleiner. (…) Viel, viel, viel kleiner. (…) Und da nur eine Stufe kleiner zu nehmen [*zeigt auf Frederikes Bildschirm*]" (Tabelle 9.5, Turn 6, 8, 10).

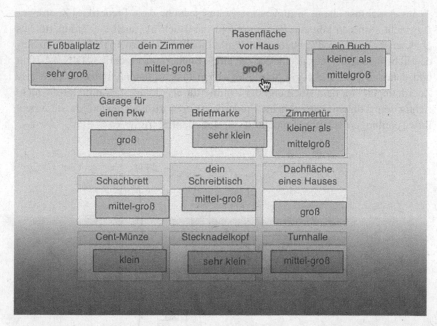

Abbildung 9.15 Bearbeitung von Frederike vor der Diskussion mit Lukas und Merlin (Hornisch et al., 2017)

Die Schüler Lukas und Merlin wählen somit als Vergleichsgröße zum Buch das Zimmer (*Vergleichsaspekt*) und argumentieren diesbezüglich, dass die Zuordnung „kleiner als mittelgroß" ihrer Mitschülerin Frederike nicht sinnvoll sein kann. Die Argumentation ihrer Mitschüler scheint Frederike zu überzeugen, da sie ihre Zuteilungen verändern möchte; dies verhindert jedoch der Interviewer und fragt Frederike stattdessen, womit sie das Buch verglichen hat (vgl. Tabelle 9.5, Turn 11, 12). Frederike begründet ihre Zuordnung vom Buch als „kleiner als mittelgroß", indem sie als Vergleichsgröße die Cent-Münze heranzieht, die sie als „klein" zugeordnet hat (vgl. Tabelle 9.5, Turn 13). Darüber hinaus nimmt sie ein DIN A4-Blatt zur Hand, das zur Veranschaulichung für das Buch stehen soll, und argumentiert ihre Größenzuordnung dadurch, dass sie das Blatt mit (kleinen) Cent-Münzen auslegen kann (vgl. Tabelle 9.5, Turn 14). Zusätzlich zu dem *Vergleichsaspekt* wird durch Frederikes Argumentation demnach auch der *Messen-durch-Auslegen-und-Zählen-Aspekt* thematisiert.

Im Anschluss daran argumentiert Lukas jedoch, dass Frederikes Zuordnungen nicht stimmen können, da sie sowohl das Buch als auch die Zimmertür als „kleiner als mittelgroß" zugeteilt hat (vgl. Tabelle 9.5, Turn 15). Um dies zu verdeutlichen, zeichnet Lukas eine Skizze eines Buches auf Frederikes DIN A4-Blatt und daneben eine Tür (vgl. Abbildung 9.16) und argumentiert daran, dass ihre Zuordnungen von dem Buch und der Zimmertür als „kleiner als mittelgroß" nicht richtig sein können. Dies scheint Frederike wieder zu überzeugen, da sie erneut ihre Zuteilungen verändern möchte (vgl. Tabelle 9.5, Turn 16).

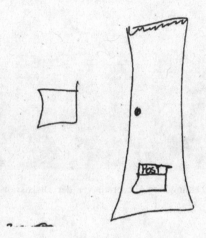

Abbildung 9.16 „Messen-durch-Auslegen-und-Zählen-Aspekt" von Schüler Lukas

Diese Diskussion der beiden Schüler und der Schülerin findet vor der Verwendung der Überprüfungs-Funktion (Strukturelement *Ergebnis überprüfen*) durch das digitale Schulbuch statt. Nachdem beide Gruppen ihre Zuteilungen durch das digitale Schulbuch überprüft und ausgewertet haben und ihre ‚richtigen' bzw. ‚falschen' Zuordnungen sehen, zeigen sich folgende Rückmeldungen (vgl. Abbildung 9.17 und Abbildung 9.18).

Die Schüler Lukas und Merlin sind verwundert, dass bei ihnen weniger Zuordnungen als richtig bewertet wurden (zwei richtige Zuteilungen) als bei ihrer Mitschülerin Frederike (sechs richtige Zuteilungen) (vgl. Tabelle 9.6, Turn 19). Im Anschluss an die erste Reaktion auf die überprüften Zuteilungen versuchen Lukas und Merlin daher nun nachzuvollziehen, warum ihre Zuteilungen nicht richtig waren (vgl. Tabelle 9.6, Turn 23, 24, 29). Im Gegensatz dazu scheint Frederike nicht weiter ihre eigenen Zuordnungen zu hinterfragen oder die

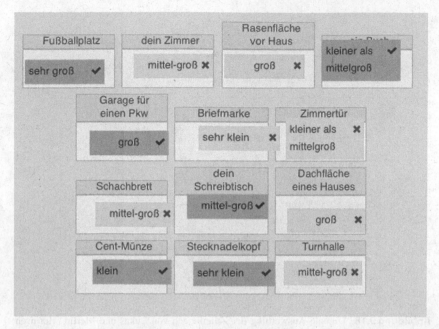

Abbildung 9.17 Digitale Auswertung der Zuteilungen von Frederike (Hornisch et al., 2017)

Schulbuch-Lösung (vgl. Tabelle 9.6, Turn 21, 28), da sie als Rückmeldung vom Schulbuch mehr richtige Zuteilungen angezeigt bekommen hat als ihre beiden Mitschüler.

Die Vorstellung der Transkriptszene hat bereits signalisiert, dass die Lernenden in ihrer Diskussion sowohl mathematikbezogene Argumente äußern als auch schulbuchbezogene Begründungen. Aus diesem Grund wird die Bearbeitung der Schülerinnen und Schüler nun im folgenden Abschnitt mithilfe der *semiotischen Vermittlung* analysiert, um die von der Schülerin und den Schülern geäußerten Zeichen auf ihre schulbuchbezogenen bzw. mathematikbezogenen Deutungen evident zu machen. Dadurch wird sich zeigen, dass die Aussagen der Lernenden vor der Verwendung der Ergebnisüberprüfung hauptsächlich mathematischer Natur sind, während sie nach der Überprüfung durch das digitale Schulbuch im Sinne der *Drehpunktzeichen* einen Aushandlungsprozess zwischen dem mathematischem Verständnis der Lernenden und der im Schulbuch hinterlegten Lösung exponieren. Dieser Aushandlungsprozess wird in einem zweiten

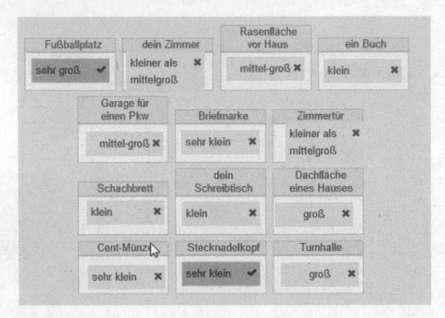

Abbildung 9.18 Digitale Auswertung der Zuteilungen von Lukas und Merlin (Hornisch et al., 2017)

Schritt mithilfe der *instrumentellen Genese* veranschaulicht werden und in diese Zusammenhang sowohl die *Instrumentalisierung* als auch die *Instrumentierung* des Strukturelements *Ergebnis überprüfen* thematisieren.

9.2.3.3 Semiotische Analyse

Bereits in den Darstellungen des Transkripts oben hat sich gezeigt, dass die Lernenden vor der Verwendung der Überprüfungs-Funktion durch das digitale Schulbuch ihre Argumentation auf einer begrifflich-gegenstandsbezogenen Ebene vorgenommen haben, da sie unterschiedliche Größenzuordnungen anhand von verschiedenen *Vergleichsgegenständen* oder durch die Grundvorstellung des *Auslegens* für Flächeninhalte argumentiert han. Ihre Aussagen sind also mathematischer Natur und lassen sich demnach im Rahmen der Theorie der *semiotischen Vermittlung* als *Mathematikzeichen* deuten. Lukas und Merlin beispielsweise begründen anfangs, dass Frederikes Größenzuteilungen bei „Buch" und „Zimmer" nicht stimmen können, da das Buch „viel kleiner" (Tabelle 9.5, Turn 5) im

Vergleich zum Zimmer ist. Im Gegensatz dazu begründet Frederike ihre Zuteilung (Buch: „kleiner als mittelgroß") damit, dass sie das „Buch (…) mit einer kleinen Cent-Münze" verglichen hat (Tabelle 9.5, Turn 13), wodurch erneut der Größenvergleich durch den *Vergleichsaspekt* deutlich wird.

Darüber hinaus zeigt sich in dem *Messen-durch-Zählen-und-Auslegen-Aspekt* (vgl. Tabelle 9.5, Turn 14) noch eine weitere Grundvorstellung von Flächeninhalten, weshalb die Aussagen von Frederike hier als weitere *Mathematikzeichen* gedeutet werden können. Auch Lukas' zweiter Vergleich von Zimmertür und Buch (vgl. Tabelle 9.5, Turn 15) lässt sich als *Mathematikzeichen* deuten, da er hier erneut einen Vergleich zweier Größen vornimmt und somit seine Zuordnung gegenüber der seiner Mitschülerin begründet. Allen Aussagen ist gemein, dass sie sich auf die beiden Grundvorstellungen des *Vergleichens* bzw. des *Auslegens* beziehen – und somit auf einer mathematischen Ebene erfolgen und als *Mathematikzeichen* kategorisiert werden – und vor der Verwendung der Überprüfungs-Funktion (Strukturelement *Ergebnis überprüfen*) durch die Lernenden geäußert werden.

Vor der Verwendung des Lösungselements *Ergebnis überprüfen* zeigt sich lediglich in zwei Aussagen der Lernenden ein wechselseitiger Bezug auf das Schulbuch und auf die Mathematik im Sinne der *Drehpunktzeichen*. In den Aussagen „Und da nur eine Stufe kleiner zu nehmen" (Tabelle 9.5, Turn 10) bzw. „du hast beides als gleiches eingestuft" (Tabelle 9.5, Turn 15) beziehen sich die Lernenden auf die vorgenommenen Zuteilungen bei der Aufgabe, jedoch sind diese schulbuchbezogenen Aussagen aufgrund der zuvor diskutierten mathematischen Referenzgrößen entstanden, sodass hier ein wechselseitiger Bezug auf Schulbuch und Mathematik erkennbar wird.

Auf die Rückfrage des Interviewers, welche Möglichkeit es zur Überprüfung der vorgenommenen Zuordnungen gibt, schlägt Lukas vor, auf das Lösungselement „Überprüfen" zu klicken (vgl. Tabelle 9.5, Turn 18), was die Schüler und die Schülerin daraufhin auch tun.

In Tabelle 9.5 wird die Aufgabenbearbeitung und die Analyse der Schüleraussagen durch die *semiotische Vermittlung* vor der Verwendung des Strukturelements *Ergebnis überprüfen* dargestellt.

Analysiert man die Aussagen der Lernenden nach der Verwendung der Überprüfungsfunktion mithilfe der *semiotischen Vermittlung*, zeigt sich, dass sich die Argumentation der Schülerin und Schüler nicht mehr als hauptsächlich mathematische Deutungen kategorisieren lassen, sondern sowohl als *Artefaktzeichen* als auch als *Drehpunktzeichen* gedeutet werden können. Durch die Schulbuch-Rückmeldung zu ihren individuellen Zuordnungen gelangen die Lernenden nun

Tabelle 9.5 Semiotische Analyse vor dem Überprüfen durch das digitale Schulbuch

Turn	Person	Inhalt
1	Lukas	Was hast du bei „Buch"? Kleiner als mittelgroß.
2	Frederike	Ja.
3	Lukas	Dein Zimmer hast du mittelgroß. Guck mal dein Zimmer an und dein Buch.
4	Frederike	Ja.
5	Merlin	Dein Buch ist eindeutig kleiner als dein Zimmer.
6	Lukas	Viel kleiner.
7	Frederike	Ja.
8	Lukas	Viel, viel, viel kleiner.
9	Frederike	Ja.
10	Lukas	**Und da nur eine Stufe kleiner zu nehmen** [*zeigt auf Frederikes Bildschirm*].
11	Frederike	[*lacht verlegen und sagt undeutlich*] Oh Gott, ihr macht mich wahnsinnig [*möchte anscheinend ihre Zuordnungen verändern*].
12	Interviewer	Lass es doch. Lass es doch. Lass es doch. Vielleicht hast du ja Recht. … So, also du [Lukas] vergleichst jetzt wieder das Buch und das Zimmer, ja? Womit hast du [Frederike] das Buch verglichen? (…)
13	Frederike	(…) Das Buch habe ich damit verglichen mit einer ehm mit einer kleinen Cent-Münze.
14	Frederike	(…) Also, ein Buch sagen wir mal, das ist vielleicht so groß wie das [*nimmt das DIN A4-Blatt und hält es hoch*]. Ein bisschen kleiner vielleicht. Ehm … sagen wir mal, es geht bis hier [*zeigt auf das Blatt*]. Wenn man sagen würde, das würde vielleicht bis hier so gehen [*malt einen Strich auf das Blatt*] (…) Wenn ich hier überall Cent-Münzen hinbauen würde, dann wäre hier alles voller Cent-Münzen wäre. Die Cent-Münze ist ja für mich klein. Die Stecknadelkopf ist sehr klein. (…) Und wenn man das dann zu einem Buch nimmt, ergibt es für mich halt mittelgroß.
15	Merlin	Jetzt nur als Vergleich, die Zimmertür und das Buch. Das Buch ist jetzt vielleicht als Vergleich … mal hier so groß [*zeichnet auf Frederikes Blatt*] jetzt so und die Zimmertür so groß [*zeichnet auf Frederikes Blatt*] und **du hast beides als gleiches eingestuft**.
16	Frederike	(…) [*Frederike möchte erneut ihre Zuteilungen verändern, was jedoch vom Interviewer verhindert wird*]
17	Interviewer	(…) Wie könntet ihr denn jetzt (…) überprüfen, was vielleicht richtig ist?
18	Lukas	Wir können uns … man kann da [*zeigt auf „überprüfen"*] drauf klicken.

in einen Aushandlungsprozess zwischen ihren eigenen Ergebnissen und Argumentationsstrukturen einerseits und der angezeigten Lösung vom Schulbuch andererseits. Dieser Aushandlungsprozess wird nun in den folgenden Abschnitten beschrieben.

Nach der Überprüfung der individuellen Zuordnungen und auf Rückfrage des Interviewers, was die Überprüfung nun gebracht hat (vgl. Tabelle 9.6, Turn 20), antwortet Frederike: „Dass ich mit meiner Logik besser war" (Tabelle 9.6, Turn 21.). Ihre Aussage wird durch die Rückmeldung vom Schulbuch angestoßen; zur gleichen Zeit verweist sie dabei aber auf „ihre Logik", was sich auf ihre vorherige mathematische Argumentation bezieht. Frederike bezieht sich in ihrer Aussage somit auf ihren mathematischen Grundgedanken zum Flächenvergleich, die sie durch die Rückmeldung vom Schulbuch nun bestätigt sieht. Aus diesem Grund kann ihre Aussage als *Drehpunktzeichen* gedeutet werden. In anderen Worten: Auf der Grundlage der Rückmeldung durch das Schulbuch schließt die Schülerin Frederike auf den Vergleich ihrer Argumentationslogik im Gegensatz zur Argumentation ihrer Mitschüler. Ihre Aussage bezieht sich somit auf die Richtigkeit bzw. Falschheit der angezeigten Lösungen und somit sowohl auf das Schulbuch als auch auf ihre mathematischen Argumentationsstrukturen.

Im gleichen Maße lässt sich die Aussage von Frederike in Turn 28 deuten: „Du siehst doch hier dein Ergebnis. Wenn du dein Ergebnis da siehst, kann's ja nur sein, dass du's falsch gemacht hast" (Tabelle 9.6, Turn 28). Frederikes Aussage lässt sich zuerst *artefaktbezogen* deuten, da ihre Argumentation auf der Rückmeldung vom Schulbuch beruht. Daran wird deutlich, dass sie weder die Zuteilung der Mitschüler nachvollziehen will noch die Zuteilung des Schulbuchs. Ihr reicht lediglich die Hervorhebung der richtigen bzw. falschen Antworten als Legitimation für die „falsche" mathematische Denkweise ihrer Mitschüler. Aus diesem Grund bezieht sich Frederikes Aussage jedoch nicht nur auf die Rückmeldung des Schulbuchs, sondern auch auf die mathematische Denkweise ihres Mitschülers, sodass ihre Aussage letztendlich als *Drehpunktzeichen* gedeutet wird.

Im Gegensatz dazu argumentiert Lukas als Reaktion auf die Schulbuch-Überprüfung nicht auf Grundlage einer mathematischen Denkweise, sondern konstatiert, dass „der Computer falsch war" (Tabelle 9.6, Turn 22) bzw. „der Laptop" (Tabelle 9.6, Turn 30). Der Schüler bezieht sich also explizit auf das Schulbuch und schreibt dem Schulbuch eine falsche Lösung zu. Das bedeutet im Umkehrschluss aber auch, dass er nach wie vor von seiner mathematischen Argumentation und Zuordnung der Flächengrößen überzeugt ist, sodass sich beide Aussagen als *Drehpunktzeichen* deuten lassen, da sie zwar direkt auf den Computer, ergo auf das Schulbuch, rekurrieren, indirekt jedoch der Bezug zur Mathematik bzw. der vorherigen mathematischen Argumentationsstruktur des Schülers erkennbar ist. Sowohl Frederike als auch Lukas halten somit nach der Rückmeldung durch das digitale Schulbuch an ihrer mathematischen Argumentationslogik fest.

Darüber hinaus lassen sich bei den Schülern Lukas und Merlin im weiteren Bearbeitungsprozess mehrere Zeichendeutungen charakterisieren, die einen Aushandlungsprozess zwischen der Schulbuchlösung und ihrer Argumentationslogik verdeutlichen. So wird in Turn 24 deutlich, dass die Schüler versuchen, die angezeigte Lösung vom Schulbuch nachzuvollziehen, indem Merlin seinem Mitschüler Lukas vorschlägt, dass „eine andere Cent-Münze als die Ein-Cent-Münze" (Tabelle 9.6, Turn 24) gemeint sein könnte. Lukas und Merlin versuchen hier somit, die Schulbuch-Lösung in ihre eigene Lösung bzw. Argumentation einzuordnen und die Schulbuch-Lösung somit nachzuvollziehen. Dabei beziehen sie sich sowohl auf die im Schulbuch hinterlegte Lösung („die") als auch auf eine Vergleichsgröße („Fünf-Cent-Münze"), weshalb diese Aussage als *Drehpunktzeichen* gedeutet werden kann.

Der Versuch, die Schulbuch-Lösung nachzuvollziehen, zeigt sich noch deutlicher in Turn 29, indem Lukas zuerst auf die von Frederike richtig eingeteilte Zuordnung der Cent-Münze als „klein" zeigt und argumentiert, dass die Briefmarke, „die [größer ist]" als die Cent-Münze, „kleiner als mittelgroß sein [müsste]", was jedoch „schon das Buch [ist]" (Tabelle 9.6, Turn 29). In dieser Argumentationsstruktur verweist Lukas somit auf die vom Schulbuch vorgenommenen Zuordnungen und bezieht sich demnach direkt auf das Artefakt, weshalb diese Aussagen als *Artefaktzeichen* gedeutet werden könnten. Auf der anderen Seite setzt er die Zuteilungen vom Schulbuch aber auch ins Verhältnis zu anderen Flächen und argumentiert dadurch – mit Referenzen zum Schulbuch – auf einer mathematischen Grundlage, weshalb diese Aussagen letztendlich als *Drehpunktzeichen* gedeutet werden. Insgesamt kommt er durch diesen Deutungsprozess zu dem Schluss, dass „alles nicht zusammenpassen [kann]" (Tabelle 9.6, Turn 29) – eine Aussage, die aufgrund der zusammenfassenden Beurteilung durch den Schüler demnach als *Mathematikzeichen* gedeutet wird.

Insgesamt zeigt sich in den Aussagen der Schülerin und Schüler durch die Analyse mithilfe der *semiotischen Vermittlung*, dass die Lernenden nach der Verwendung der Überprüfungs-Funktion nicht mehr ausschließlich begrifflich-gegenstandsbezogen argumentieren (*Mathematikzeichen*), sondern sich sowohl auf die Rückmeldung (und somit auf das Schulbuch) als auch auf die Mathematik beziehen, weshalb ihre Aussagen zu einem großen Teil als *Drehpunktzeichen* gedeutet wurden. Die Lernenden befinden sich in einer Wechselbeziehung zwischen dem Schulbuch und der Mathematik und somit in einem Aushandlungsprozess zwischen der vom Schulbuch rückgemeldeten Lösung und ihrer eigenen individuellen Argumentationslogik. Durch diesen Aushandlungsprozess, der hauptsächlich durch die *Drehpunktzeichen* rekonstruiert werden kann, wird die Auswirkung des Strukturelements *Ergebnis überprüfen* auf die Schulbuchnutzung deutlich. Tabelle 9.6 stellt das Transkript sowie die semiotische Analyse dar.

Tabelle 9.6 Semiotische Analyse nach der Überprüfung durch das digitale Schulbuch

[*Lukas, Merlin und Frederike klicken auf "Überprüfen": Frederike freut sich, da viele ihrer Zuordnungen als richtig angezeigt werden. Bei Merlin und Lukas werden hingegen mehr Zuordnungen als falsch angezeigt.*] (…)		
19	Lukas	Oh mein Gott … zwei von dreizehn.
20	Interviewer	So … was haben wir jetzt gesehen?
21	Frederike	Dass ich mit **meiner Logik besser war**.
22	Lukas	Dass der **Computer falsch war**.
23	Lukas	(…) Ehm … dass das einfach unmöglich ist, dass … eh … dass dass … zum Beispiel …
24	Merlin	**Vielleicht meinten die eine andere Cent-Münze als die Ein-Cent-Münze.**
25	Frederike	Vielleicht meinten die die Fünf-Cent-Münze.
26	Lukas/Merlin	Fünfzig.
27	Frederike	Ja, fünfzig
28	Frederike	(…) **Du siehst doch hier dein Ergebnis. Wenn du dein Ergebnis da siehst, kann's ja nur sein, dass du's falsch gemacht hast.**
29	Lukas	[*zeigt auf den Bildschirm von Frederike*] Ja, aber … <u>Cent-Münze ist klein</u>. Dann müsste … <u>die Briefmarke ist größer</u> … dann müsste die ja eigentlich, wenn die auch nicht sehr klein ist … eh entweder klein weil die ist ja größer, **also dann müsste die kleiner als mittelgroß sein und so groß ist ja auch schon das Buch** und das kann ja alles nicht zusammenpassen.
30	Lukas	(…) Also **ist der Laptop falsch**.

Insgesamt lassen sich in den Aussagen der Lernenden *Artefaktzeichen, Drehpunktzeichen* und *Mathematikzeichen* identifizieren. Dabei zeigt sich durch die Analyse mithilfe der *semiotischen Vermittlung*, dass die Argumentationen der Lernenden vor der Überprüfung durch das digitale Schulbuch hauptsächlich mathematischer Natur sind (vgl. Tabelle 9.5), während sie nach der Verwendung des Strukturelements *Ergebnis überprüfen* sowohl strukturelementbezogener als auch mathematikbezogener Natur sind und durch diese Wechselwirkung als *Drehpunktzeichen* gedeutet werden können (vgl. Tabelle 9.6). An dieser Stelle kann somit festgehalten werden, dass die Rückmeldung durch das digitale Schulbuch eine Auswirkung auf die Argumentationsstruktur der Schülerin und Schüler hat. Dies zeigte sich bereits in den empirischen Beispielen 9.2.1 und 9.2.2 und wird hier auch in einem sozialen Kontext durch die Diskussionen unter den Lernenden prägnant. Bezogen auf die Frage, welche Funktion die Lernenden dadurch dem digitalen Schulbuch zuschreiben, wozu sie das digitale Schulbuch somit *instrumentalisieren*, und wie sie das Schulbuch verwenden (*Instrumentierung*), lässt sich mit Blick auf die *instrumentelle Genese* näher beleuchten, indem die soeben durchgeführten semiotischen Deutungen nach der Verwendung der Überprüfungs-Funktion unter diesen beiden Blickwinkeln (*Instrumentalisierung* und *Instrumentierung*) betrachtet werden.

9.2.3.4 Bezug zur instrumentellen Genese

Die in Abschnitt 9.2.3.3 durchgeführte semiotische Analyse macht deutlich, welche Zeichen die Lernenden während der Arbeit mit dem digitalen Schulbuch verwenden. Es hat sich gezeigt, dass die Argumentationen der Lernenden vor der Überprüfung durch das digitale Schulbuch mit dem Strukturelement *Ergebnis überprüfen* zu einem großen Teil als *Mathematikzeichen* gedeutet werden konnten, während die Aussagen der Lernenden nach der Verwendung des Strukturelements *Ergebnis überprüfen* hauptsächlich als *Drehpunktzeichen* gedeutet wurden. Dadurch konnte ein Einfluss des Strukturelements *Ergebnis überprüfen* auf die Argumentationen der Lernenden sichtbar gemacht und die Gerichtetheit der Zeichen herausgestellt werden. Zu klären ist in einem zweiten Schritt nun, welche Funktion die Schülerin und Schüler der Ergebnisüberprüfung zuschreiben und wie sie explizit das digitale Schulbuch in diesem Zusammenhang verwenden. Diese beiden Aspekten werden daher mithilfe der *instrumentellen Genese* beleuchtet und intendieren eine Vervollständigung der Kategorisierung der Strukturelementnutzungen (vgl. Abschnitt 9.2.1.4 und 9.2.2.4) im Sinne der Verwendungsweisen des Strukturelements *Ergebnis überprüfen* zu dem Nutzungszweck „Verifikation des eingegebenen Ergebnisses".

Betrachtet man die Aussagen der Schülerinnen und Schüler im Rahmen der *instrumentellen Genese*, steht zuerst einmal die Frage nach der *Instrumentalisierung*, also wozu die Lernenden das digitale Schulbuch verwenden, im Vordergrund. Dazu wird in Turn 17 und 18 durch die Fragestellung des Interviewers bzw. durch die Antwort des Schülers Lukas deutlich, dass Lukas dem Strukturelement *Ergebnis überprüfen* die Funktion einer „Verifikation des eingegebenen Ergebnisses" zuschreibt. Lukas' Aussage „man kann da [zeigt auf „Überprüfen"] drauf klicken" (Tabelle 9.5, Turn 18) bezieht sich einerseits explizit auf das Strukturelement *Ergebnis überprüfen*, was sich durch seine Handlung auch enaktiv zeigt. Gleichzeitig schreibt er dem Strukturelement dabei aber auch eine überprüfende Funktion zu, da Lukas' Vorstellung nach das digitale Schulbuch bzw. das Strukturelement *Ergebnis überprüfen* anzeigt, welche eingegebenen Ergebnisse (mathematisch) richtig bzw. falsch sind. Durch das Hineindeuten dieser Funktion durch den Schüler wird die wechselseitige Beziehung zwischen Schulbuch und Schüler auf einer mathematischen Grundlage deutlich. Das Schulbuch stellt den Nutzerinnen und Nutzern diese Funktion einerseits zur Verfügung; auf der anderen Seite zeigt sich erst in der zielgerichteten Verwendung dieses Strukturelements die Genese des Schulbuchs, sodass das Schulbuch im Sinne der *instrumentellen Genese* zu einem Instrument zum Mathematiklernen wird (hier zu einem Instrument zur „Verifikation des eingegebenen Ergebnisses').

Betrachtet man die daran entstehende Diskussion der Lernenden unter dem Blickwinkel der *Instrumentierung*, also wie die Lernenden das digitale Schulbuch verwenden, können die Aussagen bzw. Reaktionen der Lernenden (zusätzlich zu den oben bereits anhand der *semiotischen Vermittlung* rekonstruierten artefakt- bzw. mathematikbezogenen Deutungen) in Kategorisierungen eingeteilt werden, die die Nutzung aus dem Blickwinkel der *Instrumentierung* hervorheben.

Bei Frederikes Aussagen „Dass ich mit meiner Logik besser war." (Tabelle 9.6, Turn 21) und „Du siehst doch hier dein Ergebnis. Wenn du dein Ergebnis da siehst, kann's ja nur sein, dass du's falsch gemacht hast." (Tabelle 9.6, Turn 28), die im Rahmen der *semiotischen Vermittlung* als *Drehpunktzeichen* gedeutet wurden, zeigt sich, dass die Schülerin ihre Lösung mit der Schulbuch-Lösung abgleicht bzw. vergleicht. Auf der Grundlage der Rückmeldung durch das Schulbuch schließt die Schülerin auf den Vergleich der Argumentationslogik der beiden Gruppen, weshalb ihre Aussagen als „Abgleich von richtigen bzw. falschen Ergebnissen" kategorisiert werden können. Frederike nutzt somit das Schulbuch bzw. die Überprüfungs-Funktion im Sinne eines Vergleichs von richtigen und falschen Ergebnissen. Im Gegensatz zur Schülernutzung in Beispiel 9.2.2, in der der Schüler Jan seine eingegebenen Ergebnisse mit der

Schulbuch-Überprüfung abgleicht und seine Aussagen im Rahmen der *semiotischen Vermittlung* als *Artefaktzeichen* gedeutet wurden (vgl. Abschnitt 9.2.2.3), zeigen sich in diesen Aussagen der Schülerin sowohl schulbuch- als auch mathematikbezogene Bezüge, ergo *Drehpunktzeichen*. Der Grund hierfür kann darin liegen, dass vor der Verwendung des Strukturelements *Ergebnis überprüfen* eine Diskussion unter den Lernenden stattgefunden hat, in denen sie ihre Zuordnungen verglichen und (mathematisch) begründet haben. Trotz der unterschiedlichen Zeichendeutungen (*Artefaktzeichen* vs. *Drehpunktzeichen*) lassen sich beide Verwendungsweisen jedoch als „Abgleich von richtigen bzw. falschen Ergebnissen" kategorisieren.

Eine weitere Kategorie bezogen auf die Perspektive der *Instrumentierung* zeigt sich in Turn 29 und in Lukas' Versuch, die Schulbuchlösung nachzuvollziehen. Dort versucht er, die Grundvorstellungen des *Vergleichens*, die er vor der Verwendung des Strukturelementes *Ergebnis überprüfen* herangezogen hatte, auf die Lösung und die Argumentationsstruktur bzw. die Einteilung des digitalen Schulbuchs zu übertragen. Dabei geht er von einer als richtig angezeigten Zuordnung aus und vergleicht nun die Cent-Münze mit einer Briefmarke und einem Buch und ordnet die Flächen ihrer Größe nach. Er kommt somit zu dem Ergebnis, dass die Briefmarke, wenn die Cent-Münze klein und das Buch kleiner als mittelgroß ist, größer als die Cent-Münze und kleiner als das Buch sein muss, was bei der Schulbuchlösung aber nicht berücksichtigt wird, weshalb das „alles nicht zusammenpassen [kann]" (Tabelle 9.6, Turn 29). Am Ende kommt er also zu dem Schluss, dass die Logik des Schulbuchs nicht stimmen kann, weshalb er bei seiner vorgenommenen Größenzuordnung bleibt.

Diese Vorgehensweise wird auch in dem Dialog zwischen Lukas und Merlin deutlich. Die Schüler wenden sich nicht von ihrer Logik und Argumentation ab, sondern versuchen eine Begründung für die Zuteilung des Computers zu finden (vgl. Tabelle 9.6, Turn 24–27). Hierbei zeigt sich eine Argumentation mit Bezug zum digitalen Schulbuch. Die Lernenden beschreiben eine strukturelementbezogene Funktion, d. h. sie beziehen sich auf eine vom Schulbuch vorgegebene und durch das Strukturelement *Ergebnis überprüfen* generierte Zuordnung. Dennoch beziehen sich ihre Argumentationen auf ihre eigenen mathematischen Grundvorstellungen, sodass ihre Aussagen als *Drehpunktzeichen* gedeutet wurden. Im Rahmen der *Instrumentierung* können diese Nutzungsweisen nun aufgrund ihrer wechselseitigen Gerichtetheit (auf Schulbuch und Mathematik) beschrieben werden. Insgesamt lassen sich Aussagen dieser Art der Kategorie „Nachvollziehen der Rückmeldung mit Bezug zur Schulbuch-Lösung" zuordnen, da die Nutzer auf Grundlage des Strukturelements *Ergebnis überprüfen* versuchen, ihre

Argumentationsstrukturen mit den Einteilungen des Schulbuchs, also auf schulbuchbezogener Ebene, in Verbindung zu bringen. In der Auseinandersetzung mit der Schulbuch-Lösung verweisen sie somit auf die Schulbuch-Lösung an sich und deuten eine mathematische Argumentationslogik in die Lösung hinein. Sie nutzen somit das Schulbuch bzw. die Überprüfungs-Funktion im Sinne einer Nachvollziehbarkeit (der angezeigten Schulbuch-Lösung) mit Bezug zu der Schulbuch-Lösung.

Demgegenüber lassen sich die Aussagen von Lukas „Dass der Computer falsch war." (Tabelle 9.6, Turn 22) sowie „Also ist der Laptop falsch." (Tabelle 9.6, Turn 30) als „Ablehnung der Schulbuch-Lösung" kategorisieren, da sich seine Argumentation lediglich auf das Schulbuch bezieht. Der Schüler reflektiert hier aufgrund der Rückmeldung durch das Schulbuch und der zuvor diskutierten Argumentationslogik (vgl. Tabelle 9.5), dass die Schulbuch-Lösung nicht stimmen kann, sondern seine Lösung eigentlich korrekt wäre. Somit verwendet er das digitale Schulbuch bzw. das Strukturelement *Ergebnis überprüfen* und die ihm angezeigte Lösung als Vergleichsgrundlage zu seinen eigenen Ergebnissen. Auch hier zeigt sich somit eine *instrumentierte* Nutzung des Schulbuchs, die wie die anderen *Instrumentierungen* nicht aus einer handlungsbezogenen Ebene des gesamten Schulbuchs zu reflektieren sind (z. B. Blättern im Buch), sondern aus einer prozessbezogenen Perspektive, die sich durch die Nutzung eines Strukturelements entwickelt. Das bedeutet, dass der Ausgangspunkt für die *Instrumentierungen* die Nutzung des Strukturelements *Ergebnis überprüfen* darstellt, von dem die Aussagen der Lernenden als „Abgleich von richtigen bzw. falschen Ergebnissen", „Ablehnung der Schulbuch-Lösung" und „Nachvollziehen der Rückmeldung mit Bezug zur Schulbuch-Lösung" kategorisiert werden konnten. Dies hat zur Folge, dass die *Instrumentalisierung* „Verifikation des eingegeben Ergebnisses" des Strukturelements *Ergebnis überprüfen* diese drei *Instrumentierungen* ermöglicht.

9.2.3.5 Zusammenfassung

In diesem empirischen Beispiel der Nutzung des digitalen Schulbuchs (Strukturelemente *Zuordnungsaufgabe, Ergebnis überprüfen*) lag der Fokus auf der Verwendung des Strukturelements *Ergebnis überprüfen* im Rahmen der Bearbeitung einer *Zuordnungsaufgabe* innerhalb eines sozialen Kontextes. Das bedeutet, dass die Lernenden – anders als die beiden empirischen Beispiele 9.2.1 und 9.2.2– vor der Verwendung der Überprüfungsfunktion bereits über ihre Lösungen gesprochen hatten und nach der Rückmeldung durch das digitale Schulbuch sowohl ihre Lösung als auch die Schulbuchlösung reflektieren. Dabei hat sich gezeigt, dass die Lernenden vor der Verwendung des Strukturelements *Ergebnis über-prüfen* insbesondere mathematikbezogene Argumente austauschten, während sie sich nach der Ergebnisüberprüfung durch das digitale Schulbuch gleichermaßen auf das Schulbuch als auch auf die Mathematik bezogen. Dieser Aushandlungs-prozess zwischen den individuellen (mathematischen) Argumentationsstrukturen und der Schulbuchlösung konnte mithilfe der *semiotischen Vermittlung* evident und anhand der *Drehpunktzeichen* verdeutlicht werden; der konkrete Bezug auf die mathematikbezogenen Argumente vor der Ergebnisüberprüfung wurde anhand der *Mathematikzeichen* expliziert. Die Analyse der Schülerbearbeitung und -diskussion mithilfe der *semiotischen Vermittlung* hat demnach gezeigt, dass die Zeichen, die die Lernenden vor und nach der Verwendung des Strukturelements *Ergebnis überprüfen* produzieren, unterschiedlicher Gerichtetheit sind.

Anknüpfend an diese Erkenntnis wurde in einem zweiten Schritt die Ver-wendung des Strukturelements *Ergebnis überprüfen* aus einer konstruktivisti-schen Perspektive mithilfe der *instrumentellen Genese* beschrieben, um den Verwendungszweck und die Art und Weise der Verwendung durch die *Instru-mentalisierung* und *Instrumentierung* zu veranschaulichen. Dabei konnte die Verwendung der Ergebnisüberprüfung dem Verwendungszweck „Verifikation des eingegebenen Ergebnisses" zugeordnet werden und knüpft somit an die in den empirischen Beispielen 9.2.1 und 9.2.2 beschriebene Funktionszuschreibung an. Des Weiteren konnten die Argumentationen der Schülerin und Schüler den *Instru-mentierungen* „Ablehnung der Schulbuch-Lösung", „Abgleich von richtigen bzw. falschen Ergebnissen" und „Nachvollziehen der Rückmeldung mit Bezug zur Schulbuch-Lösung" zugeordnet werden, sodass sich auch in der Art und Weise der Verwendung des Strukturelements *Ergebnis überprüfen* an die Ergebnisse der *Instrumentierungen* der Beispiele 9.2.1 und 9.2.2 anknüpfen lässt. Insgesamt zeigt sich damit, dass sowohl die *Instrumentalisierung* als auch die *Instrumentierung* zum Strukturelement *Ergebnis überprüfen* im sozialen Diskurs im gleichen Maße beschrieben werden können.

Zusammenfassend trägt dieses Beispiel zur Beantwortung der zweiten For-schungsfrage „Welche Strukturelemente verwenden Schülerinnen und Schüler beim Umgang mit einem digitalen Schulbuch und zu welchen Zwecken?" Folgendes bei:

- Das Strukturelement *Ergebnis überprüfen* wird zur „Verifikation des eingege-ben Ergebnisses" verwendet.

Für die Beantwortung der dritten Forschungsfrage „Welche Verwendungsweisen lassen sich bei der Nutzung von verschiedenen Strukturelementen während der

Arbeit mit einem digitalen Mathematikschulbuch bei Schülerinnen und Schülern identifizieren?" können die folgenden Schlussfolgerungen getroffen werden:

- Die Lernenden nutzen die Überprüfungsfunktion, indem sie ihre Ergebnisse mit der Schulbuchlösung abgleichen. (*Instrumentierung* „Abgleich von richtigen bzw. falschen Ergebnissen")
- Die Lernenden lehnen mehrfach die vom Schulbuch angezeigte Überprüfung ab. (*Instrumentierung* „Ablehnen der Schulbuch-Lösung")
- Darüber hinaus versuchen die Lernenden, die Rückmeldung vom Schulbuch nachzuvollziehen, und hinterfragen die Argumentationsstruktur der Schulbuchlösung. (*Instrumentierung* „Nachvollziehen der Rückmeldung mit Bezug zur Schulbuch-Lösung")

Im folgenden Abschnitt werden die Ergebnisse aus den Abschnitten 9.2.1–9.2.3 zusammenfassend dargestellt.

9.2.4 Synthese der empirischen Beispiele

Die Abschnitte 9.2.1, 9.2.2 und 9.2.3 stellten jeweils Schülernutzungen von Lösungselementen (*Ergebnis überprüfen, Lösung*) als Teil von digitalen Mathematikschulbüchern dar. Dabei wurden die Strukturelementtypen *Ergebnis überprüfen* und *Lösung* während oder nach einer Aufgabenbearbeitung verwendet. Bei den Aufgabentypen handelte es sich um zwei *Rechenaufgaben* (vgl. Abschnitt 9.2.1 und 9.2.2) und eine *Zuordnungsaufgabe* (vgl. Abschnitt 9.2.3), die die Schülerinnen und Schüler in Einzelarbeit bzw. Partnerarbeit bearbeiteten. Nach der Vorstellung der inhaltlichen (mathematischen) Aspekte (vgl. Abschnitt 9.2.1.1, 9.2.2.1 und 9.2.3.1) wurden die Schülerbearbeitungen beschrieben (vgl. Abschnitt 9.2.1.2, 9.2.2.2 und 9.2.3.2). Im Anschluss daran wurden die Aufgabenbearbeitungen im Rahmen der *semiotischen Vermittlung* analysiert (vgl. Abschnitte 9.2.1.3, 9.2.2.3 und 9.2.3.3), was eine Untersuchung der Zeichen, die von den Lernenden hinsichtlich ihrer Gerichtetheit auf das Schulbuch (*Artefaktzeichen*), die Mathematik (*Mathematikzeichen*) oder auf den Aushandlungsprozess zwischen diesen beiden Polen (*Drehpunktzeichen*) produziert wurden, ermöglichte. Dabei konnten die folgenden Zeichenproduktionen seitens der Lernenden herausgearbeitet werden:

Die Schülerinnen und Schüler bezogen sich in der Aufgabenbearbeitung konkret auf das Schulbuch und auf die Mathematik, weshalb sowohl *Artefakt-* und *Mathematikzeichen* als auch *Drehpunktzeichen* in der Rekonstruktion der

Bearbeitungsprozesse durch die Zeichenanalyse sichtbar wurden. Dabei wurden Äußerungen oder Handlungen, die sich explizit auf das Schulbuch bzw. auf Strukturelemente bezogen, als *Artefaktzeichen* gedeutet. Diese traten insbesondere in der expliziten Aufgabenbearbeitung auf, z. B. bei der Eingabe von Ergebnissen, Verwendung der Überprüfungsfunktion, beim Scrollen im Schulbuch oder bei direkten Verweisen auf Inhalte im Schulbuch. *Artefaktzeichen* definieren sich somit insbesondere durch ihren expliziten Bezug zum Artefakt ‚Schulbuch‘ bzw. zu den einzelnen Strukturelementen und explizieren dadurch eine strukturelementbezogene Nutzung losgelöst von einer mathematischen Perspektive.

Im Gegensatz dazu konnten Äußerungen der Lernenden, die sich explizit auf einen mathematischen Inhalt bezogen und keinen konkreten Bezug zum Schulbuch deutlichen machten, als *Mathematikzeichen* beschrieben werden. Beispiele für *Mathematikzeichen* charakterisieren Begründungen zu einem mathematischen Sachverhalt, Hypothesen am Anfang der Bearbeitung oder auch Zusammenfassungen am Ende, die den mathematischen Sachverhalt darstellen. Demnach wurde deutlich, dass die *Mathematikzeichen* sowohl am Anfang als auch am Ende der Aufgabenbearbeitung auftreten können und somit nicht das Resultat bzw. Ziel einer Aufgabenbearbeitung kennzeichnen müssen, sondern als generelles Ziel der *semiotischen Vermittlung* verstanden werden (vgl. Bartollini Bussi & Mariotti, 2008, S. 757). Die Lernenden verbalisieren in allen drei empirischen Beispielen mathematische Entdeckungen ohne einen konkreten Bezug zum Schulbuch, sodass dadurch auf die artefaktunabhängige Deduktion mathematischen Wissens geschlossen werden kann. Damit ist gemeint, dass die Lernenden mathematische Inhalte beschreiben, ohne sich dabei auf Inhalte im Schulbuch zu beziehen, weshalb der mathematische Sachverhalt unabhängig vom Schulbuch betrachtet wird.

Äußerungen der Schülerinnen und Schüler, die sowohl einen Bezug zum Schulbuch als auch zur Mathematik referieren, wurden durch die Kategorisierung als *Drehpunktzeichen* verdeutlicht. Dabei wurden die *Drehpunktzeichen* in den semiotischen Analysen im Laufe eines Aushandlungsprozesses der Lernenden beschrieben. Diese Aushandlungsprozesse resultierten durch eine Nutzung des Strukturelementtyps *Ergebnis überprüfen* und somit durch eine artefaktbezogene Nutzung, manifestierten sich jedoch durch ihren mathematischen Bezug. Das bedeutet, dass die Lernenden aufgrund der Verwendung des Strukturelements *Ergebnis überprüfen* in einen Aushandlungsprozess zwischen der Schulbuch-Rückmeldung und ihren eigenen mathematischen Argumentationsstrukturen gelangten.

Diese Aushandlungsprozesse wurden im weiteren Verlauf mit der Theorie der *instrumentellen Genese* betrachtet (vgl. Abschnitt 9.2.1.4, 9.2.2.4 und 9.2.3.4), wodurch das Nutzungsziel und die Art und Weise der Verwendung des Strukturelementtyps *Ergebnis überprüfen* anhand der beiden Prozesse der *Instrumentalisierung* und *Instrumentierung* konkretisiert werden konnten. Allen Beispielen ist gemein, dass das Strukturelement *Ergebnis überprüfen* zur „Verifikation des eingegebenen Ergebnisses" verwendet wird, jedoch zeigen sich unterschiedliche Verwendungsweisen im Zusammenhang dieses Strukturelements. Diese konnten anhand der Aussagen der Schülerinnen und Schüler in insgesamt vier Kategorien eingeteilt werden (vgl. Tabelle 9.7).

Tabelle 9.7 Instrumentierungen des Strukturelements „Ergebnis überprüfen"

Ablehnung der Schulbuch-Lösung
Abgleich von richtigen bzw. falschen Ergebnissen
Nachvollziehen der Rückmeldung mit Bezug zur eigenen Lösung
Nachvollziehen der Rückmeldung mit Bezug zur Schulbuch-Lösung

Die Kategorisierung mithilfe der *instrumentellen Genese* im Zusammenhang mit der *semiotischen Vermittlung* macht deutlich, dass das Artefakt Schulbuch innerhalb des Aushandlungsprozesses (dargestellt durch die *Drehpunktzeichen*) und somit aufgrund der Verwendung durch die Lernenden als ein Instrument zum Mathematiklernen gesehen werden kann. Dies gilt gleichermaßen für die Bearbeitung in Einzelphasen sowie in Kleingruppen bzw. in sozialen Diskursen mit Mitschülerinnen sowie im direkten Gespräch mit dem Interviewer.

Diese empirischen Beispiele stehen exemplarisch für die Verwendung des Strukturelements *Ergebnis überprüfen*. Die Möglichkeit, Ergebnisse durch das digitale Schulbuch überprüfen zu lassen, stellt im Schulbuchkontext ein Novum dar, weshalb die Art und Weise der Verwendung und die Funktionszuschreibung seitens der Lernenden durch die hier beschriebenen Beispiele und durch die Analyse aus semiotischer und konstruktivistischer Sicht das Forschungsfeld zu Mathematikschulbüchern aus mathematikdidaktischer Perspektive beleuchtet. Die zweite Forschungsfrage („Welche Strukturelemente verwenden Schülerinnen und Schüler beim Umgang mit einem digitalen Schulbuch und zu welchen Zwecken?") kann somit folgenderweise beantwortet werden: Die Schülerinnen und Schüler verwenden das Strukturelement *Ergebnis überprüfen* zur „Verifikation des eingegebenen Ergebnisses". Dies geschieht durch die in

Tabelle 9.7 beschriebenen Verwendungsweisen (*Instrumentierungen*) und trägt damit zur Beantwortung der dritten Forschungsfrage („Welche Verwendungsweisen lassen sich bei der Nutzung von verschiedenen Strukturelementen während der Arbeit mit einem digitalen Mathematikschulbuch bei Schülerinnen und Schülern identifizieren?") bei.

9.3   Umgang mit digitalen Strukturelementen

Die obigen Beispiele 9.2.1, 9.2.2 und 9.2.3 exemplifizierten die Verwendung des Lösungselementes *Ergebnis überprüfen* von Lernenden zu einem bestimmten Zweck („Verifikation des eingegebenen Ergebnisses") und veranschaulichten den Umgang mit diesem Strukturelementtyp auf vier verschiedene Nutzungsweisen (vgl.

Tabelle 9.7). Die Möglichkeit, Eingaben direkt durch das digitale Schulbuch überprüfen zu lassen, stellt aufgrund der technologischen Gegebenheiten eine Neuerung im Schulbuchkontext dar. Darüber hinaus werden den Lernenden in den Lerneinheiten aber auch weitere Strukturelementtypen zur Verfügung gestellt, die bei gedruckten Mathematikschulbüchern aufgrund der analogen Disposition nicht möglich waren (vgl. Kapitel 3 und Abschnitt 6.3). Dazu zählen unter anderem die digitalisierten Aufgabenformate *Zuordnungsaufgabe, Notizaufgabe* und *Rechenaufgabe*, aber insbesondere auch die digitalen Strukturelementtypen *Exploration, Visualisierung, Video* und *interaktive Aufgabe* (vgl. Abschnitt 6.3.1.3).

Im Rahmen der empirischen Untersuchung der Schulbuchnutzung werden daher in den folgenden Beispielen 9.3.1, 9.3.2 und 9.3.3 die Nutzungen ebendieser Strukturelementtypen fokussiert. Die ersten beiden empirischen Beispiele 9.3.1 und 9.3.2 demonstrieren Einzelbearbeitungen der Strukturelementtypen *Exploration* und *interaktive Aufgabe* des Schülers Jan und den Diskurs des Schülers mit dem Interviewer. Beispiel 9.3.3 beschreibt die Verwendung einer *Exploration* des Schülers Kai und die Diskussion mit dem Interviewer. An den drei exemplarischen Schulbuchnutzungen wird deutlich werden, dass durch die digitale Natur und den explorativen Charakter dieser Strukturelementtypen zum einen neue Lösungsansätze bei dem Lernenden entstehen (vgl. Abschnitt 9.3.1) bzw. zum anderen ein bewusster Umgang mit Einstellungsmöglichkeiten deutlich wird (vgl. Abschnitt 9.3.2). Darüber hinaus wird das Strukturelement *Exploration* durch den Lernenden als Lernhilfe beschrieben (vgl. Abschnitt 9.3.3), was aufgrund von dynamischen Verwendungsmöglichkeiten konstatiert wird.

Im ersten empirischen Beispiel (vgl. Abschnitt 9.3.1) wird eine Aushandlung des mathematischen Inhalts aufgrund der dynamischen Natur der Strukturelemente durch die Analyse der Bearbeitungsprozesse mithilfe der *semiotischen Vermittlung* deutlich werden. Dieser Aushandlungsprozess zeigt sich explizit durch eine Prävalenz der *Drehpunktzeichen*, die sich in den Aussagen des Schülers zeigen und sich sowohl auf das Schulbuch als auch auf die Mathematik beziehen. Im Gegensatz dazu zeigt sich durch die Analyse der zweiten Schülerbearbeitung in Abschnitt 9.3.2 mithilfe der *semiotischen Vermittlung*, dass der Schüler aufgrund der Einstellungsmöglichkeiten größtenteils auf einer strukturelementbezogenen Ebene argumentiert. Es zeigen sich im Gegensatz zum ersten Beispiel in Abschnitt 9.3.1 keine neuen Lösungsansätze, die sich durch die digitale Natur des Strukturelements ergeben; jedoch wird durch die strukturelementbezogene Argumentation des Schülers sichtbar, dass Rückmeldungen durch das digitale Schulbuch an den Lernenden Auswirkungen auf die Verwendung der Einstellungsmöglichkeiten durch den Lernenden haben können. Auch dies stellt somit ein Novum im Schulbuchkontext dar, da es Lernenden bisher nicht möglich war, Aufgaben individuell anzupassen und zu generieren. Im letzten Beispiel in Abschnitt 9.3.3 zeigen sich konkrete Verwendungen des Strukturelements sowie inhaltsbezogene Funktionszuschreibungen durch den Lernenden, sodass eine Kategorisierung dieser Aussagen als *Drehpunktzeichen* die wechselseitige Deutung von Schulbuchinhalten und mathematischen Aussagen expliziert.

In einem zweiten Schritt werden die durch die *semiotische Analyse* herausgearbeiteten Zeichenanalysen im Rahmen der *instrumentellen Genese* unter den Blickwinkeln der *Instrumentalisierung* und *Instrumentierung* beschrieben, was die Nutzungen der Strukturelemente einerseits zu einem gewissen Zweck und andererseits in Hinblick auf explizite Nutzungsweisen näher beleuchtet wird. Dadurch wird sich zeigen, dass die Nutzungszwecke digitaler Strukturelemente zwei neue *Instrumentalisierungen* „Verifikation des eingegebenen Ergebnisses" und „Generierung von Aufgaben" kategorisieren und sich insbesondere erst durch die technologische Natur des digitalen Schulbuchs ergeben. Zusätzlich wird sich im Rahmen der *Instrumentierungen* zeigen, dass die Lernenden durch die dynamische Möglichkeit direkte Veränderungen am jeweiligen Strukturelement durchführen (z. B. Verschieben eine Punkts innerhalb der *Exploration* oder das Einstellen von Funktionen durch Schieberegler in der *interaktiven Aufgabe*) und dadurch den dargestellten Inhalt deuten, wodurch die wechselseitige Beeinflussung zwischen Schulbuch und Nutzerin bzw. Nutzer sichtbar wird. Die konkreten Handlungen an den jeweiligen digitalen Strukturelementen beschreiben – im Gegensatz zu Nutzungen gedruckter Schulbücher – neue *Instrumentierungen* digitaler Schulbücher, da das Umsetzen von Veränderungen innerhalb des Schulbuchs erst mit dem Einzug technologischer Möglichkeiten gegeben ist. Die *Instrumentierungen* in diesen Schülernutzungen ergeben sich demnach insbesondere in der expliziten Verwendung der Strukturelemente und können folgendermaßen formuliert werden:

- explorativ-dynamische Konstruktion
- systematisch-dynamische Konstruktion
- Verändern von Einstellungen

An dieser Stelle sei zu erwähnen, dass die genannten *Instrumentierungen* alle im Rahmen einer Aufgabenbearbeitung entstehen und daher unter einer *Instrumentalisierung* „Bearbeiten von Aufgaben" gedeutet werden könnten. Allerdings wird im Rahmen dieser Untersuchung das Ziel verfolgt, die Verwendung einzelner (neuartiger) Strukturelemente zu beschreiben, sodass die Bearbeitung einzelner Strukturelemente (und Aufgaben) durch den Interviewer initiiert wird. Aus diesem Grund können die oben genannten *Instrumentalisierungen* als Nutzungsziele innerhalb der *Instrumentalisierung* „Bearbeiten von Aufgaben" verstanden werden, bieten aber durch die differenzierte Beschreibung des Nutzungsziels und der Verwendungsweise einen detaillierten Einblick in die Aufgabenbearbeitung.

Im Folgenden werden die Aufgaben und Schülernutzungen zuerst inhaltlich im Detail vorgestellt, bevor die Analysen durchgeführt werden.

9.3.1   Entstehung neuer Lösungsansätze

In dieser Schulbuchbearbeitung wird deutlich werden, dass Schüler Jan aufgrund der digitalen Natur des Strukturelements *Exploration* und dessen Verwendung zu neuen mathematischen Hypothesen gelangt, die in der vorherigen Bearbeitung des statischen Strukturelements nicht aufgestellt wurden. Durch die dynamische Verwendungsweise entstehen somit neue Lösungsansätze bei dem Lernenden.

9.3.1.1 Vorstellung der Aufgabe

Die Aufgabe „Gleich große Rechtecke" wird durch ein Strukturelement der Kategorie *Exploration* dargestellt und im Zusatzmaterial zur Lerneinheit „Flächeninhalt von Rechteck und Quadrat" zum Kapitel „Flächeninhalt und Umfang" zur Verfügung gestellt (vgl. Abschnitte 6.3.1.3 und 6.3.2). In der Aufgabe soll der Punkt A verschoben werden, sodass das grüne und orange Rechteck den gleichen Flächeninhalt besitzen[2]. Die Aufgabenstellung lautet folgendermaßen:

---

[2] In den Abbildungen Abbildung 9.19 – Abbildung 9.26, Abbildung 9.28 und Abbildung Abbildung 9.30 handelt es sich bei dem oben links angezeigten Rechteck um das grüne Rechteck; das unten rechts abgebildete Rechteckt stellt jeweils das orange Rechteck dar.

Die beiden Rechtecke haben einen gemeinsamen Punkt, der sich innerhalb des vorgegebenen Rasters bewegen kann. Alle anderen Punkte sind fixiert. Angezeigt werden
die Seitenlängen der Rechtecke.

Bewegt sich der gemeinsame Punkt, ändern sich auch die Seitenlängen der Rechtecke. Diese entsprechen jeweils ganzen Zahlen. Gibt es Positionen des gemeinsamen
Punkts, bei denen die Flächeninhalte der beiden Rechtecke gleich groß sind?

Falls du die Aufgaben ohne Hilfe lösen kannst – super! Ansonsten findest du hier
ein GeoGebra-Applet, das zu der obigen Abbildung gehört. Versuche, experimentell
die Punkte zu finden, bei denen die Flächeninhalte gleich groß werden. Kannst du
systematisch vorgehen? (vgl. Hornisch et al., 2017)

Oberhalb des Aufgabentextes wird den Schülerinnen und Schülern ein statisches
Bild angezeigt (vgl. Abbildung 9.19), unterhalb des Aufgabentextes befindet
sich das in der Aufgabenstellung beschriebene GeoGebra-Applet (vgl. Abbildung 9.20), sodass die Aufgabe insgesamt dem Strukturelementtyp *Exploration*
zugeordnet wird.

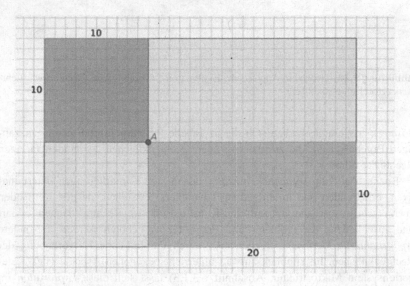

Abbildung 9.19 Statische Abbildung zur Exploration „Gleich große Rechtecke", Lehrwerk (Hornisch et al., 2017)

Bei der Aufgabe findet sich keine Möglichkeit einer Lösungsüberprüfung (Strukturelementtypen *Ergebnis überprüfen*, *Lösungsweg/Lösungsvorschlag*,

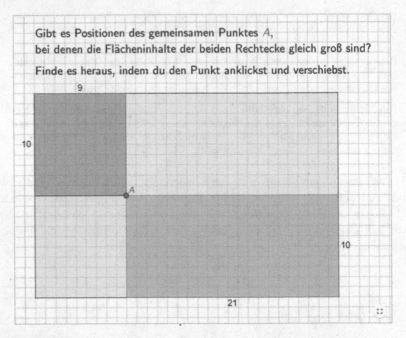

Abbildung 9.20 GeoGebra-Applet zur Exploration „Gleich große Rechtecke", Lehrwerk (Hornisch et al., 2017)

Lösung). Insgesamt ergeben sich die in Tabelle 9.8 aufgeführten neun ganzzahligen Ergebnispaare, die zu gleich großen Rechteckflächen der beiden farbigen Rechtecke führen.

Bezogen auf die *sprachlichen Mittel* lassen sich Formulierungen determinativen, erklärenden und interrogativen Charakters feststellen, da den Lernenden zuerst schrittweise die dynamische Konstruktion der Rechteckflächen erklärt und anschließend die Problem- und Fragestellung geboten werden. Besondere *typographische Merkmale* ergeben sich durch die farbliche Hervorhebung der Rechteckflächen. Im Hinblick auf die unterrichtsbezogenen Aspekte (vgl. Kategoriensystem Mikrostruktur, Abschnitt 6.3.1.3) lässt sich diese *Exploration* im Merkmal *inhaltliche Aspekte* dem Bereich *Erkunden* zuordnen, da der Zusammenhang zwischen den Rechteckflächen und der Platzierung des Punkts A zu einer funktionalen Betrachtung der Situation (geleitet durch die Lehrkraft) führen kann. Zudem handelt es sich um eine Problemstellung, bei der Positionen des Punkts A überhaupt ausfindig gemacht werden sollen, an denen die Flächeninhalte gleich

Tabelle 9.8 Ergebnisse der Rechteckflächen

Flächeninhalt Rechteck orange	Flächeninhalt Rechteck grün
$27 \times 2 = 54$	$3 \times 18 = 54$
$24 \times 4 = 96$	$6 \times 16 = 96$
$21 \times 6 = 126$	$9 \times 14 = 126$
$18 \times 8 = 144$	$12 \times 12 = 144$
$15 \times 10 = 150$	$15 \times 10 = 150$
$12 \times 12 = 144$	$18 \times 8 = 144$
$9 \times 14 = 126$	$21 \times 6 = 126$
$6 \times 16 = 96$	$24 \times 4 = 96$
$3 \times 18 = 54$	$27 \times 2 = 54$

groß sind, sodass auch hier von einem explorativen Zugang gesprochen werden kann. Darüber hinaus lässt sich diese *Exploration* aber auch dem Bereich *Ordnen* zuordnen, da bereits vorhandenes Wissen (Flächeninhaltsberechnung von Rechteck und Quadrat) auf die Problemsituation übertragen und somit in einem neuen Problemkontext nachhaltig aufgebaut werden kann. Die Bearbeitung der *Exploration* kann sowohl in Einzel- als auch in Partner- oder Gruppenarbeit geschehen, wenngleich die *sprachlichen Mittel* eine Einzelarbeit nahelegen.

Der inhaltliche mathematische Gegenstand der Lerneinheit thematisiert den Flächeninhalt von Rechtecken und Quadraten, der in dieser *Exploration* auf der einen Seite durch Abzählen der Kästchen bestimmt oder durch die Multiplikation der angezeigten Seitenlängen berechnet werden kann. Demnach werden durch diese *Exploration* die Leitideen des Messens und die in Abschnitt 7.1 beschriebenen Aspekte des Messen-durch-Auslegen-und-Zählen und Messen-als-Berechnen angesprochen. Als prozessbezogene Kompetenzen stehen aufgrund der Dynamisierung die Kompetenzen Werkzeuge sowie Problemlösen (durch die gegebene Problemsituation) im Vordergrund.

Im folgenden Abschnitt wird nun die Bearbeitung der Aufgabe des Schülers Jan vorgestellt.

9.3.1.2 Vorstellung des Transkripts

Der Schüler Jan bearbeitet die Aufgabe „Gleich große Rechtecke" nach der Aufforderung des Interviewers, die Aufgabe durchzulesen. Nach einer ungefähr einmütigen Ruhephase fragt der Interviewer, ob Jan bereits überlegt (vgl. Tabelle 9.9, Turn 1), woraufhin Jan die Fragestellung laut vorliest (vgl. Tabelle 9.9, Turn 2).

Im Anschluss daran ergibt sich zuerst ein technisches Problem mit der Darstellung des Schulbuchinhaltes auf dem iPad (vgl. Tabelle 9.9, Turn 3–5) gefolgt von einer Diskussion über die Aufgabenstellung bzw. einer Klärung der zu betrachtenden Rechtecke (vgl. Tabelle 9.9, Turn 6–31). Nachfolgend äußert Jan eine erste Lösung (10 × 15), die durch die bisherigen Überlegungen durch gedankliches Verschieben des gemeinsamen Punkts *A* entstanden ist (vgl. Tabelle 9.9, Turn 32–44).

Auf Nachfrage des Interviewers, ob es noch weitere Möglichkeiten für die Lage des Punkts *A* gibt, sodass die Flächeninhalte der beiden Rechtecke gleich groß sind, antwortet Jan, dass er keine weiteren mehr findet (vgl. Tabelle 9.9, Turn 46). Infolgedessen wird Jan durch den Interviewer darauf hingewiesen, die Aufgabenstellung komplett durchzulesen, sodass Jan danach erkennt, dass die Aufgabe eine dynamische Bearbeitung anhand der *Exploration* ermöglicht (vgl. Tabelle 9.9, Turn 47–51). Am Anfang der Aufgabenbearbeitung hat Jan somit nicht realisiert, dass der Punkt *A* auch anhand der dynamischen Visualisierung explorativ verschoben werden kann, weshalb er mit Bezug zu dem statischen Bild gezählt hat, wie viele Kästchen der gemeinsame Punkt *A* nach rechts verschoben werden muss, damit die Rechteckflächen den gleichen Flächeninhalt besitzen (vgl. Pohl & Schacht, 2019a, S. 42). Insgesamt kann die Aufgabe somit den Strukturelementtypen *statische Aufgabe* und *Exploration* zugeordnet werden.

Die bisherige Aufgabenbeschreibung thematisierte die Bearbeitung der *statischen Aufgabe*; die folgenden Beschreibungen fokussieren dagegen die Verwendung des Strukturelements *Exploration* im Rahmen der Bearbeitung der Aufgabe „Gleich große Rechtecke" und sollen die zentrale Aussage, dass durch digitale Strukturelemente neue Lösungsansätze bei den Lernenden entstehen können, vorbereiten.

Zuallererst verschiebt Jan in der *Exploration* den gemeinsamen Punkt *A*, sodass die farbigen Rechtecke die Seitenlängen 10 × 15 bzw. 15 × 10 besitzen (vgl. Abbildung 9.21), und erklärt auf Nachfrage des Interviewers, dass er seine vorherige Lösung hier nun noch mal überprüft hat (vgl. Tabelle 9.9, Turn 52–55).

Im Anschluss daran verschiebt Jan den gemeinsamen Punkt *A* in der *Exploration* horizontal und vertikal und konstruiert dadurch verschiedene Rechteckflächen mit unterschiedlichen Seitenlängen. Jan verschiebt im Laufe des Bearbeitungsprozesses den Punkt *A*, stellt immer wieder seine vorherige Lösung 10 × 15 ein und verschiebt von dieser Ausgangslage den Punkt *A* oder stellt das kleinstmögliche orange Rechteck bzw. das größtmögliche grüne Rechteck ein (vgl. Abbildung 9.22).

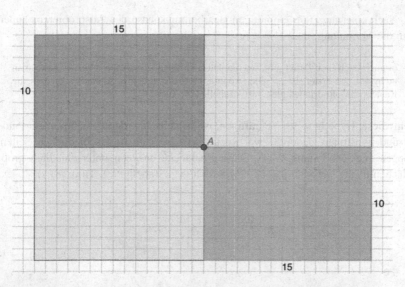

Abbildung 9.21 Schülerbearbeitung zur Lösung 10 × 15 in der Exploration (Hornisch et al., 2017)

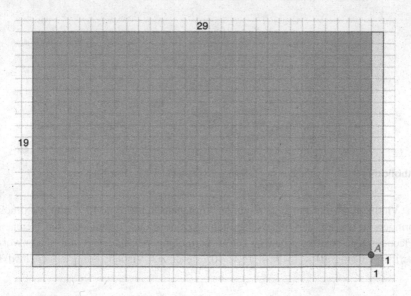

Abbildung 9.22 Bearbeitung von Schüler Jan (Hornisch et al., 2017)

Nach einer ungefähr einmütigen Bearbeitungsphase des Ausprobierens äußert Jan die Vermutung, dass

> es auch noch 'nen Punkt gibt, wo die halt nicht beide gleich aussehen (…), wo man nicht auf den ersten Blick sehen könnte, dass die gleich groß sind, aber dass die Kästchenanzahl drinnen gleich ist. (Tabelle 9.5, Turn 58)

Um diese Hypothese zu bekräftigen, verschiebt Jan den gemeinsamen Punkt *A* und konstruiert dadurch zwei Rechteckflächen mit unterschiedlichen Seitenlängen (vgl. Abbildung 9.23). Diese Rechtecke besitzen unterschiedlich große Flächeninhalte, was Jan jedoch bewusst ist (vgl. Tabelle 9.9, Turn 58).

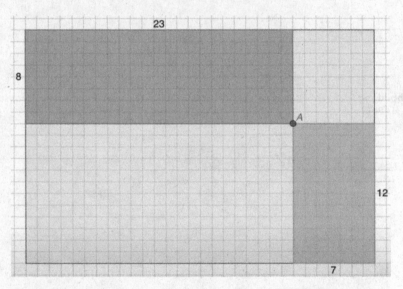

Abbildung 9.23 Hypothetisches Beispiel 1 von Schüler Jan (Hornisch et al., 2017)

Vielmehr scheint Jan jedoch mit der Vorgehensweise seine Idee zum Ausdruck bringen zu wollen, dass unterschiedliche Rechteckflächen dennoch den gleichen Flächeninhalt besitzen können. Diese Vermutung begründet er mit seiner vorherigen Lösung 10 × 15 bzw. 15 × 10, die er zur Visualisierung erneut in der

Exploration einstellt und sagt, dass man an diesen beiden Rechtecken den gleichen Flächeninhalt erkennt, da sie gleich aussehen (vgl. Tabelle 9.9, Turn 60). Im Anschluss daran wiederholt er seine Hypothese zum gleichen Flächeninhalt von unterschiedlichen Rechtecken, generiert dafür ein neues Beispiel (vgl. Abbildung 9.24) und erklärt, dass es Rechtecke geben könnte, bei denen „man dann nicht gleich erkennen kann, dass die gleich groß sind (…), aber die Kästchen halt gleich sind." (vgl. Tabelle 9.9, Turn 60–62).

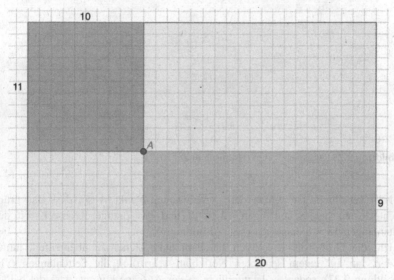

Abbildung 9.24 Hypothetisches Beispiel 2 von Schüler Jan (Hornisch et al., 2017)

Im Anschluss an diese Hypothese verschiebt Jan weiterhin den gemeinsamen Punkt *A* und kommt zu folgender Aussage: „Also fünf mal zwanzig wären gegangen, das wäre hundert. Und zehn mal zehn, aber das passt ja halt nicht." (Tabelle 9.2, Turn 64). Dieses arithmetisch korrekte Beispiel $5 \times 20 = 10 \times 10 = 100$ stellt Jan in der *Exploration* ein (vgl. Abbildung 9.25), jedoch erkennt er aufgrund des dargestellten grünen Rechtecks schnell, dass dieses nicht die Seitenlängen 10×10 besitzt, weshalb es nicht den gleichen Flächeninhalt wie das orange Rechteck aufweist.

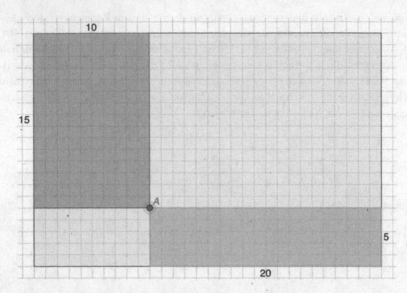

Abbildung 9.25 Beispiel 5 × 20 (Hornisch et al., 2017)

Nun verschiebt Jan erneut den gemeinsamen Punkt *A* so, dass das grüne Rechteck mit den Seitenlängen 12 × 12 und das orange Rechteck mit den Seitenlängen 18 × 8 entstehen (vgl. Abbildung 9.26).

Um die Größe der jeweiligen Flächeninhalte sicher zu überprüfen, multipliziert Jan auf einem separaten Notizblatt schriftlich die Seitenlängen (vgl. Abbildung 9.27), sodass er letztendlich zu der Aussage kommt, dass die beiden Rechtecke mit den Seitenlängen 12 × 12 und 18 × 8 den gleichen Flächeninhalt besitzen (vgl. Tabelle 9.9, Turn 64–68). Zudem erklärt Jan, dass er durch bloßen „raten" und „gucken" die beiden gleich großen Rechtecke gefunden hat (vgl. Tabelle 9.9, Turn 70).

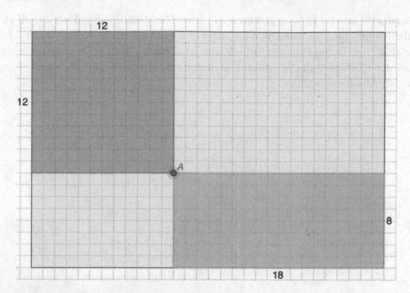

Abbildung 9.26 Richtige Lösung 12 × 12 und 18 × 8

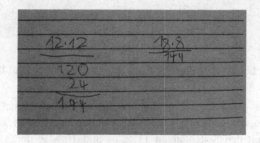

Abbildung 9.27 Schriftliche Multiplikation der Rechteckflächen

Im weiteren Verlauf findet Jan im Anschluss direkt eine zweite Lösung, die für ihn jedoch trivial erscheint, da nun das grüne Rechteck die Seitenlängen 18 × 8 besitzt und das orange Rechteck die Seitenlängen 12 × 12 (vgl. Tabelle 9.9, Turn 76). Nach einer weiteren Bearbeitungszeit von ungefähr 70 Sekunden, in der er in der *Exploration* den gemeinsamen Punkt *A* bewegt, glaubt der Schüler zuerst, eine weitere Lösung gefunden zu haben. Diese stellt sich jedoch schnell als falsch heraus und der Schüler erklärt, dass er auf die beiden hellgelben Rechtecke geschaut hat. Deren Flächeninhalte wären tatsächlich gleich groß gewesen; nicht aber der Flächeninhalt des grünen und orangen Rechtecks (vgl. Tabelle 9.9, Turn 76–80; Abbildung 9.28).

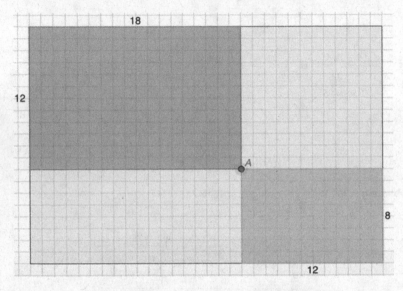

Abbildung 9.28 Lösung der hellgelben Rechtecke (Hornisch et al., 2017)

Im Anschluss daran verschiebt Jan in einem letzten Versuch, eine weitere Lösung zu finden, den gemeinsamen Punkt A in der *Exploration*. Dabei entstehen die Rechtecke mit den Seitenlängen 11 × 14 und 16 × 9, deren Flächeninhalte Jan erneut schriftlich auf dem separaten Notizblatt berechnet (vgl. Tabelle 9.9, Turn 82; Abbildung 9.29). Abbildung 9.30 zeigt die von Schüler Jan konstruierten Rechtecke mit den Seitenlängen 16 × 9 und 14 × 11. In der Bearbeitung, die insgesamt 85 Sekunden dauert, startet Jan beim kleinstmöglichen orangen Rechteck bzw. größtmöglichen grünen Rechteck und verschiebt den gemeinsamen Punkt A, bis es den Anschein hat, dass die beiden Rechtecke erneut den gleichen Flächeninhalt besitzen. Diese Vorgehensweise war letztendlich auch bei seiner ersten Lösung erfolgreich. Der Schüler kommt zu dem Ergebnis, dass die Rechtecke „fast [gleich groß] gewesen [wären]" (Tabelle 9.9, Turn 82) und erklärt auf Rückfrage des Interviewers, ob er nicht in der Nähe dieser beiden Rechtecke eine weitere Lösung findet (vgl. Tabelle 9.9, Turn 85), dass er dann wieder zu den Rechtecken 18 × 8 bzw. 12 × 12 gelangt (vgl. Tabelle 9.9, Turn 86).

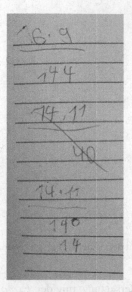

Abbildung 9.29 Schriftliche Multiplikation zu 16 × 9 und 14 × 11

In diesem Zusammenhang bestätigt der Schüler letztendlich, dass er nun keine weitere Lösung mehr findet, womit die Bearbeitung auch seitens des Interviewers als abgeschlossen betrachtet wird (vgl. Tabelle 9.9, Turn 86).

9.3.1.3 Semiotische Analyse

In der Beschreibung des Transkripts (vgl. Abschnitt 9.3.1.2) wurde bereits ausgeführt, dass der Schüler die Aufgabe am Anfang anhand des statischen Bildes bearbeitet (vgl. Tabelle 9.9, Turn 1–46) und erst nach Aufforderung des Interviewers die Möglichkeit zur dynamischen Bearbeitung entdeckt hat (vgl. Tabelle 9.9, Turn 47 f.). Das Forschungsanliegen dieser Arbeit zielt auf die Untersuchung der Verwendung ebendieser dynamischen Strukturelementtypen durch Schülerinnen und Schüler ab, sodass die semiotische Analyse im Rahmen dieses empirischen Beispiels die Bearbeitung der *Exploration* durch den Schüler Jan (vgl. Tabelle 9.9, Turn 49–86) fokussiert. Mithilfe der *semiotischen Vermittlung* werden auf der einen Seite somit die Zeichen des Schülers Jan vor dem Hintergrund ihrer Gerichtetheit (Schulbuch, Mathematik) evident, wodurch sich zeigen wird, dass Jans

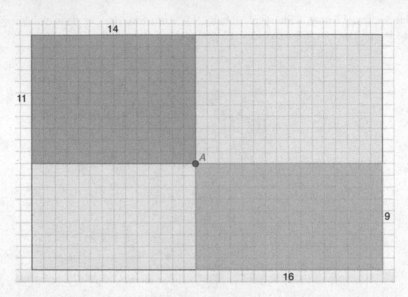

Abbildung 9.30   Rechtecke mit den Seitenlängen 16×9 und 14×11 (Hornisch et al., 2017)

Aussagen in der Auseinandersetzung mit der *Exploration* sowohl als *Artefakt-* als auch als *Drehpunkt-* und *Mathematikzeichen* kategorisiert werden können. In diesem Zusammenhang lassen sich durch die semiotische Analyse auf der anderen Seite Bearbeitungsprozesse identifizieren, die entweder aus der Aufgabenbearbeitung entstehen und in mathematischen Aussagen münden oder vice versa.

Vor dem Hintergrund der dritten Forschungsfrage („Welche Verwendungsweisen lassen sich bei der Nutzung von verschiedenen Strukturelementen während der Arbeit mit einem digitalen Mathematikschulbuch bei Schülerinnen und Schülern identifizieren?") kann aufgrund der Prävalenz ebendieser Zeichenkategorien in einem zweiten Analyseschritt im Rahmen der *instrumentellen Genese* (Abschnitt 9.3.1.4) deduziert werden, dass aufgrund des dynamischen Charakters des Strukturelementtyps *Exploration* – und somit durch die Nutzung des Schulbuchs – neue (mathematische) Lösungsansätze entstehen. Die in diesem Abschnitt vorgestellte Zeichenanalyse des Schülers Jan dient somit in erster Instanz der Rekonstruktion der verschiedenen Zeichen, die in der Arbeit mit dem Schulbuch von dem Schüler produziert werden, und zum anderen als Vorbereitung für die Einordnung der Zeichenanalyse in den Prozess der *Instrumentierung*. Als

Ergebnis der *semiotischen Analyse* wird sich herausstellen, dass die Aussagen des Schülers während des Bearbeitungsprozesses vorwiegend als *Drehpunktzeichen* gedeutet werden können und sich somit sowohl auf das Schulbuch als auch die Mathematik beziehen. Dies verdeutlicht, dass durch die dynamische Bearbeitung – und somit durch die Arbeit mit dem Schulbuch – mathematische Hypothesen aufgestellt und überprüft werden können, sodass sich ein mathematischer Bezug durch die Arbeit mit dem Strukturelement manifestiert. Darüber hinaus entwickeln sich durch ebendiese Auseinandersetzung mit dem Schulbuch mathematische Kenntnisse, die durch die Kategorisierung der *Mathematikzeichen* zum Tragen kommen.

In der ersten Phase der Bearbeitung (vgl. Tabelle 9.9, Turn 1–46) bezieht sich Jan ausschließlich auf das statische Bild der Rechteckflächen. Die Diskussion mit dem Interviewer handelt dabei insbesondere von bedienungsbezogenen Aspekten (vgl. Tabelle 9.9, Turn 2–4) bzw. von einer Klärung der Aufgabenstellung (vgl. Tabelle 9.9, Turn 23–31). Darüber hinaus wird in der Diskussion auch ein dynamisches Vorgehen seitens des Schülers beschrieben (vgl. Tabelle 9.9, Turn 12, 21–23), was sich anhand seiner Handbewegungen (vgl. Tabelle 9.9, Turn 12), die sich auf die statische Abbildung beziehen, oder Ausdrücken wie „verschieben" (vgl. Tabelle 9.9, Turn 21–23) zeigt. Auf der einen Seite können Handbewegungen dieser Art im Sinne der *semiotischen Vermittlung* als *Artefaktzeichen* gedeutet werden, da ein direkter Bezug zum Schulbuch sichtbar wird. Auf der anderen Seite beschreibt Jan aber im gleichen Zusammenhang seine (mathematische) Vorstellung, dass er Positionen des Punkts A sucht, an denen die Rechteckflächen den gleichen Inhalt besitzen, sodass Aussagen dieser Art in Kombination mit entsprechenden Handlungen als *Drehpunktzeichen* gedeutet werden können. Letztendlich findet Jan sogar eine korrekte Lösung zu der Problemstellung (vgl. Tabelle 9.9, Turn 32–44)[3]; allerdings gelingt es ihm nicht, weitere Lösungen durch diese Herangehensweise mit der statischen Abbildung zu entdecken (vgl. Tabelle 9.9, Turn 46), sodass er durch den Interviewer auf die dynamische Exploration aufmerksam gemacht wird (vgl. Tabelle 9.9, Turn 47–51). Der Interviewer agiert hier also im Sinne der *semiotischen Vermittlung* als Mediator (vgl. Abschnitt 4.3.3), da er den Schüler bei der Wissenskonstruktion durch die Artefaktnutzung leitet.

---

[3] Die Aussagen und Handlungen des Schülers, die sich auf die statische Abbildung beziehen, werden in Tabelle 9.5 nicht im Rahmen der *semiotischen Vermittlung* analysiert, da dieses Transkriptbeispiel zum einen die dynamische *Exploration* in den zentralen Blick nehmen soll und der Schüler zum anderen (auf inhaltlicher mathematischer Ebene) seine durch die statische Abbildung entdeckte Lösung später in der dynamischen *Exploration* überprüft, sodass die Nutzung des statischen Bildes in der dynamischen *Exploration* thematisiert werden kann.

Im folgenden Verlauf arbeitet Jan somit mit dem Strukturelement *Exploration* und verschiebt als erstes den Punkt *A* in die Position seiner zuvor in der statischen Abbildung entdeckten Lösung (vgl. Tabelle 9.9, Turn 52–54). Diese Handlung des Verschiebens wird im Rahmen der *semiotischen Vermittlung* als *Artefaktzeichen* gedeutet, da hier die Arbeit mit dem Strukturelement im Vordergrund steht.

Seine Aussage „Fünfzehn. So das ist bei beiden gleich." (vgl. Tabelle 9.9, Turn 52) wird hingegen als *Drehpunktzeichen* kategorisiert, da der Schüler durch das Verschieben des Punkts *A* nun von gleich großen Flächeninhalten der Rechtecke spricht und somit auf mathematischer Ebene argumentiert. Dennoch ist Jans Aussage nicht losgelöst von der eingestellten Position des Punkts *A* in der Darstellung zu betrachten und somit nicht unabhängig vom *Artefakt* Schulbuch, weshalb sich die Kategorisierung des *Drehpunktzeichens* anstatt eines *Mathematikzeichens* argumentieren lässt.

Insgesamt zeigt sich hier durch die Analyse im Rahmen der *semiotischen Vermittlung*, dass eine schulbuchbezogene Nutzung (*Artefaktzeichen*) zu einer mathematischen Deutung (*Drehpunktzeichen*) führen kann. Dieser erste Eindruck wird sich im Verlauf der Analyse in dem Sinne weiter verstärken, dass im Laufe der Aufgabenbearbeitung durch den Schüler auch vom Schulbuch losgelöste mathematische Aussagen geäußert werden und diese somit als *Mathematikzeichen* rekonstruiert werden können.

In der weiteren Bearbeitung verschiebt Jan den Punkt *A* vertikal und horizontal und äußert seine Entdeckung, dass „man (…) auch noch die (…) Tiefe verändern [kann]" (Tabelle 9.9, Turn 56). Diese Feststellung bezieht sich zum einen auf die dynamische *Exploration* im Schulbuch und wird insbesondere durch eine Handlung am *Artefakt*, also durch das dynamische Verschieben des Punkts *A*, bewirkt, sodass die tatsächlichen Handlungen, ergo das Verschieben des Punkts, als *Artefaktzeichen* gedeutet werden können. Auf der anderen Seite kann in der Aussage von Jan jedoch auch ein erster Bezug zur Mathematik verstanden werden in dem Sinne, dass er sich auf die Länge bzw. Breite der Rechteckflächen bezieht, weshalb seine Aussage insgesamt als *Drehpunktzeichen* gedeutet wird. Dies macht deutlich, dass sich Jan durch die Arbeit mit dem Strukturelement in einem Bearbeitungsprozess befindet, der ihn auf dem Weg zu einer mathematischen Lösung begleitet.

Nachdem Jan für etwa eine Minute mit der *Exploration* gearbeitet hat, äußert er die Hypothese, dass „es auch noch 'nen Punkt gibt, wo die halt nicht beide gleich aussehen" (Tabelle 9.9, Turn 58). Durch diese Aussage wird der Bezug zur Mathematik präziser – nämlich die Eigenschaft, dass unterschiedliche Seitenlängen gleiche Flächeninhalte besitzen können, –, die sich allerdings wiederholt erst durch die Auseinandersetzung mit der *Exploration* und somit durch die Arbeit

mit dem *Artefakt* herausbildet. Darüber hinaus spricht Jan explizit den gemeinsamen Punkt an und bezieht sich damit auf die Darstellung in der *Exploration*.
Aus diesem Grund wird diese Aussage im Rahmen der *semiotischen Vermittlung*
als *Drehpunktzeichen* kategorisiert.

Im Gegensatz dazu kann die Aussage des Schülers, dass „man nicht auf den
ersten Blick sehen könnte, dass die gleich groß sind, aber dass die Kästchenan-
zahl drinnen gleich ist" (Tabelle 9.9, Turn 58) als *Mathematikzeichen* kategorisiert
werden, da sich auf inhaltlicher Ebene eine tragfähige mathematische Erklärung für gleich große Flächeninhalte feststellen lässt (vgl. Abschnitt 7.1). Zwar
resultiert diese Aussage auch aus der Arbeit mit der *Exploration*, allerdings
argumentiert Jan auf Grundlage des mathematischen Hintergrunds, sodass eine
Kategorisierung als *Mathematikzeichen* sinnvoll erscheint.

Es zeigt sich somit ein Prozess von einer *artefaktbezogenen* Nutzung hin
zu einer *mathematisch* tragfähigen Aussage, der durch die Analyse mithilfe
der *semiotischen Vermittlung* und durch die Zeichendeutung (*Artefaktzeichen* →
Drehpunktzeichen → *Mathematikzeichen*) rekonstruiert werden konnte. Aufgrund
der dynamischen Natur des Strukturelements *Exploration* und der damit verbundenen Verwendung ebendieses Strukturelements (i. e. Verschieben des Punkts *A*)
konstruiert der Schüler verschiedene Rechteckflächen. Diese Auseinandersetzung
mit der *Exploration* führt schlussendlich zu seiner mathematischen Aussage.

Dieser Prozess der *artefaktbezogenen* Nutzung hin zu einer *mathematisch*
tragfähigen Aussage zeigt sich erneut in Turn 60 und Turn 62. Jan verschiebt
den gemeinsamen Punkt *A*, um verschiedene Rechtecke zu erzeugen (*Artefaktzeichen*), verbalisiert im Anschluss seine Vermutung (Tabelle 9.9, Turn 60:
„Ich glaub, dass das dann irgendwie sowas hier ehm sein wird"; *Drehpunktzeichen*) und argumentiert im Anschluss im Rahmen einer mathematisch tragfähigen
Erklärung (Tabelle 9.9, Turn 60–62: „wo man dann nicht gleich erkennen kann,
dass die gleich groß sind (...) aber die Kästchen halt gleich sind."; *Mathematikzeichen*). Diese Hypothese sieht Jan im weiteren Verlauf bestätigt, da er
eine weitere Lösung findet (vgl. Tabelle 9.9, Turn 64–68). Demnach lässt sich
aufgrund der *semiotischen Vermittlung* und der damit verbundenen Zeichenrefe-
renzanalysen verdeutlichen, dass Jan erst durch die Verwendung des dynamischen
Strukturelements zu der mathematischen Hypothese gelangt, sodass das Strukturelement *Exploration* bzw. der explorative Charakter des digitalen Elements
durch die aktive Verwendung Auswirkungen auf die Wissenskonstruktion des
Lernenden hat. Diese Aussage wird im Vergleich zu der anfänglichen Bearbeitung anhand der statischen Abbildung umso prägnanter, in der Jan zwar auch
eine (offensichtliche) Lösung gefunden hat, jedoch nicht zu der hier formulierten
mathematischen Aussage gekommen ist. Erst durch die dynamische Bearbeitung

ist es dem Schüler möglich, nicht-triviale Lösungen zu konstruieren, sodass dies eine Besonderheit eines digitalen Schulbuchs für die Mathematik darstellt.

Dass die Bearbeitung der *Exploration* nicht immer prozesshaft von einer *artefaktbezogenen* Nutzung zu einer *mathematisch* inhaltlichen Erklärung erfolgen muss, zeigt sich in der Anschlussdiskussion des Interviewers mit dem Schüler, deren Ausgangspunkt eine Äußerung von Jan während der ursprünglichen Aufgabenbearbeitung darstellt und vom Interviewer am Ende noch einmal thematisiert wird. In der Aufgabenbearbeitung verschiebt Jan den gemeinsamen Punkt und sagt: „Also fünf mal zwanzig wären gegangen, das wäre hundert. Und zehn mal zehn, aber das passt ja halt nicht." (Tabelle 9.9, Turn 64). Auf Nachfrage des Interviewers (vgl. Tabelle 9.9, Turn 93) erklärt Jan letztendlich, dass sowohl fünf mal zwanzig als auch zehn mal zehn 100 ergeben (vgl. Tabelle 9.9, Turn 100), aber es in der *Exploration* nicht möglich war, Rechtecke zu erzeugen, die diese Anzahl von Kästchen und gleichzeitig die entsprechenden Seitenlängen besitzen (vgl. Tabelle 9.9, Turn 94–98).

Im Rahmen einer Analyse mithilfe der *semiotischen Vermittlung* lassen sich diese Aussagen von Jan auf ihre Gerichtetheit (*Artefakt*, *Mathematik*) näher untersuchen. Dabei stellt sich heraus, dass Jan in seiner Lösungsstrategie von einem arithmetischen Hintergrund ausgeht, sodass seine Aussagen am Anfang aus diesem Grund als *Mathematikzeichen* gedeutet werden (vgl. Tabelle 9.9, Turn 64, 100). Im Gegensatz dazu können seine anschließenden Erklärungen als *Drehpunktzeichen* gedeutet werden, da Jan seine mathematische Lösungsstrategie anhand der *Exploration* und somit anhand des Schulbuchs erklärt (vgl. Tabelle 9.9, Turn 96–98). Jans explizite Veränderungen des gemeinsamen Punkts *A* können darüber hinaus als *Artefaktzeichen* kategorisiert werden (vgl. Tabelle 9.9, Turn 94) und symbolisieren demnach die explizite Nutzung des Strukturelements. Insgesamt zeigt sich durch die Analyse der Zeichen mithilfe der *semiotischen Vermittlung* der eben beschriebene Prozess, der von einer mathematischen Überlegung ausgeht und sich in der Verwendung der *Exploration* zeigt und somit nicht wie in der Transkriptanalyse zuvor auf eine *artefaktbezogene* Nutzung zurückgeht und in einer *mathematischen* Erklärung mündet. Beiden Bearbeitungsprozessen ist jedoch gemein, dass die Nutzung des Strukturelementes im Vordergrund steht und die in der Auseinandersetzung mit der *Exploration* entstehenden Aushandlungen zwischen Strukturelement und der Mathematik, ergo die *Drehpunktzeichen*. Beide Bearbeitungsprozesse werden in Abschnitt 9.3.1.4 im Rahmen der *instrumentellen Genese* näher reflektiert.

Bisher wurden lokale Transkriptstellen mithilfe der Analyse der *semiotischen Vermittlung* ausgewiesen, in denen der Schüler entweder aus einer *artefaktbezogenen* Nutzung heraus zu einer *mathematischen* Erklärung gelangt oder aufgrund einer *mathematischen* Hypothese die *Exploration* verwendet. Betrachtet man die Aufgabenbearbeitung auf einer globalen Ebene fällt auf, dass Jan am Anfang der Verwendung der *Exploration* zuerst seine Lösung, die er durch die Betrachtung des *statischen Bildes* gefunden hatte, einstellt (vgl. Tabelle 9.9, Turn 52) und im weiteren Verlauf von dieser richtigen Lösung (10 × 15) ausgeht (vgl. Abbildung 9.21) oder das kleinstmögliche bzw. größtmögliche Rechteck einstellt und von da aus versucht, weitere Lösungen zu konstruieren (vgl. Abbildung 9.22). Diese Verwendung der *Exploration* lässt sich nicht nur am Anfang der Bearbeitung feststellen (vgl. Abschnitt 9.3.1.2), sondern auch durchgehend im späteren Verlauf (vgl. Tabelle 9.9, Turn 60, 76, 80, 82). Da sich diese Handlungen des Schülers explizit auf die Konstruktion von Rechteckflächen in der *Exploration* beziehen, werden diese Nutzungen als *Artefaktzeichen* gedeutet.

Darüber hinaus zeigen sich in den anschließenden Aussagen des Schülers „da erkennt man ja. Da sehen die gleich aus." (Tabelle 9.9, Turn 60), „Ich hab' noch eins, glaub ich. (...) Acht, also beim orangenen acht zwölf beim grünen zwölf achtzehn" (Tabelle 9.9, Turn 76–78), „wollte ich dann die hellen Kästchen genauso groß machen wie die und dachte dann, die waren auch gleich groß." (Tabelle 9.9, Turn 80) und „Ja, das wär fast gewesen" (Tabelle 9.9, Turn 82) Bezüge sowohl zur *Exploration* („da erkennt man ja", „beim orangenen (...) beim grünen", „wollte ich dann die hellen Kästchen genauso groß machen", „das wäre fast was gewesen") als auch zur *Mathematik*, da Jan auf der Suche nach gleich großen Rechteckflächen ist und seine Lösungsansätze reflektiert, sodass diese Aussagen als *Drehpunktzeichen* gedeutet werden. Diese Lösungsansätze münden jedoch nicht in tragfähigen mathematischen Ergebnissen, sodass sich keine *Mathematikzeichen* identifizieren lassen. Allerdings zeigt sich hierbei durch die Zeichenanalyse im Rahmen der *semiotischen Vermittlung*, dass der Schüler im gesamten Bearbeitungsverlauf zwischen der Verwendung des Strukturelements *Exploration* (*Artefaktzeichen*) und der Deutung seiner Lösungsansätze (*Drehpunktzeichen*) hin- und herwechselt. Dadurch lässt sich auf einer globalen Bearbeitungsebene festhalten, dass sich durch die Prävalenz der *Drehpunktzeichen* in der Aufgabenbearbeitung ebenjener Lösungsfindungsprozess charakterisieren lässt, der sich zum einen auf die Aufgabe, i. e. die *Exploration*, und zum anderen auf eine mathematische Interpretation der angezeigten Rechteckflächen bezieht. Der Schüler deutet somit durchgehend die ihm angezeigten und von ihm konstruierten Rechteckflächen in der *Exploration* und befindet sich demnach in einem Aushandlungsprozess zwischen dem *Artefakt* und seinen mathematischen Kenntnissen.

Die vollständige Transkriptanalyse im Rahmen der *semiotischen Vermittlung* wird in Tabelle 9.9 dargestellt.

Tabelle 9.9 Semiotische Analyse, Entstehung neuer Lösungsansätze

Turn	Person	Inhalt
1	Interviewer	Bist du schon am Überlegen?
2	Jan	Ja, bei der Aufgabe [*liest den Aufgabentext vor*] „Gibt es Positionen des gemeinsamen Punkts, bei denen die Flächeninhalte der beiden Rechtecke" Die beiden Rechtecke sind doch [*versucht nach oben zu scrollen*] … Ich komm nicht hoch …
3	Interviewer	Schließ noch mal. Also aufs X. Geht das? Und jetzt klick noch mal da drauf. [*Jan lädt die Aufgabe erneut*] Geht's wieder?
4	Jan	Ja.
5	Interviewer	Okay.
6	Jan	Also ehm die beiden Rechtecke sind doch die [*zeigt mit dem Finger auf die Abbildung im Schulbuch*].
7	Interviewer	Die beiden markierten ja.
8	Jan	Also ich glaube ehm hier [*vergrößert die Abbildung im Schulbuch durch Heranzoomen mit den Fingern*] ehm … [*zählt die Kästchen und vergrößert durch Antippen - aus Versehen - die Abbildung erneut*]. Ach, da hab ich's ja. [*zählt erneut*].
9	Interviewer	Was machst du denn grade?
10	Jan	Ich glaub hier [*nimmt seinen Stift und tippt damit auf einen Punkt auf der Abbildung in dem Schulbuch*] …
11	Interviewer	Hmhm [*bejahend*].
12	Jan	Und zwar weil ehm damit die halt alle gleich groß sind, das wären dann ungefähr überall drei Quadrate mit zehn Punkten und wenn man das hier zehn Punkte nach da geht [*zeigt in der Abbildung einen Weg an, der mittig endet*], wär, wird das ja kleiner [*bewegt seine Hand senkrecht zum Boden nach links/rechts*] …
13	Interviewer	Aha.
14	Jan	Dann sind hier [*zeigt rechts von seiner Hand auf die Rechtecke*] zweimal Quadrate und hier sind noch zweimal Quadrate [*zeigt links von seiner Hand auf die Rechtecke*].
15	Interviewer	Aha.
16	Jan	So hat man dann sechs Quadrate. Dann ist es ja alles der gleiche Flächeninhalt.
17	Interviewer	Also du verschiebst den Punkt *A*. Hab' ich dich so richtig verstanden?
18	Jan	Hmhm [*bejahend*]. Das ist ja der … [*zeigt auf den Bildschirm, klickt danach auf das X zum Verkleinern des Bildes*]
19	Interviewer	Der blaue Punkt dann 'ne? Und wie viele …
20	Jan	Ja das ist der [*sucht im Text*] „gemeinsame Punkt".
21	Interviewer	Hmhm [*bejahend*]. Und wie viele Kästchen verschiebst du ihn denn?
22	Jan	Ich verschieb den ehm zehn Kästchen nach rechts. [*sechs Sekunden Pause*]
23	Interviewer	Und wie lang wären dann die Seitenlängen von den Quadra von den Rechtecken?
24	Jan	Zehn …

(Fortsetzung)

Tabelle 9.9 (Fortsetzung)

25	Interviewer	Beide zehn?
26	Jan	… Kästchen.
27	Interviewer	Von dem grünen und von dem ehm orangenen? Oder nur von dem orangenen?
28	Jan	Ach die beiden sind das [*zeigt abwechselnd auf das grüne und orange Rechtecke*].
29	Interviewer	Genau.
30	Jan	Und das? [*zeigt auf die beiden hellgelben kongruenten Rechtecke*]
31	Interviewer	Die eh sind genau so groß, aber ehm du sollst dich um die farblich markierten quasi kümmern.
32	Jan	Achso, nee dann fünf Punkte nach rechts.
33	Interviewer	Fünf Punkte nach rechts.
34	Jan	Genau. [drei Sekunden *Pause*]
35	Interviewer	So und wie lang sind die Seitenlängen dann jeweils?
36	Jan	Ehm … Fünfzehn.
37	Interviewer	Das wär …
38	Jan	Bei beiden.
39	Interviewer	… bei beiden. Und die andere?
40	Jan	Die Höhe?
41	Interviewer	Hmhm [*bejahend*].
42	Jan	Bleibt zehn.
43	Interviewer	Bleibt zehn. Also du hättest bei beiden fünfzehn und zehn, richtig?
44	Jan	Hmhm [*bejahend*].
45	Interviewer	Okay. Ja das wär einer. Gibt's denn noch mehr Punkte? [*Fünf Sekunden Pause*] Oder ist das das einzige Rechteck? [*Sechs Sekunden Pause*]
46	Jan	Also ich find keine mehr.
47	Interviewer = mediator	Hast du denn den Text komplett durchgelesen?
48	Jan	[*scrollt zum Text und liest etwas daraus vor*]: „Gibt es Positionen … " [*Acht Sekunden Pause*]
49	Interviewer	Ja, vielleicht liest du den Text erst mal ganz zu Ende durch, bevor du wieder nach oben gehst.
50	Jan	Hier kann man das auch machen [*entdeckt die Exploration*].
51	Interviewer = mediator	Aha. Vielleicht ist das doch ganz schön, das damit zu machen.
52	Jan	Ehm … [*verschiebt den Punkt A in der Exploration*] So … **Fünfzehn. So das ist bei beiden gleich.**
53	Interviewer	Hast du jetzt noch mal überprüft, was du eben gesagt hast? Fünfzehn und …
54	Jan	Ja.
55	Interviewer	Hmhm [*bejahend*].
56	Jan	Aber **man kann auch noch die** [*bewegt den Punkt A vertikal*] **ehm Tiefe verändern** … bei beiden nee … [*verschiebt den Punkt A nun vertikal und horizontal*].

(Fortsetzung)

Tabelle 9.9 (Fortsetzung)

57	Interviewer	Genau, also ich lass dich vielleicht erst mal zehn Minuten damit alleine. Und einen hast du ja schon gefunden, einen Punkt 'ne?
58	Jan	Ja. [*50 Sekunden Pause*] **Also ich glaube, dass es auch noch 'nen Punkt gibt, wo die halt nicht beide gleich aussehen.** Zum Beispiel, das ist wär jetzt falsch [*dreht das iPad zum Interviewer*], aber ehm würde ungefähr so aussehen, wo man nicht auf den ersten Blick sehen könnte, dass die gleich groß sind, aber dass die Kästchenanzahl drinnen gleich ist.
59	Interviewer	Hmhm [*bejahend*].
60	Jan	Hier bei [*leise*] fünfzehn [*verschiebt den Punkt A wieder auf seine bereits erklärte Einteilung*] ... **da erkennt man ja. Da sehen die gleich aus. Ich glaub, dass das dann irgendwie sowas hier** [*verschiebt den Punkt A, sodass sich zwei verschiedene Rechtecke ergeben*] **ehm sein wird,** wo man dann nicht gleich erkennen kann, dass die gleich groß sind ...
61	Interviewer	Hmhm [*bejahend*].
62	Jan	... aber die Kästchen halt gleich sind.
63	Interviewer	Ja, dann guck doch mal, ob du eins findest.
64	Jan	[*verschiebt den Punkt A und überlegt*] **Also fünf mal zwanzig wären gegangen, das wäre hundert. Und zehn mal zehn, aber das passt ja halt nicht.** [*verschiebt daraufhin weiter den Punkt A und multipliziert* 12×12 *und* 18×8 *schriftlich*] Ich hab eins.
65	Interviewer	Welches hast du noch?
66	Jan	Ehm ... **dass beim Grünen beide zwölf sind** ...
67	Interviewer	Hmhm [*bejahend*].
68	Jan	... **und beim Orangenen achtzehn und acht.**
69	Interviewer	Sehr schön, okay.
70	Jan	Ich hab einfach geraten, die sahen mir irgendwie fast gleich aus.
71	Interviewer	Hmhm [*bejahend*].
72	Jan	Und hab die dann ausgerechnet. Die waren beide dann 144.
73	Interviewer	Jetzt hast du gesagt, du hast geraten 'ne?
74	Jan	Ja. Weil das halt auch ein bisschen...
75	Interviewer	Findest du denn noch eins?
76	Jan	Ja, genau andersrum halt, hier zwölf zwölf da und ... [*verschiebt den gemeinsamen Punkt A, gelangt aber wieder zu der vorherigen Lösung, verschiebt dann weiter; Bearbeitungsdauer: 70 Sekunden*] **Ich hab' noch eins, glaub ich.**
77	Interviewer	Sehr schön. Welches?
78	Jan	**Acht, also beim orangenen acht zwölf beim grünen zwölf achtzehn.** Ne. Ne. Ne, ne. Oder? Ne, doch nicht [*verschiebt den Punkt A*].
79	Interviewer	Kannst du überprüfen, ob das stimmt? Du hast es ja schon gemerkt. Woran hast du das gemerkt?
80	Jan	Ne, das war das grüne. Ehm ne ich hab einfach so wie es eben war achtzehn acht, zwölf zwölf [*verschiebt den Punkt A wieder auf die vorherige richtige Lösung*] **wollte ich dann die hellen Kästchen genauso groß machen wie die und dachte dann, die waren auch gleich groß.** Ist aber...da ist halt das grüne größer.
81	Interviewer	Hmhm [*bejahend*]. Ja. Aber eins findest du bestimmt noch.

(Fortsetzung)

Tabelle 9.9 (Fortsetzung)

82	Jan	[_verschiebt den Punkt **A** erneut so, dass das kleinstmögliche orange und größtmögliche grüne Rechteck entsteht_ und _verschiebt von da aus weiter den Punkt **A**. Dabei entstehen die Rechtecke mit den Seitenlängen_ 11 × 14 _und_ 16 × 9, _deren Flächeninhalte Jan erneut schriftlich auf dem separaten Notizblatt berechnet. Bearbeitungsdauer: 85 Sekunden_] **Ja, das wär fast gewesen.** Da hab ich hier 144 und da 145 raus.
83	Interviewer	145 oder 154?
84	Jan	Eh 154.
85	Interviewer	Ja. Könntest du jetzt vielleicht von da aus weitergucken? Wenn du sagst, du hast es fast. Dann könnte es ja vielleicht in der Nähe liegen.
86	Jan	Ja, aber wenn ich das kleiner mache, dann ne dann hab ich wieder dieses ehm acht achtzehn raus, wenn ich das dann kleiner mach und so. Ne ich find keins mehr.
(...) Jan denkt, noch eine weitere Lösung zu haben; dies stellt sich aber schnell als falsch raus.		
87	Interviewer	Genau. Wie bist du denn darauf gekommen? Vielleicht kannst du mir das noch mal erklären.
88	Jan	Ich hab' eigentlich nur ein bisschen geguckt wie die ehm gleich aussehen, aber ehm ...
89	Interviewer	Wieder die Flächen, oder?
90	Jan	Ja also nicht die Flächen ... wo es halt an der Menge der Kästchen 'n bisschen gleich aussieht.
91	Interviewer	Hmhm [_bejahend_].
92	Jan	Und hab' dann einfach geraten.
93	Interviewer = mediator	Okay. Und dann hast du noch was gesagt, das hab' ich mir nämlich aufgeschrieben, du hast gesagt „Fünf mal Zwanzig und Zehn mal Zehn wäre gegangen, aber das passt ja dann nicht". Weißt du noch, was du da gemacht hast?
94	Jan	Zehn mal Zehn, das war ja auch der Start. Nee, Zwanzig mal Zehn. [_verschiebt Punkt **A**_] Ja, das konnt' man halt nicht ehm so hinbekommen, dass hier Zehn mal Zehn ist, weil wenn hier Zehn mal Zehn ist [_zeigt auf das grüne Rechteck_], ist da Zwanzig [_zeigt auf das orange Rechteck_]. Wenn man hier Zwanzig mal [_verschiebt den Punkt **A** so, dass das orange Rechteck größer wird_] ... Zwanzig geht sogar noch nicht mal von der Höhe her.
95	Interviewer	Aber weißt du noch, was du dir dabei gedacht hast bei Fünf mal Zwanzig und Zehn mal Zehn?
96	Jan	Kästchen immer Hundert sind. Zwanzig ... 'ne nicht Zwanzig mal Zwanzig. **Zwanzig mal Fünf** ...
97	Interviewer	Hmhm [_bejahend_].
98	Jan	**war's ja und aber das hatt' ich dann nicht mit Zehn mal Zehn, weil wenn hier** [_zeigt auf die interaktive Abbildung_] **Zwanzig mal Fünf, wären's dann hier Zehn mal Fünfzehn und bei Zehn mal Zehn wären das wieder Zwanzig mal Zehn** [_verschiebt den Punkt **A** und liest die Zahlen ab_].
99	Interviewer	Ja.
100	Jan	Und halt weil Fünf mal Zwanzig sind ja Hundert und Zehn mal Zehn sind Hundert. Dass dann halt in beiden Hundert ist.

Insgesamt zeigte sich, dass der Schüler erst durch die dynamische Natur des Strukturelements zu neuen Lösungsmöglichkeiten kommt. Das bedeutet, dass die vorherige ‚statische Bearbeitung' (bei diesem Schüler) nur zu einem gewissen Grad zu einer erfolgreichen Aufgabenbearbeitung geführt hat; die Bearbeitung mithilfe der *Exploration* führte zu weiteren Lösungen. Durch die Analyse der Zeichen mithilfe der *semiotischen Vermittlung* wurden in der Schülernutzung zwei Bearbeitungsprozesse sichtbar. Auf der einen Seite zeigte sich, dass der Schüler durch die Verwendung des Strukturelements *Exploration* (*Artefaktzeichen*) Vermutungen aufstellte (*Drehpunktzeichen*) und letztendlich zu einer mathematisch tragfähigen Aussage (*Mathematikzeichen*) gelangte. Durch die semiotische Analyse wurde somit deutlich, dass durch die Arbeit mit dem digitalen Strukturelement neue Lösungsansätze entstehen und dies letztendlich bei dem Lernenden auch zu neuen mathematischen Erkenntnissen führte.

Auf der anderen Seite zeigte sich auch ein entgegengesetzter Nutzungsprozess, in dem sich der Schüler zuerst eine mathematisch korrekte Lösung (*Mathematikzeichen*) überlegt hatte und im Anschluss versucht hat, diese in der *Exploration* zu konstruieren (*Artefaktzeichen*). Die Erklärungen des Schülers bezogen sich dabei sowohl auf die *Exploration* als auch auf seine verfolgte mathematische Lösung und symbolisieren daher den Bearbeitungsprozess und die wechselseitige Bezugnahme zwischen dem Lernenden und dem Schulbuch bzw. der Mathematik (*Drehpunktzeichen*). Anders als bei dem zuvor beschriebenen Bearbeitungsprozess nutzt der Schüler hier nun das Strukturelement, um seine mathematische Lösung einzustellen und demnach zu verifizieren, was aufgrund der Zeichenausrichtung deutlich wurde. Dieser Aspekt wird im nächsten Abschnitt im Rahmen der *instrumentellen Genese* weiter thematisiert, sodass die Frage nach der Art und Weise bzw. nach dem Ziel der Schulbuchnutzung weiter fokussiert wird.

Des Weiteren zeigte sich in der gesamten Aufgabenbearbeitung, dass der Lernende immer wieder von bereits konstruierten korrekten bzw. von offensichtlich unterschiedlich großen Rechteckflächen ausgeht, um weitere gleich große Rechtecke zu finden. Durch die Analyse im Rahmen der *semiotischen Vermittlung* konnte herausgearbeitet werden, dass sich der Lernende auf dem Weg zu korrekten Lösungen in einem Wechselspiel zwischen der Aufgabenbearbeitung und dem konkreten Verschieben des Punkts *A* (*Artefaktzeichen*) und einer mathematischen Interpretation der dadurch entstehenden Rechtecke (*Drehpunktzeichen*) befindet. Dadurch wird deutlich, dass die *Drehpunktzeichen* einen essenziellen Prozess in der Aufgabenbearbeitung sichtbar machen – scilicet den Prozess von einer schulbuchbezogenen Bearbeitung zu tragfähigen mathematischen Lösungen.

Die hier ermittelten Schulbuchnutzungen machten insbesondere deutlich, dass dynamische Aufgabenformate für die Entstehung neuer Lösungsansätze förderlich sein können. Dies ist mit Bezug zu den Forschungsfragen von besonderem Interesse. Aus diesem Grund wird in einem nun folgenden Schritt durch die *instrumentelle Genese* näher beleuchtet, welche Funktion der Lernende dem digitalen Schulbuch zuschreibt, wozu er das digitale Schulbuch somit *instrumentalisiert*, und wie er das Schulbuch verwendet (*Instrumentierung*), indem die soeben durchgeführten semiotischen Deutungen unter diesen beiden Blickwinkeln (*Instrumentalisierung* und *Instrumentierung*) betrachtet werden.

9.3.1.4 Bezug zur instrumentellen Genese

Mithilfe der semiotischen Analyse in Abschnitt 9.3.1.3 konnte durch die Untersuchung ebenjener Zeichen bezogen auf das Schulbuch bzw. die Mathematik gezeigt werden, dass der Schüler zum einen durch die artefaktbezogene Nutzung zur mathematischen Aussagen gelangt oder eine mathematische Hypothese in der artefaktbezogenen Nutzung Anwendung findet. Zum anderen zeigte sich im gesamten Bearbeitungsprozess eine Prävalenz der *Drehpunktzeichen*, die die Arbeit mit dem Strukturelementtyp *Exploration* in dem Sinne substanziell beschreibt, dass sich dadurch der zentrale Lösungsfindungsprozess charakterisieren lässt.

Im folgenden Verlauf sollen diese Bearbeitungsprozesse, die sich anhand der Zeichen rekonstruieren ließen, durch die Theorie der *instrumentellen Genese* näher beleuchtet werden. Das Ziel besteht darin, auf der einen Seite die herausgestellten Nutzungen im Sinne der *Instrumentierung* darzustellen und zu untersuchen, wie der Schüler mit dem Strukturelement *Exploration* umgeht. Auf der anderen Seite sollen die Nutzungen zweckgebunden beschrieben und somit im Sinne der *Instrumentalisierung* näher beleuchtet werden. Durch eine Reflexion der Nutzungen und Nutzungszwecke lassen sich die empirischen Forschungsfragen („Welche Strukturelemente verwenden Schülerinnen und Schüler beim Umgang mit digitalen Schulbüchern und zu welchen Zwecken?" und „Welche Verwendungsweisen lassen sich bei der Nutzung von verschiedenen Strukturelementen während der Arbeit mit einem digitalen Mathematikschulbuch bei Schülerinnen und Schülern identifizieren?") bezogen auf den Strukturelementtyp *Exploration* beantworten.

Im Folgenden wird nun zuerst auf die Frage nach der zweckgebundenen Nutzung (*Instrumentalisierung*) eingegangen; im Anschluss werden die Bearbeitungsprozesse (vgl. Abschnitt 9.3.1.3) im Anschluss unter dem Blickwinkel der *Instrumentierung* reflektiert, sodass sich letztendlich klären wird, dass der Schüler das Strukturelement *Exploration* zur Überprüfung seiner Lösung verwendet (*Instrumentalisierung* „Verifikation des eingegebenen Ergebnisses") und darüber hinaus neue Lösungsansätze durch die Nutzung des dynamischen Strukturelements entstehen (*Instrumentierung*).

Betrachtet man die Aussagen und Handlungen des Schülers im Rahmen der *instrumentellen Genese*, steht zuerst einmal die Frage nach der *Instrumentalisierung*, also wozu der Lernende das digitale Schulbuch verwendet, im Vordergrund. Dabei zeigt sich einerseits in der gesamten Bearbeitung, dass Jan den gemeinsamen Punkt *A* immer wieder verschiebt, um gleich große Rechteckflächen zu erhalten. Seine artefaktbezogene Handlung lässt sich somit als ‚Konstruktion von gleich großen Rechteckflächen' beschreiben. Dieses Ziel wird jedoch von der Aufgabenstellung so vorgegeben (vgl. Abschnitt 9.3.1.1), sodass der Schüler das Strukturelement *Exploration* trivialerweise dazu nutzt, um die Aufgabe zu bearbeiten. Ein möglicher Nutzungszweck im Rahmen der Bearbeitung der *Exploration* „Gleich große Rechtecke" lässt sich somit in erster Linie als „Bearbeiten von Aufgaben" kategorisieren und würde demnach mit dem Handlungsschematyp im Zusammenhang mit dem „Bearbeiten von Aufgaben" für traditionelle Mathematikschulbücher (vgl. Rezat, 2009, 2011) rekurrieren. Diese *Instrumentalisierung* wird jedoch im weiteren Verlauf nicht weiter thematisiert, da der Schüler sowohl bei dieser Bearbeitung als auch bei weiteren empirischen Beispielen durch den Interviewer explizit zur Bearbeitung dieses Strukturelements angeleitet wird und dieser Verwendungszweck somit sehr lehrervermittelt erfolgt. Die *Instrumentalisierung* „Bearbeiten von Aufgaben" lässt sich dennoch als übergeordnetes (triviales) Verwendungsziel im Rahmen der Nutzung digitaler Mathematikschulbücher beschreiben.

Darüber hinaus lässt die gezielte Nutzung der *Exploration* am Anfang der Bearbeitung (i. e. Verschieben des Punkts *A* in die vorher genannte Lösung, vgl. Tabelle 9.9, Turn 52–54) den Rückschluss zu, dass der Lernende das digitale Strukturelement dazu verwendet, um seine vorab gefundene Lösung zu überprüfen. Dies bestätigt Jan zudem auf Nachfrage des Interviewers, sodass der Nutzungszweck im Rahmen der Bearbeitung der *Exploration* „Gleich große Rechtecke" als „Verifikation des eingegebenen Ergebnisses" kategorisiert werden kann. Dieser Nutzungszweck stellt ein Novum zur Nutzung digitaler Mathematikschulbücher durch Lernende dar und symbolisiert demnach ein Alleinstellungsmerkmal digitaler Mathematikschulbücher. Zusätzlich zu den Strukturelementtypen *Lösung, Lösungsweg/Lösungsvorschlag* und *Ergebnis überprüfen* nutzt der Schüler den digitalen Strukturelementtyp *Exploration*, um sein Ergebnis zu überprüfen, was erst aufgrund der digitalen Natur dieses Strukturelements möglich ist.

Betrachtet man die Aussagen und Handlungen des Schülers unter dem Blickwinkel der *Instrumentierung*, also wie der Schüler das digitale Schulbuch bzw. den Strukturelementtyp *Exploration* verwendet, sind die durch die *semiotische Analyse* bereits vorgestellten Nutzungsprozesse zu fokussieren. Diese sollen hier aus der Perspektive der *instrumentellen Genese* mit Hinblick auf eine instrumentbezogene Nutzung erneut reflektiert werden. In diesem Zusammenhang werden die *Instrumentierungen* zeigen, dass der Schüler aufgrund der Dynamisierung des Strukturelements mathematische Hypothesen äußert und unter anderem weitere Lösungen findet. Das bedeutet, dass die dynamische Verwendungsweise eine *Instrumentierung* des digitalen Schulbuchs beschreibt.

Zuerst soll an dieser Stelle die Nutzung des Lernenden thematisiert werden, die von einer artefaktbezogenen Aufgabenbearbeitung in eine mathematisch tragfähigen Erklärung mündet. Der Schüler stellt demnach erst aufgrund der Auseinandersetzung mit der *Exploration* neue Hypothesen auf, die er letztendlich mathematisch korrekt begründet. Im Rahmen der *Instrumentierung* können die in der *semiotischen Analyse* herausgestellten Zeichendeutungen nun prozesshaft beschrieben werden, sodass ausgehend von einer artefaktbezogenen Nutzung (*Artefaktzeichen*) über die Aushandlung zwischen der Schulbuchaufgabe und der dahinterliegenden Mathematik (*Drehpunktzeichen*) eine mathematisch tragfähige Erklärung (*Mathematikzeichen*) resultiert. Die Nutzung der *Exploration* durch den Schüler mündet demnach in der Generierung neuer mathematischer Hypothesen und Lösungen. Im Kontext der *instrumentellen Genese* spielen Verwendungsweisen eines Instruments durch den Nutzer eine tragende Rolle, sodass auf der einen Seite das Instrument eine gewisse Nutzung überhaupt erst möglich macht, auf der anderen Seite aber auch Vorstellungen zu einer gewissen Nutzung von der Nutzerin bzw. dem Nutzer ausgehen (vgl. Abschnitt 4.2.2). Dies zeigt sich hier explizit in der beschriebenen Auseinandersetzung mit dem Strukturelement *Exploration*, indem das digitale Strukturelement durch die dynamische Verwendung die Generierung und Konstruktion verschiedener Rechteckflächen erst ermöglicht und der Schüler auf der anderen Seite diese Nutzung zuerst einmal entdecken muss und ausschließlich durch die Nutzung der *Exploration* zu der mathematischen Hypothese gelangt. Diese *Instrumentierung* des Strukturelements *Exploration* kann als „dynamische Konstruktion" formuliert werden, die im Kontext einer explorativen Verwendung des Strukturelements entsteht.

Der zweite Bearbeitungsprozess beschreibt die Nutzung des Strukturelements *Exploration* ausgehend von einem mathematischen Hintergrund und resultiert in einer artefaktbezogenen Nutzung (vgl. Abschnitt 9.3.1.3). Der Schüler versucht seine zuvor arithmetisch begründeten Lösungen (*Mathematikzeichen*) in der *Exploration* einzustellen (*Artefaktzeichen*) und bezieht sich in seinen Erklärungen dabei sowohl auf die *Exploration* als auch auf seine mathematischen

Vorüberlegungen (*Drehpunktzeichen*), sodass die in der *semiotischen Analyse* herausgestellten Zeichendeutungen im Rahmen der *Instrumentierung* prozesshaft beschrieben werden können. Auch bei diesem Bearbeitungsprozess wird deutlich, dass sowohl die technologischen Gegebenheiten des Strukturelements *Exploration* als auch die Überlegungen des Lernenden einen Einfluss auf die Nutzung haben. Auf der einen Seite verwendet der Schüler bekanntlich die *Exploration* gezielt durch Verschieben des gemeinsamen Punkts *A* mit dem Ziel der vorab überlegten Rechteck-Seitenlängen. Auf der anderen Seite wirkt die *Exploration* aber auch auf die Nutzung durch den Schüler ein, da der Schüler durch die technologischen Gegebenheiten des Strukturelements seine vorab überlegten Lösungen nicht einstellen kann. Dies kann an dieser Stelle durchaus als Einschränkung des digitalen Strukturelementes gesehen werden; andererseits bildet sich eben erst aufgrund der dynamischen Veränderbarkeit der *Exploration* eine neue Hypothese beim Schüler, sodass an dieser Stelle vielmehr von einer gegenseitigen Beeinflussung im Sinne der *instrumentellen Genese* gesprochen wird. Diese *Instrumentierung* des Strukturelements *Exploration* kann ebenfalls als „dynamische Konstruktion" formuliert werden, jedoch liegt hier der Fokus auf der systematischen Konstruktion vorab überlegter mathematischer Rechnungen und nicht auf einer explorativen Vorgehensweise. Für eine genauere Unterscheidung der beiden soeben beschriebenen Verwendungsweisen werden diese wie folgt differenziert:

- explorativ-dynamische Konstruktion
- systematisch-dynamische Konstruktion

Auch die Schülerbearbeitung, die im Rahmen der *semiotischen Vermittlung* und der Zeichendeutung als Alternation zwischen *Artefakt-* und *Drehpunktzeichen* beschrieben wurde, lässt sich im Rahmen der *instrumentellen Genese* reflektieren. Im Laufe der Aufgabenbearbeitung stellt der Schüler immer wieder sein vorheriges (richtiges) Ergebnis ein oder verschiebt den gemeinsamen Punkt *A* so, dass das kleinst- bzw. größtmögliche Rechteck entsteht; die dadurch entstehenden Rechtecke besitzen augenscheinlich nicht den gleichen Flächeninhalt. Der Schüler versucht, von diesen Positionen des Punkts *A* weitere Lösungen zu finden. Die Analyse mithilfe der *semiotischen Analyse* machte eine Prävalenz der *Drehpunktzeichen* deutlich, anhand derer sich ein Lösungsfindungsprozess zwischen der *Exploration* und der (mathematischen) Interpretation der angezeigten Rechteckflächen seitens des Schülers charakterisieren ließ (vgl. Abschnitt 9.3.1.3). Ein Transfer zu mathematischen Aussagen, die losgelöst vom Strukturelement zu betrachten waren, gelang dem Schüler hier nicht. Der Schüler verwendet somit die dynamische *Exploration*, um weitere Lösungen zu finden, und verweist dabei durch seine Rechteckkonstruktionen immer wieder auf bereits gefundene Lösungen oder auf offensichtlich nicht gleich große Rechteckflächen. Durch diese Art und Weise der der Verwendung des Strukturelements *Exploration* kann der Lösungsfindungsprozess im Rahmen der *instrumentellen Genese* beschrieben werden, der jedoch nicht – wie bereits mehrfach betont – in korrekten Lösungen mündet. Der Schüler geht hier zwar auch systematisch in der Bearbeitung der *Exploration* vor, allerdings findet er keine weiteren Lösungen. Diese *Instrumentierung* des Strukturelements *Exploration* kann dennoch ebenfalls als „systematisch-dynamische Konstruktion" formuliert werden, da die Art und Weise der Verwendung in der bereits oben kategorisierten systematischen Nutzung einzuordnen ist.

Insgesamt ergeben sich für die Nutzungszwecke und Nutzungsweisen im Rahmen der *instrumentellen Genese* folgende Ergebnisse:

- Der Schüler verwendet das Strukturelement *Exploration* zum „Bearbeiten von Aufgaben" und zur „Verifikation des eingegebenen Ergebnisses" (*Instrumentalisierung*).
- Im Rahmen der *Instrumentierung* können zwei Bearbeitungsprozesse identifiziert werden, in denen die Prävalenz der *Drehpunktzeichen* deutlich wird. Hierbei wird somit insbesondere der Zusammenhang zwischen der *semiotischen Vermittlung* und der *instrumentellen Genese* hervorgehoben, da der Prozess der *Instrumentierung*, also die Art und Weise der Schulbuchnutzung, durch die Deutung der *Zeichen* im Bearbeitungsprozess reflektiert wurde. Die *Instrumentierungen* lassen sich als „explorativ-dynamische Konstruktion" und „systematisch-dynamische Konstruktion" kategorisieren.

9.3.1.5 Zusammenfassung

In diesem empirischen Beispiel der Schülernutzung des digitalen Schulbuchs lag der Fokus auf der Verwendung des digitalen Strukturelements *Exploration*. Dabei konnte gezeigt werden, dass der Schüler erst aufgrund der digitalen Natur des Strukturelements neue Hypothesen aufgestellt und anschließend überprüft hat. Dies stellt – im Gegensatz zu der Bearbeitung anhand der *statischen Abbildung* am Anfang des Transkriptausschnittes – demnach ein Alleinstellungsmerkmal eines digitalen Mathematikschulbuchs dar und lässt sich demzufolge als ein Vorteil dieses Lernmediums festhalten. Diese Feststellung konnte durch die Zeichendeutung im Rahmen der *semiotischen Vermittlung* getroffen werden und somit anhand der Zeichen, die sich explizit auf das Schulbuch (*Artefaktzeichen*), die Mathematik (*Mathematikzeichen*) oder auf einen Aushandlungsprozess zwischen dem Schulbuch und der Mathematik (*Drehpunktzeichen*) beziehen. Dabei wurde deutlich, dass insbesondere die *Drehpunktzeichen* den Prozess einer Lösungsfindung charakterisieren, da hier sowohl mathematische Thesen des Schülers als auch schulbuchbezogene Handlungen durch den Schüler in einer wechselseitigen Beeinflussung zueinander festgestellt werden konnten.

In einem zweiten Analyseschritt wurden diese semiotischen Deutungen im Rahmen der *instrumentellen Genese* reflektiert, wodurch sich zwei *Instrumentalisierungen* herausstellten: Bearbeiten von Aufgaben und Verifikation des eingegebenen Ergebnisses. Der Schüler verwendet somit das digitale Strukturelement *Exploration*, um die Aufgabe zu bearbeiten, und darüber hinaus, um ein vorher erarbeitetes Ergebnis zu überprüfen. Mit Blick auf den Prozess der *Instrumentierung* konnten in Verbindung mit den semiotischen Deutungen drei Bearbeitungsprozesse rekonstruiert werden. Diese Prozesse lassen sich folgendermaßen charakterisieren:

1. *Artefaktzeichen → Drehpunktzeichen → Mathematikzeichen*:
   Ausgehend von einer artefaktbezogenen Aufgabenbearbeitung münden die Aussagen des Lernenden in einer mathematisch tragfähigen Erklärung.
2. *Mathematikzeichen → Drehpunktzeichen → Artefaktzeichen*:
   Ausgehend von vorab überlegten mathematisch korrekten Lösungen resultieren die Handlungen des Lernenden artefaktbezogenen durch Einstellungen bzw. Veränderungen an dem Strukturelement.
3. *Artefaktzeichen → Drehpunktzeichen*:
   Ausgehend von bereits gefundenen Lösungen oder offensichtlich falschen Lösungen versucht der Lernende, weitere korrekte Lösungen zu generieren und befindet sich demnach zwischen *artefaktbezogenen* Handlungen und der mathematischen Interpretation dieser, die jedoch nicht in artefaktunabhängigen (mathematischen) Aussagen resultieren.

Zusammenfassend trägt dieses Beispiel zur Beantwortung der zweiten Forschungsfrage „Welche Strukturelemente verwenden Schülerinnen und Schüler beim Umgang mit einem digitalen Schulbuch und zu welchen Zwecken?" Folgendes bei:

- Das Strukturelement *Exploration* wird zum „Bearbeiten von Aufgaben" und zur „Verifikation des eingegebenen Ergebnisses" verwendet.

Für die Beantwortung der dritten Forschungsfrage „Welche Verwendungsweisen lassen sich bei der Nutzung von verschiedenen Strukturelementen während der

Arbeit mit einem digitalen Mathematikschulbuch bei Schülerinnen und Schülern identifizieren?" können die folgenden Schlussfolgerungen getroffen werden:

- Aufgrund des dynamischen Verschiebens konstatiert der Schüler mathematische Hypothesen, sodass es ihm gelingt, weitere Lösungen zu dem Problem zu finden. Das heißt, der Schüler kommt erst durch die dynamische Bearbeitung zu weiteren Lösungen, sodass die Verwendung digitaler Strukturelemente (im Gegensatz zu statischen Darstellungen) weitere Zugänge zu mathematischen Entdeckungen ermöglicht. Diese Nutzungswiese wird als *Instrumentierung* „explorativ-dynamische Konstruktion" formuliert.

- Durch die digitale Natur des Strukturelements überprüft der Schüler vorab generierte mathematische Lösungen, sodass die Möglichkeit zur Konstruktion verschiedener Rechteckflächen zu einer Bestätigung oder zu einem Widerspruch dieser mathematischen Überlegungen führt. Diese Nutzungswiese wird als *Instrumentierung* „systematisch-dynamische Konstruktion" kategorisiert.

In dem nun folgenden Beispiel wird die Verwendung eines digitalen Strukturelements (*interaktive Aufgabe*) näher untersucht, bei der die Lernenden Einstellungen vornehmen können, die einen Einfluss auf die Aufgabengenerierung haben. Dadurch zeigt sich ein bewusster Umgang mit den Einstellungsmöglichkeiten.

9.3.2 Digitale Generierung von Aufgaben

Diese Schulbuchbearbeitung thematisiert die Verwendung einer *interaktiven Aufgabe*, bei der die Lernenden selbst Aufgaben generieren können. Der Umgang mit diesem digitalen Strukturelement zeigt, dass Schüler Jan sehr bewusst mit den vorhandenen Einstellungsmöglichkeiten umgeht und aufgrund der digitalen Natur selbst zum Konstrukteur von Aufgaben wird. Dieses Beispiel charakterisiert somit die wechselseitige Beeinflussung zwischen Subjekt und dem digitalen Schulbuch.

9.3.2.1 Vorstellung der Aufgabe

Die Aufgabe „Quadratzahlen" wird durch ein Strukturelement der Kategorie *interaktive Aufgabe* dargestellt, bei der die Quadratzahlen von 2 bis 29 in einer gewissen Zeit geübt werden können. Die Lernenden haben bei dieser Aufgabe vor der eigentlichen Bearbeitung über die Verwendung zweier Schieberegler die Möglichkeit, sowohl die Höhe der Quadratzahlen (kleinstmögliches Intervall: Quadratzahlen von 2 bis 7; größtmögliches Intervall: Quadratzahlen von 2 bis

29) zu wählen als auch die Zeit einzustellen (zwischen 4 und 16 Sekunden Zeit für jede Aufgabe) (vgl. Abbildung 9.31).

Mit Klick auf den Button „Start" werden dann insgesamt zehn Aufgaben vom digitalen Schulbuch generiert, bei denen die Lernenden nacheinander entscheiden müssen, ob das linke Produkt mit dem Ergebnis auf der rechten Seite übereinstimmt oder nicht. Durch einen Klick auf das Gleich- bzw. Ungleichheitszeichen können die Lernenden ihre entsprechende Antwort zu der jeweiligen Aufgabe auswählen (vgl. Abbildung 9.32).

Bei der Flächenberechnung von Quadraten braucht man oft die Quadratzahlen. Hier kannst du sie üben.

Wähle zunächst mit dem Schieberegler aus, welche Quadratzahlen du üben möchtest.

Entscheide dann, wie viel Zeit du dir für jede Rechnung vorgeben willst und klicke dann auf *Start*.

Bestimme bei den Aufgaben, ob das linke Produkt mit dem Ergebnis rechts übereinstimmt oder nicht. Klicke dazu auf das = oder das ≠ Zeichen.

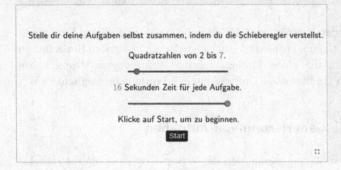

Stelle dir deine Aufgaben selbst zusammen, indem du die Schieberegler verstellst.

Quadratzahlen von 2 bis 7.

16 Sekunden Zeit für jede Aufgabe.

Klicke auf Start, um zu beginnen.

Start

Abbildung 9.31 Interaktive Aufgabe „Quadratzahlen", Einstellungsmöglichkeiten, Lehrwerk (Hornisch et al., 2017)

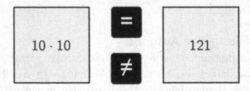

Abbildung 9.32 Interaktive Aufgabe „Quadratzahlen", Beispielaufgabe, Lehrwerk (Hornisch et al., 2017)

Das Schulbuch zeigt den Lernenden anschließend durch farbliche Umrandungen des Produkts und des Produkt-Ergebnisses an, ob die Eingabe richtig (Farbe Grün, vgl. Abbildung 9.33) oder falsch (Farbe Rot, vgl. Abbildung 9.34) war; danach erscheint die nächste Aufgabe.

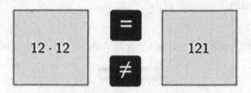

Abbildung 9.33 Interaktive Aufgabe „Quadratzahlen", positive Rückmeldung, Lehrwerk[4](Hornisch et al., 2017)

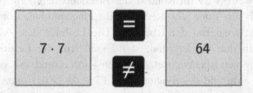

Abbildung 9.34 Interaktive Aufgabe „Quadratzahlen", negative Rückmeldung, Lehrwerk[5](Hornisch et al., 2017)

Am Ende eines Bearbeitungsdurchgangs wird darüber hinaus noch angezeigt, wie viele Aufgaben insgesamt richtig bearbeitet wurden, und es besteht die Möglichkeit – durch einen Klick auf den Button „Neue Runde" –, einen neuen Bearbeitungsdurchgang zu starten, in dem die Einstellungen durch die Schieberegler erneut verändert werden können (vgl. Abbildung 9.35). Bezogen auf die *sprachlichen Mittel* lassen sich in der Aufgabe Beschreibungen determinativen und appellativen Charakters wiederfinden, da die Nutzer explizit dazu aufgefordert werden, die Schieberegler zu gewissen Zwecken zu verändern. Die *technologischen Merkmale* zeigen sich hier durch die Veränderbarkeit durch die Schieberegler, die dadurch erfolgende Generierung von verschiedenen Aufgaben sowie durch die (farbliche) Rückmeldung durch das digitale Schulbuch. Im

---

[4] Bei der positiven Rückmeldung sind die Aufgaben- und Ergebnisquadrate grün umrandet.
[5] Bei der negativen Rückmeldung sind die Aufgaben- und Ergebnisquadrate rot umrandet.

Hinblick auf die unterrichtsbezogene Aspekte lässt sich diese Aufgabe dem *inhaltlichen Aspekt* des *Vertiefens* zuordnen, da die Quadratzahlen hier im Sinne der didaktischen Funktion *Üben und Wiederholen* Anwendung finden. Aufgrund der technologischen Möglichkeit des direkten Feedbacks und der individuellen Anpassung der Schiebregler kann diese Aufgabe insbesondere in Einzelarbeit durchgeführt werden.

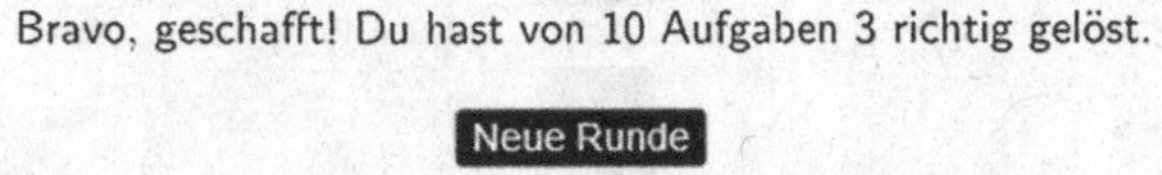

Bravo, geschafft! Du hast von 10 Aufgaben 3 richtig gelöst.

Neue Runde

Abbildung 9.35 Interaktive Aufgabe „Quadratzahlen", finale Rückmeldung, Lehrwerk (Hornisch et al., 2017)

Der inhaltliche mathematische Gegenstand der Aufgabe thematisiert die Quadratzahlen von zwei bis 29 im Kontext der Flächenberechnung (von Quadraten) und befindet sich am Ende der Lerneinheit „Flächeninhalt von Rechteck und Quadrat" im Zusatzmaterial der Übungen. Die Leitidee des „Messens" tritt in dieser Aufgabe in den Hintergrund; stattdessen tritt die Leitidee „Zahl" aufgrund der Nutzung von Rechengesetzen in den Vordergrund. Als prozessbezogene Kompetenz wird aufgrund des dynamischen Charakters der *interaktiven Aufgabe* der Werkzeugbezug deutlich (vgl. Ministerium für Schule und Weiterbildung des Landes Nordrhein-Westfalen, 2007). In den Bildungsstandards kann diese Aufgabe aufgrund der Bearbeitung von verschiedenen Gleichungen zudem dem Bereich „Mit symbolischen, formalen und technischen Elementen der Mathematik umgehen" (vgl. KMK, 2004) zugeordnet werden.

9.3.2.2 Vorstellung des Transkripts

Das folgende Transkript beschreibt die Verwendung des oben beschriebenen Strukturelements *interaktive Aufgabe* des Schülers Jan und die dazugehörige Diskussion mit dem Interviewer. Insgesamt durchläuft Jan drei Bearbeitungszyklen, in denen er die beiden Schieberegler[6] variiert. Dabei zeigt sich, dass der Schüler seine selbst vorgenommenen Einstellungen im Bezug zur Anzahl von richtig bzw. falsch beantworteten Rechenaufgaben reflektiert und die Einstellungen dementsprechend anpasst. Nachdem der Schüler erst einen einfachen Schwierigkeitsgrad

---

[6] Im folgenden Verlauf ist mit „Schieberegler Quadratzahlen" derjenige Schieberegler gemeint, mit dem die Höhe der Quadratzahlen eingestellt werden kann; der „Schieberegler Zeit" beschreibt hingegen die Festlegung der Bearbeitungszeit pro Quadratzahl-Aufgabe.

(Quadratzahlen 2 bis 10) bei einer mittleren Zeitberücksichtigung (10 Sekunden pro Aufgabe) eingestellt und alles richtig beantwortet hat (vgl. Tabelle 9.10, Turn 6, 8, 10), stellt er einen höheren Schwierigkeitsgrad (Quadratzahlen bis 20) bei weniger Zeit (4 Sekunden pro Aufgabe) ein, woraufhin er sieben von zehn Aufgaben richtig beantwortet (vgl. Tabelle 9.10, Turn 14). Im dritten Durchgang wählt er als Schwierigkeitsgrad Quadratzahlen von 2 bis 15 und eine Zeitvorgabe von acht Sekunden pro Aufgabe aus und bearbeitet wieder alle zehn Aufgaben korrekt (vgl. Tabelle 9.10, Turn 22).

Im Anschluss an den zweiten und dritten Bearbeitungszyklus fragt der Interviewer Jan, ob er sich jeweils verbessert habe (vgl. Tabelle 9.10, Turn 15, 23). Nach dem zweiten Bearbeitungsdurchgang reflektiert Jan mit Referenz zu dem ersten Durchgang, dass dies schwierig zu beantworten sei, da er ja die Quadratzahlen erhöht hat, die Zeit jedoch verringert (vgl. Tabelle 9.10, Turn 16). Dies veranlasst ihn dann dazu, die Quadratzahlen im dritten Durchgang ein wenig zu verringern und sich mehr Zeit pro Aufgabe zu geben. Auf die erneute Rückfrage des Interviewers, ob Jan sich nun verbessert habe (vgl. Tabelle 9.10, Turn 23), antwortet Jan, dass man dies im Vergleich zum zweiten Durchgang nicht sagen kann, weil er sowohl niedrigere Quadratzahlen als auch mehr Zeit gewählt hat (vgl. Tabelle 9.10, Turn 24, 26). Im Vergleich zum ersten Durchgang ist seine Aussage und seine Verbesserung jedoch zu bewerten, da er sowohl weniger Zeit als auch höhere Quadratzahlen eingestellt hat (vgl. Tabelle 9.10, Turn 30, 32).

Auf einer inhaltlich-mathematischen Ebene bildet dieses empirische Beispiel keine Entdeckungen (wie in Beispiel 9.3.1) seitens des Schülers ab. Das liegt auch daran, dass die Aufgabe dem *Üben und Wiederholen* (*didaktische Funktion*) im inhaltlichen Aspekt des *Vertiefens* zugeordnet werden kann. Es zeigen sich auch keine Reaktionen auf die Rückmeldung des digitalen Schulbuchs (im Sinne der in den Abschnitten 9.2.1 bis 9.2.3 vorgestellten Bearbeitungen).

In der hier thematisierten Bearbeitung des Schülers liegt der Fokus vielmehr auf den Veränderungen am Strukturelement, die der Lernende nach der Rückfrage des Interviewers bezogen auf dessen Verbesserung vornimmt (*Instrumentierung*). Bei gedruckten Schulbüchern war die Möglichkeit, selbst Aufgaben zu generieren, aufgrund der fehlenden technologischen Umsetzbarkeit nicht vorhanden, sodass dies ein Novum von digitalen Schulbüchern statuiert. Im Verlauf der *semiotischen Analyse* (vgl. Abschnitt 9.3.2.3) und in Verbindung mit der *instrumentellen Genese* (vgl. Abschnitt 9.3.2.4) wird sich daher zeigen, dass der Schüler die Funktion der Schieberegler nutzt, um verschiedene Schwierigkeitsgrade und Zeitvorgaben einzustellen; im Grunde verwendet er somit das Strukturelement, um Aufgaben zu produzieren und zu bearbeiten (*Instrumentalisierung*). Diese Veränderungen werden durch die Rückfragen des

Interviewers initiiert, sodass die Rolle des Interviewers als Mediator deutlich wird. Die Veränderungen an den Schiebereglern (*Instrumentierung*), und somit am Strukturelement, nimmt jedoch der Lernende vor. Auffallend ist zudem, dass eine Analyse mithilfe der *semiotischen Vermittlung* in dieser Schülerbearbeitung keine *Mathematikzeichen* dokumentiert. Die Gründe sowie die eben beschriebene *Instrumentalisierung, Instrumentierung* und *semiotischen* Deutungen werden nun im Folgenden dargestellt.

9.3.2.3 Semiotische Analyse

Die nun folgende Analyse im Rahmen der *semiotischen Vermittlung* wird aufzeigen, dass sich die Aussagen und Handlungen des Schülers Jan in der Aufgabenbearbeitung und in der Diskussion mit dem Interviewer nicht losgelöst vom Strukturelement, und somit nicht unabhängig vom *Artefakt*, rekonstruieren lassen. Das bedeutet, dass sich in den Aussagen bzw. Handlungen des Schülers *Artefakt-* und *Drehpunktzeichen* identifizieren lassen; Zeichen, die sich explizit auf die Mathematik beziehen, können nicht rekonstruiert werden. Dies kann mit der in Abschnitt 9.3.2.1 bereits geschilderten Einordnung des inhaltlichen Aspekts des *Vertiefens* und der didaktischen Funktion *Üben und Wiederholen* des Strukturelements begründet werden, sodass keine neuen mathematischen Kenntnisse erarbeitet werden, sondern das Einüben von Rechenfertigkeiten im Vordergrund steht. Darüber hinaus wird sich zeigen, dass der Schüler durch die Rückfrage des Interviewers, ob er sich bezogen auf die unterschiedlichen Bearbeitungsdurchgänge verbessert habe, die Einstellungen an den Schiebereglern variiert. Der Interviewer agiert hier dementsprechend im Sinne eines Mediators, da er den Bearbeitungsprozess des Schülers stark begleitet.

In der folgenden Analyse werden die Schüleraussagen bezogen auf die Aufgabenbearbeitung auf der einen Seite und die Diskussion mit dem Interviewer auf der anderen Seite thematisiert. Am Anfang des Transkripts beschreibt Jan, welche Einstellungen er bei den beiden Schiebereglern vornimmt (vgl. Tabelle 9.10, Turn 6). Bei diesen Beschreibung der Einstellungen lassen sich keine mathematischen Reflexionen identifizieren, sodass diese als *Artefaktzeichen* kategorisiert werden, wodurch der alleinige Bezug auf das Strukturelement deutlich wird. Im Gegensatz dazu können in dem ersten Bearbeitungsdurchgang der generierten zehn Aufgaben sowohl *Artefaktzeichen* als auch *Drehpunktzeichen* rekonstruiert werden (vgl. Tabelle 9.10, Turn 8). Während die konkreten Handlungen mit dem Strukturelement, d. h. das Klicken auf verschiedene Schaltflächen, als *Artefaktzeichen* gedeutet werden und somit die Nutzungen des Strukturelements präzisieren, werden die Aussagen des Schülers, die am Ende des ersten Bearbeitungsdurchgangs geäußert werden und in denen er die Aufgaben in Reflexion zu den Einstellungen durch die Schieberegler setzt, als *Drehpunktzeichen* kategorisiert, da Jan hier die unterschiedlichen Aufgaben in Bezug zu den Einstellungen der Schieberegler der *interaktiven Aufgabe* setzt.

Um dies zu konkretisieren, soll die folgende Aussage des Schülers beleuchtet werden: „Da kommen halt ganz oft auch die Gleichen raus (…). Da muss man halt höhere Quadratzahlen einstellen." (Tabelle 9.10, Turn 8). Diese Aussage von Jan entwickelt sich aufgrund der oftmals gleichen Quadratzahlen, die er im Laufe des ersten Bearbeitungsdurchgangs angezeigt bekommen hat. Jan schlussfolgert auf Grundlage der angezeigten Aufgaben, dass die Einstellungen der Schieberegler variiert werden sollen. Damit bezieht er sich auch auf die Höhe der Quadratzahlen, die sich durch den Schieberegler „Quadratzahlen" verändern lässt, und somit auch auf die Mathematik, sodass eine Kategorisierung als *Drehpunktzeichen* sinnvoll erscheint. Im Nachgang verändert Jan beide Schieberegler, sodass diese Handlungen am Strukturelement erneut als *Artefaktzeichen* gedeutet werden (vgl. Tabelle 9.10, Turn 14).

Der zweite Analyseabschnitt lässt sich nach dem zweiten Bearbeitungsdurchgang und nach der Nachfrage des Interviewers, ob sich Jan im Vergleich zum ersten Durchgang verbessert habe (vgl. Tabelle 9.10, Turn 15), determinieren. Der Schüler argumentiert, dass man dies „eigentlich gar nicht sagen [kann]" (Tabelle 9.10, Turn 18), da er sich zwar von den Punkten verschlechtert habe, aber sowohl weniger Zeit als auch höhere Quadratzahlen eingestellt hatte (vgl. Tabelle 9.10, Turn 16) und dadurch schwierigere Aufgaben generiert wurden (vgl. Tabelle 9.10, Turn 18). Diese Aussagen sind in der Hinsicht relevant, dass der Schüler seine erbrachte Leistung in Bezug zu den eigens vorgenommenen Einstellungen durch die Schiebregler reflektiert und somit seine Mathematikleistung dem Schwierigkeitsgrad (höhere Quadratzahlen und weniger Zeit) zuschreibt. Seine erbrachte mathematische Leistung wird demnach in Bezug zu dem Strukturelement gesetzt, weshalb seine Aussagen hier als *Drehpunktzeichen* kategorisiert werden.

Als Folge dessen verändert er den Schwierigkeitsgrad für den dritten Durchgang (niedrigere Quadratzahlen, mehr Zeit) und verschiebt die Schieberegler dementsprechend. Die erfolgte Rückmeldung durch das Schulbuch sowie die Rückfrage des Interviewers bewirken somit eine veränderte Nutzung der Einstellungsmöglichkeiten, weshalb die Aussagen des Schülers, welche Einstellungen er vornimmt, als *Drehpunktzeichen* gedeutet werden; die konkreten Handlungen werden als *Artefaktzeichen* kategorisiert (vgl. Tabelle 9.10, Turn 22).

In der anschließenden Diskussion nach dem dritten Durchgang wird der Schüler erneut vom Interviewer gefragt, ob er sich nun verbessert habe (vgl. Tabelle 9.10, Turn 23, 25, 27, 31). Hierdurch zeigt sich, dass der Interviewer in der Reflexion der Bearbeitungsphasen insgesamt als *Mediator* agiert, da erst durch seine Nachfrage eine Einordnung der erbrachten Leistung bezogen auf die vorgenommenen Einstellungen angeregt wird. In der nun stattfindenden Diskussion setzt der Schüler seine erbrachte Leistung aus dem dritten Durchgang mit den Ergebnissen aus dem zweiten und ersten Durchgang in Relation. Dabei erklärt der Schüler im Vergleich zum dritten und zweiten Durchgang, dass eine Einschätzung der Leistungsverbesserung erneut schwierig zu beurteilen ist, weil er sich „die Dinge einfacher gemacht [hat]" (Tabelle 9.10, Turn 26), was er anhand der doppelten Zeit und der niedrigeren Quadratzahlen argumentiert (vgl. Tabelle 9.10, Turn 24). Jan reflektiert seine erbrachte (mathematische) Leistung somit erneut anhand den Einstellungen am Strukturelement, weshalb diese Aussagen als *Drehpunktzeichen* kategorisiert werden. Auch im Vergleich des dritten und ersten Durchgangs reflektiert Jan seine erbrachte (mathematische) Leistung in Relation zu den vorab vorgenommenen Einstellungen (vgl. Tabelle 9.10, Turn 30, 32), sodass sich auch diese Aussagen als *Drehpunktzeichen* kategorisieren lassen. Anders als zuvor argumentiert Jan jedoch, dass er sich im Vergleich zum ersten Durchgang verbessert habe, da er sowohl weniger Zeit als auch höhere Quadratzahlen eingestellt hatte (vgl. Tabelle 9.10, Turn 32).

In Tabelle 9.10 wird die Aufgabenbearbeitung und die Analyse der Schüleraussagen durch die *semiotische Vermittlung* dargestellt.

Insgesamt konnten mithilfe der *semiotischen Vermittlung* die Aussagen und Handlungen des Schülers bezogen auf ihre Gerichtetheit untersucht werden und somit sowohl *Artefakt-* als auch *Drehpunktzeichen* kategorisiert werden. *Mathematikzeichen* konnten in dieser Schülernutzung jedoch nicht identifiziert werden, was durch den inhaltlichen Aspekt des *Vertiefens* und der didaktischen Funktion *Üben und Wiederholen* nachvollziehbar erscheint.

Im Ganzen zeigt sich, dass die *Artefaktzeichen* insbesondere die Handlungen am Strukturelement *interaktive Aufgabe*, d. h. das Verschieben der Schieberegler per se, beschreiben, während die *Drehpunktzeichen* die Reflexion der erbrachten Leistung mit Bezug zu den vorab eingestellten Schiebereglern des Schülers symbolisieren. Dadurch wird deutlich, dass der Schüler sehr reflektiert mit den Einstellungsmöglichkeiten umgeht und es erst durch die technologische Natur des digitalen Strukturelements *interaktive Aufgabe* möglich ist, dass Lernende einen direkten Einfluss auf die Generierung von verschiedenen Aufgaben und deren Schwierigkeitsgrad haben. Des Weiteren wurde deutlich, dass insbesondere durch die Rückfragen des Interviewers der weitere Bearbeitungsprozess bzw. die Einstellungen an den Schiebereglern beeinflusst wurden. Der Interviewer agiert hier dementsprechend im Sinne eines Mediators und verdeutlicht die Relevanz der Lehrkraft in der Nutzung von digitalen Schulbüchern. Im Folgenden werden

Tabelle 9.10 Semiotische Analyse, digitale Generierung von Aufgaben

Turn	Person	Inhalt
1	Interviewer	Okay und was kannst du denn jetzt machen? Was kannst du da einstellen?
2	Jan	Also ich kann halt sagen ehm … ehm … Was sind eigentlich noch mal die Quadratzahlen [*verschiebt Schieberegler „Quadratzahlen"*]? Ich glaub das sind ehm … die Seiten … zahlen.
3	Interviewer	Hmhm [*bejahend/fragend*].
4	Jan	Ehm … [*verschiebt Schieberegler „Zeit"*] Wie viel Zeit ich halt ich für alles haben möchte für jede Aufgabe.
5	Interviewer	Hmhm [*bejahend*].
6	Jan	Mach mal zehn so für den Anfang [*verschiebt den Schieberegler „Zeit"*] Und dann die Anzahl der Quadratzahlen von 2 bis … auch mal 10 für den Anfang [*verschiebt den Schieberegler „Quadratzahlen"*]
7	Interviewer	Hmhm [*bejahend*].
8	Jan	Und dann muss ich halt sagen, ob das linke Produkt … ich mach mal „Start" einfach [*klickt auf Start*] … mit dem übereinstimmt. [*Spricht laut die einzelnen Aufgaben aus*] „Zehn mal zehn" ist … das stimmt [*klickt auf das Gleichheitszeichen*]. „Zwei mal zw" … das stimmt nicht [*klickt auf das durchgestrichene Gleichheitszeichen*]. Stimmt [*klickt auf das Gleichheitszeichen*]. Ja, da kommen halt **sehr wenige raus; fast immer die Gleichen** [*Aufgabe lautete erneut 10*10 = 100*]. [*15 Sekunden Pause wegen Bearbeitung*] **Da kommen halt ganz oft auch die Gleichen raus; da muss man halt ehm auch ganz oft nicht. Da muss man halt höhere Quadratzahlen einstellen.** [*bearbeitet die Aufgaben zu Ende*]
9	Interviewer	So, was steht als Ergebnis?
10	Jan	Ich hab zehn Aufgaben von zehn richtig gelöst.
11	Interviewer	Ja, das ist ja super.
12	Jan	Alle richtig.
13	Interviewer	Das heißt beim zweiten Eingang, Durchgang … was können wir jetzt machen?

(Fortsetzung)

Tabelle 9.10 (Fortsetzung)

Turn	Person	Inhalt
14	Jan	Also ich geb' mir mal weniger Zeit [*verschiebt den Schieberegler „Zeit"*]; sag ich mal 4 Sekunden und Quadratzahlen geh ich mal auf 20 hoch [*verschiebt den Schieberegler „Quadratzahlen" und klickt auf Start*]. Ich glaub' das ist ein bisschen übertrieben. „Vier mal vier" stimmt schon mal nicht [*klickt auf das durchgestrichene Gleichheitszeichen*]. Ja okay, das war übertrieben [*Aufgabe lautet 19 × 19*]; ich rate einfach ehm [*Aufgabe wechselt zu 14 × 14, da P zu lange braucht*]. Hä?! Dann war's wohl falsch. Nee, doch nicht [*14 × 14 wechselt zu 9 × 9*]. Ach, die Zeit war um [*bearbeitet die Aufgabe weiter*]. Ehm ehm ehm [*überlegt bei 13 × 13 und klickt auf das Gleichheitszeichen*]. Nein. Nein. Ja … Zehn von sieben. Nee. [*liest vor*] „Du hast von zehn Aufgaben sieben richtig gelöst".
15	Interviewer = Mediator	Okay. Ehm … ist jetzt vielleicht ein bisschen 'ne komische Frage, aber hast du dich jetzt verbessert?
16	Jan	Hmm … das ist schwer zu sagen. Ich hab das halt, **also von den Punkten her hab ich mich verschlechtert, aber ich halt auch mir weniger Zeit gegeben** [*klickt auf „Neue Runde" und verschiebt dann den Schieberegler „Zeit"*]. Da wurden dann zwei übersprungen, bis ich kapiert hab, dass das die Zeit war, **und ich hab halt die Quadratzahlen höher eingestellt** [*verschiebt den Schieberegler „Quadratzahlen"*].
17	Interviewer = Mediator	Hmhm [*bejahend*]. Das heißt, was würdest du jetzt sagen?
18	Jan	Ja … bin mir nicht sicher. **Also von den Punkten her hab' ich mich ja verschlechtert … aber ich hab halt auch schwierigeres genommen. Also das kann man eigentlich gar nicht sagen.**
19	Interviewer	Okay. Gut, dann machen wir noch 'nen dritten Durchgang. Da kannst du dann noch mal schauen, was du da einstellst.
20	Jan	Ehm…
21	Interviewer	Was machst du jetzt?
22	Jan	Ich nehm' mal 15 [*verschiebt Schieberegler „Quadratzahlen"*], **nehm' mal, geh mal mit den Quadratzahlen ein bisschen runter und mit den Sekunden ein bisschen hoch** [*verschiebt Schieberegler „Zeit"*]. Sagen wir acht [*klickt auf Start und bearbeitet die Aufgabe*]. Stimmt. Nicht. Stimmt. Stimmt. [*Bearbeitungszeit*] Jetzt hab ich wieder zehn von zehn richtig.
23	Interviewer = Mediator	Okay … und jetzt wieder die gleiche Frage von mir …

(Fortsetzung)

Tabelle 9.10 (Fortsetzung)

Turn	Person	Inhalt
24	Jan	Ich bin halt aber halt [*klickt auf „Neue Runde"*] … wieder vier Sekun … also **doppelt so viel Zeit hatte ich dann als eben, wo ich schlechter war. Und ich hab auch weniger Quadratzahlen genommen,** 15 Stück.
25	Interviewer = Mediator	Hmhm [*bejahend*]. Das heißt, du hast dich jetzt zum zweiten verbessert? Könnte man das so sagen, oder?
26	Jan	Hmm … eigentlich nicht wirklich. **Es ist halt schwer zu sagen** [*verschiebt Schieberegler „Zeit" wahllos*], **weil ich hab halt auch mir die Dinge einfacher gemacht.**
27	Interviewer = Mediator	Hmhm [*bejahend*]. Und im Gegensatz jetzt zum allerersten und dem dritten: Hast du dich jetzt da verbessert?
28	Jan	Hmm beim allerersten …
29	Interviewer	Kann dir noch mal sagen, du hattest zehn Sekunden …
30	Jan	Nee, **beim aller, ehm beim allerersten, hab' ich zum allerersten hab' ich mich halt verbessert.**
31	Interviewer = Mediator	Und warum – da jetzt?
32	Jan	**Weil ich weniger Zeit hatte … und weil ich auch mehr Quadratzahlen hatte.**

nun die gedeuteten Zeichen und Handlungen des Schülers im Rahmen der *instrumentellen Genese* mit dem Ziel beleuchtet, die Nutzung des Strukturelements *interaktive Aufgabe* bezüglich eines Nutzungsziels und einer Nutzungsweise zu beschreiben.

9.3.2.4   Bezug zur instrumentellen Genese

Die Deutungen der Aussagen und Handlungen anhand der *semiotischen Vermittlung* in Abschnitt 9.3.2.3 haben gezeigt, dass der Schüler im Laufe der Bearbeitungsdurchgänge Veränderungen am Strukturelement *interaktive Aufgabe* vornimmt, die aufgrund seiner erbrachten (mathematischen) Leistung und aufgrund der Rückfragen des Interviewers präsent werden. Aus diesem Grund wurden diese Aussagen als *Drehpunktzeichen* gedeutet, wodurch sich gezeigt hat, dass der Schüler auf der Grundlage der Rückmeldungen (und demnach seiner erbrachten Leistung) und der Nachfragen des Interviewers für den jeweils nächsten Bearbeitungszyklus einfachere oder schwierigere Aufgaben generiert. Dies bietet den Anlass, die Nutzungen aus der Sichtweise der *instrumentellen Genese* zu beleuchten und zu untersuchen, zu welchem Zweck der Schüler das Strukturelement verwendet (*Instrumentalisierung*) und auf welche Art und Weise er dies tut (*Instrumentierung*).

Betrachtet man die Aussagen und Handlungen des Schülers im Rahmen der *instrumentellen Genese*, steht zuerst einmal die Frage nach der *Instrumentalisierung*, also wozu der Lernende das digitale Schulbuch verwendet, im Vordergrund. Dabei zeigt sich anhand den Handlungen des Schülers, dass Jan die Funktion der Schieberegler nutzt, um verschiedene Schwierigkeitsgrade und Zeitvorgaben einzustellen (vgl. Tabelle 9.10, Turn 6, 14, 22). Im Grunde verwendet er somit das Strukturelement *interaktive Aufgaben*, um verschiedene Aufgaben zu bearbeiten. Die *Instrumentalisierung* „Bearbeiten von Aufgaben" konnte schon bei Schulbuchnutzungen traditioneller Mathematikschulbücher identifiziert werden (vgl. Rezat, 2009, 2011). Darüber hinaus ergibt sich jedoch durch die technologische Möglichkeit der Aufgabengenerierung durch das Verstellen der Schieberegler ein weiterer Nutzungszweck, der dem „Bearbeiten von Aufgaben" vorgeschaltet ist und sich als „Generierung von Aufgaben" beschreiben lässt. Dieser Nutzungszweck kann demnach als Bestandteil der *Instrumentalisierung* „Bearbeiten von Aufgaben" gesehen werden, wird jedoch erst durch die digitale Möglichkeit der individuellen Aufgabenproduktion möglich, sodass die „Generierung von Aufgaben" im Kontext von digitalen Mathematikschulbüchern eine neue Funktionsweise darstellt und aus diesem Grund auch eine neue *Instrumentalisierung* ermöglicht.

Die Art und Weise der Verwendung des Strukturelements *interaktive Aufgabe* lässt sich durch den Prozess der *Instrumentierung* beschreiben, sodass die Ergebnisse der semiotischen Analyse (vgl. Abschnitt 9.3.2.3) aus ebendieser Perspektive betrachtet werden. Die Nachfragen des Interviewers (erster Durchgang: 10 von 10 richtigen Antworten, zweiter Durchgang: 7 von 10 richtigen Antworten, dritter Durchgang: 10 von 10 richtigen Antworten) initiieren beim Schüler eine Veränderung der Schieberegler, sodass er nach einem ersten Durchgang den Schwierigkeitsgrad erhöht und die Zeit verringert, nach einem schlechteren zweiten Durchgang den Schwierigkeitsgrad etwas verringert und die Zeit wieder etwas erhöht. Durch die Nachfrage passt er somit die Schieberegler an seine erbrachte (mathematische) Leistung an, was sich anhand seiner Aussagen bzgl. einer Leistungsverbesserung zeigt (vgl. Abschnitt 9.3.2.3). Die Nachfrage des Interviewers bringt den Schüler somit dazu, die Einstellungen der Aufgabe zu verändern, was erst aufgrund der digitalen Natur des Mediums möglich ist. Das bedeutet letztendlich, dass das digitale Schulbuch überhaupt erst ermöglicht, individuelle Anpassungen der Aufgabenzusammensetzung an den jeweiligen Lernstand bzw. an die jeweiligen Ergebnisse der Aufgabenbearbeitung vorzunehmen. Auf der einen Seite beeinflusst somit der jeweilige Nutzer die Schulbuchnutzung, da er Einstellungen am Strukturelement vornehmen kann; auf der anderen Seite hat das Schulbuch aber durch ebendiese Einstellungsmöglichkeiten auch einen Einfluss auf die Aufgabenbearbeitung, sodass von einer wechselseitigen Beeinflussung im Sinne der *Instrumentierung* gesprochen werden kann. Diese wechselseitige Beeinflussung zeigt sich anhand der *Drehpunktzeichen* (vgl. Abschnitt 9.3.2.3) und verdeutlicht die Passung zwischen dieser beiden theoretischen Konzepte im Rahmen diese Schulbuchstudie. Die *Instrumentierung* des Strukturelements *interaktive Aufgabe* lässt sich aufgrund der Veränderungen der Schieberegler nach den jeweiligen Bearbeitungsdurchgängen als „Verändern von Einstellungen" formulieren.

Insgesamt ergeben sich für die Nutzungszwecke und Nutzungsweisen im Rahmen der *instrumentellen Genese* folgende Ergebnisse:

- Der Schüler verwendet das Strukturelement *interaktive Aufgabe* zur „Generierung von Aufgaben" (*Instrumentalisierung*).
- Im Rahmen der *Instrumentierung* zeigt sich die wechselseitige Beeinflussung des Schülers und des Schulbuchs aufgrund der Möglichkeit, Einstellungen am Strukturelement vorzunehmen. Der Lernende verändert aufgrund seiner erbrachten Leistung die Einstellungen bezogen auf die Höhe der Quadratzahlen und die Zeit pro Aufgabe, sodass er die Nutzung des Schulbuchs beeinflusst. Dies ist jedoch erst aufgrund der digitalen Natur des Mediums möglich, sodass auch das Schulbuch diese Nutzung durch den Schüler erst ermöglicht. Somit kann die Nutzungsweise des Strukturelements als „Verändern von Einstellungen" kategorisiert werden.

9.3.2.5   Zusammenfassung

In diesem empirischen Beispiel der Schülernutzung des digitalen Schulbuchs lag der Fokus auf der Verwendung des Strukturelements *interaktive Aufgabe*. Dabei konnte in einem ersten Analyseschritt im Rahmen der *semiotischen Vermittlung* gezeigt werden, dass der Schüler im Kontext des *Übens und Wiederholens* von Quadratzahlen keine vom Schulbuch losgelösten *Mathematikzeichen* produziert, jedoch *Artefaktzeichen*, die sich auf die Einstellungen der Schieberegler beziehen, und *Drehpunktzeichen*, die eine Reflexion der erbrachten (mathematischen) Leistung im Bezug zu den Einstellungsmöglichkeiten konkretisieren. Dadurch deutete sich bereits an, dass ein direkter Einfluss der Lernenden auf die Aufgabengenerierung durch die digitale Natur des Strukturelements gegeben ist. Des Weiteren zeigte sich anhand der Zeichenanalyse, dass der Interviewer durch seine Rückfragen die verschiedenen Bearbeitungsdurchgänge des Lernenden beeinflusst, dessentwegen der lenkenden Rolle des Interviewers bzw. der Lehrkraft in der Arbeit mit einem digitalen Schulbuch Ausdruck verliehen wird.

In einem zweiten Analyseschritt wurden die Ergebnisse der *semiotischen Analyse* aus der Perspektive der *instrumentellen Genese* beleuchtet, wodurch eine neue *Instrumentalisierung* deutlich wurde und darüber hinaus die *Drehpunktzeichen* im Rahmen der *Instrumentierung* die wechselseitige Beeinflussung von Schulbuch und Nutzer thematisierten. Zusammenfassend trägt dieses Beispiel somit zur Beantwortung der zweiten Forschungsfrage „Welche Strukturelemente verwenden Schülerinnen und Schüler beim Umgang mit einem digitalen Schulbuch und zu welchen Zwecken?" Folgendes bei:

- Das Strukturelement *interaktive Aufgabe* wird zur „Generierung von Aufgaben" verwendet. Die Verwendung zur „Generierung von Aufgaben" stellt demnach eine neue *Instrumentalisierung* für (digitale) Mathematikschulbücher dar, kann jedoch im Zusammenhang mit der *Instrumentalisierung* „Bearbeiten von Aufgaben" verstanden werden.

Für die Beantwortung der dritten Forschungsfrage „Welche Verwendungsweisen lassen sich bei der Nutzung von verschiedenen Strukturelementen während der Arbeit mit einem digitalen Mathematikschulbuch bei Schülerinnen und Schülern identifizieren?" können die folgenden Schlussfolgerungen getroffen werden:

- Aufgrund der Möglichkeit, durch die Schieberegler eigene Aufgaben zu generieren, zeigt sich im Rahmen der *Instrumentierung* die wechselseitige

Beeinflussung des Schülers und des digitalen Schulbuchs. Der Lernende verändert aufgrund seiner erbrachten Leistung die Einstellungen bezogen auf die Höhe der Quadratzahlen und die Zeit pro Aufgabe, sodass dadurch die Nutzung des Schulbuchs beeinflusst wird. Die Generierung von Aufgaben ist jedoch erst aufgrund der digitalen Natur des Mediums möglich, sodass auch das Schulbuch diese Nutzung des Schülers erst ermöglicht. Insgesamt kann die Nutzung somit als „Verändern von Einstellungen" beschrieben werden.

Im folgenden Beispiel 9.3.3 wird die Nutzung eines Strukturelements des Typs *Exploration* thematisiert. Dabei wird deutlich werden, dass der Lernende dem Strukturelement verschiedene (mathematische) Funktionen zuschreibt, die aufgrund der aktiven Auseinandersetzung des Lernenden mit der *Exploration* – und somit aufgrund der Nutzung – entstehen.

9.3.3 Lernhilfe

In dieser Schulbuchbearbeitung der *Exploration* wird deutlich, dass Schüler Kai zu mathematischen Schlussfolgerungen gelangt, die er in das Strukturelement hineindeutet und die sich durch die Dynamisierung und Visualisierung der *Exploration* ergeben. Somit charakterisiert auch dieses Beispiel den Einfluss der digitalen Natur des Strukturelements auf die Verwendungsweisen der Lernenden und fokussiert dabei die zielgerichtete Nutzung zum „Festigen".

9.3.3.1 Vorstellung der Aufgabe

Die Aufgabe „Demonstration: Veränderung der Koordinaten" wird durch ein Strukturelement der Kategorie *Exploration* dargestellt, bei dem die Lernenden einen Punkt – dargestellt durch ein Kreuz und den dazugehörigen Koordinaten der x- und y-Achse – im ersten Quadranten eines vorgegebenen Koordinatensystems entlang der Kästchenbegrenzungen verschieben können und dabei beobachten sollen, wie sich die Koordinaten des angezeigten Punkts verändern (vgl. Abbildung 9.36).

Dieses Strukturelement ist eingebettet im Kapitel „Ganze Zahlen" in der dritten Lerneinheit „Erweiterung des Koordinatensystems" und wird nach einer inhaltlichen Wiederholung zum Aufbau des Koordinatensystems und zur Angabe von Zahlenpaaren (Strukturelementtypen *Lehrtext, statisches Bild, Kasten mit Merkwissen*) aufgeführt (vgl. Abbildung 9.37, Abbildung 9.38, Abbildung 9.39

und Abbildung 9.40). Der inhaltlich mathematische Gegenstand dieser Lerneinheit behandelt die negativen Zahlen im Kontext einer Erweiterung des Koordinatensystems und der daraus resultierenden vier Quadranten.

Im nachfolgenden Koordinatensystem kannst du den Punkt bewegen.
Verfolge, wie sich seine Koordinaten ändern.

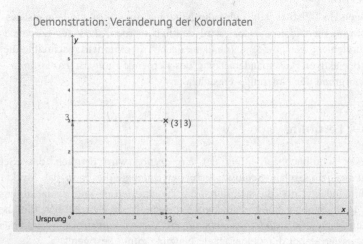

Abbildung 9.36   Exploration „Veränderung der Koordinaten", Lehrwerk (Hornisch et al., 2017)

Du kennst bereits das Koordinatensystem, um Punkte darzustellen, deren Koordinaten natürliche Zahlen sind. Hier kannst du das noch mal wiederholen.

Ein Koordinatensystem besteht aus zwei senkrecht aufeinander stehenden Zahlenstrahlen. Sie haben einen gemeinsamen Anfangspunkt, den **Ursprung**.

Abbildung 9.37   Lehrtext 1, „Koordinatensystem", Lehrwerk (Hornisch et al., 2017)

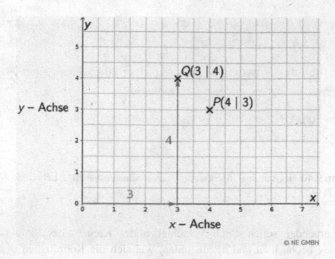

Abbildung 9.38 Statisches Bild, „Koordinatensystem", Lehrwerk (Hornisch et al., 2017)

Der waagerechte Zahlenstrahl ist die **x-Achse**, der senkrechte Zahlenstrahl ist die **y-Achse**.

Punkte im Koordinatensystem werden durch die Angabe von Zahlenpaaren beschrieben, z. B. $P(4|3)$ oder $Q(3|4)$.

Die erste Zahl ist die **x-Koordinate**. Sie gibt an, wie weit du dich in x-Richtung bewegen musst. Die zweite Zahl ist die **y-Koordinate**. Sie gibt an, wie weit du dich in y-Richtung bewegen musst.

Der Punkt $Q(3|4)$ hat beispielsweise die x-Koordinate 3 und die y-Koordinate 4. Du findest den Punkt Q, indem du vom Ursprung aus 3 Schritte entlang der x-Achse gehst und anschließend 4 Schritte parallel zur y-Achse.

Zum Punkt $P(4|3)$ kommst du, wenn du 4 Schritte auf der x-Achse gehst und anschließend 3 Schritte parallel zur y-Achse.

Abbildung 9.39 Lehrtext 2, „Koordinatensystem", Lehrwerk (Hornisch et al., 2017)

> ## Koordinatensystem
>
> Ein Koordinatensystem besteht aus einer x-Achse und einer y-Achse. Sie stehen senkrecht aufeinander.
>
> Ein Punkt P ist durch die Angabe seiner x- und y-Koordinate eindeutig festgelegt.

Abbildung 9.40 Kasten mit Merkwissen, „Koordinatensystem", Lehrwerk (Hornisch et al., 2017)

Die Lernenden sollen durch Verschieben des Kreuzes bzw. Punkts in der *Exploration* beobachten und herausfinden, wie sich die Koordinaten des Punkts verändern. Bezogen auf die *sprachlichen Mittel* in der Aufgabenstellung lassen sich Formulierungen determinativen Charakters feststellen. Die *technologischen Merkmale* verdeutlichen den Unterschied zwischen dem Strukturelementtyp *Visualisierung* und *Exploration*, da die Lernenden hier durch das individuelle Verschieben des Punkts aktiv Veränderungen am Strukturelement durchführen können und nicht – wie bei dem Strukturelementtyp *Visualisierung* – eine Abfolge von Bildern (im Sinne einer gif-Datei) beobachten. Darüber hinaus lässt sich im Hinblick auf die unterrichtsbezogenen Aspekte (vgl. Kategoriensystem Mikrostruktur, Abschnitt 5.2.2.3) dieses Strukturelement den *inhaltlichen Aspekten* des *Erkundens* bzw. *Ordnens* und in diesem Zusammenhang den didaktischen Funktionen *Erarbeitung neues Wissens* bzw. *nachhaltiger Wissensaufbau* zuordnen. Der Grund dafür liegt auf der einen Seite in der Formulierung der Aufgabenstellung („Verfolge, wie sich [die Koordinaten des Punkts] verändern.") und der damit erzielten Funktion einer (mathematischen) Entdeckung. Auf der anderen Seite wird jedoch kein neuer mathematischer Inhalt konkretisiert, sondern lediglich vorbereitet, sodass bereits bekanntes Wissen durch dieses Strukturelement aufgrund seiner Dynamisierung nachhaltig aufgebaut werden kann. Die Formulierung legt eine Bearbeitung in Einzelarbeit nahe; andere *situative Bedingungen* sind jedoch auch denkbar.

Aus fachdidaktischer Sichtweise kann die Lerneinheit aufgrund der Erweiterung des Koordinatensystems in den Bereich der negativen Zahlen den Zahlenaspekten *Skalenaspekt* bzw. *Operatoraspekt* (vgl. Abschnitt 7.2) zugeordnet werden. Die in dem Transkript thematisierte *Exploration* bietet einen entde-ckenden Einstieg dazu. Aus diesem Grund kann dieses Strukturelement in den Bildungsstandards der mathematischen Kompetenz „Mathematische Darstellun-gen verwenden" im Rahmen der Leitidee „Raum und Form" aufgrund der Darstellung im kartesischen Koordinatensystem zugeordnet werden (vgl. Minis-terium für Schule und Weiterbildung des Landes Nordrhein-Westfalen, 2007, S. 8–10). In den Kernlehrplänen ergibt sich die inhaltliche Einteilung „Arith-metik/Algebra" in den prozessbezogenen Kompetenzen „Werkzeuge" (aufgrund der dynamischen Realisierung) und „Argumentieren" (aufgrund von mögli-chen Entdeckungen der Zusammenhänge der angezeigten Zahlenpaare und den dazugehörigen Achsenabschnitte).

9.3.3.2 Vorstellung des Transkripts

Das Transkript thematisiert die Aussagen des Schülers Kai im Anschluss an die selbstständige Bearbeitung der Aufgabe und auf Rückfragen des Interviewers, wie die Schülerinnen und Schüler bei der Bearbeitung der *Exploration* vorgegangen sind (vgl. Tabelle 9.11, Turn 1). Während der Bearbeitung verschiebt Kai den Punkt anfangs sehr schnell und augenscheinlich wahllos innerhalb des Koordina-tensystem; anschließend verschiebt er den Punkt ausgehend vom Ursprung zuerst auf den Punkt (1/0), dann parallel zur y-Achse schrittweise auf den Punkt (1/5), um dann von dort ausgehend den Punkt parallel zur x-Achse hin- und her zu ver-schieben. Kai belässt den Punkt für eine kürzere Zeit auf der Stelle (5/5), um ihn dann erneut im gesamten Koordinatensystem zu verschieben. Dies geschieht im Anschluss an die Aufforderung des Interviewers, stichpunktartig aufzuschreiben, was den Schülerinnen und Schülern auffällt. Kai erklärt daraufhin, dass „man (…) das doch in alle Richtungen verschieben [kann]" und fragt den Interviewer, ob „das so 'ne Lernhilfe" ist. Dies beantwortet der Interviewer jedoch nicht, sondern fordert nach einer weiteren Minute die Lernenden dazu auf, drei verschiedene Punkte zu erzeugen und diese zu notieren. Kai konstruiert daraufhin die Punkte (2/5), (8/4) sowie (3/5).

Im Anschluss fragt der Interviewer zuerst Schülerin Jana nach ihrer Vor-gehensweise, die daraufhin erklärt, dass sie den Punkt nach rechts und oben verschoben hat und währenddessen geschaut hat, wie sich die Koordinaten des Punkts verändern. Der Interviewer fragt daraufhin auch die anderen beiden Ler-nenden nach ihren Feststellungen (vgl. Tabelle 9.11, Turn 1) und Kai erklärt, dass er „alles bewegt und geguckt hat, was man so ausprobieren kann" (Tabelle 9.11, Turn 2). Auf Nachfrage des Interviewers führt Kai seine Entdeckungen weiter aus und beschreibt, dass man durch das Verschieben „alle Punkte, die es gibt, erzeugen kann" (Tabelle 9.11, Turn 6). Während seiner Erklärung verschiebt er den gemeinsamen Punkt im Koordinatensystem und beschreibt die *Exploration* im weiteren Verlauf als eine Art „Lernhilfe", die man verwenden kann, falls man [etwas] nicht so gut versteht" und mit der „man (...) lernen [kann]" (Tabelle 9.11, Turn 8).

Dieser Aspekt wird vom Interviewer aufgegriffen und er fragt nach, was der Schüler damit genau sagen möchte (vgl. Tabelle 9.11, Turn 9). Daraufhin erklärt Kai, dass man anhand der *Exploration* erkennen kann, dass die „x-Achse immer als erstes genannt wird" (Tabelle 9.11, Turn 10), die angezeigten Striche beim Nachvollziehen der Werte helfen (vgl. Tabelle 9.11, Turn 14, 16) und dies letztendlich dabei helfen kann, Inhalte aus der Schule, die man nicht verstanden hat, zuhause nachzuarbeiten (vgl. Tabelle 9.11, Turn 18). In seinen Ausführungen wird Kai immer wieder durch den Interviewer bestätigt (vgl. Tabelle 9.11, Turn 7, 13, 15, 17) und der Schüler verschiebt währenddessen zudem den gemeinsamen Punkt in der *Exploration* (vgl. Tabelle 9.11, Turn 4, 8, 10, 12, 14, 16, 18).

In dem nachfolgenden Abschnitt 9.3.3.3 werden die Aussagen und Handlungen des Schülers im Rahmen der Bearbeitung der *Exploration* mithilfe der *semiotischen Vermittlung* analysiert. Dies wird dokumentieren, dass sich in den Erklärungen des Schülers hauptsächlich *Artefaktzeichen* und *Drehpunktzeichen* rekonstruieren lassen, die die Verwendung des Strukturelements *Exploration* charakterisieren. Dies wird erste Hinweise darauf geben, dass der Schüler dem Strukturelement durch die dynamische Nutzung verschiedene Funktionen zuschreibt; diese Funktionszuschreibung wird anschließend im Rahmen der *instrumentellen Genese* (vgl. Abschnitt 9.3.3.4) thematisiert werden.

9.3.3.3 Semiotische Analyse

Die nun folgende Analyse unter der Perspektive der *semiotischen Vermittlung* wird die bereits im Transkript beschriebenen Aussagen des Schülers Kai im Rahmen ihrer Gerichtetheit auf das Schulbuch bzw. die Mathematik fokussieren. Dies wird zeigen, dass die dynamische Verwendung des Strukturelements zu Aussagen führt, die sich gleichermaßen auf das *Artefakt* als auch auf die Mathematik beziehen. Anhand der Zeichendeutungen zeigen sich wie schon beim vorherigen Beispiel 9.3.2, in dem der Lernende verschiedene Aufgaben durch die technologische Möglichkeit generiert und aufgrund seiner erbrachten Leistung diese Einstellungsmöglichkeiten reflektiert, keine wesentlichen vom Schulbuch losgelösten mathematischen Aussagen. Dieses empirische Beispiel knüpft somit an den Nutzungen des digitalen Strukturelements *interaktive Aufgabe* (vgl. Abschnitt 9.3.2) an, thematisiert aber darüber hinaus die verschiedenen

Nutzungszwecke, die der Schüler dieser *Exploration* zuschreibt – entstehend aus der Verwendung des Strukturelements.

Am Anfang des Transkripts erklärt Kai, dass er „nur alles bewegt und geguckt [hat], was man so ausprobieren kann" (Tabelle 9.11, Turn 2). Dabei thematisiert er als erstes die Dynamisierung des Strukturelements und spricht explizit das Verschieben des Punkts an. Dieser Aspekt wird im weiteren Verlauf immer wieder vom Schüler nicht nur explizit angesprochen (vgl. Tabelle 9.11, Turn 12, 14, 16, 18), sondern zeigt sich auch in seinen konkreten Handlungen am Strukturelement, ergo dem Verschieben des Punkts (vgl. Tabelle 9.11, Turn 4, 8, 10, 12, 14, 16, 18). Diese Aussagen und Handlungen beziehen sich insgesamt ausdrücklich auf die Möglichkeit des Verschiebens des Punkts in der *Exploration* und werden demnach als *Artefaktzeichen* kategorisiert.

Im Unterschied dazu zeigt sich an weiteren Aussagen des Lernenden, dass er das Verschieben des Punkts bzw. die dadurch entstehenden verschiedenen Positionen sinnstiftend beschreiben möchte. Damit ist gemeint, dass er den Möglichkeiten, die sich durch das Verschieben des Punkts ergeben, bestimmte Zwecke zuschreibt. Dies wird zuerst an seiner Aussage, dass man mithilfe der *Exploration* „eigentlich alle Sachen herausmachen kann" (Tabelle 9.11, Turn 4), deutlich. Auf Rückfrage des Interviewers (vgl. Tabelle 9.11, Turn 5) spezifiziert Kai dies noch weiter und argumentiert, dass man „alle Punkte, die es gibt, erzeugen kann" (Tabelle 9.11, Turn 6). Kai erläutert demnach, dass es mit der *Exploration* möglich ist, verschiedene Punkte zu generieren; diese Aussage bezieht sich folglich sowohl auf das Strukturelement an sich, schließt aber auch eine mathematische Deutung mit ein, und wird deshalb als *Drehpunktzeichen* kategorisiert.

In einer weiteren Aussage, die als *Drehpunktzeichen* gedeutet wird, beschreibt Kai die *Exploration* als Lernhilfe, mit der es möglich ist, „falls man [den Inhalt] nicht so gut versteht, (…) lernen [kann]" (Tabelle 9.11, Turn 8). Auch hier beschreibt der Schüler das Strukturelement in einem mathematischen Kontext; das heißt, er deutet das Strukturelement bzw. dessen Nutzung in einem Kontext, den er zum Lernen von Mathematik beschreibt.

Diesen Aspekt führt Kai in seinen folgenden Beschreibungen weiter aus und schildert, dass bei den angezeigten Punkten in der *Exploration* der Wert der „x-Achse immer als erstes genannt wird" (Tabelle 9.11, Turn 10), und zusätzlich „Lern (…) Striche" zu den Werten auf der x- und y-Achse verweisen, „damit man weiß, wozu das führt" (Tabelle 9.11, Turn 14). Dies hilft seiner Meinung nach zu „sehen, was immer zuerst genannt wird" (Tabelle 9.11, Turn 16), sodass diese Beschreibungen des Schülers auf inhaltlicher Ebene das Nachvollziehen der Mathematik dargestellt im Schulbuch thematisieren und demnach im Sinne der *Drehpunktzeichen* sowohl einen Schulbuch- als auch einen Mathematikbezug offenbaren.

Diese doppelte Gerichtetheit zeigt sich auch in der letzten Aussage des Schülers, in der er erläutert, dass das Strukturelement *Exploration* auch zuhause verwendet werden kann, falls man die Mathematik „nicht so gut verstanden hat in der Schule" (Tabelle 9.11, Turn 18), weshalb auch diese Aussage als *Drehpunktzeichen* gedeutet wird.

In Tabelle 9.11 wird das gesamte Transkript und die Analyse mithilfe der *semiotischen Vermittlung* dargestellt.

Insgesamt zeigt sich in den Aussagen und Handlungen des Schülers Kai unter dem Blickwinkel der *semiotischen Vermittlung*, dass sowohl *Artefaktzeichen* als auch *Drehpunktzeichen* rekonstruiert werden können. Während die *Artefaktzeichen* in den expliziten Nutzungen des Strukturelements deutlich werden, manifestieren sich die *Drehpunktzeichen* in den zweckgemäßen Beschreibungen des Schülers. In Anbetracht der empirischen Forschungsfragen („Welche Strukturelemente verwenden Schülerinnen und Schüler beim Umgang mit digitalen Schulbüchern und zu welchen Zwecken?" und „Welche Verwendungsweisen lassen sich bei der Nutzung von verschiedenen Strukturelementen während der Arbeit mit einem digitalen Mathematikschulbuch bei Schülerinnen und Schülern identifizieren?") ermöglicht die Analyse der Schüleraussagen mithilfe der *semiotischen Vermittlung* eine erste Sinndeutung. So konnte zum einen erneut gezeigt werden, dass Deutungen des mathematischen Kontextes (*Drehpunktzeichen*) erst durch eine explizite Verwendung des Strukturelements entstehen (*Artefaktzeichen*). Darüber hinaus zeichnen sich in Aussagen des Schülers konkrete zweckgebundene Nutzungen ab, die nun in einem zweiten Analyseschritt im Rahmen der *instrumentellen Genese* weiter beleuchtet werden. Dabei wird sich eine *Instrumentalisierung* des Strukturelements *Exploration* zum „Festigen" herausstellen. Die Deutungen des Schülers, die sich in der semiotischen Analyse anhand der *Drehpunktzeichen* gezeigt haben, ergeben sich aus der expliziten Nutzung des Strukturelements und werden daher den Prozess der *Instrumentierung* kennzeichnen.

9.3.3.4 Bezug zur instrumentellen Genese

In einem ersten Schritt sollen die Aussagen und Handlungen des Schülers im Rahmen der *instrumentellen Genese* nun bezogen auf ihre *Instrumentalisierung*, also wozu der Lernende das digitale Schulbuch verwendet, betrachtet werden. Wie schon in Abschnitt 9.3.3.2 und 9.3.3.3 thematisiert wurde, charakterisiert Kai die *Exploration* als „Lernhilfe" (Tabelle 9.11, Turn 10). In diesem Zusammenhang argumentiert der Schüler, dass man mithilfe der *Exploration* „falls

Tabelle 9.11 Semiotische Analyse, Lernhilfe

Turn	Person	Inhalt
1	Interviewer	Und wie seid ihr vorgegangen?
2	Kai	Also ich hab eigentlich nur alles bewegt und geguckt, was man so ausprobieren kann.
3	Interviewer	Hmhm [*bejahend*]. Und was ist dir dabei aufgefallen?
4	Kai	Ehm ... mir ist dabei aufgefallen, dass man [*verschiebt den Punkt wahllos*] halt eigentlich alle Sachen herausmachen kann.
5	Interviewer	Alle Sachen herausmachen kann ...
6	Kai	Also dass man alle Punkte, die es gibt, erzeugen kann.
7	Interviewer	Hmhm [*bejahend*].
8	Kai	Und ehm ... Also ich weiß jetzt nicht so, was daran jetzt so auffällig ist, also jetzt nicht was daran jetzt so ‚wow' ist, aber ehm also ich hab aufgeschrieben, dass es so aussieht wie so 'ne Lernhilfe, falls man nicht so gut versteht, kann man hier so lernen [*verschiebt den Punkt in der Exploration*].
9	Interviewer	Hmhm und was ... also ihr hattet das ja auch schon im Unterricht vielleicht ist deswegen der Wow-Effekt nicht so groß. Aber du hast gesagt, das jetzt als Lernhilfe, das find ich ganz spannend. Was könnte denn jemand, der das noch nicht kennt, denn daran erkennen?
10	Kai	Also er könnte dann halt erst mal erkennen, dass die x-Achse [*verschiebt den Punkt auf (4/4)*] immer als erstes genannt wird.
11	Interviewer	Und woran sieht er das?
12	Kai	Ehm, dass ... man sieht ja, dass die Punkte immer verschoben werden [*verschiebt den Punkt auf (5/5)*], und dabei immer zwei verschiedene Zahlen sind ...
13	Interviewer	Hmhm [*bejahend*].
14	Kai	... Und wenn er jetzt z. B. den Punkt auf (2/5) verändert [*verschiebt den Punkt*] – kann da sind ja dann extra diese Lern, da sind ja extra diese Striche, damit man weiß, wozu das führt ...
15	Interviewer	Hmhm [*bejahend*].
16	Kai	... Und dann kann er ja da sozusagen sehen, was immer zuerst genannt wird und dann kann er noch mal verschieben [*verschiebt den Punkt auf (4/4)*] und gucken, ob's wieder so ist ...

(Fortsetzung)

Tabelle 9.11 (Fortsetzung)

Turn	Person	Inhalt
17	Interviewer	Hmhm [*bejahend*].
18	Kai	… Ehm ja und man kann halt auch, wenn man halt z. B. **das nicht so gut verstanden hat in der Schule, kann man das z. B. auch dann zuhause,** dann kann man sich z. B. sowas machen [*verschiebt den Punkt auf (7/5)*]. Dann kann man dasselbe noch mal machen oder so.

man [etwas] nicht so gut versteht, (…) hier so lernen [kann]" (Tabelle 9.11,
Turn 8), durch die angezeigten Striche versteht, wohin die Werte führen (vgl.
Tabelle 9.11, Turn 14, 16) oder zuhause den mathematischen (Schul-)Stoff wiederholen kann (vgl. Tabelle 9.11, Turn 18). Diese Beschreibungen unter dem
Oberbegriff einer ‚Lernhilfe' können als Nutzung zum ‚Festigen' kategorisiert
werden, da der Schüler dem Strukturelement *Exploration* die Tätigkeiten Lernen (vgl. Tabelle 9.11, Turn 8), Verstehen (vgl. Tabelle 9.11, Turn 14, 16) und
Wiederholen (vgl. Tabelle 9.11, Turn 18). zuordnet. Diese Tätigkeiten wurden
im Rahmen der *semiotischen Vermittlung* als *Drehpunktzeichen* identifiziert und
machen deutlich, dass der Schüler den Funktionen des Strukturelements einen
(mathematischen) Zweck zuschreibt. Dies zeigt sich somit auch im Rahmen der
instrumentellen Genese. Darüber hinaus knüpfen diese Tätigkeiten an die von
Rezat (vgl. Rezat, 2011, S. 164–167; vgl. Abschnitt 2.2) identifizierten *Instrumentalisierungen* im Kontext von traditionellen Mathematikschulbüchern an und
lassen sich auch bei der Nutzung digitaler Mathematikschulbücher wiederfinden.

In diesem Zusammenhang lässt sich das Strukturelement *Exploration* auch
auf seine Art und Weise der Verwendung durch den Schüler (*Instrumentierung*) analysieren. Am Anfang des Transkriptausschnitts wurde deutlich, dass
der Lernende den Punkt in der *Exploration* verschoben und dadurch festgestellt hat, dass sich eine Vielzahl von unterschiedlichen Punkten erzeugen lässt
(vgl. Tabelle 9.11, Turn 2, 4, 6). In der semiotischen Analyse zeigten sich
die Handlungen am Strukturelement an sich als *Artefaktzeichen*; seine Aussage
zur Generierung von verschiedenen Punkten thematisierte darüber hinaus einen
mathematischen Bezug und wurden demnach als *Drehpunktzeichen* kategorisiert.
Seine Verwendung des Strukturelements führt zu einer mathematischen Interpretation, sodass im Sinne der *Instrumentierung* deduziert werden kann, dass
durch die Dynamisierung und Visualisierung, die aufgrund der technologischen
Natur des Strukturelements gegeben sind, die Nutzung dieses Strukturelements
einen Einfluss auf die mathematische Wissenskonstruktion des Lernenden hat.

Aufgrund der technologischen Möglichkeiten einer Dynamisierung und Visualisierung des Strukturelements *Exploration* – und insbesondere durch die aktive Verwendung (*Instrumentierung*) dieser Möglichkeiten – gelangt der Schüler zu mathematischen Schlussfolgerungen, die letztendlich in der *Instrumentalisierung* „Festigen" und den Tätigkeiten Lernen, Verstehen und Wiederholen münden. In anderen Worten: Der Schüler schreibt dem Strukturelement *Exploration* die Funktion „Festigen" innerhalb der Tätigkeiten Lernen, Verstehen und Wiederholen zu, die sich jedoch erst durch die dynamische Nutzung desselbigen ergeben. Die *Instrumentierung* des Strukturelements *Exploration* kann demnach wie in Abschnitt 9.3.1 als „explorativ-dynamische Konstruktion" charakterisiert werden.

9.3.3.5 Zusammenfassung

Dieses empirische Beispiel befasste sich mit der Nutzung eines digitalen Strukturelements des Typs *Exploration*, mit dem die Lernenden in Einzelarbeit selbstständig arbeiteten und dabei notieren sollten, was ihnen in der Bearbeitung auffällt.

In einem ersten Analyseschritt im Rahmen der *semiotischen Vermittlung* zeigte sich in der an die Bearbeitung anschließenden Diskussion mit dem Interviewer, dass der Schüler Kai zum einen konkrete Handlungen an der *Exploration* durchführte, was demnach zu einer Kategorisierung als *Artefaktzeichen* führte. Zum anderen spiegelten sich aber in seinen Aussagen auch Erklärungen wider, durch die der Schüler dem Strukturelement die Nutzungen zum Lernen, Verstehen und Wiederholen zuschreibt und somit konkrete Funktionen zum Lernen von Mathematik. Aus diesem Grund wurden diese Erklärungen als *Drehpunktzeichen* gedeutet.

In einem zweiten Analyseschritt wurden die Ergebnisse der *semiotischen Analyse* aus der Perspektive der *instrumentellen Genese* beleuchtet, um eine zielgerichtete Nutzung im Sinne der zweiten und dritten Forschungsfrage zu untersuchen. Dabei zeigte sich, dass die *Drehpunktzeichen* auf zweckgebundene Verwendungen durch den Schüler (vgl. Forschungsfrage 2) untersucht werden können, wodurch sich zeigte, dass der Schüler das Strukturelement *Exploration* zum ‚Festigen' des Wissens verwendet hat. Dies lässt sich durch den Prozess der *Instrumentalisierung* beschrieben.

Des Weiteren zeigte sich anhand der *Drehpunktzeichen*, dass der Schüler die *Exploration* im Rahmen von verschiedenen mathematischen Tätigkeiten verwendet (Lernen, Verstehen, Wiederholen), sodass die Art und Weise der Nutzung (*Instrumentierung*), die erst durch die Dynamisierungs- und Visualisierungsmöglichkeiten eines digitalen Schulbuchs möglich sind, eine Verwendung des Strukturelements zu diesen Tätigkeiten erst ermöglicht und schließlich einen Einfluss auf die mathematische Wissenskonstruktion des Lernenden hat. Die *Instrumentierung* konnte daher als „explorativ-dynamische Konstruktion" kategorisiert werden.

Zusammenfassend trägt dieses Beispiel somit zur Beantwortung der zweiten Forschungsfrage „Welche Strukturelemente verwenden Schülerinnen und Schüler beim Umgang mit einem digitalen Schulbuch und zu welchen Zwecken?" Folgendes bei:

- Der Schüler beschreibt die Nutzungen des Strukturelements *Exploration* innerhalb der drei Tätigkeiten Lernen, Verstehen und Wiederholen. Das Strukturelement *Exploration* wird vom Schüler somit zum „Festigen" verwendet.

Für die Beantwortung der dritten Forschungsfrage „Welche Verwendungsweisen lassen sich bei der Nutzung von verschiedenen Strukturelementen während der Arbeit mit einem digitalen Mathematikschulbuch bei Schülerinnen und Schülern identifizieren?" können die folgenden Schlussfolgerungen getroffen werden:

- Der Schüler gelangt zu mathematischen Schlussfolgerungen, die er in das Strukturelement hineindeutet und die sich durch die Dynamisierung und Visualisierung der *Exploration* ergeben. Als *Instrumentierung* ergibt sich demzufolge die „explorativ-dynamische Konstruktion".

Die Beschreibungen des Schülers bezüglich der Nutzungen des Strukturelements *Exploration* innerhalb der drei Tätigkeiten Lernen, Verstehen und Wiederholen verdeutlichen den Zusammenhang zwischen den Prozessen der *Instrumentalisierung* und *Instrumentierung*. Der Schüler schreibt dem Strukturelement die Funktion ‚Festigen' innerhalb der drei Tätigkeiten zu. Die Zuschreibung der drei Tätigkeiten erfolgt jedoch erst aufgrund der konkreten Auseinandersetzung mit dem dynamischen Strukturelement.

9.3.4 Synthese der empirischen Beispiele

Die Abschnitte 9.3.1 bis 9.3.3 stellten jeweils Nutzungen digitaler Strukturelemente (*Exploration, interaktive Aufgabe*) als Teil von digitalen Schulbüchern dar. Bei den Strukturelementtypen handelte es sich um zwei *Explorationen* (vgl. Abschnitt 9.3.1 und 9.3.3) und eine *interaktive Aufgabe* (vgl. Abschnitt 9.3.2), die die Lernenden in Einzelarbeit bearbeiteten. Diese Arten von Strukturelementtypen sind erst aufgrund der technologischen Natur des Mediums ‚digitales

Schulbuch' möglich und stellen demnach ein Novum von Strukturelementtypen in Schulbüchern dar (vgl. Abschnitt 6.4).

Nach der Vorstellung der inhaltlichen (mathematischen) Aspekte der Strukturelemente (vgl. Abschnitte 9.3.1.1, 9.3.2.1 und 9.3.3.1) wurden die Schülerbearbeitungen beschrieben (vgl. Abschnitte 9.3.1.2, 9.3.2.2 und 9.3.3.2). Im Anschluss daran wurden die Schüleräußerungen innerhalb der jeweiligen Transkripte im Rahmen der *semiotischen Vermittlung* analysiert (vgl. Abschnitte 9.3.1.3, 9.3.2.3 und 9.3.3.3). Dies ermöglichte eine Untersuchung der Zeichen, die von den Lernenden hinsichtlich ihrer Gerichtetheit auf das Schulbuch (*Artefaktzeichen*) oder auf die Mathematik (*Mathematikzeichen*) produziert wurden bzw. die eine wechselseitige Bezugnahme auf die beiden Pole ‚Schulbuch' und ‚Mathematik' (*Drehpunktzeichen*) sichtbar machten.

Dabei zeigte sich in allen empirischen Beispielen die tragende Rolle der *Drehpunktzeichen* im Bearbeitungsprozess bzw. in den anschließenden Diskussionen mit dem Interviewer. In der Schülerbearbeitung des ersten empirischen Beispiels (vgl. Abschnitt 9.3.1) zeigten sich drei Bearbeitungsprozesse durch die Rekonstruktion der Zeichen, in denen der Lernende

a) durch die explizite Verwendung des Strukturelements (*Artefaktzeichen*) eine mathematische Hypothese aufstellt (*Drehpunktzeichen*) und diese am Ende ohne konkreten Bezug zum Schulbuch interpretiert (*Mathematikzeichen*),
b) eine mathematische Hypothese aufstellt (*Mathematikzeichen*), diese anhand des Strukturelements erklärt (*Drehpunktzeichen*) und über die konkrete Arbeit mit dem Strukturelement zu fundieren sucht (*Artefaktzeichen*) oder
c) zwischen der konkreten Verwendung des Strukturelements (*Artefaktzeichen*) und einer mathematischen Interpretation der konstruierten Darstellungen (*Drehpunktzeichen*) wechselt.

In dem zweiten empirischen Beispiel zeigte sich hingegen, dass der Lernende durch die Diskussion mit dem Interviewer und die dadurch initiierte Reflexion seiner zuvor erbrachten Leistung (*Drehpunktzeichen*) Änderungen an den Einstellungen des Strukturelements *interaktive Aufgabe* vornimmt (*Artefaktzeichen*), sodass der artefaktbezogenen Nutzung eine mathematische Reflexionen vorausgeht. Das dritte empirische Beispiel explizierte, dass dem Strukturelement ausgehend von einer artefaktbezogenen Nutzung (*Artefaktzeichen*) mathematische Deutungen (*Drehpunktzeichen*) zugeschrieben werden können.

Allen drei Beispielen ist gemein, dass sich eine starke Prävalenz der *Drehpunktzeichen* in den Aussagen der Lernenden rekonstruieren ließ, wobei explizite *Mathematikzeichen* häufig nicht identifiziert werden konnten. Dies lässt sich zum einen vor dem Hintergrund der inhaltlichen und didaktischen Kategorisierungen der Strukturelementtypen diskutieren als auch mit Bezug zu dem zuvor thematisierten mathematischen Inhalt im Unterricht oder im Schulbuch. Betrachtet man die Kategorisierung des Strukturelements im ersten Beispiel 9.3.1 wurden der *Exploration* die inhaltlichen Aspekte *Erkunden* bzw. *Ordnen* und die dazu entsprechenden didaktischen Funktionen *Erarbeitung neues Wissens* bzw. *nachhaltiger Wissensaufbau* zugeschrieben (vgl. Abschnitt 9.3.1.1). In den Schüleraussagen zeigten sich folglich auch *Mathematikzeichen*, da der Lernende den mathematischen Inhalt explorativ erarbeitet hat. Zwar wurden bei der zweiten *Exploration* die gleichen inhaltlichen Aspekte bzw. didaktischen Funktionen kategorisiert (vgl. Abschnitt 9.3.3.1), allerdings wurde hier der mathematische Inhalt vorab bereits im Unterricht behandelt (vgl. Tabelle 9.11, Turn 9), sodass sich in der konkreten Nutzung der inhaltliche Aspekt *Ordnen* gezeigt hat – und demnach keine *Mathematikzeichen* deutlich wurden. Dies expliziert die Bedeutung des tatsächlichen Einsatzes eines Strukturelements im Vergleich zu seiner konzeptuellen Entwicklung (seitens der Schulbuchentwickler), weshalb diese Studie sowohl die deskriptive Schulbuchanalyse als auch die empirische Nutzung von Strukturelementen untersucht. Im Gegensatz zu den beiden *Explorationen* handelte es sich bei dem inhaltlichen Aspekt bzw. der didaktischen Funktion der *interaktiven Aufgabe* um die Kategorisierungen *Vertiefen* bzw. *Üben und Wiederholen*, sodass vom Schulbuch unabhängige *Mathematikzeichen* weniger wahrscheinlich sind und sich auch in den konkreten Aussagen des Schülers daher nicht zeigten (vgl. Abschnitt 9.3.2.3).

Daran anknüpfend lässt sich die Rolle der *Drehpunktzeichen* in der Schulbuchnutzung unter dem Blickwinkel der jeweiligen digitalen Strukturelemente weiter beleuchten. Dazu wurden die Nutzungen in einem zweiten Analyseschritt im Rahmen der *instrumentellen Genese* beschrieben und die Handlungen und Äußerungen der Lernenden vor diesem Hintergrund reflektiert. Dabei wurde im Beispiel 9.3.1 deutlich, dass sich die Gegebenheiten des Schulbuchs (und somit insbesondere die dynamische Veränderbarkeit des Strukturelements) und die Nutzungen des Lernenden (Aufstellen von mathematischen Hypothesen) gegenseitig beeinflussen. Dieses Wechselspiel der mathematischen Deutungen (des Schülers) der (im Schulbuch) angezeigten Darstellungen wird durch die *Drehpunktzeichen* charakterisiert und beschreibt im Rahmen der *instrumentellen Genese* den Prozess der *Instrumentierung*, die als „explorativ-dynamische Konstruktion" und „systematisch-dynamische Konstruktion" kategorisiert wurden. Auch in der digitalen Generierung von Aufgaben (vgl. Abschnitt 9.3.2) wirkt der Lernende auf das Schulbuch ein, da er Einstellungen am Strukturelement vornehmen kann; auf

der anderen Seite hat das Schulbuch aber durch ebendiese Einstellungsmöglichkeiten auch einen Einfluss auf die Aufgabenbearbeitung, sodass wie im Beispiel
davor von einer wechselseitigen Beeinflussung im Sinne der *Instrumentierung*
gesprochen werden kann und als „Verändern von Einstellungen" kategorisiert
wurde. Diese wechselseitige Beeinflussung zeigt sich anhand der *Drehpunktzeichen* (vgl. Abschnitt 9.3.2.3) und verdeutlicht die Passung zwischen dieser beiden
theoretischen Konzepte im Rahmen diese Schulbuchstudie.

In beiden empirischen Beispielen nutzte der Lernende das Strukturelement
darüber hinaus zum „Bearbeiten von Aufgaben" (*Instrumentalisierung*), sodass
eine Anknüpfung an die Nutzungszwecke von traditionellen Schulbüchern bestätigt werden kann. Dennoch nutzte der Lernende im Beispiel 9.3.1 das digitale
Strukturelement auch zu einer „Verifikation des eingegebenen Ergebnisses", während das Nutzungsziel des zweiten Beispiels 9.3.2 zusätzlich als „Generierung
von Aufgaben" beschrieben werden konnte. Während der erste Verwendungszweck „Bearbeiten von Aufgaben" aufgrund der Aufforderung des Interviewers
zum Bearbeiten der Aufgabe eine triviale *Instrumentalisierung* beschreibt, explizieren die beiden *Instrumentalisierungen* „Verifikation des eingegebenen Ergebnisses" und „Generierung von Aufgaben" neue Nutzungszwecke im Rahmen
von digitalen Mathematikschulbüchern und stellen demnach eine Erweiterung der
bisherigen *Instrumentalisierungen* von Mathematikschulbüchern dar.

Auch im dritten empirischen Beispiel (vgl. Abschnitt 9.3.3) zeigte sich
eine Prävalenz der *Drehpunktzeichen*, sodass im Rahmen der *Instrumentierung*
deduziert werden konnte, dass der Lernende durch die Dynamisierung und Visualisierung des Strukturelements zu mathematischen Schlussfolgerungen gelangt
und somit die Art und Weise der Verwendung, i. e. das dynamische Bearbeiten, Auswirkungen auf die Bearbeitung hat. Die kategorisierte *Instrumentierung*
wurde wie in Abschnitt 9.3.1 somit als „explorativ-dynamische Konstruktion"
beschrieben. Der Lernende schrieb dem Strukturelement letztendlich in diesem
Rahmen die Tätigkeiten Lernen, Verstehen und Wiederholen zu, sodass eine Nutzung zum „Festigen" rekonstruiert werden konnte (*Instrumentalisierung*). Dies
knüpft abermals an die zweckmäßigen Nutzungen von traditionellen Mathematikschulbüchern (vgl. Rezat, 2011) an, verdeutlicht dadurch aber, dass das Medium
‚digitales Schulbuch' trotz neuartiger Strukturelementtypen auch zu gleichen
Zwecken verwendet werden kann.

Im Bezug zu den empirischen Forschungsfragen ergeben sich im Rahmen der hier vorgestellten exemplarischen Beispiele der Nutzungen digitaler
Strukturelemente die folgenden Konsequenzen:

- Lernende verwenden digitale Strukturelemente zum „Bearbeiten von Aufgaben", zur „Verifikation des eingegebenen Ergebnisses", zur „Generierung von Aufgaben" und zum „Festigen". Dabei stellen die *Instrumentalisierungen* „Verifikation des eingegebenen Ergebnisses" und „Generierung von Aufgaben" neue Nutzungszwecke dar und ergeben sich insbesondere erst durch die technologische Natur des digitalen Schulbuchs.

- In den Nutzungsprozessen zeigte sich eine Prävalenz der *Drehpunktzeichen*, die die wechselseitige Beeinflussung zwischen Schulbuch und Nutzer in den Vordergrund rücken. Dadurch charakterisierte sich ein Alleinstellungsmerkmal von digitalen Schulbüchern, da aus der Möglichkeit, Veränderungen direkt am digitalen Strukturelement vorzunehmen, mathematische Deutungen der Einstellungen bzw. der Darstellungen resultierten. Das bedeutet, dass eine direkte Einflussnahme auf das jeweilige Strukturelement eine mathematische Deutung bei den Lernenden bewirken kann. Insgesamt konnten dadurch die folgenden *Instrumentierungen* kategorisiert werden: „explorativ-dynamische Konstruktion", „systematisch-dynamische Konstruktion" sowie „Verändern von Einstellungen".

9.4   Schulbuchnutzungen innerhalb einer Lerneinheit

Die bisherigen Schulbuchnutzungen 9.2.1 bis 9.3.3 beschreiben jeweils Verwendungen von konkreten (digitalen) Strukturelementen. Dabei wurden auf der einen Seite Nutzungen herausgearbeitet, die den Umgang mit Rückmeldungen und Lösungselementen beleuchten (vgl. Abschnitt 9.2). Auf der anderen Seite zeigen die Beispiele in Abschnitt 9.3 den konkreten Umgang digitaler Strukturelemente und somit Schulbuchelemente, die erst aufgrund der technologischen Natur eines digitalen Schulbuchs möglich sind. Bei diesen Schulbuchnutzungen steht jedoch weitestgehend jeweils ein spezifisches Strukturelement im Fokus der Schülerbearbeitung und der Analyse.

Ein Mathematikschulbuch, und demnach auch ein digitales Schulbuch, ist jedoch aus vielfältigen Strukturelementebenen und -typen zusammengesetzt (vgl. Abschnitt 6.3.1), sodass in den folgenden empirischen Beispielen Schulbuchnutzungen fokussiert werden, die die Nutzung einzelner Strukturelemente transzendieren und eine Bearbeitung auf der gesamten Mikroebene explizieren. An dieser Stelle sei noch einmal an das Untersuchungsdesign der Datenerhebung (vgl. Kapitel 8) erinnert, das klinische Interviews in Einzel-, Partner- und Gruppenarbeit – und somit nicht in einem schulischen Klassenkontext – verfolgte, sodass die Schülerinnen und Schüler, die an der Studie beteiligt waren, durch den Interviewer explizit auf die Verwendung einzelner Strukturelemente hingewiesen wurden. Dies hat zur Folge, dass die Lernenden nicht – wie sonst in Schulbuchnutzungen über einen längeren Zeitraum und demzufolge sowohl im schulischen Kontext als auch zur Vorbereitung auf Arbeiten oder im Rahmen von Hausaufgaben üblich – eigenständig im gesamten Schulbuch Inhalte (auf Makro-, Meso- und Mikroebene) auswählen und verwenden (vgl. Abschnitt 2.2; Rezat, 2011). Dennoch wird sich anhand der beiden folgenden empirischen Beispiele 9.4.1 und 9.4.2 zeigen, dass die Lernenden innerhalb der Lerneinheit verschiedene Strukturelemente auswählen, die in der konkreten Verwendung eines expliziten Strukturelements nicht im Fokus der Bearbeitung standen.

Dabei wird sich durch die Analyse des ersten Beispiels 9.4.1 zeigen, dass die Lernenden in der Bearbeitung einer *Rechenaufgabe* nach der Überprüfung ihrer Ergebnisse (Strukturelement *Ergebnis überprüfen*) bestimmte Eingaben in Frage stellen, woraufhin in der Diskussion mit dem Interviewer die mathematische Bedeutung von (Temperatur-)Änderungen in der sprachlichen Bezeichnung thematisiert wird und die Lernenden weitere (zuvor bearbeitete) Strukturelemente auswählen, die diese Änderungen darstellen. Im Zentrum der Diskussion stehen somit sprachliche Aushandlungen, die sich anhand einer Prävalenz der *Drehpunktzeichen* herauskristallisieren. Die Verwendung bzw. Auswahl verschiedener Strukturelemente innerhalb der Lerneinheit dient den Schülerinnen und Schülern letztendlich als Legitimation der diskutierten (sprachlichen) Begriffe.

Im Gegensatz zu der sprachlichen Begriffsaushandlung, die durch die Auswahl verschiedener Strukturelemente unterstützt wird, wählt der Schüler im Beispiel 9.4.2 verschiedene Strukturelemente innerhalb der konkreten Lerneinheit aus, die ihn bei einer vorab getätigten mathematischen Aussage bestätigen. Dadurch steht in diesem empirischen Beispiel nicht die sprachliche Begriffsaushandlung im Fokus, sondern die gezielte Auswahl geeigneter Strukturelemente zur Legitimation einer mathematischen Hypothese.

Insgesamt wird durch die empirischen Beispiele und durch die Analyse der Bearbeitungsprozesse mithilfe der *semiotischen Vermittlung* deutlich werden, dass erneut die *Drehpunktzeichen* eine essenzielle Funktion sowohl in der sprachlichen Aushandlung (vgl. Beispiel 9.4.1) als auch in der mathematischen Begründung (vgl. Beispiel 9.4.2) einnehmen. Dies wird in einem zweiten Analyseschritt im Rahmen der *instrumentellen Genese* näher beleuchtet und die Nutzungen im Sinne ihrer zweckgebundenen Verwendung (*Instrumentalisierung*) sowie die Art und Weise ihrer Verwendung (*Instrumentierung*) beschreiben. Letztendlich wird durch beide Analyseschritte deutlich werden, dass die Lernenden verschiedene Strukturelemente innerhalb der Lerneinheit auswählen und verwenden, was die Arbeit mit einem digitalen Schulbuch für die Mathematik auf der Mikroebene im Rahmen der hier untersuchten Nutzung digitaler Schulbücher durch Lernende weiter ausdifferenziert.

9.4.1 Hilfe zum Bearbeiten der Aufgaben

In dieser Schulbuchbearbeitung wird sich zeigen, dass die Lernenden auf bereits verwendete Strukturelemente innerhalb der Lerneinheit verweisen, um Hilfen zur Bearbeitung einer Aufgabe zu erhalten. Dieses Beispiel rückt – auch im Gegensatz zu den bisherigen Schulbuchnutzungen – ein Arbeiten auf der gesamten Lerneinheitenebene in den Vordergrund und symbolisiert somit den Mehrwert von (digitalen) Schulbüchern als systematischer Aufbau von Inhalten (vgl. Kapitel 3).

9.4.1.1 Vorstellung der Aufgabe

Bei der Aufgabe (vgl. Abbildung 9.41), die in dem digitalen Schulbuch als „Beispiel" bezeichnet wird, sollen die Lernenden sowohl die errechnete Temperatur als auch die Temperaturänderung in die entsprechenden freien Felder eingeben. Beispielsweise wäre bei dem ersten Aufgabenteil die korrekte Antwort die folgende: „Die Temperatur sinkt von 20° C um 30° C auf *-10° C*. Die Temperaturänderung beträgt *-30° C*.". Die Temperaturänderung wird in dieser Bearbeitung durch ein positives bzw. negatives Vorzeichen angegeben. Insgesamt sind drei Aufgaben a bis c zu bearbeiten, wobei in jedem Aufgabenteil sowohl eine Angabe zur Temperatur als auch zur entsprechenden Temperaturänderung eingegeben werden soll. Am Ende können die Schülerinnen und Schüler ihre Eingaben von dem digitalen Schulbuch auswerten lassen oder sich eine Lösung anzeigen lassen.

Durch die direkte Eingabe der Ergebnisse in das digitale Schulbuch und aufgrund des Rechencharakters wird diese Aufgabe als *Rechenaufgabe* kategorisiert. Zudem enthält dieses Strukturelement durch die digitale Überprüfung den Strukturelementtyp *Ergebnis überprüfen* sowie durch die Möglichkeit der Anzeige einer Lösung den Strukturelementtyp *Lösung*. Die *technologischen Merkmale* sind demnach aufgrund der direkten Eingabe in die entsprechenden Felder und der direkten Überprüfung durch das digitale Schulbuch charakterisiert. Die *sprachlichen Merkmale* zeigen marginale Anzeichen von determinativen Mitteln („Gib jeweils die neue Temperatur sowie die Temperaturänderung mit dem richtigen Vorzeichen an.", vgl. Aufgabenstellung, Abbildung 9.41). *Typographische Merkmale* lassen sich in der farblichen Hervorhebung der Überschrift „Beispiel"

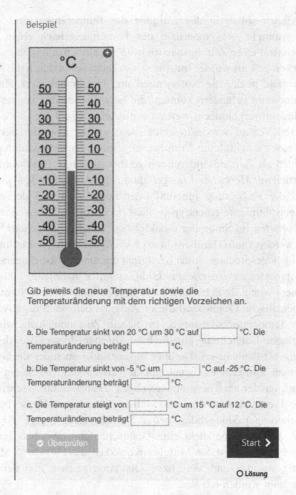

Abbildung 9.41   Rechenaufgabe „Temperatur und Temperaturänderung", Lehrwerk (Hornisch et al., 2017)

kategorisieren sowie durch einen farbigen senkrechten Strich. Beide typographischen Hervorhebungen sind prototypisch für eine Kategorisierung als „Beispiel" (vgl. Tabelle 6.12, Abschnitt Struktur Mikroebene); allerdings entsprechen die *sprachlichen Merkmale* nicht einer solchen Kategorisierung.

Die Lernenden sollen in der Aufgabe die Temperaturen und Temperaturänderungen ermitteln, was innerhalb der Lerneinheit nach einer inhaltlichen Einführung anhand einer Zeitungsnachricht (Strukturelementtypen *statisches Bild* und *Lehrtext*) eingeführt wurde. Im Anschluss daran sollte durch die Verwendung einer *Exploration*, in der die Nutzerinnen und Nutzer bei zwei Thermometern die Temperaturwerte verändern können, die begriffliche Auseinandersetzung mit Temperaturänderungen entdeckt werden (vgl. Abbildung 9.42).

Im weiteren Verlauf wurde in einer *Notizaufgabe* über die Bedeutung des Pfeils in der zuvor aufgeführten *Exploration* gesprochen, um dadurch positive und negative Zahlen als Zustandsänderungen zu thematisieren. Dies wurde daraufhin in einem *Kasten mit Merkwissen* festgehalten (vgl. Abbildung 9.43).

Aufgrund der Platzierung innerhalb der Lerneinheit und der entsprechenden vorherigen Strukturelementtypen lässt sich folgern, dass der inhaltliche Aspekt als *Vertiefen* im Sinne der didaktischen Funktion *Üben und Wiederholen* beschrieben werden kann. Darüber hinaus wird in der Aufgabenstellung eine Einzelbearbeitung angesprochen. Auch bezüglich der unterrichtsbezogenen Aspekten (*inhaltliche Aspekte, didaktische Funktion, situative Bedingung*) lässt sich das Strukturelement somit als *Rechenaufgabe* anstelle eines *Beispiels* kategorisieren.

Der mathematische Gegenstand dieser Aufgabe behandelt negative Zahlen im Kontext von Temperaturänderungen. In diesem Zusammenhang wird aufgrund der skalenartigen Darstellung aus fachdidaktischer Perspektive der *Maßzahl-* bzw. *Skalenaspekt* thematisiert. Darüber hinaus findet auch der *Rechenzahlaspekt* aufgrund der zu lösenden Rechenaufgaben Verwendung. Auch der *Operatoraspekt* kann infolge der am Thermometer abgelesenen Handlungsschritte erfolgen. Insbesondere lässt sich hier die von Malle (1986) vierte Hürde bei der Zahlbereichserweiterung („Sinngebung neuer Schreibweisen") (vgl. Abschnitt 7.2) identifizieren. Die Aufgabe rückt eine Unterscheidung zwischen Temperaturzuständen und -änderungen in den Mittelpunkt, sodass das Plus- bzw. Minuszeichen eine Richtung angeben und Vor- bzw. Operationszeichen von den Lernenden inhaltlich getrennt werden müssen.

In den Bildungsstandards lässt sich diese *Rechenaufgabe* der mathematischen Kompetenz „Mit symbolischen, formalen und technischen Elementen der Mathematik umgehen" zuordnen, da die Lernenden alltagssprachliche Ausdrücke (von Temperaturunterschieden) in formale bzw. symbolische Sprache übersetzen müssen (vgl. KMK, 2004, S. 8). Als inhaltsbezogene mathematische Kompetenz kann diese Aufgabe der Leitidee „Zahl" zugeschrieben werden, da die Lernenden die ganzen Zahlen hinsichtlich ihrer Verwendungsnotwendigkeit als Temperaturzustand oder Temperaturänderung beschreiben müssen. Bezogen auf den Kernlehrplan von Nordrhein-Westfalen für die Sekundarstufe I ergibt

Demonstration: Temperaturänderungen

Du siehst hier zwei Thermometer. Bei beiden kannst du die Temperaturwerte verändern. Dabei steht das linke Thermometer für die zuerst gemessene Temperatur und das rechte Thermometer für die gemessene Temperatur nach einem Temperaturabfall oder -anstieg.

Um wieviel Grad sich die Temperaturen unterscheiden, gibt dir die Zahl in der Mitte an.

Vollbild >

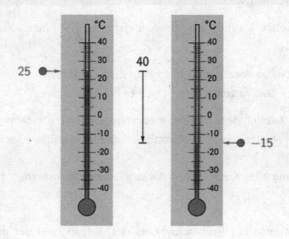

Start >

Abbildung 9.42 Exploration „Temperaturänderung", Lehrwerk (Hornisch et al., 2017)

> ### Zahlen beschreiben Zustände und Änderungen
>
> Positive und negative Zahlen beschreiben nicht nur Zustände wie Temperaturen, Kontostände, Höhenangaben in der Geografie, Stockwerke in Hochhäusern usw.
>
> Positive und negative Zahlen beschreiben auch Änderungen von Zuständen, beispielsweise die Änderung der Temperatur, die Änderung der Höhe usw.
>
> In welche Richtung die Änderung geht, legen wir durch das Vorzeichen fest:
>
> - Das **Vorzeichen +** beschreibt eine **Zunahme**.
> - Das **Vorzeichen -** beschreibt eine **Abnahme**.
>
> Das Ausmaß der Änderung wird hingegen durch den **Betrag** der Zahl festgelegt: Ein größerer Betrag bedeutet eine größere Änderung.

Abbildung 9.43 Kasten mit Merkwissen „Temperaturänderung", Lehrwerk (Hornisch et al., 2017)

sich aufgrund des Rechencharakters der Aufgabe und der damit verbundenen Fokussierung einer Wissensüberprüfung keine konkrete Einteilung in die prozessbezogenen Kompetenzen. Allerdings kann durch Nachfragen der Lehrkraft die inhaltsbezogene Kompetenz „Argumentieren/Kommunizieren" thematisiert werden. Bezüglich der inhaltlichen Kompetenzen lässt sich dieses Strukturelement der Kompetenz „Arithmetik/Algebra" zuordnen, da die Lernenden mit ganzen Zahlen operieren und in der vorgegebenen Sachsituation agieren.

9.4.1.2 Vorstellung des Transkripts

In der hier analysierten Schülerbearbeitung und -diskussion interagieren die Schülerinnen Aline und Lena und der Schüler Kai sowohl miteinander als auch im Austausch mit dem Interviewer. Das Transkript fokussiert die Diskussion der Lernenden mit dem Interviewer nach der eigentlichen Aufgabenbearbeitung und wird eingeleitet durch die Frage des Interviewers, wie die Lernenden vorgegangen sind (vgl. Tabelle 9.12, Turn 1). Bei der Bearbeitung arbeiteten Kai und Aline zusammen, während Lena alleine arbeitete[7].

Auf die Rückfrage des Interviewers erklärt Kai, wie seine Mitschülerin Aline und er vorgegangen sind. Dazu liest er den ersten Aufgabenteil vor und erklärt anschließend die jeweiligen zwei Rechnungen (vgl. Tabelle 9.12, Turn 2, 4, 11). Mitschülerin Lena stimmt dem zu (vgl. Tabelle 9.12, Turn 12) und beschreibt anschließend ihre Rechnungen zu dem zweiten Aufgabenteil, die an die vorherigen Beschreibungen von Kai anknüpfen (vgl. Tabelle 9.12, Turn 16). Für den dritten Aufgabenteil nennt Kai nur noch seine eingesetzten Zahlen und beschreibt nicht mehr wie vorher seine inhaltlichen Überlegungen dazu (vgl. Tabelle 9.12, Turn 19, 21); Lena bemerkt dabei einen Fehler bei ihrer Bearbeitung und ändert diesen (vgl. Tabelle 9.12, Turn 22). Insgesamt stimmen die Lernenden jedoch bezüglich ihrer ausgefüllten Ergebnisse überein, sodass der Interviewer die Schülerinnen und den Schüler dazu auffordert, ihre Eingaben durch die Verwendung des Strukturelements *Ergebnis überprüfen* auswerten zu lassen (vgl. Tabelle 9.12, Turn 29).

Im Anschluss an die digitale Überprüfung der eingegebenen Ergebnisse reagieren die Lernenden erst einmal überrascht, da die eingegebenen Temperaturen zwar als richtig angezeigt werden, die Eingaben bei den Temperaturänderungen jedoch als falsch markiert sind (vgl. Tabelle 9.12, Turn 29–31). Daraufhin werden die Lernenden vom Interviewer dazu aufgefordert, eine Erklärung für die als falsch deklarierten Ergebnisse zu finden (vgl. Tabelle 9.12, Turn 32).

Im Anschluss daran entwickelt sich ein Dialog zwischen den Lernenden und dem Interviewer, in dem der Interviewer Nachfragen an die Schülerinnen und Schüler stellt und dabei gezielt Aspekte thematisiert, die zu einer Beantwortung der angezeigten falschen Eingaben führen sollen (vgl. Tabelle 9.12, Turn 34, 38, 42, 44, 54, 56). Dabei geht es insbesondere um sprachliche Aspekte wie die Begriffe „um" und „auf" (vgl. Tabelle 9.12, Turn 38) und um die mathematischen Bedeutungen der Begriffe „Änderung" (vgl. Tabelle 9.12, Turn 42, 44) und „runterrechnen" (vgl. Tabelle 9.12, Turn 54). Der Interviewer betont diese Begriffe in seinen Äußerungen und lenkt damit die Aufmerksamkeit der Lernenden auf diese Begriffe. Allerdings werden die Begriffe „runterrechnen" und „Minus" von den Lernenden in die Diskussion mit eingebracht (vgl. Tabelle 9.12, Turn 49, 53, 55), sodass der Interviewer durch die Betonung ebendieser Begriffe auf die Anmerkungen der Lernenden eingeht und dadurch versucht, den Dialog zielführend zu lenken.

---

[7] Der Grund für die Partnerarbeit war ein technologisches Problem bei dem iPad von Aline.

In der Diskussion kristallisiert sich schließlich heraus, dass die Temperaturänderungen mit einem positiven bzw. negativen Vorzeichen angegeben werden
müssen (vgl. Tabelle 9.12, Turn 55–57, 63–67). Als Begründungen dafür geben
die Lernenden an, dass die Temperatur sowohl sinkt (vgl. Tabelle 9.12, Turn 55–
57) als auch steigt (vgl. Tabelle 9.12, Turn 63–67), sodass dadurch ein Minus bzw.
ein Plus diese Temperaturänderung ausdrückt. Im Nachgang an diese Diskussion
und an die veränderten Eingaben der Lernenden in der *Rechenaufgabe* äußert
Lena, dass die Angabe eines positiven bzw. negativen Vorzeichens bei Temperaturänderungen vorher schon im Schulbuch geklärt wurde (vgl. Tabelle 9.12, Turn
65) und scrollt dazu zu der *Notizaufgabe* zurück, die sich auf die zuvor bearbeitete *Exploration* bezieht (vgl. Abbildung 9.42; Tabelle 9.12, Turn 69). Lena
erklärt, dass der Pfeil für Minus oder Plus stand (vgl. Tabelle 9.12, Turn 71)
bzw. für die Zahl dazwischen (vgl. Tabelle 9.12, Turn 73). Dies stellt den Interviewer jedoch nicht zufrieden, sodass er eine weitere Erklärung dazu einfordert
(vgl. Tabelle 9.12, Turn 72, 74, 76), woraufhin Kai dem Pfeil die Bedeutung von
Minus und Plus zuschreibt (vgl. Tabelle 9.12, Turn 75) und Aline die Änderung
im Sinne von „sinken" und „steigen" beschreibt (vgl. Tabelle 9.12, Turn 77).

In der Diskussion zeigen sich auf der einen Seite somit gezielte Lenkungen durch den Interviewer; auf der anderen Seite versuchen die Lernenden von
sich aus, die als falsch angezeigten Eingaben nachzuvollziehen, wodurch sich
Begriffsaushandlungen und Verweise auf zuvor bearbeitete Schulbuchelemente
zeigen. Diese Aspekte werden nun im Rahmen der *semiotischen Vermittlung* weiter untersucht, um den Schulbuchbezug auf der einen Seite und den Bezug zur
Mathematik auf der anderen Seite zu rekonstruieren.

9.4.1.3 Semiotische Analyse

Das Ziel der Analyse der Diskussion zwischen dem Interviewer und den Lernenden mithilfe der *semiotischen Vermittlung* ist es herauszuarbeiten und zu
rekonstruieren, welche Handlungen und Aussagen der Lernenden einen konkreten
Bezug zum digitalen Schulbuch (*Artefaktzeichen*, beispielsweise einzelnen oder
mehreren Strukturelementen) oder zur Mathematik (*Mathematikzeichen*, losgelöst
vom Schulbuch) deutlich machen. Auf der anderen Seite steht auch im Fokus der
Analyse, welche Aussagen und Handlungen sich sowohl auf das Schulbuch als
auch auf die Mathematik beziehen (*Drehpunktzeichen*) und somit einen Prozess
beschreiben können, in denen die Lernenden anfangen, mathematische Inhalte
losgelöst vom Schulbuch zu deuten. Demgegenüber zeigt das bereits in der Vorstellung des Transkripts deutlich gewordene Intervenieren des Interviewers eine
gewisse Lenkung der Diskussion, sodass dies auch im Rahmen der *semiotischen
Analyse* thematisiert werden wird. Insgesamt wird sich durch die Zeichendeutung

herausstellen, dass die Lernenden durch den Einfluss des Interviewers und die dadurch begriffliche Aushandlung der Begriffe „um", „auf", „steigen" bzw. „sinken", „runterrechnen" sowie „Minus" und „Plus" auf bereits bearbeitete Inhalte in der Lerneinheit verweisen. Die semiotische Analyse dient vorbereitend für Abschnitt 9.4.1.4, in dem die Zeichendeutungen im Rahmen der *instrumentellen Genese* beleuchtet werden und die Schulbuchnutzung im Sinne ihrer Funktion und Art und Weise diskutiert wird. Die rekonstruierten Zeichendeutungen dienen demnach als Grundlage für die Beschreibung der Schulbuchnutzung in Abschnitt 9.4.1.4.

Am Anfang der Diskussion lesen die Schülerinnen und der Schüler ihre eingegebenen Ergebnisse vor. Dabei liest Kai zum einen die Aufgabe vor (vgl. Tabelle 9.12, Turn 2, 11) und bezieht sich dadurch direkt auf das Schulbuch, weshalb eine Kategorisierung als *Artefaktzeichen* sinnvoll erscheint. Im Kontrast dazu erklärt er direkt im Anschluss, welche mathematische Rechnung hinter der von seiner Mitschülerin Aline und ihm eingetragenen Temperatur steckt (vgl. Tabelle 9.12, Turn 2, 11). Dabei bezieht er sich sowohl auf die Aufgabe im Schulbuch, andererseits erklärt er sein Ergebnis mathematisch („Minusrechnen"), weshalb diese Erklärungen als *Drehpunktzeichen* gedeutet werden. Als Legitimation zu den eingetragenen Temperaturänderungen argumentiert Kai ausschließlich artefaktbezogen („Steht da ja schon.", Tabelle 9.12, Turn 4; „wie da schon geschrieben ist", Tabelle 9.12, Turn 11), sodass diese Begründungen als *Artefaktzeichen* gedeutet werden. Hierbei lässt sich der Unterschied zwischen *Artefakt-* und *Drehpunktzeichen* verdeutlichen, ergo der konkrete vorherrschende Bezug zum Artefakt ‚Schulbuch' auf der einen Seite (*Artefaktzeichen*) und der Vermittlung zwischen Schulbuch und Mathematik auf der anderen (*Drehpunktzeichen*). Während Kai als Begründung zu der Temperatursenkung eine mathematische Rechnung zugrunde legt, legitimiert er seine Eingabe bei der Temperaturänderung anhand der Bezugnahme auf das Schulbuch.

Die schulbuchbezogene Begründung wiederholt sich bei der Vorstellung der eingetragenen Temperaturwerte beim zweiten Aufgabenteil „Die Temperatur sinkt von −5° C um [20]° C auf −25° C. Die Temperaturänderung beträgt [−20]° C.". Lena argumentiert auf artefaktbezogener Grundlage, dass „der Unterschied (…) halt genauso 20° [ist] wie die Lösung vorher, weil (…) das [ja da schon] steht" (vgl. Tabelle 9.12, Turn 16). Ihre Begründung ist somit ausschließlich schulbuchbezogener Natur und lässt sich somit als *Artefaktzeichen* deuten.

Durch die Zeichendeutung im Rahmen der *semiotischen Vermittlung* zeigt sich einerseits bei dem Vergleich der eingetragenen Ergebnisse, dass die Lernenden die Temperaturänderungen artefaktbezogen begründen, die jeweiligen

Temperaturen jedoch rechnerisch. Andererseits soll an dieser Stelle erwähnt werden, dass die Lernenden bei dem Vergleich der eingetragenen Ergebnisse keine mathematischen Inhalte´ deduzieren, sodass durch die semiotische Analyse der Schüleraussagen zwar der Unterschied zwischen *Artefakt-* und *Drehpunktzeichen* – auch in Abgrenzung von *Mathematikzeichen* – verdeutlicht werden konnte, eine vom Schulbuch losgelöste mathematische Deutung und Erklärung jedoch nicht stattfindet.

Im weiteren Verlauf der Diskussion überprüfen die Lernenden ihre Eingaben durch das digitale Schulbuch (Strukturelement *Ergebnis überprüfen*), woraufhin die eingetragenen Temperaturänderungen bei beiden Schülerbearbeitungen als falsch markiert werden (vgl. Tabelle 9.12, Turn 29). Die hieran anschließende Diskussion der Lernenden und des Interviewers lässt sich nun auf ihre semiotischen Deutungen hin untersuchen. Lena reagiert auf die angezeigten falschen Eingaben sehr verwundert, hinterfragt die Überprüfung („Hä? Wie kann das sein?", Tabelle 9.12, Turn 30) und möchte ihre Eingaben explizit nachvollziehen („Warum ist 15 falsch?", Tabelle 9.12, Turn 30). Ihre Aussagen verdeutlichen, dass sie ihre ursprünglichen Eingaben aufgrund der Rückmeldung des digitalen Schulbuchs in Frage stellt und dementsprechend ein Nachvollziehensprozess der mathematischen Korrektheit initiiert wird. Die Aussage der Schülerin wird aus diesem Grund als *Drehpunktzeichen* gedeutet und erinnert darüber hinaus an die in Abschnitt 9.2 thematisierten Reaktionen auf die Rückmeldung des digitalen Schulbuchs.

Im Gegensatz zu den dort analysierten Schülerbearbeitungen übernimmt der Interviewer in der weiteren Diskussion eine zentrale leitende Rolle, indem er Rückfragen an die Lernenden stellt und gezielt auf (von den Lernenden geäußerte) begriffliche Aspekte eingeht (vgl. Abschnitt 9.4.1.2), sodass die Lernenden nicht selbstständig in der Auseinandersetzung mit dem Schulbuch den Prozess des Nachvollziehens der korrekten Lösung durchlaufen. Diese Art der Lenkung wird im Rahmen der *semiotischen Vermittlung* als Mediation bzw. Vermittlung durch die Lehrkraft beschrieben (vgl. Abschnitt 4.3.3) und zeigt sich hier deutlich in dem Dialog zwischen dem Interviewer und den Lernenden (vgl. Tabelle 9.12, Turn 34–77; vgl. Abschnitt 9.4.1.2). Der Interviewer vermittelt somit zwischen der mathematischen Bedeutung von (Temperatur-)Änderungen und der dargestellten Inhalte im Schulbuch. Diese Lenkungen werden in der Analyse dadurch kenntlich gemacht, dass der Interviewer zusätzlich als Mediator bezeichnet wird.

Durch die Lenkung des Interviewers auf sprachliche Aspekte wie die Begriffe „Die Temperatur sinkt von (…) um (…) auf (…)" (Tabelle 9.12, Turn 38), „Temperaturänderung" (Tabelle 9.12, Turn42) und „[J]etzt hast du noch gesagt runterrechnen" (Tabelle 9.12, Turn 54) oder inhaltliche Nachfragen wie „Warum könnte denn da ein Minus davorstehen müssen?" (Tabelle 9.12, Turn 56) entwickelt sich ein Aushandlungsprozess, in dem die Lernenden zum einen auf die Fragen des Interviewers eingehen und zum anderen versuchen, zu den korrekten Ergebnissen bei den Temperaturänderungen zu gelangen und dies inhaltlich mathematisch zu begründen. Die Lernenden gehen teilweise auf die sprachliche Fokussierung der Begriffe ein ("Aber das ist doch genau um.", Tabelle 9.12, Turn 49; "Weil, weil das steigt ja auf.", Tabelle 9.12, Turn 67), äußern eigene Vermutungen ("Vielleicht muss da noch das Minus davor.", Tabelle 9.12, Turn 55; "von 20 dann bis −10 runterrechnen, aber das sind ja 30", Tabelle 9.12, Turn 53) oder verweisen auf bereits verwendete Strukturelemente in der Lerneinheit, die die Änderung von Zuständen bereits thematisiert hatten ("Weil wir das ja auch vorher geklärt haben." (…) [scrollt hoch zur Notizaufgabe, die sich auf die Exploration bezieht], Tabelle 9.12, Turn 65, 69; "wie könnte man das ohne den Pfeil mit was anderem darstellen und da haben wir Minus und Plus gemacht.", Tabelle 9.12, Turn 71). Die Lernenden versuchen dadurch, mathematische Erklärungen innerhalb des digitalen Schulbuchs zu finden bzw. mathematische Deutungen in die Aufgabenstellung bzw. in ihre Rechnungen zu konkretisieren. Aufgrund der wechselseitigen Beziehung zwischen Schulbuchbezug und Mathematik werden diese Aussagen als *Drehpunktzeichen* kategorisiert[8] und verdeutlichen die bedeutende Prävalenz ebendieser Zeichen im Kontext der Schulbuchnutzung von Schülerinnen und Schülern im Rahmen des beschriebenen Aushandlungsprozesses. Dieser Aspekt wird im nächsten Abschnitt im Rahmen der *instrumentellen Genese* weiter aufgegriffen.

Im Anschluss an den eben beschriebenen Aushandlungsprozess erklären die Lernenden auf die abschließende Rückfrage des Interviewers, wofür der Pfeil in der *Exploration* bzw. in der *Notizaufgabe* stand (vgl. Tabelle 9.12, Turn 72, 74), dass der Pfeil "[f]ür Minus und Plus" (Tabelle 9.12, Turn 75) steht bzw. angibt, ob "die Temperatur entweder steigt oder sinkt" (Tabelle 9.12, Turn 77). Die Lernenden gelangen somit letztendlich zu einer mathematisch tragfähigen Argumentation und deuten den angezeigten Pfeil aus dem Strukturelement *Exploration* im Zusammenhang mit der Temperaturänderung in der *Rechenaufgabe*

---

[8] Lediglich Lenas Aussage "Weil wir das ja auch vorher geklärt haben" (Tabelle 9.8, Turn 65) und die Auswahl des Strukturelements *Notizaufgabe* (vgl. Tabelle 9.8, Turn 69) werden als *Artefaktzeichen* kategorisiert, da die Schülerin explizit auf Elemente innerhalb der Lerneinheit verweist, was auch anhand ihrer anschließenden Handlung sichtbar wird. Ihre nachträgliche Erklärung auf die Nachfrage des Interviewers (vgl. Tabelle 9.8, Turn 68, 70) lässt jedoch auch eine mathematische Deutung erkennen, was anhand der Deutung als *Drehpunktzeichen* ausgedrückt wird.

und deduzieren, dass durch die Temperaturänderung eine steigende bzw. sinkende Temperatur beschrieben wird, weshalb das Vorzeichen Plus bzw. Minus verwendet wird. Aus diesem Grund werden diese Aussagen der Lernenden als *Mathematikzeichen* gedeutet. An dieser Stelle soll jedoch erwähnt werden, dass die Deutung ebendieser Aussagen als *Mathematikzeichen* in diesem empirischen Beispiel nicht den Anspruch hat, losgelöst vom Schulbuchinhalt verstanden zu werden. Die Lernenden erklären auf Rückfrage des Interviewers die bereits vorab thematisierte Bedeutung des Pfeil-Symbols im Kontext von Temperaturänderungen, was durchaus Raum für eine schulbuchbezogene Deutung dieser Aussagen lässt und somit auch als *Drehpunktzeichen* gedeutet werden könnte. Dennoch expliziert sich in den Aussagen heraus, dass die Lernenden die Bedeutung des Pfeils in der *Exploration* auf die *Rechenaufgabe* deduzieren und somit den mathematischen Inhalt des einen Strukturelements auf ein anderes Strukturelement projizieren, sodass (zumindest ansatzweise) von einem inhaltlichen Aspekt des *Ordnens* gesprochen werden kann. Dies legitimiert letztlich die Kategorisierung als *Mathematikzeichen*.

In Tabelle 9.12 ist die Analyse der Schüleraussagen und der Diskussion mit dem Interviewer im Rahmen der *semiotischen Vermittlung* dargestellt. Dabei werden neben den bereits thematisierten Zeichendeutungen noch weitere *Artefaktzeichen* rekonstruiert, bei denen die Lernenden beschreiben, dass sie etwas ausprobieren oder Ideen haben, diese sich letztendlich aber als falsch herausstellen (vgl. Tabelle 9.12, Turn 35, 37, 51). Dabei beziehen sie sich lediglich auf die angezeigte Rückmeldung des Schulbuchs „falsch", weshalb diese Aussagen als *Artefaktzeichen* gedeutet werden, im weiteren Verlauf der Diskussion aber nicht weiter thematisiert werden.

Abbildung 9.44 stellt die Schüleraussagen und die Lenkung des Interviewers anschaulich dar. Dabei zeigt sich visuell prägnant, dass die Diskussion über die Temperaturänderung auf der einen Seite stark durch die Rückfragen des Interviewers gelenkt wird. Auf der anderen Seite kristallisiert sich die Prävalenz der *Drehpunktzeichen* deutlich heraus, sodass dieses empirische Beispiel im Kontext der Schulbuchnutzung erneut expliziert, dass Lernende während der Arbeit mit einem digitalen Schulbuch Zeichen produzieren, bei denen insbesondere ein wechselseitiger Bezug zum digitalen Schulbuch als auch zur Mathematik rekonstruiert werden kann. Dieser wechselseitige Bezug zwischen Schulbuch und Mathematik illustriert einen Prozess der Schulbuchnutzung, der letztendlich darin mündet, dass die Lernenden vorab verwendete Strukturelemente in der

Tabelle 9.12 Semiotische Analyse, Hilfen zum Bearbeiten von Aufgaben

Turn	Person	Inhalt
1	Interviewer	Worauf musstet ihr achten? Wie seid ihr vorgegangen? Vielleicht können wir das diskutieren.
2	Kai	Ehm wir sind vorgegangen indem wir halt einfach [*drei Sekunden Pause*] halt z. B. [*liest Aufgabenteil a vor*] "<u>Die Temperatur sinkt von 20° auf 30°</u> <u>um 30° auf</u>" und **dann ist halt –10 Grad, weil da haben wir einfach 20 – 30 gerechnet** …
3	Interviewer	Hmhm [*bejahend*].
4	Kai	… und dann soll halt „Die Temperaturänderung beträgt 30°". <u>Steht da ja schon.</u>
5	Interviewer	Hmhm [*bejahend*]. Hast du das [Lena] genauso?
6	Interviewer	Das hast du genauso?
7	Lena	Eh, keine Ahnung.
8	Interviewer	Hast du nicht zugehört?
9	Lena	Ne.
10	Interviewer	Dann sag noch mal bitte, Kai.
11	Kai	Achso, eh „<u>Die Temperatur sinkt von 20° auf 30° um 30°</u>". Und dann ist ja **insgesamt –10, weil das ist ja das Minusrechnen.** Und die Temperaturänderung beträgt 30, <u>wie da schon geschrieben ist.</u>
12	Lena	Hmhm [bejahend].
13	Interviewer	Hast du genauso?
14	Lena	Ja.
15	Interviewer	Okay, und beim zweiten, [Lena] wie bist du da vorgegangen?
16	Lena	Also ich hab da, also ich hab das Zwischending genommen, also 20° und ehm [*liest vor*] „<u>die Temperatur sinkt von –5° um 20° auf –25°</u>". Und der Unterschied ist halt genauso 20° wie die Lösung vorher, weil <u>ja das steht da ja schon.</u>
17	Interviewer	Okay.
(*Verzögerungen im organisatorischen Ablauf*)		
18	Interviewer	c noch. Dann eh kontrolliert euch noch gegenseitig, was ihr da habt.
19	Kai	–3 und 15.
20	Interviewer	[*wiederholt die Aussage von Kai*] –3 und 15.
21	Kai	Bei dem ersten Kasten haben wir –3 und bei dem zweiten Kasten haben wir 15. [*liest vor*] „Die Temperatur steigt von"
22	Lena	Oh, ich hab eh ich hab, ich hab, ich hab, ich hab was falsch. (*Verzögerungen im organisatorischen Ablauf*) [*verändert ihr Ergebnis im ersten Kasten des dritten Aufgabenteils*] Ich hab das „steigt" irgendwie verpeilt, aber (*drei Sekunden Pause*) achso, dann muss man das abziehen. Hä?
23	Interviewer	Was überlegst du gerade?
24	Lena	Achso ja, dann ist das doch –3.
25	Interviewer	Was hattest du denn vorher stehen?
26	Lena	Eh, 27, weil ich gedacht hab „sinkt".
27	Interviewer	Okay, du hast steigen eh sinken anstatt steigen?
28	Lena	Ja.

(Fortsetzung)

Tabelle 9.12 (Fortsetzung)

29	Interviewer	Okay, jetzt überprüft mal bitte eure Ergebnisse [*Lena: die Eingabe der Temperaturen sind alle richtig, die Eingaben der Temperaturänderungen falsch; Aline und Kai nicht sichtbar anhand der Videos, jedoch dürfte die digitale Überprüfung die gleichen fehlerhaften bzw. korrekten Eingaben anzeigen*].
30	Lena	**Hä? Wie kann das sein? Warum ist 15 falsch?**
31	Kai	Alter Schwede!
32	Interviewer = Mediator	Wie kann das sein? Genau. Versucht, eine Erklärung zu finden.
33	Kai	Weiß ich nicht.
34	Interviewer = Mediator	Also ihr habt eigentlich fast alles richtig gesagt und ihr habt ja auch die richtigen Zahlen in den ersten Boxen jeweils eingetragen, ne?
35	Kai	'[*undeutlich*]. Achsooo, muss da vielleicht? <u>Ich muss mal kurz was ausprobieren.</u>
36	Interviewer	Was machst du denn gerade?
37	Kai	<u>Nee, ne ne, das war auch falsch.</u> [*tippt etwas ein, jedoch gibt es keine Bildschirmaufnahme davon*] (...) <u>Ich hab gedacht, man soll vielleicht das Ergebnis da noch mal [eingeben?]</u>
38	Interviewer = Mediator	Also wir bleiben mal beim ersten: "Die Temperatur sinkt von 20° Celsius [*nächstes Wort betont*] um 30° Celsius [*nächstes Wort betont*] auf 10° Celsius." Richtig?
39	Lena	Ja.
40	Interviewer	Gut. [Kai]?
41	Kai	Ja.
42	Interviewer = Mediator	„Die Temperatur [*nächstes Wort betont*] <u>änderung</u>; wir haben auch schon mal über Änderungen gesprochen und den Pfeil.
43	Lena.	Ja.
44	Interviewer = Mediator	Was haben wir jetzt für 'ne Änderung?
45	Aline	Ahhh<u>!</u>
46	Interviewer	Ahhh sagt die [Aline].
47	Aline	Ich glaube [*drei Sekunden Pause*]
48	Interviewer	Du glaubst was?
49	Lena	Ich versteh das nicht. **Aber das ist doch genau** [*nächstes Wort betont*] **um.**
50	Interviewer	Was hattest du denn eben für 'ne Idee, [Aline]?
51	Aline	<u>Nee, das war falsch.</u>
52	Interviewer	Na sag doch mal.
53	Aline	Also als **erstes hab ich gedacht,** eh, ehm halt **von 20 dann bis −10 runterrechnen, aber das sind ja 30.**
54	Interviewer = Mediator	Das sind 30 ja, aber jetzt hast du noch gesagt runterrechnen.
55	Lena	**Vielleicht muss da noch das Minus davor.**
56	Interviewer = Mediator	Warum könnte denn da ein Minus davorstehen müssen?

(Fortsetzung)

Tabelle 9.12 (Fortsetzung)

57	Lena	Weil es ja von da bis da geht. Keine Ahnung warum. Ah, weil es sinkt, weil es sinkt! Ja jetzt [*verändert die Temperaturänderung bei Aufgabenteil a*].
58	Interviewer	So, noch mal erklären bitte. Oder füllt das erst mal bei den anderen bitte noch mal aus.
59	Kai	Ich glaube … darf ich sagen?
60	Interviewer	Wenn du's ausgefüllt hast.
61	Lena	**Warum ist dann 15 falsch** [*bezieht sich auf Aufgabenteil c*]? Weil da muss Plus
62	Kai	**Da muss auch Minus hin.** Ähh, nee.
63	Lena	**Plus.**
64	Interviewer = Mediator	Warum muss da Plus hin?
65	Lena	Weil wir das ja auch vorher geklärt haben.
66	Interviewer	Was haben wir denn vorher geklärt?
67	Kai	**Weil, weil das steigt ja auf.**
68	Interviewer = Mediator	So, auch was du gesagt hast ist richtig, wo haben wir das denn vorher geklärt?
69	Lena	Gerade haben wir hier, also da so [*scrollt hoch zur Notizaufgabe, die sich auf die Exploration bezieht*]
70	Interviewer	Ne, sag mal genau wo.
71	Lena	Hier bei dem [*zeigt auf die Notizaufgabe*], bei mir hat's ja nicht geladen. Da haben wir halt bei den Aufgaben auch gesagt, **wie könnte man das ohne den Pfeil mit was anderem darstellen und da haben wir Minus und Plus gemacht.**
72	Interviewer = Mediator	Genau. Und was, was denn mit dem Pfeil noch anders darstellen? Also wofür stand noch mal der Pfeil?
73	Lena	Die Zahl zwischen denen.
74	Interviewer	Die Zahl zwischen, wofür stand der Pfeil noch mal? Vielleicht können wir das kurz noch mal sagen?
75	Kai	Für Minus und Plus.
76	Interviewer	Den Pfeil kann ich auch mit Minus und Plus darstellen, ja.
77	Aline	Dass die Temperatur entweder steigt oder sinkt.

Lerneinheit auswählen und als Legitimation ihres Erklärungsvorschlags heranziehen. Die folgenden beiden Aspekte stellen somit die zentralen Aussagen dieses empirischen Beispiels im Rahmen der semiotischen Analyse dar:

(1) Der Interviewer lenkt durch Nachfragen an die Lernenden und die Fokussierung expliziter sprachliche Begriffe die Diskussion und fordert dementsprechend inhaltlich korrekte (mathematische) Erklärungen von den Lernenden ein.

(2) Die Lernenden verweisen auf ein bereits vorab verwendetes Strukturelement innerhalb der Lerneinheit und beziehen die dort thematisierte Zustandsänderung auf die aktuelle Diskussion.

Beide Aspekte zeigen sich in der Prävalenz der *Drehpunktzeichen* und stehen charakteristisch für den Aushandlungsprozess zwischen Schulbuch und Mathematik, in dem die Lernenden versuchen eine Erklärung für ihre falsch eingetragenen Ergebnisse bzgl. der Temperaturänderungen zu finden. Um die Art und Weise der Schulbuchnutzung und die zweckgemäße Verwendung der Strukturelemente zu beschreiben, wird dieser Aushandlungsprozess nun in einem zweiten Analyseschritt in Abschnitt 9.4.1.4 im Rahmen der *instrumentellen Genese* beleuchtet. Dabei werden die durch die semiotische Analyse identifizierten *Drehpunktzeichen* aus den Blickwinkeln der *Instrumentalisierung* und *Instrumentierung* beschrieben, was den Verweis auf ein zusätzliches Strukturelement innerhalb der Lerneinheit als Hilfe zum Bearbeiten der Aufgaben im Rahmen des Aushandlungsprozesses charakterisieren wird.

9.4.1.4 Bezug zur instrumentellen Genese

In Abbildung 9.44 zeigt sich die Prävalenz der *Drehpunktzeichen* in der (vom Interviewer gelenkten) Diskussion mit den Lernenden und visualisiert dementsprechend die Aushandlung einer mathematisch korrekten Lösung und dem Strukturelement *Rechenaufgabe* bzw. den dort thematisierten Temperaturänderungen. Durch die Analyse im Rahmen der *semiotischen Vermittlung* wurde ebendiese Wechselwirkung zwischen Schulbuch- und Mathematikbezug in den *Drehpunktzeichen* deutlich. Bezieht man diese Ergebnisse auf die Theorie der *instrumentellen Genese* lässt sich diese Aushandlung in der Schülerdiskussion durch die Prozesse der *Instrumentalisierung* und *Instrumentierung* näher beleuchten. Dabei steht zuerst die Frage nach einer zielgerichteten Verwendung des Schulbuchs im Fokus der Analyse (*Instrumentalisierung*), bevor in einem zweiten Schritt die Art und Weise der Nutzung (*Instrumentierung*) weiter betrachtet wird. Durch diese beiden Blickwinkel wird sich letztendlich zeigen, dass die Lernenden das Schulbuch verwenden, um Hilfen zum Bearbeiten der Aufgaben zu erhalten; die Verwendung des Schulbuchs zeigt sich entsprechend in dem Verweis auf und der Auswahl eines vorab verwendeten Strukturelements.

Nach der Überprüfung der eingetragenen Ergebnisse durch das Strukturelement *Ergebnis überprüfen* diskutieren die Lernenden zusammen mit dem Interviewer, warum ihre Eingaben bzgl. der Temperaturänderungen bei der *Rechenaufgabe* falsch sind. Dabei erklären sie auf Rückfrage des Interviewers, dass sie etwas „ausprobieren" wollen (vgl. Tabelle 9.12, Turn 35) oder eine Idee

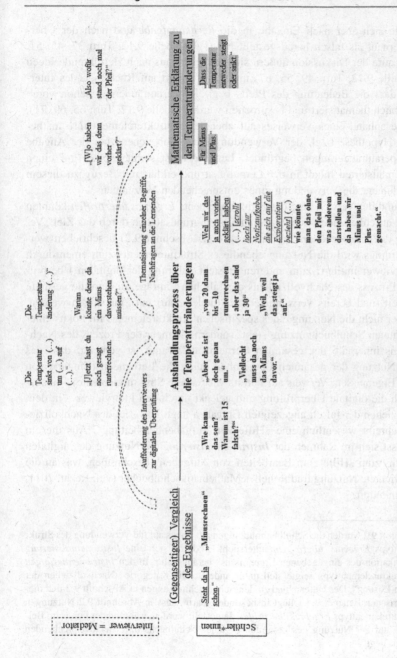

Abbildung 9.44 Darstellung der Interviewer-Lenkung und des Aushandlungsprozesses zwischen Schulbuch und mathematischer Bedeutung

hatten, die sich aber nach Eingabe in die *Rechenaufgabe* und nach der Überprüfung erneut als falsch herausgestellt hat (vgl. Tabelle 9.12, Turn 37, 45, 51, 53). Im Laufe der Diskussion äußern sie darüber hinaus auch zielführende Ideen (vgl. Tabelle 9.12, Turn 49, 55, 67) und Lena erklärt auf Rückfrage des Interviewers, dass die Bedeutung des Pfeils bzgl. Temperaturänderung schon vorab im Schulbuch thematisiert und besprochen wurde (Tabelle 9.12, Turn 65, 69, 71), sodass sie anhand eines Verweises auf ebendieses Strukturelement ihre mathematische Hypothese bzgl. der Verwendung eines Vorzeichens bei der Angabe von Temperaturänderungen begründet. Lena verweist somit explizit auf einen vorab thematisierten Inhalt in der Lerneinheit und erklärt mit Bezug zu diesem Strukturelement die Verwendung eines entsprechenden Vorzeichens.

Aufgrund der Verwendung des Strukturelements *Ergebnis überprüfen* könnten die daran anschließenden Schulbuchnutzungen grundsätzlich durch das Ziel „Verifikation des eingegebenen Ergebnisses" (vgl. Abschnitt 9.2) beschrieben werden. Allerdings wird die Nutzung ebendieses Strukturelements zum einen durch den Interviewer initiiert; zum anderen entsteht aufgrund der digitalen Überprüfung ein Prozess des Nachvollziehens der falschen Einträge, in dem die gesamte Lerneinheit (und bereits verwendete Strukturelemente) mit einbezogen werden, sodass hier nicht die Nutzung eines spezifischen Strukturelements im Fokus einer zielgerichteten Schulbuchnutzung steht, sondern vielmehr der Prozess des Nachvollziehens innerhalb der gesamten Lerneinheit[9]. Damit ist gemeint, dass das Ziel der Nutzung der gesamten Lerneinheit durch die Lernenden (Eingabe von weiteren Ergebnissen, Verweis auf bereits verwendete Strukturelemente) – ausgelöst durch die digitale Überprüfung und gelenkt durch den Interviewer – in dem Nachvollziehen der falsch angezeigten Eingaben liegt. Das Ziel des Nachvollziehens beschreibt wesentlich eine „Hilfe zur Aufgabenbearbeitung". Aus diesem Grund lässt sich im Rahmen der *Instrumentalisierung* die Nutzung des digitalen Schulbuchs zum „Hilfe zum Bearbeiten von Aufgaben" beschreiben, was an die zweckgerichtete Nutzung traditioneller Mathematikschulbücher (vgl. Rezat, 2011, S. 163) anknüpft.

---

[9] In Abschnitt 9.2 wurden die Schulbuchnutzungen mit Fokus auf die Verwendung des Strukturelementtyps *Ergebnis überprüfen* untersucht, wodurch sich eine *Instrumentalisierung* zur „Verifikation des eingegebenen Ergebnisses" herausstellte. In den *Instrumentierungen* dieses Strukturelementtyps zeigte sich unter anderem die Kategorie „Nachvollziehen der Schulbuch-Lösung". Der Unterschied zu den Schulbuchnutzungen in Abschnitt 9.2 und diesem empirischen Beispiel 9.4.1 liegt insbesondere darin, dass in Abschnitt 9.2 Nutzungen des Strukturelementtyps *Ergebnis überprüfen* dargestellt wurden, während der Fokus im Beispiel 9.4.1 auf der Nutzung des gesamten digitalen Schulbuchs bzw. der entsprechenden Lerneinheit liegt.

Im Rahmen der *Instrumentalisierung* wurden bereits die expliziten Nutzungen des digitalen Schulbuchs angesprochen, die sich in der Theorie der *instrumentellen Genese* durch den Prozess der *Instrumentierung* beschreiben lassen. Die Art und Weise der Nutzung des digitalen Schulbuchs steht bei diesem Blickwinkel im Vordergrund und zeigt sich in dieser Schulbuchbearbeitung insbesondere anhand des Verweises auf ein bereits vorab behandeltes Strukturelement, i. e. eine *Notizaufgabe*, die sich wiederum auf eine *Exploration* bezieht. Die „Auswahl eines relevanten Strukturelements" im Rahmen der Schulbuchbearbeitung wurde in den bisherigen empirischen Beispielen noch nicht identifiziert und stellt demnach eine neue *Instrumentierung* bezüglich Nutzungen digitaler Schulbücher dar. Die Schülerin Lena wählt gezielt ein explizites Strukturelement in der gleichen Lerneinheit aus, mit dem sie ihre mathematische These (‚Bei den Temperaturänderungen muss man ein Vorzeichen angeben.') begründen kann. Anders ausgedrückt nutzt die Schülerin die gesamte Lerneinheit, indem sie auf der dargestellten Website zurückscrollt, um Informationen zu erhalten, die sie in ihrer Argumentation bestätigen.

Die *Instrumentierung* „Auswahl eines relevanten Strukturelements" erinnert an die *Instrumentierung* „Auswahl eines relevanten Bereiches" innerhalb der *Instrumentalisierung* „Hilfe zum Bearbeiten von Aufgaben" in den Schülernutzungen traditioneller Mathematikschulbücher (vgl. Rezat, 2011, S. 163), in der die Lernenden selbstständig Ausschnitte innerhalb des Mathematikschulbuchs auswählen, um Hilfen für das Bearbeiten von Aufgaben zu erhalten (vgl. Rezat, 2011, S. 163). Die Schülerin Lena wählt auch hier einen relevanten Bereich aus, ergo das Strukturelement *Notizaufgabe*, um zu ihrer zuvor getätigten Aussage Hilfe zu erhalten. Mit der Bezeichnung der *Instrumentierung* „Auswahl eines relevanten Strukturelements" soll jedoch hervorgehoben werden, dass explizit weitere Strukturelemente ausgewählt werden und sich die Struktur von (digitalen) Mathematikschulbüchern gerade aus den Strukturelementen zusammensetzt (vgl. Kapitel 6). Darüber hinaus wird sich in der Vorstellung des folgenden Beispiels 9.4.2, in der semiotischen Analyse und instrumentellen Nutzung dieser Schülerbearbeitung zeigen, dass die Auswahl von und der Verweis auf verschiedene Strukturelemente als *Instrumentierung* im Kontext einer *Instrumentalisierung* „Begründen mathematischer Aussagen" sinnvoll ist und eine Erweiterung der Nutzungen traditioneller Mathematikschulbücher im Rahmen von digitalen Mathematikschulbüchern darstellt.

Zusätzlich zu der *Instrumentierung* „Auswahl eines relevanten Strukturelements" zeigen sich auch Nutzungsweisen in den *Drehpunktzeichen*, in denen die Lernenden begriffliche Aspekte in den Aufgabenbeschreibungen aufgreifen (vgl. Tabelle 9.12, Turn 49, 67). Diese begriffliche Fokussierung wird jedoch stark durch den Interviewer begleitet und gelenkt, sodass an dieser Stelle nicht von selbstständigen Schülernutzungsweisen gesprochen werden kann.

Darüber hinaus geben die Lernenden auch weitere Zahlen in die entsprechenden Felder der Temperaturänderungen ein und lassen diese durch das digitale Schulbuch überprüfen, was sie als „ausprobieren" beschreiben (vgl. Tabelle 9.12, Turn 35, 37). Die Nutzungsweise des „Ausprobierens" lässt sich daher als zusätzliche *Instrumentierung* zu dem Strukturelementtyp *Ergebnis überprüfen* (vgl. Abschnitt 9.2) dokumentieren.

Insgesamt konnte durch den Bezug zur *instrumentellen Genese* gezeigt werden, dass die Lernenden das digitale Schulbuch verwenden, um die durch das digitale Schulbuch überprüften Ergebnisse nachzuvollziehen und dadurch „Hilfe zum Bearbeiten von Aufgaben" erhalten. Die Lernenden hinterfragen, warum ihre Eingaben falsch sind und versuchen auf unterschiedliche Arten, eine Antwort auf die falschen Ergebnisse zu erhalten. In diesem Zusammenhang zeigten sich die *Instrumentierungen* „Ausprobieren" und „Auswahl eines relevanten Strukturelements", wobei in erster Linie die letzte Nutzungsweise an die *Instrumentierungen* traditioneller Mathematikschulbücher anknüpft, wodurch sich insbesondere die Rekurrenz der Schülernutzungen digitaler und traditioneller Mathematikschulbücher zeigt.

9.4.1.5 Zusammenfassung

In diesem Beispiel der Schulbuchnutzung durch Lernende zeigte sich nach der Rückmeldung durch das digitale Schulbuch eine sprachliche Aushandlung der Begriffe der Zustandsänderungen am Beispiel der Temperatur, die durch den Interviewer aufgegriffen wird und im Endeffekt in einer tragfähigen mathematischen Erklärung für die falsch angezeigten Ergebnisse mündet. Im Gegensatz zu den Nutzungen einzelner Strukturelemente in den bisherigen empirischen Schülerbearbeitungen 9.2 und 9.3 zeigte sich dabei ein Verweis der Lernenden auf bereits verwendete Strukturelemente innerhalb der Lerneinheit.

Durch die Analyse im Rahmen der *semiotischen Vermittlung* konnte zum einen gezeigt werden, dass die Schüleraussagen und -handlungen nach der digitalen Überprüfung durch das Schulbuch (Strukturelementtyp *Ergebnis überprüfen*) bzw. die Diskussion über ihre falschen Ergebnisse in großem Maße durch den Interviewer gelenkt waren. Dies zeigt insbesondere die Relevanz einer lehrervermittelten Schulbuchnutzung auf der Seite der Lernenden, was bereits bei der Schülernutzung traditioneller Mathematikschulbücher konstatiert wurde (vgl. Rezat, 2009, S. 56–58) und somit auch für digitale Mathematikschulbücher eine wesentliche Nutzung durch Lernende darstellt. Des Weiteren verdeutlicht dies, dass die Konstruktion mathematischen Wissens durch ein (digitales) Schulbuch (lehrer-)vermittelte Lenkungen erfordert und aus diesem Grund insbesondere im sozialen Kontext und in der Diskussion miteinander erfolgt. Dies steht in Einklang mit dem in Abschnitt 4.3 beschriebenen Verständnis eines *Mediums* und zeigt sich hier explizit in der empirischen Schulbuchnutzung.

Zum anderen zeigte sich die sprachliche Aushandlung bezüglich der Begriffe zu den Temperaturänderungen in den *Drehpunktzeichen*, indem die Schüler sowohl Bezüge zum Strukturelement als auch zur Mathematik herstellen. Letztendlich wählte eine Schülerin ein bereits verwendetes Strukturelement aus, das die in dem Aushandlungsprozess diskutierte mathematische Erklärung zu den Temperaturänderungen darstellt, sodass sich im Rahmen der *semiotischen Vermittlung* schließlich eine Deutung als *Mathematikzeichen* ergab.

Dieser Aushandlungsprozess wurde in einem weiteren Schritt im Rahmen der *instrumentellen Genese* beschrieben, wodurch sich gezeigt hat, dass die Lernenden die gesamte, aktuell verwendete Lerneinheit (nach der Überprüfung der eingegebenen Ergebnisse) nutzen, um „Hilfen zum Bearbeiten von Aufgaben" zu erhalten (*Instrumentalisierung*). Die spezifischen Verwendungsweisen zeigten sich in den Aussagen und Handlungen der Lernenden, die als „Ausprobieren" und „Auswahl eines relevanten Strukturelements" im Rahmen der *Instrumentierung* beschrieben werden konnten.

Zusammenfassend trägt dieses Beispiel zur Beantwortung der zweiten Forschungsfrage „Welche Strukturelemente verwenden Schülerinnen und Schüler beim Umgang mit einem digitalen Schulbuch und zu welchen Zwecken?" Folgendes bei:

- Die Lernenden verwenden die gesamte Lerneinheit, um Hilfen zum Bearbeiten von Aufgaben zu erhalten.

Für die Beantwortung der dritten Forschungsfrage „Welche Verwendungsweisen lassen sich bei der Nutzung von verschiedenen Strukturelementen während der Arbeit mit einem digitalen Mathematikschulbuch bei Schülerinnen und Schülern identifizieren?" können die folgenden Schlussfolgerungen getroffen werden:

- Die Schüler thematisieren – gelenkt durch den Interviewer – verschiedene Begriffe bezüglich der mathematischen Änderung von Zuständen.
- Die Lernenden probieren nach der Überprüfung weitere verschiedene Ergebnisse aus. (*Instrumentierung* „Ausprobieren")
- Darüber hinaus kann die Nutzung der gesamten Lerneinheit im Rahmen der *Instrumentierung* als „Auswahl eines relevanten Strukturelements" beschrieben werden.

Insbesondere die *Instrumentierung* „Auswahl eines relevanten Strukturelements"
beschreibt die Nutzung der gesamten Lerneinheit im Gegensatz zu den bisherigen Schulbuchnutzungen einzelner Strukturelemente. Diese Nutzungsweise
entsteht in diesem empirischen Beispiel insbesondere durch die Lenkung des
Interviewers und Diskussion über die verschiedenen Begriffe. Im nächsten empirischen Beispiel zeigt sich diese *Instrumentierung* darüber hinaus im besonderen
Maße. Dort wählt ein Schüler verschiedene Strukturelemente auswählt, um eine
mathematische Hypothese zu begründen. Im Gegensatz zu der hier beschriebenen
Schulbuchnutzung äußert der Schüler jedoch vorab eine mathematische Aussage
und wählt im Anschluss verschiedene Strukturelemente aus, sodass auf der einen
Seite eine Lenkung durch den Interviewer in den Hintergrund rückt und auf der
anderen Seite die *Instrumentierung* „Auswahl eines relevanten Strukturelements"
zu der *Instrumentalisierung* „Begründen" beschrieben werden kann.

9.4.2 Schulbuch wird zum Begründen verwendet

Diese Schulbuchbearbeitung stellt erneut eine Verwendung der gesamten Lernein-
heit in den Vordergrund. An diesem Beispiel manifestiert sich die unabhängige
und gezielte Auswahl und Nutzung unterschiedlicher Strukturelemente durch
Schüler Jan zum Begründen einer zuvor getätigten mathematischen Aussage im
Gegensatz zu der Lenkung bzw. Vermittlung des Interviewers im vorherigen
Beispiel 9.4.1.

9.4.2.1 Vorstellung der Aufgabe

Die Aufgabe „Übung: Flächeninhalt eines Quadrats" wird durch ein Strukturelement der Kategorie *Notizaufgabe* dargestellt, bei der die Lernenden aufschreiben
sollen, wie sich der Flächeninhalt von Quadraten ihrer Meinung nach berechnen
lässt (vgl. Abbildung 9.45). Bei der *Notizaufgabe* besteht die Möglichkeit, Inhalte
direkt in das dafür vorgesehene Feld einzutragen; am Ende lässt sich mit Klick
auf das Strukturelement *Lösung* eine beispielhafte Erklärung für die Berechnung
des Flächeninhalts von Quadraten anzeigen (vgl. Abbildung 9.46).

Die hier aufgeführte *Notizaufgabe* befindet sich in der dritten Lerneinheit
„Flächeninhalt von Rechteck und Quadrat" zu dem Kapitel „Flächeninhalt und
Umfang" und wird nach der Behandlung von Flächeninhalten von Rechtecken
thematisiert. Dabei wurde das Auslegen von Flächen durch Einheitsquadrate aus
den vorherigen Lerneinheiten erneut thematisiert und auch eine Formel für die
Berechnung von Rechteckflächen eingeführt.

Die *technologischen Merkmale* des Strukturelements ermöglichen eine direkte Eingabe der Lösung sowie ein Herunterladen der fertigen Bearbeitung. Wie alle Aufgabentypen wird auch diese *Notizaufgabe* durch die typographische Hervorhebung eines farbigen Kastens dargestellt. Die *sprachlichen Merkmale* sind interrogativen Charakters. Bezüglich den unterrichtsbezogenen Aspekten kann diese *Notizaufgabe* dem *inhaltlichen Aspekt* „Anknüpfen" zugeordnet werden, da die Berechnung des Flächeninhalts von Quadraten durch die Anknüpfung an Rechtecke hergeleitet werden kann und in diesem Sinne an Vorwissen angeknüpft wird (didaktische Funktion). Die *situative Bedingung* lässt sich anhand der sprachlichen Darstellung als Einzelarbeit beschreiben; allerdings sind auch Bearbeitungen in Partner- oder Gruppenarbeit prinzipiell möglich. Der mathematische Inhalt thematisiert – wie schon die Beispiele 9.2.2 und 9.3.1 – den Flächeninhalt von Rechtecken und Quadraten.

In dem folgenden Abschnitt wird nun die Bearbeitung des Schülers Jan vorgestellt. Dabei ist noch zu bemerken, dass am Anfang der Lerneinheit die Berechnung von Rechteckflächen durch eine *Exploration* (vgl. Abbildung 9.47) erarbeitet und auch die Formel zur Flächenberechnung von Rechtecken in einem *Kasten mit Merkwissen* (vgl. Abbildung 9.48) thematisiert wird. Der Schüler konstruiert vor der Bearbeitung der *Notizaufgabe* (vgl. Abbildung 9.45) drei verschiedene Rechtecke durch das Verschieben der roten Eckpunkte in der *Exploration* (vgl. Abbildung 9.47) mit den Seitenlängen 11×11, 1×1 und 7×7 und argumentiert, dass die Einheitsquadratanzahl größer oder kleiner wird je höher und breiter die Seitenlängen eingestellt werden.

Auf Nachfrage des Interviewers erklärt Jan, dass die Seitenlängen bei den drei von ihm konstruierten Beispielen jeweils gleich sind und konstruiert daraufhin ein Rechteck mit den Seitenlängen 7×11. Im Anschluss wird die Formel zur Flächenberechnung von Rechtecken in der Lerneinheit (vgl. Abbildung 9.48) vom Schüler durchgelesen und erklärt. Daraufhin bearbeitet der Schüler eine *Rechenaufgabe*, in der Rechteckflächen anhand der zuvor aufgestellten Flächeninhaltsformel berechnet werden sollen (vgl. Abbildung 9.49), sowie das Projekt „Gleich große Rechtecke" aus Abschnitt 9.3.1 (vgl. Abbildung 9.20).

Die Bearbeitung dieser Strukturelemente ist nicht Inhalt des folgenden Transkripts oder der semiotischen Analyse und Schülernutzung in den nachfolgenden Abschnitten. Durch die Verwendung dieser Strukturelemente kann jedoch der mathematische Inhalt „Flächeninhalt von Quadraten" vom Lernenden vorgeprägt und seine Verwendung des Strukturelements *Notizaufgabe* (vgl. Abbildung 9.45) beeinflusst werden, sodass die Bearbeitung der Strukturelemente zum Thema „Flächeninhalt von Rechtecken" auch im Kontext vom „Flächeninhalt von Quadraten" relevant sind. In diesem Zusammenhang soll mit diesem empirischen

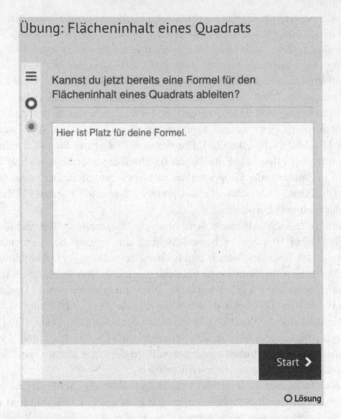

Abbildung 9.45 Notizaufgabe „Flächeninhalt eines Quadrats", Lehrwerk (Hornisch et al., 2017)

Beispiel somit nicht postuliert werden, dass der Lernende ohne Vorwissen bzw. losgelöst von bereits verwendeten Strukturelementen den für ihn neuen mathematischen Inhalt „Flächeninhalt von Quadraten" erarbeitet. Vielmehr wird durch diese Schülerbearbeitung und Schulbuchnutzung sichtbar werden, dass der Lernende auf mehrere bereits verwendete Strukturelemente verweist, um eine mathematische Hypothese zu begründen.

Ein Quadrat ist ein *spezielles* Rechteck. Das bedeutet:

Die Formel für den Flächeninhalt eines Rechtecks schließt auch das Quadrat mit ein.

Die Formel wird noch einfacher:

Da alle Seiten eines Quadrats gleich lang sind (also Länge = Breite gilt), müssen wir rechnen:

Flächeninhalt Quadrat = Länge mal Breite = Seitenlänge mal Seitenlänge, also:

$A_{\text{Quadrat}} = a \cdot a = a^2$.

Dabei ist a die Seitenlänge des Quadrats.

Abbildung 9.46 Lösung zur Notizaufgabe „Flächeninhalt eines Quadrats", Lehrwerk (Hornisch et al., 2017)

9.4.2.2 Vorstellung des Transkripts

Am Anfang des Transkripts leitet der Interviewer den Schüler zu dem neuen Themenbereich „Flächeninhalt Quadrat" in der bereits bearbeiteten Lerneinheit „Flächeninhalt von Rechteck und Quadrat" und bittet Jan herauszufinden, wie man den Flächeninhalt von Quadraten bestimmen kann (vgl. Tabelle 9.13, Turn 1–3). Jan stellt die Hypothese auf, dass dies „[e]igentlich genau gleich" (Tabelle 9.13, Turn 4) zu der Flächeninhaltsberechnung von Rechtecken ist und sich nichts ändert (vgl. Tabelle 9.13, Turn 8). Daraufhin wird vom Interviewer keine Erklärung von Jan dazu eingefordert, sondern er verweist ihn auf die nächste Übung (*Notizaufgabe*), in der Jan aufschreiben soll, ob er eine Formel zur Berechnung des Flächeninhalts von Quadraten ableiten kann (vgl. Abbildung 9.45; Tabelle 9.13, Turn 9).

Jan wiederholt infolgedessen seine Aussage „eigentlich gleich" (Tabelle 9.13, Turn 10), scrollt in der Lerneinheit zurück zu der bereits bearbeiteten *Exploration* (vgl. Abbildung 9.47) und erklärt anhand dieses Strukturelements, dass bereits bei dieser Übung zu den Rechteckflächen am Anfang Quadrate gegeben waren (vgl. Tabelle 9.13, Turn 10). Im Anschluss daran konstruiert er durch das Verschieben

Demonstration: Rechteck auslegen

Um den Flächeninhalt eines Rechtecks zu bestimmen, können wir das Rechteck mit Einheitsquadraten auslegen. Anschließend zählen wir die Rechtecke. Die einfachste Art, dies zu tun: Wir multiplizieren die Anzahl der Quadrate pro Reihe mit der Anzahl der Reihen.

Ziehe an den roten Punkten, um andere Rechtecke zu erzeugen.

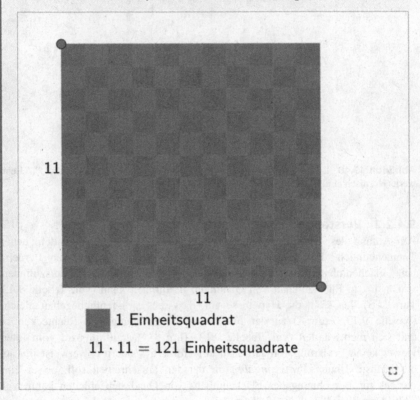

Abbildung 9.47 Exploration „Rechteckflächen", Lehrwerk (Hornisch et al., 2017)

> **Flächeninhalt beim Rechteck**
>
> Der Flächeninhalt A eines Rechtecks mit den Seitenlängen a (Länge)
> und b (Breite) beträgt:
>
> $$A_{\text{Rechteck}} = a \cdot b.$$
>
> In Worten:
> Flächeninhalt Rechteck = Länge mal Breite

Abbildung 9.48 Kasten mit Merkwissen „Flächeninhalt von Rechtecken", Lehrwerk (Hornisch et al., 2017)

> **Beispiel**
>
> Berechne die Flächeninhalte der Rechtecke. Beachte die
> Einheiten.
>
> $a = 9$ cm, $b = 14$ cm
> $A = \boxed{\qquad}$ cm^2
>
> $a = 7$ cm, $b = 4$ mm
> $A = \boxed{\qquad}$ mm^2
>
> $a = 2$ km, $b = 340$ m
> $A = \boxed{\qquad}$ m^2
>
> ✓ Überprüfen
>
> ○ Lösungsweg   ○ Lösung

Abbildung 9.49 Rechenaufgabe „Flächeninhalten von Rechtecken", Lehrwerk (Hornisch et al., 2017)

der Rechteckpunkte in der *Exploration* ein Quadrat mit den Seitenlängen 5 × 5 und argumentiert, dass dies „schon wieder ein Quadrat [ist]" (Tabelle 9.13, Turn 12), weshalb „es eigentlich genau gleich [ist] (...) wie bei den Rechtecken" (Tabelle 9.13, Turn 12, 14).

Der Schüler wird daraufhin erneut vom Interviewer dazu aufgefordert, das nächste Strukturelement (*Notizaufgabe*) zu bearbeiten, da dies zu diesem Zeitpunkt noch nicht geschehen ist. Jan tippt nun die Formel „$a \cdot b = A$" in das bei der *Notizaufgabe* vorgesehene Feld ein (vgl. Tabelle 9.13, Turn 18) und begründet diese Formel mit einem erneuten Verweis auf ein bereits verwendetes Strukturelement (*Kasten mit Merkwissen*, vgl. Abbildung 9.48). Zusätzlich zu dem ausschließlichen Verweis auf das Strukturelement erklärt Jan, dass es „genau dieselbe Formel wie (...) beim Rechteck [war] (...) [u]nd da man das halt (...) ganz genau gleich ausmisst (...) ist es dann halt auch so" (Tabelle 9.13, Turn 20, 22, 24). Dadurch verweist er nicht nur auf das Strukturelement *Kasten mit Merkwissen*, sondern begründet seine in der *Notizaufgabe* eingegebene Formel anhand des bereits bekannten Strukturelements *Exploration*.

Im weiteren Verlauf wählt Jan zusätzlich zu der *Exploration* und dem *Kasten mit Merkwissen* das Strukturelement *Lösung* (vgl. Abbildung 9.46) aus, das zu der *Notizaufgabe* gehört (vgl. Tabelle 9.13, Turn 26). Erneut verweist der Schüler jedoch nicht nur auf dieses Strukturelement, sondern erklärt, dass in der *Lösung* genau das steht, was er auch schon gesagt hat (vgl. Tabelle 9.13, Turn 26, 28), sodass er letztendlich seine anfangs getätigte Hypothese wiederholt (vgl. Tabelle 9.13, Turn 30).

Auch wenn Jan in seiner eingegebenen Formel „$a \cdot b = A$" nicht berücksichtigt, dass verschiedene Variablen für unterschiedliche Zahlen (hier: Seitenlängen) stehen können, hat er mit seiner geäußerten Hypothese recht. Im weiteren Verlauf der Schulbuchnutzung wird auf diesen Unterschied noch weiter eingegangen, da der Schüler nach der *Notizaufgabe* die Lerneinheit weiter bearbeitet, sodass Jan letztendlich auch diesen Unterschied erkannt. An dieser Stelle liegt der Fokus jedoch auf der Verwendung verschiedener Strukturelement durch den Lernenden und den Verweisen auf ebendiese unterschiedlichen Strukturelemente. In der nun folgenden semiotischen Analyse werden die Schüleraussagen und -handlungen im Rahmen der *semiotischen Vermittlung* analysiert, wodurch die Schulbuchnutzung hinsichtlich ihrer Gerichtetheit auf das Schulbuch an sich (*Artefaktzeichen*) im Kontrast zu einer Gerichtetheit auf die Mathematik (*Mathematikzeichen*) strukturiert werden kann. Dies wird letztendlich als Grundlage dienen, um die Schulbuchnutzung und die rekonstruierten Zeichen im Rahmen der *instrumentellen Genese* beschreiben zu können. Dabei wird sich zeigen, dass der Lernende von einer mathematischen Aussage ausgeht und verschiedene Strukturelement auswählt, die seine mathematische Aussage bestätigen. Insgesamt lässt sich damit die Schulbuchnutzung als „Begründung einer mathematischen Aussage" deuten.

9.4.2.3 Semiotische Analyse

Das Ziel der semiotischen Analyse ist es, die Aussagen und Handlungen des Schülers mit dem Schulbuch dahingehend zu untersuchen, worauf sich die von dem Lernenden geäußerten Zeichen beziehen (i. e. Artefakt, Mathematik oder auf beide Aspekte). Dadurch lassen sich die Aussagen und Handlungen entweder hinsichtlich einer vom Schulbuch losgelösten Nutzung deuten oder – im Gegensatz dazu – hinsichtlich einer auf das Schulbuch bezogenen Nutzung. Bei der Analyse dieses empirischen Beispiels wird sich zeigen, dass Jan am Anfang eine mathematische Hypothese äußert, die keinen direkten Bezug zum digitalen Schulbuch erkennen lässt. Im Anschluss daran verweist er wiederholt auf Strukturelemente im digitalen Schulbuch und erklärt den mathematischen Gehalt dieser Strukturelemente, sodass er gezielt Inhalte in der Lerneinheit auswählt und verwendet und seine mathematische Aussage am Anfang an diesen Strukturelementen legitimiert.

Die in Abschnitt 9.4.2.2 geäußerte Hypothese des Schülers Jan, dass die Berechnung des Flächeninhalts von Quadraten „[e]igentlich genau gleich" (Tabelle 9.13, Turn 4) zu der Berechnung des Flächeninhalts von Rechtecken erfolgt, lässt sich losgelöst von einem Schulbuchbezug deuten, da Jan auf mathematischer Ebene voraussetzt, dass Flächeninhalte von Rechtecken und Quadraten gleich berechnet werden. Aus diesem Grund wird diese Aussage, die er im Laufe der Diskussion mit dem Interviewer wiederholt (vgl. Tabelle 9.13, Turn 8, 10, 12, 14, 30), als *Mathematikzeichen* gedeutet, weshalb am Anfang dieser empirischen Schülerbearbeitung somit eine mathematische Hypothese als Grundlage für die weitere Schulbuchnutzung steht.

In der weiteren Auseinandersetzung mit der Bearbeitung der *Notizaufgabe* wählt Jan als erstes das Strukturelement *Exploration* zur Konstruktion verschiedener Rechteckflächen aus (vgl. Abbildung 9.47), als nächstes das Strukturelement *Kasten mit Merkwissen* zur Berechnung von Rechteckflächen und der dazugehörigen Formel (vgl. Abbildung 9.48) und als letztes die *Lösung* zu der bearbeiteten *Notizaufgabe* (vgl. Abbildung 9.46). Dazu scrollt er in der aktuellen Lerneinheit zurück und verweist explizit auf diese Strukturelemente (vgl. Tabelle 9.13, Turn 10, 20, 26). Diese Nutzungen des digitalen Schulbuchs bzgl. der gezielten Auswahl der Strukturelemente werden im Rahmen der *semiotischen Vermittlung* als *Artefaktzeichen* gedeutet, da der Lernende durch die Auswahl der Strukturelemente einen direkten Bezug zum digitalen Schulbuch herstellt.

Zusätzlich zu der Auswahl der drei Strukturelemente leitet der Schüler aus der expliziten Verwendung der Strukturelemente eine mathematische Deutung seiner am Anfang prognostizierten Hypothese ab. Damit ist gemeint, dass Jan nicht nur auf ebendiese Strukturelemente verweist, sondern seine mathematische Hypothese durch die ausdrückliche Verwendung dieser Strukturelemente begründet. In der *Exploration* verschiebt Jan die Rechteckpunkte und konstruiert zusätzlich zu dem anfangs eingestellten Quadrat mit den Seitenlängen 11 × 11 (vgl. Tabelle 9.13, Turn 10) ein weiteres Quadrat mit den Seitenlängen 5 × 5 (vgl. Tabelle 9.13, Turn 12). Die Beschreibungen des Schülers beziehen sich zum einen auf die in der *Exploration* dargestellten Quadrate als auch auf seine anfangs verbalisierte Hypothese und lassen sich daher als *Drehpunktzeichen* deuten.

Dies wird auch in Jans Erklärungen bei dem von ihm ausgewählten Strukturelement *Kasten mit Merkwissen* deutlich, da der Schüler auf der einen Seite auf das Strukturelement direkt verweist („Das war ja auch genau dieselbe Formel wie hier beim Rechteck"; Tabelle 9.13, Turn 20), darüber hinaus aber auch eine mathematische Erklärung bietet („da man das halt a … also ganz genau gleich ausmisst (…) ist das dann halt auch so"; Tabelle 9.13, Turn 22, 24). Auch diese Aussagen werden aus diesem Grund als *Drehpunktzeichen* gedeutet.

Zusätzlich zu den Verweisen auf die *Exploration* und den *Kasten mit Merkwissen* wählt Jan noch die zur *Notizaufgabe* zugehörige *Lösung* aus (vgl. Tabelle 9.13, Turn 26) und erklärt, dass „das genau das gleiche ist" (Tabelle 9.13,Turn 26). Nach Rückfrage des Interviewers liest Jan Textbestandteile der *Lösung* vor und kommt dadurch letztendlich zu dem Schluss, dass die *Lösung* mit seiner mathematischen Aussage übereinstimmt („Das ist halt das, was ich gesagt hab'."; Tabelle 9.13, Turn 28), weshalb eine Kategorisierung als *Drehpunktzeichen* erneut die gegenseitige Bezugnahme von Schulbuch und Mathematik hervorhebt.

Am Ende wiederholt Jan erneut seine mathematische Hypothese vom Anfang („Ist eigentlich alles genau gleich."; Tabelle 9.13, Turn 30), da er sich durch die Auswahl der verschiedenen Strukturelemente in seiner Aussage bestätigt fühlt.

Insgesamt zeigt sich mit Blick auf die verschiedenen Zeichendeutungen ein Argumentationsprozess, der von einer mathematischen Hypothese (*Mathematikzeichen*) ausgeht und durch die Auswahl geeigneter Strukturelemente (*Artefaktzeichen*) sowie die Hineindeutung der mathematischen Hypothese in die Strukturelemente (*Drehpunktzeichen*) charakterisiert ist.

In Tabelle 9.13 wird das Transkript sowie die Analyse im Rahmen der *semiotischen Vermittlung* dargestellt. Abbildung 9.50 visualisiert den eben angesprochenen Argumentationsprozess. Auf dieser Grundlage wird im nächsten Schritt ein Bezug zur *instrumentellen Genese* hergestellt, der die Nutzung des digitalen Schulbuchs auf die Perspektiven der *Instrumentalisierung* und *Instrumentierung* beschreiben wird.

Tabelle 9.13 Semiotische Analyse, Schulbuch wird zum Begründen verwendet

Turn	Person	Inhalt
1	Interviewer	Also wir haben uns ja mit dem Flächeninhalt von Rechtecken auseinandergesetzt und da haben wir rausgefunden, dass man den Flächeninhalt …
2	Jan	Soll ich dann "Flächeninhalt Quadrat" [*dreht das iPad in die Kamera*]?
3	Interviewer	Ja, das muss ich ja dann gar nicht mehr sagen … Genau, du sollst also schauen, wie man den Flächeninhalt von Quadraten berechnen kann.
4	Jan	Eigentlich genau gleich.
5	Interviewer	Schon genau gleich? Ändert sich denn irgendwas?
6	Jan	Eigentlich nicht.
7	Interviewer	Eigentlich nicht?
8	Jan	Nö. Nix. Also da ändert sich nix.
9	Interviewer	Okay. Dann kannst du ja vielleicht … guck mal bei dieser ersten Übung, was da so steht.
(*Verzögerungen im organisatorischen Ablauf*)		
10	Jan	Und ehm … ja also, eigentlich gleich, weil hier waren das auch bei [*scrollt zur Exploration*] dieser Übung da mit den Rechtecken konnte man ja auch hier! **Da war's sogar am Anfang ein Quadrat.**
11	Interviewer	Hmhm [*bejahend*].
12	Jan	Also könnte man auch hier … da müssen ja auch die Flächen gleich lang sein. **Sagen wir Fünf, Fünf** [*verändert die Exploration*]. **Haben wir schon wieder ein Quadrat,** also ist es eigentlich genau dasselbe …
13	Interviewer	Hmhm [*bejahend*]. Sehr gut.
14	Jan	… wie bei den Rechtecken.
15	Interviewer	Dann kannst es ja vielleicht bei dieser ersten Notizübung da … Was wird da gefragt?
16	Jan	Ehm … nach der Formel.
17	Interviewer	Hmhm [*bejahend*]. Hast du 'ne Idee?
18	Jan	[*tippt $a \cdot b = A$ ein*] Das?
19	Interviewer	Was hast du denn da aufgeschrieben?
20	Jan	Ehm … die also „a mal b gleich großes a". **Das war ja auch genau dieselbe Formel wie hier beim Rechteck** [*scrollt zurück zum Kasten mit Merkwissen*].
21	Interviewer	Hmhm [*bejahend*].
22	Jan	**Und da man das halt a … also ganz genau gleich ausmisst** …
23	Interviewer	Hmhm [*bejahend*].
24	Jan	**… ist das dann halt auch so.**
25	Interviewer	Okay. Ich will das jetzt … ja guck mal.
26	Jan	Ich guck mal auf die Lösung [*klickt auf die Lösung*]. **Hier steht auch, dass das genau das gleiche ist.**
27	Interviewer	(*drei Sekunden Pause*) Das sieht ja nach sehr viel Text aus. Da steht bestimmt noch ein bisschen mehr.
28	Jan	[*liest vor*] „Ein Quadrat ist ein spezielles Rechteck, das bedeutet, die Formel für den Flächeninhalt eines Rechtecks schließt auch das Quadrat mit ein." **Das ist halt das, was ich gesagt hab'.**

(Fortsetzung)

Tabelle 9.13 (Fortsetzung)

29	Interviewer	Ja. Sehr schön.
30	Jan	(*13 Sekunden Pause*) Flächen [*liest vor*] „Da alle Seiten eines Quadrats gleich lang sind, also Länge genau wie die Breite ist, müssen wir rechnen die Länge mal die Breite (*sechs Sekunden Pause*) und halt Seitenlänge Seitenlänge also" ... Ist eigentlich alles genau gleich.

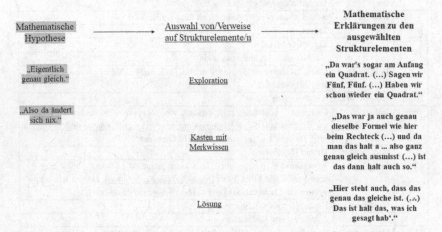

Abbildung 9.50   Argumentationsprozess „Schulbuch wird zum Begründen verwendet"

9.4.2.4 Bezug zur instrumentellen Genese

Die in Abbildung 9.50 visualisierte Nutzung des digitalen Schulbuchs wurde im Rahmen der *semiotischen Vermittlung* auf die durch den Schüler geäußerten Zeichen untersucht. Dabei hat sich gezeigt, dass Jan am Anfang eine mathematische Hypothese äußert (*Mathematikzeichen*), die er durch die Auswahl von und Verweise auf drei verschiedene Strukturelemente (*Artefaktzeichen*) begründen möchte, was letztendlich auch durch seine explizite Nutzung und Erklärung dieser ausgewählten Strukturelemente stattfindet (*Drehpunktzeichen*). Diese Nutzung wurde im vorangegangenen Abschnitt bereits als Argumentationsprozess beschrieben, der nun im Kontext der *instrumentellen Genese* näher erläutert wird. Daher wird durch diese Analyse der beiden Prozesse (*Instrumentalisierung* und *Instrumentierung*) im Bezug zu den Forschungsfragen („Welche Strukturelemente verwenden Schülerinnen und Schüler beim Umgang mit digitalen Schulbüchern und zu welchen Zwecken?" und „Welche Verwendungsweisen lassen sich bei der Nutzung von verschiedenen Strukturelementen während der Arbeit mit einem digitalen Mathematikschulbuch bei Schülerinnen und Schülern identifizieren?") beantwortet werden, dass der Schüler das Schulbuch zum Begründen verwendet, was sich auf der Grundlage der rekonstruierten Zeichendeutungen in seiner Schulbuchnutzung (Auswahl und Verwendung relevanter Strukturelemente) zeigen wird.

Betrachtet man die Aussagen und Handlungen des Schülers im Rahmen der *instrumentellen Genese*, steht erneut zuerst einmal die Frage nach der *Instrumentalisierung*, also wozu der Lernende das digitale Schulbuch verwendet, im Vordergrund. Diese Perspektive lässt sich an dieser Stelle anhand der Nutzungsweisen des Schülers – und somit durch den Blickwinkel der *Instrumentierung* – betrachten, da der Lernende keine Aussagen bezüglich eines Nutzungsziel äußert, sodass die in Abschnitt 9.4.2.3 beschriebene Schulbuchnutzung nun als erstes im Hinblick auf die *Instrumentierung* reflektiert wird.

Am Anfang der Schülerbearbeitung wird durch den Lernenden eine mathematische Aussage (*Mathematikzeichen*) geäußert, in der er aufführt, dass der Flächeninhalt von Quadraten auf die gleiche Art und Weise wie bei Rechtecken berechnet wird. Diese Behauptung argumentiert Jan durch die Auswahl der Strukturelemente *Exploration*, *Kasten mit Merkwissen* und *Lösung* (*Artefaktzeichen*) und erklärt seine mathematische Aussage durch die explizite Nutzung dieser Strukturelemente (*Drehpunktzeichen*). Die *Instrumentierung*, also die Art und Weise der Schulbuchnutzung, beschreibt in diesem empirischen Beispiel die Auswahl und Verwendung verschiedener Strukturelemente innerhalb der Lerneinheit. Aus diesem Grund lassen sich die folgenden *Instrumentierungen* formulieren:

• Auswahl eines relevanten Strukturelements
• Nutzung eines relevanten Strukturelements

Auf Grundlage der Auswahl verschiedener Strukturelemente und der Erklärung seiner mathematischen Hypothese anhand ebendieser ausgewählten Strukturelemente kann insgesamt deduziert werden, dass der Schüler das digitale Schulbuch verwendet, um seine mathematische Aussage zu begründen. Grund dafür bietet die mathematische Hypothese am Anfang der Aufgabenbearbeitung, die gezielte Auswahl der verschiedenen Strukturelemente (*Artefaktzeichen*) und anschließende Interpretation dieser im Kontext seiner mathematischen Hypothese (*Drehpunktzeichen*). Aus diesem Grund lässt sich die Schulbuchnutzung im Kontext der *Instrumentalisierung* mit dem Ziel „Begründen" beschreiben; die *Instrumentierungen* zeigen sich durch die Auswahl und Verwendung relevanter Strukturelemente.

Die *Instrumentalisierung* „Begründen" stellt ein neues Nutzungsziel im Rahmen von Schulbuchnutzungen der Mathematik durch Lernende dar (vgl. Rezat, 2011; Abschnitt 2.2) und lässt sich damit als spezifisches Nutzungsziel digitaler Mathematikschulbücher beschreiben. Der Schüler wählt gezielt Strukturelemente aus, die ihn in seiner mathematischen Hypothese unterstützen und mit denen er seine Aussage begründen kann.

Die selbstständige Auswahl von Schulbuchausschnitten wurde bei Rezat (2011) als *Instrumentalisierung* „Hilfe zum Bearbeiten von Aufgaben" kategorisiert; allerdings liegt der Fokus dieser *Instrumentalisierung* auf der Suche nach Hilfen durch das Schulbuch im Kontext von Aufgabenbearbeitungen (z. B. Blättern im Buch, Nachschlagen im Inhaltsverzeichnis) (vgl. Rezat, 2011, 163 f.) und nicht – wie in der hier beschriebenen Schulbuchnutzung – in der gezielten Auswahl von Strukturelementen zur Begründung einer geäußerten Aussage. Diese *Instrumentalisierungen* unterscheiden sich somit insbesondere hinsichtlich der Art und Weise der Auswahl der Schulbuchinhalte (Suchen nach Hilfen im Buch vs. Auswahl relevanter Strukturelemente) – und somit hinsichtlich der *Instrumentierung*. Darüber hinaus verweist der Schüler hier nicht nur auf die Strukturelemente, sondern nutzt sie aktiv, d. h. er verändert die Einheitsquadratanzahl in der *Exploration* und argumentiert anhand des *Kasten mit Merkwissen* und der *Lösung*[10] (*Instrumentierung* „Nutzung relevanter Strukturelemente"). Zusätzlich wählt er nicht nur ein einzelnes, sondern insgesamte drei verschiedene Strukturelemente aus, was nahelegt, dass der Auswahl von mehreren Strukturelementen die Vorstellung zugrunde liegt, dass sich die mathematischen Inhalte im Schulbuch aufeinander beziehen. Das kann an dieser Stelle jedoch nur vermutet werden, da die Aussagen des Schülers keine eindeutige Nutzungsintention zulassen.

9.4.2.5 Zusammenfassung

Die dargestellte und analysierte Schülernutzung des digitalen Schulbuchs im Abschnitt 9.4.2 zeigte die Bearbeitung einer *Notizaufgabe* im mathematischen Kontext der Flächenberechnung von Quadraten. In der *Notizaufgabe* wurde dem Lernenden die Aufgabe gestellt, eine Formel zur Berechnung des Flächeninhalts von Quadraten abzuleiten. Zuvor wurde in der Lerneinheit die Berechnung des Flächeninhalts von Rechtecken eingeführt und der Lernende bearbeitete hierzu verschiedene Strukturelemente. In dem vorliegenden Transkript wurden die Schüleraussagen und -handlungen dargestellt, die sich auf die Bearbeitung dieser

---

[10] Die Auswahl des *Kasten mit Merkwissen* und der *Lösung* legt nahe, dass der Schüler diesen Strukturelementtyp wichtige und korrekte Informationen zuschreibt (vgl. Rezat, 2009, 315 f.).

Notizaufgabe bezogen. Dabei zeigte sich, dass der Schüler am Anfang postulierte, dass der Flächeninhalt bei Quadraten genauso berechnet wird wie bei Rechtecken. Im Anschluss daran wählte er drei verschiedene Strukturelemente aus (*Exploration, Kasten mit Merkwissen, Lösung*) und erklärte anhand dieser Strukturelemente, dass er mit seiner Behauptung richtig liegt.

Durch die Analyse im Rahmen der *semiotischen Analyse* konnte gezeigt werden, dass die Behauptung am Anfang der Schülerbearbeitung mathematischen Gehalts war und demnach als *Mathematikzeichen* gedeutet wurde. Die Auswahl der verschiedenen Strukturelemente bezog sich demgegenüber lediglich auf das digitale Schulbuch und zeigte sich durch eine Kategorisierung als *Artefaktzeichen*. Durch die Rückführung dieser Strukturelemente auf die mathematische Behauptung des Schülers und der dadurch verbundenen expliziten Verwendung ebendieser Strukturelemente zeigte sich sowohl ein Bezug zur Mathematik als auch zum digitalen Schulbuch, sodass diese Aussagen bzw. Verwendungen als *Drehpunktzeichen* gedeutet wurden. Die Theorie der *semiotischen Vermittlung* ermöglichte somit eine Kategorisierung der Schüleraussagen bezüglich einer auf das digitale Schulbuch oder auf die Mathematik gerichteten Nutzung, die in einem zweiten Schritt im Rahmen der *instrumentellen Genese* weiter untersucht wurden.

Dabei wurden die Nutzungen hinsichtlich ihrer Zweckmäßigkeit (*Instrumentalisierung*) und ihrer Art und Weise (*Instrumentierung*) beschrieben, wodurch die Auswahl der verschiedenen Strukturelemente und die Hineindeutung der mathematischen Hypothese im Rahmen der *Instrumentierung* charakterisiert wurde; die *Instrumentalisierung* fand sich in der zielgerichteten Verwendung ebendieser Strukturelemente zum „Begründen" wieder.

Zusammenfassend trägt dieses Beispiel zur Beantwortung der zweiten Forschungsfrage „Welche Strukturelemente verwenden Schülerinnen und Schüler beim Umgang mit einem digitalen Schulbuch und zu welchen Zwecken?" Folgendes bei:

- Der Schüler verwendet die Lerneinheit, um eine zuvor geäußerte (mathematische) Hypothese zu begründen.

Für die Beantwortung der dritten Forschungsfrage „Welche Verwendungsweisen lassen sich bei der Nutzung von verschiedenen Strukturelementen während der Arbeit mit einem digitalen Mathematikschulbuch bei Schülerinnen und Schülern identifizieren?" können die folgenden Schlussfolgerungen getroffen werden:

- Die „Auswahl relevanter Strukturelemente" sowie die damit einhergehende „Nutzung relevanter Strukturelemente" zu der oben genannten *Instrumentalisierung* „Begründen" beschreiben die *Instrumentierungen* dieses empirischen Beispiels auf der Ebene einer Lerneinheit.

Im folgenden Abschnitt werden die Ergebnisse aus den Abschnitten 9.4.1 und 9.4.2 zusammenfassend dargestellt.

9.4.3 Synthese der empirischen Beispiele

Die Abschnitte 9.4.1 und 9.4.2 stellten Schulbuchnutzungen dar, in denen die Lernenden auf Strukturelemente innerhalb einer Lerneinheit verweisen, wodurch sich eine Schulbuchnutzung auf der gesamten Mikroebene zeigte. Die Auswahl und die Nutzung zusätzlicher Strukturelemente innerhalb der jeweiligen Lerneinheit konnten in den bisherigen empirischen Beispielen der Schulbuchnutzungen durch Lernende bisher nicht festgestellt werden und beschreiben demnach eine neue *Instrumentierungen* im Rahmen von Nutzungen digitaler Mathematikschulbücher durch Schülerinnen und Schüler.

In der ersten Schulbuchnutzung (vgl. Abschnitt 9.4.1) bearbeiteten die Lernenden eine *Rechenaufgabe* zum mathematischen Inhaltsbereich von Temperaturen und Temperaturänderungen (vgl. Abschnitt 9.4.1.1) und kontrollierten am Ende ihre Eingaben durch die digitale Überprüfungsmöglichkeit des Schulbuchs (Strukturelement *Ergebnis überprüfen*). Dabei wurde den Schülerinnen und Schülern angezeigt, dass ihre Eingaben zu den einzelnen Temperaturständen korrekt, die eingegebene Temperaturänderung jedoch nicht korrekt sind, sodass sie zusammen mit dem Interviewer überlegten, was der Grund für ihre falschen Eingaben sein kann (vgl. Abschnitt 9.4.1.2). Durch die Analyse im Rahmen der *semiotischen Analyse* konnten die in der anschließenden Diskussion getätigten Schüleraussagen und -handlungen bezüglich ihrer Gerichtetheit auf das Schulbuch bzw. auf einzelne Strukturelemente (*Artefaktzeichen*), die Mathematik (*Mathematikzeichen*) oder gleichermaßen auf beide Aspekte (*Drehpunktzeichen*) gedeutet werden (vgl. Abschnitt 9.4.1.3). In diesem Zusammenhang zeigte sich, dass die Lernenden nach der Überprüfung verstehen wollten, warum ihre eingegebenen Lösungen zu den Temperaturänderungen falsch sind. Die Aussagen der Lernenden zeigten dabei sowohl Bezüge zu der angezeigten Lösung bzw. der Aufgabenstellung (und somit zum Schulbuch) als auch zu ihren jeweiligen mathematischen Vorstellungen (und somit zur Mathematik). Die Lernenden handelten demnach – unterstützt und begleitet durch den Interviewer – die Bedeutung der als falsch angezeigten Eingaben aus, was sich in einer Kategorisierung der Schüleraussagen als *Drehpunktzeichen* charakterisierte. Wie in den vorherigen empirischen Beispielen beschreiben die *Drehpunktzeichen* somit erneut einen Prozess des Nachvollziehens von schulbuch- und mathematikbezogenen Angaben. Charakteristisch für dieses empirische Beispiel ist jedoch die am Ende der Diskussion auftretende Auswahl eines bereits verwendeten Strukturelements innerhalb der Lerneinheit, die im Zusammenhang mit einer mathematischen Erklärung zu den falsch eingegebenen Temperaturänderungen bzw. den nicht eingegebenen Vorzeichen erfolgte. Die Auswahl dieses Strukturelements wurde im Rahmen der *semiotischen Vermittlung* als *Artefaktzeichen* kategorisiert, die Erklärung des in dem zusätzlichen ausgewählten Strukturelements dargestellten mathematischen Inhalts als *Drehpunktzeichen* und die Deutung des mathematischen Inhalts im Kontext der Aufgabe als *Mathematikzeichen*. In anderen Worten: Durch die Auswahl des Strukturelementes innerhalb der Lerneinheit und des dort dargestellten mathematischen Inhalts adaptierte die Schülerin diesen mathematischen Inhalt auf den Kontext der Temperaturänderungen in der *Rechenaufgabe* und erklärte schlussendlich ohne Bezug zu dem ausgewählten Strukturelement die Notwendigkeit der Angabe eines (positiven bzw. negativen) Vorzeichens bei Temperaturänderungen.

Im Unterschied zu diesem Aushandlungsprozess zeigte sich in dem zweiten empirischen Beispiel in Abschnitt 9.4.2 eine Schulbuchnutzung, die von einer mathematischen Aussage ausgeht und in konkreten Nutzungen des digitalen Schulbuchs mündet. Der Schüler sollte nach der inhaltlichen Auseinandersetzung zum Thema „Flächeninhalt von Rechtecken" in einer *Notizaufgabe* überlegen, wie man den Flächeninhalt von Quadraten berechnen kann (vgl. Abschnitt 9.4.2.1). In diesem Zusammenhang äußerte der Schüler seine Vermutung, dass Flächeninhalte bei Quadraten auf die gleiche Art und Weise wie bei Rechtecken berechnet werden und wählte dazu drei verschiedene Strukturelemente innerhalb der aktuellen Lerneinheit aus, die seine Aussage unterstützen (vgl. Abschnitt 9.4.2.2). Im Rahmen der *semiotischen Vermittlung* konnten auch hier die Aussagen und Handlungen des Schülers bezogen auf ihre Gerichtetheit gedeutet werden (vgl. Abschnitt 9.4.2.3). Dadurch zeigte sich, dass die mathematische Hypothese den Ausgangspunkt der Schulbuchnutzung darstellte (*Mathematikzeichen*) und in den einzelnen Verweisen auf die drei verschiedenen Strukturelemente (*Artefaktzeichen*) und in den inhaltlichen, mathematischen Erklärungen der drei Strukturelemente (*Drehpunktzeichen*) mündet. Im Gegensatz zu der Schulbuchnutzung im ersten Beispiel wird hier der Schüler somit nicht stark durch den Interviewer gelenkt, sondern verfolgt mit der Auswahl der verschiedenen Strukturelemente eine Begründung seiner mathematischen Hypothese. Dennoch ist beiden Beispielen gemein, dass die Lernenden auf bereits verwendete Strukturelemente im Rahmen der Bearbeitung einer expliziten Aufgabe verweisen.

Diese Nutzungsprozesse wurden in einem zweiten Analyseschritt im Kontext der *instrumentellen Genese* näher beschrieben, um die Schulbuchnutzung bezogen auf das Nutzungsziel (*Instrumentalisierung*) und die Nutzungsweise (*Instrumentierung*) beschreiben zu können. Im Gegensatz zu der *semiotischen Vermittlung* zielt die *instrumentelle Genese* nicht auf die explizite Deutung der *Zeichen* ab, sondern auf die Beschreibung einer gegenseitigen Beeinflussung von Instrument, i. e. Schulbuch, und der Nutzerin bzw. dem Nutzer, i. e. Schülerin bzw. Schüler, während der Arbeit mit dem Instrument. Dies hat zur Folge, dass durch die Perspektive der *instrumentellen Genese* beschrieben werden kann, zu welchen Zwecken und durch welche Art und Weise das Schulbuch verwendet wird.

Im Rahmen der *Instrumentierung* zeigte sich in den beiden empirischen Beispielen im Besonderen, dass die Lernenden auf bereits bearbeitete Strukturelemente innerhalb der entsprechenden Lerneinheit verweisen. Während die Schulbuchnutzung in Abschnitt 9.4.1 sehr durch den Interviewer gelenkt wurde und die Schülerin im Prozess des Nachvollziehens der Computer-Rückmeldung und im Dialog mit dem Interviewer ein bereits verwendetes Strukturelement auswählte, zeigte sich in der Schulbuchnutzung in Abschnitt 9.4.2 eine selbstständige Auswahl verschiedener Strukturelemente. Dennoch zeigt sich in beiden Beispielen, dass auf bereits thematisierte Strukturelemente verwiesen wird, was somit eine *Instrumentierung* der Schulbuchnutzung beschreibt und als „Auswahl eines relevanten Strukturelements" formuliert wurde (vgl. Abschnitt 9.4.1.4 und 9.4.2.4). Darüber hinaus wurde im Beispiel 9.4.2.4 die *Instrumentierung* „Nutzung eines relevanten Strukturelements" kategorisiert, da der Schüler hier zusätzlich zu der Auswahl der relevanten Strukturelemente diese explizit nutzt.

Ein Unterschied zeigte sich im Hinblick auf die jeweilige *Instrumentalisierung*. Während die Schülerin in der ersten Schulbuchnutzung im Prozess des Nachvollziehens während der Aufgabenbearbeitung auf das explizite Strukturelement verweist, wählt der Schüler im zweiten Beispiel verschiedene Strukturelemente aus, um eine zuvor getätigte mathematische Aussage zu begründen. Somit lässt sich die *Instrumentierung* „Auswahl eines relevanten Strukturelements" in den *Instrumentalisierungen* „Hilfe zum Bearbeiten von Aufgaben" (vgl. Abschnitt 9.4.1.4) und „Begründen" (vgl. Abschnitt 9.4.2.4) zuordnen. Die *Instrumentalisierung* „Begründen" beschreibt im Zusammenhang mit (digitalen) Schulbuchnutzungen einen neuen Nutzungszweck und lässt sich daher als einen zentralen Mehrwert digitaler (Mathematik-)Schulbücher spezifizieren.

9.5   Zusammenfassung der empirischen Ergebnisse

In diesem Kapitel wurden insgesamt acht verschiedene Schulbuchnutzungen von Schülerinnen und Schülern beschrieben, die in die drei Nutzungskategorien „Umgang mit Lösungselementen des digitalen Schulbuchs" (Abschnitt 9.2), „Umgang mit digitalen Strukturelementen" (Abschnitt 9.3) und „Schulbuchnutzungen innerhalb einer Lerneinheit" (Abschnitt 9.4) eingeteilt wurden. Das Ziel der Nutzungsbeschreibungen bestand darin aufzuzeigen, welche Schulbuchverwendungen qualitativ identifiziert werden können, um die Brandbreite verschiedener Nutzungen von digitalen Mathematikschulbüchern durch Lernende zu charakterisieren. Im Rahmen dieser Studie wird hingegen nicht das Ziel verfolgt, die Nutzungsbeschreibungen exhaustiv zu verstehen. Vielmehr soll aufgezeigt werden, welche Verwendungen digitaler Mathematikschulbücher und deren Strukturelemente durch Lernende generell erfolgen können. Dazu arbeiteten insgesamt acht Schülerinnen und Schüler aus einer fünften Jahrgangsstufe mit verschiedenen Strukturelementen der Kapitel „Ganze Zahlen" und „Flächeninhalt und Umfang" aus einem digitalen Mathematikschulbuch; in der Vorstudie bearbeiteten drei Lernende Inhalte aus der ersten Lerneinheit „Größenvergleich von Flächen" aus dem Kapitel „Flächeninhalt und Umfang".

Die Struktur und Strukturelemente dieses digitalen Unterrichtswerks wurden in Abschnitt 6.3 vorgestellt. Um die Bandbreite von Nutzungen verschiedener Strukturelementtypen des digitalen Schulbuchs zu untersuchen, wurden mehrere Lerneinheiten zu den jeweiligen Kapiteln konzeptualisiert, in denen die Lernenden verschiedene Strukturelemente in Einzel-, Partner oder in Gruppenarbeit an einem Endgerät (Hauptstudie: schulinterne iPads, Vorstudie: externe Rechner) bearbeiteten. Die Lernenden bearbeiteten auf Anweisungen des Interviewers Inhalte des Schulbuchs; Diskussionen wurden im Besonderen vom Interviewer geleitet. Obwohl die Datenerhebung nicht im gesamten Klassenkontext durchgeführt werden konnte, wurden durch die expliziten Instruktionen des Interviewers dem schulischen Setting in dem Sinne Rechnung getragen, dass Inhalte in Schulbüchern insbesondere durch die Lehrkraft vermittelt werden (vgl. Rezat, 2009, S. 56–58).

Die Nutzungen wurden in einem ersten Schritt im Rahmen der *semiotischen Vermittlung* beschrieben. Dies ermöglichte es, Aussagen und Handlungen der Schülerinnen und Schüler bezogen auf das digitale Schulbuch bzw. einzelnen Strukturelementen innerhalb der jeweiligen Lerneinheit, die Mathematik und auf eine wechselseitige Gerichtetheit zwischen Schulbuch und Mathematik zu dokumentieren. Es zeigte sich, dass Schüleraussagen und -handlungen, die sich explizit auf (Teile des) Schulbuchs beziehen, hauptsächlich mit der Bearbeitung des jeweiligen Strukturelements zusammenhingen und demnach als *Artefaktzeichen* charakterisiert wurden. *Artefaktzeichen* zeigten sich somit im Besonderen in der expliziten Eingabe von Ergebnissen (vgl. Abschnitt 9.2.1, 9.2.2 und 9.4.1), der Verwendung der Überprüfungsfunktion (vgl. Abschnitt 9.2), dem Verschieben von Punkten in *Explorationen* (vgl. Abschnitt 9.3.1 und 9.3.3), dem Einstellen von Funktionen durch Schieberegler (vgl. Abschnitt 9.3.2) oder in der Auswahl von Strukturelementen (vgl. Abschnitt 9.4.2) und zeichnen sich daher durch einen direkten Bezug zum Schulbuch aus.

Demgegenüber wurden mit den *Mathematikzeichen* Schüleraussagen kategorisiert, die (losgelöst vom digitalen Schulbuch) einen mathematischen Inhalt thematisieren und somit den fachinhaltlichen Stoff (der Lerneinheit oder des jeweiligen Strukturelements) in den Vordergrund rücken. Aussagen, die als *Mathematikzeichen* gedeutet wurden, können dabei sowohl am Anfang einer Schülerbearbeitung – im Sinne einer mathematischen Hypothese – als auch am Ende des Bearbeitungsprozesses – im Sinne eines erzielten mathematischen Erkenntnisgewinns – auftreten. Hierbei ist zu betonen, dass die Entwicklung von *Mathematikzeichen* nicht das Ziel von Schulbuchbearbeitungsprozessen darstellt, sondern vielmehr betonen soll, dass vom Schulbuch losgelöste Aussagen mit einem mathematischen Gehalt durch die Lernenden geäußert werden können. In den beschriebenen Schulbuchnutzungen konnten somit sowohl am Anfang der Aufgabenbearbeitung *Mathematikzeichen* (vgl. Abschnitt 9.2.1, 9.2.3 und 9.4.2) identifiziert werden als auch am Ende des Bearbeitungsprozesses (vgl. Abschnitt 9.2.2, 9.3.1 und 9.4.1). Darüber hinaus zeigten sich in zwei empirischen Beispielen keine *Mathematikzeichen* in den Schüleraussagen (vgl. Abschnitt 9.3.2 und 9.3.3), was sich einerseits durch den Rechencharakter des jeweiligen Strukturelements argumentieren lässt oder durch bereits im Unterschied thematisierten mathematischen Inhalten.

Insbesondere kristallisierte sich jedoch in allen Schulbuchnutzungen eine Prävalenz der *Drehpunktzeichen* heraus. *Drehpunktzeichen* charakterisieren sich durch die wechselseitige Gerichtetheit auf das Schulbuch und auf die Mathematik und beschreiben dadurch einen Aushandlungsprozess zwischen dem jeweiligen Strukturelement und der Deutung des dargestellten mathematischen Inhalts. Dies hat zur Folge, dass die *Drehpunktzeichen* einen besonderen Stellenwert in der Schulbuchnutzung einnehmen, da sie eine Deutung des mathematischen Inhalts in Auseinandersetzung mit dem expliziten Strukturelement beschreiben.

In einem zweiten Schritt wurden diese Aushandlungsprozesse daher im Rahmen der *instrumentellen Genese* betrachtet, sodass durch die Beschreibung der *Drehpunktzeichen* aus instrumenteller Perspektive sowohl die Art und Weise der Schulbuchnutzung als auch eine zweckgebundene Verwendung der

Strukturelemente dargestellt werden konnte. Dadurch konnten die folgenden *Instrumentalisierungen* gebildet werden:

(1) Verifikation des eingegebenen Ergebnisses
(2) Bearbeiten von Aufgaben
(3) Generierung von Aufgaben
(4) Festigen
(5) Hilfe zum Bearbeiten von Aufgaben
(6) Begründen

Die *Instrumentalisierungen* (1)–(4) beziehen sich auf die Nutzungen einzelner Strukturelemente, während die *Instrumentalisierungen* (5) und (6) Nutzungsziele innerhalb einer gesamten Lerneinheit beschreiben.

Im Vergleich zu den vier Nutzungszusammenhängen traditioneller Mathematikschulbücher (Bearbeiten von Aufgaben, Festigen, Aneignen von Wissen und interessemotiviertes Lernen, vgl. Rezat, 2009, S. 316) zeigen sich sowohl Gemeinsamkeiten als auch Unterschiede in den hier identifizierten Nutzungszwecken des digitalen Schulbuchs. So konnten bei den *Instrumentalisierungen* digitaler Mathematikschulbücher die bei gedruckten Mathematikschulbüchern konstatierten Tätigkeitsziele „Bearbeiten von Aufgaben" und „Festigen" identifiziert werden, was somit einen Anknüpfungspunkt der beiden Lehrmedien darstellt. Zudem konnte auch die *Instrumentalisierung* „Hilfe zum Bearbeiten von Aufgaben" (Rezat, 2011, S. 163) in den Nutzungen digitaler Mathematikschulbücher festgestellt werden. Damit ist in diesem Zusammenhang gemeint, dass – auch wenn ein digitales Mathematikbuch aufgrund neuartiger Strukturelemente und Strukturen ein neues Medium darstellt – an bisherige Nutzungstätigkeiten angeknüpft werden kann und die Lernenden ihr vorhandenes Nutzungswissen von traditionellen Mathematikschulbüchern auf digitale Schulbücher adaptieren können.

Des Weiteren zeigt sich der Nutzungszweck „Verifikation des eingegebenen Ergebnisses" in den Nutzungstätigkeiten traditioneller Mathematikschulbücher als Teilziel „Kontrollieren der Lösungen" in der Tätigkeit „Bearbeiten von Aufgaben" (vgl. Rezat 2008, S. 316 f.); bei der Nutzung der digitalen Mathematikschulbücher wird diese *Instrumentalisierung* jedoch als separate Tätigkeit aufgeführt. Der Grund hierfür liegt in der digitalen Überprüfungsfunktion (Strukturelement *Ergebnis überprüfen*) und der dadurch entstehenden direkten Rückmeldung durch das digitale Schulbuch an die Lernenden, an die zahlreiche Aushandlungsprozesse zwischen Schulbuchlösung und der eigenen Lösung anschließen (vgl. Abschnitt 9.2). Letztendlich finden Nutzungsziele dieser Strukturelementtypen zwar im Rahmen einer Aufgabenbearbeitung statt, beschreiben jedoch vielfältige Nutzungen innerhalb der Arbeit mit dem digitalen Schulbuch und werden daher als gesonderte *Instrumentalisierung* aufgeführt.

Darüber hinaus konnten auch zwei neue *Instrumentalisierungen* identifiziert werden, bei denen die Lernenden das digitale Schulbuch zur individuellen „Generierung von Aufgaben" oder zum „Begründen" verwenden. Das Nutzungsziel „Generierung von Aufgaben" lässt sich dabei als Unterkategorie der *Instrumentalisierung* „Bearbeiten von Aufgaben" beschreiben, stellt aber aufgrund des digitalen Charakters der Aufgabe (Strukturelementtyp *interaktive Aufgabe*) ein differenzierteres Nutzungsziel dar. Die *Instrumentalisierung* „Begründen" zeigt, dass Lernende Inhalte aus der gesamten Lerneinheit nutzen können, um eine mathematische Aussage zu legitimieren.

Zusätzlich zu den *Instrumentalisierungen* des digitalen Schulbuchs wurde auch die Art und Weise der Schulbuchnutzungen durch die Lernenden im Rahmen der *Instrumentierung* beschrieben. Dabei konnten in Bezug auf die Verwendung der Lösungselemente (Strukturelemente *Lösung, Lösungsweg, Ergebnis überprüfen*) die folgenden Nutzungsweisen kategorisiert werden (vgl. Abschnitt 9.2):

- Ablehnen der Schulbuch-Lösung
- Abgleich von richtigen bzw. falschen Ergebnissen
- Nachvollziehen der Rückmeldung

  - ○ mit Bezug zur eigenen Lösung
  - ○ mit Bezug zur Schulbuch-Lösung

Die Kategorien wurden auf der Grundlage der Aussagen der Schülerinnen und Schüler nach der Verwendung eines entsprechenden Lösungselements gebildet und charakterisieren die verschiedenen Verwendungsweisen ebendieser Strukturelementtypen, die sich anhand der Diskussionen und Reaktionen gezeigt haben. Dadurch wurde ersichtlich, dass die Lernenden beispielsweise die Schulbuchlösung ablehnen, da sie von ihren eigenen Ergebnissen überzeugt sind (vgl. Abschnitte 9.2.1 und 9.2.3), die Schulbuch-Lösung nachvollziehen wollen, indem sie die Rückmeldung entweder auf Grundlage ihrer eigenen Lösung (vgl. Abschnitte 9.2.2 und 9.2.3) oder der Schulbuch-Lösung reflektieren (vgl. Abschnitte 9.2.1 und 9.2.3), oder richtige bzw. falsche Ergebnisse (untereinander) abgleichen (vgl. Abschnitte 9.2.2 und 9.2.3). Des Weiteren zeigten sich derartige *Instrumentierungen* sowohl in individuellen Nutzungen als auch im sozialen Diskurs.

Zusätzlich zu den *Instrumentierungen* bzgl. der Verwendung von Lösungselementen und den dadurch entstandenen Kategorien zeigten die weiteren empirischen Schülernutzungen prozesshafte Verwendungsweisen einzelner digitaler Strukturelementtypen (vgl. Abschnitt 9.3) oder innerhalb der gesamten Lerneinheit (vgl. Abschnitt 9.4). Dementsprechend beschreiben diese Schulbuchnutzungen exemplarisch potenzielle Verwendungsweisen und bilden dabei nicht den Anspruch einer vollständigen Kategorienbildung oder Verallgemeinerung. Dabei zeigte sich in Abschnitt 9.3, dass die Lernenden durch die Nutzung digitaler Strukturelemente (*Exploration*) zu neuen Lösungsansätzen gelangen (vgl. Abschnitt 9.3.1), unmittelbar durch das eigenverantwortliche Einstellen (durch Schieberegler) auf das digitale Strukturelement (*interaktive Aufgabe*) einwirken (vgl. Abschnitt 9.3.2) oder durch die Dynamisierung und Visualisierung des Strukturelements (*Exploration*) zu mathematischen Schlussfolgerungen gelangen und somit die Art und Weise der Verwendung, hier: das dynamische Bearbeiten, Auswirkungen auf die Aufgabenbearbeitung hat (vgl. Abschnitt 9.3.3).

Die *Instrumentierungen* dieser Schulbuchnutzungen beschreiben demzufolge Nutzungsweisen, in denen die Lernenden durch die Verwendung des digitalen Schulbuchs zu mathematischen Aussagen gelangen bzw. vorab getätigte mathematische Hypothesen durch die Nutzung umsetzen. Durch die Art und Weise der Nutzung verfolgen die Schülerinnen und Schüler in den beschriebenen empirischen Beispielen demzufolge ein mathematisches Ziel bzw. entwickeln währenddessen mathematische Ideen und Gedanken aus. Insgesamt konnten somit die folgenden *Instrumentierungen* kategorisiert werden: explorativ-dynamische Konstruktion, systematisch-dynamische Konstruktion sowie Verändern von Einstellungen.

Auch die *Instrumentierungen* in den letzten beiden Beispiel in Abschnitt 9.4 charakterisierten prozesshafte Schulbuchnutzungen. Im Gegensatz zu den vorherigen Verwendungen einzelner Strukturelemente wurde hier von den Lernenden – entweder aufgrund von Lenkungen durch den Interviewer (vgl. Abschnitt 9.4.1) oder selbstständig (vgl. Abschnitt 9.4.2) – in der gesamten Lerneinheit gearbeitet. Dabei konnten die *Instrumentierungen* „Ausprobieren", „Auswahl eines relevanten Strukturelements" und „Nutzung eines relevanten Strukturelements" gebildet werden.

Insgesamt ist zu den *Instrumentierungen* zu bemerken, dass alle Nutzungen im Zusammenhang mit der Bearbeitung einer Aufgabe auftreten und somit mit der Bearbeitung eines Strukturelements zusammenhängen. Durch den direkten Einfluss der Schülerinnen und Schüler auf die einzelnen Strukturelemente, sei es durch die Verwendung der Funktion *Ergebnis überprüfen*, der dynamischen Bearbeitung bei *Explorationen* oder dem Einstellen und Verändern von Schiebereglern bei *interaktiven Aufgaben,* lassen sich die Bearbeitungen der Strukturelemente jedoch weiter ausdifferenzieren und gesondert betrachten. Dies stellt somit eine zentrale Erkenntnis der Untersuchung von Nutzungen digitaler Schulbücher durch Lernende dar: Aufgrund der technologischen Möglichkeiten können die Lernenden direkt auf die Schulbuchinhalte einwirken, wodurch unterschiedliche *Instrumentierungen* kategorisiert werden können.

Bevor diese Ergebnisse in Bezug zu den Forschungsfragen reflektiert werden und auf theoretischer, deskriptiver und empirischer Ebene diskutiert werden, wird im Folgenden zuerst auf die Grenzen dieser Datenerhebung eingegangen, um die Diskussion im Anschluss auch im Hinblick auf weiterführende Forschungen zu führen.

Reflexion und Grenzen der empirischen Datenerhebung

Die empirische Datenerhebung fokussierte die Untersuchung von Nutzungen eines vorab ausgewählten digitalen Mathematikschulbuchs durch Lernende. Der Einsatz eines einzelnen digitalen Schulbuchs lässt sich einerseits mit einer geringen Varianz von Konzepten digitaler Mathematikschulbücher für die Sekundarstufe I begründen und andererseits durch das in Abschnitt 3.4 diskutierte Verständnis eines digitalen Schulbuchs.

Für die empirische Datenerhebung wurden Inhalte aus zwei Kapiteln des eingesetzten digitalen Lehrwerkes mit dem Ziel ausgewählt, eine möglichst große Bandbreite verschiedener Strukturelementtypen durch die Lernenden bearbeiten zu lassen, sodass Nutzungsziele und die Art und Weise der Nutzung anhand unterschiedlicher Strukturelementtypen beschrieben und analysiert werden können. Die Datenerhebung wurde in Kleingruppen von bis zu drei Schülerinnen und Schülern durchgeführt; teilweise wurden dabei gezielt Einzel-, Partner oder Gruppenbearbeitungen verfolgt. Die Auswahl der einzelnen Inhalte aus den Lerneinheiten sowie die Auswahl der Lerneinheiten an sich erfolgte auf Anweisung des Interviewers, sodass die selbstständige Auswahl von Schulbuchinhalten nur in Ausnahmefällen erfolgte (vgl. Abschnitt 9.4.2).

Diese Designprinzipien wurden verfolgt, um die Verwendung des digitalen Schulbuchs einem unterrichtlichen Setting anzugleichen. Die empirische Untersuchung konnte aufgrund von äußeren Einflussfaktoren (z. B. Anzahl von schulinternen iPads; Schwierigkeiten, eine kooperierende Schule aufgrund von technischen Rahmenbedingungen zu finden) nicht in einem Gesamtklassenverband durchgeführt werden. Für weitere Untersuchungen sind jedoch Schulbuchnutzungen im Klassenkontext anzustreben, um die Verwendung digitaler Mathematikschulbücher bezogen auf lehrer- und schülerintendierte Nutzungen

M. Pohl, *Digitale Mathematikschulbücher in der Sekundarstufe I*, Essener Beiträge zur Mathematikdidaktik, https://doi.org/10.1007/978-3-658-43134-1_10

(z. B. im Rahmen von Vorbereitungen auf eine Klassenarbeit oder während der Verwendung bei Hausaufgaben) unterscheiden zu können.

Aufgrund der ausgelagerten Verwendung in Kleingruppen außerhalb des Klassenverbandes und einer nicht durchgeführten Erhebung des Wissensstandes am Anfang der empirischen Untersuchung kann zudem nicht beurteilt werden, inwiefern bei den Lernenden ein Wissenszuwachs durch die Nutzung der digitalen Schulbuchinhalte festzustellen ist. In diesem Zusammenhang ist jedoch erneut zu betonen, dass die empirische Studie nicht das Ziel verfolgte zu untersuchen, ob die Lernenden mit einem digitalen Mathematikschulbuch besser oder gar mehr lernen. Der Fokus lag vielmehr auf der expliziten Verwendung digitaler Schulbücher, um den Umgang mit verschiedenen Strukturelementen aus einer konstruktivistischen Perspektive beschreiben zu können.

Eine wesentliche Schwierigkeit während der Datenerhebung war der Umgang mit technischen Komplikationen. So kam es des Öfteren vor, dass Schulbuchelemente nicht richtig geladen wurden, während der Bearbeitung verschwanden oder Eingaben durch die digitale Tastatur überblendet wurden. Zudem brachen einige Videoaufnahmen der im iPad implementierten Bildschirmaufnahmefunktion ab, sodass die konkreten Eingaben im Nachgang nicht mehr nachvollzogen werden konnten. Den technischen Schwierigkeiten wurde in der jeweiligen akuten Situation durch eine Zusammenlegung von Einzel- in Partner- oder Gruppenarbeit begegnet, bedarf bei weiterführenden Untersuchung aber Optimierung – auf der Ebene eine fortschreitenden Entwicklung seitens des Schulbuchverlags.

Diesem Gedankengang einer Weiterentwicklung des Schulbuchs folgend ist für weitere Forschungsuntersuchung zum Umgang mit digitalen Mathematikschulbüchern zu überlegen, ob die Entwicklung eines digitalen Schulbuch für die Mathematik mit fachdidaktischer Expertise anzustreben ist. Dies war im Rahmen dieses Forschungsvorhabens nicht zu realisieren, sollte aber für zukünftige Forschungsarbeiten (lerneinheiten- oder kapitelfokussierend) erörtert werden.

Der Umfang der Datenerhebung und die Auswahl zwei verschiedener mathematischer Themengebiete (Geometrie und Arithmetik) hat sich als sinnvoll erwiesen, da dadurch eine Vielzahl von Schülernutzungen unterschiedlicher Strukturelementtypen in den erhobenen Daten auf der Basis unterschiedlicher mathematischer Kontexte analysiert werden konnte. Digitale Technologien für den Mathematikunterricht wie *GeoGebra* oder graphikfähige Taschenrechner (bspw. *Ti-Nspire*) konzentrieren sich insbesondere auf die Teilgebiete Geometrie und Algebra, was aufgrund der visuellen Darstellungsmöglichkeiten von Figuren, Körpern oder auch Funktionen nicht verwundert. Durch die Auswahl des Kapitels „Ganze Zahlen" des Teilgebiets der Arithmetik zusätzlich zu dem Kapitel „Flächeninhalt und Umfang" des Teilgebiets der Geometrie konnte gezeigt werden, dass mathematische Inhalte aus dem Gebiet der Arithmetik auch im Umfeld einer digitalen Lernumgebung (im Sinne der digitalen Strukturelemente) möglich sind und darüber hinaus Denkprozesse bei den Lernenden begleiten können.

Die Analyse der Schülernutzungen mithilfe der *semiotischen Vermittlung* erwies sich auf der einen Seite als gut umsetzbar, da die Aussagen und Handlungen der Lernenden auf ihre schulbuch- bzw. mathematikbezogenen Gerichtetheit unterschieden werden konnten. Auf der anderen Seite waren die Deutungsrichtungen einiger Schüleraussagen und -handlungen nicht immer evident. Beispielsweise konnte bei mathematischen Hypothesen ein Schulbuchbezug nicht zweifelsfrei ausgeschlossen werden, da nicht immer Begründungen zu Aussagen geäußert oder eingefordert wurden. Dies ist erwartungsgemäß der Interviewsituation geschuldet und konnte aufgrund von spontanen Diskussionen und Entwicklungen nicht umgangen werden. Dies wird verstärkt bei Untersuchungen zu Schulbuchnutzungen in einem Klassenkontext gelten und sollte daher aus methodischer Sicht in den weiteren Blick genommen werden.

Aussagen über die *Instrumentalisierungen* wurden hauptsächlich auf Grundlage wiederholender Handlungen der Lernenden getroffen. Während *Instrumentierungen* Verwendungsweisen (mit Strukturelementen) beschreiben und somit auf der Grundlage von Handlungen und Aushandlungsprozessen identifiziert werden können, werden bei *Instrumentalisierungen* Teilen des Schulbuchs gewisse Zwecke zugeschrieben. Für weitere Untersuchungen sollten diese von der interviewenden Person explizit eingefordert werden, indem durch Nachfragen an die Schülerinnen und Schüler Nutzungsziele explizit beschrieben werden.

Darüber hinaus ist zu bemerken, dass die kategorisierten *Instrumentierungen* insbesondere Nutzungen einzelner Strukturelemente beschreiben. Lediglich die *Instrumentierungen* „Auswahl relevanter Strukturelemente" und „Nutzung relevanter Strukturelemente" (vgl. Abschnitt 9.4) zeigen Nutzungsweisen auf der Ebene einer gesamten Lerneinheit und charakterisieren demnach Nutzungen, die den besonderen strukturellen Charakter eines Schulbuchs in den Vordergrund rücken. Die anderen empirischen Beispiele beschreiben Nutzungen von einzelnen Strukturelementen. Hierbei standen jedoch diejenigen Strukturelementtypen im Fokus, die bei digitalen Schulbüchern erst aufgrund der digitalen Natur des Mediums möglich waren, und betonen daher den Mehrwert digitaler Schulbücher für das Lernen von Mathematik.

Insgesamt sind verallgemeinernde Aussagen mit den Ergebnissen der vorliegenden Untersuchung nicht möglich, sondern explizieren ausschließlich individuelle Nutzungen der jeweiligen Strukturelemente. Um allgemeine Aussagen über Nutzertypologien zum Umgang mit digitalen Strukturelementen und Mathematikschulbüchern treffen zu können, sollten unterschiedliche digitale

Mathematikschulbücher eingesetzt und die Schulbuchnutzung sowohl im Klassenverband als auch in Einzelarbeit (z. B. für Hausaufgaben oder zur Vorbereitung
auf Klassenarbeiten) über einen längeren Zeitraum dokumentiert werden. In
diesem Zusammenhang könnten die Nutzerinnen und Nutzer explizit gefragt
werden, für welche Zwecke sie bestimmte Strukturelemente verwendet haben.
Die empirischen Ergebnisse dieser Arbeit liefern aber spannende Einblicke in
die individuellen Nutzungen digitaler Mathematikschulbücher, knüpfen an den
Nutzungen gedruckter Mathematikschulbücher an und fokussieren anhand der
semiotischen Analyse und instrumentellen Deutung differenzierte Beschreibungen der Aufgabenbearbeitungen. Auf die Ergebnisse der hier vorliegenden Arbeit
wird nun im folgenden Kapitel eingegangen.

Fazit und Ausblick

Ausgangspunkt dieser Untersuchung sind Schulbücher für die Mathematik in der Sekundarstufe I, die aufgrund der zunehmenden Digitalisierung im Bildungsbereich als ‚digitale' oder ‚elektronische Schulbücher' nun auch in digitaler bzw. digitalisierter Form entwickelt und im Unterricht eingesetzt werden. Aufgrund dessen stellten sich Fragen nach Unterschieden und Gemeinsamkeiten der digitalen Formate zu gedruckten Mathematikschulbüchern und ob bzw. welche Auswirkungen im Kontext vom Lernen von Mathematik identifiziert werden können.

Im ersten Teil dieser Arbeit wurden die theoretischen Grundlagen für die hier vorliegende Untersuchung dargestellt. Dazu zählen einerseits Forschungsergebnisse zur Struktur und Nutzung gedruckter Mathematikschulbücher durch Lernende (vgl. Kapitel 2) sowie andererseits eine Auseinandersetzung zur Begrifflichkeit ‚digitales Schulbuch' (für die Mathematik) (vgl. Kapitel 3). Zudem wurde im Anschluss daran die Schulbuchnutzung durch Lernende aus instrumenteller und soziosemiotischer Perspektive (vgl. Kapitel 4) beschrieben, da sich durch diese beiden Blickwinkel die Nutzung des Schulbuchs – artikuliert durch Zeichen – als Instrument zum Lernen von Mathematik in einem sozialen Kontext beschreiben lässt.

Teil II dieser Arbeit fokussierte die deskriptive Analyse digitaler Mathematikschulbücher für die Sekundarstufe I für die Schulform Gymnasium/Gesamtschule (Bundesland Nordrhein-Westfalen) im Rahmen einer *qualitativen Inhaltsanalyse*, die zuerst methodisch vorgestellt (vgl. Abschnitte 6.1 und 6.2) und anschließend für zwei in elektronischer Form vorliegende Mathematikschulbücher der fünften Klasse durchgeführt wurde (vgl. Abschnitt 6.3). Die Analyse der elektronischen Mathematikschulbücher diente zum einen zur Ausdifferenzierung digitalisierter und digitaler Unterrichtswerke für das Fach Mathematik (vgl. Abschnitt 6.4) als auch der Vorbereitung für die Untersuchung der Schulbuchnutzung durch

© Der/die Autor(en), exklusiv lizenziert an Springer Fachmedien Wiesbaden GmbH, ein Teil von Springer Nature 2023
M. Pohl, *Digitale Mathematikschulbücher in der Sekundarstufe I*, Essener Beiträge zur Mathematikdidaktik, https://doi.org/10.1007/978-3-658-43134-1_11

Schülerinnen und Schüler einer fünften Klasse eines Gymnasiums (Teil III). Zudem liegt nun aufgrund der durchgeführten Analyse ein reichhaltiges Bild über die Struktur digitaler Mathematikschulbücher (der Sekundarstufe I) und deren Strukturelemente vor.

Der dritte Teil behandelte die empirische Untersuchung der Nutzung digitaler Mathematikschulbücher durch Schülerinnen und Schüler. In diesem Zusammenhang wurde ein in Teil II analysiertes digitales Mathematikschulbuch ausgewählt und von Lernenden einer fünften Klasse an einem Gymnasium in Nordrhein-Westfalen in Kleingruppenarbeit verwendet. Für die empirische Studie wurden zwei verschiedene mathematische Gegenstandsbereiche ausgewählt (vgl. Kapitel 7); das Untersuchungsdesign wurde in Kapitel 8 beschrieben. Die Auswertung der Schulbuchnutzungen erfolgte im Anschluss in Kapitel 9 und fokussierte zum einen den Umgang mit Lösungselementen innerhalb des digitalen Schulbuchs (vgl. Abschnitt 9.2), den Umgang mit Strukturelementen, die erst aufgrund der digitalen Natur des Lernmediums vorhanden sind (vgl. Abschnitt 9.3), oder den Verweis auf verschiedene Strukturelemente innerhalb eines Schulbuchkapitels (vgl. Abschnitt 9.4). Diese drei Aspekte der Schulbuchnutzung unterstreichen zum einen die Anknüpfung an Elemente gedruckter Schulbücher (vgl. Abschnitt 9.2), thematisieren jedoch darüber hinaus auch den Mehrwert digitaler Schulbücher durch neue Strukturelemente (vgl. Abschnitt 9.3) oder aufgrund von Gegebenheiten neuer Struktureigenschaften (vgl. Abschnitt 9.4). Aus diesem Grund symbolisieren diese drei Rubriken exemplarische Nutzungen digitaler Schulbücher für die Mathematik.

Insgesamt lassen sich Ergebnisse dieser Untersuchung somit auf einer theoretischen, deskriptiven und empirischen Ebene unterscheiden, auf die im Folgenden zusammenfassend eingegangen wird. In diesem Zusammenhang werden auch die in der theoretischen Diskussion entstandenen Forschungsfragen aufgegriffen und reflektiert, sodass das Ziel dieser Arbeit, i. e. das Beantworten ebendieser Forschungsfragen, erreicht wird. Die Forschungsfragen lauteten:

(1) Welche Struktureigenschaften und Strukturelemente lassen sich bei digitalen Schulbüchern für die Mathematik identifizieren?
(2) Welche Strukturelemente verwenden Schülerinnen und Schüler beim Umgang mit einem digitalen Schulbuch und zu welchen Zwecken?
(3) Welche Verwendungsweisen lassen sich bei der Nutzung von verschiedenen Strukturelementen während der Arbeit mit einem digitalen Mathematikschulbuch bei Schülerinnen und Schülern identifizieren?

11.1   Ergebnisse auf theoretischer Ebene

Diese Arbeit befasst sich mit digitalen Schulbüchern für die Sekundarstufe I im Fach Mathematik. Schulbücher stellen im Mathematikunterricht ein zentrales Medium für das Lehren und Lernen (von Mathematik) dar (u. a. Fan et al., 2013; Pepin & Haggarty, 2001; Wiater, 2013). Auf theoretischer Ebene stellten sich am Anfang dieser Arbeit daher die Fragen, warum Schulbücher einen derart hohen Stellenwert im (Mathematik-)Unterricht einnehmen, welche fachdidaktischen Forschungsergebnisse zur Struktur und Nutzung gedruckter Schulbücher bereits vorliegen und welches Verständnis letztendlich unter dem Begriff ‚digitales Mathematikschulbuch' im Rahmen dieser Arbeit zugrunde liegt. Dazu zählen auch Fragen zu verschiedenen Konzepten digitaler Mathematikschulbücher auf dem Schulbuchmarkt und zu Veränderungen in der Konzeption digitaler Schulbuchversionen (zu ihren gedruckten Ausführungen).

Um diese Fragen theoretisch zu fundieren und zu beantworten, wurden zuerst Forschungsergebnisse zu gedruckten Schulbüchern in den Blick genommen (u. a. Fan et al., 2013; Hacker, 1980; Rezat, 2009; Sosniak & Perlman, 1990; Valverde et al., 2002). Da digitale Mathematikschulbücher kein gänzlich neues Lernmedium lokalisieren, sondern zu einem großen Teil an Konzepten gedruckter Schulbücher anknüpfen (vgl. Abschnitt 6.3), wurden dabei einerseits sowohl die Struktur gedruckter Schulbücher als auch die Nutzung dieser durch Lernende in den Vordergrund gestellt (vgl. Kapitel 2) sowie andererseits der zentrale Stellenwert von Schulbüchern aufgrund ihrer zentraler Funktionen im Unterricht expliziert (vgl. Kapitel 3).

Für die Struktur gedruckter Mathematikschulbücher konnten in bisherigen Forschungsarbeiten drei Strukturebenen herausgearbeitet werden (vgl. Rezat, 2008), die sich aus verschiedenen Strukturelementen zusammensetzen und dadurch letztendlich die Schulbuchstruktur konstituieren. Bei den Strukturebenen handelt es sich um die sogenannte Makro-, Meso- und Mikrostruktur. Die verschiedenen Strukturelemente konnten anhand von unterschiedlichen Merkmalen (inhaltliche Aspekte, sprachliche und typographische Merkmale, didaktische Funktionen und situative Bedingungen) genauer differenziert werden, sodass sich die Struktur der Schulbücher auf Grundlage der identifizierten Strukturelemente und deren Merkmale beschreiben lässt (Rezat, 2009). Für digitale Mathematikschulbücher stellte sich im Anschluss daran die Frage, welche Veränderungen sich bezogen auf die Struktur und Strukturelemente feststellen lassen bzw. ob grundsätzlich Veränderungen zu identifizieren sind (Forschungsfrage (1)). Dies wurde in der deskriptiven Schulbuchanalyse in Teil II dieser Arbeit weiter verfolgt und wird in Abschnitt 11.2 zusammenfassend dargestellt.

Im Anschluss an die vorgestellten Forschungsergebnisse zur Struktur und Nutzung von Schulbüchern (im Fach Mathematik) durch Schülerinnen und Schüler wurde der Frage nachgegangen, welches Verständnis in der fachdidaktischen Literatur zu dem Lehr- und Lernmedium ‚Schulbuch' vorliegt und was ‚digital' im Zusammenhang mit Schulbüchern bedeutet (vgl. Kapitel 3). Diese Thematik war für die Auswahl geeigneter digitaler Schulbücher für die angestrebte empirische Untersuchung maßgebend (vgl. Teil III; Abschnitt 11.3). Demgegenüber stellt sie aber auch auf theoretischer Ebene einen zentralen Kern dieser Arbeit dar, da eine Ausdifferenzierung des Begriffs ‚digital' – im Kontrast zu den Begriffen ‚elektronisch' und ‚digitalisiert' – für zukünftige Forschung in einem mathematikdidaktischen Kontext von Relevanz ist, weshalb einer Klärung des Digitalen daher literaturbegleitend nachgegangen wurde.

In diesem Zusammenhang wurde zuerst entlang einer etymologischen Perspektive erläutert, warum innerhalb dieser Arbeit die Bezeichnung ‚elektronisches Schulbuch' als nicht ausreichend angesehen wird (vgl. Abschnitt 3.1). Im Ergebnis dieser geführten Diskussion wurde ein ‚elektronisches Schulbuch' – oder ‚e-book' – als formatbezogene Bezeichnung eines digitalen Schulbuchs angesehen. Das bedeutet, dass das technologische Format eines Schulbuchs in den Vordergrund gestellt wird und nicht die Art und Weise der Nutzung. Diese ist jedoch bezogen auf die Frage nach dem Mehrwert digitaler Schulbücher von besonderem Interesse, sodass ein elektronisches Format als eine notwendige Bedingung für ein digitales Schulbuch gesehen wurde, die Art und Weise der Nutzung jedoch als eine hinreichende.

Infolgedessen wurde die Bezeichnung ‚digitales Schulbuch' als Ergebnis von fachdidaktischen, sprachtheoretischen und philosophischen Diskussionsansätzen präferiert (vgl. Abschnitt 3.4). Zuvor wurde literaturbegleitend auf den Stellenwert des Mediums ‚Schulbuch' und dessen Funktionen im Unterricht eingegangen (vgl. Abschnitt 3.2) und diese im Anschluss auf digitale Schulbücher übertragen (vgl. Abschnitt 3.3). Das Ziel der Beschreibung verschiedener Funktionen von Schulbüchern im Mathematikunterricht lag darin zu begründen, warum Schulbüchern eine übergeordnete Rolle im Unterricht zugeschrieben wird und weshalb dies insbesondere für das Fach Mathematik der Fall ist. Durch die in Abschnitt 3.2 geführte Diskussion wurde insgesamt deutlich, dass die inhaltliche Ausrichtung bei Schulbüchern von großer Bedeutung im Hinblick auf die Funktion von Schulbüchern im Unterricht ist (vgl. Abschnitt 3.2.1). Zum einen hat die enge Anlehnung an das Curriculum einen großen Einfluss auf die inhaltliche Konzeption des Schulbuchs. Auf der anderen Seite spielen aber auch wirtschaftliche, politische und schulische Faktoren eine Rolle. Durch diese verschiedenen Einflüsse dient das Schulbuch nicht minder als Informationsträger des Lehrinhalts zwischen den einzelnen Institutionen und der Leserin bzw. dem Leser, i. e. Lehrende oder Lernende. Schulbücher sind jedoch nicht eindeutig nur für den Lehrenden auf der einen oder den Lernenden auf der anderen Seite konzipiert, was wiederum auch bei der inhaltlichen Ausrichtung eine Rolle spielt, da beide Leserschaften angesprochen werden müssen.

Zusätzlich zu der inhaltlichen Funktion konnte auch eine strukturierende Funktion bei Schulbüchern beschrieben werden (vgl. Abschnitt 3.2.2), die den zu lernenden Inhalt in eine strukturelle Abfolge bringt und sich in den drei Strukturebenen (Makro-, Mikro- und Mesostruktur) zeigt.

Darüber hinaus wurde in diesem Zusammenhang auch der Einfluss der Lehrkraft auf die strukturierende Funktion des Schulbuchs und der damit verbundenen Rolle des Schulbuchs als pädagogisches Hilfsmittel betont, da die Lehrerin bzw. der Lehrer durch die Auswahl expliziter Inhalte – und demnach durch die individuelle Abfolge von Schulbuchelementen – die Struktur des Lehrinhalts bewirken kann. Als Konsequenz für diese Arbeit bedeutete dies, dass auch bei digitalen Schulbüchern (für die Mathematik) die inhaltliche und strukturierende Funktion ihre Gültigkeit behalten müssen, damit das Medium ,Schulbuch' weiterhin seine Relevanz (im Unterricht) behaupten kann.

Des Weiteren stellt sich aber auch die Frage, ob sich durch den Einfluss der Technologie Veränderungen bei den beiden Schulbuchfunktionen ,Inhalt' und ,Struktur' ergeben, weshalb in Abschnitt 3.3 Forschungsergebnisse zu den beiden bereits genannten Funktionen ,Inhalt' und ,Struktur' bezogen auf digitale Schulbücher vorgestellt und anschließend um die dritte Funktion ,Technologie' ergänzt wurden. Es zeigte sich dabei anhand von wissenschaftlichen Beiträgen zu digitalen Schulbüchern, dass die inhaltliche und strukturelle Funktion von gedruckten Schulbüchern bei digitalen Schulbüchern durch den Aspekt der Technologie erweitert werden. Das bedeutet, dass bei einem digitalen Schulbuch aufgrund der technologischen Möglichkeiten

a) auf der einen Seite sowohl die inhaltliche als auch strukturelle Funktion nach wie vor ihre Relevanz behalten,
b) aber auf der anderen Seite beide Funktionen durch den Einfluss technologischer Neuerungen Veränderungen erleben.

Diese Veränderungen konnten für deutschsprachige digitale Mathematikschulbücher zu diesem Zeitpunkt noch nicht eindeutig beschrieben werden, sondern wurden in Teil II dieser Arbeit im Rahmen der deskriptiven Analyse digitaler Schulbücher identifiziert (Forschungsfrage (2)).

Innerhalb der in Abschnitt 3.3 geführten Diskussion wurden darüber hinaus unterschiedliche elektronische Schulbuchkonzepte vorgestellt, die technologisch, funktionell und strukturell verschieden sind. Es zeigte sich in diesem Zusammenhang, dass bisher kein einheitliches Verständnis eines digitalen Schulbuchs (für die Mathematik) vorhanden ist. Aus diesem Grund wurde im darauffolgenden Abschnitt 3.4 eine Definition eines digitalen Schulbuchs für die Mathematik erarbeitet, die die in den Abschnitten 3.2 und 3.3 beschriebenen Merkmale bezüglich der Schulbuchfunktionen ‚Inhalt', ‚Struktur' und ‚Technologie' zu insgesamt sieben Merkmalen zusammenfasst. Dies resultierte letztendlich in der folgenden Definition:

Bei einem *DIGITALEN SCHULBUCH* für das Fach Mathematik wird in dieser Arbeit ein elektronisches Lehr- und Lernmedium mit den folgenden Eigenschaften verstanden:

1. Der zu lernende Inhalt wird in Anlehnung an das Curriculum didaktisch aufbereitet und dargestellt.
2. Der zu lernende Inhalt wird in eine strukturierte Reihenfolge (Jahrgangsstufenbände, Kapitel, Lerneinheiten) gebracht.
3. Das Schulbuch ist sowohl für eine Verwendung der Lehrkraft zum Lehren als auch zum Lernen für Lernende konzipiert.
4. Das Schulbuch ist von einer offiziellen Instanz im Sinne eines Genehmigungsverfahrens überprüft worden.
5. Das Schulbuch ist ein pädagogisches Hilfsmittel und kann als solches eingesetzt werden.
6. Aufgrund der technologischen Möglichkeiten können inhaltliche und strukturelle Veränderungen am Schulbuch vorgenommen werden.
7. Das Schulbuch beinhalt im Vergleich zu traditionellen Schulbüchern weitere Strukturelemente, die den (mathematischen) Inhalt aufgrund der digitalen Natur neu abbilden und zudem für eine veränderte Struktur sorgen.

Während die Merkmalskriterien 1 – 5 auch für gedruckte Schulbücher zutreffen, bilden die Merkmale 6 und 7 Eigenschaften digitaler Schulbücher ab. Die in Merkmal 6 erwähnten technologischen Möglichkeiten beschreiben Veränderungen, die sich insbesondere auf darstellungs- und bedienungsbezogene Aspekte beziehen (z. B. das Ein- und Ausblenden von Inhalten, Markieren von Textabschnitten), was dadurch auch zu einer veränderten Struktur führen kann. Diese

Veränderungen sind insbesondere für digitalisierte Schulbücher gültig. Im Gegensatz dazu sind in Merkmal 7 Veränderungen beschrieben, die den mathematischen Inhalt neu abbilden können (z. B. interaktive Strukturelemente) oder den Aufbau des Schulbuchs neu gestalten (z. B. Hyperlink-Struktur, Darstellung des Inhalts auf einer gesamten Seite). Diese Veränderungen gelten somit lediglich für digitale Schulbücher.

Im Rahmen der dort geführten Diskussion wurden somit auch die Begriffe *Digitalisierung/digitalisiert*, *Digitalisation* und *Digitalität/digital* aus verschiedenen Perspektiven betrachtet. Während der Begriff der *Digitalisierung* den Prozess des Digitalisierens beschreibt, wird mit *Digitalisation* die Nutzung einer digitalen Technologie verstanden. Beide Begriffe beschreiben somit eher einen prozesshaften Charakter bezogen auf die Technologie; der eine im Sinne der Konzeption eines digitalen Schulbuchs (*Digitalisierung*), der andere im Sinne einer Schulbuchnutzung (*Digitalisation*). Der Begriff der *Digitalität* fokussiert zwar auch den prozesshaften Charakter der Nutzung, allerdings beschreibt er im Gegensatz zu den anderen beiden Begriffen einen qualitativen Zustand, in dem digitale und analoge Inhalte miteinander verknüpft werden. Bei einem digitalen Schulbuch wird schlussendlich nicht nur eine Stärkung der inhaltlichen und strukturellen Funktion als Mehrwert angesehen – was auch bei digitalisierten Schulbüchern der Fall wäre –, sondern insbesondere eine Veränderung des Inhalts und der Struktur aufgrund der digitalen Technologien, was dann letztendlich zu einer veränderten Nutzung des Schulbuchs führt. *Digitalität* bedeutet somit viel mehr als *Digitalisierung*; *digital* hat eine größere Tragweite als *digitalisiert* im Sinne der Verwendung des Mediums – auch bezogen auf Schulbücher für den Mathematikunterricht.

Im weiteren Verlauf der theoretischen Grundlagen wurde die Schulbuchnutzung aus instrumenteller und soziosemiotischer Sichtweise beschrieben (vgl. Kapitel 4). Dabei wurde zuerst auf die Theorie der *instrumentellen Genese* (Rabardel, 1995, 2002) eingegangen, die eine Unterscheidung zwischen *Artefakt* und *Instrument* (bzw. *Werkzeug*) vornimmt (vgl. Abschnitt 4.2). Das *Artefakt* als physischer Gegenstand per se wird durch die (zielgerichtete) Verwendung im Prozess der *instrumentellen Genese* durch die Nutzerin bzw. den Nutzer letztendlich zu einem *Instrument*. Ein *Instrument* wird dabei durch eine zweckgerichtete Verwendung charakterisiert, hier dem Mathematiklernen. Dieser Vorgang wird durch die beiden Prozesse der *Instrumentierung* und *Instrumentalisierung* beschrieben und demnach als wechselseitiger Prozess zwischen Subjekt und Artefakt verstanden, in der sich Subjekt und Artefakt gegenseitig beeinflussen. Die Unterscheidung zwischen *Artefakt* und *Instrument* wird für diese Arbeit als passend angesehen, da durch die aktive Verwendung des digitalen Schulbuchs durch die Lernenden

Rückschlüsse auf zielgerichtete Nutzungen gezogen werden können, wodurch das *Artefakt* als ein *Instrument* zum Mathematiklernen charakterisiert werden kann.

Im Rahmen dieser Untersuchung stellte sich die Frage, wie der Prozess der *instrumentellen Genese* in den Schulbuchnutzungen und Äußerungen der Schülerinnen und Schüler identifiziert und beschrieben werden kann. In diesem Zusammenhang spielen *Zeichen* eine tragende Rolle. Innerhalb der Schulbuchnutzung würde das Schulbuch bereits als *psychisches Werkzeug* beschrieben, dem eine Vermittlungsfunktion zugeschrieben wird. Diese Vermittlungsfunktion lässt sich durch die Produktion und Interpretation von *Zeichen* innerhalb der Schulbuchnutzung im sozialen Kontext darstellen (vgl. Parmentier, 1985; Vygotsky, 1978). Aus diesem Grund wurde in dieser Arbeit die Interpretation von *Zeichen* vor dem Hintergrund der *instrumentellen Genese* als sinnvoll angesehen, sodass individuelle und soziale Aspekte innerhalb der Schulbuchnutzung, und somit innerhalb der *instrumentellen Genese,* berücksichtigt werden. Das bedeutet, dass die Schulbuchnutzung mit dem Blick auf semiotische Prozesse im Rahmen der *instrumentellen Genese* identifiziert und analysiert werden konnte.

Eine Theorie zur Beschreibung von semiotischen Prozessen stellt die *semiotische Vermittlung* (Bartollini Bussi & Mariotti, 2008) dar. Besonders bedeutend wird diese Theorie für diese Arbeit, da ein besonderer Fokus der *semiotischen Vermittlung* zum einen auf dem Kontext des Lernens von Mathematik liegt und zum anderen das Lernen durch Artefakte in den Blick genommen wird – und demzufolge auch digitale Schulbücher. Somit vereint diese Theorie die konstruktive Sichtweise der *instrumentellen Genese* mit dem soziokulturellen Fokus auf die Produktion und Interpretation von *Zeichen* und wurde daher in dieser Arbeit als Analysemethode eingesetzt, um Schulbuchnutzungen durch Schülerinnen und Schüler zu erforschen.

Die *semiotische Vermittlung* unterscheidet Aussagen und Handlungen der Lernenden auf Basis ihrer Gerichtetheit. Das bedeutet, dass Aussagen und Handlungen, die sich direkt auf Inhalte des Schulbuchs beziehen, als *Artefaktzeichen* charakterisiert werden, während demgegenüber Aussagen und Handlungen, die losgelöst vom Schulbuch zu deuten sind und sich auf die Mathematik beziehen, als *Mathematikzeichen* beschrieben werden. Neben diesen beiden Polen können sich Aussagen und Handlungen jedoch auch sowohl auf das Artefakt als auch auf die Mathematik beziehen, indem die Lernenden beispielsweise explizite Inhalte aus dem Schulbuch in Frage stellen oder mathematisch begründen wollen. Die Lernenden befinden sich somit in einem Aushandlungsprozess zwischen den Inhalten des Schulbuchs, ergo dem *Artefakt*, und der Mathematik, indem sie versuchen, die Inhalte des Schulbuchs in ihr mathematisches Verständnis einzuordnen. Aussagen und Handlungen dieser Art werden im Rahmen der Theorie der *semiotischen Vermittlung* als *Drehpunktzeichen* kategorisiert.

Die beiden Theorien der *instrumentellen Genese* und *semiotischen Vermittlung* haben für die hier vorliegende Arbeit folgende Tragweite: Zum einen wird durch den Blickwinkel der *instrumentellen Genese* eine Anknüpfung an Forschung zu gedruckten Schulbüchern ermöglicht (vgl. Rezat, 2008, 2009, 2011); andererseits werden die beiden Prozesse *Instrumentierung* und *Instrumentalisierung* durch den Blick auf die durch die Schülerinnen und Schüler produzierten *Zeichen* detaillierter beschrieben. Der Prozess der *instrumentellen Genese* kann somit durch die *Drehpunktzeichen* charakterisiert werden, da die *Drehpunktzeichen* genau im Wechselspiel zwischen Mathematik und Artefakt, ergo dem Schulbuch, stehen und die Bedeutung einer mathematischen Aussage durch die Schülerin bzw. den Schüler in Verwendung des Schulbuchs ausgehandelt wird. Dies wurde in dieser Arbeit als Aushandlungsprozess beschrieben, in dem die Lernenden Inhalte des Schulbuchs in ihr mathematisches Verständnis einordnen wollten. Der Aushandlungsprozess – identifiziert durch die *Drehpunktzeichen* – beschreibt somit die *instrument-mediated action schemes*, die von Rabardel als zielgerichtete *Gebrauchsschemata* gesehen wurden, sodass eine Verknüpfung der *semiotischen Vermittlung* mit der *instrumentellen Genese* die Charakterisierung der *Gebrauchsschemata* ermöglicht.

Beide theoretischen Sichtweisen haben für die Analyse der Schulbuchnutzungen ihre Bedeutung. Während die *semiotische Vermittlung* die Rekonstruktion und Verdeutlichung der Zeichen – bezogen auf das Schulbuch oder die Mathematik – auf einer individuellen Ebene verfolgt, gelingt es im Rahmen der *instrumentellen Genese*, die Nutzungsprozesse zielgerichtet und nutzungsbezogen durch die Interpretation der *Drehpunktzeichen* zu beschreiben. Eine Beschreibung durch die *instrumentelle Genese* ist jedoch nur auf Grundlage der zuvor beschriebenen Aushandlungsprozesse möglich, sodass in dieser Arbeit durch dieses Zusammenwirken der beiden theoretischen Blickwinkel von einer Passung der beiden Theorien gesprochen wird. Die Theorie der *semiotischen Vermittlung* ermöglicht es somit, die Zeichen – und demnach sowohl Aussagen als auch Handlungen der Lernenden – aufgrund ihrer Gerichtetheit auf das Schulbuch, die Mathematik oder die wechselseitige Bezugnahme beider Pole zu charakterisieren. Erst durch eine Interpretation dieser rekonstruierten Zeichen bezüglich ihrer zielgerichteten Verwendung (*Instrumentalisierung*) und Verwendungsweise (*Instrumentierung*), die sich insbesondere in den *Drehpunktzeichen* manifestieren, ist es möglich, Aussagen über die Nutzung digitaler Schulbücher durch Lernende zu treffen. Die Verwendungsweisen und -ziele wurden dabei induktiv auf Grundlage der

Handlungen und Aussagen der Lernenden, die eine Verwendungsweise und ein Verwendungsziel beschreiben, gebildet.

Am Ende des ersten Teils dieser Arbeit wurden die Forschungsfragen auf Basis der theoretischen Grundlagen formuliert. Die erste Forschungsfrage bezieht sich auf eine deskriptive Strukturanalyse digitaler Mathematikschulbücher. Die Ergebnisse dazu werden in Abschnitt 11.2 diskutiert. Die beiden Forschungsfragen (2) und (3) beziehen sich auf die Nutzungen einzelner Strukturelemente bzw. des digitalen Schulbuchs für die Mathematik durch Lernende. Dabei zielt Forschungsfrage (2) zuerst darauf ab zu untersuchen, welche Strukturelemente die Nutzerinnen und Nutzer verwenden und wozu. In einem zweiten Schritt wird mit Forschungsfrage (3) dann das Ziel verfolgt, die Art und Weise der Nutzungen der Strukturelemente durch die Lernenden zu beschreiben. Die Ergebnisse dazu werden in Abschnitt 11.3 diskutiert.

11.2 Ergebnisse zur Struktur digitaler Mathematikschulbücher für die Sekundarstufe I

Die Untersuchung der Nutzung digitaler Mathematikschulbücher für die Sekundarstufe I durch Lernende setzte eine Analyse der Struktur digitaler Schulbücher für die Mathematik voraus. Die Ergebnisse dieser Strukturanalyse können somit als eine notwendige Bedingung für die Analyse der Schulbuchnutzungen verstanden werden, stellen jedoch auch unabhängig davon ein zentrales Resultat für die hier vorliegende Arbeit dar. Digitale Schulbücher (für die Mathematik) charakterisieren nicht nur in Deutschland, sondern auch international ein neuartiges Lehr- und Lernmedium, das im Vergleich zu gedruckten Schulbüchern unterschiedliche Struktureigenschaften und Strukturelemente enthält. Es ist daher von Interesse, wie digitale Schulbücher strukturiert sind und aus welchen Elementen sie sich zusammensetzen, um ein vollständiges Bild über den Aufbau von digitalen Mathematikschulbüchern zu erhalten.

Im Folgenden werden die Ergebnisse der Strukturanalyse zusammenfassend dargestellt.

1. Strukturebenen

Wie schon bei gedruckten deutschsprachigen Mathematikschulbüchern (vgl. Rezat, 2009) konnten bei digitalen Schulbüchern für die Sekundarstufe I drei Strukturebenen unterschieden werden können: die Makro-, Meso- und die Mikrostrukturebene. Die Makrostruktur spiegelt die Gesamtkonzeption der (digitalen) Schulbücher als Jahrgangsstufenbände oder Lehrgänge geschlossener

Sachgebiete wider und bezieht sich auf eine erste Gliederung der Inhalte in einzelne Kapitel und weitere Bereiche, die eine Orientierung im Buch erleichtern sollen. Die Mesostruktur bezieht sich auf die Struktur der einzelnen Kapitel; durch die Mikrostruktur wird die Struktur der einzelnen Lerneinheiten beschrieben. Die Grundkonzeption der einzelnen Strukturebenen hat sich im Vergleich zu gedruckten Mathematikschulbüchern somit nicht verändert.

2. Strukturelementtypen

Die Strukturebenen setzen sich aus verschiedenen Strukturelementen zusammen. Beispielsweise sind dies das *Inhaltsverzeichnis* für die Makrostrukturebene, die *Lerneinheiten* für die Mesostruktur und *Kasten mit Merkwissen*, *Exploration* oder *Rechenaufgabe* für die Mikrostrukturebene.

3. Merkmale der Strukturelementtypen

Die verschiedenen Strukturelementtypen konnten anhand unterschiedlicher Merkmale differenziert werden. Dazu wurde das von Rezat (2009) entwickelte Kategoriensystem, das typographische Merkmale, sprachliche Merkmale, inhaltliche Aspekte, didaktische Funktionen und situative Bedingungen berücksichtigte, um die Eigenschaft der technologischen Merkmale erweitert. Der Grund hierfür lag darin, den technologischen Besonderheiten digitaler Schulbücher zu begegnen und die digitale Natur des Mediums innerhalb der Strukturelemente im Kategoriensystem abzubilden.

4. Ausdifferenzierung des Kategoriensystems

Die Strukturelementtypen wurden hinsichtlich der Eigenschaften technologische, sprachliche und typographische Merkmale als *schulbuchbezogene Aspekte* beschrieben; die drei Eigenschaften inhaltliche Aspekte, didaktische Funktionen und situative Bedingungen wurden als *unterrichtsbezogene Aspekte* charakterisiert. Dadurch spiegeln die Strukturelemente einerseits Aspekte von schulbuchbezogenen Vorgaben und andererseits Aspekte des eigentlichen Unterrichts wider, wodurch sich bereits in den Merkmalsbeschreibungen der Strukturelementtypen eine Unterscheidung zwischen erwarteter und tatsächlicher Nutzung zeigt. Diese vorgenommene Merkmalsunterscheidung hat somit eine Ausdifferenzierung des Kategoriensystems zur Folge.

5. Digitale Strukturelementtypen

Die Strukturanalyse zeigte, dass im Vergleich zu gedruckten Schulbüchern für die Mathematik auf der Mikrostrukturebene neue Strukturelementtypen identifiziert werden konnten. Dabei wurde letztendlich zwischen digitalisierten und digitalen Strukturelementtypen unterschieden. Bei digitalisierten Strukturelementtypen handelt es sich um die Übungsaufgaben (*Zuordnungsaufgabe*, *Notizaufgabe* und *Rechenaufgabe*), die zwar schon bei gedruckten Mathematikschulbüchern vorhanden waren, nun aber aufgrund der technologischen Möglichkeiten direkt im Schulbuch bearbeitet werden können. Im Gegensatz dazu beschreiben digitale Strukturelementtypen neue Strukturelemente, die nun erst aufgrund der digitalen Natur des Mediums realisiert werden konnten. Dazu gehören die folgenden Schulbuchelemente: *interaktive Aufgabe, Video, Visualisierung, Exploration, Schlüsselbegriffe* und *Ergebnis überprüfen*.

6. Unterschiede bei den analysierten Schulbuchkonzepten
Durch die Strukturanalyse der beiden untersuchten digitalen Schulbuchkonzepte zeigten sich darüber hinaus auch große Unterschiede bzgl. der drei Strukturebenen und der unterschiedlichen Strukturelementtypen (vgl. Abschnitt 6.4). Diese Unterschiede wurden beispielsweise zum einen auf bedienungsbezogene Merkmale in den *Lerneinheiten* deutlich (klassisches Schulbuchdesign vs. Hyperlink- und Website-Struktur). Zum anderen konnten grundlegende Unterschiede bei den in den *Lerneinheiten* zur Verfügung gestellten Strukturelementtypen identifiziert werden. Zwar bieten beide analysierten Unterrichtswerke eine Vielzahl gleicher Strukturelementtypen (z. B. *Tabelle, Kasten mit Merkwissen, Beispiel*), oder verschiedene Aufgabentypen an, die in verschiedenen dynamischen Formaten realisiert werden (*Zuordnungsaufgabe, Rechenaufgabe, statische Aufgabe*). Zudem konnten in beiden Schulbüchern drei verschiedene Arten der Ergebniskontrolle identifiziert werden (Anzeigen der *Lösung*, Anzeigen des *Lösungsweges* sowie eine dynamische *Überprüfung der Ergebnisse*). Dennoch werden diese Strukturelementtypen nur bei einem digitalen Schulbuch in der gesamten *Lerneinheit* angeboten und nicht – wie bei dem zweiten analysierten Unterrichtswerk – im Zusatzmaterial. Darüber hinaus wurden in der Schulbuchanalyse insbesondere Strukturelementtypen festgestellt, die erst aufgrund der digitalen Natur des Mediums möglich sind, jedoch nicht in beiden digitalen Schulbüchern gleichermaßen Verwendung finden (*Video, Exploration, Visualisierung*).

Des Weiteren konnte eine Verschiebung der Strukturelementtypen *Lösungselemente* (*Ergebnis überprüfen, Lösungsweg/Lösungsvorschlag, Lösung*) von der Makroebene bei gedruckten Mathematikschulbüchern in die Mikroebene bei digitalen Mathematikschulbüchern festgestellt werden, da die Möglichkeiten einer Lösungskontrolle beim digitalen Schulbuch *Lehrwerk* direkt bei den jeweiligen Aufgaben zu finden war anstatt am Ende des gedruckten Schulbuchs.

Zum einen bieten beide analysierten digitalen Schulbücher neue Funktionen, die sich auf bedienungsbezogene Aspekte beziehen und keine inhaltlichen Neuerungen ermöglichen (z. B. *Audio* oder *Kommentierung*). Dazu gehören die in Tabelle 19 aufgeführten Strukturelementtypen. Diese bedienungsbezogenen

Aspekte finden sich einerseits auf der Makrostrukturebene im *eBook pro* oder auf der Mikrostrukturebene im *Lehrwerk* und unterscheiden sich somit je nach digitalem Schulbuch. Zum anderen wurde auch deutlich, dass beide digitalen Schulbücher (auf Mikrostrukturebene) Zusatzmaterialien anbieten, die insbesondere neue Strukturelementtypen beinhalten. Dies gilt im besonderen Maße für das *eBook pro*, das neue Strukturelementtypen ausschließlich in den Zusatzmaterialien zur Verfügung stellt.

Diese lokalisierten Unterschiede effizierten eine Diskussion bezüglich einer Unterscheidung von digitalisierten und digitalen Mathematikschulbüchern mit dem Ergebnis, dass unter einem digitalen Schulbuch für die Mathematik ein Unterrichtswerk verstanden wird, das digitale Strukturelementtypen bereitstellt, während ein digitalisiertes Schulbuch technologische Veränderungen insbesondere bedienungsbezogen umsetzt. Dies schließt auch die digitalisierten Strukturelementtypen mit ein.

7. Anordnung der Strukturelemente
Bei der Anordnung der Strukturelemente lässt sich feststellen, dass das *eBook pro* auf allen drei Strukturebenen eine feste Anordnung der Strukturelemente besitzt und auch hier der Struktur der traditionellen Mathematikschulbücher folgt (vgl. Rezat, 2009, S. 107–110). Das *Lehrwerk* bietet stattdessen eine variable Anordnung, was sich zum einen durch die Anpassungsmöglichkeiten auf Makro- und Mesostruktur zeigt und zum anderen durch die flexible Strukturierung der Lerneinheiten bezüglich der Strukturelementtypen. Diese Feststellung deckt sich mit der Hypothese am Anfang dieser Arbeit, dass digitale Schulbücher eine variable Anordnung der Strukturelemente (auf den verschiedenen Strukturebenen) aufgrund der technologischen Gegebenheiten ermöglichen können (vgl. Abschnitt 3.4).

Durch die Strukturanalyse digitaler Mathematikschulbücher für die Sekundarstufe I wurde somit deutlich, dass verschiedene Konzepte elektronischer Unterrichtswerke vorliegen, die von den Schulbuchverlagen als digital bezeichnet werden, jedoch im Vergleich zu gedruckten Mathematikschulbüchern wenige Veränderungen seitens der Strukturebenen und -elemente mit sich bringen. Durch die Einführung der *technologischen Merkmale* in das Kategoriensystem konnten diese Veränderungen bezüglich ihrer Digitalität unterschieden werden, sodass eine Unterscheidung von digitalen und digitalisierten Schulbüchern präzisiert wird. Diese Ergebnisse zur Struktur digitaler Mathematikschulbücher legen für diese Untersuchung somit einerseits eine Grundlage für die Auswahl geeigneter digitaler Schulbücher für die empirische Untersuchung. Andererseits können sie

darüber hinaus aber auch eine Grundlage für weiterführende Forschung schaffen
oder zur weiteren Entwicklung digitaler Schulbücher herangezogen werden.

11.3 Ergebnisse zur Nutzung digitaler Mathematikschulbücher durch Schülerinnen und Schüler

Die Nutzung digitaler Mathematikschulbücher von Schülerinnen und Schülern
wurde aus zwei verschiedenen Perspektiven beleuchtet. Zuerst wurden die Aussagen und Handlungen der Lernenden im Rahmen der *semiotischen Vermittlung*
(Bartollini Bussi & Mariotti, 2008) untersucht und in drei Kategorien typisiert:
Artefaktzeichen, *Drehpunktzeichen* und *Mathematikzeichen*. Eine solche Analyse
erlaubte es in einem ersten Schritt, die Aussagen und Handlungen der Lernenden zuerst einmal bezogen auf ihre Gerichtetheit (Artefakt ‚digitales Schulbuch'
bzw. Mathematik) einzuordnen. Die semiotische Analyse diente dadurch in erster
Linie als Analysemethode, mithilfe der die Aussagen der Lernenden bezogen auf
ihre Gerichtetheit (Artefakt vs. Mathematik) charakterisiert werden können.

In einem zweiten Schritt wurden die durch die semiotische Analyse gedeuteten
Aussagen und Handlungen der Lernenden im Rahmen der *instrumentellen Genese*
(Rabardel, 1995, 2002) prozesshaft beschrieben. Das Forschungsinteresse dieser
Arbeit lag darin, Nutzungen digitaler Mathematikschulbücher durch Lernende
zu beschreiben und zu untersuchen, welche Strukturelemente Schülerinnen und
Schüler beim Umgang mit einem digitalen Schulbuch verwenden und zu welchen
Zwecken (vgl. Forschungsfrage 2). Zudem stand im Mittelpunkt der Untersu-
chung, den Umgang von Lernenden mit digitalen Schulbüchern zu erforschen
(„Welche Verwendungsweisen lassen sich bei der Nutzung von verschiedenen
Strukturelementen während der Arbeit mit einem digitalen Mathematikschulbuch bei Schülerinnen und Schülern identifizieren?", vgl. Forschungsfrage 3).
Beide Untersuchungsfokusse können durch die konstruktivistische Sichtweise der
instrumentellen Genese und der Blickwinkel der *Instrumentierung* und *Instrumentalisierung* genauer untersucht werden, sodass Schlussfolgerungen bezüglich einer
zielgerichteten Nutzung sowie zur Art und Weise der Nutzung durch die Lernenden abgeleitet werden können. Die Kategorien der *Instrumentalisierungen* und
Instrumentierungen wurden dabei induktiv anhand der Aussagen und Handlungen
der Lernenden im Umgang mit Strukturelementen gebildet.

Die Ergebnisse zur Nutzung digitaler Mathematikschulbücher durch Schülerinnen und Schüler der Sekundarstufe I können demnach zusammenfassend wie
folgt beschrieben werden:

1. Artefaktzeichen im Kontext von Schulbuchnutzungen

Schüleraussagen und -handlungen, die sich explizit auf (Teile des) Schulbuchs beziehen und hauptsächlich mit der Bearbeitung des jeweiligen Strukturelements zusammenhängen, konnten durch die Charakterisierung als *Artefaktzeichen* identifiziert werden. *Artefaktzeichen* zeigten sich somit im Besonderen in der expliziten Eingabe von Ergebnissen, der Verwendung der Überprüfungsfunktion, dem Verschieben von Punkten in *Explorationen*, dem Einstellen von Funktionen durch Schieberegler oder in der Auswahl von Strukturelementen und zeichnen sich daher durch einen direkten Bezug zum Schulbuch aus.

2. Mathematikzeichen im Kontext von Schulbuchnutzungen

Demgegenüber wurden mit den *Mathematikzeichen* Schüleraussagen kategorisiert, die (losgelöst vom digitalen Schulbuch) einen mathematischen Inhalt thematisieren und somit den fachinhaltlichen Stoff (der Lerneinheit oder des jeweiligen Strukturelements) in den Vordergrund rücken. Aussagen, die als *Mathematikzeichen* gedeutet wurden, können dabei sowohl am Anfang einer Schülerbearbeitung – im Sinne einer mathematischen Hypothese – als auch am Ende des Bearbeitungsprozesses – im Sinne eines erzielten mathematischen Erkenntnisgewinns – auftreten.

3. Drehpunktzeichen im Kontext von Schulbuchnutzungen

Insbesondere kristallisierte sich jedoch in allen Schulbuchnutzungen eine Prävalenz der *Drehpunktzeichen* heraus. *Drehpunktzeichen* charakterisieren eine wechselseitige Gerichtetheit auf das Artefakt ‚digitales Schulbuch‘ und auf die Mathematik. Diese wechselseitige Gerichtetheit wurde als Aushandlungsprozess der Lernenden zwischen einem expliziten Strukturelement und der Deutung des mathematischen Inhalts formuliert, was ein wesentliches Ergebnis zur Nutzung digitaler Mathematikschulbücher durch Lernende beschreibt. Dies hat zur Folge, dass die *Drehpunktzeichen* einen besonderen Stellenwert in der Schulbuchnutzung einnehmen, da sie eine Deutung des mathematischen Inhalts in Auseinandersetzung mit dem expliziten Strukturelement charakterisieren.

4. Instrumentalisierungen und Instrumentierungen

Die durch die *semiotische Vermittlung* und die *Drehpunktzeichen* identifizierten Aushandlungsprozesse der Lernenden zwischen individuellen mathematischen Kenntnissen und den im Schulbuch angezeigten Inhalten wurden aus der konstruktivistischen Sichtweise der *instrumentellen Genese* beschrieben und im Zusammenhang mit den Forschungsfragen 2 und 3 beleuchtet. Dadurch konnten die folgenden sechs *Instrumentalisierungen* herausgearbeitet werden:

1. Verifikation des eingegebenen Ergebnisses
2. Bearbeiten von Aufgaben
3. Generierung von Aufgaben
4. Festigen
5. Hilfen zum Bearbeiten von Aufgaben
6. Begründen

Diese sechs Nutzungsziele unterscheiden sich hinsichtlich verschiedener Strukturelementtypen, die in den Schulbuchnutzungen verwendet wurden, und bezüglich
der verfolgten Nutzungsweisen (*Instrumentierungen*). In Abbildung 1 wurde im
Zusammenhang mit Nutzungszielen gedruckter Mathematikschulbücher deutlich,
dass Lernende das Schulbuch bzw. die Strukturelemente auf Mikroebene zu den
beiden Tätigkeiten ‚Hilfe zum Bearbeiten von Aufgaben' bzw. ‚Festigen' am
häufigsten verwendet werden. Es lassen sich im Rahmen der hier vorliegenden
Untersuchung zwar keine Schlussfolgerungen bezüglich einer Nutzungshäufigkeit
feststellen; dennoch zeigen sich auch in diesen Nutzungszielen Verwendungen
des Schulbuchs zu den beiden Tätigkeiten, sodass an den Nutzungen gedruckter Mathematikschulbücher angeknüpft werden kann. Im Folgenden werden die
Nutzungsziele verschiedener Strukturelemente ausführlich beschrieben.

4.1. Verifikation des eingegebenen Ergebnisses

Die Lernenden verwenden das Strukturelement *Ergebnis überprüfen*, um eingegebene Ergebnisse mit dem digitalem Schulbuch zu kontrollieren. Das Ziel
dieser Tätigkeit hängt somit immer mit der Überprüfung eingegebener Ergebnisse in das digitale Schulbuch zusammen, sodass von den Lernenden eine direkte
Rückmeldung zu ihren eingetragenen Antworten eingefordert wird.

Während das Ziel der Verwendung der Lösungselemente somit in der „Verifikation der eingegebenen Ergebnisse" liegt, konnten auf der anderen Seite die
folgenden Nutzungsweisen (*Instrumentierungen*) identifiziert werden:

- Ablehnen der Schulbuch-Lösung
- Abgleich von richtigen bzw. falschen Ergebnissen
- Ausprobieren
- Nachvollziehen der Rückmeldung

  - mit Bezug zur eigenen Lösung
  - mit Bezug zur Schulbuch-Lösung

Diese Nutzungsweisen konnten auf der Grundlage der Aussagen der Schülerinnen und Schüler nach der Verwendung eines entsprechenden Lösungselements gebildet werden und charakterisieren die verschiedenen Verwendungsweisen ebendieser Strukturelementtypen, die sich anhand verschiedener Diskussionen der Lernenden sowie anhand ihrer Reaktionen gezeigt haben.

Dadurch wurde ersichtlich, dass die Lernenden die angezeigte Schulbuchlösung ablehnen, da sie von ihren eigenen Ergebnissen überzeugt sind (*Instrumentierung* „Ablehnen der Schulbuch-Lösung") oder richtige bzw. falsche Ergebnisse (untereinander im sozialen Kontext oder im direkten Vergleich mit der angezeigten Schulbuch-Rückmeldung) abgleichen (*Instrumentierung* „Abgleich von richtigen bzw. falschen Ergebnissen"). Auch die Nutzungsweise „Ausprobieren" konnte in den Bearbeitungen identifiziert werden, die sich dadurch definiert, dass die Lernenden verschiedene Ergebnisse durch das Lösungselement überprüfen lassen und die Vorgehensweise als ausprobieren beschreiben. Des Weiteren zeigen sich Nutzungsweisen, in denen die Lernenden über die Schulbuch-Lösung nachvollziehen wollen, indem sie die Rückmeldung entweder auf Grundlage ihrer eigenen Lösung reflektieren (*Instrumentierung* „Nachvollziehen der Rückmeldung mit Bezug zur eigenen Lösung") oder in Bezug zur Schulbuch-Lösung nachvollziehen wollen (*Instrumentierung* „Nachvollziehen der Rückmeldung mit Bezug zur Schulbuch-Lösung"). Darüber hinaus konnten derartige *Instrumentierungen* sowohl in individuellen Nutzungen als auch im sozialen Diskurs festgestellt werden.

Bei Nutzungen traditioneller Mathematikschulbücher wurde die Tätigkeit „Kontrollieren der Lösungen" als Teilziel der Tätigkeit „Bearbeiten von Aufgaben" zugeschrieben (vgl. Rezat, 2009, 316 f.). In der hier durchgeführten Untersuchung wird die „Verifikation des eingegebenen Ergebnisses" jedoch als eigenständige *Instrumentalisierung* aufgeführt. Der Grund hierfür liegt in der digitalen Überprüfungsfunktion und der dadurch entstehenden direkten Rückmeldung durch das digitale Schulbuch an die Lernenden, die zahlreiche Aushandlungsprozesse zwischen der angezeigten Schulbuchlösung bzw. Rückmeldung und der eigenen Lösung bewirkten. Letztendlich finden Nutzungsziele dieser Strukturelementtypen zwar im Rahmen einer Aufgabenbearbeitung statt, beschreiben dabei jedoch vielfältige Nutzungsweisen (*Instrumentierungen*) innerhalb der Arbeit mit dem digitalen Schulbuch und werden daher als separate *Instrumentalisierung* aufgeführt.

Zusätzlich zu der *Instrumentalisierung* „Verifikation des eingegebenen Ergebnisses" zu dem Strukturelementtyp *Ergebnis überprüfen* zeigte sich in der Schülernutzung einer *Exploration* ebenfalls dieser Verwendungszweck (vgl. Abschnitt 9.3.1). Diese Verwendung der *Exploration* zum Verifizieren zeigte sich in der *Instrumentierung* „systematisch-dynamische Konstruktion", indem der Lernende zuvor erarbeitete Lösungen durch die dynamische Verwendung der *Exploration* überprüft hat.

Die *Instrumentalisierung* „Verifikation des eingegebenen Ergebnisses" im Zusammenhang mit der Nutzung einer *Exploration* stellt ein Novum zur Nutzung digitaler Mathematikschulbücher durch Lernende dar und symbolisiert demnach ein Alleinstellungsmerkmal digitaler Mathematikschulbücher. Zusätzlich zu den Strukturelementtypen *Lösung, Lösungsweg/Lösungsvorschlag* und *Ergebnis überprüfen* nutzte der Schüler den digitalen Strukturelementtyp *Exploration*, um sein Ergebnis zu überprüfen, was erst aufgrund der digitalen Natur dieses Strukturelements möglich ist.

4.2. Bearbeiten von Aufgaben

Die Lernenden verwenden das digitale Schulbuch zum „Bearbeiten von Aufgaben". In den Nutzungen wurde die *Instrumentalisierung* „Bearbeiten von Aufgaben" bei Verwendungen des Strukturelementtyps *Exploration* kategorisiert und zeigte sich insbesondere anhand von artefaktbezogenen Handlungen wie dem dynamischen Verschieben eines Punkts. Andererseits ist zu erwähnen, dass die Lernenden durchaus bei allen Verwendungen von Strukturelementen eine Aufgabe bearbeitet haben, bei denen die *Instrumentalisierung* „Bearbeiten von Aufgaben" nicht explizit kategorisiert wurde. Der Grund für eine Kategorisierung zur „Bearbeitung von Aufgaben" in der Nutzung des Strukturelements *Exploration* (vgl. Abschnitt 9.3.1) liegt insbesondere in den verschiedenen Bearbeitungsprozessen, die sich durch den Blickwinkel der *Instrumentierung* beschreiben lassen. Zudem sorgte die interaktive visuelle Repräsentation des mathematischen Inhalts durch die *Exploration* für eine Entwicklung von neuen Denkansätzen bei dem Lernenden, sodass im Sinne Yerushalmys „die visuelle Sprache in der Mathematik zu einer Ressource für Aktivitäten werden kann, die neue Ideen und Denkweisen fördern" (vgl. Yerushalmy, 2005, S. 217; eigene Übersetzung).

Im Rahmen der *Instrumentierung* können insgesamt drei Bearbeitungsprozesse identifiziert werden, in denen die Prävalenz der *Drehpunktzeichen* deutlich wird. Hierbei wird somit insbesondere der Zusammenhang zwischen der *semiotischen Vermittlung* und der *instrumentellen Genese* hervorgehoben, da der Prozess der *Instrumentierung*, also die Art und Weise der Schulbuchnutzung, durch die Deutung der *Zeichen* im Bearbeitungsprozess reflektiert wurde. Die drei Bearbeitungsprozesse lassen sich folgendermaßen beschreiben:

- *Artefaktzeichen → Drehpunktzeichen → Mathematikzeichen*:
  Ausgehend von einer artefaktbezogenen Aufgabenbearbeitung münden die Aussagen des Lernenden in einer mathematisch tragfähigen Erklärung.
- *Mathematikzeichen → Drehpunktzeichen → Artefaktzeichen*:
  Ausgehend von vorab überlegten mathematisch korrekten Lösungen resultieren die Handlungen des Lernenden artefaktbezogen durch Einstellungen bzw. Veränderungen an dem Strukturelement.
- *Artefaktzeichen → Drehpunktzeichen*:
  Ausgehend von bereits gefundenen Lösungen oder offensichtlich falschen Lösungen versucht der Lernende, weitere korrekte Lösungen zu generieren und befindet sich demnach zwischen *artefaktbezogenen* Handlungen und der mathematischen Interpretation dieser, die jedoch nicht in artefaktunabhängigen (mathematischen) Aussagen resultieren.

Die *Instrumentierungen* lassen sich demnach durch die verschiedenen Bearbeitungsprozesse charakterisieren, da der Schüler auf unterschiedliche Art und Weise die *Exploration* verwendet. Diese *Instrumentierungen* lassen sich als „explorativ-dynamische Konstruktion" und „systematisch-dynamische Konstruktion" beschreiben und unterscheiden sich somit hinsichtlich den oben beschriebenen Vorgehensweisen. Die vielfältigen Verwendungsweisen des Strukturelements *Exploration*, die sich in den *Drehpunktzeichen* herausstellen, lassen somit eine *Instrumentalisierung* zum „Bearbeiten von Aufgaben" zu.

4.3. Generierung von Aufgaben

In den Schulbuchnutzungen zeigte sich bei der Verwendung des Strukturelements *interaktive Aufgabe*, dass Lernende das Schulbuch zur „Generierung von Aufgaben" verwenden. Diese zielgerichtete Nutzung stellt eine neue *Instrumentalisierung* für (digitale) Mathematikschulbücher dar, die sich aufgrund der technologischen Natur dieses Strukturelements auch in neuen Verwendungsweisen charakterisiert. Das Ziel dieser Tätigkeit ist letztlich, eigene Aufgaben zu erzeugen, die den Leistungsstand eines einzelnen Lernenden berücksichtigen. Die Generierung der Aufgaben kann hierbei von der Schülerin bzw. dem Schüler selbst durchgeführt werden und nicht durch die Lehrkraft. Diese *Instrumentalisierung* zeigt eindrücklich, dass Schülerinnen und Schüler bei digitalen Mathematikschulbüchern aktiv auf die digitalen Strukturelemente einwirken können. Durch die Möglichkeit, Änderungen an der *interaktiven Aufgabe* vorzunehmen, beeinflusst die bzw. der Lernende das Strukturelement in direkter Art und Weise, was im Anschluss auch Auswirkungen auf die bzw. den Lernenden bei der Aufgabenbearbeitung (durch die veränderten Einstellungen) hat. Es zeigt sich somit eine wechselseitige Einflussnahme von Schulbuch und Schülerin bzw. Schüler, sodass sich hieran ein Mehrwert digitaler Mathematikschulbücher manifestiert. Aus diesem Grund wird die *Instrumentalisierung* „Generierung von Aufgaben" auch als eigenständiger Nutzungszweck aufgeführt, auch wenn der Verwendungszweck innerhalb des *Instrumentalisierung* „Bearbeiten von Aufgaben" (vgl. Rezat, 2009) von gedruckten Mathematikschulbüchern kategorisierbar wäre.

In diesem Zusammenhang konnte die folgende *Instrumentierung* identifiziert werden, die durch die Nachfragen des Interviewers zur Leistungsverbesserung an den Schüler initiiert wurde:

- Verändern von Einstellungen

Diese Verwendungsweise des Strukturelements ist gewiss sehr kontextbezogen bzw. hängt von der Konzeption des Strukturelements ab und der durch die Schieberegler gegebene Möglichkeit, den Schwierigkeitsgrad oder die Zeit zu verändern. Dies ist nicht bei jedem Strukturelement des Typs *interaktive Aufgabe* der Fall. Somit lässt dieses exemplarische Beispiel keine generellen Implikationen zu dem Strukturelementtyp *interaktive Aufgabe* an sich zu. Dennoch lässt sich auf allgemeiner Ebene die *Instrumentierung* mit Bezug zu der gegenseitigen Beeinflussung zwischen Schulbuch und Nutzerin bzw. Nutzer folgendermaßen formulieren:

- Lernende können am Strukturelement *interaktive Aufgabe* Einstellungen vornehmen. Somit beeinflussen sich Subjekt und Instrument gegenseitig in einem wechselseitigen Prozess. Die *Instrumentierung* zeigt sich demnach durch das Verändern der Einstellungen durch die bzw. den Lernenden.

Diese *Instrumentierung* ist erst aufgrund der digitalen Natur des Mediums möglich, da die Schülerin bzw. der Schüler für sich passende Einstellungen am Strukturelement vornehmen kann und dabei auf ihre bzw. seine Leistungen bei vorherigen Bearbeitungen eingehen kann. Rückmeldungen dieser Art durch das digitale Schulbuch an den Lernenden können somit Auswirkungen auf die Verwendung der Einstellungsmöglichkeiten durch den Lernenden haben. Die Möglichkeit, selbst Aufgaben zu generieren, war aufgrund der fehlenden technologischen Umsetzbarkeit bei statischen Aufgaben nicht möglich und zeigt demnach einen Mehrwert digitaler Strukturelementtypen, bei denen die Möglichkeit der individuellen und direkten Einflussnahme gegeben ist.

4.4. Festigen

Ziel der *Instrumentalisierung* „Festigen" ist es, sich mathematische Inhalte durch die Arbeit mit dem digitalen Schulbuch anzueignen, diese besser zu verstehen oder zu wiederholen. Schon bei Nutzungen gedruckter Mathematikschulbücher durch Lernende konnte diese *Instrumentalisierung* identifiziert werden (vgl. Rezat, 2009, S. 317). Auch bei der Nutzung digitaler Schulbücher konnte nun eine Nutzung der Strukturelemente zum „Festigen" festgestellt werden.

In der hier durchgeführten Analyse von Nutzungen digitaler Mathematikschulbücher konnte die *Instrumentalisierung* „Festigen" bei einem Strukturelement des Typs *Exploration* identifiziert werden. Dieses Strukturelement wurde durch den Lernenden als ‚Lernhilfe' beschrieben. In den Aussagen des Lernenden konnten die Tätigkeiten des Lernens, Verstehens und Wiederholens charakterisiert werden, was letztendlich zur zielgerichteten Nutzung des „Festigens" führte.

Die Nutzungsweisen (*Instrumentierungen*) zu der *Instrumentalisierung* „Festigen" zeigten sich aufgrund der Dynamisierung und Visualisierung des Strukturelementtyps *Exploration* in der konkreten Auseinandersetzung mit dem dynamischen Strukturelement. Damit ist gemeint, dass Lernende aufgrund der dynamischen Natur des Strukturelementtyps *Exploration* und dem expliziten Verschieben mathematische Interpretationen in das Strukturelement hineindeuten. Die *Instrumentierung* des Strukturelements *Exploration* kann somit als ‚explorativ-dynamische Konstruktion' formuliert werden.

Im Gegensatz zur Nutzung gedruckter Mathematikschulbücher und der dort identifizierten *Instrumentalisierung* „Festigen" konnten in dieser Untersuchung aufgrund des Forschungsdesigns keine selbstständigen Verwendungsweisen (vgl. Rezat, 2009, S. 318) festgestellt werden. Damit ist gemeint, dass der Schüler die *Exploration* beispielsweise nicht zur Vorbereitung auf eine Klassenarbeit nutzt oder zur Wiederholung von Unterrichtsinhalten zum besseren Verständnis. Im Gegensatz dazu verwendet der Schüler in dieser Untersuchung neue Inhalte aus dem digitalen Schulbuch und schreibt ihm zukünftige *Instrumentierungen* mit dem Ziel „Festigen" zu.

Zusammenfassend kann somit durch diese exemplarische Nutzung des Strukturelements *Exploration* deduziert werden, dass Lernende Schulbuchelementen aufgrund der dynamischen Verwendung (*Instrumentierung*) mathematische Deutungen zuschreiben und digitale Strukturelemente im Zusammenhang mit einer Tätigkeit des „Festigens" verwendet werden können.

4.5. Hilfe zum Bearbeiten von Aufgaben

Kennzeichnend für die *Instrumentalisierung* „Hilfe zum Bearbeiten von Aufgaben" ist eine Auswahl verschiedener Strukturelemente innerhalb einer Lerneinheit mit dem Ziel, die Rückmeldung durch das digitale Schulbuch, die bei der Bearbeitung einer Aufgabe angezeigt wird, zu verstehen. Typische Verwendungsweisen (*Instrumentierungen*) innerhalb dieser Tätigkeit sind somit insbesondere durch die „Auswahl relevanter Strukturelemente" geprägt.

Darüber hinaus probierten die Lernenden nach der Rückmeldung weitere Ergebnisse aus, was als *Instrumentierung* „Ausprobieren" charakterisiert werden konnte, jedoch nur direkt nach der Überprüfung durch das digitale Schulbuch in den Nutzungen identifiziert werden konnte und somit im Zusammenhang mit der Nutzung des Strukturelementtyps *Ergebnis überprüfen* verstanden wird.

Die *Instrumentalisierung* „Hilfe zum Bearbeiten von Aufgaben" erinnert stark an die oben erwähnten *Instrumentierungen* „Nachvollziehen der Rückmeldung mit Bezug zur eigenen Lösung" oder „Nachvollziehen der Rückmeldung mit Bezug zur Schulbuch-Lösung" innerhalb der Tätigkeit „Verifikation des eingegebenen Ergebnisses". Hierbei ist jedoch zu beachten, dass es sich um Schulbuchnutzungen mit unterschiedlichen Zielen handelt. Auf der einen Seite sind die Zielsetzungen der Schulbuchnutzungen der Lernenden anders gerichtet. Damit ist gemeint, dass die Lernenden in dieser hier beschriebenen *Instrumentalisierung* das gesamte Schulbuch verwenden, um Hilfen bei der Bearbeitung der Aufgabe zu erhalten, und dabei verschiedene Strukturelemente innerhalb der Lerneinheit auswählen und verwenden (*Instrumentierung* „Auswahl von relevanten Strukturelementen"). Die *Instrumentalisierung* „Verifikation des eingegebenen Ergebnisses" beschreibt hingegen eine Nutzung, die auf die Überprüfung von Ergebnissen abzielt. Die dabei identifizierten Verwendungsweisen (*Instrumentierungen*) sind vielfältiger Natur und beschreiben unter anderem das „Nachvollziehen der Rückmeldung mit Bezug zur Schulbuch-Lösung" oder das „Nachvollziehen der Rückmeldung mit Bezug zur eigenen Lösung" in dem Sinne, dass die Lernenden – ausgelöst von der Rückmeldung durch das Strukturelement *Ergebnis überprüfen* – in einen Aushandlungsprozess mit der angezeigten Überprüfung und eigenen mathematischen Kenntnissen gelangen.

Eine weitere Unterscheidung lässt sich auf der anderen Seite in der Verwendung eines einzelnen Strukturelementtyps (*Lösung überprüfen*) während der Bearbeitung einer Aufgabe (*Instrumentalisierung* „Verifikation des eingegebenen Ergebnisses") und der Nutzung des gesamten digitalen Schulbuchs bzw. der entsprechenden Lerneinheit (*Instrumentalisierung* „Hilfen zum Bearbeiten von Aufgaben") ausmachen. Somit handeln die Lernenden auf einer anderen Schulbuchebene (einzelne Strukturelemente vs. gesamte Lerneinheit).

Des Weiteren ist für die in dieser Untersuchung identifizierte *Instrumentalisierung* „Hilfe zum Bearbeiten von Aufgaben" festzuhalten, dass die „Auswahl relevanter Strukturelemente" zwar von den Lernenden selbst getroffen wurde, der Bearbeitungsprozess jedoch durch den Interviewer begleitet und gelenkt wurde. Ob es sich somit um eine selbstständige Schulbuchnutzung handelt, kann an dieser Stelle nicht beantwortet werden, sondern bedarf weiterer empirischer Forschung.

4.6. Begründen

Aussagen und Handlungen, die sich als *Instrumentalisierung* „Begründen" konzeptualisieren lassen, sind dadurch gekennzeichnet, dass am Anfang einer Bearbeitung eines Strukturelements eine mathematische Hypothese durch die Lernende bzw. den Lernenden geäußert wird und diese Hypothese im Anschluss durch die Auswahl verschiedener Strukturelemente innerhalb der Lerneinheit (*Instrumentierung* „Auswahl verschiedener Strukturelemente") begründet wird. Mit „Begründen" ist hier nicht nur die Auswahl verschiedener Strukturelemente gemeint, sondern darüber hinaus auch eine Nutzung dieser Strukturelemente, die mit einer Erklärung der mathematischen Hypothese verbunden ist (*Instrumentierung* „Nutzung relevanter Strukturelemente"). Das Ziel der *Instrumentalisierung* „Begründen" liegt somit in der Erklärung der geäußerten mathematischen Hypothese und zeigt sich in den *Instrumentierungen* „Auswahl relevanter Strukturelemente" und „Nutzung relevanter Strukturelemente".

Die *Instrumentalisierung* „Begründen" stellt ein neues Nutzungsziel im Rahmen von Schulbuchnutzungen der Mathematik durch Lernende und lässt sich damit als spezifisches Nutzungsziel digitaler Mathematikschulbücher beschreiben. Der Schüler wählt gezielt Strukturelemente aus, die ihn in seiner mathematischen Hypothese unterstützen und mit denen er seine Aussage begründen kann. Die selbstständige Auswahl von Schulbuchausschnitten wurde bei Rezat (2011) als *Instrumentalisierung* „Hilfe zum Bearbeiten von Aufgaben" kategorisiert; allerdings liegt der Fokus dieser *Instrumentalisierung* auf der Suche nach Hilfen durch das Schulbuch im Kontext von Aufgabenbearbeitungen (z. B. Blättern im Buch, Nachschlagen im Inhaltsverzeichnis) und nicht – wie in der hier beschriebenen Schulbuchnutzung – in der gezielten Auswahl von Strukturelementen zur Begründung einer geäußerten mathematischen Aussage. Diese *Instrumentalisierungen* unterscheiden sich somit insbesondere hinsichtlich der Art und Weise der Auswahl der Schulbuchinhalte (Suchen nach Hilfen im Buch vs. gezielte Auswahl und Nutzung relevanter Strukturelemente) – und somit hinsichtlich der *Instrumentierung*.

5. Zusammenfassung der Instrumentalisierungen

Die zielgerichtete Nutzung der zweiten Forschungsfrage („Welche Strukturelemente verwenden Schülerinnen und Schüler beim Umgang mit einem digitalen
Schulbuch und zu welchen Zwecken?") lässt sich somit durch die Beschreibung der *Instrumentalisierungen* beantworten (vgl. Ergebnis 4, Abschnitt 11.3).
Darüber hinaus lässt sich festhalten, dass die Lernenden verschiedene Strukturelemente zu unterschiedlichen Zwecken verwenden. Dadurch ergibt sich folgende zusammenfassende Beschreibung der verwendeten Strukturelementtypen
in Tabelle 11.1.

Durch diese tabellarische Darstellung der Strukturelementtypen und identifizierten *Instrumentalisierungen* zeigt sich einerseits die oben bereits beschriebene
Verwendung einzelner Strukturelemente auf Mikroebene sowie die Verwendung einer gesamten Lerneinheit. Andererseits wird auch deutlich, dass gleiche
Strukturelementtypen zu unterschiedlichen Zwecken verwendet werden, sodass
allgemeine Aussagen zu Nutzungszielen expliziter Strukturelementtypen bisher
nicht getroffen werden können. Lediglich bei dem Strukturelementtyp *Ergebnis überprüfen* kann aufgrund der drei analysierten Nutzungen von einem
allgemeinen Nutzungsziel gesprochen werden, das die Lernenden diesem Strukturelementtypen zusprechen.

Tabelle 11.1 Strukturelementtypen der identifizierten Instrumentalisierungen

Strukturelementtyp	Instrumentalisierung
Ergebnis überprüfen	Verifikation des eingegebenen Ergebnisses
Exploration	
interaktive Aufgabe	Generierung von Aufgaben
Exploration	Festigen
	Bearbeiten von Aufgaben
verschiedene Strukturelemente	Begründen
	Hilfe zum Bearbeiten von Aufgaben

Grundsätzlich ist zu den *Instrumentalisierungen* und zu den Schulbuchnutzungen zu sagen, dass alle Nutzungsbeispiele im Rahmen einer Tätigkeit
„Bearbeiten von Aufgaben" auftraten, da den Lernenden weitestgehend Inhalte
und Strukturelemente durch den Interviewer zur Bearbeitung vorgegeben wurden.
Eine selbstständige Erarbeitung oder eine Verwendung im gesamten Klassenkontext über mehrere Wochen, was auch eine Nutzung für die Bearbeitung
von Hausaufgaben oder zur Vorbereitung auf Klassenarbeit bedingen würde,

wurde aufgrund des Untersuchungsdesigns nicht verfolgt. Diese Untersuchung fokussierte vielmehr die Verwendung unterschiedlicher Strukturelemente und insbesondere neuer Strukturelemente, die bei digitalen Schulbüchern für die Mathematik (im Vergleich zu gedruckten Mathematikschulbüchern) auftraten. Für weitere Forschungsarbeiten zum Umgang mit digitalen Schulbüchern ist jedoch auch eine Verwendung im Klassenkontext anzustreben (vgl. Abschnitt 11.4.2).

6. Zusammenfassung der Instrumentierungen

Die dritte Forschungsfrage („Welche Verwendungsweisen zeigen sich bei der Nutzung verschiedener Strukturelemente bezogen auf die Mathematik und auf das Schulbuch?") lässt sich durch den Blickwinkel der unterschiedlichen Nutzungsweisen (*Instrumentierung*) beantworten. Die Schülerinnen und Schüler gehen mit verschiedenen Strukturelementtypen unterschiedlich um, was sich in den Bearbeitungsprozessen – und somit in den Aussagen und Handlungen – der Lernenden gezeigt hat. Insgesamt konnten die in Tabelle 11.2 dargestellten Verwendungsweisen beim Umgang verschiedener Strukturelemente von digitalen Mathematikschulbüchern bei Lernenden festgestellt werden.

Tabelle 11.2 Strukturelementtypen der identifizierten Instrumentierungen

Strukturelementtyp	Instrumentierung
Ergebnis überprüfen	Ablehnen der Schulbuch-Lösung
	Abgleich von richtigen bzw. falschen Ergebnissen
	Nachvollziehen der Rückmeldung mit Bezug zur eigenen Lösung
	Nachvollziehen der Rückmeldung mit Bezug zur Schulbuch-Lösung
	Ausprobieren
interaktive Aufgabe	Verändern der Einstellungen
Exploration	explorativ-dynamische Konstruktion
	systematisch-dynamische Konstruktion
verschiedene Strukturelemente	Auswahl relevanter Strukturelemente
	Nutzung relevanter Strukturelemente

Die *Instrumentierungen* zeigten sich insbesondere durch eine Prävalenz der *Drehpunktzeichen* im Rahmen der *semiotischen Vermittlung* in den Nutzungsanalysen, da die artefaktbezogene Nutzung und die mathematische Deutung des

Inhalts durch die Lernenden in einem wechselseitigen Verhältnis zueinander stehen. Das bedeutet, dass die Art und Weise der Schulbuchnutzung im Rahmen des Mathematiklernens durch eine semiotische Analyse mit Blick auf *Drehpunktzeichen* rekonstruiert werden kann. Dies kann somit als wesentliches Ergebnis zur wissenschaftlichen Untersuchung bezüglich der Nutzung digitaler Instrumente im Rahmen mathematikdidaktischer Forschung formuliert werden.

In Tabelle 11.3 werden die in dieser Untersuchung identifizierten Instrumentalisierungen und Instrumentierungen im Zusammenhang mit den verwendeten Strukturelementtypen zusammenfassend dargestellt. Dabei zeigt sich zum einen, dass die Instrumentalisierung „Verifikation des eingegebenen Ergebnisses" bei den beiden Strukturelementtypen *Ergebnis überprüfen* und *Exploration* auftrat. Zum anderen wird aber auch die dynamische Konstruktion in der Verwendung der *Exploration* deutlich. Darüber hinaus zeigt sich zusammenfassend die vielfältige Verwendung unterschiedlicher Strukturelementtypen durch die Varianz in den Instrumentalisierungen und Instrumentierungen.

Tabelle 11.3 Überblick über die Instrumentalisierungen und Instrumentierungen

Strukturelementtyp	Instrumentalisierung	Instrumentierung
Ergebnis überprüfen	Verifikation des eingegebenen Ergebnisses	Ablehnen der Schulbuch-Lösung
		Abgleich von richtigen bzw. falschen Ergebnissen
		Nachvollziehen der Rückmeldung mit Bezug zur eigenen Lösung
		Nachvollziehen der Rückmeldung mit Bezug zur Schulbuch-Lösung
		Ausprobieren
Exploration	Verifikation des eingegebenen Ergebnisses	systematisch-dynamische Konstruktion
	Festigen	explorativ-dynamische Konstruktion
	Bearbeiten von Aufgaben	systematisch-dynamische Konstruktion
		explorativ-dynamische Konstruktion

(Fortsetzung)

Tabelle 11.3   (Fortsetzung)

Strukturelementtyp	Instrumentalisierung	Instrumentierung
interaktive Aufgabe	Generierung von Aufgaben	Verändern der Einstellungen
verschiedene Strukturelemente	Hilfe zum Bearbeiten von Aufgaben	Auswahl relevanter Strukturelemente
	Begründen	Auswahl relevanter Strukturelemente
		Nutzung relevanter Strukturelemente

7. Das digitale Schulbuch als Instrument zum Lehren

In Abschnitt 3.2 ging es im Rahmen verschiedener Funktionen von traditionellen Schulbüchern unter anderem auch um die Frage, inwiefern das Schulbuch die Funktion der Lehrkraft einnehmen und sie ersetzen kann, indem Schülerinnen und Schüler das Schulbuch unabhängig von der Lehrkraft verwenden oder inwiefern das Schulbuch die Lehrkraft ergänzen kann, indem das Schulbuch neben den Lehrerinnen und Lehrern die Rolle eines ‚team-teacher' einnimmt (vgl. Newton, 1990, S. 30).

Im Rahmen dieser Untersuchung hat sich nun gezeigt, dass der Interviewer einerseits durchaus die Schulbuchnutzungen der Lernenden gelenkt hat (vgl. Abschnitte 9.3.1, 9.3.2 und 9.4.1), sodass eine lehrer-unabhängige Verwendung in den Hintergrund tritt. Auf der anderen Seite hat sich jedoch auch gezeigt, dass die Schülerinnen und Schüler das digitale Schulbuch durchaus selbstständig verwenden, indem sie Einstellungen an den Strukturelementen verändern, um Aufgaben zu generieren (vgl. Abschnitt 9.3.2), in der Aufgabenbearbeitung dynamisch konstruieren (vgl. Abschnitt 9.3.1) oder das Strukturelement als ‚Lernhilfe' beschreiben (vgl. Abschnitt 9.3.3). Zudem kann auch die Funktion der Ergebnisüberprüfung (vgl. Abschnitt 9.2) dafür sorgen, dass selbstständige Kontrollen unabhängig von der Lehrkraft durchgeführt werden können. In diesem Zusammenhang ist jedoch zu betonen, dass derartige Rückmeldungen nicht notwendigerweise das konzeptuelle Verständnis bei den Lernenden fördern (vgl. Rezat, 2021), was letztendlich wieder für einen lehrerabhängigen Einsatz spricht. Insgesamt lässt sich dennoch deduzieren, dass digitale Schulbücher aufgrund der digitalen Strukturelemente lehrerunabhängige Nutzungen zumindest realisieren.

11.4   Theoretische und praxisbezogene Implikationen

11.4.1 Implikationen für die fachdidaktische Forschung

Die vorliegende Untersuchung liefert neben Erkenntnissen zur Struktur digitaler Mathematikschulbücher der Sekundarstufe I (Forschungsfrage 1) oder zur Nutzung von digitalen Mathematikschulbüchern durch Lernende (Forschungsfragen 2 und 3) weitere Implikationen für die fachdidaktische Forschung. Dazu gehören:

1. Erweiterung des Kategoriensystems zur Kennzeichnung von Strukturelementtypen in digitalen Mathematikschulbüchern
2. Definition eines digitalen Schulbuchs für die Mathematik
3. Zusammenwirkung der semiotischen Vermittlung und instrumentellen Genese

11.4.1.1 Erweiterung des Kategoriensystems zur Kennzeichnung von Strukturelementtypen in digitalen Mathematikschulbüchern

In der Analyse gedruckter Mathematikschulbücher wurde auf der Grundlage einer qualitativen Inhaltsanalyse ein Kategoriensystem zur Beschreibung von Strukturelementen in Mathematikschulbüchern entwickelt (vgl. Rezat, 2009, S. 323). Dieses Kategoriensystem, das die Aspekte typographische Merkmale, sprachliche Merkmale, inhaltliche Aspekte, didaktische Funktionen und situative Bedingungen abbildete, wurde im Rahmen dieser Untersuchung um den Aspekt technologische Merkmale erweitert, um Möglichkeiten der digitalen Natur des Schulbuchs in dem Kategoriensystem darzustellen.

Durch die Erweiterung des Kategoriensystems um den Aspekt der technologischen Merkmale ist es nunmehr möglich, Textsorten bezüglich einer technologischen Komponente zu beschreiben. Dies ist somit für zukünftige Forschungsarbeiten zur Analyse weiterer digitaler Schulbücher (für die Mathematik) hilfreich. Darüber hinaus kann dieses Kategoriensystem aber auch bei der Analyse von sonstigen (digitalen) Werkzeugen – und dadurch über Schulbücher hinaus – von Nutzen sein und somit beispielsweise (Online-)Lernpfade, Instrumente zum formativen Assessment, Lernplattformen, etc. bezüglich ihrer Strukturelemente beschreiben. Im Zentrum der Analysen steht durch die Erweiterung des Kategoriensystem um die technologische Komponente (unter anderem) das Aufzeigen digitaler Elemente und somit der Mehrwert digitaler Instrumente (im Vergleich zu traditionellen Werkzeugen) für das Lehren und Lernen von Mathematik.

Des Weiteren wurden die Aspekte typographische Merkmale, sprachliche Merkmale und technologische Merkmale als schulbuchbezogene Aspekte zusammengefasst; die übrigen Aspekte (inhaltliche Aspekte, didaktische Funktionen und situative Bedingungen) wurden als unterrichtsbezogene Aspekte beschrieben. Dadurch ergibt sich bereits in den Merkmalsbeschreibungen der Strukturelementtypen eine Unterscheidung zwischen erwarteter und tatsächlicher Nutzung. Die unterrichtsbezogenen Aspekte verdeutlichen, dass Strukturelemente auf Mikroebene im Unterricht vielfältig eingesetzt werden können (z. B. in Partnerarbeit, auch wenn eine Verwendung in Einzelarbeit vom Schulbuch vorgeschlagen wird), sodass somit eine weitere Ausdifferenzierung des Kategoriensystems vorgenommen wurde.

Auf der anderen Seite kann das Kategoriensystem auch dazu verwendet werden, Schulbuchinhalte zu konzipieren bzw. zu strukturieren. Aufbauend auf den Ergebnissen der empirischen Untersuchung und der Schulbuchstrukturanalyse können Kapitel und Lerneinheiten von Schulbüchern (oder weiteren Lernplattformen) entlang den verschiedenen Strukturelementtypen aufgebaut und gegliedert werden. Da sich in dieser Untersuchung gezeigt hat, dass die Lernenden digitale Strukturelemente zum *Begründen* (vgl. Abschnitt 9.4.2) oder zum *Festigen* (vgl. Abschnitt 9.3.3) verwenden, gilt es zu reflektieren bzw. zu erforschen, inwiefern Strukturelemente dieser Art am Anfang, in der Mitte oder am Ende einer Lerneinheit platziert werden sollten. In diesem Zusammenhang bedarf es jedoch noch weiterer Forschung bezüglich der Nutzungen verschiedener Strukturelementtypen durch Lernende im gesamten Klassensetting, um verbindliche Aussagen zum Nutzungszweck expliziter Strukturelementtypen (z. B. *Exploration*) treffen zu können. Die Strukturelementtypen der drei Schulbuchebenen sind in Abschnitt 6.3 dargestellt.

11.4.1.2 Definition eines digitalen Schulbuchs für die Mathematik

Im Rahmen dieser Arbeit wurden auf der Grundlage nationaler und internationaler Forschungsarbeiten zwei Funktionen von gedruckten Mathematikschulbüchern (i. e. Inhalt und Struktur) herausgearbeitet (vgl. Abschnitt 3.2), die bei digitalen Schulbüchern um die dritte Funktion der Technologie erweitert wurden (vgl. Abschnitt 3.3). Als Ergebnis der dort diskutierten Schulbuchfunktionen wurde formuliert, dass bei einem digitalen Schulbuch für die Mathematik aufgrund der technologischen Möglichkeiten einerseits sowohl die inhaltliche als auch strukturelle Funktion von Schulbüchern nach wie vor ihre Relevanz behalten sollten und andererseits beide Funktionen durch den Einfluss technologischer Neuerungen

Veränderungen erleben werden (vgl. Abschnitt 3.3.3). Aus dieser Diskussion heraus entwickelte sich der Bedarf, den Begriff ‚digital' – sowohl für Schulbücher als
auch aus einer etymologischen und psychologischen Sichtweise heraus – näher
zu definieren (vgl. Abschnitt 3.4).

Die Ergebnisse dieser dort geführten Diskussion wurden bereits in
Abschnitt 11.1 beschrieben. Für weitere Forschungsarbeiten zum Thema digitale Schulbücher (für die Mathematik) kann die hier vorliegende Definition von
Relevanz sein, da in Zukunft voraussichtlich weitere Schulbücher unter der
Bezeichnung ‚digitales Schulbuch' veröffentlicht werden, die zum Teil durch
große Unterschiede charakterisiert werden können. In diesem Zusammenhang
ist auch fraglich, inwiefern Lernplattformen in Zukunft als Varianten digitaler Schulbücher gesehen werden können, inwiefern Genehmigungsverfahren
als notwendiges Kriterium bestehen bleiben oder welche Veränderungen sich
insbesondere auf inhaltlicher und struktureller Ebene weiterhin ergeben. Die
hier erarbeitete Definition kann somit als Referenz für eine Charakterisierung
zukünftiger digitaler Schulbuchversionen herangezogen werden; eine Modifika-
tion dieser Definition wird sicherlich dann von Nöten sein, sofern weitere und
unterschiedliche digitale Schulbuchkonzepte vorliegen.

Auch für weitere digitale Werkzeuge kann die diskutierte Unterscheidung
bezüglich des Begriffs ‚digital' von Relevanz sein. Die Digitalisierung wird aller
Voraussicht nach auch weiterhin in der Diskussion über das Lernen und Lehren
der Zukunft ein zentrales Thema bleiben. Dies hat somit auch Einfluss auf For-
schungsaspekte der mathematikdidaktischen Forschung, sodass die Fragen, was
unter digitalen Werkzeugen explizit verstanden wird, über welche Eigenschaften
digitale Werkzeuge (im Gegensatz zu analogen Werkzeugen) verfügen sollten und
worin letztendlich der Mehrwert digitaler Werkzeuge liegt, weiterhin noch nicht
gänzlich geklärt sind. Die Unterscheidung zwischen *Digitalisierung*, *Digitalisation* und *Digitalität* bietet hier einen sinnvollen Anknüpfungspunkt für zukünftige
(theoretische) Forschungsschwerpunkte. Letztendlich hat dies auch Auswirkungen auf die Schulpraxis, wenn in Zukunft nicht nur über Digitalisierung der
Schulen, sondern zunehmend mehr über die Digitalität an Schulen gesprochen wird. Diese Auswirkungen können damit nicht in den technologischen
Ausstattungen der Klassenräume (bspw. WLAN-Zugang, Tablets, Smartboards)
beobachtet werden, sondern in der Nutzung digitaler Werkzeuge zum Lernen
von Mathematik. Mit der Bezeichnung Digitalität ist letztendlich die Hoffnung verbunden, inhaltsbezogene Notwendigkeiten (i. e. Digitalität) anstelle von
ausstattungsbezogenen Bedingungen der Schulen (i. e. Digitalisierung) in den
Mittelpunkt der Diskussion zu rücken. Das Ziel fachdidaktischer Forschung sollte

also sein, den Begriff der Digitalität weiter auszudifferenzieren und inhaltliche Aspekte digitaler Werkzeuge weiter in den Fokus der Diskussion zu rücken.

11.4.1.3 Zusammenwirkung der semiotischen Vermittlung und instrumentellen Genese

In dieser Arbeit wurde die Theorie der *semiotischen Vermittlung* (Bartollini Bussi & Mariotti, 2008) als Analysemethode zur Rekonstruktion der Schulbuchnutzungen der Schülerinnen und Schüler verwendet, um in einem zweiten Schritt die dadurch rekonstruierten Zeichen in einem Prozess der Instrumentnutzung im Kontext des theoretischen Hintergrundes der *instrumentellen Genese* (Rabardel, 1995) zu beschreiben. Während die Theorie der *semiotischen Vermittlung* somit insbesondere ermöglicht, die Aussagen und Handlungen der Lernenden bezüglich ihrer Gerichtetheit zu kategorisieren, gelingt durch die Interpretation der gedeuteten Zeichen im Rahmen der *instrumentellen Genese* eine Beschreibung der Nutzungsweisen (*Instrumentierung*) und zielgerichteten Nutzung (*Instrumentalisierung*) expliziter Strukturelemente.

Die Ergebnisse der Schulbuchnutzungen wurden bereits in Abschnitt 11.3 zusammengefasst. An dieser Stelle soll jedoch stärker auf das Zusammenwirken der beiden theoretischen Konstrukte eingegangen werden (vgl. Kapitel 9), die durch die Analysen mithilfe der beiden Theorien dokumentierten Aushandlungsprozesse und demnach auf den Gewinn dieses Ansatzes für weitere fachdidaktische Forschung.

Die Nutzung digitaler Schulbücher durch Lernende wird im Rahmen dieser Arbeit wie bereits mehrfach betont aus den zwei unterschiedlichen Perspektiven der *semiotischen Vermittlung* und *instrumentellen Genese* charakterisiert. Während die *semiotische Vermittlung* als Analysemethode verstanden wird und dazu eingesetzt wird, die Aussagen und Handlungen der Lernenden mit Bezug auf ihre Gerichtetheit (Artefakt, Mathematik) zu rekonstruieren, werden die rekonstruierten Zeichendeutungen im Rahmen der *instrumentellen Genese* im Hinblick auf die Instrumententwicklung beleuchtet. Die *Drehpunktzeichen*, die sich durch die semiotische Analyse zeigen, nehmen dabei eine übergeordnete Rolle ein, da sie aufgrund ihrer wechselseitigen Bezugnahme auf Artefakt und Mathematik – und die dadurch identifizierte Deutungsaushandlung – den Prozess der *Instrumentierung* innerhalb der *instrumentellen Genese*, also der Entwicklung des Instruments, darstellen.

Im Rahmen der Analysen nehmen also insbesondere die *Drehpunktzeichen* eine besondere Relevanz ein. Im Anschluss an die semiotischen Analysen wurden diese Zeichendeutungen dann im Zusammenhang zur *instrumentellen Genese* näher daraufhin beleuchtet, inwiefern die Lernenden dem digitalen Schulbuch, bzw. expliziten Strukturelementen, gewisse Ziele zuschreiben (*Instrumentalisierung*) und auf welche Art und Weise sie verschiedene Strukturelemente verwenden (*Instrumentierung*). Die Analysen mithilfe der *instrumentellen Genese* basierte somit auf der Zeichenanalyse der *semiotischen Vermittlung*. Demzufolge wurde das Zusammenwirken dieser beiden Theorien in dieser Arbeit unter anderem auch als ,Passung' beschrieben und als Ergebnis einer Theorieentwicklung angesehen.

Für weitere fachdidaktische Forschung hat dies die folgenden Konsequenzen:

(1) Zum einen macht die Bezeichnung der Schulbuchnutzungen als Aushandlungsprozesse deutlich, dass die Lernenden keine passiven Rezipienten, sondern aktive Konstrukteure im Kontext des Lernen von Mathematik sind. Dies steht somit im Einklang der *instrumentellen Genese*, in der ein Artefakt erst durch die Nutzung durch das Subjekt zu einem Instrument (zum Mathematiklernen) wird. Diese Sichtweise behält auch für digitale Schulbücher ihre Relevanz. Vielmehr noch: Die Schülerinnen und Schüler hinterfragen Rückmeldungen, generieren eigene Aufgaben, verwenden dynamische Elemente auf interaktive Art und Weise und nehmen somit explizit Einfluss auf die digitalen Strukturelemente. Es lässt sich somit in Zukunft weiter verfolgen, ob ein digitales Schulbuch aufgrund der aktiven Einflussnahme der Lernenden nicht nur als ein *psychisches Werkzeug*, sondern auch als ein *technisches Werkzeug* (vgl. Abschnitt 4.1) gesehen werden kann.

(2) Die Verknüpfung der beiden Theorien kann für weitere Forschungsarbeiten dazu eingesetzt werden, zukünftige Nutzungen von (analogen und digitalen) Werkzeugen von Lernenden einerseits auf ihre Gerichtetheit (*semiotische Vermittlung*) und andererseits bezüglich ihrer Instrumententwicklung (*instrumentelle Genese*) zu untersuchen. Nutzungen von (analogen und digitalen) Werkzeugen lassen sich somit als zweistufige Analyseprozess charakterisieren, die erstens durch die Zeichendeutung im Rahmen der *semiotischen Vermittlung* rekonstruiert und zweitens innerhalb der *instrumentellen Genese* bezüglich einer individuellen Instrumentnutzung kategorisiert werden können.

(3) Die durch die *Drehpunktzeichen* beschriebenen Aushandlungsprozesse wurden im Rahmen der Instrumententwicklung durch den Prozess der *Instrumentierung* beleuchtet. Zielgerichtete Nutzungen (*Instrumentalisierungen*) einzelner Strukturelemente wurden durch wiederholte Nutzungen dieser Strukturelemente kategorisiert. Für weitere fachdidaktische Forschung sollte der Prozess der *Instrumentalisierung* durch explizite Zielbeschreibungen der

Nutzerinnen und Nutzer weiter expliziert werden, um die individuellen Nutzungen allgemein im Sinne ihrer Nutzungsziele beschreiben zu können.

Beide theoretischen Sichtweisen haben für die Analysen der Schulbuchnutzungen der Lernenden folgende Tragweite: Während die *semiotische Vermittlung* die Rekonstruktion und Verdeutlichung der Zeichen – bezogen auf das Schulbuch oder die Mathematik – auf einer semiotischen Ebene verfolgt, gelingt es im Rahmen der *instrumentellen Genese*, die Nutzungsprozesse nutzungsbezogen zu beschreiben. Eine Interpretation durch die *instrumentelle Genese* ist jedoch nur auf Grundlage der zuvor beschriebenen Aushandlungsprozesse möglich, sodass in dieser Arbeit durch dieses Zusammenwirken der beiden theoretischen Blickwinkel von einer Passung der beiden Theorien gesprochen wird.

11.4.2 Anschlussfragen

Für weitere Forschung zur Nutzung digitaler Mathematikschulbücher durch Lernende ergeben sich im Anschluss an diese Untersuchung die folgenden Anschlussfragen:

(1) Die hier vorliegende Untersuchung der Nutzung digitaler Mathematikschulbücher durch Schülerinnen und Schüler wurde in Kleingruppen durchgeführt. Die Lernenden bearbeiteten mathematische Themengebiete, die ihnen teilweise schon bekannt waren (vgl. Kapitel 8). Da die Verwendung von (digitalen) Schulbüchern und das Lernen von Mathematik im schulischen Klassensetting stattfindet, sollte dieses Klassensetting für weitere Untersuchungen zur Nutzung digitaler Mathematikschulbücher verfolgt werden. In diesem Zusammenhang ist interessant, wie Lernende neue mathematische Inhalte durch digitale Strukturelemente (z. B. *Exploration*) deuten, welche Auswirkungen sich auf den Bearbeitungsprozess durch die direkte Rückmeldung (Strukturelementtyp *Ergebnis überprüfen*) feststellen lassen oder wie Schülerinnen und Schüler auch ohne Anweisungen der Lehrkraft Strukturelemente verwenden (beispielsweise für das Vorbereiten auf Klassenarbeiten oder bei der Bearbeitung von Hausaufgaben). Daraus ergibt sich die folgende erste Anschlussfrage:
„Wie verwenden Schülerinnen und Schüler digitale Mathematikschulbücher im Umfeld des schulischen Lernens, das heißt im Klassenraum sowie selbstständig?"

(2) Die Analyse der Schulbuchnutzungen in Kapitel 9 hat deutlich gemacht, wie Schülerinnen und Schüler mit gewissen Strukturelementen umgehen. Das Forschungsdesign fokussierte jedoch individuelle Nutzungen, sodass allgemeine Aussagen zur Art und Weise der Nutzung bzw. zielgerichtete Nutzungen der gleichen Strukturelemente nicht getroffen werden können. Das bedeutet, dass wiederkehrende Nutzungen der gleichen Strukturelementtypen bisher nur in Ansätzen (vgl. Abschnitt 9.2) beschrieben werden konnten. Das Ziel für weitere fachdidaktische Forschung in dem Zusammenhang von Nutzungen digitaler Mathematikschulbücher sollte somit sein, eine Nutzertypologie zu entwickeln, die die Art und Weise der Nutzung sowie zielgerichtete Nutzungen der gleichen Strukturelementtypen verfolgt. Um eine Nutzertypologie zu entwickeln, kann an die Ergebnisse der hier vorliegenden Untersuchung angeknüpft werden und die Nutzungen auf individueller Ebene im Klassenkontext weiter zu untersuchen. Aus diesem Kontext heraus lässt sich die folgende zweite Anschlussfrage ableiten: „Welche allgemeinen Nutzungstypen lassen sich basierend auf den Ergebnissen der individuellen Nutzungsweisen dieser Untersuchung im Zusammenhang mit der Art und Weise der Schulbuchnutzungen sowie bezüglich zielgerichteter Nutzungen kategorisieren?"

(3) Für die Beantwortung der beiden bisher angesprochenen Anschlussfragen sollten weitere digitale Mathematikschulbücher integriert werden. Der Einsatz verschiedener digitaler Schulbuchkonzepte für die Mathematik war im Rahmen dieser Untersuchung sowohl auf der Ebene der Strukturanalyse als auch in der Erforschung der Nutzung dieser Schulbücher nicht möglich. Dies kann insbesondere mit dem Mangel an publizierten digitalen Schulbuchkonzepten begründet werden bzw. durch digitale Mathematikschulbücher, die sich noch in einem Entwicklungsstatus befanden oder deren fachdidaktische Erforschung durch die Schulbuchverlage nicht genehmigt wurde. In diesem Zusammenhang ist auch von Interesse, welche Strukturelementtypen sich bei digitalen Schulbüchern ergeben, die nicht als Jahrgangsstufenbände, sondern als Lehrgänge geschlossener Sachgebiete konzipiert werden.

(4) Anknüpfend an die Ergebnisse der Analyse der Schulbuchstruktur, Strukturelementtypen und Schulbuchnutzungen dieser Arbeit, ist die Konzeption von Schulbuchinhalten (auf Mikrostrukturebene) ein weiterer Schritt, um zu untersuchen, welche digitalen Strukturelementtypen (i. e. *Exploration, Visualisierung, interaktive Aufgabe, Ergebnis überprüfen, Video*) das Lernen von Mathematik verändern können. In diesem Sinne wäre beispielsweise interessant zu untersuchen, welche Reihenfolge der Strukturelemente innerhalb

einer Lerneinheit das Entdecken mathematischer Zusammenhänge ermöglicht oder welche digitalen Strukturelemente mathematische Entdeckungen fördern.

In diesem Zusammenhang ließe sich auch untersuchen, ob Unterschiede in der Nutzung von Strukturelementen bei verschiedenen Lernenden festzustellen sind. Damit ist gemeint, dass ausgehend von einer Nutzertypologie untersucht werden kann, welche Strukturelementtypen bestimmte Nutzertypen zu welchen Zwecken verwenden. Ziel dieses Blickwinkels kann dann in einem zweiten Schritt in der individuellen Förderung durch den Einsatz bestimmter Strukturelementtypen – ermöglicht durch eine angepasste Struktur – liegen.

Des Weiteren lässt sich untersuchen, ob eine Anordnung der Strukturelemente einen Einfluss auf die *Instrumentalisierungen* und *Instrumentierung*, ergo dem Lernen von Mathematik, hat. Wenn bei digitalen Mathematikschulbüchern aufgrund der technologischen Möglichkeiten eine variable Anordnung der Strukturelemente ermöglicht wird, ist es denkbar, diese für die Lernenden individuell anzupassen, wodurch das digitale Schulbuch ein individuelleres Instrument für das Mathematiklernen werden könnte.

Literaturverzeichnis

Allert, H., Asmussen, M. & Richter, C. (Hrsg.). (2017). *Digitalität und Selbst. Interdisziplinäre Perspektiven auf Subjektivierungs- und Bildungsprozesse.* Bielefeld: transcript. Verfügbar unter: http://www.transcript-verlag.de/978-3-8376-3945-2

Artigue, M. (2002). Learning Mathematics in a CAS Environment: The Genesis of a Reflection about Instrumentation and the Dialectics between Technical and Conceptual Work. *International Journal of Computers for Mathematical Learning, 7*(3), 245–274. https://doi.org/10.1023/A:1022103903080

Bähr, K. & Künzli, R. (1999). *Lehrplan und Lehrmittel. Einige Ergebnisse aus einem Projekt zur Lehrplanarbeit.* Zugriff am 19.02.2022. Verfügbar unter: http://www.konstantinbaehr.ch/dl-files/lehrplan_lehrmittel.pdf

Ballstaedt, S.-P. (1997). *Wissensvermittlung. Die Gestaltung von Lernmaterial.* Weinheim: Beltz, Psychologie-Verl.-Union.

Bartollini Bussi, M. G. & Mariotti, M. A. (2008). Semiotic Mediation in the Mathematics Classroom. Artifacts and Signs after a Vygotskian Perspective. In L. D. English (Hrsg.), *Handbook of international research in mathematics education* (S. 746–783). New York: Routledge.

Barzel, B. (2012). *Computeralgebra im Mathematikunterricht. Ein Mehrwert – aber wann?* Münster: Waxmann.

Barzel, B. & Greefrath, G. (2015). Digitale Mathematikwerkzeuge sinnvoll integrieren. In W. Blum, C. Drüke-Noe, S. Vogel & A. Roppelt (Hrsg.), *Bildungsstandards aktuell: Mathematik in der Sekundarstufe II* (S. 145–157). Braunschweig: Schroedel.

Barzel, B., Hußmann, S., Leuders, T. & Prediger, S. (Hrsg.). (2012). *Mathewerkstatt 5.* Berlin: Cornelsen.

Béguin, P. & Rabardel, P. (2000). Designing for Instrument-Mediated Activity. *Scandinavian Journal of Information Systems, 12*(1), 173–190.

Bildungsserver. (o. J.). *Zugelassene Lernmittel und Schulbücher.* Zugriff am 03.02.2022. Verfügbar unter: https://www.bildungsserver.de/Zugelassene-Lernmittel-und-Schulbuecher-522-de.html#Nordrhein_Westfalen

Binder, K. & Cramer, C. (2020). Digitalisierung im Lehrer*innenberuf. Heuristik der Bestimmung von Begriff und Gegenstand. In K. Kaspar, M. Becker-Mrotzek, S. Hofhues, J. König & D. Schmeinck (Hrsg.), *Bildung, Schule, Digitalisierung* (S. 401–407). Waxmann Verlag GmbH.

Bittner, J. (2003). *Digitalität, Sprache, Kommunikation: Eine Untersuchung zur Medialität von digitalen Kommunikationsformen und Textsorten und deren varietätenlinguistischer Modellierung.* Erich Schmidt Verlag.

Bjørkås, J. & van den Heuvel-Panhuizen, M. (2019). *Measuring area on the geoboard focusing on using flexible strategies.* Eleventh Congress of the European Society for Research in Mathematics Education. https://hal.archives-ouvertes.fr/hal-02402122

Block, J., Dr. Flade, L., Füller, J., Dr. Langlotz, H., Krysmalski, M., Niemann, T. et al. (in Vorb.). *Fundamente der Mathematik Nordrhein-Westfalen 5 mBook.* Berlin: Cornelsen Verlag.

Böhme, J. (2015). Schulkulturen im Medienwandel. In J. Böhme, M. Hummrich & R.-T. Kramer (Hrsg.), *Schulkultur* (S. 401–427). Wiesbaden: Springer Fachmedien Wiesbaden. https://doi.org/10.1007/978-3-658-03537-2_18

Bofferding, L. (2010). Addition and Subtraction with Negatives: Acknowledging the Multiple Meanings of the Minus Sign. In Brosnan, P., Erchick, D. B. & Flevares L. (Hrsg.), *Proceedings of the 32nd annual meeting of the North American Chapter of the International Group for the Psychology of Mathematics Education* (S. 703–710).

Bonitz, A. (2013). Digitale Schulbücher in Deutschland – ein Überblick. In E. Matthes, S. Schütze & W. Wiater (Hrsg.), *Digitale Bildungsmedien im Unterricht* (Klinkhardt Forschung, S. 127–138). Bad Heilbrunn: Klinkhardt.

Braun, A., Giersemehl, I., Grosche, M., Jörgens, T., Jürgensen-Engl, T., Lohmann, J. et al. (2019). *Lambacher Schweizer Mathematik 5 – G9. Ausgabe Nordrhein-Westfalen. Schülerbuch Klasse 5.* Stuttgart: Klett.

Brennen, J. S. & Kreiss, D. (2016). Digitalization. In K. B. Jensen, E. W. Rothenbuhler, J. D. Pooley & R. T. Craig (Hrsg.), *The International Encyclopedia of Communication Theory and Philosophy* (S. 1–11). Wiley. https://doi.org/10.1002/9781118766804.wbiect111

Brnic, M. (2019). The use of a digital textbook with integrated digital tools. In S. Rezat, L. Fan, M. Hattermann, J. Schumacher & H. Wuschke (Hrsg.), *Proceedings of the Third International Conference on Mathematics Textbook Research and Development* (S. 369–370). Paderborn University Library.

Brnic, M. & Greefrath, G. (2021). Ein digitales Schulbuch im Mathematikunterricht einsetzen. *MNU-Journal, 74*(3), 224–231.

Brockhaus. (o. J.). *Digitale Lehrwerke.* Zugriff am 11.02.2022. Verfügbar unter: https://brockhaus.de/info/schulen/digitale-lehrwerke/

Brockhaus Lehrwerke. (o. J.a). *Allgemeine Benutzerhinweise.* Zugriff am 02.08.2017. Verfügbar unter: http://lehrwerke.brockhaus.de/editor/print/content/material/220/10435/859359

Brockhaus Lehrwerke. (o. J.b). *Kurzbeschreibung und Ziele. Lerneinheit "Flächeninhalt von Rechteck und Quadrat".* Zugriff am 14.02.2022. Verfügbar unter: https://lehrwerke.brockhaus.de/reader/53757/14421?tab=teacherContent&id=1525760

Brockhaus Lehrwerke. (o. J.c). *Kurzbeschreibung und Ziele. Lerneinheit "Größenvergleich von Flächen".* Zugriff am 14.02.2022. Verfügbar unter: https://lehrwerke.brockhaus.de/reader/53757/14419?tab=teacherContent&id=1525148

Brockhaus Lehrwerke. (o. J.d). *Lehrwerke Mathematik.* Zugriff am 14.07.2017. Verfügbar unter: https://brockhaus.de/de/schule/lehrwerke/mathematik

Bromme, R. & Hömberg, E. (1981). *Die andere Hälfte des Arbeitstages: Interviews mit Mathematiklehrern über alltägliche Unterrichtsvorbereitung.* Bielefeld: Institut für Didaktik der Mathematik der Universität Bielefeld.

Brunnermeier, A., Scholz, D., Rübesamen, H.-U., Höger, C., Zechel, J., Krysmalski, M. et al. (2013). *Fokus Mathematik. Nordrhein-Westfalen – Ausgabe 2013 · 5. Schuljahr.* Schülerbuch als E-Book. Cornelsen Verlag.

Carpay, J. & van Oers, B. (1999). Didactic models and the problem of intertextuality and polyphony. In Y. Engeström, R. Miettinen & R.-L. Punamäki (Hrsg.), *Perspectives of activity theory* (Learning in Doing, S. 298–313). Cambridge: Cambridge University Press.

Chazan, D. & Yerushalmy, M. (2014). The Future of Mathematics Textbooks: Ramifications of Technological Change. In M. Stocchetti (Ed.), *Media and Education in the Digital Age. Concepts, Assessments, Subversions* (S. 63–76). Frankfurt: Peter Lang GmbH Internationaler Verlag der Wissenschaften.

Choppin, J., Carson, C., Borys, Z., Cerosaletti, C. & Gillis, R. (2014). A Typology for Analyzing Digital Curricula in Mathematics Education. *International Journal of Education in Mathematics, Science and Technology, 2*(1), 11–25.

Churchhouse, R. F., Cornu, B., Howson, A. G., Kahane, J.-P., van Lint, J. H., Pluvinage, F. et al. (2011). *The Influence of Computers and Informatics on Mathematics and its Teaching.* Cambridge University Press. https://doi.org/10.1017/CBO9781139013482

Cohen, D. K. (2011). *Teaching and its predicaments.* Cambridge, Mass.: Harvard University Press. https://doi.org/10.4159/harvard.9780674062788

Cole, M., John-Steiner, V., Scribner, S. & Souberman, E. (Hrsg.). (1978). *Mind in society. The development of higher psychological processes.* Cambridge: Harvard University Press.

Cornelsen Verlag. (o. J.a). *e-books.* Zugriff am 07.08.2019. Verfügbar unter: https://www.cornelsen.de/empfehlungen/e-books

Cornelsen Verlag. (o. J.b). *Funktionsweise.* Zugriff am 07.08.2018. Verfügbar unter: https://www.cornelsen.de/empfehlungen/e-books/funktionsweise

Cornelsen Verlag. (o. J.c). *Lzenzinformation.* Zugriff am 05.08.2020. Verfügbar unter: https://www.cornelsen.de/lizenzinformationen#legal-page-content-24375a63-18e7-4281-8c2c-b4d978d8fb6e

Döbeli Honegger, B. (2017). *Mehr als 0 und 1: Schule in einer digitalisierten Welt.* Bern: hep verlag.

Döring, N. & Bortz, J. (2016). *Forschungsmethoden und Evaluation in den Sozial- und Humanwissenschaften.* Berlin, Heidelberg: Springer Berlin Heidelberg. https://doi.org/10.1007/978-3-642-41089-5

Drijvers, P., Ball, L., Barzel, B., Heid, M. K., Cao, Y. & Maschietto, M. (2016). *Uses of Technology in Lower Secondary Mathematics Education.* Cham: Springer International Publishing. https://doi.org/10.1007/978-3-319-33666-4

Drijvers, P., Doorman, M., Boon, P., Reed, H. & Gravemeijer, K. (2010). The teacher and the tool: instrumental orchestrations in the technology-rich mathematics classroom. *Educational Studies in Mathematics, 75*(2), 213–234. https://doi.org/10.1007/s10649-010-9254-5

Dudenredaktion. (o. J.a). *digital.* Zugriff am 07.08.2019. Verfügbar unter: https://www.duden.de/rechtschreibung/digital

Dudenredaktion. (o. J.b). *Digitalisierung.* Zugriff am 08.02.2022. Verfügbar unter: https://
www.duden.de/rechtschreibung/Digitalisierung

Dudenredaktion. (o. J.c). *Schulbuch.* Zugriff am 07.08.2019. Verfügbar unter: https://www.
duden.de/rechtschreibung/Schulbuch

Eco, U. (1979). *The role of the reader. Explorations in the semiotics of texts.* Bloomington:
Indiana University.

Elschenbroich, H.-J. (2019). Digitalisierung oder Digitalität? *MNU-Journal,* 72(05), 356–
357.

Faggiano, E., Montone, A. & Mariotti, M. A. (2018). Synergy between manipulative and
digital artefacts: a teaching experiment on axial symmetry at primary school. *International Journal of Mathematical Education in Science and Technology,* 49(8), 1165–1180.
https://doi.org/10.1080/0020739X.2018.1449908

Fan, L., Zhu, Y. & Miao, Z. (2013). Textbook research in mathematics education. Development status and directions. *ZDM,* 45(5), 633–646. https://doi.org/10.1007/s11858-013-
0539-x

Fricke, A. (1983). *Didaktik der Inhaltslehre.* Stuttgart: Klett.

Friedrich, J. (2014). Vygotsky's idea of psychological tools. In M. Ferrari, R. van der Veer &
A. Yasnitsky (Hrsg.), *The Cambridge handbook of cultural-historical psychology* (Cambridge handbooks in psychology, S. 47–62). Cambridge: Cambridge University Press.
https://doi.org/10.1017/CBO9781139028097.004

Fuchs, E., Niehaus, I. & Stoletzki, A. (2014). *Das Schulbuch in der Forschung. Analysen
und Empfehlungen für die Bildungspraxis* (Eckert. Expertise, Bd. 4). Göttingen: V & R
Unipress.

Gallardo, A. (2002). The Extension of the Natural-Number Domain to the Integers in the
Transition from Arithmetic to Algebra. *Educational Studies in Mathematics,* 49(2), 171–
192. http://www.jstor.org/stable/3483074

Gallardo, A. & Rojano, T. (1994). School algebra. Syntactic difficulties in the operativity.
In D. Kirshner (Hrsg.), *Proceedings of the Sixteenth International Conference for the
Psychology of Mathematics Education,* (S. 159–165).

Galloway, A. R. (2014). *Laruelle. Against the digital* (Posthumanities, Bd. 31). Minneapolis:
University of Minnesota Press.

Glasnovic Gracin, D. (2014). Mathematics Textbook as an Object of Research. *Croation
Journal of Education,* 16(3), 211–226.

Gräsel, C. (2010). Lehren und Lernen mit Schulbüchern – Beispiele aus der Unterrichtsforschung. In E. Fuchs, J. Kahlert & U. Sandfuchs (Hrsg.), *Schulbuch konkret. Kontexte –
Produktion – Unterricht* (S. 137–148). Bad Heilbrunn: Klinkhardt.

Greefrath, G. & Laakmann, H. (2014). Mathematik eben – Flächen messen. *PM: Praxis der
Mathematik in der Schule,* 56(55), 2–10.

Griesel, H. & Postel, H. (1983). Zur Theorie des Lehrbuchs. Aspekte der Lehrbuchkonzep-
tion. *ZDM,* 15(6), 287–293.

Groeben, N. (1982). *Textverständnis, Textverständlichkeit* (Leserpsychologie, Bd. 1). Münster: Aschendorff.

Gryl, I., Dorsch, C., Zimmer, J., Pokraka, J. & Lehner, M. (2020). Mündigkeitsorientierte
Lehrer*innenbildung in einer Kultur der Digitalität. In M. Beißwenger, B. Bulizek, I.
Gryl & F. Schacht (Hrsg.), *Digitale Innovationen und Kompetenzen in der Lehramtsaus-
bildung* (S. 121–145). Duisburg: Universitätsverlag Rhein-Ruhr.

Gueudet, G., Pepin, B., Restrepo, A., Sabra, H. & Trouche, L. (2018). E-textbooks and Connectivity: Proposing an Analytical Framework. *International Journal of Science and Mathematics Education, 16*(3), 539–558. https://doi.org/10.1007/s10763-016-9782-2

Gueudet, G., Pepin, B., Sabra, H. & Trouche, L. (2016). Collective design of an e-textbook. Teachers' collective documentation. *Journal of Mathematics Teacher Education, 19*(2–3), 187–203. https://doi.org/10.1007/s10857-015-9331-x

Gueudet, G., Pepin, B. & Trouche, L. (2012). *From Text to 'Lived' Resources*. Dordrecht: Springer Netherlands. https://doi.org/10.1007/978-94-007-1966-8

Gueudet, G., Pepin, B. & Trouche, L. (2013). Textbooks' Design and Digital Resources. In C. Margolinas (Hrsg.), *Task Design in Mathematics Education. Proceedings of ICMI Study 22*. (S. 327–337).

Hacker, H. (1980). Didaktische Funktionen des Mediums Schulbuch. In H. Hacker (Hrsg.), *Das Schulbuch. Funktion und Verwendung im Unterricht* (Studientexte zur Grundschuldidaktik, S. 7–30). Bad Heilbrunn/Obb.: Klinkhardt.

Haggarty, L. & Pepin, B. (2002). An Investigation of Mathematics Textbooks and Their Use in English, French and German Classrooms: Who Gets an Opportunity to Learn What? *British Educational Research Journal, 28*(4), 567–590.

Hasan, R. (2002). *Semiotic Mediation, Language and Society. Three Exotripic Theories – Vygotsky, Halliday and Bernstein*. Zugriff am 10.01.2020. Verfügbar unter: http://lchc.ucsd.edu/MCA/Paper/JuneJuly05/HasanVygHallBernst.pdf

Hayen, J. (1987). *Planung und Realisierung eines mathematischen Unterrichtswerkes als Entwicklung eines komplexen Systems: Dokumentation und Analyse*. Oldenburg: Klett.

Heinemann, W. (2000). Textsorte – Textmuster – Texttyp. In K. Brinker, G. Antos, W. Heinemann & S. F. Sager (Hrsg.), *Text- und Gesprächslinguistik* (Handbücher zur Sprach- und Kommunikationswissenschaft/Handbooks of Linguistics and Communication Science [HSK], Bd. 16.1, S. 507–523). Berlin, Boston: de Gruyter.

Heintz, G., Elschenbroich, H.-J., Laakmann, H., Langlotz, H., Rüsing, M., Schacht, F. et al. (2017). *Werkzeugkompetenzen. Kompetent mit digitalen Werkzeugen Mathematik betreiben*. Menden: Verlag medienstatt GmbH.

Herendiné-Kónya, E. (2015). The level of understanding geometric measurement. In K. Krainer & M. Lokar (Hrsg.), *CERME9: Proceedings of the Ninth Congress of the European Society for Research in Mathematics Education* (S. 536–542). Charles University.

Hillmayr, D., Reinhold, F., Ziernwald, L. & Reiss, K. (2017). *Digitale Medien im mathematisch-naturwissenschaftlichen Unterricht der Sekundarstufe. Einsatzmöglichkeiten, Umsetzung und Wirksamkeit*. Münster, New York: Waxmann.

Hoch, S. (2020). *Prozessdaten aus digitalen Schulbüchern als Instrument der mathematikdidaktischen Forschung*. Dissertation. Technische Universität München, München. Zugriff am 23.06.2022. Verfügbar unter: https://nbn-resolving.org/urn/resolver.pl?urn:nbn:de:bvb:91-diss-20201218-1554567-1-1

Höhne, T. (2003). *Schulbuchwissen. Umrisse einer Wissens- und Medientheorie des Schulbuches*. Frankfurt am Main: Johann W. Goethe Universität, Fachbereich Erziehungswissenschaften.

Hopf, D. (1980). *Mathematikunterricht. Eine empirische Untersuchung zur Didaktik und Unterrichtsmethode in der 7. Klasse des Gymnasiums* (Veröffentlichungen aus dem Projekt Schulleistung, Bd. 4, 1. Aufl.). Stuttgart: Klett-Cotta.

Hornisch et al. (2017). *Brockhaus Lehrwerke: Mathematik 5. Klasse. Unveröffentlichtes Schulbuch,* Brockhaus.

Howson, A. G. (1995). *Mathematics textbooks. A comparative study of grade 8 texts* (TIMSS monograph, vol. 3, 96 S). Vancouver: Pacific Educational Press.

Hoyles, C. (2018). Transforming the mathematical practices of learners and teachers through digital technology. *Research in Mathematics Education, 20*(3), 209–228. https://doi.org/ 10.1080/14794802.2018.1484799

Hoyles, C. & Lagrange, J.-B. (2010). *Mathematics Education and Technology-Rethinking the Terrain* (Bd. 13). Boston, MA: Springer US. https://doi.org/10.1007/978-1-4419-0146-0

Huang, H.-M. E. & Witz, K. G. (2012). Children's Conceptions of Area Measurement and Their Strategies for Solving Area Measurement Problems. *Journal of Curriculum and Teaching, 2*(1). https://doi.org/10.5430/jct.v2n1p10

Hußmann, S., Jörgens, T., Jürgensen-Engl, T., Leuders, T., Richter, K. & Riemer, W. (2006). *Lambacher Schweizer 6. Mathematik für Gymnasien. Nordrhein-Westfalen.* Stuttgart, Leipzig: Klett.

Hutchinson, T. & Torres, E. (1994). The textbook as agent of change. *ELT Journal, 48*(4), 315–328. https://doi.org/10.1093/elt/48.4.315

Idrus, H., Rahim, S. S. A. & Zulnaidi, H. (2022). Conceptual knowledge in area measurement for primary school students: A systematic review. *STEM Education, 2*(1), 47–58. https:// doi.org/10.3934/steme.2022003

Jank, W. & Meyer, H. (1994). *Didaktische Modelle* (3. Aufl.). Frankfurt am Main: Cornelsen Scriptor.

Johansson, M. (2006). Textbooks as instruments. Three teachers' ways to organize their mathematics lessons. *Nordic Studies in Mathematics Education, 11*(3), 5–30.

Kahlert, J. (2010). Das Schulbuch – Ein Stiefkind der Erziehungswissenschaft? In E. Fuchs, J. Kahlert & U. Sandfuchs (Hrsg.), *Schulbuch konkret. Kontexte – Produktion – Unterricht* (S. 41–56). Bad Heilbrunn: Klinkhardt.

Kaspar, K., Becker-Mrotzek, M., Hofhues, S., König, J. & Schmeinck, D. (Hrsg.). (2020). *Bildung, Schule, Digitalisierung*: Waxmann Verlag GmbH. https://doi.org/10.31244/978 3830992462

Keitel, C., Otte, M. & Seeger, F. (1980). *Text, Wissen, Tätigkeit. Das Schulbuch im Mathe-matikunterricht* (Entwicklung praxisorientierter Ausbildungs- und Studienmaterialien für Mathematiklehrer der Sekundarstufe I, Bd. 2). Königstein/Ts.: Scriptor.

KhanAcademy. *KhanAcademy – About Us.* Zugriff am 26.09.2019. Verfügbar unter: https:// de.khanacademy.org/about

Kieran, C. (2007). Learning and teaching algebra at the middle school through college levels. Building meaning for symbols and their manipulation. In F. K. Lester (Hrsg.), *Second Handbook of Research on Mathematics Teaching and Learning* (S. 707–762). Information Age Pub Inc.

Klafki, W. (1976). Zum Verhältnis von Reaktion und Methodik. *Zeitschrift für Pädagogik,* (1), 77–79.

Klett Verlag. (o. J.a). *Digitale Lösungen.* Zugriff am 11.02.2022. Verfügbar unter: https:// www.klett.de/produkt/isbn/ECL00000APA99

Klett Verlag. (o. J.b). *e-book.* Zugriff am 25.09.2019. Verfügbar unter: https://www.klett.de/ inhalt/digitale-loesungen/ebook/15947

Klett Verlag. (o. J.c). *eBook Beschreibung.* Zugriff am 11.02.2022. Verfügbar unter: https://www.klett.de/inhalt/ebook/154849

KMK. (o. J.a). *Definition Lern- und Lehrmittel.* Zugriff am 03.02.2022. Verfügbar unter: https://www.kmk.org/themen/allgemeinbildende-schulen/weitere-themen/lehr-und-lernmittel.html

KMK. (o. J.b). *Richtlinien für die Genehmigung von Schulbüchern.* Zugriff am 06.07.2020. Verfügbar unter: https://www.kmk.org/fileadmin/veroeffentlichungen_beschluesse/1972/1972_06_29_Schulbuecher_Genehmigung.pdf

KMK. (2004). *Bildungsstandards im Fach Mathematik für den Mittleren Schulabschluss. Beschluss vom 4.12.2003.* Darmstadt: betz-druck.

Körner, H., Lergenmüller, A., Schmidt, G. & Zacharias, M. (Hrsg.). (2019). *Mathematik Neue Wege SI – Ausgabe 2019 für das G9 in Nordrhein-Westfalen/Schülerband 5.* Braunschweig: Westermann Schulbuchverlag.

Krauter, S. & Bescherer, C. (2013). *Erlebnis Elementargeometrie.* Berlin, Heidelberg: Springer Berlin Heidelberg. https://doi.org/10.1007/978-3-8274-3026-7

Krauthausen, G. (2012). *Digitale Medien im Mathematikunterricht der Grundschule.* Heidelberg: Spektrum Akademischer Verlag. https://doi.org/10.1007/978-3-8274-2277-4

Krauthausen, G. (2018). *Einführung in die Mathematikdidaktik – Grundschule* (Mathematik Primarstufe und Sekundarstufe I + II, 4. Aufl.). Berlin: Springer Spektrum.

Kuntze, S. (2018). Flächeninhalt und Volumen. In H.-G. Weigand, A. Filler, R. Hölzl, S. Kuntze, M. Ludwig, J. Roth et al. (Hrsg.), *Didaktik der Geometrie für die Sekundarstufe I* (S. 149–177). Berlin, Heidelberg: Springer Berlin Heidelberg. Verfügbar unter: https://doi.org/10.1007/978-3-662-56217-8

Lindmeier, A. (2018). Innovation durch digitale Medien im Fachunterricht? Ein Forschungsüberblick aus fachdidaktischer Perspektive. In M. J. Ropohl, A. Lindmeier, H. Härtig, L. Kampschulte, A. Mühling & J. Schwanewedel (Hrsg.), *Medieneinsatz im mathematisch-naturwissenschaftlichen Unterricht. Fachübergreifende Perspektiven auf zentrale Fragestellungen* (Naturwissenschaften, 1. Auflage, S. 55–97). Hamburg: Joachim Herz Stiftung Verlag.

Lompscher, J. (Hrsg.). (1985). *Arbeiten zu theoretischen und methodologischen Problemen der Psychologie* (Ausgewählte Schriften/Lew Wygotski, Bd. 1). Köln: Pahl-Rugenstein.

Lorenz, G. & Pietzsch, G. (1977). Das Festigen. In Akademie der Pädagogischen Wissenschaften der DDR (Hrsg.), *Methodik Mathematikunterricht* (2. durchgesehene Auflage, S. 200–232). Berlin: Volk und Wissen.

Love, E. & Pimm, D. (1996). 'This is so'. a text on texts. In A. J. Bishop, K. Clements, C. Keitel, J. Kilpatrick & C. Laborde (Eds.), *International Handbook of Mathematics Education. Part 1* (Kluwer International Handbooks of Education, vol. 4, S. 371–409). Dordrecht: Springer.

Luke, C., Castell, S. de & Luke, A. (1989). Beyond Criticism. The Authority of the School Textbook. In S. de Castell & A. Luke (Hrsg.), *Language, authority and criticism. Readings on the school textbook* (S. 245–260).

Macintyre, T. & Hamilton, S. (2010). Mathematics learners and mathematics textbooks: a question of identity? Whose curriculum? Whose mathematics? *The Curriculum Journal, 21*(1), 3–23. https://doi.org/10.1080/09585170903558224

Maier, H. (1980). Das Mathematikbuch. In H. Hacker (Hrsg.), *Das Schulbuch. Funktion und Verwendung im Unterricht* (Studientexte zur Grundschuldidaktik, S. 115–141). Bad Heilbrunn/Obb.: Klinkhardt.

Malle, G. (1986). Die Entstehung negativer Zahlen als eigene Denkgegenstände. *Mathematik lehren*, (35), 14–17.

Mariotti, M. A. (2009). Artifacts and signs after a Vygotskian perspective: the role of the teacher. *ZDM*, *41*(4), 427–440. https://doi.org/10.1007/s11858-009-0199-z

Mayring, P. (2015). *Qualitative Inhaltsanalyse: Grundlagen und Techniken* (12. überarbeitete Auflage). Weinheim, Basel: Beltz.

Ministerium für Schule und Weiterbildung des Landes Nordrhein-Westfalen. (2007). *Richtlinien und Lehrpläne für das Gymnasium – Sekundarstufe I – in Nordrhein-Westfalen* (Schule in NRW, Nr. 3401 : (G8), 1. Aufl.). Frechen: Ritterbach.

Monaghan, J., Trouche, L. & Borwein, J. M. (2016). *Tools and Mathematics. Instruments for Learning* (Bd. 110). Cham: Springer International Publishing. https://doi.org/10.1007/978-3-319-02396-0

Newton, D. P. (1990). *Teaching with text. Choosing, preparing and using textual materials for instruction*. London: Kogan Page.

Noss, R. & Hoyles, C. (1996). *Windows on Mathematical Meanings. Learning Cultures and Computers* (Mathematics Education Library, vol. 17). Dordrecht: Springer. https://doi.org/10.1007/978-94-009-1696-8

Oxford English Dictionary. (o. J.a). *digitalization*. Zugriff am 08.02.2022. Verfügbar unter: https://www.oed.com/view/Entry/242061#eid189542747

Oxford English Dictionary. (o. J.b). *digitization*. Zugriff am 08.02.2022. Verfügbar unter: https://www.oed.com/view/Entry/240886#eid12789985

Oxford Learners' Dictionary. (o. J.). *digital*. Zugriff am 07.08.2019. Verfügbar unter: https://www.oxfordlearnersdictionaries.com/definition/english/digital_1?q=digital

Padberg, F., Danckwerts, R. & Stein, M. (1995). *Zahlbereiche. Eine elementare Einführung* (Mathematik Primarstufe und Sekundarstufe I + II, 2. Nachdruck). Heidelberg: Spektrum Akademischer Verlag.

Pallack, A., Uhlisch, A., Haunert, A., Durstewitz, A.-K., Heinemann, J., Wortmann, S. et al. (2019). *Fundamente der Mathematik. Nordrhein-Westfalen – Ausgabe 2019 – 5. Schuljahr*. Schülerbuch als E-Book. Cornelsen Verlag.

Parmentier, R. J. (1985). Signs' Place in Medias Res: Perice's Concept of Semiotic Mediation. In E. Mertz & R. J. Parmentier (Hrsg.), *Semiotic mediation. Sociocultural and psychological perspectives* (Language, thought, and culture, S. 23–48). Orlando: Academic Press.

Peirce, C. S. (1910). *Essays. MS [R] 654*.

Penglase, M. & Arnold, S. (1996). The graphics calculator in mathematics education: A critical review of recent research. *Mathematics Education Research Journal*, *8*(1), 58–90. https://doi.org/10.1007/BF03355481

Pepin, B., Gueudet, G. & Trouche, L. (2016). Mathematics Teachers' Interaction with Digital Curriculum Resources: opportunities to develop teachers' mathematics-didactical design capacity. In *AERA annual meeting*. Washington D.C., United States. Retrieved from https://hal.archives-ouvertes.fr/hal-01312306

Pepin, B., Gueudet, G., Yerushalmy, M., Trouche, L. & Chazan, D. (2015). E-Textbooks in/ for Teaching and Learning Mathematics. A Potentially Transformative Educational Technology. In L. D. English & D. Kirshner (Hrsg.), *Handbook of international research in mathematics education* [3rd edition]. New York: Routledge.

Pepin, B. & Haggarty, L. (2001). Mathematics textbooks and their use in English, French and German classrooms. A way to understand teaching and learning cultures. *ZDM, 33*(5), 158–175.

Pettersson, R. (2010). *Bilder in Lehrmitteln* (1. Aufl.). Baltmannsweiler: Schneider Hohengehren.

Pohl, M. & Schacht, F. (2019). How do Students Use Digital Textbooks? In S. Rezat, L. Fan, M. Hattermann, J. Schumacher & H. Wuschke (Hrsg.), *Proceedings of the Third International Conference on Mathematics Textbook Research and Development* (S. 38–44). Paderborn University Library.

Pohl, M. & Schacht, F. (2019). *Schülernutzungen von digitalen Schulbüchern – Wie gehen Schüler*innen mit unterschiedlichen Schulbuchelementen um?* https://doi.org/10.17877/ DE290R-20559

Prediger, S., Hußmann, S., Leuders, T. & Barzel, B. (2014). Kernprozesse. Ein Modell zur Strukturierung von Unterrichtsdesign und Unterrichtshandeln. In I. Bausch, G. Pinkernell & O. Schmitt (Hrsg.), *Unterrichtsentwicklung und Kompetenzorientierung. Festschrift für Regina Bruder* (Festschriften der Mathematikdidaktik, Bd. 1, S. 81–92). Münster: WTM Verlag für wissenschaftliche Texte und Medien.

Prediger, S., Leuders, T., Barzel, B. & Hußmann, S. (2013). Anknüpfen, Erkunden, Ordnen, Vertiefen. Ein Modell zur Strukturierung von Design und Unterrichtshandeln. In G. Greefrath (ed.), *Beiträge zum Mathematikunterricht 2013. Vorträge auf der 47. Tagung für Didaktik der Mathematik; Jahrestagung der Gesellschaft für Didaktik der Mathematik vom 4.3.2013 bis 8.3.2013 in Münster* (S. 769–772). Dortmund: IEEM Institut für Entwicklung und Erforschung des Mathematikunterrichts; WTM Verlag für wissenschaftliche Texte und Medien.

Prediger, S. & Link, M. (2012). Fachdidaktische Entwicklungsforschung – Ein lernprozessfokussierendes Forschungsprogramm mit Verschränkung fachdidaktischer Arbeitsbereiche. In U. Harms, B. Muszynski, B. Ralle, Rothgangel, Martin: Schön, Lutz-Helmut: Vollmer, Helmut J. & H.-G. Weigand (Hrsg.), *Formate fachdidaktischer Forschung. Empirische Projekte – historische Analysen – theoretische Grundlegungen* (Fachdidaktische Forschungen, Bd. 2, S. 29–46). Münster: Waxmann.

Rabardel, P. (1995). *Les hommes et les technologies. Approche cognitive des instruments contemporains* (Collection U Série Psychologie). Paris: Colin.

Rabardel, P. (2002). *People and Technology. A Cognitive Approach to Contemporary Instruments.* université paris. Verfügbar unter: https://hal.archives-ouvertes.fr/hal-01020705

Radford, L. (2003). On Culture and Mind. A Post-Vygotskian Semiotic Perspective with an Example from Greek Mathematical Thought. In M. Anderson (Ed.), *Educational perspectives on mathematics as semiosis. From thinking to interpreting to knowing* (New directions in the teaching of mathematics, vol. 1, S. 49–79). Brooklyn, N.Y.: Legas.

Reinhold, F. (2019). *Wirksamkeit von Tablet-PCs bei der Entwicklung des Bruchzahlbegriffs aus mathematikdidaktischer und psychologischer Perspektive.* Wiesbaden: Springer Fachmedien Wiesbaden. https://doi.org/10.1007/978-3-658-23924-4

Remillard, J. T. (2005). Examining Key Concepts in Research on Teachers' Use of Mathematics Curricula. *Review of Educational Research, 75*(2), 211–246. https://doi.org/10.3102/00346543075002211

Rezat, S. (2008). Die Struktur von Mathematikschulbüchern. *Journal für Mathematik-Didaktik (JMD), 29*(1), 46–67.

Rezat, S. (2009). *Das Mathematikbuch als Instrument des Schülers. Eine Studie zur Schulbuchnutzung in den Sekundarstufen.* Wiesbaden: Vieweg+Teubner Verlag.

Rezat, S. (2011). Wozu verwenden Schüler ihre Mathematikschulbücher? Ein Vergleich von erwarteter und tatsächlicher Nutzung. *Journal für Mathematik-Didaktik (JMD), 32*(2), 153–177. https://doi.org/10.1007/s13138-011-0028-0

Rezat, S. (2013). The textbook-in-use: students' utilization schemes of mathematics textbooks related to self-regulated practicing. *ZDM, 45*(5), 659–670. https://doi.org/10.1007/s11858-013-0529-z

Rezat, S. (2014). (Elektronische) Schulbücher. Von Artefakten zu Instrumenten. In M. Schuhen & M. Froitzheim (Hrsg.), *Das elektronische Schulbuch. Fachdidaktische Anforderungen und Ideen treffen auf Lösungsvorschläge der Informatik; Konferenz zum elektronischen Schulbuch an der Universität Siegen vom Februar 2014* (Didaktik, Bd. 15, S. 9–20). Berlin: Lit-Verl.

Rezat, S. (2019). Analysing the effectiveness of a combination of different types of feedback in a digital textbook for primary level. In S. Rezat, L. Fan, M. Hattermann, J. Schumacher & H. Wuschke (Hrsg.), *Proceedings of the Third International Conference on Mathematics Textbook Research and Development* (S. 51–56). Paderborn University Library.

Rezat, S. (2020). Mathematiklernen mit digitalen Schulbüchern im Spannungsfeld zwischen Individualisierung und Kooperation. In D. M. Meister & I. Mindt (Hrsg.), *Mobile Medien im Schulkontext* (Medienbildung und Gesellschaft, Bd. 41, S. 199–213). Wiesbaden: Springer Fachmedien Wiesbaden. https://doi.org/10.1007/978-3-658-29039-9_10

Rezat, S. (2021). How automated feedback from a digital mathematics textbook affects primary students' conceptual development: two case studies. *ZDM, 53*(6), 1433–1445. https://doi.org/10.1007/s11858-021-01263-0

Rieber, R. W. & Wollock, J. (1997). *The Collected Works of L.S. Vygotsky. Problems of the Theory and History of Psychology* (Cognition and Language, A Series in Psycholinguistics). Boston, MA: Springer US; Imprint; Springer.

Rieß, M. (2018). *Zum Einfluss digitaler Werkzeuge auf die Konstruktion mathematischen Wissens.* Wiesbaden: Springer Fachmedien Wiesbaden. https://doi.org/10.1007/978-3-658-20644-4

Robitaille, D. F. & Travers, K. J. (1992). International studies of achievement in mathematics. In D. A. Grouws (Hrsg.), *Handbook of research on mathematics teaching and learning* (S. 687–709). New York: Macmillan.

Ruchniewicz, H. (2022). *Sich selbst diagnostizieren und fördern mit digitalen Medien.* Wiesbaden: Springer Fachmedien Wiesbaden. https://doi.org/10.1007/978-3-658-35611-8

Rüsen, J. (1992). Das ideale Schulbuch. Überlegungen zum Leitmedium des Geschichtsunterrichts. *Internationale Schulbuchforschung, 14*(3), 237–250.

Rütten, C. (2016). *Sichtweisen von Grundschulkindern auf negative Zahlen.* Wiesbaden: Springer Fachmedien.

Sandfuchs, U. (2010). Schulbücher und Unterrichtsqualität – historische und aktuelle Reflexionen. In E. Fuchs, J. Kahlert & U. Sandfuchs (Hrsg.), *Schulbuch konkret. Kontexte – Produktion – Unterricht* (S. 11–24). Bad Heilbrunn: Klinkhardt.

Schacht, F. (2017). Nature and characteristics of digital discourse in mathematical construction tasks. In *CERME 10* (pp. 2636–2643). Dublin, Ireland. Retrieved from https://hal.arc hives-ouvertes.fr/hal-01946327

Schaumburg, H. (2018). Empirische Befunde zur Wirksamkeit unterschiedlicher Konzepte des digital unterstützten Lernens. In N. McElvany, F. Schwabe, W. Bos & H. G. Holtappels (Hrsg.), *Digitalisierung in der schulischen Bildung. Chancen und Herausforderungen* (IFS-Bildungsdialoge. 2, S. 27–40). Münster: Waxmann.

Schindler, M. (2014). *Auf dem Weg zum Begriff der negativen Zahl.* Springer Fachmedien Wiesbaden. https://doi.org/10.1007/978-3-658-04375-9

Schmidt, W. H., McKnight, C. C., Valverde, G. A., Houang, R. T. & Wiley, D. E. (Eds.). (1997). *Many visions, many aims. A cross-national investigation of curricular intentions in school mathematics* (vol. 1). London: Kluwer Academic Publishers.

Schmidt-Thieme, B. & Weigand, H.-G. (2015). Medien. In R. Bruder, L. Hefendehl-Hebeker, B. Schmidt-Thieme & H.-G. Weigand (Hrsg.), *Handbuch der Mathematikdidaktik* (S. 461–490). Berlin, Heidelberg: Springer Berlin Heidelberg. https://doi.org/10.1007/ 978-3-642-35119-8_17

Schuhen, M. (Hrsg.). (2015). *Das Elektronische Schulbuch 2015. Fachdidaktische Anforderungen und Ideen treffen auf Lösungsvorschläge der Informatik* (Didaktik, Band 16). Berlin, Münster: LIT.

Schuhen, M. & Froitzheim, M. (Hrsg.). (2014). *Das elektronische Schulbuch. Fachdidaktische Anforderungen und Ideen treffen auf Lösungsvorschläge der Informatik; Konferenz zum elektronischen Schulbuch an der Universität Siegen vom Februar 2014* (Didaktik, Bd. 15). Berlin: Lit-Verl.

Schulministerium NRW. (o. J.a). *Verzeichnis der zugelassenen Lernmittel in NRW.* Zugriff am 06.07.2020. Verfügbar unter: https://www.schulministerium.nrw.de/BiPo/VZL/lernmittel

Schulministerium NRW. (o. J.b). *Zulassung von Lernmitteln.* Zugriff am 04.02.2022. Verfügbar unter: https://www.schulministerium.nrw/zulassung-von-lernmitteln-nrw

Searle, J. R. (1976). A Classification of Illocutionary Acts. *Language in Society, 5*(1), 1–23. Verfügbar unter: http://www.jstor.org/stable/4166848

Sekretariat der Ständigen Konferenz der Kultusminister der Länder der Bundesrepublik. (2016). *Strategie der Kultusministerkonferenz „Bildung in der digitalen Welt",* KMK. Zugriff am 24.06.2021. Verfügbar unter: https://www.kmk.org/fileadmin/Dateien/pdf/Pre sseUndAktuelles/2018/Digitalstrategie_2017_mit_Weiterbildung.pdf

SofaTutor. *SofaTutor – Über uns.* Zugriff am 26.09.2019. Verfügbar unter: https://www.sof atutor.com/ueber-uns

Sosniak, L. A. & Perlman, C. L. (1990). Secondary education by the book. *Journal of Curriculum Studies, 22*(5), 427–442. https://doi.org/10.1080/0022027900220502

Stalder, F. (2017). Grundformen der Digitalität. *agora42,* (2), 24–29.

Stalder, F. (2019). *Was ist Digitalität? Philosophische und pädagogische Perspektiven.* Zugriff am 20.07.2021. Verfügbar unter: http://felix.openflows.com/node/531

Stein, G. (1977). *Schulbuchwissen, Politik und Pädagogik. Untersuchungen zu einer praxisbezogenen und theoriegeleiteten Schulbuchforschung* (Pädagogische Informationen, Provokative Impulse, Bd. 12). Kastellaun: Henn.

Sträßer, R. (1974). *Mathematik und ihre Verwendung – Eine Analyse von Schulbüchern.* Westfälische Wilhelms-Universität zu Münster, Münster.

Sträßer, R. (1978). Darstellung und Verwendung der Mathematik. Teilergebnisse einer Schulbuchanalyse. *mathematica didactica, 1,* 197–209.

Stray, C. (1994). Paradigms Regained: Towards a Historical Sociology of the Textbook. *Journal of Curriculum Studies, 26*(1), 1–29. https://doi.org/10.1080/0022027940260101

Thurm, D. (2020). *Digitale Werkzeuge im Mathematikunterricht integrieren.* Wiesbaden: Springer Fachmedien Wiesbaden. https://doi.org/10.1007/978-3-658-28695-8

Tietze, U.-P. (1986). *Der Mathematiklehrer in der Sekundarstufe 2. Bericht aus einem Forschungsprojekt* (Texte zur mathematisch-naturwissenschaftlich-technischen Forschung und Lehre, Bd. 18). Bad Salzdetfurth: Franzbecker.

Trouche, L. (2005a). An Instrumental Approach to Mathematics Learning in Symbolic Calculator Environments. In D. Guin, K. Ruthven & L. Trouche (Eds.), *The Didactical Challenge of Symbolic Calculators. Turning a Computational Device into a Mathematical Instrument* (Mathematics Education Library, vol. 36, S. 137–162). Boston, MA: Springer Science+Business Media Inc.

Trouche, L. (2005b). Instrumental Genesis, Individual and Social Aspects. In D. Guin, K. Ruthven & L. Trouche (Eds.), *The Didactical Challenge of Symbolic Calculators. Turning a Computational Device into a Mathematical Instrument* (Mathematics Education Library, vol. 36, S. 197–230). Boston, MA: Springer Science+Business Media Inc.

Väljataga, T. & Fiedler, S. H. D. (2014). Going Digital: Literature Review on E-textbooks. In D. Hutchison, T. Kanade, J. Kittler, J. M. Kleinberg, A. Kobsa, F. Mattern et al. (Hrsg.), *Learning and Collaboration Technologies. Designing and Developing Novel Learning Experiences* (Lecture Notes in Computer Science, Bd. 8523, S. 138–148). Cham: Springer International Publishing. https://doi.org/10.1007/978-3-319-07482-5_14

Valverde, G. A., Bianchi, L. J., Wolfe, R. G., Schmidt, W. H. & Houang, R. T. (2002). *According to the Book. Using TIMSS to investigate the translation of policy into practice through the world of textbooks.* Dordrecht: Springer Netherlands. https://doi.org/10.1007/978-94-007-0844-0

van Randenborgh, C. (2015). *Instrumente der Wissensvermittlung im Mathematikunterricht.* Springer Fachmedien Wiesbaden.

Verillon, P. & Rabardel, P. (1995). Cognition and artifacts: A contribution to the study of though in relation to instrumented activity. *European Journal of Psychology of Education, 10*(1), 77–101. https://doi.org/10.1007/BF03172796

Vlassis, J. (2004). Making sense of the minus sign or becoming flexible in 'negativity'. *Learning and Instruction, 14*(5), 469–484. https://doi.org/10.1016/j.learninstruc.2004.06.012

vom Hofe, R. (1995). *Grundvorstellungen mathematischer Inhalte* (Texte zur Didaktik der Mathematik). Heidelberg: Spektrum Akad. Verl.

Vygotsky, L. S. (1978). Mind in Society. The Development of Higher Psychological Processes. In M. Cole, V. John-Steiner, S. Scribner & E. Souberman (Hrsg.), *Mind in society. The development of higher psychological processes.* Cambridge: Harvard University Press.

Vygotsky, L. S. (1981a). The Genesis of Higher Mental Functions. In J. V. Wertsch (Hrsg.), *The concept of activity in Soviet psychology* (S. 144–188). University of Minnesota: M. E. Sharpe.

Vygotsky, L. S. (1981b). The Instrumental Method in Psychology. In J. V. Wertsch (Hrsg.), *The concept of activity in Soviet psychology* (S. 134–143). University of Minnesota: M. E. Sharpe.

Walter, D. (2018). *Nutzungsweisen bei der Verwendung von Tablet-Apps.* Wiesbaden: Springer Fachmedien Wiesbaden. https://doi.org/10.1007/978-3-658-19067-5

Wartofsky, M. W. (1979). *Models. Representation and the Scientific Understanding* (Boston Studies in the Philosophy of Science, Bd. 48). Dordrecht: Springer Netherlands.

Westermann Verlag. (o. J.a). *BiBox.* Zugriff am 07.08.2019. Verfügbar unter: https://www.bibox.schule/ueber-bibox/

Westermann Verlag. (o. J.b). *Lizenzinformationen.* Zugriff am 05.08.2020. Verfügbar unter: https://www.westermann.de/artikel/WEB-14-125630/Mathematik-Neue-Wege-SI-Ausgabe-2019-fuer-Nordrhein-Westfalen-und-Schleswig-Holstein-G9-BiBox-Digitale-Unterrichtsmaterialien-5?f=F314125642

Wiater, W. (2013). Schulbuch und digitale Medien. In E. Matthes, S. Schütze & W. Wiater (Hrsg.), *Digitale Bildungsmedien im Unterricht* (Klinkhardt Forschung, S. 17–25). Bad Heilbrunn: Klinkhardt.

Winter, H. (1984). Begriff und Bedeutung des Übens im Mathematikunterricht. *Mathematik lehren,* (2), 4–16.

Winter, H. (1989). Da ist weniger mehr – Die verdrehte Welt der negativen Zahlen. *Mathematik lehren,* (35), 22–25.

Wolff, T. B. & Martens, A. (2020). Zur Mehrdeutigkeit des Begriffs Digitalisierung im schulischen Kontext. In K. Kaspar, M. Becker-Mrotzek, S. Hofhues, J. König & D. Schmeinck (Hrsg.), *Bildung, Schule, Digitalisierung* (S. 457–463). Waxmann Verlag GmbH.

Wörner, D. (2014). Grundvorstellungen zum Flächeninhaltsbegriff ausbilden – eine exemplarische Studie. In J. Roth & J. Ames (Hrsg.), *Beiträge zum Mathematikunterricht 2014* (S. 1327–1330). Münster: WTM-Verlag.

Yerushalmy, M. (2005). Functions of Interactive Visual Representations in Interactive Mathematical Textbooks. *International Journal of Computers for Mathematical Learning, 10*(3), 217–249. https://doi.org/10.1007/s10758-005-0538-2

Zbiek, R. M., Heid, M., Blume, G. W. & Dick, T. P. (2007). Research on technology in mathematics education: A perspective of constructs. *Second Handbook of Research on Mathematics Teaching and Learning,* 1169–1207.

Zimmermann, P. (1992). *Mathematikbücher als Informationsquellen für Schülerinnen und Schüler. Eine Untersuchung zur Spezifikation von Anforderungen an gymnasiale mathematische Unterrichtswerke* (Texte zur mathematisch-naturwissenschaftlich-technischen Forschung und Lehre, Bd. 34). Bad Salzdetfurth: Franzbecker.

Printed in the United States
by Baker & Taylor Publisher Services